蓄能空调技术

第 2 版

方贵银　等编著

机械工业出版社

本书系统地阐述了蓄能空调系统的工作原理，详细地介绍了相变蓄能材料的种类及性能、相变蓄能材料的合成及蓄能特性、蓄能空调系统与设备、蓄冷空调系统的设计及控制、蓄冷空调系统的动态性能及测试、蓄热系统与设备。此次修订新增了相变蓄能材料的合成及特性、蓄冷球堆积床蓄冷空调系统、盘管式蓄冷空调系统、分离式热管蓄冷空调系统、太阳能堆积床蓄热系统、太阳能光伏光热蓄热系统、热管蓄热系统等内容。本书取材新颖，内容丰富，层次清晰，便于读者学习与掌握。

本书可供制冷空调、能源动力、电力工程、建筑等领域的工程技术人员使用，也可供相关专业的在校师生及研究人员参考。

图书在版编目（CIP）数据

蓄能空调技术/方贵银等编著 . —2 版 . —北京：机械工业出版社，2018.6
ISBN 978-7-111-60089-3

Ⅰ.①蓄… Ⅱ.①方… Ⅲ.①蓄能器 – 应用 – 空气调节系统 Ⅳ.①TU831.3

中国版本图书馆 CIP 数据核字（2018）第 115601 号

机械工业出版社（北京市百万庄大街 22 号 邮政编码 100037）
策划编辑：陈保华 责任编辑：陈保华 王海霞
责任校对：郑 婕 封面设计：陈 沛
责任印制：常天培
北京圣夫亚美印刷有限公司印刷
2018 年 8 月第 2 版第 1 次印刷
184mm×260mm · 29.5 印张 · 806 千字
0001—3000 册
标准书号：ISBN 978-7-111-60089-3
定价：79.00 元

凡购本书，如有缺页、倒页、脱页，由本社发行部调换

电话服务	网络服务
服务咨询热线：010 – 88361066	机 工 官 网：www.cmpbook.com
读者购书热线：010 – 68326294	机 工 官 博：weibo.com/cmp1952
010 – 88379203	金 书 网：www.golden – book.com
策 划 编 辑：010 – 88379734	教育服务网：www.cmpedu.com

封面无防伪标均为盗版

前　言

随着风能、太阳能等可再生能源和智能电网技术的快速发展，蓄能技术已成为人们关注的一个热门领域。"十三五"期间，我国将推动能源发展与变革，以可再生能源逐步替代化石能源，建立可持续发展的清洁能源系统，在此过程中，离不开起关键作用的蓄能技术。

在日常生活和生产实践中，在不同的时间能量的供应和需求常常出现不平衡，为了高效地利用能量，需要设置蓄能系统或装置。从能源供应方面来看，在均衡负荷、补偿负荷变动及稳定能源系统方面，需要使用蓄能装置。从用能方面或需求方面来看，为了有效地利用能源，特别是特定时间内的廉价能源，也需要使用蓄能装置。蓄能是通过物理或化学的方法将电、热等形式的能量储存起来，在需要用能时再将其释放出来。根据蓄能方式和工作原理的不同，可分为机械能蓄存、电磁能蓄存、化学能蓄存和热能蓄存。其中热能蓄存涉及面较广，如太阳能热利用、余热回收利用、建筑蓄能（包括墙体、地板、吊顶等）、制冷空调系统（蓄冷、蓄热）等。

2006 年我们编写出版了《蓄能空调技术》，该书深受读者欢迎。但近年来，随着蓄能技术的发展和进步，涌现出一些新的蓄能技术和研究成果，为了让工程技术人员和相关专业的大专院校学生及时了解和掌握一些新的蓄能技术，特对《蓄能空调技术》进行修订，出版第 2 版。根据读者反馈和需求，第 2 版新增了相变蓄能材料的合成及蓄能特性、蓄冷球堆积床蓄冷空调系统、盘管式蓄冷空调系统、分离式热管蓄冷空调系统、太阳能堆积床蓄热系统、太阳能光伏光热蓄热系统、热管蓄热系统等内容，同时删去了我国能源发展现状与趋势、蓄冷空调系统辅助设备确定、地源热泵空调等内容。

参加修订的人员有方贵银、李辉、张诵华、李平、许春宁、罗四银、李晓晶，研究生张曼、吴双茂、刘旭、陈智、单锋、曹磊、唐方、唐耀杰、苏棣、刘凌焜、黄香、林雅雪、贾雨婷等也参与了修订工作。在修订过程中，参阅和引用了一些文献资料，在此一并向相关作者表示感谢。

限于编著者的水平，书中难免有缺点和错误，恳请广大读者批评指正。

编著者

目　　录

第一章 蓄能技术概述

第一节 蓄能技术的类型

由于在日常生活或工业生产中，能量的产生和需求在时间上和数量上是不一致的，因此为了有效地利用能量，就必须设置一些蓄能装置。从电力供应方面来看，在均衡负荷、补偿负荷变动及稳定电力系统方面，需要使用蓄能装置。通过均衡负荷，可减少发电和输变电设备的需要量，或有效地利用发电和输变电设备。如将谷期的电能蓄存起来供峰期使用，将大大改善电力供需矛盾，提高发电设备的利用率，节约投资。

从用电方面或需求方面来看，为了有效地利用能源，特别是特定时间内的廉价能源，也需要使用蓄能装置。在用户方面可设置蓄能装置和蓄电装置。

按蓄能形态分，有储存石油、煤炭和天然气等方式，这些物质本身就是一种含能体，因此将这些含能体（或含能的物质）储存起来就能达到能量蓄存的目的。也有与此不同的方式，即进行能源转换的蓄能方式。采用能源转换的蓄能方式，可把要蓄存的能源转化为机械能、电磁能、化学能和热能等。为此而开发的技术已有蓄存显热和潜热能的蓄热（冷）技术，使用蓄电池的化学蓄能技术，使用电容器和超导线圈的电磁蓄能技术，抽水蓄能、压缩空气蓄能及飞轮蓄能等机械能蓄存技术。

一、机械能蓄存

（一）飞轮蓄能

飞轮蓄能是机械蓄能的一种方式，它将电能转化成可蓄存的动能或势能。当电网电量富裕时，飞轮蓄能系统通过电动机拖动飞轮加速以动能的形式蓄存电能；当电网需要电量时，飞轮减速并拖动发电机发电以放出电能。飞轮转子选用比强度（抗拉强度/密度）较高的碳素纤维材料制造，运行于密闭的真空系统中。系统中的高温超导磁悬浮轴承是利用永磁铁的磁通被超导体阻挡所产生的排斥力，使飞轮处于悬浮状态的原理制造的。

在风力-柴油系统中，飞轮蓄能装置是较理想的辅助支撑能源装置。随着风力发电技术的成熟和推广应用，风力发电机组+内燃机组+飞轮蓄能系统的组合装置将承担局部冲击负荷和起调峰作用。

欧洲已有215MW·h的飞轮蓄能装置；日本飞轮公司已将飞轮蓄能装置进行商品化生产，设计了蓄能8MW·h的飞轮蓄能装置；美国于1994年研制了飞轮直径为3.81m、质量为11.35kg、极限蓄能容量为2~5kW·h的高温超导飞轮蓄能装置，并于1997年研制了1MW·h、飞轮质量为19kg的系统试验装置。

（二）抽水蓄能

抽水蓄能是利用电力系统负荷低谷时的剩余电量，由抽水蓄能机组以水泵工况运行，将下水库的水抽至上水库，即将不可蓄存的电能转化成可蓄存的水的势能，并蓄存于上水库中的。当电网出现峰荷时，由抽水蓄能机组以水轮机工况运行，将上水库的水用于水力发电，满足系统调峰需要。其能量转换效率为60%~70%。

抽水蓄能的优点是运行方式灵活，起动时间较短，增减负荷速度快，运行成本低。其缺点是初期投资较大，工期长，建设工程量大，远离负荷中心，需要额外的输变电设备以及一定的地质和水文条件。

我国已建造了天荒坪抽水蓄能电站、十三陵抽水蓄能电站、广州抽水蓄能电站、台湾日月潭抽水蓄能电站等抽水蓄能电站。

（三）压缩空气蓄能

压缩空气蓄能利用电力系统负荷低谷时的剩余电量，由电动机带动空气压缩机，将空气压入作为储气室的密闭大容量地下洞穴，即将不可蓄存的电能转化成可蓄存的压缩空气的气压势能，并蓄存于储气室中。当系统发电量不足时，将压缩空气经换热器与油或天然气混合燃烧，导入燃气轮机做功发电，满足系统调峰需要。其能量转化规律为：$0.8kW \cdot h$ 的低谷电 $+3794kJ$ 的天然气能提供 $1kW \cdot h$ 的高峰电，能量转换效率为 $65\% \sim 75\%$。

压缩空气蓄能的优点是运行方式灵活，起动时间短，污染物排放量、运行成本均只有同容量燃气轮机的 $1/3$；可在短时间内以模块化方式建成；投资相对较少，单位蓄能发电容量的投资费用为抽水蓄能电站的一半；特别适合缺乏自然条件建造抽水蓄能电站的电网蓄能。其缺点是远离负荷中心，需要一定的地质条件。

德国于 1978 年利用 2 个地下岩盐层的空洞作为储气室，进行压缩空气蓄能。洞室容积各为 15 万 m^3，储气压力最高为 761MPa，额定容量为 $290MW \cdot h$，有 4h 的发电能力。该系统运行至今，可用率为 90%。

二、电磁能蓄存

（一）电容器蓄能

电容器蓄能也是蓄存能量的一种方式。电容器是储存电荷的"容器"，其储存的正、负电荷等量地分布于两块中间隔以电介质的导体板上。同电池等蓄能元件相比，电容器可以瞬时充放电，并且充放电电流基本上不受限制，可以为熔焊机、闪光灯等设备提供大功率的瞬时脉冲电流。

韩国 NESS 公司生产了一种名为 Ultra Capacitor 双层电解电容器的能量蓄存装置。在充电时，通过电解液将电荷蓄存在两端的电极表层上。电容器中的电解液并不发生化学反应，产生的是物理变化。使用时，充放电的速率很稳定。相对于传统的电解电容器来说，其电极使用多孔性的活性炭，活性炭粒子拥有相当大的表面积，可以吸附更多的电荷，保存更多的能量，是一种高容量型电解电容。它在释放能量时，比利用化学反应的电容器更快，电量更多，也更稳定。

（二）超导电磁蓄能

超导电磁蓄能是将超导体材料制成超导螺旋管，通过功率调节器，将低谷电转化成直流电，以磁场的形式蓄存于超导螺旋管中。当系统负荷超过可供电量时，通过功率调节器的逆向输送，将蓄存于超导螺旋管中的磁场能转换成交流电，以补充电网电力。

其优点是不经过其他形式的能量转换，可长期无损耗地蓄存能量，蓄能效率可达 $92\% \sim 95\%$；蓄能密度可达 $40MJ/m^3$；单位蓄能量的成本低；不受地形限制，占地面积小；反应速度快，操作和维护方便。其缺点是初期投资大；冷却技术较复杂；强磁场对环境可能有影响。

研究表明：$0.1MW \cdot h$ 等级的小型超导蓄能装置主要用于改善电网稳定性，小波动负载调平，电压波动调平，间断型电源调平输出；$10MW \cdot h$ 等级的中型超导蓄能装置主要用于负载调平后减少传输容量和小电站建设，大波动负载调平，电压波动调平，减少无功功率调节，减少频率调节装置和瞬时备用功率，改善电源可靠性，防止中间连接功率波动等；$1GW \cdot h$ 等级的大型超导蓄能装置，除了具有中型装置的功能外，还具有负载调平后减少峰值电源装置、减少传输损失、改善发电设备的热效率等功能。

目前，美国、日本在研制 $5000 \sim 5500 MW \cdot h$ 的地下式超导蓄能装置，效率约为 91%。

三、化学能蓄存

（一）化学燃料蓄能

化学燃料，如煤、石油、天然气以及由它们加工而获得的各种燃料油、煤气等，其本身就是一种含能体，因此，将这些含能体储存起来就能达到能量蓄存的目的。这种蓄能方式相对简单，以至常常被人们忽略，例如，汽车的油箱，飞机和飞行器的燃料储存箱，燃煤电厂的堆煤场，以及天然气储气罐等，都是化学燃料蓄能的常见例子。

（二）电化学蓄能

电池是一个电化学系统。电池在工作时，化学能转化为电能。电池一般分为原电池（一次电池）、蓄电池（二次电池）和燃料电池。原电池经过连续放电或间歇放电后，不能用充电的方法将两极的活性物质恢复到初始状态，即反应是不可逆的。蓄电池在放电时，通过化学反应可以产生电能，而充电（通以反向电流）时则可使体系恢复到原来的状态，即将电能以化学能的形式重新蓄存起来，从而实现电池两极的可逆充放电反应。燃料电池又称为连续电池，与其他电池相比，其最大的特点是正负极本身不包含活性物质，活性物质被连续地注入电池，就能够使电池源源不断地产生电能。

1. 蓄电池蓄能

高效电池蓄能系统由电池、直-交逆变器、控制系统、安全和环保等辅助设备所组成。为得到较大的蓄能效果，需按"单电池→组合电池→电池群→发电单元"的程序组合。新型蓄能电池主要有硫化钠电池、氧化还原硫电池、氯化锌电池、溴化锌电池和过锌铁氰化物电池等。

其优点是蓄存效率高。日本研制的 $100 kW \cdot h$ 新型钠硫电池系统的充放电效率可达 90% 以上，负荷响应快，无振动、噪声，符合环保要求，可作为太阳能和风能发电的补充电源，可设计成安装在用户配电侧的用户电池蓄能装置。

2. 燃料电池蓄能

燃料电池是一种新型发电技术，它不同于普通的干电池。燃料电池实际上是进行电化学反应的反应器，不储存燃料和氧化剂。燃料电池的种类很多，目前世界上较流行的是质子交换膜电池，其核心是三合一电极，它由两块涂有催化剂的电极和夹在中间的质子交换膜压合而成。

质子交换膜既有质子交换的功能，又有隔离燃料气体和氧化剂的作用。当作为燃料的氢气被通入"氢"电极时，在催化剂的作用下，氢分子分解成电子和质子。质子穿过质子交换膜到达"氧"电极，在催化剂的作用下与空气中的氧气发生反应产生水。电子通过外电路产生电流，对外供电。

由于氢气的制造、储存技术已相当成熟，燃料电池的转化效率又相当高，故燃料电池可作为一种有效的蓄能手段。在热电联供情况下，燃料电池的燃料总利用率可达 80%。可根据需要进行串联、并联，且能量转化效率基本不变，可在几秒钟内从最低负荷升至最高负荷，并可短时间过载运行，污染物排放很少。

四、热能蓄存

热能是最普遍的能量形式，热能蓄存就是把一个时期内暂时不需要的多余的热量通过某种方式收集并蓄存起来，等到需要时再提取使用的一种蓄能形式。

热能蓄存的方法可分为显热蓄存、潜热蓄存和化学反应热蓄存三大类型。

（一）显热蓄存

显热蓄存通过蓄热材料温度升高来达到蓄热的目的。蓄热材料的比热容越大，密度越大，所蓄存的热量就越多。太阳能采暖系统中必须配备蓄热装置。对于采用空气作为吸热介质的太阳能采暖系统，通常选用岩石床作为热能蓄存装置中的蓄热材料；对采用水作为吸热介质的太阳能采暖系统，则选用水作为蓄热材料。

1. 蒸汽蓄能

在外界低负荷时，将多余的中压（4.8MPa左右）蒸汽导入蓄热器蓄存。当外界需要负荷时，再将蓄热器中的蒸汽补充给汽轮机组发电，从而保证电厂锅炉、汽轮机以最佳参数运行，起到调峰机组的作用。以地下式蓄热器为例，蓄热器建造在地下岩体中，岩洞的深度应位于岩层静压力等于最大蓄热压力的1.33倍处，以保证岩洞受压后不会产生裂缝。

2. 热水蓄能

将火电或核电机组在夜间低谷时产生的部分热量，以高压热水的形式储藏起来；在白天高负荷时，利用二相流的热水透平设备和闪蒸汽轮机将储藏的热水用于发电。

运行时，将热水槽中的热水直接导入热水透平发电。热水透平的排汽导入分离装置和多级喷洒装置，并在各自的压力下减压分离，使饱和蒸汽进入闪蒸蒸汽透平做功发电，最后进入凝汽器。热水的抽出点一般应选择在对火电或核电机组运行影响最小，且能稳定抽出热水的管段，如设在高压给水加热器出口处。

热水蓄能系统的输出功率由蓄热发电的热水量、热水压力、火电或核电机组的最大发电功率、储藏发电效率等决定。通过选择闪蒸蒸汽透平的级数和热水透平的形式，可以增加功率输出。

（二）潜热蓄存

潜热蓄存是利用蓄热材料发生相变来蓄能的。由于发生相变时的潜热比显热大得多，因此潜热蓄存有更高的蓄能密度。通常潜热蓄存都是利用固体－液体相变蓄热，因此，熔化潜热、熔点是否在适应范围内、冷却时的结晶率、化学稳定性、热导率、对容器的腐蚀性、是否易燃、是否有毒、价格是否低廉，是衡量蓄热材料性能的主要指标。

液体－气体相变蓄热应用最广的蓄热材料是水，因为水有汽化潜热较大、温度适应范围较大、化学性质稳定、无毒、价廉等优点。不过水在汽化时有很大的体积变化，因此需要较大的蓄热容器。

1. 相变蓄热供暖

为了减少城市用电的峰谷差，应充分利用夜间廉价的电能加热相变材料，使其产生相变，以潜热的形式蓄存热能。白天这些相变材料再将蓄存的热能释放出来，供房间采暖。

在利用相变蓄热的采暖方式中，应用最广的是电加热蓄热式地板采暖。与传统的散热器采暖相比，其优点是舒适性好。普通散热器主要靠空气对流散热，而地板采暖主要利用地面辐射，人可同时感受到辐射和对流加热的双重效应，更加舒适，且运行费用远低于无蓄热的电热供暖方式。

另外，吸收太阳能辐射热的相变蓄热地板、利用楼板蓄热的吊顶空调系统，以及相变蓄能墙等建筑物蓄能的新方法也正在开发研究之中。

2. 蓄冷空调

所谓蓄冷空调是指在夜间电网低谷时间（同时也是空调负荷很低的时间），制冷主机开机制冷并由蓄冷设备将冷量蓄存起来，待白天电网高峰用电时间（同时也是空调负荷高峰时间），再将冷量释放出来满足高峰空调负荷的需要。这样，制冷系统的大部分耗电发生在夜间用电低谷期，而在白天用电高峰期只有辅助设备在运行，从而实现了用电负荷的"移峰填谷。"

目前，在蓄冷空调中主要采用水蓄冷和冰蓄冷。对共晶盐蓄冷和气体水合物蓄冷，国内外也都进行过一些研究。

水蓄冷是利用蓄水温度在 4 ~ 7℃之间的显热进行蓄冷。它可以使用常规的制冷机组，可实现蓄冷和蓄热的双重用途。蓄冷、释冷运行时冷水温度相近，制冷机组在这两种运行工况下均能维持额定容量和效率。但水蓄冷存在蓄能密度低、蓄冷槽体积大及槽内不同温度的冷水易混合的缺点。

冰蓄冷是利用冰的相变潜热进行冷量的蓄存，具有蓄能密度大的优点。但冰蓄冷相变温度低（0℃），且蓄冰时存在较大的过冷度（4 ~ 6℃），使得其制冷主机的蒸发温度须低至 − 8 ~ −10℃，这将使制冷机组的效率降低。另外，在空调工况和蓄冰工况时，要配置双工况制冷主机，增加了系统的复杂性。

共晶盐蓄冷的优点是其相变温度与制冷主机的蒸发温度相吻合，选用一台制冷主机即可进行制冷、蓄冷工况运行。其缺点是蓄冷密度较低，相变凝固时存在过冷现象，且材料易老化变质、蓄冷性能易发生衰减。

气体水合物蓄冷是利用某些制冷剂蒸气与水作用时，能在 5 ~ 12℃的条件下形成水合物，而且结晶相变潜热较大。其蓄冷温度与空调工况相吻合，且蓄冷、释冷时传热效率高。但该方法还存在一些问题，如制冷剂替代、制冷剂蒸气夹带水分的清除、防止水合物膨胀堵塞等。

（三）化学反应热蓄存

化学反应蓄热是利用可逆化学反应通过热能与化学热的转换蓄热的。它在受热和受冷时可发生可逆反应，分别对外吸热或放热，这样就可把热能蓄存起来。典型的化学蓄热体系有 $CaO - H_2O$、$MgO - H_2O$、$H_2SO_4 - H_2O$ 等。

例如，某化合物 A 通过一个吸热的正反应转化成高焓物质 B、C，即热能储存在物质 B、C 中；当发生可逆反应时，物质 B、C 化合成 A，热能又被重新释放出来。其蓄热和放热过程可表示为

$$A \xrightleftharpoons[\text{冷却，放热过程}]{\text{加热，蓄热过程}} B + C$$

可作为化学反应热蓄能的热分解反应很多，但要便于应用则要满足一些条件，如反应可逆性好、无明显的附带反应；正、逆反应都应足够快，以便满足对热量输入和输出的要求；反应生成物易于分离且能稳定蓄存，反应物和生成物无毒、无腐蚀性和无可燃性等。

1. 水合物系

水合物系是利用无机盐 A 的水合－脱水反应，结合水的蒸发、冷凝而构成的化学热泵。其反应式为

$$A \cdot nH_2O \Longrightarrow A \cdot mH_2O + (n - m)H_2O$$

硫化钠（Na_2S）是典型的蓄热型水合物，其反应可逆性、稳定性好，且 Na_2S 产生的热量可达 1kW/kg。其反应过程为

$$Na_2S \cdot 5H_2O \Longrightarrow Na_2S + 5H_2O$$

由于水合物是在较低温度下分解，因此适用于有效利用低温、中温的太阳能和工业余热。

2. 氢氧化物系

它利用的是碱金属、碱土金属氢氧化物的脱水—加水反应，目前大多是利用 $Ca(OH)_2/CaO$、$Mg(OH)_2/MgO$ 的可逆化学反应。反应式为

$$Ca(OH)_2(\text{固}) \Longrightarrow CaO(\text{固}) + H_2O(\text{气})$$
$$Mg(OH)_2(\text{固}) \Longrightarrow MgO(\text{固}) + H_2O(\text{气})$$

$Ca(OH)_2$ 粉末经热分解脱水就能完成化学蓄热。当水蒸气通入填充了 CaO 粉末的绝热填充床时，即发生放热反应，出口水蒸气温度便可达到 500℃，接近 $Ca(OH)_2$ 在一个大气压下的分解

温度。

3. 金属氢化物

当被储存的热源温度较低时，可以利用金属氢化物蓄热。某些金属或合金具有吸收氢的能力，它们在适当的温度和压力下可与氢反应生成金属氢化物，同时释放出大量热能；反之，金属氢化物在减压、加热的条件下，可发生吸热反应并释放出氢。其反应式为

$$M(固) + \frac{n}{2}H_2(气) \Longleftrightarrow MH_n(固) + Q_M$$

式中，M 是储氢合金；MH_n 是金属氢化物。

目前，已开发的储氢合金主要有稀土镍基、钛铁基、镁基三类合金。稀土镍基合金可用于热源温度低于 100℃ 的场合，钛铁基合金用于 200℃ 的场合，而镁基合金则可用于 300℃ 的场合。为了降低成本，改进储氢、释氢特性，通常对合金进行多元合金化，主要以 Al、Mn、Fe、Cr、Cu、Zr 等元素部分取代 Ni，如 $LaNi_{4.7}Al_{0.3}$ 等。

稀土镍基储氢合金的典型代表是 $LaNi_5$、$MnNi_5$。在 25℃ 和 0.2MPa 压力下，其储氢量约为 1.4%。钛铁基储氢合金的典型代表是 FeTi，在室温下可进行可逆的储放氢操作，最大储氢量可达 2.2%。镁基储氢合金的代表是 Mg_2Ni，其储氢量为 3.6%，缺点是放氢需在相对较高的温度（200~300℃）下进行，且放氢动力学性能差。

第二节　相变蓄能技术的发展现状与趋势

一、相变蓄能技术的发展现状

（一）相变蓄热技术的发展现状

1. 相变蓄热式太阳能热水系统

太阳能热水器可充分利用太阳能，清洁节能，使用费用低，近年来发展迅速。但太阳能热水器受气候条件影响大，阴雨天和夜间无日照时不能产生热水，必须依靠辅助热源及庞大的保温热水箱来保证热水需要。相变蓄热式太阳能热水系统利用一种高效的相变材料进行蓄热，可以减小保温热水箱的体积，并能充分利用低谷电，从而弥补了常规太阳能热水器的缺点。

图 1-1 所示为相变蓄热式太阳能热水系统流程的组成原理。该系统热源以太阳能为主，在日照不足的连续阴雨天和冬季则辅以电能。系统由太阳能集热器、太阳能保温热水箱、相变蓄热水箱和电热锅炉等组成，并采用变频恒压供水。

该系统的工作流程如下：利用太阳能并采用温差强制循环加热方式产生热水，并储

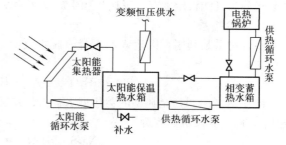

图 1-1　相变蓄热式太阳能热水系统的组成原理

存在太阳能保温热水箱中。当太阳能保温热水箱内的温度不能达到设定温度时，起动循环水泵使太阳能保温热水箱同相变蓄热水箱构成循环，使太阳能保温热水箱的温度升高达到设定温度；而相变蓄热水箱的热量补充是在低谷电时运行电热锅炉辅助加热，浴室供水采用变频恒压供水系统。系统的补水直接补充到太阳能保温热水箱中。

（1）太阳能技术　该系统选用热管真空玻璃管式集热器，由于集热器采用了热管技术，因而热效率高，同时克服了真空玻璃管式集热器易结垢、易爆管的缺点。

（2）相变蓄热技术 为了弥补太阳能易受气候影响的缺陷，并降低运行费用，在低谷电时段运行电热锅炉蓄热。被锅炉加热的高温热水循环流过相变蓄热水箱，相变蓄热水箱内的相变材料由固态变成液态，吸收大量的热；当连续阴雨天太阳能保温热水箱的温度无法达到设定温度时，起动循环水泵，相变蓄热水箱开始放热，相变材料由液态变成固态，放出大量的热，使太阳能保温热水箱内的水温升高。

（3）变频恒压供水技术 为了节约供水用电，该系统采用变频恒压供水。恒压供水以出水总管上的压力为信号，自动调节水泵的转速和台数，使水泵供水量与用水量平衡，使管网始终保持设定压力值，压力波动可控制在 0.2MPa 范围内。同时，控制系统设有缺水、过电流等保护功能。

2. 相变蓄热地板采暖

地板低温辐射采暖，由于利用了低温辐射方式供暖，室内水平温度分布均匀，垂直温度梯度小，符合脚暖头凉的人体生理需要，使得热舒适感较理想。另外，地板辐射采暖时的实感温度比非地板采暖时的实感温度要高 2℃左右，因此，其室内设计温度可比通常方式低 2℃，具有明显的节能效果。再者，地板采暖在水平面上不占用面积，不妨碍室内家具的布置和移动，而且空气对流效应小，可减少室内的尘土飞扬和扩散。由于这些优点，地板采暖越来越受到人们的青睐。目前，这种采暖方式主要有两种类型：一是利用低温热水（温度小于 60℃）作为热源，在地下预埋管道进行采暖；二是利用电能，将电热缆埋在地板下进行采暖。前者需要配套热源（一般采用户式燃油或燃气热水器）及管路布置，施工和使用均不太方便；后者由于直接使用电能，运行成本较高。地板采暖在国外应用较早，现在一种利用相变蓄热材料进行采暖的新方法正在国内外兴起。相变蓄热材料利用夜间廉价电加热，产生相变，以潜热形式蓄存热量，白天放出热量向房间供暖。相变蓄热供暖的运行费用低于无蓄热电热供暖方式，并可缓解电网峰谷差。

目前，广泛使用的相变蓄热材料是水合无机盐化合物，采用相变温度为 29℃的蓄热材料进行地板采暖是比较理想的。通过人体舒适感试验，当地表面温度为 24℃，1.7m 高处温度为 19℃时，人体的感觉是最舒适的。相变材料在蓄热和放热过程中，其潜热的吸收和释放过程是一个等温过程。用相变材料作为热源进行采暖，室内温度波动小，可以维持一个非常稳定的热环境。

相变材料采用独特的封装形式，既可用热水管，也可用电热缆进行蓄热。由于对热水的要求不高，该系统可以利用太阳能热水器、热泵以及余热等作为热源。

（1）太阳能采暖 通过循环水泵，把白天太阳能集热器得到的热量通过热水管送给地板下的相变材料蓄存起来，供晚上使用。

（2）电热缆采暖 把电热缆布置在相变材料封装板的中间，利用晚间的低谷电进行蓄热，供白天使用。这种方法既节约运行费用（低谷电价是一般电价的 1/4～1/3），又符合国家的用电政策。

3. 相变蓄热电暖器

直供式电暖器存在运行费用高的问题，具有蓄热功能的电暖器可利用低谷电蓄热，蓄存热量可随时供采暖使用，这不仅有利于缓解电力峰谷差，减少城市的燃煤污染，而且在实行峰谷电价分计政策的地区可节约运行费用。

（1）相变蓄热材料 其所用的相变蓄热材料是由几种化学原料复合而成的一种新材料，其热物性参数见表 1-1。

表 1-1 相变蓄热材料的热物性参数

相变温度/℃	相变潜热/(kJ/kg)	密度/(kg/m³)	比热容/[kJ/(kg·℃)]	热导率/[kW/(m·℃)]
70~80	288	2200	4.5	0.7

（2）相变蓄热电暖器的结构　电暖器采用电加热管直接加热，电加热套管布置在电暖器中间部位。为了避免在蓄热过程中电暖器中局部过热，在此设备中采用了4根电加热管，每根加热管的功率为200W。电加热管的加热由时间和温度控制器控制。因蓄热材料的热导率较小，在蓄液芯内部增加了横向导热翅片，以达到强化内部传热的目的；为了增加向外部空间散热的能力，在内芯的外壁上加装了散热翅片，其内芯结构如图1-2所示。内芯外部罩有封闭外壳，为了调节散热量，在外壳正面的上下部位分别加装了活动风门，如图1-3所示。

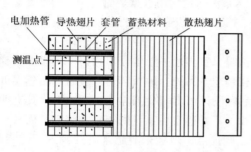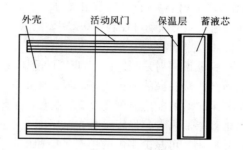

图1-2　相变蓄热电暖器内芯结构　　　　　图1-3　相变蓄热电暖器外部结构

4. 相变蓄能建筑围护结构

现代建筑向高层发展，要求所用围护结构为轻质材料，但普通轻质材料的热容较小，导致室内温度波动较大。这不仅会造成室内热环境不舒适，还会增加空调负荷，导致建筑能耗上升。通过向普通建筑材料中加入相变蓄能材料，可以制成具有较高热容的轻质建筑材料。利用相变蓄能复合材料构筑建筑围护结构，可以减少室内温度波动，提高舒适度，使建筑供暖或空调不用或者少用能量；可以减小所需空气处理设备的容量，同时可使空调或供暖系统利用夜间廉价电力运行，降低空调或供暖系统的运行费用。

相变蓄能材料是一种熔化时吸热、凝结时放热的材料。液态相变蓄能材料靠表面张力保持在多孔隙的主体材料中。因为潜热比显热大得多，所以在建筑材料中加入适量（质量分数为5%～25%）相变蓄能材料，即可对其蓄热能力产生很大的影响。目前，可采用的相变材料的潜热可达到170kJ/kg左右，而普通建材在温度变化1℃时蓄存同等热量将需要180倍于相变材料的质量。因此，相变蓄能建材具有普通建材无法比拟的热容，对于保持房间内温度的稳定及空调系统工况的平稳是非常有利的。

目前常用的相变蓄能材料主要包括无机物和有机物两大类。绝大多数无机物相变蓄能材料具有腐蚀性，而且在相变过程中具有过冷和相分离的缺点，影响了其蓄能能力；而有机物相变蓄能材料不仅腐蚀性小，在相变过程中几乎没有相分离的缺点，而且化学性能稳定，价格便宜。但有机物相变蓄能材料普遍存在热导率低的缺点，致使其在蓄能系统的应用中传热性能差，能量利用率低，从而降低了系统的效能。

目前国内外的研究都集中于有机相变蓄能材料，主要有烷烃、酯、酸、醇及石蜡等五类。相变蓄能材料与建材基体的结合工艺主要有三种：①通过浸泡，将相变蓄能材料渗入多孔的建材基体中，可供选择的多孔建材主要包括石膏板、膨胀黏土、膨胀珍珠岩、多孔混凝土等；②使高密度交联聚乙烯颗粒在熔化的相变蓄能材料中膨化，然后加入建材板材原料中；③将相变材料吸入半流动性的硅石细粉中，然后掺入建材板材中。

在建筑节能领域，通过建筑材料与蓄能材料复合，可以增加建筑物的温度调节能力，达到节能和提高舒适性的目的。

相变蓄能材料与陶瓷复合制作蓄能材料，采用直接接触换热方式，不需要换热器，能减少蓄能材料用量和缩小容器尺寸，从而可以大幅度提高蓄能系统的经济性。其中的相变蓄能材料可以看做是陶瓷微细孔隙中的胶囊结构，因表面张力和毛细管吸附力的作用，熔化的液态相变蓄能材料不会渗漏。此时的蓄热量包括相变蓄能材料的相变潜热与混合材料的显热，属于混合型蓄能方式。

将相变蓄能材料裹入聚合物的空间网络中，相变蓄能材料受界面张力和化学键的作用而保留在聚合物中间，在蓄放热的循环中液相不泄漏。用这种方法制成的水/聚丙烯酰胺系统，可以用在直接接触式蓄热系统中。

用浸制的方法将相变蓄能材料渗入基体材料（石膏板、混凝土、塑料板和泡沫材料等）中，可以制成具有蓄能功能的墙体材料。将 93% ~ 95% 的软脂酸与 7% ~ 5% 的硬脂酸的混合物浸入石膏板材中，浸入相变蓄能材料的质量分数为 23%。该蓄能墙体材料在 23 ~ 26.5℃ 时熔解吸热，在 22 ~ 23℃ 时凝固放热，其蓄能容量为 381kJ/m²，可用于空调建筑节能。

目前存在的问题是蓄能建筑材料的耐久性以及经济性问题。其耐久性主要有三类问题：其一是相变蓄能材料在循环相变过程中热物理性质退化；其二是相变蓄能材料从建筑基体材料中泄漏出来；其三是相变蓄能材料对建筑基体材料的作用。其经济性问题表现为相变材料的价格较高，导致其费用上升。

为了解决上述问题，必须从以下两方面着手：一是相变蓄能材料的筛选与改进；二是相变蓄能材料与建筑基体材料的复合方法。相变材料的选择是进一步筛选符合环保要求的低价有机复合相变材料，如可再生的脂肪酸及其衍生物。有机相变蓄能材料混合物的使用对蓄能建材的研究开发具有十分重要的意义。其一是突破了纯物质熔点对选用相变蓄能材料的限制，有可能以两种或几种价廉、供应充裕、不同熔点的纯物质来组成熔点合适的相变蓄能材料混合物，从而解决价格问题。其二是由于选用不同组元和改变成分，几乎可以连续调整蓄能建材的相变温度，使得相变温度的优化有了实际意义。其三是适当选择组元，可使混合物部分保留某些组元的优点，例如，烷烃与酯类混合，可能既保留了相当大的相变潜热，又能抑制表面结霜趋势。

5. 高温固液相变吸热/蓄热器

随着航天技术的进一步开发利用，对空间电源的要求也越来越高，要求其具有可靠性高、功率大、质量小、寿命长、成本低的特点。把太阳能转换为航天器所需要的电能，目前主要有两种方法：一种是光电直接转换系统，采用太阳能光伏电池阵与化学蓄电池组合的供电方式；另一种便是太阳能动力发电系统，与光伏发电系统相比，它的能量储存/释放效率高，寿命长，且具有较小的比质量和比面积。由于其效率高、尺寸小、阻力小，因而可节省轨道提升成本。此外，较小的太阳能聚光器面积还增强了空间站的飞行稳定性，改善了空间站的视野。

高温固液相变吸热/蓄热器是空间太阳能热动力发电系统四大部件之一，其质量大约占总系统质量的 1/3，它集吸热、传热和储热三项功能为一体。在日照期，吸热器吸收太阳反射器反射进来的太阳光，一部分能量直接传递给循环工质，剩余能量利用蓄热材料储存起来。在轨道的阴影期，蓄热材料向循环工质放热，以保证系统在阴影期的正常运行。为了保证轨道阴影期仍能连续供电，吸热器内装有相变材料蓄热器，它与吸热器组成一个整体。在日照阶段，由聚光器反射到吸热器内的太阳能除加热循环工质外，多余的热由相变蓄能材料（PCM）吸收，PCM 部分或全部由固相变为液相。当进入轨道阴影期时，PCM 由液相变为固相，并用释放的潜热来加热循环工质，从而保证热机连续供电。图 1-4 所示为高温固液相变吸热/蓄热器结构。工质从入口总导管进入吸热腔内的多根工质导管，经过吸热腔后合并进入出口总导管。循环工质导管上套装着多个分离的 PCM 容器，相变蓄能材料封装在容器中。

　　北京航空航天大学进行了吸热/蓄热器关键技术的研究。他们分析了微重力下 PCM 容器内的三维相变传热过程，编写了热分析计算软件；在地面环境模拟的真空环境下，完成了吸热/蓄热器单元换热管的蓄、放热试验；完成了 2kW 吸热/蓄热器热设计；研制出了可用于吸热/蓄热器样机的单根换热管样件；验证了换热管样件的热性能；对 2kW 整机吸热器各部件的材料和制造工艺进行了初步研究。

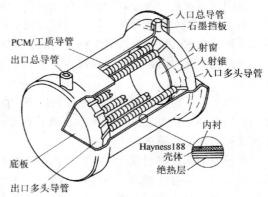

图 1-4　高温固液相变蓄热/吸热器结构

　　（二）相变蓄冷技术的发展现状

　　自改革开放以来，我国的综合国力和人民生活水平都有了较大程度的提高。电力工业作为国民经济的基础产业之一，已取得了长足发展。但是，电力的增长仍然满足不了国民经济的快速发展和人民生活用电急剧增长的需要，全国缺电局面仍然存在。目前，电力供应紧张主要表现在下述方面：

　　1）电网负荷率低，系统峰谷差加大，高峰电力严重不足，致使电网经常拉闸限电。峰谷差占高峰负荷的比例已高达 30% 以上。

　　2）城市电力消费增长迅速，但城市电网与此不相适应，造成有电送不出、配不下的局面。而在夏季高温天气时，许多城市都出现配电设备超载运行的情况。

　　目前峰谷电价政策的出台及不断完善，将为促进我国蓄冷空调的发展和应用创造良好的外部经济环境，蓄冷技术在我国的应用将形成不断发展的趋势。一方面，随着峰谷电价比的加大，用户侧采用电力蓄能技术将大大减少其空调运行费用，降低用电成本，提高企业效率；另一方面，采用蓄能空调技术"移峰填谷"，有利于提高电网负荷率，也有利于电网的安全经济运行。电力蓄能技术不仅是应对当前电力供应紧张形势的有效手段，即使是在今后电力供求平衡时期，它也是 DSM 重要的"移峰填谷"技术措施。

　　20 世纪 70 年代以来，世界范围的能源危机促使蓄冷技术迅速发展。美国、加拿大和欧洲一些国家重新将冰蓄冷技术引入建筑物空调，积极开发蓄冷设备和系统，实施的工程项目也逐年增多。1994 年年底前，美国约有 4000 多个蓄冷空调用于不同的建筑物，其中水蓄冷占 10%，共晶盐蓄冷占 3.3%，冰蓄冷占 86.7%。

　　美国不仅冰蓄冷工程数量占多数，在蓄冰设备方面也有发展。FAFCO 蓄冰槽、Calmac 蓄冰筒等日趋完善，同时 BAC 外融冰蓄冷槽也向内融冰蓄冷槽方面扩展。美国 Mueller 公司动态制冰设备在美国、日本、韩国、中国等地有众多工程在运行。

　　法国 CIAT-Cristopia 公司在欧洲、亚洲、美洲的几十个国家有经销商。

　　日本在冰蓄冷开发研制阶段，约有 30 多家公司的 40 余种不同的装置和系统进入市场，有些技术是从美国 BAC、FAFCO、CALMAC、TRANSPHASE，法国 CRISTOPIA-STL，加拿大 SUNWELL 引进的。

　　我国从 20 世纪 90 年代初开始建造水蓄冷和冰蓄冷空调系统，至今已有建成投入运行和正在施工的工程 400 多个，分布在 4 个直辖市和 17 个省，全国 2/3 的省市都建造了蓄冷空调系统。已建的蓄冷空调工程主要集中在城市建设和经济发展迅速、同时电力紧缺的北京市和东南沿海地区。

　　我国水蓄冷空调工程采用了十几项专利技术，载冷体工作温差达 8～10℃，甚至更大，使蓄冷密度由原来的 5.8kW/m³ 提高到 11.6kW/m³ 或更大，由此使蓄冷槽的容积大大减小，工程造价、传热损耗以及载冷体输送功耗也随之减小，尤其是在建筑物附近有空地可建蓄冷槽或已有的消防水池可利用时，更有其推广使用的价值。

到目前为止，我国冰蓄冷空调工程不仅采用了美国 BAC、FAFCO、CALMAC、MUELLER、CRYOGEL 和法国 CIAT 的先进蓄冰设备，我国的清华同方、浙江华源和浙江国祥等公司也开发了有自主特色的蓄冰设备。

从已建成和投入运行的蓄冷空调工程来看，具有如下特点：

1）我国已建成的水蓄冷和冰蓄冷空调工程，由于精心设计、施工和运行，不仅保证了工程质量，达到了设计要求，在"移峰填谷"、减少运行费用方面也起到了积极的作用。

2）由于冰蓄冷提供了低温冷源，为低温送风技术的利用创造了有利条件。冰蓄冷技术与低温送风技术相结合，既可以有效地减小峰谷差，又可以节能与节省初投资。我国已经在冰蓄冷空调工程中采用了大温差和低温送风系统。

3）在采用区域供冷系统时，冰蓄冷方案也作为考虑或采用的方案之一，在某些工程中已被采用。

4）热泵及蓄能式中央空调技术方案已被几项工程采用。例如，北京九华山庄二期工程采用了冰蓄冷 + 土壤热泵系统，建筑面积 131262m²，设计日峰值负荷为 3733t（冷），总蓄冰量为 8050t（冷）·h。

5）冰蓄冷空调工程的测试工作开始引起人们的重视（国家电力调度中心从 2003 年 8 月开始进行冰蓄冷空调系统的测试工作），使我们能更深入地了解和掌握冰蓄冷空调工程的特性。

6）重视大温差和低温送风中遇到问题的研究工作，某些厂家开始生产和供应大温差和低温送风末端装置。

二、相变蓄能技术的发展趋势

（一）相变蓄热技术的发展趋势

1. 新型相变蓄热材料

（1）光蓄热材料 光蓄热材料主要以蓄热纤维为主，日本在这方面的研究工作比较突出。例如，有人对元素周期表第Ⅳ族过渡金属的碳化物（ZrC、TiC、HfC）进行了研究。研究结果为，上述材料遇 0.6eV 以上的高能光（波长在 2μm 以下）时将其吸收并进行热交换，遇低能光（波长在 2μm 以上）则不吸收而将其反射回去。若合成纤维在抽丝前将 ZrC 掺入芯内，就可以吸收太阳能的可视近红外线，将其转换为热量，并把人体的温度反射回去，从而使纤维具有蓄热保温的作用。

（2）定形相变材料

1）固－固定形相变材料。此类定形相变材料在受热或冷却时，通过晶体有序－无序结构之间的转变而可逆地吸热、放热，主要有多元醇类。多元醇的固－固转变热较大，一般在 100kJ/kg 以上，如季戊四醇的固－固转变热为 209.45kJ/kg。但由于多元醇易于升华，其作为相变蓄热材料使用时仍需要容器。

2）固－液定形相变材料。选择一种熔点较高的材料作为基体，将相变材料分散于其中，构成复合相变蓄热材料。在发生相变时，由于基体材料的支撑作用，虽然相变材料由固态转变为液态，但整个复合相变材料仍然维持在原来的形态。这种定形相变材料常以高密度聚乙烯（HDPE）为基体，石蜡作为相变材料。首先将这两种材料在高于它们熔点的温度下混熔，然后降温，HDPE 首先凝固，此时仍然呈液态的石蜡则被束缚在由凝固 HDPE 所形成的空间中。只要使用温度不超过 HDPE 的软化点（100℃），定形相变材料的强度就足以保持其形状不变。

选用不同相变温度的石蜡可制备成不同熔点的定形相变材料。定形相变材料还可以根据需要制成丸状、棒状或板材，也可与混凝土等混合，制成相变蓄能建筑材料。

(3) 功能热流体 功能热流体是由相变材料微粒（直径为微米量级）和单相传热流体构成的一种固-液多相流体。与普通单相传热流体相比，由于相变材料微粒固-液相变过程中吸收或释放潜热，因此这种多相混合流体具有很大的表观比热容；且由于相变微粒的存在，可明显增大传热流体与流道管壁面间的传热能力，减小换热器及相应管路的尺寸。这是一种集蓄热与强化传热功能于一身的新型蓄传热介质。功能热流体有潜热微乳剂和潜热微胶囊两种类型。

1) 潜热微乳剂。石蜡（C_nH_{2n+2}）是一种固-液相变材料，和水不相溶，它和水可构成一种特殊的功能热流体。细微的石蜡颗粒混于水中，加入微量的表面活性剂，便可形成性能稳定的潜热微乳剂。其中石蜡为悬浮相，水为连续相。由于表面活性剂的作用，防止了细微石蜡颗粒间的黏结。表面活性剂常采用非离子型聚乙烯乙二醇。随着表面活性剂量的增加，石蜡微粒直径将减小。日本冈山大学的稻叶英男教授对水/油蓄能材料的蓄热特性、流动特性及系统换热特性进行了研究。天津大学的赵镇南等人对潜热型微乳液进行了传热性能测试，结果表明，其传热能力较水有明显提高，但黏度却为水的 10 倍以上。

2) 潜热微胶囊。随着高分子技术的发展，固-液相变材料的封装技术出现了一些新的进展。微胶囊技术是一种用成膜材料把固体或液体包覆形成微小颗粒的技术。可用有机材料作为微胶囊的囊壁，相变材料作为囊芯，制成微米级的相变蓄能颗粒。微胶囊技术的优势在于形成胶囊时，囊芯部分被包覆而与外界环境隔绝，这样，它的性质便可以毫无影响地保留下来。

典型的微胶囊技术如下：使包覆材料在相变微粒的冷却过程中固化并沉积其上。为了使潜热微封装粒子在水中稳定悬浮，其平均直径应在 $1 \sim 10 \mu m$ 范围内，此外，还需加入一些表面活性剂以增强悬浮效果。微封装膜层一般很薄，仅为 $2 \sim 10 nm$，因此它的热阻很小。为防止相变材料泄漏，常采用双层膜。外膜为亲水性材料，如三聚氰（酰）胺树脂、聚苯乙烯和聚酰胺；内膜为疏水性材料，如聚氟化物。

清华大学的张寅平等人进行了功能热流体的研制和强化传热机理的研究，研制出了直径为微米量级的十四烷潜热型微胶囊，它具有良好的流动、传热性能。

(4) 纳米复合相变蓄热材料 纳米材料是 20 世纪 80 年代中期发展起来的新型材料，它由纳米级的粒子组成，介于宏观物质和微观原子、分子之间。"纳米复合材料"一词是 20 世纪 80 年代初由 ROY 和 Komarneni 提出来的。它与单一相组成的纳米结晶材料和纳米相材料不同，是由两种或两种以上的吉布斯固相至少在一个方向以纳米级大小（$1 \sim 100 nm$）复合而成的复合材料。固相可以是非晶质、半晶质、晶质或兼而有之，也可以是无机物、有机物或两者相兼。石墨层间化合物、层柱黏土矿物、黏土矿物—有机复合材料和沸石复合材料等纳米材料都是纳米复合材料。

华南理工大学的张正国等人提出了将有机相变材料与无机物进行纳米复合的新方法，采用溶胶—凝胶方法制备出了有机相变材料/二氧化硅纳米复合蓄热材料。它可利用无机物二氧化硅所具有的比有机物高的热导率，来提高复合相变蓄热材料的导热性能；又由于纳米复合蓄热材料具有纳米尺寸效应、比表面积大、界面相互作用强等特点，能将有机相变蓄热材料与无机物二氧化硅的结构、物理和化学特性充分地结合起来。因此，有机/无机纳米复合蓄热材料的稳定性好，在发生相变时，有机相变材料很难从二氧化硅的三维纳米网络中泄漏出来。

2. 相变蓄热新技术

(1) 相变材料在蓄热调温纺织品上的应用 蓄热调温纺织品是一种通过纺织品表面或纤维内含有的相变物质遇冷、热后发生固-液可逆相变而吸收、放出热量，从而具有温度调节功能的新型高技术纺织品。这类纺织品能够根据外界环境温度的变化，在一定的温度范围内自由地调节纺织品内部温度。即当外界环境温度升高时，可以蓄存能量，使纺织品内部温度升高的程度相对较低；当外界环境温度下降时，可以释放能量，使纺织品内部温度降低得相对较少，做成服装后比常规纺织品更具有舒适性。

蓄热调温纺织品常采用织物表面整理法和直接纺丝法制成。织物表面整理法通常采用蓄热微胶囊技术。蓄热微胶囊是将相变物质在液态时包囊在微小球体中，含有相变物质的微胶囊随着外界环境温度的变化，相应地吸收热量和释放热量。将蓄热微胶囊整理到织物表面，可以明显提高织物的保温性。美国 Triangle 公司在 20 世纪 90 年代初，合成出了直径为 $15 \sim 40 \mu m$、具有热能吸收和释放功能的微胶囊，并将微胶囊整理在织物表面，得到了具有温度调节功能的纺织品。

直接纺丝法有相变物质直接纺丝和蓄热微胶囊共混纺丝两种类型。日本酯公司采用直接纺丝法将低温相变物质（如石蜡）纺制在纤维内部，并在纤维表面进行环氧树脂处理，以防止石蜡从纤维中析出。该纤维在升降温过程中，石蜡熔融吸热、结晶放热，使纤维的热效应明显不同于普通纤维。日本东洋公司利用熔点为 $5 \sim 70 ℃$、熔融热在 $30 J/g$ 以上的塑性晶体作为芯材，以普通成纤聚合物为鞘层，皮芯复合纺丝研制出了一种发热耐久性和物理力学性能良好的复合纤维。天津工业大学的研究表明，单纯将相变物质作为一种成分用于熔融复合纺丝很困难，由于低温相变物质的熔融黏度很低，完全不具备可纺性，只有将低温相变物质与多种增稠剂混合后才能用于纺丝。采用相对分子质量为 1000 的 PEG 纺出的纤维具有明显的温度调节功能。

美国 Triangle 公司采用蓄热微胶囊共混纺丝法，将石蜡类碳氢化合物封入直径为 $1.0 \sim 10.0 \mu m$ 的微胶囊中，然后与聚合物溶液一起纺丝，得到了具有可逆蓄热特点的纤维。1997 年 Outlast 公司和 Frisby 公司采用这一技术生产出了腈纶纺织品，用于保温内衣、毛毯、滑雪靴、夹克和运动袜等。

在纺织服装方面，制成自动调温的服装，根据外界环境温度的变化，为人体提供一个舒适的微气候环境。在人体与外界环境之间，对人体体温起到积极的调节作用。应用在运动性服装中，相变材料吸收运动员剧烈运动产生的大量热量，避免穿着者因过快的体温上升出现高温现象而对其造成不良影响。在服饰方面，制成鞋帽、手套、袜类等，根据人体头部或者脚部过热与发冷的情况，相变材料可以吸收储存和重新释放身体的热量，使头和脚始终保持较舒适的状态。在医疗卫生用品方面，可以制成手术服、床上材料及护理用品等，不仅可以改善医生的舒适度，还可对病人的病情起到良好的辅助治疗作用。

（2）相变材料在热红外伪装体系中的应用　一般军事目标的温度均高于背景温度，将在热像仪中显示出显著的热特征，因此除了使用低发射率涂料外，降低目标的表面温度也是一个迫切而又棘手的问题。相变材料在发生物相转变时，伴随吸热、放热效应而引起温度变化，利用这种特性可以从温度上对目标的热辐射能量加以控制。因此，近年来相变材料在热隐身方面的应用倍受瞩目。该相变材料体系通过将内装相变物质的胶囊埋置在泡沫状物质中、分散在织物中或是与黏结剂混合后用在军事目标上，通过吸收目标放出的热量，降低其热红外辐射强度。

1）体系构成及选材。该胶囊是腔内充填吸热材料的硬壁微球，主要由相变物质和胶囊壁材料组成。许多无机物和有机物均可用来制作胶囊壁，尤其以聚合物的使用最多。胶囊壁材料的选择取决于胶囊内装填的相变材料的物理性质。如果相变物质是亲油的，则选亲水聚合物作为囊壁材料；当相变材料以水溶液形式填充时，用不溶于水的合成聚合物作为囊壁材料。烷烃化合物是非常适合制作这种胶囊的相变材料，其热循环重现性好，相变吸热效果明显。在高温条件下使用时，低熔点的易共熔金属，如低熔点的焊锡，也可用做胶囊填充物。此外，塑性晶体，如 2，2-二甲基-1，3-丙烷（DMP）和 2-羟甲基-2-甲基-1，3-丙烷（HMP）也可用做胶囊填充材料，但是它们在吸热后不发生相变，而是分子结构发生暂时变化。

2）使用形式及作用原理。由相变物质填充制成的微胶囊可以有多种使用形式。将微胶囊与红外吸收涂料或可见光伪装涂料混合后，涂覆在目标表面，形成热红外辐射吸收层，或是兼具红外和可见光作用的涂层。将微胶囊加入到液态聚合物中，然后发泡形成泡沫塑料；也可以将其加入到树脂中，然后挤压、固化成丝；或加入到可固化的树脂中，然后涂敷在纤维或其他物质上；另外，微胶囊也可以加入到可发泡材料中，然后在纤维织物表面发泡成型。

将含有相变物质的微胶囊以涂料或遮障形式用在目标上，通过改变、调节相变物质的组成，使其尽可能吸收目标排出的热量，从而对热源产生的热载荷获得最佳的热伪装效果。在工作时间内，保持目标朝向潜在红外探测器的面不升温，这样可以迷惑或使红外探测器探测不到目标。

为某一具体用途设计红外吸收涂层时，应考虑到相变材料的种类及用量、被伪装目标的温度、目标所处环境的温度、通风量、所需伪装的时间等许多因素。选择符合温度变化需要的相变材料，并按需用量加入这种相变材料胶囊，由此制成的红外吸收涂层的有效温度范围可以满足某一特定环境。如烷烃类的熔点与其碳原子的数目有直接关系，随着碳原子数的增加，各烷烃化合物的熔点逐渐升高，其物相也发生变化。将其独立封装成胶囊，每种同系物在接近其各自的熔点时吸热最有效。实践证明，用含有该微胶囊的一块编织物覆盖在小船的发动机上，在不同时间段，织物都能掩蔽该热目标，使之不被探测到。

（二）相变蓄冷技术的发展趋势

我国通过设计建造蓄冷空调系统积累了一些经验，人们认识到蓄冷空调技术是移峰填谷的方法之一，它有利于提高电网负荷率和电网的安全经济运行。电力部门继续大力支持推广蓄冷空调技术，充分运用价格杠杆鼓励用户采用蓄冷空调。随着各地峰谷电价实施范围的进一步扩大和峰谷电价比的加大，为蓄冷空调技术的推广应用提供了更为有利的条件。蓄冷空调技术不仅是应对当前电力供应紧张形势的有效手段，即使是在今后电力供应平衡时间，蓄冷空调技术也是电力需求管理（DSM）重要的移峰填谷技术措施。

相变蓄冷技术已引起人们的高度重视，许多国家及其研究机构都在积极进行相关的研究开发，主要表现在如下诸方面。

1. 建立区域性蓄冷空调供冷站

可根据区域空调负荷的大小分类，采用微电脑自动控制系统，用户取用低温冷水进行空调就像取用自来水、煤气一样方便。它不仅可以节约大量初投资和运行费用，还减少了电力消耗及环境污染。

2. 建立与冰蓄冷相结合的低温送风空调系统

能够充分利用冰蓄冷系统所产生的低温冷水，一定程度上弥补了因设置蓄冷系统而增加的初投资，进而提高了蓄冷空调系统的整体竞争力。低温送风蓄冰空调系统在建筑空调系统建设和工程改造中具有优越的应用前景。

3. 开发新型的蓄冷空调机组

在中小型建筑物空调中，大量应用着柜式和分体式空调机。柜式和分体式空调机的用电量在夏季白天的总空调用电中占据着相当大的份额，因此有必要开发研制冰蓄冷空调机组。

4. 开发新型蓄冷技术

（1）直接接触式冰蓄冷技术　通过将蒸发器与蓄冷罐合并，直接将制冷剂喷射入蓄冷罐与水进行接触，在制冷剂汽化过程中将水制成冰。它不存在传热壁间的热阻以及冰层增厚产生的附加热阻，可以降低制冷剂与水之间的附加热阻，省略了两种工质间的换热设备，降低了制造成本。

（2）气体水合物蓄冷技术 在20世纪80年代，由美国橡树岭国家实验室开始研究气体水合物蓄冷技术并用R11、R12、R21等做工质，其相变潜热一般为310~420kJ/kg，相变温度为5~14℃。这与空调机组的运行工况相近，克服了冰蓄冷主机蒸发温度低的缺点。工质替代、强化传热传质、增大传热效率、缩短蓄放冷时间是气体水合物蓄冷需要解决的主要问题。

（3）过冷水蓄冷技术 利用水的过冷现象进行动态制冰，其系统通常包括三部分：过冷却器、过冷解除装置及蓄冷槽。水从蓄冷槽中被抽出，温度为0℃或高于0℃；经过过冷却器与冷媒换热后，成为温度低于0℃的过冷水；过冷水经过过冷解除装置后，过冷状态被破坏，成为冰水混合物进入蓄冷槽；在蓄冷槽中冰水分离，分离出来的冰蓄存在蓄冷槽中，分离出来的水继续在系统中循环。

5. 开发新型蓄能材料和传热材料

（1）蓄能材料 目前应用的蓄冷材料主要包括水、冰和共晶盐等，新型的便于放置的、无腐蚀性的复合蓄冷材料也在不断被开发出来。除了研究蓄冷材料外，还开发了高温相变蓄热材料，主要用于热泵空调机组冬季蓄热采暖，其相变温度一般要求在30~40℃范围内。

（2）传热材料 采用聚烯烃石蜡脂作为主要材质，并添加其他材料，可形成高导热性、高柔韧性、高稳定性、高强度的蓄冰换热产品。

6. 发展和完善蓄冷空调技术理论和工程设计方法

应从发展和优化蓄冷系统角度出发，加强对现有蓄冷设备性能的试验研究，建立分析模型，预测蓄冷设备的性能，从而对蓄冷空调系统进行优化设计。

7. 建立客观公正的蓄冷空调系统经济分析和评估方法

由于蓄冷系统种类繁多，因而有必要建立客观的综合评价体系。在进行蓄冷空调系统可行性研究时，如何综合评价蓄冷空调系统转移用电负荷能力、能耗水平和用户效益，如何比较常规空调和蓄冷空调系统，是人们一直关心的问题。必须对蓄冷空调系统进行认真的分析评估，确保能够降低其运行费用，减少设备初投资，缩短投资回收期，才能确定是否采用。

第二章　相变蓄能材料的种类及性能

第一节　相变蓄能材料的选择要求

通常认为物质的存在有三态，即固态、液态和气态。物质从一种集态变到另一种集态叫相变。相变是物质集态或组成的变化。

相变的形式有以下四种：固－液相变；液－气相变；固－气相变；固－固相变。

物质从液相转变到气相状态时，要吸收大量的热量（放出冷量），即物质的汽化热；而物质从固相转变到液相状态时，也要吸收大量的热量（放出冷量），即物质的熔解热；物质从固相转变到气相状态时，也要吸收大量的热量（放出冷量），即物质的升华热。在物质进行相变时所吸收的这三种热量，称为物质的潜热。这种在相变时将能量储存起来，而在需要时又能将能量释放出来的方法，就是相变蓄能。

只要事先通过某种办法将能量传给某种物质，使其从气相变成液相进行冷凝，或从液相变成固相进行凝固，就可以说，已经将能量储存到这种物质中了。待需要使用能量时，就可以通过某种方式，使其从液相转变成气相，或者从固相转变成液相，或从固相直接转变成气相（如干冰的升华），在相变过程中，就可以把已施予这种物质而储存起来的能量释放出来。此即相变蓄能的应用过程。

相变过程是一种伴随有较大能量吸收或释放的等温或近似等温过程。相变潜热一般较大，如冰的熔解热为 335kJ/kg，而水的比热容为 4.2kJ/（kg·℃），所以蓄存相同的热量，潜热蓄存设备所需的容积要比显热蓄存设备小得多。相变过程的等温或近似等温特性可使相变蓄能保持基本恒定的热效率和供热（冷）能力。因此，当选取的相变材料的温度与应用要求基本一致时，可以不需要温度调控装置。

蓄能材料是能量蓄存的介质，如前所述，利用它的相变就可以进行能量的蓄存和释放，所以，蓄能材料是蓄能技术中的关键因素。

许多有机和无机物质能在所需的温度范围内发生相变，放出大量的热，然而，要将这些物质用做蓄能材料，还必须具有一些良好的热力、动力和化学性质。另外，还要考虑它的经济性和运用可行性。对相变蓄能材料的要求很多，主要有如下几方面。

一、热力学方面的要求

1）要有合适的相变温度，因为相变温度正是所需要控制的特定温度。对于蓄冷空调系统，蓄冷材料的相变温度必须在空调工作温度范围内，否则，冷量既无法蓄存，也无法取用。相变温度最好在 5～8℃ 范围内，这样，对常规空调机组既无需更换，又能在较高效率下运行。在目前还没有新的蓄冷材料付诸实际应用前，冰是一种理想的蓄冷介质，其优点是相变潜热大，性能稳定，缺点是相变凝固温度（0℃）稍低一些。除了冰以外，一些有机化合物、无机化合物，以及它们的水化合物等，也具有较适宜的相变温度，但这些材料的不足之处是相变潜热比冰小，而且存在冷量衰减、过冷及层化等现象，目前正在研究开发之中。

2）较高的相变潜热。若单位质量相变材料的凝固潜热大，就可以减少蓄能材料的数量和体积，降低成本。水的固－液相变潜热值很大，故水是一种很好的蓄能材料。

3）密度较大，从而体积能量密度大，以便可用体积较小的容器装蓄能材料。

4）比热容较大，能较多地蓄存额外的显热。

5）热导率较大，以使蓄能和释能过程的温度梯度较小，减少传热不可逆损失。

6）融化一致，以使固相和液相组分相同，否则会改变材料的化学组成。

7）相变过程中体积变化小，可简化蓄能单体和换热器的几何构成。

二、相变动力学方面的要求

1）凝固过程中过冷度很小或基本没有，融化后结晶应在它的凝固点温度，这取决于高成核速率和晶体生成速率。在材料中添加成核剂或保持一点"冷指"（cold finger）可减小过冷度。

2）要有很好的相平衡性质，不会产生相分离。

3）要有较高的固化结晶速率。

三、化学性质方面的要求

1）化学稳定性好。无化学分解，以保证蓄能材料有较长的寿命周期。

2）对容器材料无腐蚀性。

3）不燃烧、不爆炸、无毒，对环境无污染。

四、经济性方面的要求

对相变蓄能材料的经济性要求是大量易得，价格便宜，制备方便。

很明显，没有哪种单个材料能完全满足上述全部要求，因此，实际上在选取材料时针对上述要求是有一定的偏重和取舍的。比如，在选取蓄冷系统所需要的相变介质时，首先要考虑的是熔点应在所需的工作温度范围内。若温度太高（如10℃以上），则不利于或根本无法放冷用于空调系统；温度太低（0℃以下）也不利于充冷，会大大降低制冷系统的性能系数（COP），能耗很大，取冷也不方便。冰虽然有单位质量潜热较别的复合盐材料大、便宜易得、性能稳定等优点，但由于其凝固温度低，降低了制冷效率，加之冰有热阻大等缺点，因而人们需要另辟蹊径，寻找相变温度为5～8℃，有较好热物性的复合盐化合物做相变材料。

第二节 相变蓄能材料的相平衡

为了描述相变材料的相变特性，必须借助于相图。所谓相图，即材料的相与温度、压力及组分的关系图。相图又称为组合图或平衡图，平衡图是指物体在平衡状态下显示的关系。这是一种理想情形，要达到平衡状态，相变过程必须在无限长的时间内进行，实际上大多数情形中，能达到的只是一种近平衡状态。

一、相律

1. 相

相律中的相数是指平衡体系中相的个数，用 P 表示。

自然界中物质的聚集状态（简称集态）有气态、液态和固态。凡物理状态和化学组成完全均一的部分，在热力学上称为相。因为一个体系往往是由混合物组成的，可以说相是不均匀混合体内的均匀部分。对相的认识应注意以下几点。

1）少数几个分子不能成为一相，但就宏观而言，相与物质的多少无关。

2）相与相之间有界面，在界面上宏观的物理或化学性质会发生突变。不同的相可以用机械的方法分开。然而，有界面的也可以是一个相，即相不一定是连续的。相只考虑这些部分的总和，而不管其分散程度如何。

3）气相在常压下永远为一个相，但在高压下可以分层，成为不同的相。水盐体系中通常不考虑压力这一变量，所以气相不计入相数 P 中。

4）液相由于互溶性不同，可以有一、二、三个相，但一般不多于体系的组分数。水盐体系中只有一个液相。

5）固体一般来说有几种物质就有几个相，即使是同质异晶体也能形成不同的相。一种固体溶液是一种固相。

6）一种物质可以形成多种相，如水有气、固、液三相平衡；多种物质也可以形成一相，如空气。

2. 组分数

组分数是构成平衡体系各相所需要的、可以选择的最少物种数。组分可以是一个化学元素，也可以是一个化合物。组分数是体系分类的重要依据，又是绘制相图的重要参数，它可以大致反映出体系的复杂程度。组分数用 C 表示。

对水盐体系，可以用以下几种方法来确定体系的组分数。

1）在水溶液中，无水盐之间不存在复分解反应时体系的组分数，体系的组分数等于无水盐数加水数 1。例如，由 NaCl、KCl、NH_4Cl 与水组成的水盐体系，组分数为 4。

2）单盐之间存在着复分解反应时体系的组分数，如在水溶液中有以下复分解反应

$$NaCl + NH_4HCO_3 \rightleftharpoons NH_4Cl + NaHCO_3$$

体系组分数等于体系中总物质数减去独立化学反应式数。这个体系的总物种数为 4 种盐加上水共为 5 种，独立反应式数为 1，故 $C = 5 - 1 = 4$。

3）水盐体系组分数的简捷表达：组分数等于体系中组成盐的正、负离子数之和。如 $HCl-H_2O$ 体系的组分数为 2，$NaCl-NaOH-H_2O$ 体系的组分数为 3。

在水盐体系中，不考虑水本身的电离，即由水本身电离出的 H^+ 和 OH^- 不计入系统的组分数。这是因为水是弱电解质，电离度小，而且一般不参与盐类的反应平衡。但是当体系中有酸或碱等组分加入时，所产生的 H^+ 或 OH^- 离子就应计入组分数。对多元酸或多元酸形成的各酸式盐，在计算组分数时，不再考虑二级电离时所形成的离子数。这是因为二级电离的电离常数都很小。同时，多一种离子就多一个反应式，两者相互抵消，不影响组分数的计算。

3. 自由度

自由度是在一个系统的相区内所能独立变更的条件的数目，也就是说，是能够规定系统中相态的独立变量的数目。

这里所指的条件包括成分及外界条件。外界条件应该包括温度、压力、电场、磁场、引力场等，但除温度及压力外，其他一些条件一般对复相平衡不产生影响。因此，这里所指的独立变量只是指成分、温度和压力。在单元系中成分不是变量；在二元系中，成分是一个变量；在三元系中，成分有两个变量，其他依此类推。

4. 相律

相律以一种异常简单的形式，表达了平衡体系以及可以人为指定的独立参变量的数目之间的关系，即满足下式

$$F = C - P + 2$$

式中，F 是独立参变量数目，即自由度；C 是独立组分数；P 是平衡共存的相的数目；2 是指温度和压力两个变量。

水盐体系属于凝聚体系，一般是处于大气之中。因为压力对水盐体系平衡影响甚微，所以可以不考虑压力这一外界变量对相平衡的影响。

水盐体系中，除了液相与固相之外，还有气相，它就是存在于溶液之上的空气之中的、与溶

液平衡的水蒸气。因为可以忽略气相对平衡的影响，只着眼于液相与固相之间的平衡。也就是说，相律中的相数 P 中不包括气相这一相。所以对水盐体系，用凝聚体系相律。其表达式为

$$F = C - P + 1$$

式中，1 是温度这一变量。式中的 P 不包括气相在内，也不考虑空气的存在。

二、相图中的有关理论

（1）连续原理　当决定体系状态的参变量如压力、温度、浓度连续改变时，体系的性质或个别相的性质也是连续变化的，反映这一变化关系的曲线的变化也是连续的。这表明，只要把有限的试验数据曲线标绘出来，就可真实地反映出相的性质变化。

（2）相应原理　也称相对原理。它规定相图上一定的几何形象是与每个物理化学个体或每个体系中平衡的组合物相对应的。也就是说，体系中相的性质以及组成相的物质的量的变化，都可以在相图上形象地表现出来，从而可应用鲜明的几何图形来研究，并为计算水溶液的复杂物理化学变化过程提供理论依据。

（3）化学变化统一性原理　不论什么体系，只要体系发生的变化相似，它们的相图（指几何图形）就相似，故在理论上研究相图时，往往不是以物质分类，而是以发生什么变化来分类。

（4）奥斯瓦尔德逐次分段进行规则　如果在一过程中，物质可以呈现不同的形态，则最先出现的总是稳定性最小的形态，然后又经过稳定性处于中间位置的形态，最后才达到最稳定的形态。这一原则在相变过程中是普遍存在的，如水合物的转变。当然，这一规则不是绝对的，也会有例外。

（5）相区邻接规则　在 n 元相图中，某个区内相的总数之间必须满足下式

$$R_1 = R - D^- - D^+ \geq 0$$

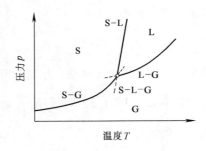

图 2-1　单元系相图

式中，R_1 是邻接的两个相区边界的维数；R 是相图（或相图的一个截面）的维数；D^- 是从一个相区通过边界进入邻接区的另一个区后，消失的相的数目；D^+ 是从一个相区越过边界进入另一个相区后新出现的相的数目。

式中的维数：点的维数是 0，一条线的维数是 1，平面的维数是 2，立体空间的维数是 3。上式可适用于一元至六元相图的立体图、投影图和截面图。

三、相平衡特性

相律可以说明在一相图中应该有些什么线和什么区。在图 2-1 中，线代表 $F = 1$，区代表 $F = 2$，但它不能说明这些线取什么方向，这些区取什么形状。这部分问题有待于一个从热力学中推导出来的定律——勒夏德里叶定律来解决。

"如果一个平衡系统受到外界约束而变更了平衡，那必然发生一个对抗这个约束的反作用，这就是说，必须发生一个使其效应部分消失的反作用。"

这里的约束是指热量的增加、体积的增大等。因此，如果一个系统因温度升高而发生相变，这个相变必然发生于热量吸收的方向。这在图 2-1 中将得到说明。

S-L 线代表在各种压力下的熔点，由于一般金属都具有热胀冷缩的特点，这条线的斜度必然小于 90° 而偏离压力轴。其原因是压力的增加势必会使体积缩小。这一变动必然产生一使其体积增大的反作用，所以只能提高温度，如果像金属铋（Bi）那样，冷凝时体积膨胀，那么斜度就大于 90° 而偏向压力轴。

克拉珀龙方程式如下

$$\frac{\mathrm{d}p}{\mathrm{d}T} = \frac{Q}{T\Delta v} \tag{2-1}$$

式（2-1）是勒夏德里叶定律的数学陈述。式中，Q 是变化热；Δv 是伴随相变的比体积变化，考虑 S-G（升华）和 L-G（汽化），这里 Δv 在两种情形下近似相等，但 $Q_{\text{S-G}} > Q_{\text{L-G}}$，所以斜度$_{\text{S-G}}$ > 斜度$_{\text{L-G}}$。

由此可以得出结论：凡代表两相平衡的曲线通过三相平衡点时，必然伸入第三相。为表示克拉珀龙方程式的这个关系，再把单元系的 p-T 相图示例如下（见图2-2）。

图2-2 分为四部分，表示着上面所列的四种相变，这四部分就是固相Ⅰ、固相Ⅱ、液相和气相所存在的部分。在这些单相双变区内，可以任意变更 p 或 T，换句话说，在单相区的自由度为2。图中的直线或曲线是单变区，是两相共存的地点，在压力和温度这两个变量中只能任意改变一个，另外他一个就跟着定了，也就是说，其自由度为1。三相共存点叫三相点，其自由度为0，这是相律所规定的。

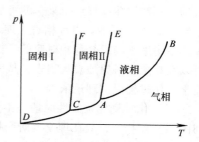

图2-2　单元系的 p-T 相图

图中 DC 和 CA 都是升华曲线，代表固相气压随温度而递增的曲线，CA 曲线可以用克拉珀龙方程式定量地表示为

$$\frac{\mathrm{d}p}{\mathrm{d}T} = \frac{l_{\text{s}\,\text{Ⅱ}}}{T\,(v_{\text{g}} - v_{\text{s}\,\text{Ⅱ}})} \tag{2-2}$$

式中，v_{g} 和 $v_{\text{s}\,\text{Ⅱ}}$ 分别是气相和固相Ⅱ的比体积；$l_{\text{s}\,\text{Ⅱ}}$ 是升华热；AB 是汽化曲线，代表液态蒸气压随温度的递升关系，即

$$\frac{\mathrm{d}p}{\mathrm{d}T} = \frac{l_{\text{v}}}{T\,(v_{\text{g}} - v_{\text{l}})} \tag{2-3}$$

式中，v_{l} 是液相的比体积；l_{v} 是汽化热。曲线 AB 并不是曲线 CA 的延续，这可以在 A 点用式（2-2）和式（2-3）计算它们的 $\dfrac{\mathrm{d}p}{\mathrm{d}T}$ 验证出来。同样，CA 也不是 DC 的延续，DC 部分相应的克拉珀龙方程式为

$$\frac{\mathrm{d}p}{\mathrm{d}T} = \frac{l_{\text{s}\,\text{Ⅰ}}}{T\,(v_{\text{g}} - v_{\text{s}\,\text{Ⅰ}})} \tag{2-4}$$

AE 是熔解线，代表压力对固态熔点的影响。熔点可以随压力增大而递增或递减，但这一影响总是极微小的，AE 这条线只是略为偏离竖直线。在大多数情形下，熔解线是偏右的，如图2-2所示，即熔点随压力的增大而递升，凝固时体积收缩。如果熔解线偏左，则熔点随压力的增加而递降，凝固时体积膨胀。熔解线的方程式为

$$\frac{\mathrm{d}p}{\mathrm{d}T} = \frac{l_{\text{f}}}{T\,(v_{\text{l}} - v)} \tag{2-5}$$

式中，l_{f} 是熔解热。

CF 这条线代表固相Ⅰ和固相Ⅱ两种固相间的平衡，这对压力的影响极微。不难看出，这条线的克拉珀龙方程式应该为

$$\frac{\mathrm{d}p}{\mathrm{d}T} = \frac{l_{\text{t}}}{T\,(v_{\text{s}\,\text{Ⅱ}} - v_{\text{s}\,\text{Ⅰ}})} \tag{2-6}$$

式中，l_{t} 是转变热。

由于 v_1 和 v_s 要比 v_g 小得多, 所以式 (2-2)、式 (2-3) 和式 (2-4) 可简化为

$$\frac{dp}{dT} = \frac{l}{Tv_g} \qquad (2-7)$$

这里 $l = l_v$ 或 l_s。因理想气体状态方程为 $v_g = RT/p$, 上式可写成

$$\frac{dp}{dT} = \frac{l}{RT^2}dT \qquad (2-8)$$

这就是克拉珀龙 - 克劳修斯方程式。如果在从 T_1 到 T_2 的狭窄温度范围内潜热可视为常数, 则克拉珀龙 - 克劳修斯方程可积分为

$$\ln\frac{p_2}{p_1} = l\frac{T_2 - T_1}{RT_1T_2} \qquad (2-9)$$

如果有蒸气压数据, 用这个方程就可估计汽化热及升华热。反过来也可以根据潜热的数据来估计蒸气压。关于升华问题的分析, 由于蒸气压及潜热数据极少, 一向是很困难的, 但只要知道在两个温度下的蒸气压数据, 从式 (2-9) 就可得到很多的信息。

四、水合盐相图分析

1. 稳定水合盐和不稳定水合盐

二元水盐体系中, 多数盐能和水生成水合物, 又叫水合盐。例如

$$Na_2SO_4 + 10H_2O \Longrightarrow Na_2SO_4 \cdot 10H_2O$$

$$NaCl + 2H_2O \Longrightarrow NaCl \cdot 2H_2O$$

有些盐还能生成多种水合盐, 其结构也较复杂。水合盐与单盐不同, 它具有其本身特有的物化性质, 如密度、颜色、比热容、溶解度等。

水合盐有稳定水合盐和不稳定水合盐两种类型, 分述如下。

(1) 稳定水合盐 这种水合盐加热至熔点熔化时, 固相和液相有相同的组成, 即水合盐无论在固态或熔化后的液态中, 都有相同的组成, 都能稳定地存在而不分解, 因此, 又称其为有相合熔点的化合物或同成分水合盐。图 2-3 所示为稳定水合盐 $Mn(NO_3)_2$-H_2O 体系的相图, 表 2-1 所列为 $Mn(NO_3)_2$-H_2O 体系的相平衡数据。

表 2-1 $Mn(NO_3)_2$-H_2O 体系的相平衡数据

编号	符号	温度/℃	液相组成 $w[Mn(NO_3)_2]$(%)	平衡固相
1	A	0	0	冰
2		−10	21.3	冰
3		−20	33.0	冰
4	E_1	−36	40.5	冰 + $Mn(NO_3)_2 \cdot 6H_2O$
5		−29	42.3	$Mn(NO_3)_2 \cdot 6H_2O$
6		0	50.5	$Mn(NO_3)_2 \cdot 6H_2O$
7		11	54.6	$Mn(NO_3)_2 \cdot 6H_2O$
8	B	25.8	62.3	$Mn(NO_3)_2 \cdot 6H_2O$
9	E_2	23.8	64.6	$Mn(NO_3)_2 \cdot 6H_2O + Mn(NO_3)_2 \cdot 3H_2O$
10		27	65.6	$Mn(NO_3)_2 \cdot 3H_2O$
11	F	35.5	76.8	$Mn(NO_3)_2 \cdot 3H_2O$

从图 2-3 中看出, 体系生成两种水合盐 $Mn(NO_3)_2 \cdot 6H_2O$ 及 $Mn(NO_3)_2 \cdot 3H_2O$。水合盐的质量分数分别为 62% 及 76.8%, 图中以 S_6、S_3 表示。

（2）不稳定水合盐　这种水合盐加热至一定温度时，不是简单地熔化，而是生成无水盐或含水少的水合盐，同时生成较水合盐含水量多的溶液，从而造成固液两相组成不一致。这个温度就是固液异组成物的"熔点"，或叫不相称熔点。这个温度实际上也是水合盐的分解温度，故称这种水合盐为异成分水合盐或不相称水合盐。图 2-4 所示为不稳定水合盐 NaCl-H_2O 体系的相图，表 2-2 所列为 NaCl-H_2O 体系的相平衡数据。

图 2-4 中有一种水合盐 NaCl·$2H_2O$ 生成，有两个零变点 E、Q，数据完整，覆盖了整个体系的图画。

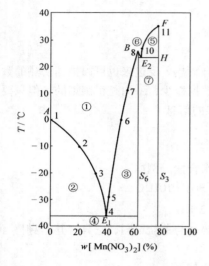

图 2-3　Mn（NO_3）$_2$-H_2O 体系的相图
注：w 表示质量分数。

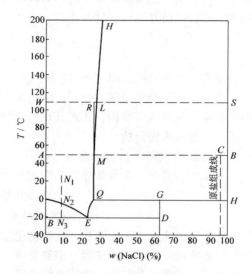

图 2-4　NaCl-H_2O 体系的相图

表 2-2　NaCl-H_2O 体系的相平衡数据

编号	符号	温度/℃	液相组成 w(NaCl)（%）	平衡固相
1	A	0	0	冰
2		−5	7.9	冰
3		−10	14.0	冰
4		−15	18.9	冰
5	E	−21.1	23.3	冰 + NaCl·$2H_2O$
6		−15	24.2	NaCl·$2H_2O$
7		−10	24.0	NaCl·$2H_2O$
8		−5	25.6	NaCl·$2H_2O$
9	Q	0.15	26.3	NaCl·$2H_2O$ + NaCl
10		10	26.3	NaCl
11		20	26.4	NaCl
12		25	26.45	NaCl
13		40	26.7	NaCl
14		50	26.9	NaCl
15		75	27.45	NaCl
16		100	28.25	NaCl
17		125	29.0	NaCl
18		200	31.5	NaCl

　　稳定水合盐和不稳定水合盐的区别主要在于它们受热时呈现的不同现象。确定某一水合盐是否稳定，要通过试验来判定。例如：

$$Na_2SO_4 \cdot 10H_2O \xrightarrow{32.38℃} Na_2SO_4 + L$$

液相 L 中 $w(Na_2SO_4)$ 为 33.25%，与水合物 $Na_2SO_4 \cdot 10H_2O$ 中 $w(Na_2SO_4)$ 为 44.09% 不同，所以 $Na_2SO_4 \cdot 10H_2O$ 是异成分水合盐。

　　2. 水合盐相图分析

　　水合盐相图与简单相图比较，又出现了一些新的特点。

　　1）出现了水合盐溶解度曲线。它表示该水合盐的溶解度，由于水合盐的性质不同，它们又有各自的特征。稳定水合盐溶解度曲线出现了尖锐的最高点，该点的温度即为水合物的熔点，如图 2-5e 所示。不稳定水合盐溶解度曲线中间没有最高点，如图 2-5d 所示。水合盐的稳定性是相对的，即使是稳定水合盐也有不稳定的一面，如可能在低于熔点的温度下有部分分解的现象，这时，水合盐的溶解度曲线的最高部分是比较平缓的。

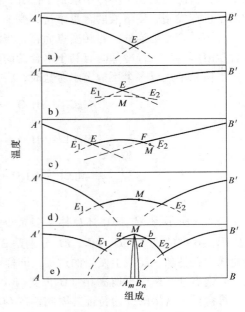

图 2-5　水合盐的形成
注：M 点为水合盐或某二元化合物的熔点。

　　在不同温度下，水合盐的溶解度不同，可以用不同的组成单位表示，结晶水不计入溶质。水合盐多数在低温下形成，但很多水合盐在高温下也能存在。如 $MgCl_2 \cdot 2H_2O$ 在 300℃ 时仍不脱水。

　　2）固液平衡二相区。对稳定水合盐而言，在其固相竖线两侧各有一个扇形的该水合盐的饱和结晶区。而不稳定水合盐的结晶区只有一个曲边梯形。

　　3）不稳定水合盐相图中出现了多个全固相区。该区是以两条固相组成线为左右边的长方形。由于本区内无液相存在，所以当需要将水合盐变为含结晶水少的水合盐或无水盐而又不使晶体溶化时，就必须在全固相区内脱去水合盐中的全部或部分结晶水。本相区则为此提供了该过程的温度范围和限度。

　　4）水合盐相图中的三相线也是由共饱液与其两个平衡固相连接而成的，但不稳定水合盐形成的三相线上的液相共饱点处于两个平衡固相点的连线之外。这是不稳定水合盐相图的相图特征之一。

　　图 2-5 形象地说明了化合物形成的不同类型。图 2-5a 表明 A 与 B 不能生成化合物。图 2-5b 表示能生成化合物，但极不稳定，几乎察觉不出来。图 2-5c、d 表明生成了不稳定化合物。图 2-5e 表示可生成稳定化合物，其溶解度曲线有最高点。化合物 A_mB_n 中的 m 与 n 的比例不是十分严格，有微小的差异，所以化合物 A_mB_n 的组成线不是一条直线，而是一条狭长的带状地带，化合物 A_mB_n 不能同时与液相 a、b 平衡，只能是液相 a 与组成为 c 的化合物固相平衡，或液相 b 与组成为 d 的化合物固相平衡，二者只居其一。

　　3. 转溶现象

　　这是不稳定水合盐相图的显著特点。不稳定水合盐芒硝在加热时发生以下过程

$$Na_2SO_4 \cdot 10H_2O \xrightarrow[\triangle]{38.8℃} Na_2SO_4 + L$$

芒硝似乎越来越少，而 Na_2SO_4 固相越来越多。这类在一固定温度下发生一种固相"溶解"，另一种固相"析出"的现象称为转溶现象。该温度称为转变点。

发生转溶的原因可以用相律解释。在三相线上，相数为 3，自由度为 0，所以温度只能是 32.3℃，液相中 $w(Na_2SO_4)$ 为 33.25%。而此时与液相平衡的固相为纯 Na_2SO_4 和芒硝，$w(Na_2SO_4)$ 分别为 100% 和 44.1%，皆大于液相。因此，平衡共存时，一个固相析出，另一个固相溶解，析出的固相从溶液中取走了盐分，而溶解的固相又向溶液中补充了该盐分，水合盐中的结晶水供蒸发用，使溶液的含量维持不变。

转溶反应是可逆的。对转变点而言，当温度升高时，无水盐（或含水较少的水合物）析出，水合盐溶解；反之，冷却时有利于水合盐的析出。

当体系中生成多个不稳定水合盐时，将按含结晶水的多少依次转溶。例如：

$$MgCl_2 \cdot 8H_2O \xrightarrow[\triangle]{-3.4℃} MgCl_2 \cdot 6H_2O + L_1$$

$$MgCl_2 \cdot 6H_2O \xrightarrow[\triangle]{116.7℃} MgCl_2 \cdot 4H_2O + L_2$$

$$MgCl_2 \cdot 4H_2O \xrightarrow[\triangle]{181℃} MgCl_2 \cdot 2H_2O + L_3$$

4. 多晶转变

表 2-3 所示为 NH_4NO_3-H_2O 体系多晶转变相平衡数据，其平衡固相 NH_4NO_3 有四种不同的晶型。图 2-6 中的 BC、CD、DE、EF 分别是 β-正交、α-正交、立方、等轴四种晶型硝酸铵的溶解度曲线。在各条三相线上发生的过程，同样可以用共饱点的几何特征判断。比如，在三相线 CC′ 上，共饱点处于两个平衡固相（β-正交与 α-正交 NH_4NO_3）的图形点（均在 C′ 点上）的连线之外，符合发生转溶的几何特征。因此，在 CC′ 线上，必然发生两种固相间的转溶。

表 2-3　NH_4NO_3-H_2O 体系多晶转变相平衡数据

温度/℃	液相组成 $w(NH_4NO_3)$（%）	固相
0	0	冰
-10	47.3	冰 + NH_4NO_3（β-正交）
0	55.0	NH_4NO_3（β-正交）
20	64.0	NH_4NO_3（β-正交）
25	68.2	NH_4NO_3（β-正交）
32.3	71.0	NH_4NO_3（β-正交 + α-正交）
40	74.6	NH_4NO_3（α-正交）
60	80.4	NH_4NO_3（α-正交）
80	85.7	NH_4NO_3（α-正交）
85	87.0	NH_4NO_3（α-正交 + 立方）
100.1	91.1	NH_4NO_3（立方）
120.8	95.2	NH_4NO_3（立方）
125	95.5	NH_4NO_3（立方 + 等轴）
135.8	97.1	NH_4NO_3（等轴）
157	99.0	NH_4NO_3（等轴）
170	100.0	NH_4NO_3（等轴）

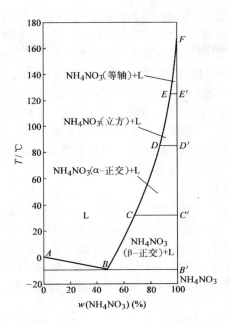

图 2-6 NH_4NO_3-H_2O 体系多晶转变相图

第三节 相变蓄能材料的结晶动力学特性

相变材料的相变过程就是一个结晶和熔化的过程。结晶分以下几步完成：①诱发阶段；②晶体生长阶段；③晶体再生阶段。在诱发阶段，晶核形成并逐渐生长至稳定临界尺寸以上；在晶体生长阶段，晶核周围的相变材料通过扩散在晶核表面吸附，且按晶体优先生长取向迁移，生长成具有一定几何形状的晶体。随着晶体生长渐趋完成，结晶速度逐渐放慢；在晶体再生阶段，虽然相变材料已完成凝固，晶体内仍有相对运动，晶体形状、大小仍会改变。

结晶过程常会出现过冷、析出及导热性能差等现象，而与之相对的熔化过程则无类似不良现象，同时由于液体的对流，液态相变材料的有效热导率也较大。因此，固—液相变过程的分析、研究多集中在凝固过程。

一、结晶机理

一切物质从液态到固态的转变过程统称为凝固。如果通过凝固能形成晶体结构，则可称为结晶。结晶过程都具有一个平衡结晶温度，高于此温度便发生熔化，低于此温度才能进行结晶；在平衡结晶温度，液体与晶体同时共存，达到可逆平衡。

由于液体与晶体的结构不同，同一物质的这两种状态在不同温度下的自由能变化是不同的，如图 2-7 所示。因此，它们便会在一定温度下出现一个平衡点，即理论结晶温度 T_0。低于理论结晶温度时，由于液相的吉布斯自由能 $G_液$ 高于固相晶体的吉布斯自由能 $G_晶$，液体向晶体的转变便会使能量降低，于是便发生结晶。

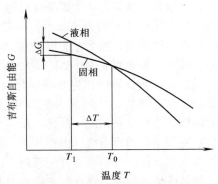

图 2-7 液体与晶体在不同温度下的自由能变化

换句话说，要使液体进行结晶，就必须使其温度低于理论结晶温度，造成液体与晶体间的吉布斯自由能差（$\Delta G = G_{液} - G_{晶}$），即具有一定的结晶推动力才行。实际结晶温度 T_1 与理论结晶温度 T_0 之间的温差叫过冷度（$\Delta T = T_0 - T_1$）。液体的冷却速度越大，过冷度便越大；而过冷度越大，吉布斯自由能差 ΔG 便越大，即所具结晶推动力越大，结晶倾向越大。必须指出，结晶时要发生两方面的能量变化：一方面是因晶体的产生引起体系吉布斯自由能的降低；另一方面是因晶体的出现，增加新的界面而引起体系吉布斯自由能的升高。因此，要使液体真正能够进行结晶，不仅要有过冷度造成晶体与液体之间的吉布斯自由能差以提供结晶的推动力，还必须造成足够的过冷度以使其吉布斯自由能的降低超过表面能的增加，只有这样才能满足物质自高能态向低能态变化的规律。这就是结晶必须要有一定过冷度的原因。

二、晶核的形成和成长过程

液体的结构在冷却到结晶温度的过程中，就已经开始逐渐向晶体状态过渡，即随时都在不断地产生许多类似晶体中原子排列的小集团。其特点是不仅尺寸较小、大小不一，而且极不稳定、时聚时散；温度越低，尺寸越大，存在的时间越久。这种不稳定的原子排列小集团，便是随后产生晶核的来源，一般称之为晶胚。当液体被过冷至结晶温度以下时，某些因具有较大尺寸而比较稳定的晶胚便有条件进一步成长，这些真正能够成长起来的晶胚便是晶核。

1. 晶体的成核及其类型

结晶过程的热力学描述可写为

$$\Delta G = G_{晶体} - G_{熔体} \tag{2-10}$$

$$\Delta G = \Delta H - T\Delta S \tag{2-11}$$

式中，ΔG 是结晶的吉布斯自由能（Gibbs 自由能）；ΔH 是结晶的焓；ΔS 是结晶的熵。

可应用式（2-11）描述所有宏观转变。若 ΔG 为负值，便可进行结晶过程。

任何晶体均须起始于大比表面的小晶体，因此，精确写出某一晶体总的吉布斯自由能应当为

$$G_{晶体} = G_{本体} + \Sigma \nu A \tag{2-12}$$

式中，$G_{本体}$ 是不包括表面效应的晶体吉布斯自由能；ν 是比表面吉布斯自由能；A 是相应的表面积。

结晶的吉布斯自由能式（2-10）成为

$$\Delta G = \Delta G_c + \Sigma \nu A \tag{2-13}$$

式中，ΔG_c 是本体的吉布斯自由能变化。

在研究结晶的整个温度范围内，比表面吉布斯自由能是正的。温度在 T_m 以下时，ΔG_c 是负的，ΔG 呈现一极大值。导致从非晶态到生成晶体的这个起始过程称为初级成核，该过程如图 2-8 所示。首先需通过正 ΔG 途径，形成初级晶核，随之才能形成热力学稳定的可供生长的、尺寸足够大的晶体。ΔG 极大值相应于临界尺寸晶核，在此左侧的晶核称为亚临界晶核；只要 ΔG 仍为正值，在此右侧的晶核便称为超临界晶核。具有负 ΔG 值的晶核称为稳定晶核或小晶体。由有序的局部无规则涨落，克服结晶的吉布斯自由能位垒。要形成的晶核尺寸越大，则成核过程所需的时间就越长。

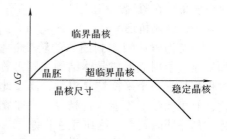

图 2-8　成核过程自由能变化 ΔG
与晶核尺寸关系的示意图

初级成核是指在不存在预先形成的晶核或异物面情况下的均相成核。从成长晶体的形态可观察到，或者所有晶体尺寸相等，或者尺寸各异。前者表示所有晶体同时开始增长，称为非热成

核；后者表示在整个结晶过程中，总有新的晶体开始生长，称为热成核。初级成核的一个特殊的类型是自身成核，是指大分子熔体或溶液由其自身生成或残留的晶核。它们在化学组成上与结晶中的相变材料是一样的，但在初熔时此种晶核尚存。

异物面往往会降低晶体成长所需的晶核尺寸。相变材料分子或链段在异物（如催化剂、尘粒、容器壁或添加剂等）上构造界面，要比构造相应纯相变材料晶面障碍小，成核速率提高。该过程称为异相成核。

含有一定数目原子的晶胚，在夹杂表面上形成一个球冠时，要比形成一个体积与之相等的完整球体具有更大的曲率半径。因此，在一定的过冷度下，出现具有临界曲率半径的晶核时，球冠中含有的原子数比同样曲率半径的球体晶体中所含的原子数要少得多。由此可知，液相中晶胚附在适当的界面上成核时，体积较小的晶胚便可达到临界曲率半径。因此，在较小的过冷度下，当均相成核的速率还微不足道时，异相成核便开始了。图 2-9 所示为均相成核与异相成核速率（I）随过冷度（ΔT）的变化。

由于异相成核取决于适当的夹杂质点的存在，因此，其成核速率将越过最大值，并在高的过冷度处中断。这是因为晶核在夹杂基底面上进行分布，逐渐使那些有利于新晶核形成的表面减少的缘故。而对均相成核来说，却没有这个在最大过冷度处降低成核速度的限制性环节。

除初级晶核外，还有另两种晶核：二级晶核和三级晶核（见图 2-10）。在一个粗糙的分子晶体表面上，只有在二次成核后才能增长新层。这一过程类似于初级成核，但新构造的表面积必须较小，因而吉布斯自由能位垒低。类似地，三级成核是指从一个棱边上开始新的原始晶体的增长。三级成核增长的吉布斯自由能位垒最低。在晶体表面增长的单分子层，通常均具有足够的不规整程度，以提供一些新的结晶部位。

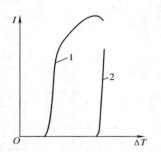

图 2-9 均相成核与异相
成核速率随过冷度的变化
1—异相成核 2—均相成核

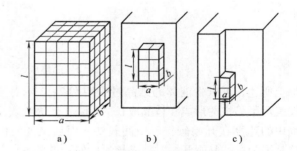

图 2-10 三类晶核示意图
a）初级晶核 b）二级晶核 c）三级晶核

2. 成核理论概念

经典成核概念的理论假设是，过冷相的起伏可以克服晶体表面的成核势垒。按照 Boltzmann 定律，在体积和能量恒定时，一定尺寸晶核存在的几率是熵变的函数，正比于 exp（$\Delta S/k$）。在温度恒定时，存在一定尺寸晶核的几率正比于 exp（$-\Delta G/kT$）。

根据上述假定并应用绝对反应速度理论推导出成核速率 I^*，即

$$I^* = (N_A kT/h) \exp[-(\Delta G^* + \Delta G_\eta)/kT] \tag{2-14}$$

式中，I^* 是每秒钟 N 个未结晶单元能够一步参与成核的数目；N_A 是阿伏伽德罗常数；k 是 Boltzmann 常数；h 是 Plank 常数；T 是热力学温度；ΔG^* 是某一临界尺寸晶核结晶的吉布斯自由能；ΔG_η 是控制结晶单元穿过相界短程扩散的活化吉布斯自由能。

ΔG_η 和温度的关系与黏度的温度依赖性相似。高温时 ΔG_η 基本上是恒定的数值；而在低温下，当接近玻璃化转变温度时，其值急剧增大。考虑上述因素，可得到如下的简单表达式

$$\Delta G_\eta / kT = a + [\,b/(T - T_0)\,] \tag{2-15}$$

式中，T_0 是不再发生穿过相界进行传输的温度。

式（2-14）的指前因子表示结晶单元的近似传输系数，室温时其值约为 $6.2 \times 10^{12} \mathrm{s}^{-1}$。图 2-11 所示为成核速率与温度的关系曲线。在一个相当窄的温度间隔内，随着温度的降低，由于 ΔG^* 的快速降低，成核速率很快升高。

在晶核开始成长的初期，因其内部原子规则排列的特点，其外形也大多是比较规则的。但随着晶核的成长，晶体棱角的形成，棱角处的散热条件优于其他部位，如图 2-12 所示，因而此处便得到优先成长（如树一样先长出枝干，再长出分枝），最后再把晶闸填满。此种成长方式叫枝晶成长。冷速越大，过冷度越大，枝晶成长的特点便越明显。

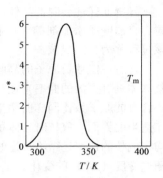

图 2-11　成核速率与温度的关系

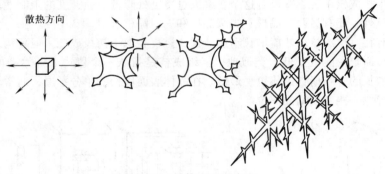

图 2-12　晶体成长示意图

综上所述，可以将液体的结晶过程用图 2-13 示意出来。图中不仅表示了晶核的形成和枝晶成长的过程，还大致表示出了结晶过程中的速度在开始较慢、中间较快、而后又变慢的一般规律。这是因为在结晶刚开始时，晶核形成的数量极少，故结晶很慢，一般将这个阶段称为结晶过程的孕育期；随后因大量晶核的形成和成长同时并进，于是结晶过程便加速进行；但至各晶体成长达到相互接触以后，结晶过程的速度又逐渐变慢。

三、影响晶核的形成率和成长率的因素

影响晶核的形成率和成长率的最重要因素是结晶时的过冷度和液体中的难溶杂质。

1. 过冷度的影响

液体结晶时的冷却速度越快，其过冷度越大，不同的过冷度 ΔT 对晶核的形成率 N［晶核形成数目/$(\mathrm{s \cdot mm^3})$］和成长率 $W(\mathrm{mm/s})$ 的影响如图 2-14 所示。当过冷度等于零时，晶核的形成率和成长率均为零。随着过冷度的增加，晶核的形成率和成长率都增大，并各在一定的过冷度时达到极大值。而后当过冷度进一步增大时，它们又逐渐减小，直至在很大过冷度的情况下，两者又先后各趋于零。过冷度对晶

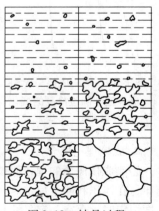

图 2-13　结晶过程示意图

核的形成率和成长率的这些影响，主要是因为在结晶过程中有两个相反的因素同时在起作用。其中之一就是晶体与液体的吉布斯自由能差 ΔG，它是晶核形成和成长的推动力；另一相反因素便是液体中原子迁移能力或扩散系数 D，这是形成晶核及其成长的必须条件，因为原子的扩散系数太小的话，晶核的形成和成长同样也是难以进行的。如图 2-15 所示，随着过冷度的增加，晶体与液体的吉布斯自由能差便越大，而液体中的原子扩散系数却迅速减小。由于这两种随过冷度不同而作相反变化的因素的综合作用，便使晶核的形成率和成长率与过冷度的关系上出现一个极大值。在过冷度较小时，虽然原子的扩散系数较大，但因作为结晶推动力的吉布斯自由能差较小，以致晶核的形成率和成长率都较小；在过冷度较大时，虽然作为结晶推动力的吉布斯自由能差很大，但由于原子的扩散在此情况下相当困难，故也难以使晶核形成和成长，而只有在两种因素在中等过冷情况下都不存在明显不利的影响时，晶核的形成率和成长率才会达到其极大值。

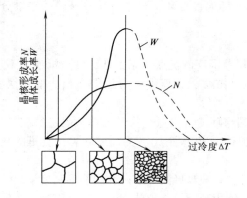

图 2-14　晶核的形成率 N 和成长率 W 与过冷度 ΔT 的关系

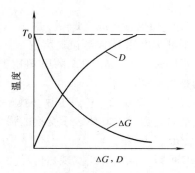

图 2-15　液体与晶体的吉布斯自由能差 ΔG 和扩散系数 D 与过冷度 ΔT 的关系

2. 难溶杂质的影响

任何液体中总不免含有或多或少的杂质，当其晶体结构在某种程度上与液体相近时，这些难溶的杂质常可显著地加速晶核的形成。因为当液体中有难溶杂质存在时，液体可以沿着这些现成的固体质点表面产生晶核，减小它暴露于液体中的表面积，使表面能降低，其作用甚至会远大于加速冷却增大过冷度的影响。

在液体结晶时，可故意向液体中加入某种难溶杂质来达到有效成核的目的，所加入的难溶杂质叫人工晶核。由于加入人工晶核大增大结晶时的冷却速度或过冷度的效果更好，因而其在蓄能空调中得到广泛应用。

第四节　相变蓄能材料的性能测试

材料的热物性及工作性能既是衡量其性能优劣的标尺，又是对其应用系统进行设计及性能评估的依据。相变材料的热物性主要包括热导率、膨胀系数、比热容、相变温度、相变潜热等。

一、相变温度、比热容、相变潜热测试

测定相变温度、比热容、相变潜热的方法可分为三类：一般卡计法；差热分析法（Differential Thermal Analysis，DTA）；差示扫描量热法（Differential Scanning Calorimetry，DSC）。

1. 一般卡计法

一般卡计法主要有投下冷却法和连续加热绝对法等。有关一般卡计法测量相变材料比热容及

潜热的原理及有关方法，相关文献已进行了较详细的介绍，此处不再介绍。

2. 差热分析法（DTA）

它是在程序控制下，测量物质与参比物之间的温度差与温度关系的一种技术。差热分析曲线是描述样品与参比物之间的温差（ΔT）随温度或时间的变化关系曲线。在测试过程中，试样（S）和参比物（R）被放在相同的热环境中（同一金属块的两个穴内），一起被加热或冷却。虽然环境温度的变化速率一致，但因试样和参比物的比热容不同，在升温或降温过程中试样和参比物的温度将不同，试验中记录温度及试样与参比物的温差 $\Delta T = T_S - T_R$。因为 DTA 检测的是温差，所用的热电偶彼此是反向串接的，所以 T_S 和 T_R 之间的微小差值可用适当的放大装置检测出来。这就可用少量样品进行测试，这对实际工作是非常有利的。由于差热分析是动态技术，有许多因素会影响最终的试验曲线，包括升温速率、炉内气体、样品支持器、热电偶位置、样品特性等。由于 DTA 与试样内的热传导有关，标定 K 又不断随温度变化，要进行比较精确的定量分析是相当困难的。

3. 差示扫描量热法（DSC）

为了继续发挥 DTA 测试速度快、样品量少、适用范围广的优点，克服其定量分析难的不足，研制出了 DSC。DSC 与 DTA 的原理相类似。按照测量方法，DSC 可分为热流型和功率补偿型，常用的是功率补偿型。

（1）热流型 DSC　它属于热交换型的量热计，其与环境的热量交换是通过热阻进行测量的。测量的信号是温差，其值表示交换的强度，并与热流速率 Φ 成正比（为简明起见，这里的热流速率 dQ/dt 以 Φ 表示）。

DSC 可以不同的方式实现热传导，主要的基本类型有圆盘形测量系统和圆柱形测量系统。圆盘形测量系统的特点是可快速升温，时间常数和试样体积小，且单位体积的灵敏度很高。圆柱形测量系统中两试样槽是对等的，试样槽和试样容器均较大，只可慢速升温，时间常数和试样体积大，单位体积的灵敏度低。

用炉子控制环境温度，测量通过康铜片流向试样和参比物的热流之差。

1）测量体系为圆盘形的热流型 DSC。圆盘的材料可以使用金属、石英玻璃或陶瓷。这类仪器的样品池如图 2-16 所示，其工作原理如图 2-17 所示。

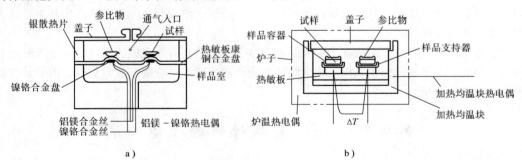

图 2-16　圆盘形热流型 DSC 的样品池
a）TA 仪器公司的设计　b）精工电子公司的设计

为减小加热源到试样间热阻随温度的变化，加热源到试样之间的传热主要借助于高热导率的康铜片（且热导率随温度改变的变化小），尽量减少热辐射和热对流传热。同样，为减少加热源辐射给试样和参比物的热量，应采用浅皿的试样盘与参比盘。

另外，由 DTA 的理论分析可知，DTA 曲线的峰面积 A 与反应热 Q 之间存在一定的比例关系，即

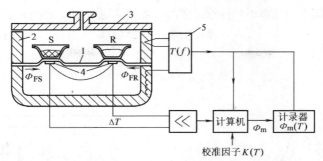

图 2-17　圆盘形热流型 DSC 工作原理

1—圆盘　2—炉子　3—盖子　4—差示热电偶　5—程序控制器　S—试样坩埚　R—参比物坩埚

Φ_{FS}—从炉子到试样坩埚的热流速率　Φ_{FR}—从炉子到参比物坩埚的热流速率　Φ_m—测得的热流速率

$$Q = KA \tag{2-16}$$

式（2-16）中的比例系数为

$$K = \frac{1}{\lambda g} \tag{2-17}$$

式中，g 是试样形状因子；λ 是热导率。

当温度升高时，试样与参比物之间的热辐射增强，而 λ 减小，因而 K 增大，故 A 减小。为使 K 值恒定，须在等速升温的同时，自动改变差热放大器的放大倍数，使之随升温自动增大，对因 K 值变化而减小的峰面积进行补偿。

当炉子加热时（通常是按时间呈线性升温，或以调制的方式升温），热量通过圆盘流向样品。如样品的配置是完全对称的，则热量应以相等的热流速率流向试样和参比物，那么温差信号 ΔT 为 0；如果因试样发生转变而打破这一稳态平衡的话，则产生与试样和参比物热流速率之差成比例的差示信号，即

$$\Phi_{FS} - \Phi_{FR} \propto -\Delta T$$
$$\Delta T = T_S - T_R \tag{2-18}$$

由测得的 Φ_m 和 DSC 曲线峰积分面积，与已知转变热 Q_r 比较可得到代表真正转变热的校正系数 K_Q，即

$$Q_r = Q_{真正} = K_Q \int (\Phi_m - \Phi_b)\,\mathrm{d}t \tag{2-19}$$

式中，Φ_b 是 DSC 曲线的基线（见图 2-18）。

这类仪器最高使用温度的技术指标通常是在 725℃，并认为由于热辐射不宜在高温下工作。

2）测量体系为圆柱形的热流型 DSC。一个块状的圆柱形炉子，带有两个圆柱形的槽，每个槽都装有一个圆柱形盛样的容器。该容器通过若干个热电偶（热电堆）与炉子或直接与另一容器接触，采用热电堆是这类测量体系的特征。

原来的圆柱形测量体系，每个样品容器的外表面与连在一起的大量热电偶相接触，这些热电偶处于容器和炉槽之间，如图 2-19 所示。带或线状热电偶既是从炉子到样品的主要热传导途径，又是温差传感器。两个样品容器是热分离的，仅靠整个炉子的一部分进行热交换。测量的信号是两个样品容器表面的平均温差 ΔT，是由两个热电堆的差示关系产生的，即

$$\Delta T = \Delta T_{FR} - \Delta T_{FS} = \Delta T_{SR} \tag{2-20}$$

对于稳态的热交换过程，炉子和试样间交换的热流速率 Φ_{FS}，炉子和参比物间交换的热流速

率 Φ_{FR}，以及测得的输出热流速率和传给试样的真实热流速率 $\Phi_{真实}$ 之间有下列关系。

$$\left.\begin{array}{l} \Phi_{FS} - \Phi_{FR} \propto -\Delta T \\ \Phi_m = -K'\Delta T \\ \Phi_{真实} = K_\Phi \Phi_m \end{array}\right\} \qquad (2\text{-}21)$$

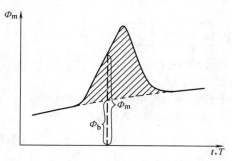

图 2-18 热流速率测定值
Φ_m 与基线示意图

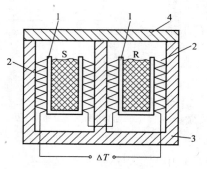

图 2-19 圆柱形测量
体系的热流型 DSC
1—盛试样和参比物的容器 2—热电堆
3—炉子 4—盖子 S—试样 R—参比物
ΔT—容器间的温差

对于测得的信号能否完全代表真实的热流速率以及峰面积相应的已知转变热，还需仔细核对。

改进的圆柱形测量体系，热流不是经热电偶从炉子传给样品的（见图 2-20）。炉子和试样间的热交换是通过与试样容器的直接接触以及导线、炉子与试样容器间的气层进行的。用热电偶直接测量试样和参比物容器间的温差。两个容器不再是热分离的，测得的温差仍与从炉子到试样的热流之差成比例。

对于所有的圆柱形测量体系来说，校准因子可能与样品在容器中的位置和高度有关，其原因是热导途径（如直接接触、导线和气层等）的效率与热源（试样）在容器中的位置有关。当试样装到接近容器的顶部，则校准因子可能会有相当显著的变化，这与量热计的类型有关。

与圆盘形测量体系相比，圆柱形测量体系的可利用空间较大，但热惯性也较大。槽体积大，允许使用进行诸如电校准、通气流、混合、高压等试验的各种特殊容器，并可直接在样品槽中插入电学、力学、气体交换等小的部件，直接观察声学、光学等项性质。

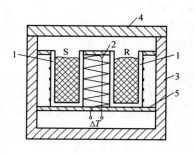

图 2-20 改进的圆柱形测量
体系的热流型 DSC
1—盛试样和参比物的容器
2—热电堆 3—炉子 4—盖子
5—容器支架 S—试样
R—参比物
ΔT—容器间的温差

具有圆柱形测量体系的热流型 DSC 的工作温度范围为 $-190 \sim 1500℃$。由于测量体系的时间常数相当大，最高升温速率大约是 30K/min。

（2）功率补偿型 DSC 它属补偿类量热计，待测的热量几乎全部是由电能来补偿的。测量系统是由两个同类铂-铱合金制微电炉构成的（见图 2-21）。每个微电炉都包含一个温度传感器（铂电阻温度计）和一个加热电阻（由铂丝制成）。微电炉的直径约为 9mm，高约 6mm，质量约为 2g；时间常数略小于 2s，等温噪声约为 2μW；最大加热功率约为 14W。测量的温度范围是从 -175℃（用液氮冷却）到 725℃。

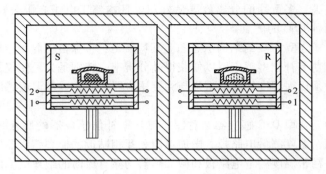

图 2-21　功率补偿型 DSC 的工作原理
1—加热丝　2—电阻温度计　S—试样测量系统
（包括试样坩埚、微电炉和盖子）　R—参比物
系统（与 S 类似）（两个相互分离的测量系统
置于一个均温块中）

Perkin-Elmer 功率补偿型 DSC 的工作原理如图 2-22 所示。它按照试样相变（或反应）而形成的试样和参比物间温差的方向来提供电功率，以使温差低于额定值，通常小于 0.01K。此类仪器的加热器较小，因而温度响应快，可实施快速升温、降温。这种仪器的扫描速率标称为 0.3～320K/min，不过可靠的扫描速率是 60K/min。

如果 T_S 为试样炉的温度，T_R 为参比物炉的温度，$\Delta T = T_S - T_R$，ΔP 是补偿加热功率，Φ_m 是测得的热流速率（测量的信号），则这些量之间有如下关系

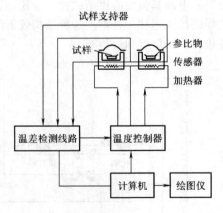

图 2-22　Perkin-Elmer 功率补偿型 DSC 工作原理示意图

$$\left.\begin{array}{l}\Delta P = -k_1 \Delta T \\ \Phi_m = -k_2 \Delta T\end{array}\right\} \qquad (2-22)$$

式中，k_1 是厂家已设计的比例调节器的固定量，一个给定的补偿加热功率总是相应于一个给定的 ΔT；k_2 可借助电位计随仪器而改变，或通过软件（校准）对其进行调整。k_2 几乎与测量的参数（如温度）无关，因此原则上 k_2 通过 1 次校准测量便可确定。

测得的热流速率信号 Φ_m 与跟试样交流的真正热流速率之间的关系 $\Phi_{真正} = K_\Phi \Phi_m$ 也需由量热校准来定。

测量系统的热不对称性使得零线弯曲，可通过电学系统对其进行补正。用此种方法也可使出峰前后测定的曲线变直。

当测量系统处在较高温度时，与待测量相比，通过传导、辐射、对流与环境交换的热流量是相当大的。因此，对两个微电炉和环境间热交换的均一性提出了很高的要求，以确保测量的偏差较小。

（3）复合型 DSC　如上所述，差示扫描量热仪（DSC）可分为热流型 DSC 及功率补偿型 DSC 两种，它们具有不同的特征。

热流型 DSC 用配置于样品周围的均温块控制温度，以温差形式检测从均温块流入试样与参比物的热流差。采用此种均温块结构，一般从低温至高温可测得稳定的基线，并具有较高的灵敏度。而功率补偿型 DSC，在试样支持器正下方配置微加热器，按试样的吸、放热效应反馈功率补偿，所以一般分辨率高，多重峰的分离效果良好。由日本精工电子有限公司研制开发的复合型 DSC 同时具备上述两种 DSC 的优点。

图 2-23a 所示为复合型 DSC 的结构示意图。其特点是：①保留均温块结构，以保持基线稳定和高灵敏度；②配置功率补偿型感应器以便获得高分辨率，特别是为了使仪器具有对反应热效应的快速应答能力，必须极大程度地降低试样与温度感应器之间，以及温度感应器与功率补偿微加热器之间的热阻。

图 2-23b 所示为复合型 DSC 感应器示意图。热功率补偿感应器的底板是由陶瓷制成的，由置于陶瓷板上的铂精密温度测量电路板、微加热器和互相贴近的梳型感应器构成，并要求试样端与参比端左右对称。精密温度测量电路板和微加热器均涂有极薄的绝缘层，以保持样品皿与感应器之间的电绝缘性，并可最大限度地降低热阻。在此热功率补偿感应器底板上进行试样与参比物间的温差检测，微加热器以热流的形式做出快速应答，进行反馈功率补偿，把此时的反馈功率差作为 DSC 信号输出，同时把试样端检测的温度作为试样温度进行输出。此种结构是通过卷在外侧的加热器按照温度程序要求进行精密温度控制的。整个热功率补偿感应器的电路基板设置在银制的加热器内中央，基板中心固定在均温块底部中央。热流从均温块底部中央通过热功率补偿感应器的电路基板中心供给试样和参比物，借此进行升降温控制，热流差则由样品皿正下方的微加热器进行快速功率补偿。这种结构仪器的性能不但在宽广的温度范围内具有稳定的基线，而且兼备很高的灵敏度和分辨率。

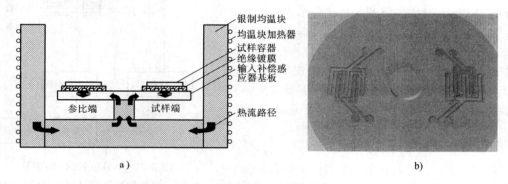

银制均温块
均温块加热器
试样容器
绝缘镀膜
输入补偿感应器基板

参比端　试样端

热流路径

a)　　　　　　　　　　　　　　b)

图 2-23　精工电子有限公司设计的复合型 DSC
a) 结构示意图　b) 感应示意图

通过升温速率对铟的熔化峰温和氧化偶氮苯甲醚液晶转变分辨率的影响，可进一步考察复合型 DSC 的分辨率。

图 2-24 所示为高纯铟在不同升温速度下测得的 DSC 曲线。当升温速率是 20℃/min 时，从峰温返回到熔化终止后的基线的时间常数是 0.8s，实现了 1s 以内的快速应答。另外，在 1~100℃/min 的升温速率变动范围内，起始峰温为 156.2~156.6℃，其变化范围仅在 ±0.2℃ 以内。这是由于温度感应器贴近试样，所以即使升温速率变化两位数，温度测量值却无大的变化。

图 2-25 所示为液晶试样氧化偶氮苯甲醚分别在 20℃/min、40℃/min、80℃/min 的升温速率下测定的 DSC 曲线，可以此评价 DSC 的分辨率。按此方法，从 20℃/min 升温速率的测定数据计算出的分辨率是 0.04，比功率补偿型 DSC 测量结果的分辨率提高了 4 倍。当升温速率提高到

20℃/min 的 2 倍（40℃/min）和 4 倍（80℃/min）
后，测量的数据仍可以明确分离其热峰，这说明
即使以较快的速率升温，仍可得到高分辨率。因
此，利用复合型 DSC，要取得高分辨率的测量结
果，无需采用慢速率升温进行测量。

二、热导率和膨胀系数测试

（一）热导率测试

材料的导热性能是通过测量材料的热导率来
体现的。测量材料热导率的方法主要分为稳态法
和非稳态法。

1. 稳态法

稳态法是在试样达到热稳定后，通过测量流
过试样的热量、温度梯度等确定试样材料的热导率
的。常用一维热流稳态法，其基本测试公式为

$$\lambda = B \frac{Q}{\Delta T} \qquad (2\text{-}23)$$

式中，Q 是单位时间内流过试样的热量；ΔT 是试样
的两个边界的温度差；B 是仪器常数。

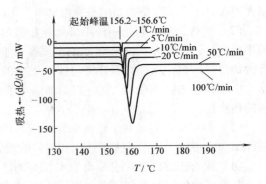

图 2-24　铟以不同升温速率熔化的 DSC 曲线
注：试样质量为 8mg。

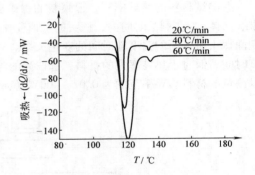

图 2-25　液晶氧化偶氮苯甲醚
不同升温速率的 DSC 曲线
注：试样质量为 5mg。

试样最常用的形状是圆柱体系。一维稳态热流
法的物理模型简单，数学表达式准确，但要控制好
热损，保证一维热流的实现。一维热流法又分为纵
向热流法和径向热流法。

为了精确地测定液体的热导率，可采用多层同
心圆柱法。与固体不同，在测定液体的热导率时，
还必须考虑到抑制液体的自然对流，减少辐射，防
止液体泄漏和解决热膨胀等问题。因此，对液体的热导率的测定，要比固体复杂些。

多层套筒圆柱法是用几个直径不同的很薄的纯铜管把液体试样分成几层，每层液体的厚度都
控制在 1mm 左右，这样不仅有效地抑制了自然对流，也增加了总液层的温差，提高了测量温差
的精度。

2. 非稳态法

非稳态法采用的是非稳态导热微分方程，测量的量是温度随时间的变化关系，得到的是热扩
散率。但利用材料的已知比热容，可以求得热导率。它是一种瞬态测试方法，适合测量的材料热
导率的范围较广，测量时间也较短。

直接用于热导率测定的非稳态法主要有热丝法、热探针法、热带法和瞬态板热源法。通过测
定热扩散率和用比热容、密度的已知值来求热导率的测定法有周期热流法、激光法等。

（1）热丝法　它是把一根细长的铂丝埋在初温均匀的介质中，然后突然通电加热。设每单
位长度的线加热器发出的热流率恒定，介质为均质的无限体。其热导率可用下式求出

$$\lambda = \frac{I^2 R}{4\pi l} \frac{\mathrm{d}\ln t}{\mathrm{d}\theta} \qquad (2\text{-}24)$$

式中，λ 是材料的热导率 [W/（m·K）]；I 是线热源的电流（A）；R 是铂丝的电阻（Ω）；l 是
铂丝的长度（m）；t 是铂丝加热时间（s）；θ 是过余温度（℃），$\theta = T - T_0$；T 是铂丝加热后的

表面温度（℃）；T_0 是初始的平衡温度（℃）。

（2）热探针法　它是一种用来测量松散材料的热导率的现场测定方法。其基本原理是将一根半径为 r_0、长度为 l（$l \gg r_0$）的金属探针插埋在松散的材料中，探针视为集中热容体，由探针内加热丝加热，探针的温升将与探针受到的加热功率、探针自身热容和探针周围材料的热导率、比热容等热物性有关。在一定的加热功率被固定之后，测量探针的温升规律就能确定周围材料的热物性。

（3）热带法　它是基于热丝法发展起来的测试方法。其原理和热丝法基本相同，只是将线热源压扁成带状，从而扩大了热源和材料的接触面积，减小了接触热阻。

（4）瞬态板热源法　它是将原本拉直的热源弯曲成螺旋状，形成平面板热源，在更小的空间内获得更大的接触面积。图 2-26 所示为瑞典生产的瞬态板热源法的测试仪，图中 Keithley2400 为精密电源，Keithley2000 为精密电阻仪，桥路系统用来平衡系统噪声产生的电势差。整个试验数据的运算过程由独立的计算单元完成，该计算单元通过 RS－232 串行端口与计算机连接。

在测试材料的热导率时，把膜装的镍螺旋探头夹于两块试样之中（固体）或浸没其中（粉末、液体）。在测试时间内，探头的阻值变化将被记录下来。根据阻值的大小，系统建立起测试期间探头所经历的温度随时间的变化关系。对于热导率小的材料，选取低的输出功率和较长的测试时间；而对于热导率大的材料，选取高的输出功率和较短的测试时间。通过调节测试参数，可以测量的材料热导率范围为 0.01~400W/（m·K）。

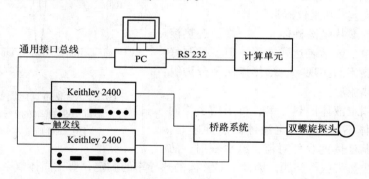

图 2-26　瑞典生产的瞬态板热源法的测试仪

（二）膨胀系数测试

在测量精度要求不高时，可采用简单的熔化—固化体积计量法。将一定质量的相变材料熔化，倒入玻璃量筒中（直径越小越好），记下体积刻度，待其固化后，再记下体积刻度，由此即可算出该种材料的膨胀系数。

第五节　相变蓄能材料的种类及性能

由于能量的供应与需求都有较强的时间性，在许多情况下，人们还不能做到合理地利用能源。如果在不需要热时却有大量的热产生，有时供应的热会有很大余量而被损失掉。这就需要有一种像储水池储水一样把热量或冷量储存起来，在需要时再使它释放出来的物质，这样的物质称为热能蓄存材料。它可分为蓄热材料和蓄冷材料两类。

热能蓄存的方式主要有显热、潜热和化学反应热三种。显热蓄能时，蓄能材料在蓄存和释放热能时，只是材料自身发生温度的变化，而不发生任何其他变化。这种蓄能方式简单，成本低，但在释放热能时其温度发生持续变化，即不能维持在一定温度下释放所蓄热能。要克服这个缺点，可利用潜热蓄能。所谓潜热蓄能，是利用蓄热材料在发生相变时，吸收或放出热量来蓄能与释能，所以也可称为相变蓄能。相变可以是固—液、液—气、气—固及固—固，但以液—固相变最为常见。反应热蓄能则是利用蓄能材料相接触时发生可逆的化学反应来蓄、放热能。如正反应吸热，热被蓄存起来；逆反应放热，则热被释放出去。但实际上三种热能蓄存方式很难截然分开，如潜热蓄能材料同时会把一部分显热蓄存起来，而反应热蓄能材料则可能把显热或潜热蓄存起来。三种类型的热能蓄存材料中以潜热蓄能材料用得最多、最普遍，因而也最重要。

通常，相变材料是由多组分构成的，包括主蓄热剂、相变点调整剂、防过冷剂、防相分离剂、相变促进剂等组分。图2-27所示为蓄热材料的分类。

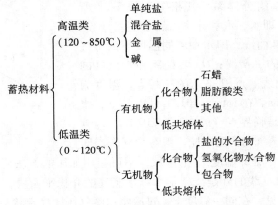

图 2-27　蓄热材料的分类

一、显热蓄能材料的种类及性能

显热蓄能根据所用材料的不同，可分为液体显热蓄能和固体显热蓄能两类。表2-4所列为几种显热蓄能材料的性能参数。为了使蓄能装置具有较高的容积蓄热（冷）密度，要求蓄能材料有大的比热容和密度，另外还要容易大量获得且价格便宜。目前，常用的蓄能材料是太阳池、土壤、地下蓄水层、温度分层型蓄热（冷）水槽、砖石、水泥，以及将 Li_2O 与 Al_2O_3、TiO_2、B_2O_3、ZrO_2 等混合高温烧结成形的显热蓄能材料。

表 2-4　几种显热蓄能材料的性能参数

蓄热材料	比热容/[kJ/(kg·℃)]	密度/(kg/m³)	平均热容量/[kJ/(m³·℃)]	标准沸点/℃
乙醇	2.39	790	1888	78
丙醇	2.52	800	2016	97
丁醇	2.39	809	1933	118
异丁醇	2.98	808	2407	100
辛烷	2.39	704	1682	126
水	4.2	1000	4200	100

水、岩石和土壤在20℃时的蓄热性能参数见表2-5。水的比热容大约是岩石比热容的4.8倍，而岩石的密度只是水的2.5~3.5倍，因此，水的蓄热密度要比岩石的大。

表 2-5　水、岩石和土壤在 20℃时的蓄热性能参数

蓄热材料	密度/ （kg/m³）	比热容/ [kJ/(kg·℃)]	平均热容量/ [kJ/(m³·℃)]
水	1000	4.2	4200
岩石	2200	0.88	1936
土壤	1600~1800	1.68（平均）	2688~3024

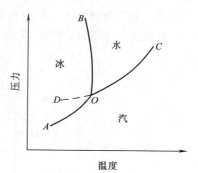

图 2-28　水的相图

　　水是自然界中最常用、最理想的蓄能单纯物质。其不仅熔解潜热很大，比热容也很大，而且价格便宜，无毒无害，随处可取。纯水是单组分体系，其相图如图 2-28 所示，相图上有三个区域，即水、汽和冰，由三条实线分界。OC 线是水蒸气和水的平衡曲线，即水在不同温度下的蒸气压曲线；OB 线是冰和水的平衡线；OA 线是冰和水蒸气的平衡线，也是冰的升华曲线。点 O 是冰的三相点，温度为 273.16K，压力为 610.62Pa。在 1atm（101.325kPa）下，水的冰点是 273.15K。C 点是临界点（$p_C = 2.2 \times 10^7$Pa，$T_C = 647$K），在此点液体和水蒸气的密度相同，液态和气态之间的界面消失。对于温度高于临界温度 T_C 的区域，不可能用加压的方法使气体液化，因此，通常被称为气相区。OD 线是 CO 线的外延线，是水和水蒸气的介稳平衡线，代表过冷水的饱和蒸气压和温度的关系。由图可见，在同一温度下，过冷水的蒸气压比稳定状态的冰的蒸气压要大，因此，过冷水处于不稳定的状态。

　　水的主要热物理性质列于表 2-6 ~ 表 2-8 中。

表 2-6　水的密度 ρ

温度/℃	0	3.98	5	10	15	20	25	30	35	40
密度 ρ/ (t/m³)	0.99987	1.00000	0.99999	0.99973	0.99913	0.99823	0.99707	0.99567	0.99406	0.99224

表 2-7　水的比热容 c_p

温度/℃	0	10	20	30	40
比热容 c_p /[kJ/(kg·K)]	4.2177	4.1922	4.1819	4.1785	4.1786

表 2-8　水的热导率 λ

温度/℃	-20	-10	-5	0	5	10	15	20	25	30	35	40
热导率 λ /[W/(m·K)]	0.527[①]	0.544[①]	0.553[①]	0.561	0.570	0.579	0.588	0.597	0.606	0.613	0.620	0.627

①过冷水的数值。

　　当需要蓄存温度较高的热能时，以水作为蓄热材料就不合适了。可视温度的高低，选用岩石或无机氧化物等材料作为蓄能材料。

　　可作为高温显热蓄能材料的有花岗岩、氧化镁（MgO）、氧化铝（Al_2O_3）及铁（Fe）等金属。表 2-9 所列为一些固态蓄能材料的性能参数。

表 2-9　一些固态蓄能材料的性能参数

蓄能材料		密度 ρ(室温)/(kg/m³)	比热容 c/[kJ/(kg·K)]	平均热容量/[kJ/(m³·K)]	热导率 λ/[W/(m·K)]
金属	钢(低合金)	7850	0.46	3611	50
	铸铁	7200	0.54①	3888①	42
	铜	8960	0.39	3494	395
	铝	2700	0.92	2484	200
非金属	耐火泥	2100~2600	1.0	2350	1.0~1.5
	氧化铝(90%)	3000	1.0	3000	2.5
	氧化镁(90%)	3000	1.0	3000	4.5~6
	氧化铁	—	—	3700	5
	岩石	1900~2600	0.8~0.9	1600~2300	1.5~5.0

① 20~300℃之间的平均值(取决于温度和成分)。

二、潜热蓄能材料的种类及性能

(一) 固-液相变蓄能材料

1. 高温相变蓄能材料

高温相变蓄能材料主要用于小功率电站、太阳能发电和低温热机方面。若要大量使用这类材料,还有不少问题要解决,尤其是腐蚀性换热器的传热设计问题。它分为以下四类。

(1) 单纯盐　LiH 相对分子质量小而熔解热很大(2840kJ/kg),已应用于人造卫星上。在太阳能热动力发电系统中,相变材料主要包括金属及合金和氟盐及其共晶混合物等,其中 LiF 和以 LiF 为主的 80.5LiF-19.5CaF₂(摩尔分数)是目前高温熔盐相变采用较多的材料。80.5LiF-19.5CaF₂ 有合适的熔化温度,与容器的相容性很好,有很好的热稳定性,用于基本型吸热/蓄热器。LiF 以 550~848℃显热和 848℃熔解热开动斯特林热机,采用真空密闭型结构。其缺点是价格高,只能应用于特殊场合。

(2) 碱　碱的比热容高,熔解热大,稳定性强,在高温下蒸气压很低,价格便宜,也是较好的蓄热物质。NaOH 在 287℃和 318℃下均发生相变,潜热达 330J/g,在美国和日本已用于采暖、制冷方面。

(3) 金属与合金　金属必须是低毒、价廉的。铝的熔解热大,导热性好,蒸气压力低,是一种较好的蓄热材料。Mg-Zn、Al-Mg、Al-Cu、Mg-Cu 等合金的熔解热也十分大,也可作为蓄热材料。

(4) 混合盐　可根据需要将各种盐类配制成 120~850℃温度范围内使用的蓄热材料。其熔解热大,熔融时体积变化小,传热性能较好。

2. 中低温相变蓄能材料

中低温相变蓄能材料广泛应用于各种工业或公用设施中,用来回收废热和蓄存太阳能。它的蓄能密度大,成本低,对容器腐蚀性小,制作简单,是目前固-液相变蓄能的主流材料。从材料的化学组成来看,可分为无机相变蓄能材料及有机相变蓄能材料两类。

(1) 无机相变蓄能材料　主要有结晶水合盐、熔融盐、金属或合金和其他无机物等。其中最典型的是结晶水合盐,它们提供了从几摄氏度至一百多摄氏度熔点的近 70 种可供选择的相变蓄能材料。它们有较大的熔解热和固定的熔点(实际是脱出结晶水的温度,脱出的结晶水使盐熔解而吸热,降温时其发生逆过程,吸收结晶水而放热)。

1）结晶水合盐。其分子通式为 $AB \cdot nH_2O$，AB 表示一种无机盐，n 是结晶水分子数。结晶水合盐吸收热量后在一定温度下熔化为水及盐，热能被蓄存。反应是可逆的，蓄存的热能放出后又还原为结晶水合盐，其反应式为

$$AB \cdot nH_2O \xrightleftharpoons[\text{冷却 } T < T_m]{\text{加热 } T > T_m} AB + nH_2O - Q$$

但是，这类材料易出现"过冷"和"相分离"现象。为此，需加入防相分离剂，常选用增稠剂、晶体结构改变剂等。常用无机水合盐相变蓄能材料的性能参数见表 2-10。

表 2-10　常用无机水合盐相变蓄能材料的性能参数

相变蓄能材料	熔点/℃	熔解热/kJ/kg	防过冷剂	防相分离剂
硫酸钠（$Na_2SO_4 \cdot 10H_2O$）	32.4	250.8	硼砂	高吸水树脂、十二烷基苯磺酸钠
醋酸钠（$CH_3COONa \cdot 3H_2O$）	58.2	250.8	$Zn(OAc)_2$, $Pb(OAc)_2$ $Na_2P_2O_7 \cdot 10H_2O$, $LiTiF_6$	明胶、树胶、阴离子表面活性剂
氯化钙（$CaCl_2 \cdot 6H_2O$）	29	180	BaS, $CaHPO_4 \cdot 12H_2O$ $CaSO_4$, $Ca(OH)_2$	二氧化硅、膨润土、聚乙烯醇
磷酸氢二钠（$Na_2HPO_4 \cdot 12H_2O$）	35	205	$CaCO_3$, $CaSO_4$, 硼砂, 石墨	聚丙烯酰胺

① 硫酸钠水合盐。$Na_2SO_4 \cdot 10H_2O$ 的熔点为 32.4℃，熔解热为 250.8kJ/kg，单位容积蓄热量是温升为 20℃ 水的蓄热量的 4 倍多，被认为是较理想的余热利用、太阳能供暖系统中的相变蓄能材料。但单独的十水硫酸钠在经多次熔化—结晶的蓄放热过程后，其蓄热能力会大幅度降低。其原因主要在于发生了相分离，即某些无水硫酸钠从硫酸钠水溶液中析出。对此，可加入防相分离剂来克服，如可加入高吸水树脂及十二烷基苯磺酸钠等。此外，在这类蓄热材料中，还需要加入硼砂类的防过冷剂。

据文献报道，现已用于熔点在 4～8℃ 范围内的相变材料，大多由十水硫酸钠化合物溶液并添加其他盐类组成。文献［44］报道了转熔温度为 12.8℃ 的 $Na_2SO_4 \cdot 10H_2O$ 溶液的组成，见表 2-11。1982 年，Calor Group 公司发表了转熔温度为 7.5℃ 凝胶化的 $Na_2SO_4 \cdot 10H_2O/NH_4Cl/KCl$ 相变材料的性能，见表 2-12。1990 年，美国 Transphase 公司开发了两种空调用蓄冷材料，它们分别被称为"41"和"47"型，对应的相变温度为 5℃ 和 8℃，见表 2-13。

表 2-11　转熔温度为 12.8℃ $Na_2SO_4 \cdot 10H_2O$ 溶液的组成

组分	质量分数（%）	功能
Na_2SO_4	32.5	相变材料
H_2O	41.4	相变材料
$NaCl$	6.66	降低凝固温度
NH_4Cl	6.16	降低凝固温度
$Na_2B_4O_7 \cdot 10H_2O$	2.6	核化剂
H_3BO_3	1.73	平衡 pH 值
$Na_2P_3O_{10}$	0.25	分散剂
MinUGel200	8.7	增稠剂

表 2-12 转熔温度为 7.5℃凝胶化的 $Na_2SO_4 \cdot 10H_2O/NH_4Cl/KCl$ 溶液的性能

转熔温度/℃	转变热/(kJ/lg)	比热容/[kJ/(kg·K)]	密度/(kg/m³)	热导率/[W/(m·K)]
7.5	121	3.1	1.49×10^3	0.55(液) 0.70(固)

表 2-13 相变温度为 5℃和 8℃的两种蓄冷材料的性能

型号	41 型	47 型
转熔温度/℃	5.0 ~ 5.5	8 ~ 9
相变热/(kJ/kg)	123.3	95.4
相变所需吸热温度/℃	1.7	5
离开相变槽温度/℃	5.0 ~ 5.5	8 ~ 10
蓄冷密度/[m³/(kW·h)]	0.027	0.0406

$Na_2SO_4 \cdot 10H_2O$ 是单斜晶系。晶体呈短柱状,集合体呈致密块状,无色透明,有玻璃光泽,有时略带浅黄色或绿色,味苦,密度为 $1.4 \sim 1.5kg/m^3$。$Na_2SO_4 \cdot 10H_2O$ 内含质量分数为 45.91% 的 H_2O 和 44.09% 的 Na_2SO_4 盐。

图 2-29、图 2-30 所示为 Na_2SO_4/H_2O 系统在不同浓度时的相图。图 2-30 中的实线示出了 32.38℃为转熔温度(即异成分熔点),高于此温度为无水 Na_2SO_4,而低于此温度为 $Na_2SO_4 \cdot 10H_2O$。图2-30也示出了可能出现的亚稳态的 $Na_2SO_4 \cdot 7H_2O$,使 $Na_2SO_4 \cdot 10H_2O$ 成为性质复杂的相变材料。

由图 2-29 可以看出,其低共熔点温度(点 B)约为 -1.29℃,而其转熔点为 32.38℃。若此系统在此状况下被加热,就会发生转熔变化,生成无水 Na_2SO_4 溶

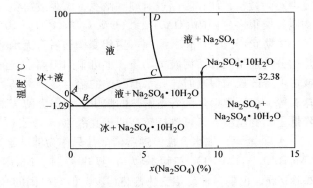

图 2-29 Na_2SO_4/H_2O 系统的部分相图(1)

液。这种无水 Na_2SO_4 具有逆向的溶解特性,即在温度升高时,其溶解度反而降低,溶液中无水 Na_2SO_4 的含量降低。而冷却时,在平衡情况下,无水 Na_2SO_4 再逐渐溶解于溶液中,直至其降至转熔温度。在温度低于转熔温度时,无水 Na_2SO_4 被水化合回复生成 $Na_2SO_4 \cdot 10H_2O$。

在实际冷却情况下,若没有晶核核心,即使温度降低到低于转熔温度也不会结晶。如果降到 24.4℃($Na_2SO_4 \cdot 7H_2O$ 和 H_2O 系统的转熔温度)或更低温度才结晶,那就有可能生成 $Na_2SO_4 \cdot 7H_2O$,如图 2-30 所示。即使此时能很好地结晶,但由于沉淀离析,也会使相变材料失效。

另外,在熔化过程中形成的无水盐,其密度要比溶液大得多,有可能沉淀在容器底部。而在冻结过程中,再结合水的过程只能发生在上层水和底部沉淀层之间,这就给再结合水的过程造成一定的困难,使蓄冷材料老化变质。

为了使 $Na_2SO_4 \cdot 10H_2O$ 溶液能较好地用于蓄冷空调系统,人们试图用添加 KCl、NaCl 和 NH_4Cl 等无机盐类的方法来降低其熔化温度;用 $Na_2B_4O_7 \cdot 10H_2O$(硼砂)、$Li_2B_4O_7 \cdot 10H_2O$ 或 $(NH_4)_2B_4O_7 \cdot 10H_2O$ 做核化剂的方法来改善其成核性能;同时还添加增稠剂、悬浮剂来抑制其发生分层。由此可见,实际应用的 $Na_2SO_4 \cdot 10H_2O$ 溶液是含有多种添加剂和无机盐类的多元混合物。

② 氯化钙水合盐。其熔点为29℃，熔解热为180kJ/kg，属于一种低温型蓄热材料。由于它的熔点较低，接近于室温，且其溶液为中性，无腐蚀、无污染，所以最适用于温室、暖房、住宅及工厂低温废热的回收等方面。氯化钙含水盐的过冷也非常严重，有时甚至在达0℃时其液态熔融物仍不能凝固，因此也需加入有效的防过冷剂。常用的防过冷剂为BaS、$CaHPO_4$、$CaSO_4$、$Ca(OH)_2$及某些碱土金属或过渡金属的醋酸盐类等。

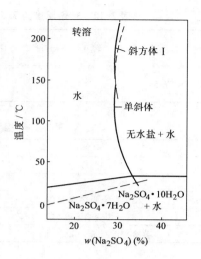

图 2-30　　Na_2SO_4/H_2O 系统
的部分相图（2）

③ 醋酸钠水合盐。$CH_3COONa \cdot 3H_2O$的熔点为58.2℃，属中低温蓄热材料，它的熔解热较大，为250.8kJ/kg。三水醋酸钠作为蓄热材料使用时，其最大的缺点是易产生过冷，即液相的醋酸钠水溶液冷却到其凝固点后仍不发生凝固，这样就会使释热温度发生变动。而且由于过冷液体随温度降低黏度不断增加，阻碍了分子进行定向排列运动，从而在过冷度很大时，会形成非晶态物质，相变潜热会相应减小。为了消除这种过冷现象，通常要加入防过冷剂，它可作为结晶生成中心的微粒，使在凝固点时顺利结晶，减少或避免过冷的发生。可作为三水醋酸钠防过冷剂的物质种类很多，如$Zn(OAc)_2$、$Pb(OAc)_2$、$Na_4P_2O_7 \cdot 10H_2O$、Li_2TiF_6等。

为防止经反复熔化-凝固可逆相变操作后有无水醋酸钠析出，还要加入防相分离剂。常用的防相分离剂是明胶、树胶类物质，也可采用阳离子表面活性剂作为防相分离剂。在用于玻璃暖房或住宅等的控温保暖时，三水醋酸钠的熔点显得稍高些，需加入凝固点调整剂，如低熔点的水合盐类等，但通常会伴随着熔解热的减少。和田隆博等采用醋酸钠、尿素与水以适当比例配合，既降低了相变温度，又可维持较高的相变潜热。

④ 磷酸氢二钠水合盐。通常磷酸盐只作为辅助蓄热材料使用，但磷酸氢二钠的十二水合盐（$Na_2HPO_4 \cdot 12H_2O$）却可作为主蓄热材料。$Na_2HPO_4 \cdot 12H_2O$的熔点为35℃，熔解热为205kJ/kg，也是一种高相变热蓄热材料。但它凝固的开始温度通常为21℃，即过冷温差达14℃。通常可利用$CaSO_4$、$CaCO_3$等无机钙盐或硼砂等作为防过冷剂使用。$Na_2HPO_4 \cdot 12H_2O$类蓄热材料较适合空调及暖房蓄热等，因为它的温度较适宜，熔解热也较大。通常除加入防过冷剂外，还要加入一些其他添加剂来调整蓄热剂的温度及其他性能。

2）熔融盐。主要有氟化盐、氯化物、硝酸盐、碳酸盐等。熔融盐类温度范围宽广，熔解热大，但盐类腐蚀性严重，会在容器表面结壳或结晶迟缓。几种熔融盐及其混合物的物性参数见表2-14和表2-15。

表 2-14　　几种熔融盐的物性参数

材料名称	熔点/℃	熔解热/(kJ/kg)
Na_2CO_3	854	359.48
Na_2SO_4	993	146.3
NaCl	801	405.46
$CaCl_2$	782	254.98
NaF	993	773.3
LiF	848	1045
$LiNO_3$	252	526.68
Li_2CO_3	726	604.01

表 2-15　几种熔融盐混合物的物性参数

材料名称	组成	熔点/℃	熔解热/(kJ/kg)	比热容/[kJ/(kg·K)]	
				固态	液态
LiNO₃-KNO₃	42%（摩尔分数）LiNO₃	120	151.0	1.05	1.80
NaCl-NaNO₃	49.6%（摩尔分数）NaNO₃	290	247.0	1.46	1.97
LiCl-KCl	55%（质量分数）KCl	352	117.8	1.17	1.88
KF-KCl	37%（质量分数）KF	605	308.8	0.586	0.837
NaF-NaCl	30%（质量分数）NaF	680	489.9	1.04	1.55
LiF-NaCl	40%（摩尔分数）LiF	680	584.1	1.09	0.962
NaF-Na₂SO₄	60%（摩尔分数）KF	710	457.3	1.42	1.38
NaF-KF	44%（摩尔分数）NaF	779	461.1	2.22	—

3）金属或合金。金属或合金作为潜热蓄热材料，相变潜热大（Al-Si 合金可高达1160MJ/t），热导率高，热稳定性好，但由于其在高温下具有强烈的腐蚀性，难以找到合适的容器材料。表 2-16 所列为部分合金相变材料的物性参数。

表 2-16　部分合金相变材料的物性参数

合金名称	熔点/℃	熔解热/(kJ/kg)	合金名称	熔点/℃	熔解热/(kJ/kg)
SiMg(Si-Mg₂Si)	1219	357	Al-Cu-Mg	779	360
Al-Si	852	519	Al-Al₂CuMgCu	823	303
Al-Mg-Si	833	545	Mg-Cu-Zn	725	254
Al-Cu(Al-Al₂Cu)	821	351	Al-Mg(Al-Al₃Mg)	724	310
Al-Cu-Si	822	422	Al-Mg-Zn	716	310
Mg-Ca(Mg-Mg₂Ca)	790	246	Mg-Zn(Mg-Mg₂Zn)	613	480

总之，无机蓄热材料种类繁多，除上述几大类外，硝酸镍等的含水盐、某些氢氧化物等均可作为主蓄热材料使用。在无机蓄热材料中，还可采用混合相变蓄热材料，如水合硫酸钠与水合碳酸钠以不同摩尔比混合得到的蓄热材料，在 24 ~ 32℃范围内具有可调的相变点。以水合硫酸钠为相变主体材料时，可用不同量的氧化钠在 18 ~ 27℃范围内调节相变点。混合相变蓄能材料具有适宜的相变温度，但其相变潜热有所下降，在长期的使用过程中，其蓄热能力将发生衰减。

（2）有机相变蓄热材料　常用的是某些高级脂肪烃、饱和碳氢化合物（石蜡）、醇、羧酸及盐类等。与无机相变蓄热材料相比较，有机相变蓄热材料的导热性较差，但其固体成形性好，不易发生相分离及过冷现象，腐蚀性较小。

1）石蜡。主要由直链烃混合而成，分子通式为 C_nH_{2n+2}，其性质较接近饱和碳氢化合物。在常温下，$n < 5$ 的石蜡族为气体，$5 \leqslant n \leqslant 15$ 的为液体，$n > 15$ 的是固体蜡。石蜡族的相变温度和熔解热会随着其碳链的增长而增大。表 2-17 所列为石蜡族蓄热材料的物性参数。石蜡族有一系列相变温度的蓄能材料，使用时可以根据不同的需要，选取合适的种类。石蜡族的熔点在 −5 ~ 66℃之间，物理和化学性能长期稳定；能反复熔解、结晶，而不发生过冷或晶液分离现象，这一点使石蜡比一般的水合盐类具有更大的吸引力。石蜡作为提炼石油的副产品，来源丰富，价格便宜，无毒且无腐蚀性。石蜡蓄热时的主要缺点是热导率低，仅为0.150W/(m·℃)，与一般隔热材料的热导率数量级相同，因此传热较慢，常采用加入金属填充物或使翅片管等方法来提高其导热性能。另外，石蜡熔解和凝固时的体积变化较大，熔解时体积的增大量可达 11% ~ 15%，因此常采用塑料容器盛装，以克服在熔化和凝固时体积变化大的缺点。纯石蜡的价格较高，通常采用工业级的石蜡作为相变蓄热材料。工业级的石蜡是很多碳氢化合物的混合体，没有固定的熔点，而是一个熔化温度范围，如碳原子数小于 20 的石蜡类的相变温度低于 36℃。

表 2-17　石蜡族蓄热材料的物性参数

名称	分子式	熔点/℃	熔解热/(kJ/kg)	密度/(kg/m³)	热导率/[W/(m·℃)]	比热容/[kJ/(kg·℃)]
十四烷	$C_{14}H_{30}$	5.5	225.72	固态 825(4℃) 液态 771(10℃)	0.149	2.069
十六烷	$C_{16}H_{34}$	16.7	236.88	固态 835(15℃) 液态 776(16.8℃)	0.150	2.111
十八烷	$C_{18}H_{38}$	28.0	242.44	固态 814(27℃) 液态 774(32℃)	0.150	2.153
二十烷	$C_{20}H_{42}$	36.7	246.62	固态 856(35℃) 液态 774(37℃)	0.150	2.207

2）酯酸类。其相变温度适合于在空调供暖设备中应用，相变潜热与石蜡和水合无机盐相当，且具有很好的熔化/凝固特性，而没有过冷现象的影响。其分子通式为 $C_nH_{2n+2}O_2$，性能类似于石蜡，表 2-18 列出了酯酸类蓄热材料的热物性。

表 2-18　酯酸类蓄热材料的热物性

名称	分子式	熔点/℃	熔解热/(kJ/kg)	密度/(kg/m³)	热导率/[W/(m·℃)]	比热容/[kJ/(kg·℃)]
癸酸	$C_{10}H_{20}O_2$	36	152	固态 1004，液态 878	0.149(40℃)	—
月桂酸	$C_{12}H_{24}O_2$	43	177	固态 881，液态 901	0.148(20℃)	1.6
十四烷酸	$C_{14}H_{28}O_2$	53.7	187	固态 1007，液态 862	—	1.6
十五烷酸	$C_{15}H_{30}O_2$	52.5	178	固态 990，液态 861	—	—
十六烷酸	$C_{16}H_{32}O_2$	62.3	186	固态 989，液态 850	0.165	—
十八烷酸	$C_{18}H_{36}O_2$	70.7	203	固态 965，液态 848	0.172	—

一般地说，有机蓄热材料的相变温度及相变热随着其碳链的增长而增大。因此，为得到合适的相变温度及相变热，常将几种有机物配合形成多组分的有机蓄热材料，从而使其具有很大的蓄热温度范围。有时也将有机与无机蓄热材料相配合，以弥补各自的不足。如经常采用有机物作为无机蓄热材料的增稠剂或分散剂，避免发生相分离而使无水固体盐析出。

为避免蓄热材料熔化成液体后，由于液体的流动性造成使用上的不便，可将蓄热材料分散在固体基质中。起到这种承载作用的固体通常是一些高聚物，如聚乙烯、乙烯/α-烯烃共聚物等，以及类似于石膏等的无机物。使用时，可用它浸渍液体蓄热材料或与蓄热材料一起熔融混合。

当直接用聚合物作为蓄热材料时，常采用结晶型聚烯烃类等材料，并且可通过控制聚合度来控制蓄热材料的相变温度及相变热。聚氧化乙烯作为蓄热材料使用时，其平均相对分子质量与熔化温度及熔解热之间的关系见表 2-19。

表 2-19　聚氧化乙烯平均相对分子质量与熔化温度及熔解热之间的关系

平均相对分子质量	500	1000	10000	20000	300000	3000000
熔化温度/℃	10	40	60	65	65	65
熔解热/(kJ/kg)	109	138	167	150	125	117

综上所述，固—液相变材料主要有无机相变材料和有机相变材料两大类型，而每种类型的相变材料又分为单质、共晶和非共晶混合物等几种。现对各种类型相变材料的物性参数进行汇总。表 2-20 所列为无机相变材料的物性参数，表 2-21 所列为无机共晶相变材料的物性参数，表 2-22 所列为无机非共晶相变材料物性参数，表 2-23 所列为有机相变材料的物性参数，表 2-24 所列为有机共晶相变材料的物性参数，表 2-25 所列为脂肪酸相变材料的物性参数，表 2-26 所列为已应用相变材料的物性参数。

表 2-20 无机相变材料的物性参数

名称	熔化温度/℃	熔解热/(kJ/kg)	热导率/[W/(m·K)]	密度/(kg/m³)
H_2O	0	334	0.612(20℃)	998(20℃) 917(0℃)
$LiClO_3 \cdot 3H_2O$	8.1	253		
$ZnCl_2 \cdot 3H_2O$	10			
$K_2HPO_4 \cdot 6H_2O$	13			
$NaOH \cdot 3\frac{1}{2}H_2O$	15			
$Na_2CrO_4 \cdot 10H_2O$	18			
$KF \cdot 4H_2O$	18.5	231		1738(20℃) 1728(40℃) 1795(0℃)
$CaCl_2 \cdot 6H_2O$	29	190.8	0.540(液,38.7℃) 1.088(固,23℃)	1562(液,32℃) 1802(固,24℃)
$LiNO_3 \cdot 3H_2O$	30	296		
$Na_2SO_4 \cdot 10H_2O$	32.4	254	0.544	1485(固)
$Na_2CO_3 \cdot 10H_2O$	32~36	246.5		1442
$CaBr_2 \cdot 6H_2O$	34	115.5		1956(液,35℃) 2194(固,24℃)
$Na_2HPO_4 \cdot 12H_2O$	35.5	265		1522
$Zn(NO_3)_2 \cdot 6H_2O$	36	146.9	0.464(液,39.9℃)	1828(液,36℃) 1937(固,24℃)
$KF \cdot 2H_2O$	41.4			
$K(CH_3COO) \cdot 1\frac{1}{2}H_2O$	42			
$K_3PO_4 \cdot 7H_2O$	45			
$Zn(NO_3)_2 \cdot 4H_2O$	45.5			
$Ca(NO_3)_2 \cdot 4H_2O$	42.7			
$Na_2HPO_4 \cdot 7H_2O$	48			
$Na_2S_2O_3 \cdot 5H_2O$	48	201		1600(固)
$Zn(NO_3)_2 \cdot 2H_2O$	54			
$NaOH \cdot H_2O$	58.0			
$Na(CH_3COO) \cdot 3H_2O$	58	264		1450
$Cd(NO_3)_2 \cdot 4H_2O$	59.5			
$Fe(NO_3)_2 \cdot 6H_2O$	60			

（续）

名称	熔化温度/℃	熔解热/ (kJ/kg)	热导率/ [W/(m·K)]	密度/ (kg/m³)
NaOH	64.3	227.6		1690
$Na_2B_4O_7 \cdot 10H_2O$	68.1			
$Na_3PO_4 \cdot 12H_2O$	69			
$Na_2P_2O_7 \cdot 10H_2O$	70	184		
$Ba(OH)_2 \cdot 8H_2O$	78	265.7	0.653(液,85.7℃) 1.255(固,23℃)	1937(液,84℃) 2070(固,24℃)
$AlK(SO_4)_2 \cdot 12H_2O$	80			
$KAl(SO_4)_2 \cdot 12H_2O$	85.8			
$Al_2(SO_4)_3 \cdot 18H_2O$	88			
$Al(NO_3)_3 \cdot 8H_2O$	89			
$Mg(NO_3)_2 \cdot 6H_2O$	89	162.8	0.490(液,95℃) 0.611(固,37℃)	1550(液,94℃) 1636(固,25℃)
$(NH_4)Al(SO_4) \cdot 6H_2O$	95	269		
$Na_2S \cdot 5\frac{1}{2}H_2O$	97.5			
$CaBr_2 \cdot 4H_2O$	110			
$Al_2(SO_4)_3 \cdot 16H_2O$	112			
$MgCl_2 \cdot 6H_2O$	117	168.6	0.570(液,120℃) 0.694(固,90℃)	1450(液,120℃) 1569(固,20℃)
$Mg(NO_3) \cdot 2H_2O$	130			
$NaNO_3$	307	172	0.5	2260
KNO_3	333	266	0.5	2.110
KOH	380	149.7	0.5	2.044
$MgCl_2$	714	452		2140
NaCl	800	492	5	2160
Na_2CO_3	854	275.7	2	2.533
KF	857	452		2370
K_2CO_3	897	235.8	2	2.290

表 2-21　无机共晶相变材料的物性参数

名称(质量分数)	熔化温度 /℃	熔解热 /(kJ/kg)	热导率/ [W/(m·K)]	密度/(kg/m³)
66.6% $CaCl_2 \cdot 6H_2O$ +33.4% $MgCl_2 \cdot 6H_2O$	25	127		1590
48% $CaCl_2$ + 4.3% NaCl + 0.4% KCl + 47.3% H_2O	26.8	188.0		1640
67% $Ca(NO_3)_2 \cdot 4H_2O$ +33% $Mg(NO_3)_2 \cdot 6H_2O$	30	136		

（续）

名称（质量分数）	熔化温度/℃	熔解热/(kJ/kg)	热导率/[W/(m·K)]	密度/(kg/m³)
60% Na(CH₃COO)·3H₂O + 40% CO(NH₂)₂	31.5	226		
61.5% Mg(NO₃)₂·6H₂O + 38.5% NH₄NO₃	52	125.5	0.494(液,65℃) 0.552(固,36℃)	1515(液,65℃) 1596(固,20℃)
58.7% Mg(NO₃)₂·6H₂O + 41.3% MgCl₂.6H₂O	59	132.2	0.510(液,65℃) 0.678(固,38℃)	1550(液,50℃) 1630(固,24℃)
53% Mg(NO₃)₂·6H₂O + 47% Al(NO₃)₂·9H₂O	61	148		
14% LiNO₃ + 86% Mg(NO₃)₂·6H₂O	72	180		1590(液) 1610(固)
66.6% urea + 33.4% NH₄Br	76	161	0.331(液,79.8℃) 0.649(固,39.0℃)	1440(液,85℃) 1548(固,24℃)
11.8% NaF + 54.3% KF + 26.6% LiF + 7.3% MgF₂	449			2160(液)
35.1% LiF + 38.4% NaF + 26.5% CaF₂	615			2225(液) 2820(固,25℃)
32.5% LiF + 50.5% NaF + 17.0% MgF₂	632			2105(液) 2810(固,25℃)
51.8% NaF + 34.0% CaF₂ + 14.2% MgF₂	645			2370(液) 2970(固,25℃)
48.1% LiF + 51.9% NaF	652			1930(液) 2720(固,25℃)
63.8% KF + 27.9% NaF + 8.3% MgF₂	685			2090(液)
45.8% LiF + 54.2% MgF₂	746			2305(液) 2880(固,25℃)
53.6% NaF + 28.6% MgF₂ + 17.8% KF	809			2110(液) 2850(固,25℃)
66.9% NaF + 33.1% MgF₂	832			2190(液) 2940(固,25℃)

表 2-22　无机非共晶相变材料的物性参数

名称（质量分数）	熔化温度/℃	熔解热/(kJ/kg)	热导率/[W/(m·K)]	密度/(kg/m³)
38.5% MgCl₂ + 61.5% NaCl	435	328		2160
NaCO₃-BaCO₃/MgO	500~850	415.4	5	2600
水 + 聚丙烯酰胺	0	292	0.486(30℃)	1047(30℃)
50% Na(CH₃COO)·3H₂O + 50% HCONH₂	40.5	255		
Mg(NO₃)₂·6H₂O/Mg(NO₃)₂·2H₂O	55.5			
KOH·H₂O/KOH	99			
68.1% KCl + 31.9% ZnCl₂	235	198		2480

表2-23　有机相变材料的物性参数

名　　称	熔化温度/℃	熔解热/(kJ/kg)	热导率/[W/(m·K)]	密度/(kg/m³)
C_{14}烷烃	4.5	165		
C_{15}-C_{16}烷烃	8	153		
E400 聚乙二醇	8	99.6	0.187(液,38.6℃)	1125(液,25℃) 1228(固,3℃)
二甲(基)亚砜	16.5	85.7		1009
C_{16}-C_{18}烷烃	20~22	152		
E600 聚乙二醇	22	127.2	0.189(液,38.6℃)	1126(液,25℃) 1232(固,4℃)
C_{13}-C_{24}烷烃	22~24	189	0.21(固)	0.760(液,70℃) 0.900(固,20℃)
月桂醇	26	200		
C18 烷烃	28	244	0.148(液,40℃) 0.15(固)	0.774(液,70℃) 0.814(固,20℃)
十四烷醇	38	205		
C_{16}-C_{28}烷烃	42~44	189	0.21(固)	0.765(液,70℃) 0.910(固,20℃)
C_{20}-C_{33}烷烃	48~50	189	0.21(固)	0.769(液,70℃) 0.912(固,20℃)
C_{22}-C_{45}烷烃	58~60	189	0.21(固)	0.795(液,70℃) 0.920(固,20℃)
石蜡	64	173.6	0.167(液,63.5℃) 0.346(固,33.6℃)	790(液,65℃) 916(固,24℃)
E6000 聚乙二醇	66	190.0		1085(液,70℃) 1212(固,25℃)
C_{21}-C_{50}烷烃	66~68	189	0.21(固)	0.830(液,70℃) 0.930(固,20℃)
联苯	71	119.2		991(液,73℃) 1166(固,24℃)
丙酰胺	79	168.2		
萘	80	147.7	0.132(液,83.8℃) 0.341(固,49.9℃)	976(液,84℃) 1145(固,20℃)
赤藓(糖)醇	118.0	339.8	0.326(液,140℃) 0.733(固,20℃)	1300(液,140℃) 1480(固,20℃)

表2-24　有机共晶相变材料的物性参数

名称(质量分数)	熔化温度/℃	熔解热/(kJ/kg)	热导率/[W/(m·K)]	密度/(kg/m³)
37.5%尿素 + 63.5%乙酰胺	53			
67.1%萘 + 32.9%苯(甲)酸	67	123.4	0.136(液,78.5℃) 0.282(固,38℃)	

表 2-25　脂肪酸相变材料的物性参数

名　称	熔化温度/℃	熔解热/(kJ/kg)	热导率/[W/(m·K)]	密度/(kg/m³)
正丙基棕榈酸酯	10	186		
异丙基棕榈酸酯	11	95 ~ 100		
癸酸-月桂酸 + 十五烷（质量比为 90:10）	13.3	142.2		
异丙基硬脂酸酯	14 ~ 18	140 ~ 142		
辛酸	16	148.5	0.148(液,20℃)	862(液,80℃) 1033(固,10℃)
癸酸-月桂酸（摩尔分数为 35% ~ 65%）	18.0	148		
硬脂酸丁酯	19	140		
癸酸-月桂酸（摩尔分数为 45% ~ 55%）	21	143		
乙烯基硬脂酸酯	27 ~ 29	122		
癸酸	32	152.7	0.153(液,38.5℃)	878(液,45℃) 1004(固,24℃)
月桂酸	42 ~ 44	178	0.147(液,50℃)	862(液,60℃) 1007(固,24℃)
十四酸	49 ~ 51	204.5		861(液,55℃) 990(固,24℃)
十六酸	64	185.4	0.162(液,68.4℃)	850(液,65℃) 989(固,24℃)
十八酸	69	202.5	0.172(液,70℃)	848(液,70℃) 965(固,24℃)

表 2-26　已应用相变材料的物性参数

名称	类型	熔化温度/℃	熔解热/(kJ/kg)	密度/(kg/m³)	来源
SN33	盐溶液	−33	245	1.24	Cristopia
TH-31		−31	131		TEAP
SN29	盐溶液	−29	233	1.15	Cristopia
SN26	盐溶液	−26	268	1.21	Cristopia
TH-21		−21	222		TEAP
SN21	盐溶液	−21	240	1.12	Cristopia
STL-21	盐溶液	−21	240	1.12	Mitsubishi Chemical
SN18	盐溶液	−18	268	1.21	Cristopia
TH-16		−16	289		TEAP
STL-16		−16			Mitsubishi Chemical
SN15	盐溶液	−15	311	1.02	Cristopia
SN12	盐溶液	−12	306	1.06	Cristopia

（续）

名称	类型	熔化温度 /℃	熔解热 /(kJ/kg)	密度/(kg/m³)	来源
STLN10	盐溶液	-11	271	1.05	Mitsubishi Chemical
SN10	盐溶液	-11	310	1.11	Cristopia
TH-10		-10	283		TEAP
STL-6	盐溶液	-6	284	1.07	Mitsubishi Chemical
SN06	盐溶液	-6	284	1.07	Cristopia
TH-4		-4	286		TEAP
STL-3	盐溶液	-3	328	1.01	Mitsubishi Chemical
SN03	盐溶液	-3	328	1.01	Cristopia
Climsel C7		7	130		Climator
RT5	石蜡	9	205		Rubitherm GmbH
Climsel C15		15	130		Climator
Climsel C23	水合盐	23	148	1.48	Climator
RT25	石蜡	26	232		Rubitherm GmbH
STL27	水合盐	27	213	1.09	Mitsubishi Chemical
S27	水合盐	27	207	1.47	Cristopia
RT30	石蜡	28	206		Rubitherm GmbH
TH29	水合盐	29	188		TEAP
Climsel C32	水合盐	32	212	1.45	Climator
RT40	石蜡	43	181		Rubitherm GmbH
STL47	水合盐	47	221	1.34	Mitsubishi Chemical
Climsel C48		48	227	1.36	Climator
STL52	水合盐	52	201	1.3	Mitsubishi Chemical
RT50	石蜡	54	195		Rubitherm GmbH
STL55	水合盐	55	242	1.29	Mitsubishi Chemical
TH58		58	226		TEAP
Climsel C58		58	259	1.46	Climator
RT65	石蜡	64	207		Rubitherm GmbH
Climsel C70		70	194	1.7	Climator
PCM72	水合盐	72			Merck KgaA
RT80	石蜡	79	209		Rubitherm GmbH
TH89		89	149		TEAP
RT90	石蜡	90	197		Rubitherm GmbH
RT110	石蜡	112	213		Rubitherm GmbH

（二）固 - 固相变蓄能材料

固 - 固相变的潜热小，体积变化也小。其最大的优点是相变后不生成液相，对容器的要求不高。由于这种独特的优点，固 - 固相变蓄能材料越来越受到人们的重视。

具有技术和经济潜力的固 - 固相变蓄能材料目前主要有三类：无机盐类、多元醇类和有机高分子类，它们都是通过有序 - 无序转变而可逆地吸热、放热的。

固－固相变蓄能材料主要应用在采暖系统中，与水合盐相比，具有不泄漏、收缩膨胀小、热效率高等优点，能耐 3000 次以上的冷热循环（相当于使用寿命为 25 年）；把它们注入纺织物中，可以制成保温性能好、重量轻的服装；可以用于制作保温时间比普通陶瓷杯长的保温杯；含有这种相变材料的沥青地面或水泥路面，可以防止道路、桥梁结冰。因此，这种相变蓄能材料具有广阔的应用前景。

1. 无机盐类

它主要利用固体状态下不同种晶型的变化来进行吸热和放热，主要有层状钙钛矿、$LiSO_4$、KHF_2、Na_2XO_4（X = Cr、Mo、W）等代表性物质。

（1）层状钙钛矿　它是一种有机金属化合物，之所以被称为层状钙钛矿是因为其晶体结构是层型的，和矿物钙钛矿的结构相似。纯的层状钙钛矿以及它们的混合物在固－固转变时有较高的相变熔（42～146kJ/kg），转变时体积变化较小（5%～10%），在相当高的温度下仍很稳定，通过相变点连续 1000 次冷热循环后热性能的可逆性仍很好。长链脂肪氨类金属卤化物的结晶类似于"钙钛矿型"的层状结构，层之间由金属卤化物键合，长饱和烃链之间呈弱的相互作用，如图 2-31 所示。通过一系列配方的差示扫描量热分析（DSC），筛选出基于锰（Mn）的碳烃十二氨和碳烃十六氨的氯化物。采用不同的摩尔比例，以不同方式共混，其热性能见表 2-27。

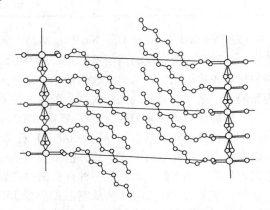

图 2-31　（n-$C_{10}H_{21}NH_3$）$_2MnCl_4$ 化合物的层状"钙钛矿型"结构

表 2-27　C_{12} 和 C_{16} 烃氨锰氯化物共混的相变热性能

样品号	配方[①]	相变温度/℃	相变热熔/（J/g）
1	$C_{12}(7)/C_{16}(3)$[②]	30～50	62.47
2	$C_{12}(7)/C_{16}(3)$[③]	30～50	74.19
3	$C_{12}(7)/C_{16}(3)$[②]－硅橡胶（质量分数为 50%）	30～50	76.58
4	$C_{12}(7)/C_{16}(3)$[③]－硅橡胶（质量分数为 50%）	50～55	52.96

① 均为摩尔比。
② 样品通过混合物溶液蒸发方法制备。
③ 样品用混合研磨方法制备。

通过粉末和单晶的 X 射线衍射，表明它们是典型的"三明治"夹层结构。薄的无机层和厚的碳烃区，使得每个无机层夹在两个碳烃层之间。碳烃区由长链石蜡（n-烷基）同无机层端离子相连固定。长链烷基在低温时（相变温度前）结构上长度有序，主要以平面锯齿形排列；在较高的温度下（相变温度后），发生无序排列，这时增大了自由度，熵值增大。

通常层状钙钛矿的相变温度较高，适合在高温范围内进行蓄能和控温，表 2-28 列出了几种层状钙钛矿的热性能参数。在低温下，长的烷基链形成有序结构，以平面曲折排列；温度较高时，则变为无序结构，n-烷基链熔化较容易，无机层的结构保持不变。

表2-28　几种层状钙钛矿的热性能参数

材料	转变温度/℃	转变焓/(kJ/mol)	转变熵/[J/(mol·K)]
C$_{12}$Mn	327	42.28(冷却),46.03(加热)	129.30(冷却),140.70(加热)
	329	3.75	11.40
C$_{12}$Co	337	19.32(冷却),53.29(加热)	57.33(冷却),151.46(加热)
	361	33.98	94.13
C$_{10}$Mn	306	36.17	118.20
C$_{10}$Co	351	38.49	109.66

（2）Na$_2$CrO$_4$、Na$_2$MoO$_4$、Na$_2$WO$_4$塑晶　随着温度的升高，三种晶体中离子之间的键被部分破坏，又重新组合成新的离子键形式，晶型由低对称的晶系向高对称的晶系转变，同时引入化学键的振动和转动无序，从而吸收热量。由于离子晶体的晶格能比较大，破坏原有的离子晶型转变为新的离子晶型时所需的能量就高，因而三种晶体固-固相变的温度就比较高。

三种材料的固-固相变温度在453~640℃范围内，属于高温蓄能材料。在高温区，三种材料固-固相变的转变焓总和分别为148.6J/g、201.4J/g、164.1J/g。它们的特点是没有液相生成，所以对容器的包装材料要求不高，也不会产生相分离。与传统的有机固-固相变蓄能材料相比，它们不易燃，成本低，因而是一种有前途的理想高温固-固相变蓄能材料。

（3）硫氰化铵　NH$_4$SCN从室温加热到150℃发生相变时，没有液相生成，相转变焓较高，相转变温度范围宽，过冷程度轻，稳定性好，无腐蚀性。DSC测试结果表明，从室温到150℃，曲线上有三个明显的吸热峰，为可逆固-固相变峰。

2. 多元醇类

多元醇类相变材料主要有季戊四醇、新戊二醇、2-氨基-2-甲基-1,3-丙二醇、三羟甲基乙烷、三羟甲基氨基甲烷等。其种类不是很多，有时需要它们相互配合以形成二元体系或多元体系，来满足不同相变体系的需要。这类相变材料的蓄能原理同无机盐一样，也是利用晶型之间的转变来吸热或放热的。它们的相变焓较大，相变温度适合于中、高温蓄能应用。

常用的多元醇有季戊四醇（PE）、2,2-二羟甲基-丙醇（PG）、新戊二醇（NPG）。在低温下，它们具有高对称的层状体心结构，同一层中的分子间通过范德华力连接，层与层之间的分子由—OH形成氢键连接，这些氢键使多元醇分子"僵化"，氢键长度为0.271nm（2.71Å）。高温下，当它们达到各自的固-固相变温度时，将变为低对称的各向同性的面心结构，同时氢键断裂，分子开始振动无序和旋转无序。若继续升温，达到熔点时，它们将由固态熔解为液态。这些多元醇的固-液相变温度都高于固-固相变温度，所以在发生相变后仍有较大的温度上升幅度，而不致发生固-液相变，因此在蓄热时体积变化小，对容器封装的技术要求不高。

多元醇的固-固相变热与该多元醇每一分子中所含的羟基数目有关，每一分子所含羟基数越多，则固-固相变焓越大。PE、PG、NPG每一分子中所含羟基的数目分别为4、3、2，表2-29所列为其物性参数。

表2-29　几种多元醇的物性参数

名称	分子中的羟基数	相变温度/℃	相变焓/(kJ/kg)	熔点/℃
PE	4	188	323	260
PG	3	81	193	198
NPG	2	43	131	126

由于多元醇的相变温度及相变热都一定，如 PE 的相变温度为 188℃，相变焓为 323kJ/kg，虽然相变热大，但相变温度高，这在很大程度上限制了其实用性。为了得到较宽的相变温度范围，以满足各种情况下对蓄热温度的相应要求，可将多元醇中的两种或三种按不同分子比例混合，形成共熔"合金"，从而对相变温度进行调节，获得实际所需的相变温度。表 2-30 所列为多元醇二元体系的物性参数，从表中可看出混合多元醇的相变温度、相变焓的变化趋势：在多元醇的二元体系中，当相变温度低的多元醇分子比例增大时，二元体系的相变温度、相变焓都将降低。当相变温度低的多元醇的分子比例低于 50% 时，二元体系的相变温度、相变焓都有较大的变化梯度。当相变温度低的多元醇的分子比例达到 50% 时，例如，将 PG、NPG 分别加入 PE 中时，其相变温度相应降低到 120℃、169℃，而相变焓相应降低到 22.3kJ/mol、10.8kJ/mol。当相变温度低的多元醇的分子比例大于 50% 后，二元体系的相变温度、相变焓的变化梯度较小。

表 2-30 多元醇二元体系的物性参数

名称	PE 的质量分数(%)	相变温度/℃	相变焓/(kJ/mol)
PE-PG	100	193	36.8
	72.6	149	28.8
	50.0	123	22.3
	22.7	100	18.6
	0.0	82	16.7
PE-NPG	100	187	36.8
	75.0	175	24.7
	50.0	169	10.8
	25.0	119	5.56
	0.0	53	12.6
PG-NPG (PG 的质量分数)	100	89	16.7
	75.0	62	12.2
	50.0	40	9.76
	25.0	24	8.16
	0	48	12.6

多元醇相变材料有很好的应用前景，但目前仍存在一些有待解决的问题：

1）成本高（多元醇的价格高）。

2）过冷的影响。多元醇的过冷问题与水合盐相比并不严重，一般过冷度只有 20℃ 左右，而且通过某些方法（如加入成核剂）可适当对其进行抑制。例如，加入 0.1%（质量分数）的石墨粉可以大大减轻 PE 的过冷度。

3）升华因素。PE、PG、NPG 在温度升高到相变温度之上时，都存在升华现象。只是因为它们的蒸气压低，可以通过加压来抑制，但这同时也提高了对容器密封性的要求。

4）传热能力欠佳。由于 PG、PE、NPG 等的传热能力较差，在蓄热时就需要较高的传热温差作为驱动力，同时也加长了蓄热、取热所需的时间。虽然加入水合盐可以改善传热性能，但不能保证加入的水合盐和多元醇有相同的相变温度，使得多元醇没有稳定的相变温度。现在有一种新的改善多元醇传热性能的方法，即把过热的液态金属铝在真空中直接凝固，使其形成一种泡沫物质，此种物质呈网状、多孔、密度小。利用其多孔性能，网状的铝泡沫就可以填充入小颗粒状的固-固相变材料中进行蓄热，其热导率可以达到要求的 1W/（m·K），并且可以保证有稳定的相变温度。

5）长期运行后性能会发生变化，稳定性不能得到保证。

6）应用时有潜在的可燃性。

3. 有机高分子类

有机高分子类相变材料主要是指一些高分子交联树脂，如交联聚烯烃类、交联聚缩醛类，以及一些接枝共聚物，如纤维素接枝共聚物、聚酯类接枝共聚物、聚苯乙烯接枝共聚物、硅烷接枝共聚物。其中接枝共聚物类是在一种高熔点的高分子上，利用化学键接上大量的另一种低熔点的高分子作为支链而形成的共聚物。在加热过程中，低熔点的高分子支链首先发生从晶态到无定形态的相转变。由于其接枝在尚未融化的高熔点的主链上，虽然它处于无定形状态，但是仍然失去了自由流动性，仍可以在整体上保持其固体状态，从而可以利用低熔点的高分子支链的这种转变来实现蓄能的目的。

这种固-固相变蓄能材料的相变温度比较适宜，而且它的使用寿命长，性能稳定，无过冷和层析现象，材料的力学性能均较好，便于加工成各种形状，是真正意义上的固-固相变蓄能材料，具有很高的实际应用价值。这类材料的缺陷是相变焓较小，导热性能较差。目前，该类材料仅在保暖纤维中有所应用。

表 2-31 所列为纯聚乙二醇（PEG）及其与二醋酸纤维素共混改性和化学改性所得材料的蓄能性能参数。

表 2-31　纯 PEG 及两种改性材料的蓄能性能参数

名称	起始温度/K	终止温度/K	相变温度/K	相变峰宽/K	相变焓/（kJ/kg）
纯 PEG 原料	317.1	337.05	328.85	19.95	185.7
共混改性材料	299.65	330.81	311.73	31.16	104.5
化学改性材料	289.69	319.6	308.31	29.91	73.6

聚乙烯也是一种有机高分子相变材料，其表面光滑，易于加工成各种形状，能与发热体表面紧密结合，热导率高，且结晶度越高热导率也越高，单位质量的熔解热就较高。因此，聚乙烯是一种性能较好的相变材料，尤其是结构规整性较高的聚乙烯，如高密度聚乙烯、线性低密度聚乙烯等，具有较高的结晶度，因而单位质量的熔解热较大，但在某些使用场合下，略嫌其相变温度太高。表 2-32 所列为其相变温度、相变焓。

表 2-32　部分聚乙烯的相变温度、相变焓

名称	相变温度/℃	相变焓/（kJ/kg）
线性低密度聚乙烯（LLDPE）	126.4	157.9
高密度聚乙烯（HDPE）	133.5	212.0

许多结晶性高聚物的共混物并非结晶结构。如果它们的无定形部分不相容，那么共混物中两组分的结晶度及熔点基本保持原纯组分的数据，因而有两个以上的相变温度。线性低密度聚乙烯和某种聚（脂肪）酯 PES1 共混，就在 81℃及 126.4℃处有两个吸热峰，作为 PCM 则有两个相变温度。选择不同的共混物作为相变材料，可以得到不同的相变温度。

总之，固—固相变材料与固-液相变材料相比具有很多优点：一是无需容器盛装，可以直接加工成形；二是固-固相变膨胀系数较小，体积变化小；三是无过冷现象和相分离现象；四是无毒、无腐蚀性、无污染；五是性能稳定，使用寿命长；六是使用方便，装置简单。因此，固-固相变材料是最有前途的相变材料之一。由于对固-固相变研究的时间相对较短，尚有大量的未开发的领域。目前得到的固-固相变材料，由于品种较少且有缺陷，需要进行进一步研究。通过有机-无机复合制备的相变蓄能材料因能将两者的特性充分结合起来，具有挥发性小、导热性能好、易于加工成形、品种较多、相变温度范围较宽、能适应不同的需要等特点，因而受到了人们的关注，正成为该领域的一个研究新热点。

三、化学反应热蓄能材料的种类及性能

反应蓄热是利用可逆化学反应通过热能与化学能的转换来蓄热的。它在受热和受冷时，可发生两个方向的反应，分别对外吸热和放热，这样就可把热蓄存起来。典型的化学蓄热体系有 $CaO\text{-}H_2O$、$MgO\text{-}H_2O$、$H_2SO_4\text{-}H_2O$ 等。

化学反应蓄能是指利用可逆化学反应的结合热蓄存热能，这些反应包括气相催化反应、气固反应、气液反应、液液反应等。表 2-33 所列为一些可用于蓄热的化学反应。

表 2-33　一些可用于蓄热的化学反应

	反　　应	反应温度 /K	反应热 /（kJ/mol）
气相催化反应	$C_6H_{12}(g)\!=\!=\!C_6H_6(g)+3H_2(g)$	568	49.5
	$CH_3OH(g)\!=\!=\!CO(g)+2H_2(g)$	415	21.5
	$CH_4(g)+CO_2(g)\!=\!=\!2CO(g)+2H_2(g)$	961	65.0
气固反应	$2TiH(s)\!=\!=\!2Ti(s)+H_2(g)$	1100	34.5
	$MgH_2(s)\!=\!=\!Mg(s)+H_2(g)$	560	18.2
	$LaNi_5H_6(s)\!=\!=\!LaNi_5(s)+3H_2(g)$	273	21.5
	$FeCl_2\cdot6NH_3(s)\!=\!=\!FeCl_2\cdot2NH_3(s)+4NH_3(g)$	388	49.0
	$Ca(OH)_2(s)\!=\!=\!CaO(s)+H_2O(g)$	752	26.1
	$CaCl_2\cdot2H_2O(s)\!=\!=\!CaCl_2(s)+2H_2O(g)$	490	29.5
	$CaSO_4\cdot2H_2O(s)\!=\!=\!CaSO_4(s)+2H_2O(g)$	362	25.1
	$CaCO_3(s)\!=\!=\!CaO(s)+CO_2(g)$	1100	42.6
气液反应	$2LiOH(s)\!=\!=\!LiO(s)+H_2O(g)$	1100	13.5
	$NH_4HSO_4(l)\!=\!=\!NH_3(g)+H_2O(g)+SO_3(g)$	738	80.4
	$H_2SO_4(l)\!=\!=\!SO_3(g)+H_2O(g)$	615	

对化学蓄能材料的要求主要有：材料的反应热大；反应温度合适；无毒、无腐蚀性、不易燃易爆；反应不产生副产品；可逆化学反应速率适当，以便于能量的存入与取出；反应时材料的体积变化小。

一些可逆化学反应过程在蓄热方面比纯物理过程（热容量变化和相变）更有效。其主要优点不仅在于蓄热量大，还在于如果反应过程能用催化剂或反应物控制，就可以长期蓄存热量。其中，蓄存低中温热量最有效的化学反应是水合/脱水反应，该反应的可逆性很好，对低中温蓄热系统非常有益。

目前有四种无机物的可逆水合/脱水反应已受到人们的关注，它们是结晶水合物、无机氢氧化物、多孔材料和复合材料等。

（一）结晶水合物

结晶水合物蓄热是在低于其熔点的温度下，使水合盐全部或部分脱去其结晶水，利用在脱水

过程中吸收的水合热来实现热量的蓄存。当需要回收热量时，使脱去的水与脱水盐接触即可。例如

$$Na_2S \cdot nH_2O \text{ (s)} + \Delta H \rightleftharpoons Na_2S \text{ (s)} + nH_2O \text{ (g)}$$

在此反应中，正反应吸收热量，$Na_2S \cdot nH_2O$（s）转变成Na_2S（s）及水蒸气，从而把热量蓄存起来。当温度降低时，Na_2S（s）吸附水蒸气形成水合硫化钠，即可发生逆反应，把蓄存的热量放出来。类似的化学蓄热体系还有$CaO-H_2O$、$MgO-H_2O$、$MgCl_2-H_2O$、$H_2SO_4-H_2O$、$NH_4Al(SO_4)_2 \cdot 12H_2O$等。在许多情况下，这种水合热比熔解热高很多。此法的关键是脱水。将水合盐与去水物质（如有机溶剂）混在一起进行加热，由于去水物质可以使溶液具有比水合盐汽化压低的蒸气压，故结晶水离开水合盐而进入去水物质。为实现长期蓄存，需要将脱水盐从溶液中分离出来。若仅是短期蓄存，则不必分离脱水盐，只要将温度降低，逆过程即可实现。去水物质除了有机溶剂（如酒精）以外，还有一些具有与在低蒸气压下形成的吸热水溶液相同性质的盐，其中低成本的NH_4NO_3最引人注目。表2-34所列是几种材料在27~62℃之间的蓄热性能，由表可看出结晶水合物蓄热的特点。

表2-34　几种材料在27~62℃之间的蓄热性能比较

名称	水合热/(kJ/kg)	比热容/[kJ/(kg·K)]	蓄热密度/(kJ/m³)	比蓄热密度/[kJ/(m³·K)]
水	146	4.18	146000	418
石蜡	167~250	4.6~7.1	104500~209000	2939~5852
芒硝+33%（质量分数）水	221	6.3	287200	8581
$NH_4Al(SO_4)_2 \cdot 12H_2O-NH_4NO_3$	210~250	6.7	34700~37600	9614~10450

（二）无机氢氧化物

无机氢氧化物的脱水反应也可用来蓄存热量。表2-35所列是一些无机氢氧化物的脱水焓（脱去1mol水所吸收的热量）和脱水温度。从表2-35可以看出，这些氢氧化物的性能参数对蓄热是很有潜力的。例如，上海石油化工股份有限公司的邹盛欧在绝热填充床中，利用$Ca(OH)_2/CaO$的可逆反应对水蒸气进行加热，获得了温度达500℃的高品位过热水蒸气。使用这种材料的化学热泵具有可逆性能好、反应速度快、反应热量大、稳定安全且价廉等优点。但由于无机氢氧化物和水合物相比有较强的腐蚀性，并且和含CO_2的空气相互作用，稳定性很差，故目前在蓄热中应用较少。

表2-35　一些无机氢氧化物的脱水焓和脱水温度

名称	脱水焓/(kJ/mol)	脱水比热容/[kJ/(kg·K)]	脱水温度/℃
LiOH	132.8	2760	925
$Be(OH)_2$	54.3	3567	138
$Mg(OH)_2$	116.2	1400	200
$Ca(OH)_2$	108.1	1459	580
$Sr(OH)_2$	135.2	1111	375
$Ba(OH)_2$	154.2	899	408
$Fe(OH)_2$	57.8	643	150
$Ni(OH)_2$	64.7	698	290

（三）多孔材料

多孔材料蓄热利用了沸石和硅胶等材料对水的高吸附热。其中，沸石这种多孔材料可吸收质量分数为 30% ~ 35% 的水，因此通过吸水过程蓄存的热量很多，其蓄能密度一般能超过 100kJ/kg。而且，这种材料有较长的使用寿命，Y 型沸石进行 1000 次循环其活性也不降低。沸石可加工成粒状，极有利于水蒸气透过沸石床传质。迄今为止，人们对沸石制冷和沸石热泵已经做过大量的研究。多孔材料蓄热体系无毒、价廉，吸附水蒸气而体积变化不大，有很好的发展前景。但多孔材料的再生温度（>200℃）较高，如何高效地对其进行再活化等问题。还有待今后去解决。

（四）复合材料

另外一种化学蓄能材料是将结晶水合盐填充到多孔材料中而形成的复合材料。这种复合材料是在各种多孔材料，如硅胶、氧化铝及其他聚合物的、金属的和含碳的多孔材料中填充选定类型的结晶水合物而制得的。例如，冒东奎所研究的 $CaCl_2 \cdot 6H_2O$ 硅胶复合材料，在质量分数为 70% 时，仅水的蒸发就可以使干蓄热材料提供 1580kJ/kg 的蓄热量，这种材料的主要优点是蓄热能力高（可达到 2000kJ/kg），传热、传质性能优良，理化性质可以调节，工作温度范围（20 ~ 80℃）适宜，原材料简单易得。目前 $CaCl_2 \cdot 6H_2O$ 硅胶复合材料已经进行过应用试验，包括用于空调设备、电子设备冷却装置，以及用做灭火材料（覆盖在可燃物表面及制成粉末喷洒灭火均可）的试验。

利用材料的可逆化学反应蓄热，其蓄热密度高，利于能量的长期蓄存，且可供选择的材料较多，加之大多数材料适于低中温热量蓄存，因此目前在太阳能应用、化学热泵、化学热管、化学热机等方面都有较高的应用价值。但这种材料由于反应过程复杂，有时需催化剂，有一定的安全性要求，一次性投资较大及整体效率低等问题，目前仍没能得到广泛应用。化学蓄能是一门崭新的科学，今后在这方面应致力于选择和研究优良的反应材料（主要包括结晶水合物和复合材料），克服各自的不足，逐步实现实际工程应用。

第三章 相变蓄能材料的合成及蓄能特性

第一节 相变蓄能材料的合成方法

相变蓄能材料由于在吸热和放热过程中具有较大的热容，且相变过程中温度保持不变或只有较小的变化，因此被广泛应用于各个领域。相变蓄能材料根据各自不同的相变温度而被应用于不同的系统中，许多有机和无机的相变蓄能材料，如水合盐、烷烃、脂肪酸以及它们的混合物等已经被用于不同的蓄能系统中。由于固－液相变蓄能材料在液体状态下易泄漏，且具有导热性能较差等问题，使得其在实际使用中受到一些限制。为了克服这些缺陷，目前主要采用将相变蓄能材料与基体材料或微胶囊壳材料制备成复合相变蓄能材料或微胶囊相变蓄能材料的方法。制备复合相变蓄能材料或微胶囊相变蓄能材料主要有以下三种方法：基体与相变蓄能材料共混法、微胶囊封装法、化学合成法。

一、基体与相变蓄能材料共混法

基体与相变蓄能材料共混法是将相变蓄能材料与基体材料通过物理方法相结合，两者保持原来的理化性质，所得复合材料在相变过程中无液体流动，整体呈固体状态。该类复合相变蓄能材料通常采用相对分子质量较大的有机高分子材料或者具有微孔、层状结构的无机材料作为基体材料，从而利用其与相变蓄能材料之间的分子间作用力、毛细作用力等来吸附相变蓄能材料，约束液态相变蓄能材料的流动，使得液状相变蓄能材料不会泄漏。制备此类复合相变蓄能材料的基体材料的熔化温度必须高于相变蓄能材料的相变温度，否则复合材料在相变过程将无法保持固体状态。

（一）多孔介质吸附法

多孔介质吸附法是采用多孔介质作为基体将相变蓄能材料封装起来。一些材料如石膏、硅藻土等具有较大的比表面积以及微孔结构，可作为支撑材料。通过常温共混，利用材料中微孔的毛细作用将相变蓄能材料吸附到多孔基质中或填充到层状基质的间隙里，从而制得形状稳定的复合相变蓄能材料。制备此类复合相变蓄能材料的方法通常有浸泡法和混合法。浸泡法是将多孔的基体材料浸泡在液态相变蓄能材料中，通过毛细作用吸附相变蓄能材料而制得复合相变蓄能材料。混合法是将基体材料与相变蓄能材料先混合，再加工成一定形状的成品。但由于多孔结构或层状结构的基体材料的导热性能往往都较差，不利于相变传热过程中热量的传递，所以通常添加导热性能好的材料来提高复合相变蓄能材料的整体导热性能。

（二）熔融共混法与溶液共混法

熔融共混法是直接将相变蓄能材料与基体材料在熔融的状态下进行机械混合，利用两者的相容性，熔融后混合在一起制成组分均匀的复合相变蓄能材料。在混合物中，基体材料的大分子链可约束相变蓄能材料分子的运动，从而得到外观上无流动性、保持固体形状的复合相变蓄能材料。

溶液共混法是将相变材料与基体材料组分以水溶液的形式进行共混以制得复合相变蓄能材料。相比于熔融共混法，溶液共混法对熔点和分解温度的要求低得多，并且能大幅度降低材料热分解的发生概率，同时可提高相变蓄能材料的分散程度，有利于得到成分更加均匀的复合相变蓄能材料。

共混法制备复合相变蓄能材料工艺简单，生产成本低。但由于共混法涉及相变蓄能材料与基体材料的兼容性问题，限制了其适用范围。共混型复合相变蓄能材料中，相变材料与基体是通过物理作用结合在一起的，易发生开裂，在反复使用时仍会出现相变蓄能材料泄漏以及热物理性质退化等问题。

二、微胶囊封装法

微胶囊相变蓄能材料即是将相变蓄能材料作为芯材，利用微胶囊技术制备而成的定型复合相变蓄能材料。在相变过程中，芯材发生相变，吸收或释放热量。由于外壁材料往往具有很高的熔点，可以很好地防止相变蓄能材料在相变过程发生泄漏。同时外壳阻止了相变蓄能材料与外界环境的直接接触，保护了相变蓄能材料。并且微胶囊的结构也大大增加了材料的比表面积，加强了与外界的换热性能。微胶囊壁材的选择对于规范微胶囊相变蓄能材料的性能（如颗粒形貌、机械强度、热学特性）有着重要的意义，通常必须具备较好的热稳定性和化学惰性，目前采用得较多的是各类有机聚合物。但有机聚合物往往具有毒性和易燃性，并且有导热性能较差、热稳定性不佳等缺点，制约了微胶囊相变蓄能材料的应用。因此，人们也在研究二氧化硅和二氧化钛等无机高分子壁材的实用性。

制备微胶囊相变蓄能材料的方法有很多种，下面仅介绍几种主要的制备方法。

（一）界面聚合法

界面聚合是一种逐步聚合反应，因聚合反应发生在一种单体的水溶液和另一种单体的有机溶液的界面上而得名。首先根据相变蓄能材料的溶解性能决定分散相和连续相。如果相变蓄能材料溶于水而不溶于有机溶液，那么通过调整水/油溶液的配比，使水相作为分散相，油相作为连续相；反之，如果相变蓄能材料溶于有机溶液而不溶于水，那么就让油相作为分散相，水相作为连续相。通过乳化剂的作用将水和有机溶液乳化，相变蓄能材料溶解在分散相的乳化小液滴中。然后将两种单体分别溶解到已经准备好的乳化液中，由于这两种单体一种是水溶性的，一种是油溶性的，它们会分别溶解到分散相和连续相中。在合适的反应条件下，两种单体分别从连续相和分散相向两相的界面发生聚合反应，从而生成高分子聚合物外壳将相变蓄能材料包裹起来形成稳定的微胶囊体系。

（二）原位聚合法

原位聚合法制备微胶囊和界面聚合法类似，首先根据相变蓄能材料的溶解性能决定分散相和连续相，然后通过乳化剂的作用将两相乳化形成稳定的乳化液，使相变蓄能材料溶解在分散相的乳化小液滴中。不同的是，原位聚合法中用到的单体和催化剂同时溶解在同一相中，在合适的反应条件下，单体在水相或者油相聚合生成高分子聚合物外壳，从而将相变蓄能材料包裹起来形成稳定的微胶囊体系。

当单体和催化剂溶于连续相时，高分子聚合物外壳由相变蓄能材料所在的乳化小液滴表面向外生长；当单体和催化剂溶于分散相时，高分子聚合物外壳由相变蓄能材料所在的乳化小液滴的内表面向内部生长。

（三）复凝聚法

复凝聚法制备微胶囊的第一步是利用物理机械搅拌等方法，将相变蓄能材料以固体颗粒或者乳化小液滴的形式分散到带有相反电荷的两种胶体溶液中。然后通过对 pH 等的调节，使得两种胶体因电荷中和而溶解度降低，引起相分离现象，使得聚合物在相变蓄能材料的固体颗粒或者乳化小液滴表面凝聚，再通过加入固化剂等方法加固微胶囊的形状，从而形成稳定的微胶囊体系。该制备方法有两个基本要求：①两种聚合物胶体必须带有相反的电荷，且所带电荷总量必须相同；②作为芯材的相变蓄能材料与两种聚合物胶体之间互相不溶。使用复凝聚法制备微胶囊通常采用明胶、阿拉伯胶等作为外壁材料。这是由于明胶拥有带电荷数和电荷特性受 pH 值的影响而不断改变的特性。当溶液的 pH 值低于明胶的等电点时，明胶溶液带正电；当溶液的 pH 值高于明胶的等电点时，明胶溶液带负电。利用这种特性就可以使用复凝聚法安全高效地制备微胶囊相变蓄能材料。

（四）喷雾干燥法

喷雾干燥法是将外壁材料的水溶液与芯材通过乳化剂形成乳化液后，将乳化液通过喷雾头雾化形成小液滴，再使其与热空气接触，使乳化液中的水分受热迅速蒸发，外壁材料凝固，从而制成稳定的微胶囊相变蓄能材料的方法。这种方法要求外壁材料在受热时要形成网状结构，通过人为地对材料进行选择来控制网孔的大小，使得水分子等小分子可以通过网孔逸出，作为芯材的相变蓄能材料大分子却可以被包裹在外壁材料中。使用喷雾干燥法制备微胶囊一般选用蛋白质、多糖类等水溶性材料作为外壁材料，因此制成的微胶囊往往具有水溶性。

三、化学合成法

化学合成法是将具有合适相变温度和较高相变熔的固－液型相变蓄能材料，与其他材料通过化学反应合成化学性质相对稳定的固－固型复合相变蓄能材料，其实质是把具有蓄能功能的基团与其他大分子链以化学键的方式结合到一起，而制备出定型相变蓄能材料。较常用的方法有嵌段共聚法、接枝共聚法和交联共聚法，采用的相变材料为有机类或聚合物类。与其他方法相比，化学合成法制得的相变蓄能材料热稳定性优良，使用安全，很好地避免了相变材料的泄漏问题，但通常制备工艺较复杂。

化学合成法中使用的相变蓄能材料一般为有机高分子聚合物，由于使用这种方法制备的定型复合相变蓄能材料只存在固态的有序－无序结构转变来进行可逆的存储和释放能量，因此具有相变前后体积变化小、无过冷和相分离现象、不需要额外的封装材料等优点。

第二节　复合相变蓄能材料的合成及蓄能特性

一、十八烷/分子筛复合相变蓄能材料

在该复合相变蓄能材料中，十八烷作为相变蓄能材料，分子筛作为基体封装材料。十八烷是一种优良的相变蓄能材料，由于其适宜的相变温度而可以广泛应用到建筑蓄能材料之中。十八烷的熔点为 28.1℃，熔化潜热为 236.1kJ/kg，凝固点为 25.1℃，凝固潜热为 233.3kJ/kg。5A 分子筛（平均直径为 2~3mm）是一种无机多孔材料，其构成见表 3-1。

表 3-1　5A 分子筛的构成

构成	氧化钙	氧化钠	三氧化二铝	二氧化硅	水
质量分数（%）	8.83	2.94	11.76	23.53	52.94

首先将 5A 分子筛放入真空干燥箱中，在 50℃下干燥 10h，这样就可以获得无水的干燥分子筛。将十八烷与 5A 分子筛按照不同的质量比（1:5、1:4、1:3、1:2 和 1:1）在容器中进行混合。然后将混合物加热到 45℃，并且在恒温下用磁力搅拌器以 600r/min 的转速搅拌 70min。当混合物被加热到 45℃时，十八烷变成液态，并被吸收到分子筛的多孔结构中。将制备好的混合物放在恒温干燥箱中，在 35℃下干燥 2h，这样就制成了五种不同配比的十八烷/分子筛复合相变蓄能材料，并分别命名为 FPCM1、FPCM2、FPCM3、FPCM4 和 FPCM5。

（一）微观结构

图 3-1 所示为 5A 分子筛、FPCM1、FPCM2、FPCM3、FPCM4 和 FPCM5 的扫描电镜照片。图 3-1a 所示分子筛具有一种多孔结构，十八烷能够较容易地被浸入孔隙中。图 3-1b ~ f 所示为不同的十八烷与分子筛质量比（1:5、1:4、1:3、1:2 和 1:1）的复合相变蓄能材料的扫描电镜照片。从图 3-1b ~ e 中可以看到，由于表面张力的作用，十八烷被均匀地分散到分子筛的孔隙之中，分子筛的多孔结构可以有效阻止液态十八烷的泄漏。而从图 3-1f 中可以看到，在复合相变蓄能材料的表面有液态十八烷泄漏出来，这是由于在拍摄扫描电镜照片时电子束的加热使得十八烷发生熔化，而 FPCM5 中的十八烷相对于分子筛的质量比较大，孔隙无法全部吸附十八烷，因此有液态十八烷从复合材料中流出。

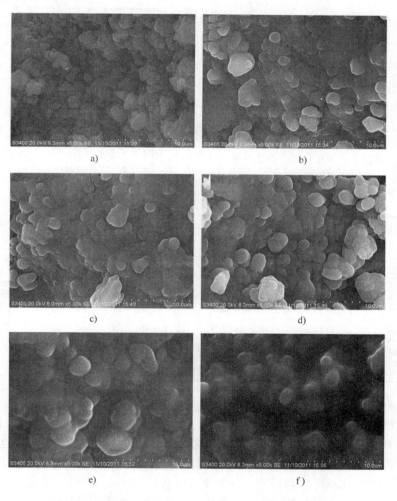

图 3-1　十八烷/分子筛复合相变蓄能材料扫描电镜照片
a）5A 分子筛　b）FPCM1　c）FPCM2　d）FPCM3　e）FPCM4　f）FPCM5

（二）相变特性

图 3-2、图 3-3 所示为十八烷/分子筛复合相变蓄能材料熔化和凝固过程曲线。表 3-2 所列为十八烷熔化和凝固过程参数。从表 3-2 可知，十八烷的熔化温度和凝固温度分别为 28.1℃ 和 25.1℃，FPCM4 的熔化温度和凝固温度分别为 28.3℃ 和 26.8℃，FPCM5 的熔化温度和凝固温度

分别为 28.1℃ 和 26.8℃。十八烷的熔化潜热和凝固潜热分别为 236.1kJ/kg 和 233.3kJ/kg，FPCM4 的熔化潜热和凝固潜热分别为 101.1kJ/kg 和 97.6kJ/kg，FPCM5 的熔化潜热和凝固潜热分别为 152.9kJ/kg 和 150.2kJ/kg。从表 3-2 中还可以看到，FPCM3 的相变潜热为 34.4kJ/kg，并不等于 FPCM5 的 152.9kJ/kg 的一半，这是因为在 FPCM3 中，十八烷未能完全填充到分子筛的孔隙中，导致 FPCM3 从环境中吸收了较多的水分。

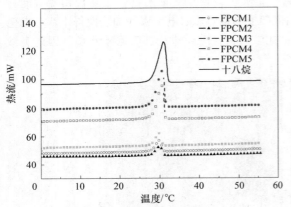

图 3-2　十八烷/分子筛复合相变蓄能材料
熔化过程曲线

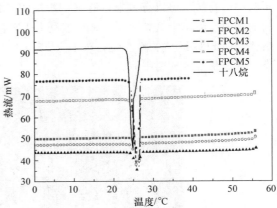

图 3-3　十八烷/分子筛复合相变蓄能材料
凝固过程曲线

表 3-2　十八烷/分子筛复合相变蓄能材料熔化和凝固过程参数

材料名称	十八烷与分子筛的质量比	熔化		凝固	
		温度/℃	潜热/（kJ/kg）	温度/℃	潜热/（kJ/kg）
FPCM1	1:5	28.1	28.8	26.9	26.1
FPCM2	1:4	28.2	33.0	26.7	32.0
FPCM3	1:3	28.1	34.4	26.9	32.8
FPCM4	1:2	28.3	101.1	26.8	97.6
FPCM5	1:1	28.1	152.9	26.8	150.2
十八烷	1:0	28.1	236.1	25.1	233.3

在此复合材料中，只有十八烷在相变过程中吸收或放出热量，所以较高的十八烷填充率可以获得较大的蓄能能力。但从图 3-1f 中可以看到，有一些液态十八烷会从复合材料的表面泄漏出来，这显然不利于实际使用。因此，FPCM4 被选择作为理想的相变蓄能材料，这样既可以获得较大的相变蓄能能力，也可以有效地防止相变蓄能材料的泄漏。此时十八烷在复合材料中的质量分数约为 33.3%，熔化温度为 28.3℃，熔化潜热为 101.1kJ/kg，凝固温度为 26.8℃，凝固潜热为 97.6kJ/kg。

从表 3-2 中还可以看出，各材料的过冷度也发生了变化。十八烷、FPCM1、FPCM2、FPCM3、FPCM4 和 FPCM5 的过冷度分别为 3.02℃、1.22℃、1.27℃、1.49℃、1.58℃和1.33℃。FPCM1、FPCM2、FPCM3、FPCM4 和 FPCM5 的过冷度都比十八烷小，这是因为在相变过程中，分子筛的孔壁可以起到凝结核的作用，有利于十八烷的凝固，从而降低了复合材料的过冷度。过冷度的降低，可使相变蓄能材料及时发生相变，有利于相变蓄能材料的应用。

(三)热稳定性

图3-4、图3-5和表3-3分别显示了十八烷/分子筛复合相变蓄能材料热降解（TGA）曲线和热降解速率（DTG）曲线以及相关参数。表3-3中还列出了十八烷、FPCM1、FPCM2、FPCM3、FPCM4和FPCM5在600℃时剩余质量。

从图3-4中可以看到，有一个两步的热降解过程。在热降解过程中，FPCM5的质量损失比FPCM1、FPCM2、FPCM3和FPCM4都要大，这是因为在复合相变蓄能材料中，FPCM5中十八烷的质量比最高。从图3-5中可以看出，第一步热降解过程发生在100~220℃之间，此时主要发生的是十八烷分子链的降解；第二步热降解过程发生在280~400℃之间，这一过程主要发生的是分子筛分子链的降解。

从图3-4中还可以看到，在600℃时，十八烷的剩余质量接近于零，比FPCM1、FPCM2、FPCM3、FPCM4和FPCM5都要小。5A分子筛可以在材料的表面形成碳硅层，可以有效地防止降解过程中挥发性产物的逸出。同时，还可以在复合材料的表面形成一个物理保护屏障，阻止易燃分子向气相转变，并且限制了氧气的扩散。这些结果可以显示出，复合材料中的分子筛与十八烷的协同作用可以有效提高复合蓄能材料的热稳定性。

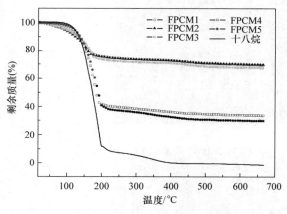

图3-4 十八烷/分子筛复合相变蓄能材料　　　　图3-5 十八烷/分子筛复合相变蓄能材料
　　　　热降解曲线　　　　　　　　　　　　　　　　　热降解速率曲线

表3-3　十八烷/分子筛复合相变蓄能材料热降解参数

材料名称	温度/℃	剩余质量（%）（600℃）
FPCM1	162.2	70.4
FPCM2	156.1	70.9
FPCM3	168.5	68.4
FPCM4	184.0	34.3
FPCM5	193.5	30.1
十八烷	193.0	0

二、月桂酸/活性炭复合相变蓄能材料

在该复合相变蓄能材料中，月桂酸作为相变蓄能材料，活性炭作为基体封装材料。月桂酸的熔点为44.3℃，熔化潜热为179.9kJ/kg，凝固点为41.7℃，凝固潜热为180.5kJ/kg。活性炭（网目数为20~50）是一种无机多孔材料，可以较好地封装相变蓄能材料。

　　首先将活性炭放入真空干燥箱中，在80℃下干燥12h，这样就可以获得干燥的活性炭。将月桂酸与活性炭分别按照质量比1:5、1:4、1:3和1:2在容器中进行混合；然后将混合物加热到60℃，并且在恒温下用磁力搅拌器以500r/min的转速搅拌70min。当混合物被加热到60℃时，月桂酸变成液态，并被吸收到活性炭的多孔结构中。最后将制备的复合相变蓄能材料放在恒温干燥箱中，在35℃下干燥4h。这样就可制成四种不同配比的月桂酸/活性炭复合相变蓄能材料，并分别命名为PCM1、PCM2、PCM3和PCM4。

　　（一）微观结构

　　图3-6所示为月桂酸/活性炭复合相变蓄能材料扫描电镜图片。从图中可以看到，白色颗粒为月桂酸，由于活性炭具有多孔结构，月桂酸能够容易地被吸附到其孔隙结构中。从图3-6a～d还可看到，由于月桂酸和活性炭之间的毛细作用及表面张力作用，不同质量比（1:5、1:4、1:3和1:2）的月桂酸均匀地被分散在活性炭的孔隙中。活性炭的多孔结构为月桂酸提供了一个有效的围护结构，阻止了液态月桂酸的泄漏。当月桂酸和活性炭的体积比为1:2时，即复合材料中月桂酸的质量分数约为33.3%时，月桂酸不会发生泄漏，且此时吸附的月桂酸量最多，因此PCM4是较为理想的复合相变蓄能材料。

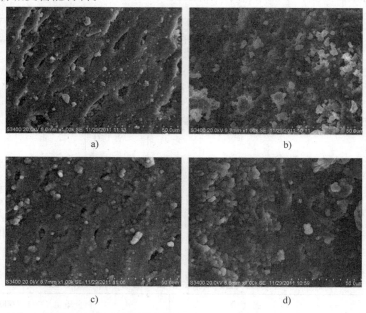

图3-6　月桂酸/活性炭复合相变蓄能材料扫描电镜照片
a) PCM1　b) PCM2　c) PCM3　d) PCM4

　　（二）导热性能

　　月桂酸/活性炭复合相变蓄能材料的导热性能采用热导仪进行测量。月桂酸、活性炭和PCM1～PCM4的热导率列于表3-4中。从该表可以看到，各材料在熔化状态下的导热性能比凝固状态下要好。无论是在熔化状态还是凝固状态，活性炭的导热性能都比月桂酸好，因此，活性炭有利于提高月桂酸的导热性。当月桂酸被活性炭吸附之后，PCM1、PCM2、PCM3和PCM4在50℃时的热导率分别为0.167W/(m·K)、0.154W/(m·K)、0.182W/(m·K)和0.180W/(m·K)，在25℃时的热导率分别为0.148W/(m·K)、0.138W/(m·K)、0.144W/(m·K)和0.150W/(m·K)。这些结果表明，复合后材料的导热性能得到了改善。

表 3-4　月桂酸、活性炭和 PCM1 ~ PCM4 的热导率　　［单位：W/（m·K）］

材料名称	熔化状态（50℃）		凝固状态（25℃）	
	无膨胀石墨	有膨胀石墨	无膨胀石墨	有膨胀石墨
活性炭	0.165	—	0.144	—
月桂酸	0.160	—	0.116	—
PCM1	0.167		0.148	
PCM2	0.154		0.138	
PCM3	0.182		0.144	
PCM4	0.180	0.308	0.150	0.157

　　膨胀石墨具有较高的热导率［4 ~ 100W/（m·K）］，将质量分数为 1% 的膨胀石墨添加到 PCM4 中，可以提高其导热性能。从表 3-4 中可以看到，含有膨胀石墨的 PCM4 在 50℃时的热导率为 0.308W/（m·K），在 25℃时的为 0.157W/（m·K），相比于月桂酸以及无膨胀石墨的 PCM4，其导热性能分别提高了 92.5%、71.1% 和 35.3%、4.67%。因此，在该复合相变蓄能材料中添加膨胀石墨可以有效地提高其导热性能。

　　（三）相变特性

　　图 3-7、图 3-8 和表 3-5 所示分别为月桂酸/活性炭复合相变蓄能材料熔化过程和凝固过程曲线以及相关参数。由表 3-5 可知，月桂酸的熔化温度为 44.3℃，熔化潜热为 179.9kJ/kg，凝固温度为 41.7℃，凝固潜热为 180.5kJ/kg；PCM1 的熔化温度为 43.7℃，熔化潜热为 12.2kJ/kg，凝固温度为 41.7℃，凝固潜热为 10.7kJ/kg；PCM2 的熔化温度为 43.8℃，熔化潜热为 15.5kJ/kg，凝固温度为 41.8℃，凝固潜热为 12.7kJ/kg；PCM3 的熔化温度为 43.9℃，熔化潜热为 32.5kJ/kg，凝固温度为 41.7℃，凝固潜热为 30.1kJ/kg；PCM4 的熔化温度为 44.1℃，熔化潜热为 65.1kJ/kg，凝固温度为 42.8℃，凝固潜热为 63.0kJ/kg。

　　在复合相变蓄能材料中，只有相变材料在相变过程中吸收或放出热量，因此相变材料的质量分数决定了复合相变蓄能材料的蓄能能力。在上述复合相变蓄能材料中，PCM4 具有最大的相变潜热，且月桂酸被较好地吸附、没有发生泄漏，因此 PCM4 是较理想的复合相变蓄能材料。

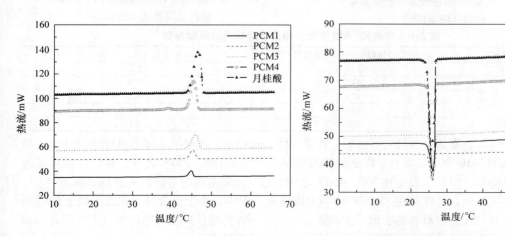

图 3-7　月桂酸/活性炭复合相变蓄能材料　　　　图 3-8　月桂酸/活性炭复合相变蓄能材料
　　　　熔化过程曲线　　　　　　　　　　　　　　　　　　凝固过程曲线

从表3-5还可知，复合相变蓄能材料的过冷度也发生了变化。月桂酸、PCM1、PCM2、PCM3和PCM4的过冷度分别为2.60℃、1.97℃、1.96℃、2.20℃和1.24℃。由于活性炭的壁材在蓄能材料相变过程中可以充当凝结核，因此复合相变蓄能材料PCM1、PCM2、PCM3和PCM4的过冷度都比月桂酸小。过冷度降低，可使复合相变蓄能材料及时发生相变。

表3-5　月桂酸/活性炭复合相变蓄能材料熔化和凝固过程参数

材料名称	月桂酸/活性炭质量比	熔化		凝固	
		温度/℃	潜热/（kJ/kg）	温度/℃	潜热/（kJ/kg）
PCM1	1:5	43.7	12.2	41.7	10.7
PCM2	1:4	43.8	15.5	41.8	12.7
PCM3	1:3	43.9	32.5	41.7	30.1
PCM4	1:2	44.1	65.1	42.8	63.0
月桂酸	1:0	44.3	179.9	41.7	180.5

（四）热稳定性

月桂酸/活性炭复合相变蓄能材料热降解和热降解速率曲线分别如图3-9和图3-10所示。月桂酸、PCM1、PCM2、PCM3和PCM4在670℃时的剩余质量及降解过程中最大质量损失速率时的温度分别列于表3-6中。

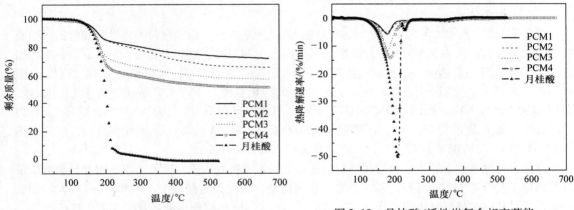

图3-9　月桂酸/活性炭复合相变蓄能　　　　图3-10　月桂酸/活性炭复合相变蓄能
　　　　材料热降解曲线　　　　　　　　　　　　　　　材料热降解速率曲线

表3-6　月桂酸/活性炭复合相变蓄能材料热降解参数

材料名称	最大质量损失速率时的温度/℃	剩余质量（%）（670℃）
PCM1	176.5	72.0
PCM2	177.3	65.9
PCM3	179.9	57.5
PCM4	185.8	51.6
月桂酸	207.9	0（350℃）

由表3-6可知，降解过程分两步进行，在整个降解过程中，质量损失随着月桂酸质量比的增大而增加。从图3-10中可以看到，降解过程的第一步发生在120～250℃之间，这一过程对应的是月桂酸的热降解；第二步发生在300～450℃之间，这一过程对应的是活性炭的热降解。

从图3-9可看到，月桂酸在350℃时的剩余质量接近于零，小于复合材料在此温度下的剩余质量。活性炭可以在复合材料的表面建立起碳层，这样一种物理保护层可以限制易燃分子向气相转变。上述结果表明活性炭可以提高复合相变蓄能材料的热稳定性。

三、月桂酸-硬脂酸/纤维素复合相变蓄能材料

在月桂酸-硬脂酸/纤维素复合相变蓄能材料中，月桂酸-硬脂酸（LA-SA）共晶体为相变蓄能材料，羧甲基纤维素（Carboxy methyl Cellulose，CMC）作为基体封装材料。羧甲基纤维素是一种不可溶且具有纤维结构的纤维素，它有着诸多优良特性，如密度小、尺寸小、比表面积大且与木质结构有着天然的兼容性。这使得其制成的复合相变蓄能材料可应用于建筑装潢材料中。

（一）月桂酸－硬脂酸共晶相变材料的制备

利用熔融共混法制备月桂酸－硬脂酸共晶相变材料，为了确定混合物的共晶点，制备了一系列不同质量比的二元脂肪酸混合物。其中月桂酸的质量分数分别为20%、40%、50%、60%、66%、69%、72%、75%、78%和80%。具体步骤为：取不同质量比的月桂酸和硬脂酸放于容器中，将混合物加热熔化并保持温度为65℃，并在恒温下用磁力搅拌器匀速搅拌3min，然后将混合物静置冷却至室温。

利用示差扫描量热仪分析测试混合物的相变特性，测量结果见表3-7。图3-11所示为混合物的相变温度随月桂酸（LA）质量分数的变化曲线，其中虚线为计算结果。从表3-7中可知，部分混合物拥有两个熔点/凝固点，这是因为其组分远离共晶比，并没有形成共晶体。当组分配比接近共晶比时，两个熔点/凝固点互相靠近，当月桂酸与硬脂酸的质量比为69:31时，该混合物形成共晶体，在共晶点发生相变，此时熔点为33.5℃，凝固点为29.1℃。该共晶相变材料将用于制备月桂酸－硬脂酸/纤维素复合相变蓄能材料。

表3-7　月桂酸－硬脂酸混合物的共晶特性

月桂酸质量比（%）	熔化		凝固	
	温度/℃	潜热/（kJ/kg）	温度/℃	潜热/（kJ/kg）
20	31.1/43.8	160.4	46.7/31.2	152.2
40	31.6/37.8	168.4	40.6/31.5	160.8
50	32.3	163.8	35.6	153.8
60	33.0	158.9	31.1	149.2
66	33.0	163.0	30.0	150.3
69	33.5	161.6	29.1	150.8
72	33.4	163.6	29.4	150.9
75	34.3	164.9	30.3	151.6
78	34.0	165.0	31.6	155.1
80	33.9	166.1	32.6	154.9

（二）月桂酸－硬脂酸/纤维素复合相变蓄能材料的制备

将上述已制备的月桂酸－硬脂酸共晶混合物放置于容器中，保持65℃的加热温度直至完全熔化，将对应质量的纤维素切成片状（2cm × 2cm × 0.5cm）浸入液态的月桂酸－硬脂酸共晶混合物中，静置1h。吸收完全之后，将吸收了共晶相变材料的纤维素放在恒温干燥箱中，在35℃下干燥24h，去除其中的水分。最终得到三组月桂酸－硬脂酸/纤维素复合相变蓄能材料，并分别命名为CPCM1、CPCM2和CPCM3。

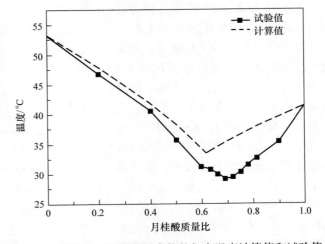

图3-11　月桂酸－硬脂酸混合物的相变温度计算值和试验值

（三）微观结构

图 3-12 所示为三种复合相变蓄能材料 CPCM1、CPCM2、CPCM3 以及 CMC 的扫描电镜照片。从图 3-12d 中可以看出，CMC 是蓬松的纤维状结构，液态月桂酸 – 硬脂酸相变材料可以较容易地被吸入孔隙结构中。从图 3-12a ~ c 中也可看到，由于毛细作用和表面张力作用，液态共晶材料已被均匀地分散在纤维状结构的孔隙之中，这种结构可以有效地避免液态相变蓄能材料的渗漏。

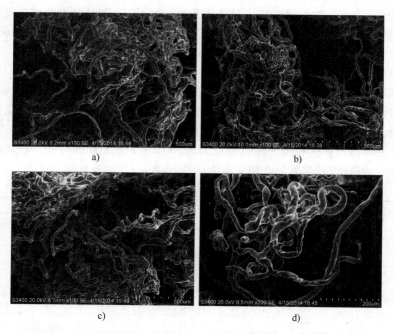

a) CPCM1 b) CPCM2 c) CPCM3 d) CMC

图 3-12　月桂酸 – 硬脂酸/纤维素复合相变蓄能材料扫描电镜照片
a）CPCM1　b）CPCM2　c）CPCM3　d）CMC

（四）相变特性

图 3-13 和图 3-14 所示分别为月桂酸 – 硬脂酸/纤维素复合相变蓄能材料熔化过程和凝固过程曲线，其熔化过程和凝固过程参数汇总在表 3-8 中。从图中可以看出，月桂酸 – 硬脂酸共晶体的熔化温度为 32.7℃，熔化潜热为 162.8kJ/kg，凝固温度为 29.2℃，凝固潜热为 150.7kJ/kg；CPCM1 的熔化温度为 32.2℃，熔化潜热 114.6kJ/kg，凝固温度为 29.2℃，凝固潜热 106.8kJ/kg。结合图中的熔化/凝固峰，可以看出三种复合相变蓄能材料的相变特性与月桂酸 – 硬脂酸共晶体相同。

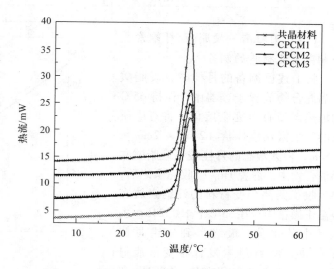

图 3-13　月桂酸 – 硬脂酸/纤维素复合相变蓄能材料熔化过程曲线

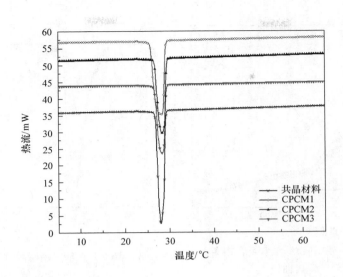

图 3-14　月桂酸-硬脂酸/纤维素复合相变蓄能材料凝固过程曲线

　　在复合相变蓄能材料中，只有月桂酸-硬脂酸共晶体在相变过程中会吸热或放热，纤维素并没有热效应，因此，复合相变蓄能材料的相变潜热要比纯的月桂酸-硬脂酸共晶体低。复合相变蓄能材料中的月桂酸-硬脂酸共晶体的质量分数可用下式计算得出

$$\eta = \frac{\Delta H_{CPCM}}{\Delta H_{PCM}} \times 100\%　　　　　　（3-1）$$

式中，η 是月桂酸-硬脂酸共晶体的质量分数；ΔH_{CPCM} 和 ΔH_{PCM} 分别是复合蓄能材料和月桂酸-硬脂酸共晶体的熔化潜热，计算结果见表3-8。从表中还可看出，复合蓄能材料的过冷度略小于纯月桂酸-硬脂酸共晶体，这是由于纤维素的多孔结构在相变过程中可以充当凝结核。过冷度降低，使复合相变蓄能材料能够及时响应温度变化，有利于相变蓄能材料的应用。

表 3-8　月桂酸-硬脂酸/纤维素复合相变蓄能材料熔化过程和凝固过程参数

材料名称	熔化		凝固		月桂酸-硬脂酸共晶的质量分数（%）
	温度/℃	潜热/（kJ/kg）	温度/℃	潜热/（kJ/kg）	
月桂酸-硬脂酸	32.7	162.8	29.2	150.7	100
CPCM1	32.2	114.6	29.2	106.8	70.4
CPCM2	32.3	110.8	29.4	102.1	68.1
CPCM3	32.3	107.4	29.3	101.7	66.0

（五）热稳定性

　　图 3-15 和图 3-16 所示为月桂酸-硬脂酸/纤维素复合相变蓄能材料的热降解曲线和热降解速率曲线，表 3-9 列出了其最快热降解速率所对应的温度和400℃时的剩余质量。从图 3-15 可以看出，月桂酸-硬脂酸共晶体从150℃左右开始有质量损失，在300℃左右剩余质量接近零，表明其已完全降解。复合相变蓄能材料的热降解分为两步：第一步是其中的月桂酸-硬脂酸共晶体的热降解；第二步发生在300~400℃之间，对应于纤维素的热降解。值得注意的是，复合相变蓄能材料的工作温度区间通常低于100℃，在此温度区间内复合相变蓄能材料的质量损失只有0.3%。

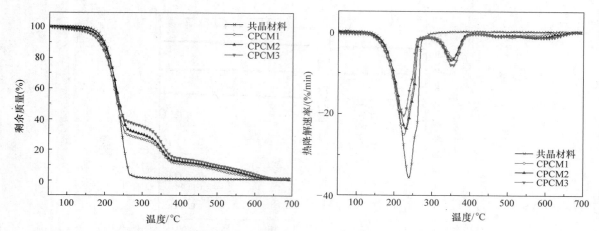

图 3-15　月桂酸－硬脂酸/纤维素复合相变
蓄能材料热降解曲线

图 3-16　月桂酸－硬脂酸/纤维素复合相变
蓄能材料热降解速率曲线

表 3-9　月桂酸－硬脂酸/纤维素复合相变蓄能材料热降解参数

材料名称	T_{peak1}/℃	T_{peak2}/℃	剩余质量（%）（400℃）
月桂酸－硬脂酸	239.8	—	1.0
CPCM1	225.9	354.8	11.0
CPCM2	229.9	351.1	12.5
CPCM3	225.7	353.1	14.5

为了检验复合相变蓄能材料的热循环稳定性和相变材料的渗漏情况，进行了热循环测试。复合相变蓄能材料在 15～60℃ 之间被反复熔化、凝固 100 次，热循环前后的相变特性通过示差扫描量热仪测试并加以比较，图 3-17 所示为热循环测试前后的熔化和凝固过程曲线。在复合相变蓄能材料中，只有月桂酸－硬脂酸共晶体发生相变而吸收或释放热量，如果发生了渗漏，则月桂酸－硬脂酸共晶体的质量分数变小，复合相变蓄能材料的相变潜热就相应地降低。热循环后，CPCM1 的熔点和凝固点分别改

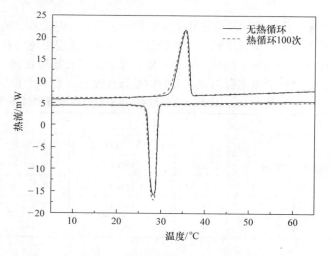

图 3-17　复合相变蓄能材料 CPCM1 热循环测试前后的
熔化和凝固过程曲线

变了 -0.18℃ 和 0.10℃，熔化潜热和凝固潜热平均衰减了 5%，亦即热循环后月桂酸－硬脂酸共晶体渗漏了约 5%，对于热能存储应用而言在合理的范围内。以上结果表明，制得的复合相变蓄能材料具有较好的热稳定性，纤维素的纤维状多孔结构能有效地阻止液态相变蓄能材料的渗漏。

四、硬脂酸/二氧化钛复合相变蓄能材料

在该复合相变蓄能材料中，硬脂酸作为蓄存热能的相变材料，二氧化钛作为基体材料。硬脂

酸具有相变温度适宜、相变潜热较高、无毒性、无腐蚀性、不易燃等特点，被广泛应用于相变蓄能领域。二氧化钛作为基体材料可防止硬脂酸在相变过程中流失，该材料具有较好的热稳定性。

取不同质量比的硬脂酸和去离子水在容器中混合，将容器置于磁力搅拌器上加热搅拌30min，形成稳定的 O/W 乳液，加热温度为75℃；然后在搅拌的同时将一定质量的二氧化钛粉末加入乳液中，持续搅拌直至乳液变得黏稠。最后将容器置于真空干燥炉中，用45℃的温度干燥24h，这样可制得五种硬脂酸/二氧化钛复合相变蓄能材料，并分别命名为 CPCM1、CPCM2、CPCM3、CPCM4 和 CPCM5。

（一）微观结构

图 3-18 所示为硬脂酸/二氧化钛复合相变蓄能材料扫描电镜照片。从图 3-18a 中可以看出，二氧化钛粉末为亚微米级微粒。从图 3-18b～d 中可以看出，具有不同配比的复合相变蓄能材料 CPCM1、CPCM2 和 CPCM3（硬脂酸和二氧化钛的质量比分别为1:5、1:4、1:3）中，硬脂酸被均匀地分散到二氧化钛结构中，二氧化钛作为基体材料能很好地起到了防止硬脂酸泄漏的作用。从图 3-18e、f 中可以看出，硬脂酸发生了泄漏。这是由于使用扫描电镜进行观测的过程中，高能量的电子束引起了硬脂酸的熔化，而且在复合相变蓄能材料 CPCM4 和 CPCM5 中，作为基体材料的二氧化钛所占的质量比过小。

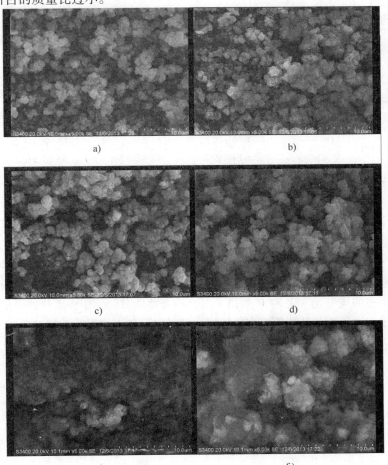

图 3-18　硬脂酸/二氧化钛复合相变蓄能材料扫描电镜照片
a）二氧化钛　b）CPCM1　c）CPCM2　d）CPCM3　e）CPCM4　f）CPCM5

（二）相变特性

图 3-19 和图 3-20 所示分别为硬脂酸/二氧化钛复合相变蓄能材料熔化过程和凝固过程曲线，表 3-10 所列为硬脂酸/二氧化钛复合相变蓄能材料熔化过程和凝固过程参数。

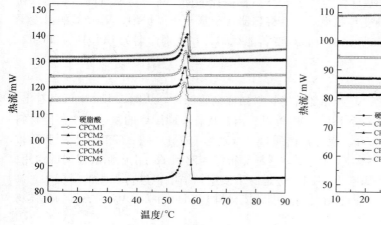

图 3-19 硬脂酸/二氧化钛复合相变蓄能   图 3-20 硬脂酸/二氧化钛复合相变蓄能
        材料熔化过程曲线   材料凝固过程曲线

表 3-10   硬脂酸/二氧化钛复合相变蓄能材料熔化过程和凝固过程参数

材料名称	硬脂酸和二氧化钛的质量比	熔化		凝固	
		温度/℃	潜热/（kJ/kg）	温度/℃	潜热/（kJ/kg）
CPCM1	1:5	53.78 ± 0.2	28.61 ± 1.4	52.57 ± 0.2	26.56 ± 1.3
CPCM2	1:4	53.96 ± 0.2	36.05 ± 1.8	53.48 ± 0.2	33.49 ± 1.7
CPCM3	1:3	53.84 ± 0.2	47.82 ± 2.4	53.31 ± 0.2	45.60 ± 2.3
CPCM4	1:2	53.34 ± 0.2	62.19 ± 3.1	53.47 ± 0.2	60.60 ± 3.0
CPCM5	1:1	53.81 ± 0.2	91.47 ± 4.6	53.49 ± 0.2	89.47 ± 4.5
硬脂酸	1:0	54.29 ± 0.2	188.28 ± 9.4	53.23 ± 0.2	180.07 ± 9.0

复合相变蓄能材料的相变潜热理论值可以通过以下公式得出

$$\Delta H_{CPCM} = \eta \Delta H_{SA} \tag{3-2}$$

式中，ΔH_{CPCM} 是复合相变蓄能材料的相变潜热；ΔH_{SA} 是硬脂酸的相变潜热；η 是硬脂酸在复合相变蓄能材料中所占的质量比。表 3-11 列出了复合相变蓄能材料的相变潜热试验值和计算值比较。从该表可以看出，试验值与计算值符合得较好，两者之间的平均误差不超过 5%。

表 3-11   复合相变蓄能材料的相变潜热试验值和计算值比较

材料名称	试验熔化潜热/（kJ/kg）	计算熔化潜热/（kJ/kg）	误差
CPCM1	28.61	31.38	9.68%
CPCM2	36.05	37.66	4.47%
CPCM3	47.82	47.07	1.57%
CPCM4	62.19	62.76	0.92%
CPCM5	91.47	94.14	2.92%

由表 3-10 可知，硬脂酸和复合相变蓄能材料的相变温度差异很小，这说明复合相变蓄能材

料和硬脂酸具有相似的相变特性。由该表还可知，硬脂酸的熔化温度和凝固温度的差值为
1.06℃，而 CPCM1、CPCM2、CPCM3、CPCM4 和 CPCM5 的熔化温度及凝固温度的差值分别为
1.21℃、0.48℃、0.53℃、0.13℃ 和 0.32℃。这说明二氧化钛粉末促进了硬脂酸在凝固过程中的
成核，降低了复合相变蓄能材料的过冷度。

　　由于在复合相变蓄能材料中，只有硬脂酸起到吸收或释放能量的作用，因此，硬脂酸在复合
相变蓄能材料中所占的质量比越高，复合相变蓄能材料的蓄能能力就越强。但是，正如扫描电镜
分析中提到的，硬脂酸在复合相变蓄能材料中所占质量比较高的 CPCM4 和 CPCM5，由于作为基
体材料的二氧化钛过少，出现了硬脂酸泄漏的现象。因此，在确保硬脂酸不发生泄漏的前提下，
硬脂酸在复合相变蓄能材料中所占质量比较高的 CPCM3 被选为令人满意的材料。复合相变蓄能
材料 CPCM3 的熔化温度为 53.84℃，熔化潜热为 47.82kJ/kg，凝固温度为 53.31℃，凝固潜热为
45.60kJ/kg。

（三）热稳定性

　　图 3-21 和图 3-22 所示分别为硬脂酸/二氧化钛复合相变蓄能材料热降解曲线和热降解速率
曲线。表 3-12 列出了硬脂酸/二氧化钛复合相变蓄能材料热降解参数。由于二氧化钛在热降解温
度范围内（室温至 700℃）不会发生热分解，因而各种材料在热降解过程结束后的剩余质量取决
于其内部硬脂酸的含量。图 3-22 表明硬脂酸和各种材料在 150~300℃ 之间只有一个热分解过程，
这个过程对应硬脂酸的热分解。从图 3-21、图 3-22 可以看出，复合相变蓄能材料的质量损失速
率小于硬脂酸的质量损失速率。这是由于作为基体材料的二氧化钛在复合相变蓄能材料外围建立
了一层屏障，使较易燃的分子更难转变为气相，并在一定程度上阻止了热流向凝聚相的传输，这
表明硬脂酸/二氧化钛复合相变蓄能材料具有良好的热稳定性。

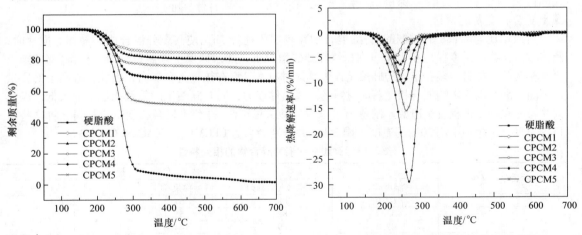

图 3-21　硬脂酸/二氧化钛复合相变蓄能　　　　　图 3-22　硬脂酸/二氧化钛复合相变蓄能
　　　　　材料热降解曲线　　　　　　　　　　　　　　　　　材料热降解速率曲线

表 3-12　硬脂酸/二氧化钛复合相变蓄能材料热降解参数

材料名称	最大质量损失温度/℃	剩余质量（%）（700℃）
CPCM1	233.7	84.6
CPCM2	246.3	81.1
CPCM3	245.9	76.3
CPCM4	254.2	69.9
CPCM5	262.7	51.4
硬脂酸	269.6	0

五、癸酸－棕榈酸/硅藻土复合相变蓄能材料

在该复合相变蓄能材料中，癸酸－棕榈酸共晶体被用作储存热能的相变蓄能材料，具有多孔结构的硅藻土则作为基体材料。通过脂肪酸的共晶可以调节蓄能材料的相变温度，在相变蓄能领域中可以得到更广泛的应用。多孔结构的硅藻土作为基体材料可以很好地吸附癸酸－棕榈酸共晶体，防止共晶材料在相变过程中流失。由于硅藻土和脂肪酸的导热能力不强，可在复合相变蓄能材料中加入膨胀石墨来增强其导热性能，同时膨胀石墨具有微孔结构，也在一定程度上对共晶材料起到了吸附作用。该材料具有较好的热稳定性，是一种良好的复合相变蓄能材料。

通过计算得到棕榈酸和癸酸的共晶质量比为 13∶87。为了得到精确的结果，制备了一系列不同配比的棕榈酸和癸酸混合物并对其相变温度进行了测试。不同配比的棕榈酸和癸酸混合物的相变温度如图 3-23 中的实线所示，相变温度的具体数值见表 3-13。通过对不同配比的棕榈酸和癸酸混合物相变温度的分析比较，确定了棕榈酸和癸酸的共晶质量比为 12∶88，共晶体的熔化温度为 26.8℃，熔化潜热为 163.7kJ/kg，凝固温度为 20.5℃，凝固潜热为 149.8kJ/kg。该共晶体被用于制备癸酸－棕榈酸/硅藻土复合相变蓄能材料。

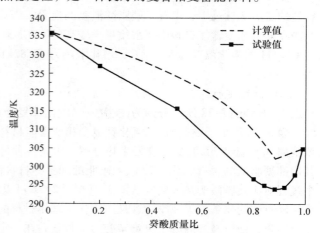

图 3-23　癸酸－棕榈酸混合物的相变温度
计算值和实验值

将质量比为 12∶88 的棕榈酸/癸酸混合物在容器中搅拌 1h，使其充分混合成共晶体。搅拌时，脂肪酸混合物的温度保持在 75℃。在持续搅拌的情况下，加入硅藻土以制备癸酸－棕榈酸/硅藻土复合相变蓄能材料。多孔结构的硅藻土作为基体材料本身没有热量蓄存能力，因此，硅藻土的质量比不能太高，以免影响复合相变蓄能材料的热量蓄储能力；同时硅藻土的质量比也不能太低，以免共晶材料在相变过程发生泄漏。制备出了三组癸酸－棕榈酸/硅藻土复合相变蓄能材料，将这些材料置于真空干燥炉中用 20℃ 的温度干燥 24h，并分别命名为 CPCM1、CPCM2 和 CPCM3。

表 3-13　癸酸－棕榈酸混合物的相变特性

癸酸质量比（%）	熔化		凝固	
	温度/℃	潜热/（kJ/kg）	温度/℃	潜热/（kJ/kg）
0	62.9	208.8	61.2	209.0
20	53.7	182.1	55.4	171.3
50	42.3	169.5	44.0	145.7
80	27.0	166.3	23.3	158.4
84	26.9	165.0	21.8	151.5
88	26.8	163.7	20.5	149.8
92	26.4	161.5	21.3	147.0
96	26.6	158.4	24.6	148.0
100	32.2	160.0	28.4	161.7

（一）微观结构

图 3-24 所示为癸酸－棕榈酸/硅藻土复合相变蓄能材料扫描电镜照片。从图 3-24a 可以看出，硅藻土具有多孔结构，可以吸附癸酸－棕榈酸共晶体。从图 3-24b ~ c 可以看出，癸酸－棕榈酸共晶体被均匀地分散到了硅藻土的多孔结构中，硅藻土作为基体材料较好地保护了内部的癸酸－棕榈酸共晶体，使其在进行扫描电镜观测的过程中不至于因高能量的电子束照射引起熔化而

造成泄漏。从图 3-24d 可以看出，CPCM3 中硅藻土的质量比过小，导致其不能很好地保护内部的癸酸－棕榈酸共晶体，发生了泄漏。通过向 CPCM3 材料中加入具有微孔结构的膨胀石墨能很好地解决这个问题。

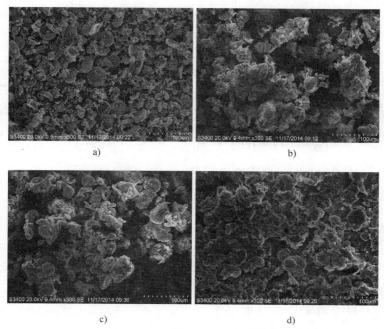

图 3-24　癸酸－棕榈酸/硅藻土复合相变蓄能材料扫描电镜照片
a）硅藻土　b）CPCM1　c）CPCM2　d）CPCM3

　　图 3-25 所示为加入膨胀石墨的癸酸－棕榈酸/硅藻土复合相变蓄能材料扫描电镜照片。从图 3-25a 可以看出，膨胀石墨具有蠕虫状的微观多孔结构，可以消除硅藻土质量比较小时造成的癸

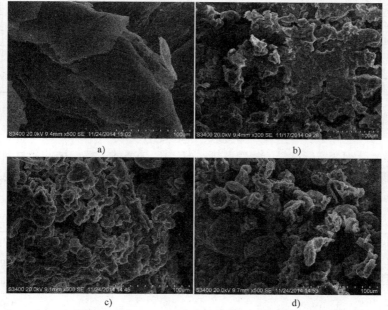

图 3-25　加入膨胀石墨的癸酸－棕榈酸/硅藻土复合相变蓄能材料扫描电镜照片
a）膨胀石墨　b）CPCM3　c）CPCM3＋3％膨胀石墨　d）CPCM3＋5％膨胀石墨

酸－棕榈酸共晶体的泄漏，并可吸附癸酸－棕榈酸共晶体。从图 3-25c 和图 3-25d 可以看出，加入膨胀石墨后，复合相变蓄能材料在发生相变时依然能够保持固定的形状。

（二）相变特性

图 3-26 和图 3-27 所示为癸酸－棕榈酸/硅藻土复合相变蓄能材料熔化过程和凝固过程曲线，表 3-14 列出了癸酸－棕榈酸/硅藻土复合相变蓄能材料熔化过程和凝固过程参数。

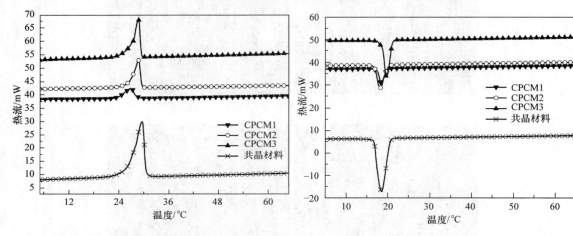

图 3-26　癸酸－棕榈酸/硅藻土复合相变蓄能
材料熔化过程曲线

图 3-27　癸酸－棕榈酸/硅藻土复合相变蓄能
材料凝固过程曲线

表 3-14　癸酸－棕榈酸/硅藻土复合相变蓄能材料熔化和凝固过程参数

材料名称	熔化		凝固		共晶质量分数（％）
	温度/℃	潜热/（kJ/kg）	温度/℃	潜热/（kJ/kg）	
癸酸－棕榈酸	26.8	163.7	20.5	149.8	100
CPCM1	23.7	50.6	19.4	46.4	33.3
CPCM2	26.8	78.8	19.5	71.8	50.0
CPCM3	27.0	104.0	21.1	96.1	66.6
CPCM3 + 3% 膨胀石墨	26.5	100.4	21.6	91.8	64.7
CPCM3 + 5% 膨胀石墨	26.7	98.3	21.6	90.0	63.5

复合相变蓄能材料的理论相变潜热可以通过以下公式得出

$$\Delta H_{CPCM} = \eta \Delta H_{PA-CA} \tag{3-3}$$

式中，ΔH_{CPCM} 是复合相变蓄能材料的相变潜热；ΔH_{PA-CA} 是癸酸－棕榈酸共晶材料的相变潜热；η 是癸酸－棕榈酸共晶体在复合相变蓄能材料中所占的质量分数。表 3-15 列出了复合相变蓄能材料相变潜热试验值与计算值比较，两者之间的平均误差在 5% 左右。

表 3-15　复合相变蓄能材料相变潜热试验值与计算值比较

材料名称	熔化潜热试验值/（kJ/kg）	熔化潜热计算值/（kJ/kg）	误差
CPCM1	50.6	54.6	7.9%
CPCM2	78.8	81.9	3.9%
CPCM3	104.0	109.1	4.9%

图 3-28 和图 3-29 所示为加入 3% 和 5% 膨胀石墨（EG）后复合相变蓄能材料熔化过程和凝固过程曲线，表 3-14 列出了它们的熔化过程和凝固过程参数。

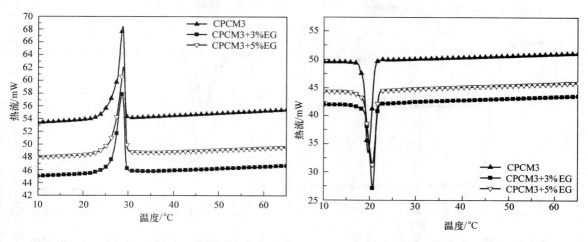

图 3-28　加入 3% 和 5% 膨胀石墨后复合相变蓄能
材料熔化过程曲线

图 3-29　加入 3% 和 5% 膨胀石墨后复合相变蓄能
材料凝固过程曲线

由表 3-14 可知，癸酸－棕榈酸共晶材料、CPCM1、CPCM2 和 CPCM3 的熔化温度分别为 26.8℃、23.7℃、26.8℃ 和 27.0℃，加入膨胀石墨后，CPCM3 的熔化温度为 26.5℃（膨胀石墨的质量分数为 3%）和 26.7℃（膨胀石墨的质量分数为 5%）。癸酸－棕榈酸共晶材料、CPCM1、CPCM2 和 CPCM3 的凝固温度分别为 20.5℃、19.4℃、19.5℃ 和 21.1℃，加入膨胀石墨后 CPCM3 的凝固温度为 21.6℃（膨胀石墨的质量分数为 3%）和 21.9℃（膨胀石墨的质量分数为 5%）。癸酸－棕榈酸共晶材料与复合相变蓄能材料以及加入膨胀石墨后的复合相变蓄能材料的相变温度差异很小，说明它们具有相似的相变特性。

由于在复合相变蓄能材料中，只有作为相变蓄能材料的癸酸－棕榈酸共晶体起到吸收和释放能量的作用，因此，癸酸－棕榈酸共晶体在复合相变蓄能材料中所占的质量分数越高，复合相变蓄能材料的能量蓄存能力就越强。相较于 CPCM1 和 CPCM2，CPCM3 中癸酸－棕榈酸共晶体的质量分数更高，因而它拥有更高的相变潜热。但是，正如扫描电镜分析中提到的，CPCM3 材料中由于作为基体材料的硅藻土过少，而出现了癸酸－棕榈酸共晶体泄漏的现象。因此，选取相变潜热较高且能确保共晶材料不会发生泄漏的两组加入膨胀石墨的 CPCM3 材料作为适宜的复合相变蓄能材料。这两组材料的熔化温度分别为 26.5℃（膨胀石墨的质量分数为 3%）和 26.7℃（膨胀石墨的质量分数为 5%），熔化潜热分别为 100.4kJ/kg（膨胀石墨的质量分数为 3%）和 98.3kJ/kg（膨胀石墨的质量分数为 5%）；凝固温度分别为 21.6℃（膨胀石墨的质量分数为 3%）和 21.9℃（膨胀石墨的质量分数为 5%），凝固潜热分别为 91.8kJ/kg（膨胀石墨的质量分数为 3%）和 90.0kJ/kg（膨胀石墨的质量分数为 5%）。

（三）热稳定性

图 3-30 和图 3-31 所示为癸酸－棕榈酸/硅藻土复合相变蓄能材料热降解曲线和热降解速率曲线。表 3-16 列出了癸酸－棕榈酸/硅藻土复合相变蓄能材料热降解参数。由于硅藻土在热降解的温度范围内（室温至 70℃）不会发生热分解，因而各种材料在热降解过程后，其剩余质量取决于其中癸酸－棕榈酸共晶体的质量分数。图 3-31 表明，复合相变蓄能材料在 100℃ 左右开始出现质量损失，在 250℃ 左右停止质量损失，这个质量损失过程对应的是癸酸－棕榈酸共晶材料的

热分解过程。由图3-30可知，在癸酸-棕榈酸共晶/硅藻土复合相变蓄能材料的工作温度范围内（室温至70℃），该复合相变蓄能材料的质量损失不足0.1%，这表明癸酸-棕榈酸共晶/硅藻土复合相变蓄能材料具有良好的热稳定性。

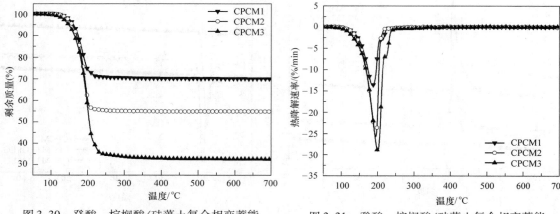

图3-30　癸酸-棕榈酸/硅藻土复合相变蓄能
材料热降解曲线

图3-31　癸酸-棕榈酸/硅藻土复合相变蓄能
材料热降解速率曲线

表3-16　癸酸-棕榈酸/硅藻土复合相变蓄能材料热降解参数

材料名称	最大质量损失温度/℃	剩余质量（%）（700℃）
CPCM1	185.3	70.0
CPCM2	194.4	54.9
CPCM3	200.1	32.6

（四）导热性能

表3-17列出了加入3%和5%膨胀石墨后复合相变蓄能材料的热导率。由该表可知，加入了质量分数为3%的膨胀石墨后，复合相变蓄能材料的热导率在固态（20℃）和液态（35℃）时分别提高了15.1%和26.3%。加入了质量分数为5%的膨胀石墨后，复合相变蓄能材料的热导率在固态（20℃）和液态（35℃）时分别提高了25.2%和53.7%。由于加入了3%和5%的膨胀石墨后，复合相变蓄能材料的相变潜热变化较小（100.4kJ/kg和98.3kJ/kg），所以加入5%膨胀石墨的CPCM3材料因其导热能力得到了明显提高而被选为适宜的相变蓄能材料。

表3-17　加入3%和5%膨胀石墨后复合相变蓄能材料的热导率

材料名称	固态(20℃)热导率/[W/(m·K)]	液态(35℃)热导率/[W/(m·K)]
CPCM3	0.119	0.190
CPCM3+3%膨胀石墨	0.137	0.240
CPCM3+5%膨胀石墨	0.149	0.292

六、肉豆蔻酸-硬脂酸/碳纳米管复合相变蓄能材料

在该复合相变蓄能材料中，肉豆蔻酸-硬脂酸二元脂肪酸共晶体作为相变蓄能材料，碳纳米管作为增强导热材料。碳纳米管具有极高的热导率，且不与相变蓄能材料发生反应，是理想的增强导热材料。多壁碳纳米管的直径为20~30nm，长度为10~30μm，纯度高于95%，比表面积约为55m²/g，密度约为2.1g/cm³。

（一）肉豆蔻酸-硬脂酸共晶相变材料的制备

肉豆蔻酸的熔点为55.42℃，熔化潜热为199.73kJ/kg；硬脂酸的熔点为54.27℃，熔化潜热为189.82kJ/kg。通过计算可以得到图3-32所示的两条实线交点即为共晶点的位置，此时肉豆蔻

酸的质量分数约为 52%。从图中可知，共晶点的位置正对应于共晶物熔点最小的位置，根据这个方法可以大致确定共晶点的实际位置。肉豆蔻酸在肉豆蔻酸 – 硬脂酸共晶物中的质量分数分别为 25%、54%、57%、63%、66%、72%、90%。将该混合物在 70℃ 的温度下以 500r/min 的速率搅拌 30min。不同配比的混合物相变特性参数见表 3-18，该表中熔化过程的起始温度是指基线和上升峰斜率最大的切线的交点，一般把这个交点看作该相变材料的熔化温度；而凝固过程的起始温度是指基线与下降峰斜率最大的切线的交点，可把这个交点看作

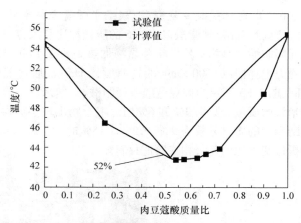

图 3-32　肉豆蔻酸 – 硬脂酸混合物相变温度
计算值和试验值

该相变材料的凝固温度。图 3-33 和图 3-34 所示为肉豆蔻酸 – 硬脂酸混合物熔化过程和凝固过程曲线，从上述表和图中可以看出，当肉豆蔻酸的质量分数为 54% 时，二元共晶物的熔点最低为 42.70℃，此时的熔化潜热为 174.30kJ/kg。所以将肉豆蔻酸的质量分数 54% 作为形成该二元共晶物的实际配比，这与理论值 52% 很接近。

表 3-18　肉豆蔻酸 – 硬脂酸二元脂肪酸混合物相变特性参数

材料名称	熔化过程			凝固过程			肉豆蔻酸质量分数/（%）
	起始温度/℃	峰值熔化温度/℃	潜热/（kJ/kg）	起始温度/℃	峰值熔化温度/℃	潜热/（kJ/kg）	
硬脂酸	54.27	56.79	189.82	53.06	52.05	178.87	0
PCM1	46.45	49.75	179.11	47.21	46.00	171.96	25
PCM2	42.70	45.08	174.30	42.04	40.81	168.62	54
PCM3	42.81	44.81	173.07	41.63	40.63	167.43	57
PCM4	42.94	45.32	172.60	41.06	39.54	167.28	63
PCM5	43.35	45.40	169.69	40.90	39.54	165.66	66
PCM6	43.85	46.05	170.38	41.15	40.07	162.70	72
PCM7	49.41	52.75	180.99	47.66	46.58	174.05	90
肉豆蔻酸	55.42	56.49	199.73	52.67	52.09	198.41	100

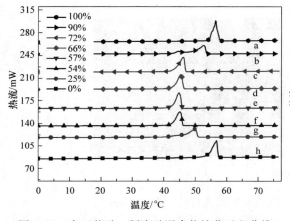

图 3-33　肉豆蔻酸 – 硬脂酸混合物熔化过程曲线

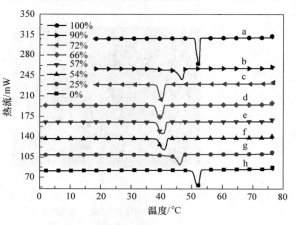

图 3-34　肉豆蔻酸 – 硬脂酸混合物凝固过程曲线

（二）肉豆蔻酸 – 硬脂酸/碳纳米管复合相变蓄能材料的制备

将肉豆蔻酸/硬脂酸以 54:46 的质量配比装入容器中，在加热温度 70℃下持续搅拌直至形成二元脂肪酸共晶物；然后将共晶物加热到 85℃，并将碳纳米管按一定比例添加到共晶物中，采用磁力搅拌器以 1000r/min 的转速搅拌 1h。最后将混合物冷却至室温，并在真空干燥箱里干燥 24h。图 3-35 所示为肉豆蔻酸 – 硬脂酸/碳纳米管复合相变蓄能材料照片，从图中可看到，当碳纳米管的质量分数为 3%和 6%时，混合物出现了分层，因此该比例的混合物是不适宜的；而当碳纳米管的质量分数为 9%、12%、15%时，呈现出均匀混合状态。为此在后面的研究中，主要分析这些配比的复合相变蓄能材料。

图 3-35　肉豆蔻酸 – 硬脂酸/碳纳米管复合相变蓄能材料照片

（三）微观结构

图 3-36 所示为肉豆蔻酸 – 硬脂酸/碳纳米管复合相变蓄能材料扫描电镜照片。由于碳纳米管是一种具有大比表面积的管状结构，其较易聚集在一起形成树状结构。从图 3-36a 中观察到碳纳米管形成了管状结构；从图 3-36b ~ d 可以看到，肉豆蔻酸 – 硬脂酸共晶混合物附着在碳纳米管表面。由于场发射电镜的高能电子束，相变材料有少部分发生了熔化。碳纳米管在相变材料中还有轻微的聚集现象。

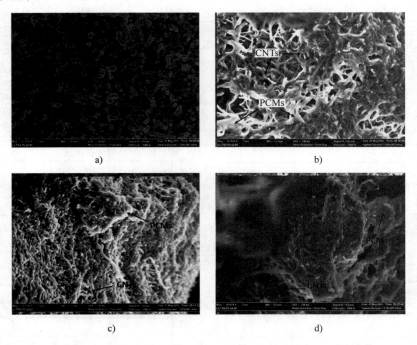

图 3-36　肉豆蔻酸 – 硬脂酸/碳纳米管复合相变蓄能材料扫描电镜照片
a) 碳纳米管　b) CPCM3　c) CPCM4　d) CPCM5

（四）相变特性

图 3-37 和图 3-38 所示为肉豆蔻酸－硬脂酸/碳纳米管复合相变蓄能材料熔化过程和凝固过程曲线，其相关相变特性参数见表 3-19。图中肉豆蔻酸－硬脂酸/碳纳米管复合相变蓄能材料的相变过程与肉豆蔻酸－硬脂酸共晶物的相变过程很相似。CPCM3、CPCM4 和 CPCM5 的熔化温度分别为 42.60℃、42.59℃和 41.82℃，它们都比纯共晶物的熔点低。

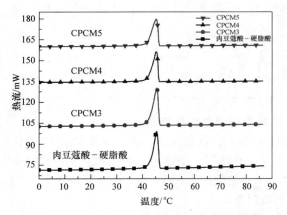

图 3-37 肉豆蔻酸－硬脂酸/碳纳米管复合相变蓄能材料熔化过程曲线

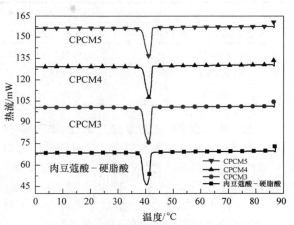

图 3-38 肉豆蔻酸－硬脂酸/碳纳米管复合相变蓄能材料凝固过程曲线

表 3-19 肉豆蔻酸－硬脂酸/碳纳米管复合相变蓄能材料熔化过程和凝固过程相变特性参数

材料名称	熔化过程			凝固过程			过冷度/K
	起始温度/℃	峰值温度/℃	相变潜热/(kJ/kg)	起始温度/℃	峰值温度/℃	相变潜热/(kJ/kg)	
肉豆蔻酸－硬脂酸	43.13	45.37	173.79	42.02	40.40	168.91	1.11
CPCM3	42.60	45.51	166.49	42.32	41.10	168.79	0.28
CPCM4	42.59	45.16	159.53	42.37	41.23	148.44	0.22
CPCM5	41.82	45.24	148.12	42.43	41.22	138.37	-0.61

（五）导热性能

肉豆蔻酸－硬脂酸/碳纳米管复合相变蓄能材料的热导率试验值如图 3-39 和表 3-20 所示。由表 3-20 可知，肉豆蔻酸－硬脂酸共晶物、CPCM3、CPCM4 和 CPCM5 的热导率在固态（32℃）时为 0.1726W/(m·K)、0.2127W/(m·K)、0.2578W/(m·K) 和 0.2825W/(m·K)；在液态（52℃）时为 0.1711W/(m·K)、0.1977W/(m·K)、0.2258W/(m·K) 和 0.2391W/(m·K)。与纯的肉豆蔻酸－硬脂酸共晶物相比，其热导率在固态时提高了 23.2%、49.4% 和

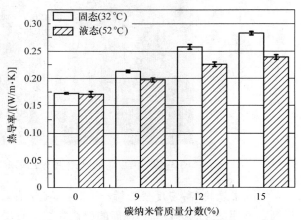

图 3-39 肉豆蔻酸－硬脂酸/碳纳米管复合相变蓄能材料的热导率试验值

63.7%；在液态时提高了15.6%、32.0%和39.7%。固态时热导率提高的幅度比液态时大，这是由于在凝固过程中有连续的网络结构形成。当晶体开始成核时，会产生针状结构，而碳纳米管会形成连续的二维束状结构。液态时的热导率没有显著提高是因为没有这样的连续结构形成以及相变材料液体与碳纳米管存在着较大的接触热阻。

表 3-20　肉豆蔻酸-硬脂酸/碳纳米管复合相变蓄能材料的热导率试验值

材料名称	固态时的热导率(32℃)/[W/(m·K)]	液态时的热导率(52℃)/[W/(m·K)]
肉豆蔻酸-硬脂酸	0.1726±0.0012	0.1711±0.0047
CPCM3	0.2127±0.0023	0.1977±0.0027
CPCM4	0.2578±0.0045	0.2258±0.0041
CPCM5	0.2825±0.0032	0.2391±0.0041

七、肉豆蔻酸/高密度聚乙烯/纳米石墨粉/纳米氧化铝复合相变蓄能材料

在该复合相变蓄能材料中，肉豆蔻酸作为相变蓄能材料，高密度聚乙烯作为基体材料防止肉豆蔻酸泄漏，具有高热导率的纳米石墨粉和纳米氧化铝作为导热增强剂。纳米氧化铝的粒径为30~60nm，纯度为99%。纳米石墨粉的粒径为10nm，比表面积为600m^2/g，纯度为99.9%。

（一）肉豆蔻酸/高密度聚乙烯定形相变材料的制备

为了提高定形相变蓄能材料的蓄能密度，必须先确定肉豆蔻酸在定形相变蓄能材料中的最大含量。采用共熔混合法将肉豆蔻酸和熔融的高密度聚乙烯在180℃温度下、以500 r/min的转速均匀地搅拌30min。肉豆蔻酸在定形相变蓄能材料中的质量分数分别为60%（HPCM1）、70%（HPCM2）、80%（HPCM3）和90%（HPCM4）。图3-40所示为高密度聚乙烯以及肉豆蔻酸/高密度聚乙烯定形相变蓄能材料照片。从该图可看出，HPCM1和HPCM2形成了较好的紧凑状态；而HPCM3和HPCM4发生了部分破损，这将导致肉豆蔻酸泄漏。为此，把70%的肉豆蔻酸质量分数定为在肉豆蔻酸/高密度聚乙烯定形相变蓄能材料中不发生泄漏时的最大质量分数。

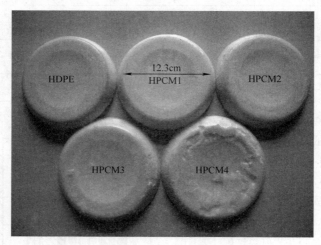

图 3-40　肉豆蔻酸/高密度聚乙烯定形相变蓄能材料照片

（二）肉豆蔻酸/高密度聚乙烯/纳米石墨粉/纳米氧化铝复合相变蓄能材料的制备

提高定形相变蓄能材料导热性能的材料为纳米石墨粉和纳米氧化铝，表3-21列出了各组材料的成分构成。首先将纳米添加剂与熔化的肉豆蔻酸在60℃的温度下，以1000r/min的转速均匀

地搅拌 30min；同时将高密度聚乙烯在不锈钢容器中加热到 150℃；然后将肉豆蔻酸/纳米添加剂融入高密度聚乙烯中，保持加热温度 180℃，并以 1000r/min 的转速搅拌 30min。图 3-41 所示为肉豆蔻酸/高密度聚乙烯/纳米石墨粉/纳米氧化铝复合相变蓄能材料的照片，白色的为肉豆蔻酸/高密度聚乙烯/纳米氧化铝复合相变蓄能材料，黑色的为肉豆蔻酸/高密度聚乙烯/纳米石墨粉复合相变蓄能材料。

表 3-21　肉豆蔻酸/高密度聚乙烯/纳米石墨粉/纳米氧化铝复合相变蓄能材料的成分构成

材料名称	HPCM2/g	纳米氧化铝/g	纳米石墨粉/g	纳米添加剂含量（%）
CPCM1	50	2.08		4
CPCM2	50	4.35		8
CPCM3	50	6.82		12
CPCM4	50		2.08	4
CPCM5	50		4.35	8
CPCM6	50		6.82	12

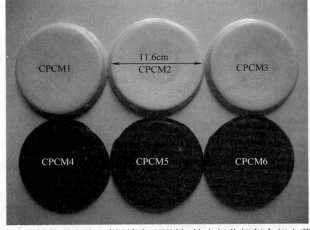

图 3-41　肉豆蔻酸/高密度聚乙烯/纳米石墨粉/纳米氧化铝复合相变蓄能材料照片

（三）微观结构

图 3-42 所示为肉豆蔻酸/高密度聚乙烯/纳米石墨粉/纳米氧化铝复合相变蓄能材料扫描电镜照片。图 3-42b 中的高密度聚乙烯形成了均匀的网状结构，并包裹了肉豆蔻酸。从图 3-42c 和图 3-42d 可以看出，二维网状结构没有发生改变，而是更紧凑了。该结果表明，肉豆蔻酸/高密度聚乙烯/纳米石墨粉/纳米氧化铝复合相变蓄能材料形成了稳定的网状结构，可防止肉豆蔻酸泄漏；并且紧密的结构有利于减小纳米添加剂和肉豆蔻酸/高密度聚乙烯定形相变材料之间的热阻。

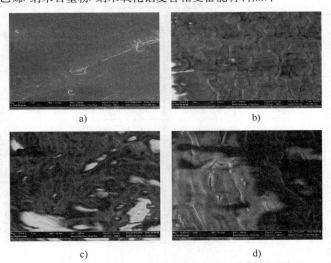

图 3-42　肉豆蔻酸/高密度聚乙烯/纳米石墨粉/纳米氧化铝复合相变蓄能材料扫描电镜照片

a）HDPE　b）HPCM2　c）CPCM2　d）CPCM5

（四）相变特性

图 3-43 和图 3-44 所示为肉豆蔻酸、高密度聚乙烯、肉豆蔻酸/高密度聚乙烯定形相变材料熔化过程和凝固过程曲线，表 3-22 列出了熔化过程和凝固过程参数。肉豆蔻酸/高密度聚乙烯定形相变材料的相变过程有两个峰，第一个峰为肉豆蔻酸相变过程，第二个峰为高密度聚乙烯相变过程。从表 3-22 可知，肉豆蔻酸的熔点和凝固点分别为 54.6℃ 和 52.2℃，而肉豆蔻酸/高密度聚乙烯定形相变材料中肉豆蔻酸的熔点和凝固点分别为 53.8℃ 和 52.0℃，两者相差不大。然而肉豆蔻酸/高密度聚乙烯定形相变材料的潜热随着肉豆蔻酸含量的降低而减少，这是由于在肉豆蔻酸/高密度聚乙烯定形相变材料中，只有肉豆蔻酸蓄存热能，所以肉豆蔻酸/高密度聚乙烯定形相变材料的潜热与肉豆蔻酸的质量分数呈线性关系，即

$$\Delta H_{C} = \eta \Delta H_{0} \tag{3-4}$$

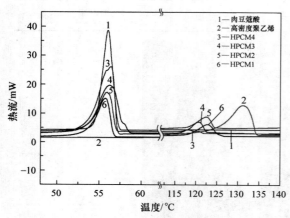

图 3-43　肉豆蔻酸、高密度聚乙烯、肉豆蔻酸/
高密度聚乙烯定形相变材料熔化过程曲线

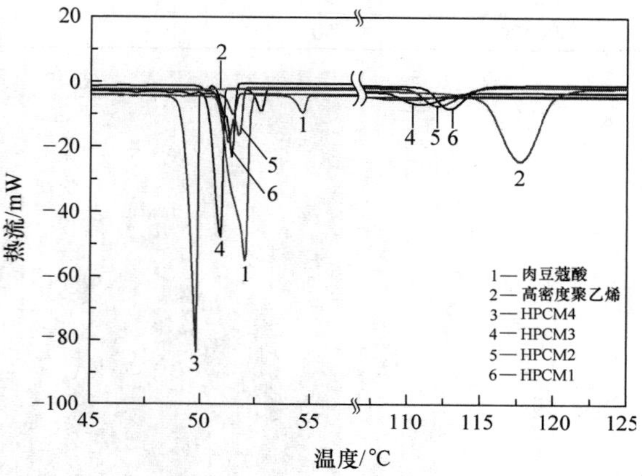

图 3-44　肉豆蔻酸、高密度聚乙烯、肉豆蔻酸/
高密度聚乙烯定形相变材料凝固过程曲线

表 3-22　肉豆蔻酸/高密度聚乙烯定形相变材料熔化过程和凝固过程参数

材料名称	熔化过程		凝固过程		肉豆蔻酸质量分数（%）
	温度/℃	潜热/（kJ/kg）	温度/℃	潜热/（kJ/kg）	
肉豆蔻酸	54.6 ±0.2	193.80 ±9.69	52.2 ±0.2	164.47 ±8.22	100
HPCM1	53.8[1] ±0.2	109.93[1] ±5.50	51.6[1] ±0.2	103.28[1] ±5.16	60
	117.9[2] ±0.2	80.20[2] ±4.01	114.8[2] ±0.2	74.43[2] ±3.72	
HPCM2	53.8[1] ±0.2	119.38[1] ±5.97	52.0[1] ±0.2	111.54[1] ±5.57	70
	118.1[2] ±0.2	63.11[2] ±3.16	114.3[2] 0.2	64.41[2] ±3.22	
HPCM3	53.7[1] ±0.20	159.08[1] ±7.95	51.0[1] ±0.2	108.09[1] ±5.40	80
	117.6[2] ±0.2	42.25[2] ±2.11	113.6[2] ±0.2	38.68[2] ±1.93	
HPCM4	53.7[1] ±0.2	173.63[1] ±8.68	49.9[1] ±0.2	128.15[1] ±6.40	90
	116.5[2] ±0.2	13.82[2] ±0.69	112.5[2] ±0.2	14.56[2] ±0.78	
高密度聚乙烯	125.0 ±0.2	178.96 ±8.48	120.0 ±0.2	193.04 ±9.65	0

[1] 肉豆蔻酸相变过程。

[2] 高密度聚乙烯相变过程。

式中，ΔH_c 和 ΔH_0 分别是肉豆蔻酸/高密度聚乙烯定形相变材料的潜热和纯肉豆蔻酸的潜热；η 是肉豆蔻酸在肉豆蔻酸/高密度聚乙烯定形相变材料中的质量分数。然而理论的潜热值总是比实际的潜热值大，这可能是由于在制备过程中肉豆蔻酸存在少量蒸发。

图 3-45 和图 3-46 所示为肉豆蔻酸/高密度聚乙烯/纳米石墨粉/纳米氧化铝复合相变蓄能材料熔化过程和凝固过程曲线，表 3-23 列出了其熔化过程和凝固过程参数。CPCM1 ~ CPCM6 的熔化温度分别为 53.3℃、53.5℃、53.4℃、53.1℃、53.0℃ 和 52.8℃，肉豆蔻酸/高密度聚乙烯/纳米石墨粉/纳米氧化铝复合相变蓄能材料潜热减少了，所以纳米添加剂的含量不宜过高，以免影响相变蓄能材料的蓄能密度。

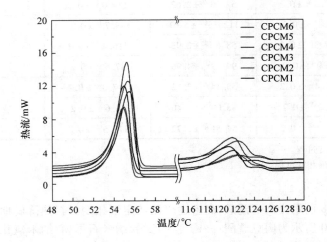

图 3-45　肉豆蔻酸/高密度聚乙烯/纳米石墨粉/纳米氧化铝复合相变蓄能材料熔化过程曲线

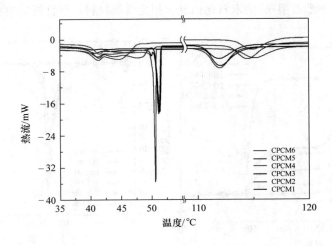

图 3-46　肉豆蔻酸/高密度聚乙烯/纳米石墨粉/纳米氧化铝复合相变蓄能材料凝固过程曲线

表 3-23　肉豆蔻酸/高密度聚乙烯/纳米石墨粉/纳米氧化铝复合相变蓄能材料熔化程和凝固过程参数

材料名称	熔化过程		凝固过程	
	温度/℃	潜热/（kJ/kg）	温度/℃	潜热/（kJ/kg）
CPCM1	53.3[①] ±0.2	122.87[①] ±6.14	51.6[①] ±0.2	112.21[①] ±5.61
	116.9[②] ±0.2	54.99[②] ±2.74	114.0[②] ±0.2	50.48[②] ±2.52
CPCM2	53.5[①] ±0.2	114.37[①] ±5.71	50.7[①] ±0.2	108.79[①] ±5.43
	117.2[②] ±0.2	55.93[②] ±2.79	113.6[②] ±0.2	52.88[②] ±2.64
CPCM3	53.4[①] ±0.2	109.45[①] ±5.47	51.5[①] ±0.2	100.49[①] ±5.02
	117.3[②] ±0.2	52.50[②] ±2.62	114.0[②] ±0.2	50.84[②] ±2.54
CPCM4	53.1[①] ±0.2	112.35[①] ±5.61	49.7[①] ±0.2	107.87[①] ±5.39
	117.3[②] ±0.2	58.67[②] ±2.93	116.4[②] ±0.2	51.05[②] ±2.55
CPCM5	53.0[①] ±0.2	99.29[①] ±4.96	47.5[①] ±0.2	97.02[①] ±4.85
	117.4[②] ±0.2	53.44[②] ±2.72	117.0[②] ±0.2	45.93[②] ±2.29
CPCM6	52.8[①] ±0.2	88.00[①] ±4.40	48.6[①] ±0.2	85.4[①] ±4.27
	117.5[②] ±0.2	54.51[②] ±2.72	117.5[②] ±0.2	47.94[②] ±2.97

① 肉豆蔻酸固—液相变过程。

② 高密度聚乙烯固—液相变过程。

（五）热稳定性

图 3-47 和图 3-48 所示为肉豆蔻酸/高密度聚乙烯定形相变材料热降解曲线和热降解速率曲线，图 3-49 和图 3-50 所示为肉豆蔻酸/高密度聚乙烯/纳米石墨粉/纳米氧化铝复合相变蓄能材料热降解曲线和热降解速率曲线，其热降解参数见表 3-24。肉豆蔻酸和高密度聚乙烯最快速热降解温度为 254.92℃ 和 501.54℃，这两个峰同时显示在图 3-48 和图 3-50 中。肉豆蔻酸大约在 180℃ 开始降解，完全降解发生在 300℃。高密度聚乙烯大约在 450℃ 开始降解，完全降解发生在 550℃。可以看出，肉豆蔻酸的降解温度并没有随着纳米添加剂的加入而发生改变，这说明肉豆蔻酸/高密度聚乙烯/纳米石墨粉/纳米氧化铝复合相变蓄能材料具有良好的热稳定性。

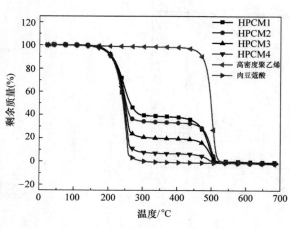

图 3-47　肉豆蔻酸/高密度聚乙烯
定形相变材料热降解曲线

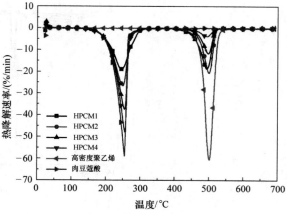

图 3-48　肉豆蔻酸/高密度聚乙烯
定形相变材料热降解速率曲线

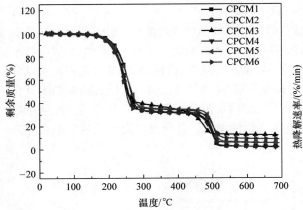

图 3-49　肉豆蔻酸/高密度聚乙烯/纳米石墨粉/
纳米氧化铝复合相变蓄能材料热降解曲线

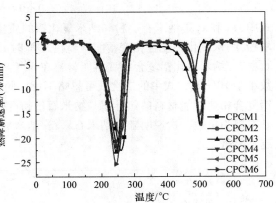

图 3-50　肉豆蔻酸/高密度聚乙烯/纳米石墨粉/
纳米氧化铝复合相变蓄能材料热降解速率曲线

表 3-24　肉豆蔻酸/高密度聚乙烯/纳米石墨粉/纳米氧化铝复合相变蓄能材料热降解参数

材料名称	肉豆蔻酸最快速热降解温度/℃	剩余质量（%）	高密度聚乙烯最快速热降解温度/℃	剩余质量（%）
肉豆蔻酸	254.92 ± 5.09	100.0		
高密度聚乙烯			501.54 ± 10.03	100.0
HPCM1（60% MA）	244.23 ± 4.88	61.9	492.91 ± 9.85	38.1
HPCM2（70% MA）	249.47 ± 4.98	67.6	499.97 ± 9.99	32.4
HPCM3（80% MA）	254.39 ± 5.08	80.2	497.43 ± 9.94	19.8
HPCM4（90% MA）	256.03 ± 5.12	92.2	495.57 ± 9.91	7.8
CPCM1（4% NAO）	259.36 ± 5.18	68.4	501.69 ± 10.03	29.7
CPCM2（8% NAO）	249.65 ± 4.99	65.7	499.71 ± 9.99	29.0
CPCM3（12% NAO）	244.88 ± 4.89	63.6	476.57 ± 9.53	24.4
CPCM4（4% NG）	251.87 ± 5.03	68.1	500.31 ± 10.00	30.1
CPCM5（8% NG）	254.54 ± 5.09	65.0	503.94 ± 10.07	29.5
CPCM6（12% NG）	245.08 ± 4.90	66.6	501.74 ± 10.03	23.7

注：MA—肉豆蔻酸；NAO—纳米氧化铝；NG—纳米石墨粉。

（六）导热性能

图 3-51 和图 3-52 所示为肉豆蔻酸/高密度聚乙烯/纳米石墨粉/纳米氧化铝复合相变蓄能材料的热导率，这两个图分别对应于肉豆蔻酸在凝固状态（30℃）和熔化状态（60℃）时的热导率，相应的参数见表 3-25。肉豆蔻酸（70%）/高密度聚乙烯定形相变材料的热导率为 0.2038W/（m·K）（30℃）和 0.1918W/（m·K）（60℃）。从图 3-51 和图 3-52 可以看出，肉豆蔻酸/高密度聚乙烯/纳米石墨粉/纳米氧化铝复合相变蓄能材料的热导率与纳米石墨粉/纳米氧化铝的含量成非线性关系，其关系可用多项式拟合来表示。

$$\lambda_1 = 0.2076 + 2.93x_1 - 7.8x_1^2 \tag{3-5}$$

$$\lambda_2 = 0.2039 + 2.20x_2 - 4.9x_2^2 \tag{3-6}$$

$$\lambda_3 = 0.1968 + 2.77x_1 - 9.7x_1^2 \tag{3-7}$$
$$\lambda_4 = 0.1931 + 0.9x_2 + 2.9x_2^2 \tag{3-8}$$

式中，x_1 和 x_2 是纳米石墨粉和纳米氧化铝的质量分数；λ_1 和 λ_2 是肉豆蔻酸/高密度聚乙烯/纳米石墨粉/纳米氧化铝复合相变蓄能材料在30℃时的热导率；λ_3 和 λ_4 是肉豆蔻酸/高密度聚乙烯/纳米石墨粉/纳米氧化铝复合相变蓄能材料在60℃时的热导率。当纳米石墨粉和纳米氧化铝的质量分数小于10%时，式中的二次项可忽略不计，此时肉豆蔻酸/高密度聚乙烯/纳米石墨粉/纳米氧化铝复合相变蓄能材料的热导率与纳米石墨粉/纳米氧化铝的含量呈线性关系。另外，二次项系数基本都为负数，这说明随着纳米石墨粉/纳米氧化铝含量的增加，其导热能力增强的效果会越来越不显著。

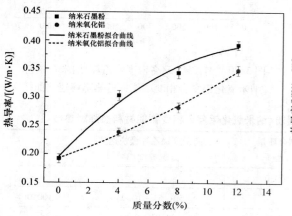

图3-51 肉豆蔻酸/高密度聚乙烯/纳米石墨粉/纳米氧化铝复合相变蓄能材料的热导率（30℃）

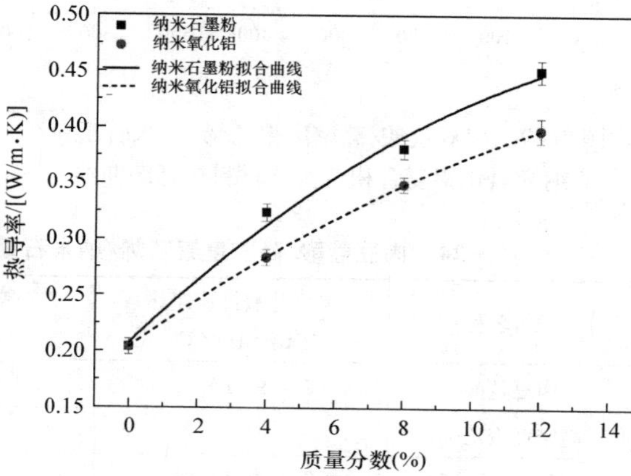

图3-52 肉豆蔻酸/高密度聚乙烯/纳米石墨粉/纳米氧化铝复合相变蓄能材料的热导率（60℃）

表3-25 肉豆蔻酸/高密度聚乙烯/纳米石墨粉/纳米氧化铝复合相变蓄能材料的热导率

材料名称	热导率(30℃)/[W/(m·K)]	热导率(60℃)/[W/(m·K)]
HPCM2（70% MA）	0.2038±0.0040	0.1918±0.0038
CPCM1（4% NAO）	0.2834±0.0056	0.2386±0.0047
CPCM2（8% NAO）	0.3487±0.0069	0.2821±0.0056
CPCM3（12% NAO）	0.3972±0.0079	0.3474±0.0069
CPCM4（4% NG）	0.3237±0.0064	0.3031±0.0060
CPCM5（8% NG）	0.3806±0.0076	0.3430±0.0068
CPCM6（12% NG）	0.4503±0.0090	0.3923±0.0078

八、软脂酸/高密度聚乙烯/石墨烯复合相变蓄能材料

石墨烯具有片状结构，其导热性能较好，为此，有必要探讨石墨烯对软脂酸/高密度聚乙烯定形相变蓄能材料性能的影响。另外，石墨烯具有一定的吸附能力，它可防止定形相变蓄能材料泄漏，从而能提高复合相变蓄能材料的热稳定性。石墨烯的厚度为3~20nm，纯度为99.5%，片径为5~10μm，比表面积为30m²/g。

（一）软脂酸/高密度聚乙烯/石墨烯复合相变蓄能材料的制备

软脂酸/高密度聚乙烯/石墨烯复合相变蓄能材料的组成配比见表3-26。软脂酸/高密度聚乙烯定形相变蓄能材料是在160℃的温度下，以1000 r/min 的转速均匀搅拌30min 而得的。软脂酸/高密度聚乙烯/石墨烯复合相变蓄能材料是先将石墨烯与软脂酸在65℃的温度下加热30min，并采用搅拌器以1500r/min 的转速进行搅拌，同时将高密度聚乙烯在不锈钢容器中加热到160℃，直至达到熔化状态；然后将熔化的高密度聚乙烯与熔融的石墨烯与软脂酸混合物在160℃的温度下再加热30min，并采用搅拌器以1000 r/min 的转速进行搅拌而得的。图 3-53 所示为软脂酸/高密度聚乙烯/石墨烯复合相变蓄能材料实物照片，白色的是软脂酸/高密度聚乙烯定形相变蓄能材料，黑色的是软脂酸/高密度聚乙烯/石墨烯复合相变蓄能材料。通过对比 HPCM1 ~ HPCM3 和 CPCM1 ~ CPCM3 来分析石墨烯对软脂酸/高密度聚乙烯定形相变蓄能材料泄漏的影响；通过对比 CPCM2 和 CPCM4 ~ CPCM6 来分析石墨烯对软脂酸/高密度聚乙烯定形相变蓄能材料导热性能的影响。

表 3-26　软脂酸/高密度聚乙烯/石墨烯复合相变蓄能材料的组成配比

材料名称	高密度聚乙烯/g	软脂酸/g	石墨烯/g	石墨烯的质量分数（%）
HPCM1	5.00	45.00	0	0
HPCM2	10.00	40.00	0	0
HPCM3	15.00	35.00	0	0
CPCM1	4.95	44.55	0.5	1
CPCM2	9.90	39.60	0.5	1
CPCM3	14.85	34.65	0.5	1
CPCM4	9.80	39.20	1	2
CPCM5	9.70	38.80	1.5	3
CPCM6	9.60	38.40	2	4

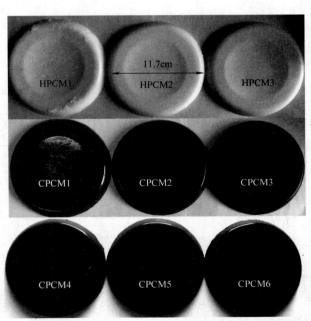

图 3-53　软脂酸/高密度聚乙烯/石墨烯复合相变蓄能材料实物照片

（二）微观结构

图 3-54 所示为软脂酸/高密度聚乙烯/石墨烯复合相变蓄能材料扫描电镜照片。图 3-54a 和

图 3-54b 所示为石墨烯和高密度聚乙烯的微观结构图，石墨烯是薄片状结构，具有光滑表面和较大的比表面积，薄片厚度约为 20nm，高密度聚乙烯的表面也是光滑平坦的。软脂酸/高密度聚乙烯定形相变材料的微观结构如图 3-54c 所示，黑色的是软脂酸，灰色的是高密度聚乙烯，软脂酸被均匀地包裹在高密度聚乙烯的网状结构中。图 3-54d 所示为软脂酸/高密度聚乙烯/石墨烯复合相变蓄能材料的微观结构，其形貌是不规则的，形成了层状结构。

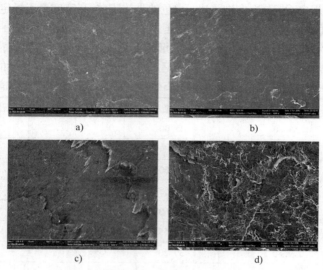

a)　　　　　　　　　　　　　　b)

c)　　　　　　　　　　　　　　d)

图 3-54　软脂酸/高密度聚乙烯/石墨烯复合相变蓄能材料扫描电镜照片

a) 石墨烯　b) 高密度聚乙烯　c) HPCM2　d) CPCM6

（三）相变特性

图 3-55 和图 3-56 所示为软脂酸/高密度聚乙烯定形相变材料熔化过程和凝固过程曲线，图 3-57 和图 3-58 所示为软脂酸/高密度聚乙烯/石墨烯复合相变蓄能材料熔化过程和凝固过程曲线，表 3-27 列出了相应的熔化过程和凝固过程参数。由图可见，软脂酸/高密度聚乙烯定形相变材料有两个峰，第一个峰为软脂酸的相变过程，第二个峰为高密度聚乙烯的相变过程，这表明软脂酸不与高密度聚乙烯形成共晶。由表 3-27 可知，软脂酸和高密度聚乙烯的熔点分别为 62.71℃ 和 124.79℃；在软脂酸/高密度聚乙烯定形相变材料中，软脂酸的熔点为 61.13℃、61.60℃ 和 61.48℃，而高密度聚乙烯的熔点为 115.48℃、116.73℃ 和 117.38℃。软脂酸/高密度聚乙烯/石墨烯复合相变蓄能材料与软脂酸/高密度聚乙烯定形相变材料的相变过程曲线基本一致，但它们各自在复合材料中的熔点要比纯的软脂酸和高密度聚乙烯低。

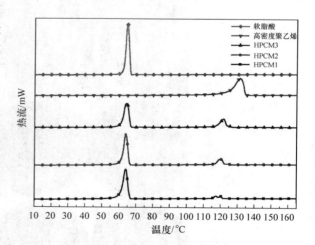

图 3-55　软脂酸/高密度聚乙烯定形相变
材料熔化过程曲线

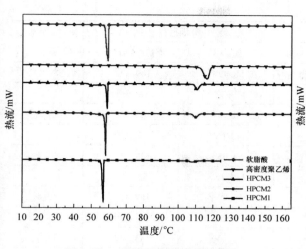

图 3-56　软脂酸/高密度聚乙烯
定形相变材料凝固过程曲线

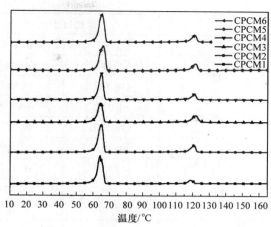

图 3-57　软脂酸/高密度聚乙烯/
石墨烯复合相变蓄能材料熔化过程曲线

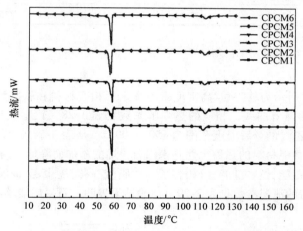

图 3-58　软脂酸/高密度聚乙烯/石墨烯复合相变蓄能材料凝固过程曲线

表 3-27　软脂酸/高密度聚乙烯/石墨烯复合相变蓄能材料熔化过程和凝固过程参数

材料名称	熔化过程		凝固过程		软脂酸的质量分数（%）
	温度/℃	潜热/（kJ/kg）	温度/℃	潜热/（kJ/kg）	
软脂酸	62.71	211.99	59.59	164.47	100
高密度聚乙烯	124.79	179.90	118.60	195.18	0
HPCM1	61.13[①]	182.37[①]	57.13[①]	172.63[①]	90
	115.48[②]	17.86[②]	111.60[②]	18.423[②]	
HPCM2	61.60[①]	161.10[①]	58.42[①]	157.94[①]	80
	116.73[②]	37.95[②]	112.21[②]	37.34[②]	
HPCM3	61.48[①]	143.46[①]	59.34[①]	140.25[①]	70
	117.38[②]	58.04[②]	112.87[②]	54.50[②]	

（续）

材料名称	熔化过程		凝固过程		软脂酸的质量分数（%）
	温度/℃	潜热/（kJ/kg）	温度/℃	潜热/（kJ/kg）	
CPCM1	61.44[①]	182.14[①]	58.49[①]	169.77[①]	89.1
	116.16[②]	17.89[②]	113.32[②]	18.49[②]	
CPCM2	61.31[①]	169.57[①]	58.94[①]	162.24[①]	79.2
	116.70[②]	36.52[②]	113.68[②]	37.22[②]	
CPCM3	61.22[①]	141.22[①]	59.05[①]	138.02[①]	69.3
	117.49[②]	58.82[②]	115.15[②]	52.90[②]	
CPCM4	61.60[①]	164.57[①]	58.99[①]	157.72[①]	78.4
	117.59[②]	35.22[②]	114.54[②]	34.41[②]	
CPCM5	61.84[①]	155.80[①]	58.20[①]	153.64[①]	77.6
	117.58[②]	41.32[②]	114.91[②]	36.07[②]	
CPCM6	61.77[①]	157.82[①]	58.27[①]	154.55[①]	76.8
	117.30[②]	35.33[②]	115.68[②]	35.31[②]	

① 软脂酸相变过程参数。
② 高密度聚乙烯相变过程参数。

（四）热稳定性

图 3-59 和图 3-60 所示为软脂酸/高密度聚乙烯定形相变材料和软脂酸/高密度聚乙烯/石墨烯复合相变蓄能材料热降解曲线，相应的热降解参数见表 3-28。软脂酸从 180℃ 开始分解直至 320℃ 结束，高密度聚乙烯的分解温度范围为 450～600℃。从表 3-28 中可知，软脂酸/高密度聚乙烯/石墨烯复合相变蓄能材料的热稳定性并未因石墨烯的添加而降低，这说明软脂酸/高密度聚乙烯/石墨烯复合相变蓄能材料之间充分相容了。软脂酸/高密度聚乙烯/石墨烯复合相变蓄能材料经历 150 次热循环后的泄漏参数见表 3-29，试验结果表明：石墨烯能够防止软脂酸泄漏。

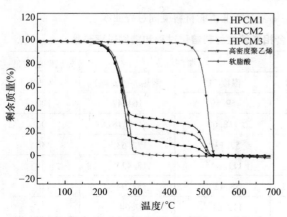

图 3-59　软脂酸/高密度聚乙烯定形
相变材料热降解曲线

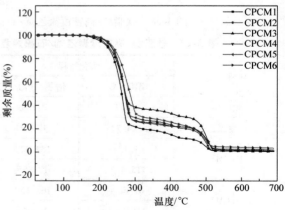

图 3-60　软脂酸/高密度聚乙烯/
石墨烯复合相变蓄能材料热降解曲线

表 3-28　软脂酸/高密度聚乙烯/石墨烯复合相变蓄能材料的热降解参数

材料名称	软脂酸最快速热降解温度/℃	剩余质量（%）	高密度聚乙烯最快速热降解温度/℃	剩余质量（%）	剩余质量（%）（700℃）
软脂酸	285.07	100.0			0
高密度聚乙烯			510.97	100.0	0
HPCM1	271.99	91.2	497.42	8.8	0
HPCM2	266.43	80.6	499.97	19.4	0
HPCM3	266.43	71.5	502.98	28.5	0
CPCM1	264.58	88.5	497.42	10.6	0.9
CPCM2	271.37	80.2	498.66	19.0	0.8
CPCM3	267.05	70.1	502.36	29.1	0.8
CPCM4	277.99	78.5	504.83	20.1	1.4
CPCM5	275.08	78.3	502.36	19.0	2.7
CPCM6	286.19	77.6	501.74	18.5	3.9

表 3-29　软脂酸/高密度聚乙烯/石墨烯复合相变蓄能材料的泄漏参数

材料名称	循环前质量/g	循环后质量/g	泄漏率（%）
HPCM1	45.82	31.17	31.97
HPCM2	48.05	45.58	5.14
HPCM3	47.69	46.53	2.43
CPCM1	46.34	41.58	10.27
CPCM2	48.69	47.64	2.16
CPCM3	48.57	47.67	1.85
CPCM4	48.66	47.80	1.77
CPCM5	48.90	48.16	1.51
CPCM6	49.81	48.99	1.65

（五）导热性能

图 3-61 所示为软脂酸/高密度聚乙烯/石墨烯复合相变蓄能材料热导率，相应的参数见表 3-30。软脂酸/高密度聚乙烯定形相变材料的热导率为 0.3280W/（m·K），而软脂酸/高密度聚乙烯/石墨烯复合相变蓄能材料的热导率为 0.4174W/（m·K）（CPCM2）、0.5257W/（m·K）（CPCM4）、0.6570W/（m·K）（CPCM5）和 0.8219W/（m·K）（CPCM6）。试验结果表明：石墨烯能够改善相变蓄能材料的导热性能。软脂酸/高密度聚乙烯/石墨烯复合相变蓄能材料的热导率与石墨烯质量分数的关系

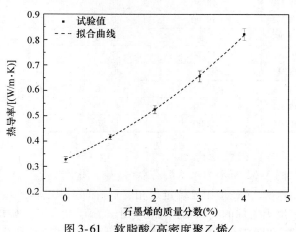

图 3-61　软脂酸/高密度聚乙烯/石墨烯复合相变蓄能材料热导率

可用下式表示

$$\lambda = 0.3289 + 7.53x + 118.1x^2 \tag{3-9}$$

式中，x 是石墨烯的质量分数；λ 是软脂酸/高密度聚乙烯/石墨烯复合相变蓄能材料的热导率。从图 2-92 中可以看出，随着石墨烯含量的增加，复合相变蓄能材料导热性能增强的效果会越来越显著。

表 3-30　软脂酸/高密度聚乙烯/石墨烯复合相变蓄能材料的热导率

材料名称	热导率/［W/（m·K）］
HPCM2 (80% PA)	0.3280 ± 0.0115
CPCM2 (1% GNP)	0.4174 ± 0.0098
CPCM4 (2% GNP)	0.5257 ± 0.0157
CPCM5 (3% GNP)	0.6570 ± 0.0144
CPCM6 (4% GNP)	0.8219 ± 0.0131

九、十八醇/高密度聚乙烯/膨胀石墨复合相变蓄能材料

在该复合相变蓄能材料中，十八醇为相变蓄能材料，高密度聚乙烯作为支撑材料，采用膨胀石墨改善其导热性能。由于膨胀石墨具有层状结构，比表面积较大，因此它具有较强的吸附能力，可防止相变蓄能材料泄漏。

（一）十八醇/高密度聚乙烯/膨胀石墨复合相变蓄能材料的制备

十八醇/高密度聚乙烯/膨胀石墨复合相变蓄能材料的组成配比见表 3-31。先将膨胀石墨与十八醇在 70℃ 的温度下加热 30min，并以 1500 r/min 的转速均匀搅拌；同时将高密度聚乙烯在不锈钢容器中加热到 160℃，直至熔化状态；然后将加热的高密度聚乙烯与熔融的膨胀石墨与十八醇混合物在 180℃ 的温度下加热 30min，并用搅拌器以 1500 r/min 的转速进行搅拌。通过对比 HPCM1 ~ HPCM3 和 CPCM1 ~ CPCM3 来分析膨胀石墨对十八醇/高密度聚乙烯定形相变蓄能材料泄漏的影响；通过对比 HPCM3 和 CPCM3 ~ CPCM5 来分析石墨烯对硬脂酸/高密度聚乙烯定形相变蓄能材料导热性能的影响。

表 3-31　十八醇/高密度聚乙烯/膨胀石墨复合相变蓄能材料的组成配比

材料名称	高密度聚乙烯/g	十八醇/g	膨胀石墨/g	十八醇的质量分数（%）	膨胀石墨的质量分数（%）
HPCM1	12.50	37.50	0	75	0
HPCM2	10.00	40.00	0	80	0
HPCM3	7.50	42.50	0	85	0
CPCM1	12.00	37.50	0.5	75	1
CPCM2	9.50	40.00	0.5	80	1
CPCM3	7.00	42.50	0.5	85	1
CPCM4	6.50	42.50	1	85	2
CPCM5	6.00	42.50	1.5	85	3

（二）微观结构

图 3-62 所示为十八醇/高密度聚乙烯/膨胀石墨复合相变蓄能材料扫描电镜照片。图 3-62a 是十八醇/高密度聚乙烯定形相变材料的微观结构照片，十八醇被均匀地包裹在高密度聚乙烯中，高密度聚乙烯的网状结构可防止十八醇泄漏。图 3-62b 中的层状结构为膨胀石墨的微观结构。图 3-62c 和图 3-62d 为十八醇/高密度聚乙烯/膨胀石墨复合相变蓄能材料的微观结构，由图可观察到，它们已形成致密的层状结构，这种结构能够阻止十八醇泄漏。

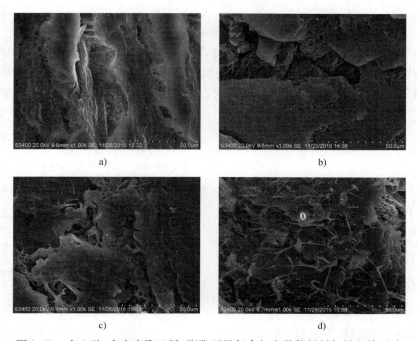

图 3-62　十八醇/高密度聚乙烯/膨胀石墨复合相变蓄能材料扫描电镜照片
a) HPCM3　b) 膨胀石墨　c) CPCM3（1% EG）　d) CPCM5（3% EG）

（三）相变特性

图 3-63 所示为高密度聚乙烯、十八醇、十八醇/高密度聚乙烯定形相变材料熔化过程曲线，十八醇的熔化温度为 58.11℃，比高密度聚乙烯的熔化温度低 67.54℃。由图可见，有两个熔化峰出现在十八醇/高密度聚乙烯定形相变材料熔化过程曲线中，第一个熔化峰为十八醇熔化过程，第二个熔化峰为高密度聚乙烯熔化过程。图 3-64 所示为高密度聚乙烯、十八醇、十八醇/高密度聚乙烯定形相变材料凝固过程曲线，由该图可知，十八醇有两个凝固峰，第一个温度较高的凝固峰为十八醇固—液相变过程，而第二个凝固峰为十八醇固—固相变过程。当十八醇刚开始凝固

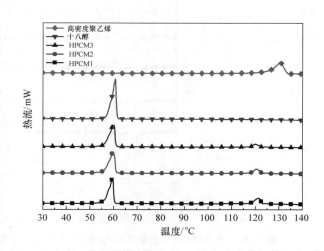

图 3-63　高密度聚乙烯、十八醇、十八醇/高密度聚乙烯定形相变材料熔化过程曲线

时，形成了六角对称和自由转动长链的亚稳态晶体结构；当温度进一步降低时，这种固态的亚稳态结构转变为没有自由转动长链的斜方晶系结构。图 3-65 和图 3-66 所示为十八醇/高密度聚乙烯/膨胀石墨复合相变蓄能材料熔化和凝固过程曲线，相应的熔化和凝固过程参数见表 3-32。由图可见，添加膨胀石墨没有改变高密度聚乙烯/膨胀石墨复合相变蓄能材料的熔化过程和凝固过程特性。

十八醇/高密度聚乙烯/膨胀石墨复合相变蓄能材料的潜热与十八醇的质量分数成正比，由下

式表示

$$\Delta H_T = \eta \Delta H_0 \tag{3-10}$$

式中，ΔH_T 是十八醇/高密度聚乙烯/膨胀石墨复合相变蓄能材料的潜热；ΔH_0 是十八醇的潜热；η 是十八醇的质量分数。图 3-67 所示为十八醇/高密度聚乙烯/膨胀石墨复合相变蓄能材料潜热试验值与计算值比较，试验值比计算值小，这是由于在制备过程中，有少量十八醇蒸发损失掉。

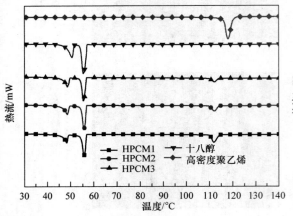

图 3-64　高密度聚乙烯、十八醇、十八醇/高密度聚乙烯定形相变材料凝固过程曲线

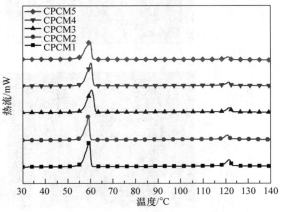

图 3-65　十八醇/高密度聚乙烯/膨胀石墨复合相变蓄能材料熔化过程曲线

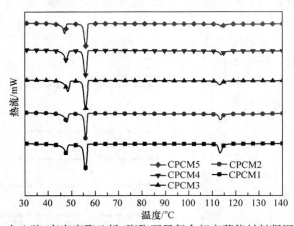

图 3-66　十八醇/高密度聚乙烯/膨胀石墨复合相变蓄能材料凝固过程曲线

表 3-32　十八醇/高密度聚乙烯/膨胀石墨复合相变蓄能材料熔化过程和凝固过程参数

材料名称	熔化过程		凝固过程				十八醇质量分数（%）
	温度/℃	潜热/(kJ/kg)	温度/℃		潜热/(kJ/kg)		
十八醇	58.11[1]	244.85[1]	57.13[3]	51.48[4]	143.14[3]	80.47[4]	100
高密度聚乙烯	125.65[2]	178.72[2]	120.12[2]		196.06[2]		0
HPCM1	57.10[1]	176.20[1]	56.87[3]	49.0[4]	99.87[3]	45.39[4]	75
	118.36[2]	50.01[2]	114.13[2]		49.99[2]		
HPCM2	57.19[1]	190.95[1]	56.90[3]	49.52[4]	110.44[3]	54.93[4]	80
	118.43[2]	40.87[2]	112.99[2]		39.96[2]		

（续）

材料名称	熔化过程		凝固过程				十八醇质量分数（%）
	温度/℃	潜热/（kJ/kg）	温度/℃		潜热/（kJ/kg）		
HPCM3	57.10[①]	203.79[①]	56.81[③]	49.78[④]	119.46[③]	63.25[④]	85
	118.05[②]	30.91[②]	113.94[②]		30.62[②]		
CPCM1	56.48[①]	177.99[①]	56.85[③]	48.52[④]	98.45[③]	40.79[④]	75
	118.70[②]	51.15[②]	115.08[②]		46.90[②]		
CPCM2	57.22[①]	191.05[①]	56.87[③]	48.79[④]	111.36[③]	54.26[④]	80
	118.36[②]	36.98[②]	115.01[②]		36.51[②]		
CPCM3	56.56[①]	202.40[①]	57.16[③]	49.56[④]	117.42[③]	60.33[④]	85
	119.33[②]	24.93[②]	115.16[②]		28.21[②]		
CPCM4	57.34[①]	202.29[①]	57.03[③]	48.95[④]	117.00[③]	58.92[④]	85
	119.05[②]	26.15[②]	115.57[②]		26.57[②]		
CPCM5	55.81[①]	200.20[①]	57.04[③]	47.97[④]	118.33[③]	57.37[④]	85
	119.05[②]	21.22[②]	115.60[②]		22.26[②]		

[①] 十八醇熔化过程参数。

[②] 高密度聚乙烯相变过程参数。

[③] 十八醇液－固相变过程参数。

[④] 十八醇固－液相变过程参数。

（四）热稳定性

图 3-68 和图 3-69 所示为十八醇、高密度聚乙烯、十八醇/高密度聚乙烯定形相变材料热降解曲线和热降解速率曲线，图 3-70 和图 3-71 所示为十八醇/高密度聚乙烯/膨胀石墨复合相变蓄能材料热降解曲线和热降解速率曲线，其相应的热降解参数见表 3-33。十八醇在 170℃ 时开始分解，直至 300℃ 分解结束。由表 3-33 可知，十八醇/高密度聚乙烯/膨胀石墨复合相变蓄能材料的热稳定性并未因膨胀石墨的添加而降低，这说明十八醇/高密度聚乙烯/膨胀石墨复合相变蓄能材料充分混合了。

为了确定十八醇/高密度聚乙烯/膨

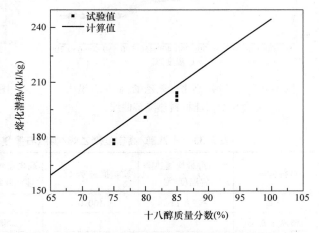

图 3-67　十八醇/高密度聚乙烯/膨胀石墨复合相变蓄能材料潜热试验值与计算值比较

胀石墨复合相变蓄能材料的泄漏情况，对该复合相变蓄能材料进行了热循环试验，热循环次数为 300 次，循环温度为 30~80℃。十八醇/高密度聚乙烯/膨胀石墨复合相变蓄能材料的泄漏参数见表 3-34。对比 HPCM1~HPCM3 的热循环结果可知，高密度聚乙烯能够防止相变蓄能材料泄漏。图 3-72 所示为膨胀石墨对复合相变蓄能材料泄漏率的影响，试验结果表明，膨胀石墨对相变蓄能材料的防渗漏效果较好。

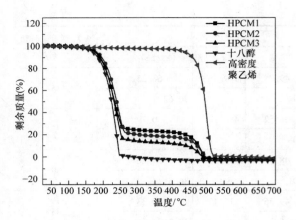

图 3-68　十八醇、高密度聚乙烯、十八醇/高密度
聚乙烯定形相变材料热降解曲线

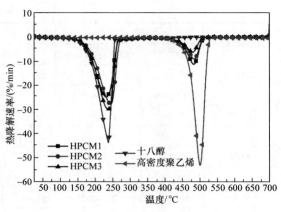

图 3-69　十八醇、高密度聚乙烯、十八醇/高密度
聚乙烯定形相变材料热降解速率曲线

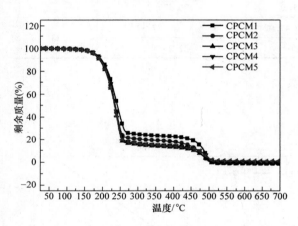

图 3-70　十八醇/高密度聚乙烯/膨胀石墨
复合相变蓄能材料热降解曲线

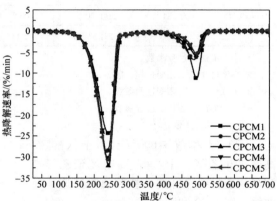

图 3-71　十八醇/高密度聚乙烯/膨胀石墨
复合相变蓄能材料热降解速率曲线

表 3-33　十八醇/高密度聚乙烯/膨胀石墨复合相变蓄能材料热降解参数

材料名称	十八醇最快速热降解温度/℃	质量损失率（％）	高密度聚乙烯最快速热降解温度/℃	质量损失率（％）	剩余质量（％）（700℃）
十八醇	237. 74	100. 0			0
高密度聚乙烯			500. 71	100. 0	0
HPCM1	231. 60	75. 4	483. 10	24. 6	0
HPCM2	244. 13	80. 4	483. 51	19. 6	0
HPCM3	239. 18	85. 3	478. 07	14. 7	0
CPCM1	239. 96	75. 3	491. 48	23. 8	0. 9
CPCM2	235. 29	80. 1	482. 60	18. 8	1. 1
CPCM3	240. 36	84. 7	488. 77	14. 2	1. 1
CPCM4	237. 89	84. 1	494. 33	13. 6	2. 3
CPCM5	238. 18	83. 9	491. 86	13. 1	3. 0

表 3-34　十八醇/高密度聚乙烯/膨胀石墨复合相变蓄能材料的泄漏参数

材料名称	循环前质量/g	循环后质量/g	泄漏率（%）
HPCM1	48.38	48.21	0.35
HPCM2	47.91	46.97	2.06
HPCM3	47.85	46.19	3.47
CPCM1	47.39	47.34	0.11
CPCM2	47.71	47.33	0.80
CPCM3	47.87	47.34	1.10
CPCM4	48.67	48.20	0.97
CPCM5	48.72	48.44	0.58

（五）导热性能

图 3-73 所示为十八醇/高密度聚乙烯/膨胀石墨复合相变蓄能材料的热导率，相应的参数见表 3-35。十八醇/高密度聚乙烯定形相变材料的热导率为 0.1996W/(m·K)，而当膨胀石墨的质量分数为 3% 时，十八醇/高密度聚乙烯/膨胀石墨复合相变蓄能材料的热导率提高到了 0.6698W/(m·K)，提高了 336%。图 3-73 也给出了十八醇/高密度聚乙烯/膨胀石墨复合相变蓄能材料热导率与膨胀石墨质量分数的关系，可用下式来表示

$$\lambda = 0.1974 + 11.12x + 153.35x^2 \tag{3-11}$$

式中，x 是膨胀石墨的质量分数；λ 是十八醇/高密度聚乙烯/膨胀石墨复合相变蓄能材料的热导率。

当膨胀石墨的质量分数远小于 1% 时，二次项的值可以忽略不计，也就是说，十八醇/高密度聚乙烯/膨胀石墨复合相变蓄能材料的热导率与膨胀石墨的质量分数近似成线性关系。另外，二次项系数为正，说明膨胀石墨含量越高，提高热导率的效果越好。

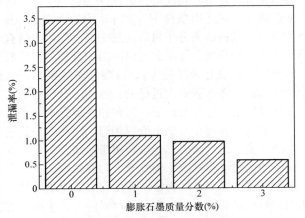

图 3-72　膨胀石墨对复合相变蓄能材料泄漏率的影响

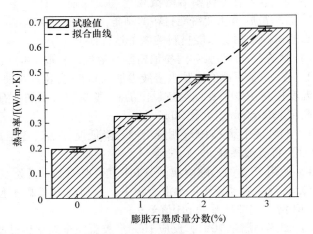

图 3-73　十八醇/高密度聚乙烯/膨胀石墨复合相变蓄能材料的热导率

表 3-35　十八醇/高密度聚乙烯/膨胀石墨复合相变蓄能材料热导率

材料名称	热导率（40℃）/[W/(m·K)]
HPCM3（85% SAL）	0.1966 ± 0.0089
CPCM3（1% EG）	0.3262 ± 0.0107
CPCM4（2% EG）	0.4788 ± 0.0056
CPCM5（4% EG）	0.6698 ± 0.0094

第三节 微胶囊相变蓄能材料的合成及蓄能特性

一、复凝聚法制备微胶囊相变蓄能材料

在水相分离法中，形成微胶囊壳的起始原料为水溶性的聚合物，聚合物的凝聚相自水溶液中分离出来，形成了微胶囊壳。它以水为介质，是目前对油溶性固体或液体进行微胶囊化的一种常用方法。水相分离法又可分为复凝聚法和单凝聚法。复凝聚法是由至少两种带相反电荷的胶体彼此中和而引起的相分离，单凝聚法是由凝聚剂引起单一聚合物的相分离。

由两种或多种带有相反电荷的线性无规则聚合物材料做囊壁材料，将囊芯材料分散在囊壁材料的水溶液中，在适当条件下（如 pH 值的改变、温度的改变、稀释、无机盐电解质的加入），使得带有相反电荷的高分子材料间发生静电作用。带有相反电荷的高分子材料互相吸引后，溶解度降低并产生相分离，体系分离出的两相分别为稀释胶体相和凝聚胶体相，胶体自溶液中凝聚出来（这种凝聚现象称为复凝聚），自溶液中凝聚出来的胶体可以用作微胶囊的壳。在该方法中，由于微胶囊化是在水溶液中进行的，故囊芯材料必须是非水溶性的固体粉末或液体。

实现复凝聚的必要条件是：两种相关聚合物离子的电荷截然相反，并且具有最佳混合比，即混合物中的离子数量在电学上恰好相等。除此之外，还须调节体系的温度和盐含量，以促进复凝聚产物的形成。无机盐因其性质和用量不同，将在不同程度上起到抑制复凝聚的作用，这是由于平衡离子的优先缔合减少了聚离子上的有效电荷。

如上所述，采用复凝聚法制备微胶囊要使用两种带相反电荷的高分子材料作为复合材料，经常使用的两种带相反电荷的高分子材料的组合包括：明胶与阿拉伯树胶、明胶与海藻酸盐、海藻酸盐与聚赖氨酸、海藻酸盐与白蛋白等，其中明胶与阿拉伯树胶的组合最为常用。

（一）复凝聚法制备石蜡微胶囊相变蓄能材料

1. 石蜡微胶囊相变蓄能材料的制备

石蜡微胶囊相变蓄能材料的制备过程如下：

1）制备 5% 的明胶和阿拉伯树胶水溶液，各取 100g 在 70℃ 下保温待用。

2）在 100g 阿拉伯树胶水溶液中加入 0.5g 乳化剂，使用磁力搅拌器搅拌，转速为 200r/min，体系温度控制在 70℃；然后按设定的芯/壁材质量比加入石蜡，待石蜡完全溶解后，将搅拌器转速升高至 1500r/min，乳化 30min。

3）向乳液中滴入 100g 明胶溶液，降低搅拌器转速至 500r/min，加入 200g 去离子水（温度为 70℃）将乳液稀释。

4）使用 20% 的乙酸溶液调节 pH 值至 4 ~ 4.5，开始复凝聚，搅拌 15min。

5）将反应容器置于冰水混合物中，冷却到 10℃ 以下使其凝胶，然后加入 3g 甲醛，用 20% 的 NaOH 溶液调节体系的 pH 值至 9。

6）加热升温至 70℃，反应 1h，当胶囊完全固化后过滤。

7）用温度为 80℃ 的去离子水洗涤沉淀 3 ~ 5 次，然后在 40℃、真空条件下干燥 24h 得到粉末状微胶囊。

在制备过程中，应注意如下事项：

1）在制备过程的初始阶段，要选择合适的胶体浓度。室温下明胶和阿拉伯胶在水中的溶解度均不高，因此制备高浓度胶体溶液需要的水温较高，胶体完全溶解于水所需的时间也较长。胶体的浓度越高，复凝聚体系的黏度就越大，而高黏度的乳液会对搅拌器的性能产生不良影响，将降低搅拌器的转速甚至使其停止转动。试验发现，明胶和阿拉伯树胶溶液的浓度在 5% 左右较为适宜。明胶溶液的浓度不得低于 1%，否则将无法使明胶凝胶化。

2）步骤 3 中稀释乳液的用水量和胶体浓度相关，胶体浓度越高，稀释用水量就越大，以保证在凝胶过程（步骤 5）中富胶相中的微胶囊壳层凝胶而贫胶相中的明胶浓度低于 1%，这样在降温过程中才不会凝胶。

3）步骤 4 中滴加酸的速度要均匀，以保证生成的微胶囊颗粒大小均匀。

2. 石蜡微胶囊相变蓄能材料的相变特性

相变温度和相变潜热大小是衡量微胶囊性能的重要标准，采用示差量热扫描仪（DSC）对石蜡微胶囊和纯芯材进行了测试，测试温度范围为 0～70℃，升、降温速率为 5℃/min，测得的石蜡微胶囊相变蓄能材料熔化过程和凝固过程参数见表 3-36。图 3-74 和图 3-75 所示为石蜡微胶囊相变蓄能材料熔化过程和凝固过程 DSC 曲线。

表 3-36　石蜡微胶囊相变蓄能材料熔化过程和凝固过程参数

初始芯/壁材用量比	熔化			凝固		
	起始温度/℃	峰值温度/℃	相变潜热/(kJ/kg)	起始温度/℃	峰值温度/℃	相变潜热/(kJ/kg)
1:1	52.329	60.460	104.590	59.470	57.795	103.787
1.5:1	51.571	60.284	118.446	59.569	57.728	95.585
2:1	52.052	59.655	141.033	59.676	58.068	121.590
2.5:1	52.870	60.111	142.994	59.827	58.099	125.611
纯石蜡	53.227	60.132	196.550	59.829	57.805	186.533

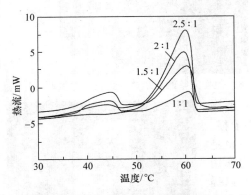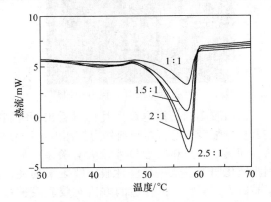

图 3-74　石蜡微胶囊相变蓄能材料熔化过程 DSC 曲线　　图 3-75　石蜡微胶囊相变蓄能材料凝固过程 DSC 曲线

由测试结果可知，石蜡材料被有效包覆在明胶的醛化蛋白质壳层之中。石蜡微胶囊的相变温度比纯石蜡材料的相变温度略低，这是由于石蜡材料的微胶囊化提高了其导热性能，使热流输入的弛豫时间缩短。

测得了微胶囊的相变潜热值，就可以估算出微胶囊中相变材料的质量分数。由于胶囊壳并不发生相变，对吸、放热峰没有贡献，可以使用下式来估算芯材的质量分数

$$\eta = \frac{\Delta H_{MEPCM}}{\Delta H_{PCM}} \tag{3-12}$$

式中，ΔH_{MEPCM} 是微胶囊的熔化潜热；ΔH_{PCM} 为纯芯材石蜡的熔化潜热；η 是芯材的质量分数。

利用式（3-12）对表 3-36 中的参数进行了计算，得到石蜡材料的质量分数随芯/壁材质量比的变化关系，如图 3-76 所示。增加芯材用量可以提高微胶囊中相变材料的含量，提高微胶囊的相变潜热值。但当芯/壁材质量比超过 2 之后，相变潜热值变化不明显。虽然加大了芯材用量，但未能显著提高微胶囊的热性能，所以在制备过程中，芯/壁材质量比在 2 左右比较合适。

3. 石蜡微胶囊相变蓄能材料的微观结构

采用复凝聚法制备的石蜡微胶囊，芯材和壳材都不导电，因此需要将干燥处理后的微胶囊表面真空镀金后，才能在扫描电镜下进行观察。所镀金膜厚度为数个纳米，不影响微胶囊表面的真实形貌。

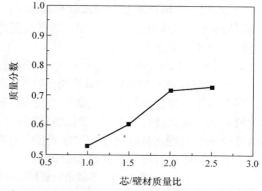

图 3-76　石蜡材料的质量分数随芯/壁材
质量比的变化关系

所制备的石蜡微胶囊微观结构如图 3-77 ~ 图 3-79 所示。石蜡微胶囊呈不规则的球形，其粒径在数十微米至 200μm 之间。粒径较大的颗粒，受外力影响胶囊膜易破裂，在图 3-77 中可以观察到破碎的胶囊及胶囊壳。图 3-78 所示是包囊完整的石蜡微胶囊扫描电镜照片，胶囊表面由致密的甲醛改性蛋白质层包覆，直径约为 81μm。图 3-79 所示是表面受损的微胶囊扫描电镜照片，表层出现了宽度为 1 ~ 2μm 的裂纹。

图 3-77　石蜡微胶囊扫描电镜照片

图 3-78　包囊完整的石蜡微胶囊扫描电镜照片

由微胶囊的扫描电镜照片可以看出，所制备的石蜡微胶囊机械强度不足，在受到外力挤压时，胶囊外壳易受损。这一问题一方面和胶囊尺寸较大有关系；另一方面，也是因为醛化明胶膜是一种脆性膜，缺乏柔韧性，在外力作用下易破裂，需要寻找合适的方法对胶囊膜进行处理，以提高胶囊膜的柔韧性。

综上所述，使用扫描电镜对石蜡微胶囊的微观结构进行了观察，证实了石蜡微胶囊已制成，破损的微胶囊表面也证实有微胶囊膜的存在。结合其相变特性的结果，可以认为复凝聚法是一种较好的制备石蜡微胶囊相变蓄能材料的方法。

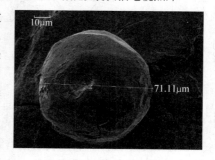

图 3-79　壳层有裂纹的石蜡
微胶囊扫描电镜照片

（二）复凝聚法制备十四烷微胶囊相变蓄能材料

1. 十四烷微胶囊相变蓄能材料的制备

十四烷微胶囊相变蓄能材料的制备过程如下：

1）制备 5% 的明胶和阿拉伯树胶水溶液，各取 100g 在 50℃ 下保温待用。

2）在 100g 阿拉伯树胶水溶液中加入 0.5g 乳化剂，使用磁力搅拌器搅拌，转速为 200r/min，体系温度控制在 50℃；然后加入 15g 十四烷，使用高剪切乳化器将混合液乳化 30min，转速为 11000r/min。

3）将乳化完成的乳液倒入 500mL 的烧杯中，使用磁力搅拌器搅拌，转速为 500r/min，向乳液中滴入 100g 明胶溶液，加入 200g 水（温度为 50℃）将乳液稀释。

4）使用20%的乙酸溶液调节 pH 值至 4～4.5，开始复凝聚过程，搅拌 15min。

5）将反应容器置于冰水混合物中，冷却到10℃以下，加入 3g 甲醛，然后用 20% 的 NaOH 溶液调节体系的 pH 值至9。

6）加热升温至50℃，反应 1h，当胶囊完全固化后过滤。

7）用去离子水洗涤沉淀 3～5 次，然后在室温下真空干燥24h。

使用复凝聚法制备十四烷微胶囊的注意事项与制备石蜡微胶囊的注意事项基本相同。制备过程中，温度控制在 40～50℃之间即可，无需过高。由于十四烷是一种低熔点的材料，常温下呈液态，干燥时温度不宜过高，以防止因受热使胶囊膜破裂而导致十四烷挥发，在30℃以下干燥较适宜。

2. 十四烷微胶囊相变蓄能材料的相变特性

图 3-80 所示为十四烷微胶囊相变蓄能材料相变特性曲线，制得的微胶囊的熔化和凝固温度与纯十四烷相近，相变潜热为 110.587kJ/kg，使用式（3-12）可估算出十四烷的质量分数约为 51%。与石蜡微胶囊一样，十四烷得到了有效包覆。

3. 十四烷微胶囊相变蓄能材料的微观结构

所制得的微胶囊经过滤洗涤后在水中呈现良好的分散性，但真空干燥后无法得到类似于石蜡微胶囊的互不粘连的颗粒。由于十四烷在室温下为液态，湿润的胶囊膜无法在相互隔离的状态下干燥硬化，相互粘结最终形成包覆十四烷的明胶块，因此无法得到相互分离的十四烷微胶囊。将干燥后的明胶块切片，在扫描电镜下观察其微观结构，得到如图 3-81～图 3-83 所示的照片。

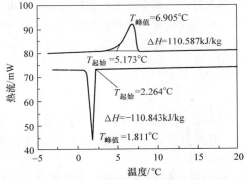

图 3-80　十四烷微胶囊相变蓄能材料相变特性曲线

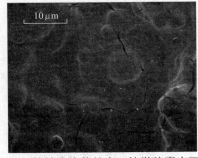

图 3-81　粘结成块状的十四烷微胶囊表面形貌

从图 3-81 可以看到明胶块表面有很多球形突起，直径在 1～10μm 之间，在剖开的明胶块表面也可以观察到十四烷挥发后留下的直径在 10μm 以下的凹坑。这证明了明胶块是由十四烷微胶囊相互粘结而形成的。结合相变特性分析结果，表明已制备出十四烷微胶囊，仅是由于受到干燥处理方法的限制，无法得到微胶囊颗粒。

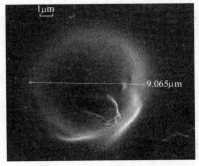

图 3-82　表面凸起的微胶囊轮廓

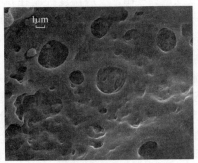

图 3-83　十四烷挥发后在剖面形成的凹坑

4. 十四烷微胶囊相变蓄能材料悬浮液

将一定量的十四烷微胶囊与水混合，可以形成功能热流体，该流体具有较高的表观热容，可以用作能源系统中的传热介质，起到强化传热的作用。图 3-84 所示为用复凝聚法制备出的十四烷微胶囊相变蓄能材料悬浮液，虽然经过真空干燥得到的微胶囊会相互团聚，但在水溶液中，微胶囊颗粒却可以长时间保持不变，具有良好的分散性。因此，该微胶囊相变蓄能材料也可以用于强化换热领域。

图 3-84　用复凝聚法制备出的
十四烷微胶囊相变蓄能材料悬浮液

二、原位聚合法制备微胶囊相变蓄能材料

原位聚合法（In－situ Polymerization）是一种和界面聚合法密切相关的微胶囊化技术。在界面聚合法制备微胶囊的工艺中，胶囊外壳是通过两类单体的聚合反应形成的。参加聚合反应的单体至少有两种，其中一种是油溶性单体，另一种是水溶性单体。它们分别位于芯材液滴的内部和外部，并在芯材液滴的表面进行反应形成聚合物薄膜。在原位聚合法胶囊化的过程中，并不是把反应性单体分别加到芯材液滴和悬浮介质中，而是将单体与引发剂全部加入分散相或连续相中，即单体成分及催化剂全部位于芯材液滴的内部或外部。在微胶囊化体系中，单体在单一相中是可溶的，而聚合物在整个体系中是不可溶的，所以聚合反应在芯材液滴表面上发生，先产生低分子量的预聚体，当预聚体的尺寸逐渐增大后，沉积在新材料物质的表面，由于交联及聚合反应的不断进行，最终形成固体的胶囊外壳，所生成的聚合物薄膜可覆盖住芯材液滴的全部表面。该法可采用水溶性或油溶性的单体或单体的混合物，也可采用低分子量的聚合物或预聚物来代替单体。

（一）十四烷纳米胶囊相变蓄能材料的制备

十四烷纳米胶囊相变蓄能材料的制备过程如下：

（1）预聚物的制备　将 3g 尿素和 14g 甲醛加入锥形瓶中，加入 20mL 去离子水进行稀释，待尿素完全溶解后，用三乙醇胺调节 pH 值至 7～8。用磁力搅拌器加热搅拌 1h，温度控制在 70℃，转速控制在 200r/min。完成后再加入 20mL 的热水稀释。

（2）乳液的制备　将设定用量的乳化剂、间苯二酚和氯化钠加入 100mL 去离子水中，然后加入设定用量的十四烷，使用磁力搅拌器以 1500r/min 的转速乳化 30min，温度保持在 70℃。乳化完成后用 200mL 的去离子水进行稀释。

（3）聚合　将预聚物溶液滴入乳液中，然后将转速降低至 200r/min，滴入 20% 的甲酸溶液调节 pH 值至 3～4，开始聚合反应，待反应容器内出现白色浑浊物后将搅拌器转速升高至 500r/min，继续反应 3～4h，反应温度控制在 60℃。

（4）后处理　反应完成后过滤沉淀，用 70℃的去离子水洗涤 3～5 遍，然后在 30℃下真空干燥 24h，得到十四烷纳米胶囊。

在制备过程中，应注意如下事项：

1）制备油/水乳液时，先将间苯二酚和氯化钠完全溶解在去离子水中，然后再加入乳化剂十二烷基硫酸钠（SDS）和十四烷。乳化时间超过 0.5h 即可获得稳定的乳液。

2）聚合过程中搅拌器的转速不宜过高，否则会影响聚合物颗粒在油/水界面的沉积，滴入预聚物的速度要慢且一致。

3）调节 pH 值用的甲酸溶液的浓度不宜过高，加入酸的速度要慢，使乳液的 pH 值缓慢降至 3～4。

（二）十四烷纳米胶囊相变蓄能材料的红外光谱

尿素与甲醛的化学反应式如下所示，在生成的预聚物中出现了碳氮键、氮氢键、碳氧双键和羟基。

$$CO(NH_2)_2 + CH_2O \longrightarrow H_2NCONHCH_2OH \tag{3-13}$$

图 3-85 所示为十四烷纳米胶囊的红外光谱，在曲线 a 和 c 中，$3200 \sim 3500 cm^{-1}$ 之间出现的是羟基的吸收峰，氮氢键（$1565cm^{-1}$）、碳氧双键（$1650cm^{-1}$）和碳氮键（$1286cm^{-1}$、$1142cm^{-1}$）的吸收峰均可在曲线 a 和 c 中观察到，这证实了十四烷纳米胶囊的壳层由尿醛树脂构成。曲线 b 的几个特征吸收峰与曲线 c 吸收峰的位置完全相同，这也表明了尿醛树脂对十四烷的有效包覆。

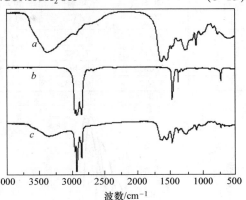

图 3-85　十四烷纳米胶囊的红外光谱
a—尿醛树脂预聚物　b—十四烷　c—尿醛树脂胶囊

（三）十四烷纳米胶囊相变蓄能材料的相变特性

1. 不同芯/壁材质量比对十四烷纳米胶囊热性能的影响

表 3-37 列出了不同芯/壁材质量比情况下纳米胶囊的相变特性参数，由该表可知：使用尿醛树脂制备十四烷纳米胶囊需要的芯/壁材质量比较高，且该比值越大，得到的纳米胶囊的相变潜热值就越高。当芯/壁材质量比为 10∶3 时，制备出的纳米胶囊中十四烷的质量分数高达 81.24%，相变潜热为 176.109kJ/kg，熔化温度在 5.5℃左右，表现出了良好的热力学性质。

表 3-37　不同芯/壁材质量比情况下纳米胶囊的相变特性参数

芯/壁材质量比	熔化过程			凝固过程			芯材质量分数（%）
	起始温度/℃	峰值温度/℃	相变潜热/(kJ/kg)	起始温度/℃	峰值温度/℃	相变潜热/(kJ/kg)	
5∶3	5.137	6.905	110.587	2.264	1.811	110.843	50.85
5∶2	5.292	7.708	161.037	2.814	2.688	161.796	74.04
10∶3	5.508	7.936	176.684	4.225	3.171	176.109	81.24

2. 系统助剂间苯二酚用量对纳米胶囊热性能的影响

制备纳米胶囊所用的间苯二酚的浓度对纳米胶囊热性能的影响如表 3-38 和图 3-86、图 3-87 所示。制备过程中的其他参数如下：芯/壁材质量比为 5∶2，氯化钠的浓度为 5%，乳化剂用量为 0.5g。对热性能参数进行分析可知，间苯二酚对十四烷的包覆效率有重要影响，若间苯二酚的浓度不足，则脲醛树脂无法对十四烷油滴进行有效包覆，导致十四烷含量很低。间苯二酚的浓度在 1% ~ 2% 之间较为合适，浓度超过 2% 对包覆效率的影响较小，如浓度从 2% 提高到 5%，十四烷的质量分数仅提高了 1%。

系统助剂间苯二酚是一种多羟基酚，它本身也可与甲醛反应，由于其具有两个羟基，在脲醛树脂反应体系中可以起到交联剂的作用，使脲醛树脂生成物的交联度得到提高，形成完整的高聚物囊壁，从而将芯材有效包覆。在制备过程中可以发现，提高间苯二酚的浓度会使乳液中不溶物

（胶囊）的出现时间大大提前。

表 3-38　间苯二酚溶液的浓度对纳米胶囊热性能的影响

间苯二酚浓度（%）	熔化过程			凝固过程			芯材质量分数（%）
	起始温度/℃	峰值温度/℃	相变潜热/(kJ/kg)	起始温度/℃	峰值温度/℃	相变潜热/(kJ/kg)	
0.25	2.456	5.577	66.016	2.547	2.344	59.394	30.35
1	4.418	7.197	103.570	2.317	2.195	104.486	47.62
2	5.665	8.493	131.093	1.956	1.771	129.838	60.27
5	5.672	9.013	134.167	2.949	2.817	135.502	61.69

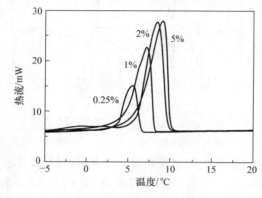

图 3-86　不同浓度的间苯二酚溶液
制备出的纳米胶囊熔化过程曲线

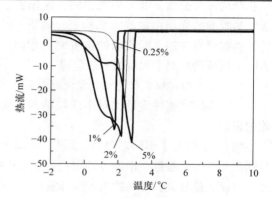

图 3-87　不同浓度的间苯二酚溶液
制备出的纳米胶囊凝固过程曲线

（四）十四烷纳米胶囊相变蓄能材料的微观结构

将经过真空干燥处理的十四烷纳米胶囊镀金，采用扫描电镜观察其微观结构。如图 3-88 所示，胶囊的粒径比较均一，在 100nm 左右，大部分胶囊呈规则的球形。颗粒与颗粒之间的分界较清晰，未出现复凝聚法制备十四烷微胶囊时出现的胶囊凝聚成块的现象。包覆完整性和机械强度也得到了提高。

如前所述，间苯二酚可以使十四烷有效地被尿醛树脂所包覆，但过高的间苯二酚浓度会使胶囊的黏性增强，出现和复凝聚法制备十四烷微胶囊同样的结果，如图 3-89 所示，胶囊与胶囊之间互相黏结成块，观察不到独立的胶囊。

图 3-88　十四烷纳米胶囊的微观结构

图 3-89　高浓度（10%）间苯二酚对最终
得到的胶囊微观结构的影响

　　一般说来，胶囊粒径主要受乳化过程中搅拌器转速的影响，要保证制得的胶囊粒径在纳米量级，一般需要超过 10^4r/min 的转速，但该制备过程中乳化器的转速仅为 1500r/min，使用超过 10^4r/min 的乳化速率来制备纳米胶囊，仅能得到不含任何相变材料的脲醛树脂颗粒。这和试验所用的乳化剂的性质、芯材和壁材各自的性质有关。试验证明，十二烷基硫酸钠（SDS）是较适合本制备过程所用方法的乳化剂，若不使用 SDS 作为乳化剂，而使用其他液态乳化剂，如 tween80、辛烷基酚聚氧乙烯醚（OP 乳化剂），则无法得到具有较高十四烷含量的纳米胶囊，制得的胶囊微观形貌也不规则，粒径偏大，如图 3-90 和图 3-91 所示。胶囊表面不平整，有直径为数十纳米的凹坑。这可能是由于液体乳化剂附着在胶囊表面，在真空干燥过程中乳化剂挥发，从而在胶囊表面形成了凹坑。

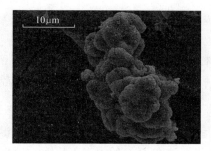

图 3-90　使用 tween80 作为乳化剂
得到的胶囊微观结构

图 3-91　使用辛烷基酚聚氧乙烯醚
作为乳化剂得到的胶囊微观结构

　　（五）十四烷纳米胶囊相变蓄能材料的热稳定性

　　用原位聚合法制备微胶囊时，一般都需要在乳液中添加一定浓度的氯化钠，氯化钠不会影响芯材的包覆效率，但可以提高胶囊壳层的致密性，提高热稳定性。可采用热重分析仪测试氯化钠浓度对十四烷纳米胶囊热稳定性的影响。由于蓄冷材料的工作温度一般都在 15℃ 以下，最高工作极限温度不超过 40℃。因此，测试时将胶囊材料以 5℃/min 的速率从 25℃ 加热至 40℃，然后在 40℃下保温 0.5h，得到不同胶囊材料的热失重曲线，如图 3-92 所示。低浓度的氯化钠溶液（＜5%）确实可以起到降低热失重、提高胶囊耐热性的作

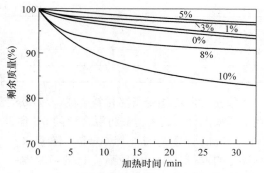

图 3-92　不同氯化钠浓度的乳液
制备出的纳米胶囊的热失重曲线

用；而氯化钠浓度高于 5% 的乳液制备出的胶囊，其热稳定性反而有下降的趋势。氯化钠在乳液体系中主要起稳定剂的作用，使脲醛树脂预聚物在水相中能长时间地保持稳定，让预聚物在油/水界面上充分反应，生成较为致密的胶囊膜，使胶囊的密封性能得到提升，从而提高胶囊的热稳定性。但如果盐溶液的浓度过高，会使预聚物的反应速率大大下降，树脂聚合物产量下降，芯材将得不到有效包覆，反而会使热稳定性变差。

三、溶胶凝胶法制备微胶囊相变蓄能材料

　　溶胶凝胶法是利用含高化学活性组分的化合物作为前驱体，在液相下将其均匀地分散在溶剂里，在一定条件下进行水解、缩合反应，在溶液中形成稳定的透明溶胶体系，溶胶经沉化胶粒间缓慢聚合，形成三维空间网络结构的凝胶，凝胶网络间充满了失去流动性的溶剂，形成凝胶。溶胶凝胶法与其他方法相比具有许多独特的优点：可以在很短的时间内获得分子水平的均匀性；可

实现分子水平上的均匀掺杂；温度较低，反应容易进行等。

利用溶胶凝胶法制备微胶囊，在制备工艺上属于界面聚合法。其中，外壳由溶胶凝胶法制备的凝胶包覆在芯材上而形成。界面聚合法工艺是在反应前将芯材乳化或分散在一个溶有壳材的连续相中，然后加入另一种聚合反应单体，两种单体在界面上发生聚合反应，形成聚合物，聚合物在芯材表面沉积，包住芯材形成微胶囊。

溶胶凝胶法制备微胶囊相变材料通常分为三个步骤，即相变材料的乳化、溶胶的制备和微胶囊生成。相变材料的乳化是指在乳化分散过程中，加入适量乳化剂并进行搅拌，芯材溶解在分散相中，水不溶性芯材分散时形成水包油型乳液。溶胶的制备是指将原料分散在溶剂中，然后经过水解反应生成活性单体，活性单体进行聚合，成为溶胶，进而形成凝胶。微胶囊生成是指活性单体在芯材液滴界面形成多聚体凝胶，包覆住芯材。

（一）硬脂酸/二氧化硅微胶囊相变蓄能材料

1. 酸/二氧化硅微胶囊相变蓄能材料的制备

在该微胶囊相变蓄能材料中，硬脂酸作为相变蓄能材料，以正硅酸乙酯为原材料采用溶胶凝胶法制备二氧化硅，作为壳材包覆硬脂酸。二氧化硅壳材可以提高微胶囊相变蓄能材料的热稳定性，并阻止相变蓄能材料的泄漏，同时二氧化硅壳还降低了材料的可燃性，从而使得微胶囊相变蓄能材料得到了广泛应用。

（1）乳化液制备　将不同质量的硬脂酸和十二烷基硫酸钠（SDS）添加到一定量的去离子水中，硬脂酸和SDS在溶液中的组成配比见表3-39；然后将溶液在75℃的恒温下用磁力搅拌器以800r/min的转速搅拌1h，最终在乳化剂作用下，硬脂酸被均匀地分散在水溶液中形成稳定的硬脂酸微乳液。

表3-39　微乳液的组成配比

材料名称	组成配比
MPCM1	30g硬脂酸+200mL去离子水+0.2gSDS
MPCM2	40g硬脂酸+200mL去离子水+0.3gSDS
MPCM3	60g硬脂酸+200mL去离子水+0.4gSDS

（2）微胶囊相变蓄能材料合成　将40g正硅酸乙酯、40g无水乙醇和75g去离子水混合到烧杯中形成混合液，用盐酸将混合液的pH值调整至2~3，然后在60℃的温度下用磁力搅拌器以400r/min的转速均匀搅拌60min。随着水解反应的进行，作为微胶囊壳材的前驱物溶胶溶液就制备出来了。

将制备好的硬脂酸微乳液在70℃的温度下继续用磁力搅拌器以300r/min的转速进行搅拌，同时将制备好的溶胶溶液滴入微乳液中，滴加完毕之后，继续搅拌反应2h。在反应过程中，硅酸与硅酸，以及硅酸与正硅酸乙酯相互成键，通过缩聚反应形成二氧化硅凝胶。正硅酸乙酯的水解缩聚反应如图3-93所示。二氧化硅凝胶在硬脂酸小球的表面成键，形成二氧化硅壳包裹着硬脂酸的相变微胶囊。反应结束后，通过滤纸过滤收集白色粉末，并用去离子水冲洗，最后将其放入真空干燥箱内在50℃下干燥24h。制备

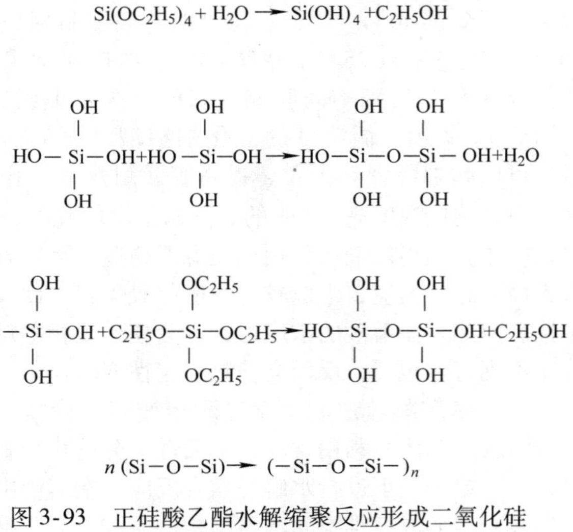
Si(OC2H5)4 + H2O → Si(OH)4 + C2H5OH
HO—Si—OH + HO—Si—OH → HO—Si—O—Si—OH + H2O
HO—Si—OH + C2H5O—Si—OC2H5 → HO—Si—O—Si—OH + C2H5OH
n(Si—O—Si) → (—Si—O—Si—)n

图3-93　正硅酸乙酯水解缩聚反应形成二氧化硅凝胶的反应机理

出三种硬脂酸/二氧化硅微胶囊相变蓄能材料，并分别命名为 MPCM1、MPCM2、MPCM3。

2. 硬脂酸/二氧化硅微胶囊相变蓄能
材料的微观结构

图 3-94 所示为 MPCM1、MPCM2 和
MPCM3 的扫描电镜照片，从图中可以看
到，硬脂酸被二氧化硅壳包覆起来，二氧
化硅壳可以为微胶囊提供保护层，并阻止
液态硬脂酸的泄漏。从图中还可以看到，
MPCM3 的扫描电镜照片比 MPCM1 和
MPCM2 的更均匀。这是由于 MPCM3 中硬
脂酸的质量分数较高，在反应过程中，二
氧化硅聚集得较少，二氧化硅更好地包覆
在硬脂酸微球的表面。从图中可以观测
到，MPCM 颗粒大小较均匀，尺寸在 20 ~
30μm 之间。

3. 硬脂酸/二氧化硅微胶囊相变蓄能
材料的相变特性

图 3-95、图 3-96 和表 3-40 所示为硬
脂酸/二氧化硅微胶囊相变蓄能材料熔化过
程、凝固过程曲线和相关参数。从表 3-40 中
可以看到，硬脂酸的熔化温度和凝固温度
分别为 56.07℃ 和 53.09℃，MPCM1 的熔
化温度和凝固温度分别为 52.16℃ 和
51.98℃，MPCM2 的熔化温度和凝固温度

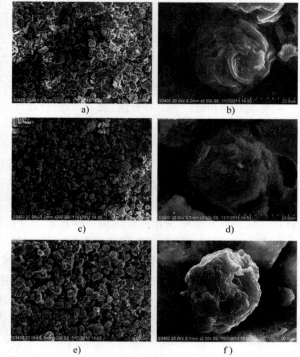

图 3-94　硬脂酸/二氧化硅微胶囊相变蓄能材料扫描电镜照片
a）MPCM1（×200）　b）MPCM1（×2500）
c）MPCM2（×200）　d）MPCM2（×2500）
e）MPCM3（×200）　f）MPCM3（×2500）

分别 53.19℃ 和 52.81℃，MPCM3 的熔化温度和凝固温度分别为 53.53℃ 和 52.62℃。硬脂酸的熔
化潜热和凝固潜热分别为 186.35kJ/kg 和 178.67kJ/kg，MPCM1 的熔化潜热和凝固潜热分别为
164.46kJ/kg 和 159.39kJ/kg，MPCM2 的熔化潜热和凝固潜热分别为 168.63kJ/kg 和 160.48kJ/kg，
MPCM3 的熔化潜热和凝固潜热分别为 170.98kJ/kg 和 161.99kJ/kg。在相变微胶囊中，较高的相
变材料质量分数就意味着具有较高的蓄热能力，因此 MPCM3 是较理想的相变蓄能材料。

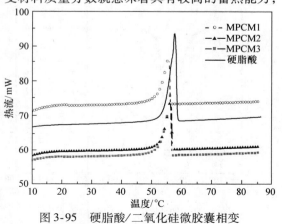

图 3-95　硬脂酸/二氧化硅微胶囊相变
蓄能材料熔化过程曲线

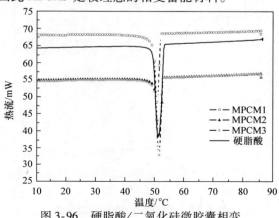

图 3-96　硬脂酸/二氧化硅微胶囊相变
蓄能材料凝固过程曲线

表 3-40　硬脂酸/二氧化硅微胶囊相变蓄能材料熔化过程和凝固过程参数

材料名称	封装率（%）	熔化过程		凝固过程	
		温度/℃	潜热/（kJ/kg）	温度/℃	潜热/（kJ/kg）
硬脂酸	100.0	56.07	186.35	53.09	178.67
MPCM1	89.2	52.16	164.46	51.98	159.39
MPCM2	89.8	53.19	168.63	52.81	160.48
MPCM3	90.6	53.53	170.98	52.62	161.99

对比硬脂酸和微胶囊的相变潜热，可以通过式（3-14）得到硬脂酸的封装率

$$\eta = \frac{\Delta H_{MEPCM}}{\Delta H_{PCM}} \times 100\% \qquad (3-14)$$

式中，η 是硬脂酸在微胶囊中的封装率；ΔH_{MEPCM} 是微胶囊的相变潜热；ΔH_{PCM} 是硬脂酸的相变潜热。

硬脂酸在各种微胶囊材料中的封装率见表 3-40。从表中可以看到，MPCM1、MPCM2 和 MPCM3 的硬脂酸封装率分别为 89.2%、89.8% 和 90.6%。较高的封装率表示较多的硬脂酸被微胶囊化，较高硬脂酸质量比的微乳液更有利于二氧化硅在硬脂酸微球的表面成壳。

由表 3-40 还可以看到，相比于硬脂酸，MPCM1、MPCM2 和 MPCM3 的熔化温度和凝固温度下降了 0.28~3.81℃；同时还可以看到，MPCM1、MPCM2 和 MPCM3 的过冷度，即熔化温度和凝固温度之差与硬脂酸相比也发生了改变，硬脂酸的过冷度为 2.98℃，而 MPCM1、MPCM2 和 MPCM3 的过冷度分别为 0.18℃、0.38℃ 和 0.91℃。这是由于二氧化硅壳和硬脂酸之间的相互作用所致，二氧化硅在相变过程中起到凝结核的作用，从而降低了微胶囊的过冷度，且硬脂酸的含量越高，过冷度越大。

相变微胶囊材料的过冷度降低，有利于其及时发生相变，从而可及时吸热、放热进行蓄能。因此，微胶囊化不仅可以有效防止相变材料的泄漏，还可以降低其过冷度，这些都改善了相变蓄能材料的特性，使其可以被更广泛地应用到各种系统之中。

4. 硬脂酸/二氧化硅微胶囊相变蓄能材料的热稳定性

图 3-97、图 3-98 和表 3-41 所示为硬脂酸/二氧化硅微胶囊相变蓄能材料热降解曲线、热降解速率曲线和热降解参数。从表 3-41 可以看到样品在 300℃ 下的剩余质量。由图 3-97 可以看到整个降解过程分两步，其中 MPCM3 的质量损失比 MPCM1、MPCM2 要大，这是由于 MPCM3 中硬脂酸的含量较高，壳含量相对较低。从图 3-98 中可以看到，降解过程的第一步发生在 150~300℃，其对应的是硬脂酸降解；第二步发生在 350~500℃，其对应的是二氧化硅降解。

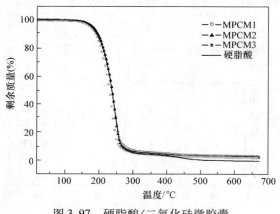

图 3-97　硬脂酸/二氧化硅微胶囊
相变蓄能材料热降解曲线

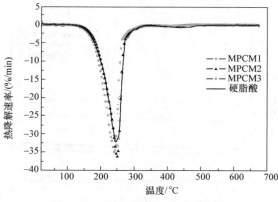

图 3-98　硬脂酸/二氧化硅微胶囊
相变蓄能材料热降解速率曲线

表 3-41　硬脂酸/二氧化硅微胶囊相变蓄能材料热降解参数

材料名称	$T_1/℃$	$T_2/℃$	剩余质量（%）（300℃）
硬脂酸	99.3	245.1	5.39
MPCM1	95.8	249.2	5.92
MPCM2	96.2	247.4	5.84
MPCM3	96.7	246.5	5.65

从表 3-41 中还可以看到，MPCM1、MPCM2 和 MPCM3 的降解起始温度比硬脂酸低，这是由于二氧化硅壳吸收了水分，在加热过程中挥发的缘故。由图 3-97 可以看到，在 500℃时，硬脂酸的剩余质量几乎为零，小于 MPCM1、MPCM2 和 MPCM3 的剩余质量。除了剩余的二氧化硅之外，二氧化硅壳还可以形成一层碳硅层覆盖在微胶囊的表面，起到保护芯材、防止降解过程中产生的气体逸出的作用。碳硅层在硬脂酸的表面建立起一个保护层，这个保护层还可以阻止可燃的相变材料向气相转变。这些都表明，二氧化硅壳和硬脂酸的协同作用可以有效地改善硬脂酸的热稳定性，并且在降低其可燃性方面也有促进作用，从而可以使其得到更广泛的应用。

（二）石蜡/二氧化硅微胶囊相变蓄能材料

1. 石蜡/二氧化硅微胶囊相变蓄能材料的制备

在该微胶囊相变蓄能材料中，石蜡作为相变蓄能材料，以一甲基三乙氧基硅烷为原料制备二氧化硅，并作为壳材包覆石蜡，二氧化硅壳材可以提高微胶囊蓄能材料的热稳定性，并阻止相变蓄能材料泄漏。同时，二氧化硅壳还降低了材料的可燃性，从而使微胶囊相变蓄能材料得到广泛的应用。

（1）乳化液制备　将 15g 石蜡和 2g 十二烷基硫酸钠（SDS）加入 100mL 的去离子水中，将混合物加热至石蜡熔点以上使石蜡熔化，然后将混合液在 70℃的温度下以 800r/min 的转速搅拌 1h。在乳化剂的作用下，石蜡被均匀地分散在水溶液中，并形成稳定的石蜡微乳液。

（2）微胶囊合成　将一甲基三乙氧基硅烷、无水乙醇和去离子水按照一定的质量比在烧杯中混合形成均匀的混合液，其质量比见表 3-42。用盐酸将混合液的 pH 值调整至 2~3，然后在 50℃的温度下用磁力搅拌器以 400r/min 的转速均匀搅拌 20min。随着一甲基三乙氧基硅烷水解反应的进行，作为微胶囊壳材的前驱物溶胶溶液就制备完成了。将已制备好的石蜡微乳液在 70℃的温度下用磁力搅拌器以 300r/min 的转速进行搅拌，并滴入氨水将 pH 值调节至 9~10，同时将制备好的溶胶溶液滴入微乳液中，滴加完毕之后，继续搅拌反应 2h。在反应过程中，一甲基硅酸与一甲基硅酸相互成键，通过聚合反应形成二氧化硅凝胶。一甲基三乙氧基硅烷的水解聚合反应如图 3-99 所示。二氧化硅凝胶在石蜡小球的表面成键，形成二氧化硅壳包覆石蜡。反应结束后，通过滤纸过滤收集白色粉末，并用去离子水冲洗，最后将其放入真空干燥箱内在 50℃下干燥 24h。三种石蜡/二氧化硅微胶囊相变蓄能材料被分别命名为 MPCM1、MPCM2 和 MPCM3。

表 3-42　石蜡/二氧化硅微胶囊相变蓄能材料配比

材料名称	石蜡微乳液	一甲基三乙氧基硅烷（MTES）溶液
MPCM1	15g 石蜡 + 2g 十二烷基硫酸钠 + 100mL 去离子水	15gMTES + 15g 无水乙醇 + 25mL 去离子水
MPCM2		20gMTES + 20g 无水乙醇 + 30mL 去离子水
MPCM3		25gMTES + 25g 无水乙醇 + 40mL 去离子水

2. 石蜡/二氧化硅微胶囊相变蓄能材料的微观结构

图 3-100 所示为 MPCM1、MPCM2 和 MPCM3 扫描电镜照片，从图中可以看到，石蜡被二氧化硅壳包覆起来，二氧化硅壳可为微胶囊芯材提供保护层，阻止液态石蜡泄漏。与由正硅酸乙酯

制备的微胶囊相比，该微胶囊表面更光滑，没有明显的缺陷。从图中还可以看到，MPCM3 比 MPCM1 和 MPCM2 要粗糙一些，这是由于 MPCM3 中一甲基三乙氧基硅烷的质量分数较高，在反应过程中，有较多的二氧化硅聚集，从而使得其表面比 MPCM1 和 MPCM2 更粗糙。从图中可以观察到，MPCM 颗粒大小较均匀，尺寸在 40~60μm 之间。

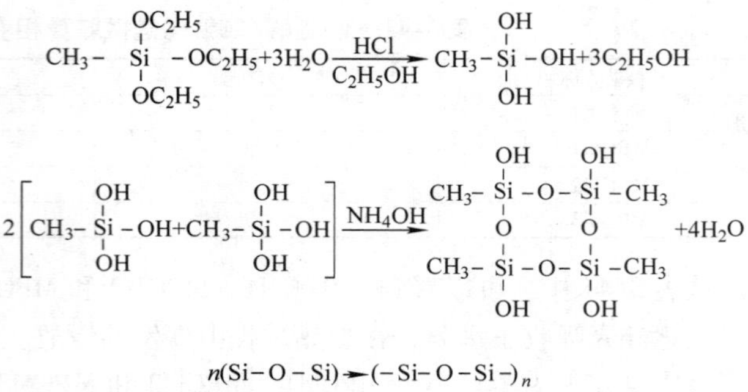

$$CH_3-\underset{\underset{OC_2H_5}{|}}{\overset{\overset{OC_2H_5}{|}}{Si}}-OC_2H_5+3H_2O \xrightarrow[C_2H_5OH]{HCl} CH_3-\underset{\underset{OH}{|}}{\overset{\overset{OH}{|}}{Si}}-OH+3C_2H_5OH$$

$$2\left[CH_3-\underset{\underset{OH}{|}}{\overset{\overset{OH}{|}}{Si}}-OH+CH_3-\underset{\underset{OH}{|}}{\overset{\overset{OH}{|}}{Si}}-OH\right] \xrightarrow{NH_4OH} \begin{matrix}CH_3-\underset{\underset{O}{|}}{\overset{\overset{OH}{|}}{Si}}-O-\underset{\underset{OH}{|}}{\overset{\overset{OH}{|}}{Si}}-CH_3\\CH_3-\underset{\underset{OH}{|}}{\overset{\overset{O}{|}}{Si}}-O-\underset{\underset{OH}{|}}{\overset{\overset{O}{|}}{Si}}-CH_3\end{matrix}+4H_2O$$

$$n(Si-O-Si) \rightarrow (-Si-O-Si-)_n$$

图 3-99　一甲基三乙氧基硅烷反应过程

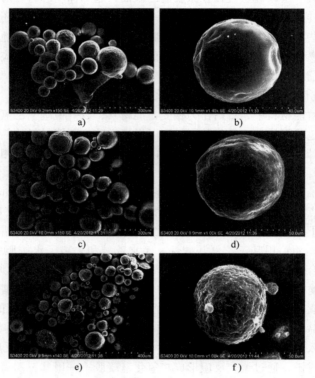

图 3-100　石蜡/二氧化硅微胶囊相变蓄能材料扫描电镜照片

a) MPCM1 (×150)　　b) MPCM1 (×1400)　　c) MPCM2 (×150)

d) MPCM2 (×1000)　　e) MPCM3 (×140)　　f) MPCM3 (×1000)

3. 石蜡/二氧化硅微胶囊相变蓄能材料的相变特性

图 3-101、图 3-102 和表 3-43 所示为石蜡/二氧化硅微胶囊相变蓄能材料熔化过程、凝固过程曲线和相关参数。从表 3-43 中可知，石蜡的熔化温度和凝固温度分别为 58.11℃和54.77℃，MPCM1 的熔化温度和凝固温度分别为 57.96℃和55.78℃，MPCM2 的熔化温度和凝固温度分别为 56.66℃和55.96℃，MPCM3 的熔化温度和凝固温度分别为 57.10℃和56.47℃。石蜡的熔化潜热和凝固潜热分别为 190.86kJ/kg 和 177.85kJ/kg，MPCM1 的熔化潜热和凝固潜热分别为 156.86kJ/kg 和 144.09kJ/kg，MPCM2 的熔化潜热和凝固潜热分别为 116.05kJ/kg 和 104.36kJ/kg，MPCM3 的熔化潜热和凝固潜热分别为 97.41kJ/kg 和 83.15kJ/kg。在微胶囊中，较高的相变材料质量分数就意味着具有较高的蓄热能力，因此 MPCM1 是较令人满意的微胶囊相变蓄能材料。

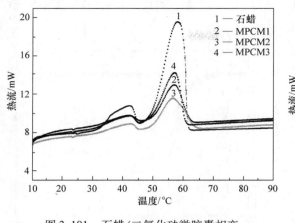

图 3-101 石蜡/二氧化硅微胶囊相变
蓄能材料熔化过程曲线

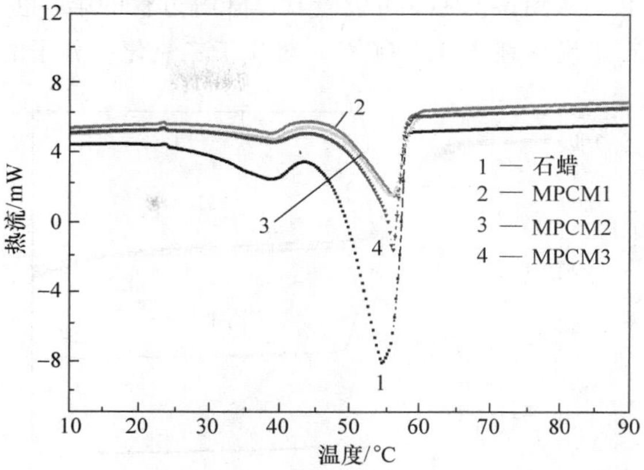

图 3-102 石蜡/二氧化硅微胶囊相变
蓄能材料凝固过程曲线

表 3-43 石蜡/二氧化硅微胶囊相变蓄能材料熔化过程和凝固过程参数

材料名称	封装率（%）	熔化过程		凝固过程	
		温度/℃	潜热/（kJ/kg）	温度/℃	潜热/（kJ/kg）
石蜡	100	58.11	190.86	54.77	177.85
MPCM1	82.2	57.96	156.86	55.78	144.09
MPCM2	60.8	56.66	116.05	55.96	104.36
MPCM3	51.0	57.10	97.41	56.47	83.15

比较石蜡和微胶囊的相变潜热，就可以通过式（3-15）得到石蜡的封装率

$$\eta = \frac{\Delta H_{\mathrm{MEPCM}}}{\Delta H_{\mathrm{PCM}}} \times 100\% \tag{3-15}$$

式中，η 是微胶囊封装率；$\Delta H_{\mathrm{MEPCM}}$ 是微胶囊的相变潜热；ΔH_{PCM} 是石蜡的相变潜热。

微胶囊的封装率见表 3-43，从该表可知，MPCM1、MPCM2 和 MPCM3 的封装率分别为 82.2%、60.8% 和 51.0%。较高的封装率表示较多蓄能材料被微胶囊化，较高石蜡质量分数的微乳液更有利于二氧化硅在石蜡微球的表面成壳。从表 3-43 中还可以看到，与石蜡相比，MPCM1、MPCM2 和 MPCM3 的熔化温度和凝固温度都有所下降；同时，MPCM1、MPCM2 和 MPCM3 的过冷度与石蜡相比也发生了改变，石蜡的过冷度为 3.34℃，而 MPCM1、MPCM2 和 MPCM3 的过冷度分别为 2.18℃、0.70℃ 和 0.63℃。这是由二氧化硅壳和石蜡之间的相互作用引起的，二氧化硅在相变过程中起到凝结核的作用，从而降低了微胶囊相变蓄能材料的过冷度，而且石蜡含量越高，过冷度越大。微胶囊相变蓄能材料的过冷度降低，有利于其及时发生相变，从而有利于其吸热进行蓄能。因此，微胶囊化不仅可以防止相变材料的泄漏，还可以降低其过冷度，使其能被广泛地应用到各种蓄能系统中。

4. 石蜡/二氧化硅微胶囊相变蓄能材料的热稳定性

图 3-103、图 3-104 和表 3-44 所示为石蜡/二氧化硅微胶囊相变蓄能材料热降解曲线、热降解速率曲线及热降解参数。从图 3-103 中可以看到，整个降解过程分为两步，其中 MPCM1 的质量损失比 MPCM2 和 MPCM3 要大，这是由于 MPCM1 中石蜡的含量较高，剩余的壳含量相对较

低。从图 3-104 中可以看到，降解过程的第一步发生在 160~320℃，对应于石蜡分子的降解；第二步发生在 330~700℃，对应于二氧化硅分子的降解。

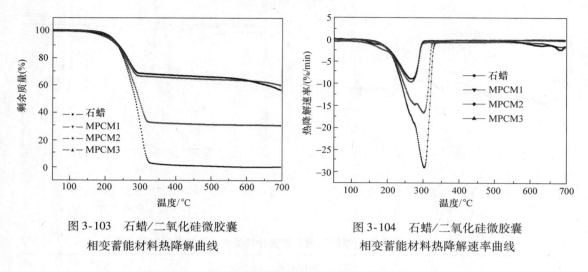

图 3-103　石蜡/二氧化硅微胶囊
相变蓄能材料热降解曲线

图 3-104　石蜡/二氧化硅微胶囊
相变蓄能材料热降解速率曲线

表 3-44　石蜡/二氧化硅微胶囊相变蓄能材料热降解参数

材料名称	降解温度/℃	剩余质量（%）（700℃）
石蜡	303.9	0（600℃）
MPCM1	301.4	30.81
MPCM2	266.3	66.52
MPCM3	266.6	68.19

由表 3-44 可知，MPCM1、MPCM2 和 MPCM3 的起始降解温度比石蜡低，这是由于二氧化硅壳吸收了水分，在加热过程中挥发的缘故。从图 3-103 中可以看到，石蜡在 600℃时的剩余质量几乎为零，小于 MPCM1、MPCM2 和 MPCM3 的剩余质量。在 MPCM1、MPCM2 和 MPCM3 中，除了剩余的二氧化硅之外，二氧化硅壳还可以形成一层碳硅层覆盖在微胶囊的表面，起到保护芯材的作用，同时还可防止降解过程中产生的气体逸出。碳硅层在石蜡表面建立起一个保护层，这个保护层可以阻止可燃的相变材料向气相转变。这些都表明二氧化硅壳和石蜡的协同作用可以有效地改善石蜡的热稳定性，并且可以降低其可燃性。

（三）石蜡/二氧化钛微胶囊相变蓄能材料

1. 石蜡/二氧化钛微胶囊相变蓄能材料的制备

在该微胶囊相变蓄能材料中，石蜡作为相变蓄能材料，由钛酸正丁酯为前驱体制备而成的二氧化钛作为微胶囊的外壳材料，包覆在石蜡外层。二氧化钛外壳可以阻止相变蓄能材料的泄漏，还可以提高微胶囊相变蓄能材料的热稳定性，同时降低了相变蓄能材料的可燃性。

将一定质量比的石蜡和十二烷基硫酸钠（SDS）加入去离子水中，石蜡、SDS 和去离子水的组成配比见表 3-45。以 70℃的温度加热该溶液，并用磁力搅拌器以 800r/min 的转速持续搅拌 40min，直到石蜡均匀地分布在此水包油（O/W）微乳液中，用盐酸将微乳液的 pH 值调节至 2~3。接着将一定质量比的钛酸四丁酯（TNBT）和乙醇混合在另一烧杯中形成溶液，其质量比见表 3-45。将该溶液逐滴滴入石蜡微乳液中，与此同时，石蜡微乳液仍保持 800r/min 的搅拌转速和 70℃的加热温度，搅拌加热持续 1h。在此过程中，TNBT 先遇水水解，形成钛酸单体，接着这些单体之间发生聚合反应，互相成键形成凝胶，低聚物逐渐聚合并在石蜡微乳表面沉积形成二氧化钛外壳。图 3-105 为制备过程中 TNBT 水解缩合反应原理图。所得到的反应产物用蒸馏水和无水乙醇分别冲洗两次，然后放入真空干燥箱中在 45℃下干燥 24h。将所得到的六种微胶囊相变蓄能材料分别命名为 MPCM1 ~ MPCM6。

表 3-45　石蜡微乳液和 TNBT 溶液的组成配比

材料名称	石蜡微乳液			钛酸四丁酯（TNBT）溶液	
	石蜡/g	去离子水/mL	SDS/g	TNBT/g	乙醇/g
MPCM1	20	300	3.5	25	80
MPCM2	25	300	3.5	25	80
MPCM3	30	300	3.5	25	80
MPCM4	35	300	3.5	25	80
MPCM5	30	300	3.5	25	60
MPCM6	30	300	3.5	25	100

2. 石蜡/二氧化钛微胶囊相变蓄能材料的微观结构

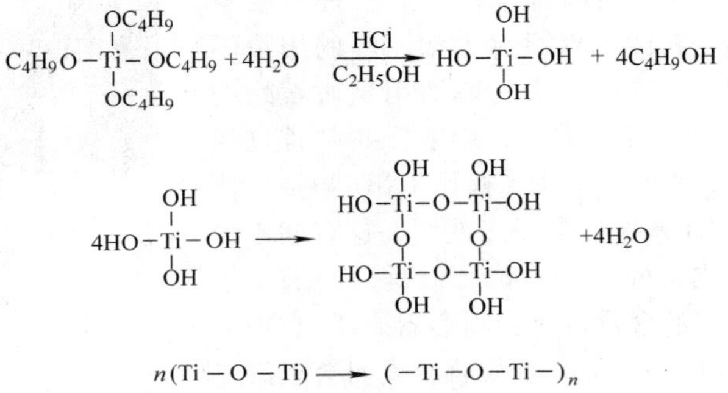

图 3-106 所示为石蜡/二氧化钛微胶囊相变蓄能材料扫描电镜照片，从图中可以看出，微胶囊为紧凑的球形结构，石蜡被包覆在二氧化钛外壳之中。在微胶囊表面可以观察到凹凸状结构，这是由于二氧化钛的密度比石蜡大，而二氧化钛凝胶的收缩系数较小，当微胶囊冷却时二氧化钛外壳出现收缩，产生了凹凸状表面。相应地，当微胶囊在工作过程中受热膨胀时，这些凹凸结构可以伸展开来充当预留的体积膨胀空间，可避免外壳破碎。因此，这种凹凸表面增强了微胶囊相变蓄能材料在相变过程中的结构稳定性。

图 3-105　TNBT 水解缩合反应原理图

由图 3-106 可知，随着制备过程中使用的 TNBT 质量的减小，微胶囊表面变得更均匀，沉积在微胶囊表面的二氧化钛团块变少。从图中还可以看到，MPCM6 微胶囊的表面较其他微胶囊更为均匀，这是由于在制备 MPCM6 的过程中，TNBT 溶液中无水乙醇的量最多，而无水乙醇可以降低 TNBT 水解缩聚反应的速率，当 TNBT 水解缩聚反应速率适当，且与二氧化钛低聚物互相成键，沉积到石蜡微乳液表面的速率相同时，就能得到外壳更为均匀的微胶囊相变蓄能材料。

3. 石蜡/二氧化钛微胶囊相变蓄能材料的相变特性

图 3-107 和图 3-108 所示为石蜡/二氧化钛微胶囊相变蓄能材料熔化过程和凝固过程曲线，表 3-46 所列为石蜡/二氧化钛微胶囊相变蓄能材料熔化过程和凝固过程参数。由表 3-46 可知，所制得的微胶囊相变蓄能材料 MPCM1 ~ MPCM6 的相变潜热值在 120.39 ~ 164.05kJ/kg 之间，相变温度在 55.43 ~ 59.54℃之间。而石蜡的熔化温度为 57.39℃，凝固温度为 54.53℃，与石蜡相比，MPCM1 ~ MPCM6 的熔化温度和凝固温度都高了 1 ~ 2℃。这是由于石蜡与二氧化钛外壳之间存在毛细作用和表面相互作用，导致被封装在二氧化钛外壳中的石蜡相变温度有所升高。从表 3-46 中还可以看出，与石蜡相比，MPCM1 ~ MPCM6 的凝固温度与熔化温度更为接近。这表明

采用微胶囊封装可使石蜡的过冷度变小，二氧化钛外壳在相变过程中可起到凝结核的作用。

表 3-46 中石蜡的质量分数可用下式计算得出

$$\eta = \frac{\Delta H_{\mathrm{MPCM}}}{\Delta H_{\mathrm{PCM}}} \times 100\% \qquad (3\text{-}16)$$

式中，η 是石蜡的质量分数；ΔH_{MPCM} 和 ΔH_{PCM} 分别是微胶囊相变蓄能材料和石蜡的熔化潜热。从表 3-46 中可以看出，石蜡的质量分数越高，微胶囊相变蓄能材料的相变潜热也越高。MPCM3、MPCM5 和 MPCM6 的石蜡质量分数分别为 80.2%、85.5% 和 81.5%，而制备过程中这三种微胶囊相变蓄能材料只有无水乙醇的用量不同，这说明无水乙醇的用量对石蜡的封装率有着重要的影响。在制备过程中，无水乙醇用来稀释 TNBT 溶液，使 TNBT 水解速度得以变缓，这有利于二氧化钛外壳的形成。但是，如果无水乙醇的含量过多，则会阻碍 Ti（OH）$_x$（OR）$_{4-x}$ 单聚体的聚合，反而会阻碍二

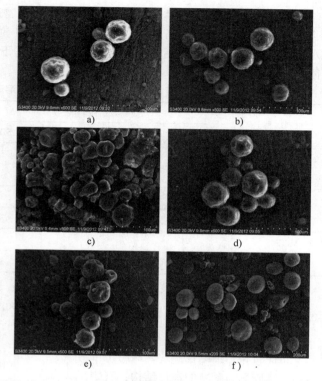

图 3-106　石蜡/二氧化钛微胶囊相变蓄能材料扫描电镜照片
a）MPCM1　b）MPCM2　c）MPCM3
d）MPCM4　e）MPCM5　f）MPCM6

氧化钛外壳的形成，故可通过调节无水乙醇的浓度使得水解速率与聚合速率相近，这样才能形成良好的二氧化钛外壳，提高微胶囊相变蓄能材料的封装率。

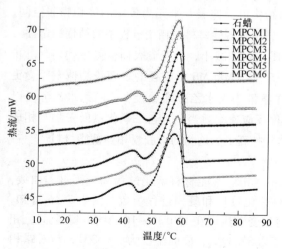

图 3-107　石蜡/二氧化钛微胶囊相变蓄能材料熔化过程曲线

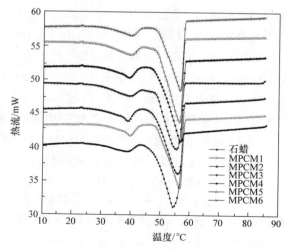

图 3-108　石蜡/二氧化钛微胶囊相变蓄能材料凝固过程曲线

表 3-46 石蜡/二氧化钛微胶囊相变蓄能材料熔化过程和凝固过程参数

材料名称	熔化过程		凝固过程		石蜡质量分数（%）
	温度/℃	潜热/(kJ/kg)	温度/℃	潜热/(kJ/kg)	
石蜡	57.39	188.35	54.53	178.69	100
MPCM1	58.52	137.18	56.73	120.39	72.8
MPCM2	59.22	142.85	56.04	132.31	75.8
MPCM3	59.54	151.04	55.43	136.76	80.2
MPCM4	58.60	164.05	56.77	147.18	87.1
MPCM5	58.84	161.07	56.50	144.62	85.5
MPCM6	58.67	153.58	56.57	140.85	81.5

4. 石蜡/二氧化钛微胶囊相变蓄能材料的热稳定性

图 3-109 和图 3-110 所示分别为石蜡/二氧化钛微胶囊相变蓄能材料热降解曲线和热降解速率曲线，表 3-47 所列为石蜡/二氧化钛微胶囊相变蓄能材料热降解参数。从图 3-109 中可以看出，石蜡的降解是一步过程，降解从 240℃ 左右开始，在 300℃ 时降解速率达到峰值，到 330℃ 时已接近完全降解。微胶囊相变蓄能材料的降解过程与石蜡相似，这是由于微胶囊相变蓄能材料的降解主要是芯材石蜡的降解。微胶囊相变蓄能材料热降解曲线较石蜡平缓一些，这是因为二氧化钛外壳不仅是一个物理保护层，还可以防止降解过程中产生的气态物质逸出，起到一定的保护作用，对降解有一定的抑制作用。在实际应用中，二氧化钛外壳也可阻止可燃的相变蓄能材料向气相转变，从而降低其可燃性。

从表 3-47 中可以看出，降解过程中的质量损失与微胶囊中石蜡的封装率十分接近。这是由于微胶囊的质量损失主要来自芯材石蜡的热分解。所有微胶囊的起始分解温度均在 200℃ 以上，而该微胶囊相变蓄能材料的工作温度区间通常为 40~80℃，故石蜡/二氧化钛微胶囊相变蓄能材料具有较好的热稳定性。

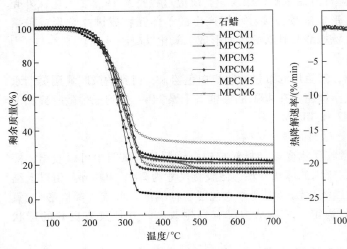

图 3-109 石蜡/二氧化钛微胶囊相变
蓄能材料热降解曲线

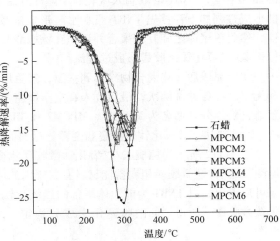

图 3-110 石蜡/二氧化钛微胶囊相变
蓄能材料热降解速率曲线

表 3-47   石蜡/二氧化钛微胶囊相变蓄能材料热降解参数

材料名称	起始降解温度/℃	峰值降解温度/℃	剩余质量（%）（700℃）
石蜡	248.3	298.5	100
MPCM1	250.9	313.0	69.3
MPCM2	247.0	317.7	78.3
MPCM3	228.2	321.8	79.9
MPCM4	230.8	313.7	85.2
MPCM5	239.1	318.0	83.0
MPCM6	237.9	325.4	83.2

（四）棕榈酸/二氧化钛微胶囊相变蓄能材料

1. 棕榈酸/二氧化钛微胶囊相变蓄能材料的制备

先取一定比例的棕榈酸、十二烷基硫酸钠（SDS）加入烧杯中的去离子水中，三者的组成配比见表 3-48。为了形成微乳液，将该混合液用恒温水浴加热至 75℃，并用磁力搅拌器以 1000r/min 的转速持续搅拌 40min。在乳化剂 SDS 的作用下，棕榈酸被均匀地分散到去离子水中，形成油/水（O/W）微乳液，然后滴入适量的盐酸，将 pH 值调节到 2～3。

表 3-48   棕榈酸微乳液和 TNBT 溶液的组成配比

材料名称	棕榈酸微乳液			钛酸正四丁酯（TNBT）溶液	
	棕榈酸/g	去离子水/mL	SDS/g	TNBT/g	无水乙醇/g
MPCM1	20	300	3.5	25	80
MPCM2	15	300	2.5	25	80
MPCM3	15	300	2.5	25	100

在另一个烧杯中，将钛酸正四丁酯（TNBT）与一定量的无水乙醇混合形成溶液，然后将该溶液逐滴滴加到棕榈酸微乳液中。与此同时，使棕榈酸微乳液保持 800r/min 的搅拌转速和 75℃ 的加热温度，TNBT 溶液滴入微乳液中随即开始水解缩聚反应，反应过程持续 1h。二氧化钛外壳的形成过程如下：首先 TNBT 遇水水解形成溶胶，接着水解产生的单体互相成键缩合形成单聚体，然后单聚体之间互相聚合并沉积在棕榈酸微乳液的表面形成二氧化钛凝胶外壳。图 3-111 为棕榈酸/二氧化钛微胶囊形成过程流程图。

反应完成后，将混合物冷却到室温，然后用滤纸过滤收集白色粉末，得到的微胶囊用蒸馏水和无水乙醇各冲洗两次，最后放入真空干燥箱中在 45℃ 的温度下干燥 24h，得到三种微胶囊相变蓄能材料，分别命名为 MPCM1、MPCM2 和 MPCM3。

2. 棕榈酸/二氧化钛微胶囊相变蓄能材料的微观结构

图 3-112 所示为棕榈酸/二氧化钛微胶囊相变蓄能材料扫描电镜照片。从图中可以看出，棕榈酸/二氧化钛微胶囊相变蓄能材料有着规则的球状外观，微胶囊尺寸为 200～400nm。由以上结果可以得出，以 TNBT 为前驱体制备的二氧化钛以物理方式包覆了棕榈酸，形成了棕榈酸/二氧化钛微胶囊，所得到的微胶囊化学成分稳定、晶体结构没有发生改变，并且具有良好的球状形态。

3. 棕榈酸/二氧化钛微胶囊相变蓄能材料的相变特性

图 3-113 和图 3-114 所示为棕榈酸/二氧化钛微胶囊相变蓄能材料熔化过程和凝固过程曲线，表 3-49 列出了其熔化过程和凝固过程参数。从表 3-49 中可以看出，棕榈酸的熔化温度为 62.6℃，

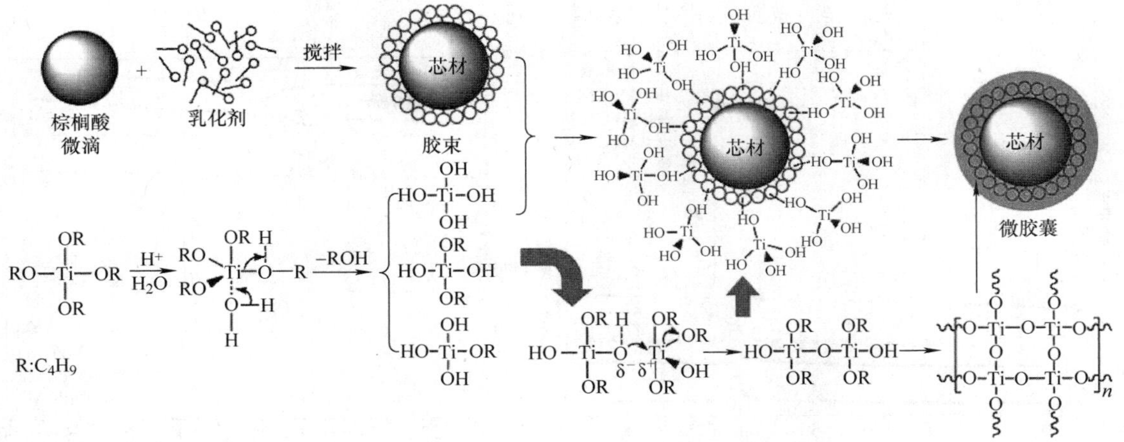

图 3-111　棕榈酸/二氧化钛微胶囊形成过程流程图

熔化潜热为 208.5kJ/kg，凝固温度为 60.5℃，凝固潜热为 207.4kJ/kg。MPCM1 的熔化温度为 61.7℃，熔化潜热为 63.3kJ/kg，凝固温度为 56.7kJ/kg，凝固潜热为 47.1kJ/kg。从图 3-113 和图 3-114 中可以看出，MPCM1 的相变特性与棕榈酸最为接近，三种微胶囊相变蓄能材料的熔化温度和凝固温度都比棕榈酸低，这个现象是由吉布斯-汤姆森效应引起的。根据吉布斯-汤姆森热力学方程，对于限制在多孔或狭小环境里的相变材料而言，其相变温度的变化可用下式描述

$$\Delta T = T - T_0 = \frac{2\Delta\sigma v T_0}{H_f R} \qquad (3-17)$$

图 3-112　棕榈酸/二氧化钛微胶囊相变蓄能材料扫描电镜照片

a) MPCM1（×20000）　b) MPCM2（×20000）

c) MPCM3（×20000）　d) MPCM1（×5000）

式中，T 是微胶囊相变蓄能材料的相变温度；T_0 是棕榈酸的相变温度；v 是气相物质的摩尔体积；H_f 是棕榈酸的熔化潜热；R 是多孔结构中孔的半径；$\Delta\sigma$ 是固相界面能与液相界面能之差。

由上式可以看出，相变温度偏移的符号取决于固相界面能与液相界面能之差，对于棕榈酸/二氧化钛微胶囊相变蓄能材料而言，该效应导致微胶囊中棕榈酸的相变温度降低。

微胶囊相变蓄能材料的相变潜热比棕榈酸小，这是由于在微胶囊中只有棕榈酸吸热或放热，二氧化钛外壳并没有蓄热能力，故微胶囊中棕榈酸的含量越高，微胶囊的蓄热能力越强。微胶囊中棕榈酸的质量分数见表 3-49，其在 MPCM1、MPCM2 和 MPCM3 三种微胶囊的质量分数分别为 30.4%、11.1% 和 15.9%。对于 MPCM2 和 MPCM3 而言，质量分数的差异是由制备过程中 TNBT 溶液中无水乙醇的浓度差异引起的，这说明无水乙醇的浓度对微胶囊的封装率会产生影响。这是由于无水乙醇可以稀释 TNBT 溶液，防止 TNBT 水解速率过快，这有利于二氧化钛外壳的形成。但是，如果无水乙醇的含量过多，则会阻碍 $Ti(OH)_x(OR)_{4-x}$ 单聚体的聚合，反而阻碍了二氧化钛外壳的形成。可以通过调节无水乙醇的浓度使得水解速度与聚合速度相近，这样能形成良好

的二氧化钛外壳，从而提高微胶囊相变蓄能材料的封装率。

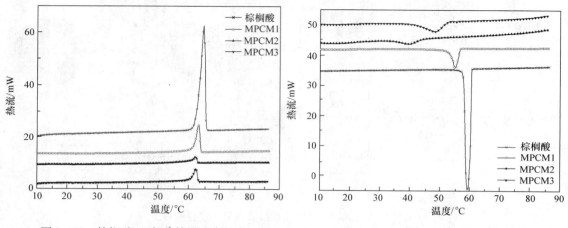

图3-113　棕榈酸/二氧化钛微胶囊相变
蓄能材料熔化过程曲线

图3-114　棕榈酸/二氧化钛微胶囊相变
蓄能材料凝固过程曲线

表3-49　棕榈酸/二氧化钛微胶囊相变蓄能材料熔化过程和凝固过程参数

材料名称	熔化过程		凝固过程		棕榈酸质量分数（%）
	温度/℃	潜热/(kJ/kg)	温度/℃	潜热/(kJ/kg)	
棕榈酸	62.6	208.5	60.5	207.4	100
MPCM1	61.7	63.3	56.7	47.1	30.4
MPCM2	60.7	23.2	44.2	7.2	11.1
MPCM3	60.7	33.1	51.8	16.2	15.9

4. 棕榈酸/二氧化钛微胶囊相变蓄能材料的热稳定性

图3-115和图3-116所示为棕榈酸/二氧化钛微胶囊相变蓄能材料热降解曲线和热降解速率曲线，表3-50列出了棕榈酸/二氧化钛微胶囊相变蓄能材料热降解参数。从图3-115中可以看出，棕榈酸的质量损失是从220℃开始到270℃结束，棕榈酸的热降解曲线非常陡，并且其降解过程是一步降解过程，这是由于其分子结构是链状结构，分解温度较低的缘故。对于三种微胶囊相变蓄能材料，

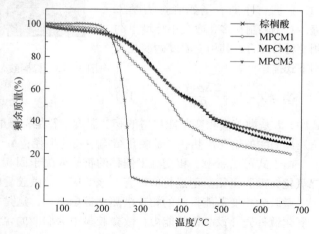

图3-115　棕榈酸/二氧化钛微胶囊相变蓄能材料热降解曲线

其热降解过程分为两步：第一步降解发生在230~400℃之间，对应于棕榈酸的热分解；第二步质量损失发生在400~500℃之间，对应于二氧化钛凝胶的热降解和二氧化钛晶型由无定形状态向锐钛矿相的转变。在第一步热降解过程中，三种微胶囊相变蓄能材料的第一步降解温度为316.0℃、313.4℃和302.2℃，比棕榈酸热的265.3℃高出很多，这意味着二氧化钛外壳可以抑制棕榈酸的降解。在棕榈酸/二氧化钛微胶囊相

变蓄能材料的工作温度范围内，其质量损失低于 2.7%。这些结果表明，将棕榈酸封装在二氧化钛外壳内，可以有效地提高其热稳定性，并且可以降低其可燃性。

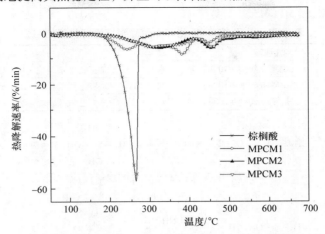

图 3-116　棕榈酸/二氧化钛微胶囊相变蓄能材料热降解速率曲线

表 3-50　棕榈酸/二氧化钛微胶囊相变蓄能材料热降解参数

材料名称	第一步降解温度/℃	第二步降解温度/℃	剩余质量（%）（670℃）
棕榈酸	265.3	—	1.9
MPCM1	316.0	448.5	21.0
MPCM2	313.4	455.6	27.2
MPCM3	302.2	460.1	30.6

（五）十八烷/二氧化硅微胶囊相变蓄能材料

1. 十八烷/二氧化硅微胶囊相变蓄能材料的制备

十八烷/二氧化硅微胶囊相变蓄能材料采用界面聚合法中的溶胶凝胶法制备而成，它是利用能进行缩聚反应的高活性化合物作为前驱体在溶剂中发生水解、缩聚反应，形成稳定的胶体溶液并慢慢地凝聚成具有网状结构的凝胶的。凝胶包覆住以小微粒形式分散到溶剂中的芯材，并形成具有固定形状的微胶囊。在该微胶囊相变蓄能材料中，十八烷用作蓄存热能的相变蓄能材料，甲基三乙氧基硅烷水解生成的二氧化硅凝胶作为外壁材料。二氧化硅凝胶作为外壁材料可以提高微胶囊相变蓄能材料的热稳定性，并阻止十八烷在相变过程中的流失。采用无机物作为外壁材料可以解决使用传统有机微胶囊外壳带来的易燃性和毒性等问题。

取 15g 十八烷、1g 十二烷基硫酸钠和 100mL 去离子水在烧杯中混合，然后置于磁力搅拌器上，以 800r/min 的转速在 45℃下加热搅拌 60min，使十八烷和水充分混合，形成稳定的油/水（O/W）乳浊液。

取不同质量比的甲基三乙氧基硅烷、无水乙醇和去离子水倒入烧杯中混合，并向烧杯中滴加盐酸使混合物的 pH 值保持在 2~3，甲基三乙氧基硅烷、无水乙醇和去离子水的质量比见表 3-51。加入盐酸后，将烧杯置于磁力搅拌器上以 400r/min 的转速在 45℃下加热搅拌 20min，甲基三乙氧基硅烷在无水乙醇的催化和酸性条件下发生水解反应，形成微胶囊前驱体的硅酸甲酯溶胶溶液，反应方程如图 3-117 所示。然后向十八烷/水乳浊液中滴加氨水，调节乳浊液的 pH 值至 9~10；并将乳浊液的搅拌速度调整为 300r/min，加热温度保持不变。将溶胶溶液逐滴滴入持续加热搅拌的乳浊液中反应 2h，在这个反应过程中，硅酸甲酯先在碱性环境下进行缩合反应形成硅酸凝胶，然后硅酸凝胶聚合生成二氧化硅外壳包覆在十八烷微小液滴上形成微胶囊，其反应方程如图 3-118 和图 3-119 所示。最后，对烧杯中的混合物进行过滤、水洗等处理后置于真空干燥箱中，采用 45℃的温度干燥 24h，所制得的三种十八烷/二氧化硅微胶囊相变蓄能材料分别命名为 MPCM1、MPCM2 和 MPCM3。

表 3-51　十八烷/二氧化硅微胶囊相变蓄能材料的组分

材料名称	乳浊液	水解液
MPCM1	15g 十八烷 +1g 十二烷基硫酸钠 +100mL 去离子水	15g 甲基三乙氧基硅烷 +15g 无水乙醇 +25mL 去离子水
MPCM2	15g 十八烷 +1g 十二烷基硫酸钠 +100mL 去离子水	20g 甲基三乙氧基硅烷 +20g 无水乙醇 +30mL 去离子水
MPCM3	15g 十八烷 +1g 十二烷基硫酸钠 +100mL 去离子水	25g 甲基三乙氧基硅烷 +25g 无水乙醇 +40mL 去离子水

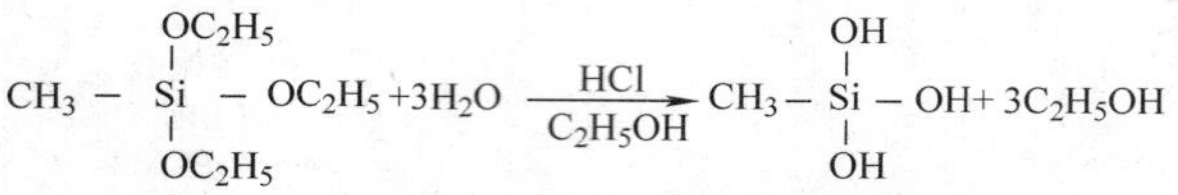

图 3-117　甲基三乙氧基硅烷的水解反应方程

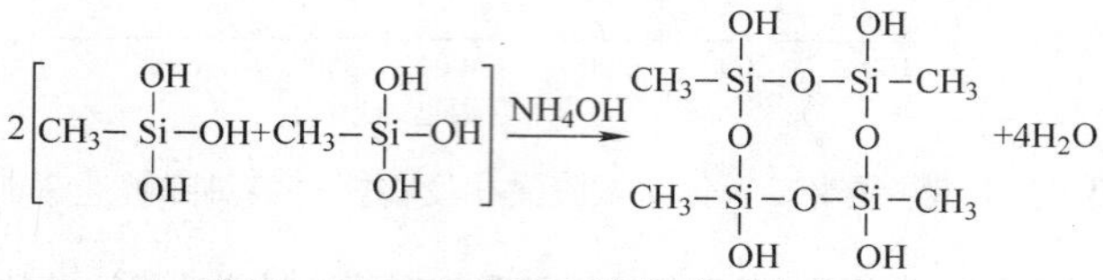

图 3-118　硅酸甲酯的缩合反应方程

$$n\,(\mathrm{Si-O-Si}) \longrightarrow (\mathrm{-Si-O-Si-})_n$$

图 3-119　硅酸凝胶的聚合反应方程

2. 十八烷/二氧化硅微胶囊相变蓄能材料的微观结构

图 3-120 所示为十八烷/二氧化硅微胶囊相变蓄能材料扫描电镜照片，图 3-120a、b 所示为 MPCM1 的全景图像和单个微胶囊图像，图 3-120c、d 所示为 MPCM2 的全景图像和单个微胶囊图像，图 3-120e、f 所示为 MPCM3 的全景图像和单个微胶囊图像。从图 3-120 中可以看出，二氧化硅凝胶很好地包覆了十八烷，形成了粒径为 500nm ~ 2μm 的球形微胶囊，较好地起到了防止十八烷泄漏的作用。对比图 3-120b、d 和 f 可以看出，MPCM3 微胶囊外壳的表面比 MPCM1 和 MPCM2 微胶囊外壳的表面更为粗糙，这是由于制备 MPCM3 时，用于水解的甲基三乙氧基硅烷的质量分数更高，生成了较多的二氧化硅聚集到了微胶囊外壳的表面。

3. 十八烷/二氧化硅微胶囊相变蓄能材料的相变特性

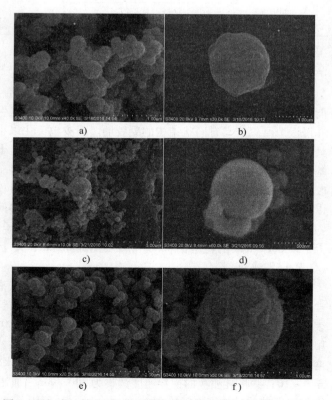

图 3-120　十八烷/二氧化硅微胶囊相变蓄能材料扫描电镜照片
a)、b) MPCM1　c)、d) MPCM2　e)、f) MPCM3

图 3-121 和图 3-122 所示为十八烷/二氧化硅微胶囊相变蓄能材料熔化过程和凝固过程曲线，表 3-52 列出了十八烷/二氧化硅微胶囊相变蓄能材料熔化过程和凝固过程参数。由表 3-52 可知，十八烷、MPCM1、MPCM2 和 MPCM3 的熔化温度分别为 28.53℃、28.32℃、28.22℃ 和 28.23℃，凝固温度分别为 25.65℃、26.22℃、27.04℃ 和 26.41℃。可以看出，由于二氧化硅外壳和十八烷分子发生协同效应，微胶囊相变蓄能材料的熔化温度与十八烷的熔化温度相比均有不同程度的降低。

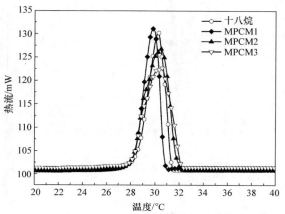

图 3-121 十八烷/二氧化硅微胶囊相变
蓄能材料熔化过程曲线

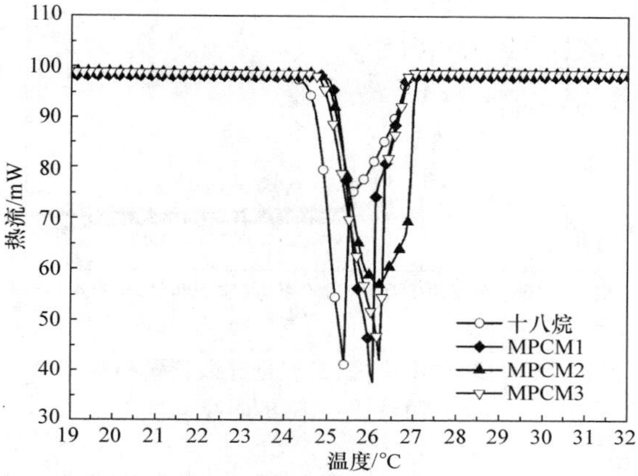

图 3-122 十八烷/二氧化硅微胶囊相变
蓄能材料凝固过程曲线

表 3-52 十八烷/二氧化硅微胶囊相变蓄能材料熔化过程和凝固过程参数

材料名称	熔化过程		凝固过程	
	熔化温度/℃	潜热/(kJ/kg)	凝固温度/℃	潜热/(kJ/kg)
MPCM1	28.32	227.66	26.22	226.26
MPCM2	28.22	221.20	27.04	218.18
MPCM3	28.23	191.99	26.41	188.22
十八烷	28.53	239.32	25.65	237.63

通过计算可以得知，十八烷的熔化温度和凝固温度的差值为 2.88℃，而 MPCM1、MPCM2 和 MPCM3 的熔化温度和凝固温度的差值分别为 2.1℃、1.18℃ 和 1.82℃。这表明二氧化硅外壳促进了十八烷在凝固过程中的成核，降低了微胶囊相变蓄能材料的过冷度。

由于在微胶囊相变蓄能材料中，只有作为芯材的十八烷起到吸收和释放能量的作用，因此，十八烷在微胶囊相变蓄能材料中的质量分数越高，其蓄存能量的能力就越强。由表 3-52 可知，MPCM1 的相变潜热高于 MPCM2 和 MPCM3 的相变潜热，这是由于 MPCM2 和 MPCM3 在制备过程中，用于水解的甲基三乙氧基硅烷的质量分数 MPCM1 高，生成了较多的二氧化硅聚集到了微胶囊外壳表面，降低了微胶囊蓄存热量的能力。因此，MPCM1 被选为合适的微胶囊相变蓄能材料。

4. 十八烷/二氧化硅微胶囊相变蓄能材料的热稳定性

图 3-123 和图 3-124 所示分别为十八烷/二氧化硅微胶囊相变蓄能材料热降解曲线和热降解速率曲线，表 3-53 所列为十八烷/二氧化硅微胶囊相变蓄能材料热降解参数。图 3-124 表明十八烷只有一个在 150～250℃ 之间的质量损失过程，这个过程对应于十八烷分子链的热分解；而 MPCM1、MPCM2 和 MPCM3 有两个质量损失过程，第一个同样对应于十八烷分子链的热分解过

程，第二个在 550 ~ 700℃ 之间的质量损失过程对应于二氧化硅外壳中 Si – OH 键的缩合过程。由图 3-124 可以看出，在十八烷/二氧化硅微胶囊相变蓄能材料的工作温度范围内（80℃ 以下），其质量损失不足 0.1%，说明该材料具有良好的热稳定性，可以应用于能量蓄储等领域。

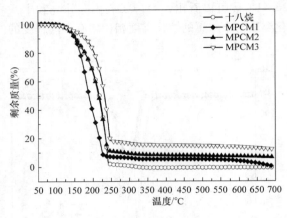

图 3-123　十八烷/二氧化硅微胶囊相变
蓄能材料热降解曲线

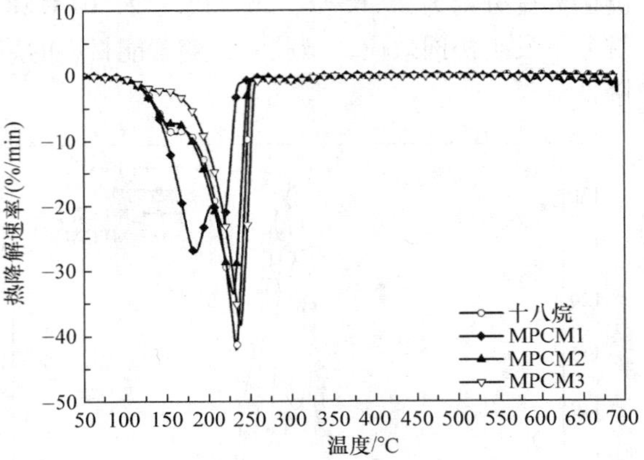

图 3-124　十八烷/二氧化硅微胶囊相变
蓄能材料热降解速率曲线

表 3-53　十八烷/二氧化硅微胶囊相变蓄能材料热降解参数

材料名称	最大质量损失温度/℃	剩余质量（%）（700℃）
十八烷	233.70	0
MPCM1	217.20	6.90
MPCM2	229.32	8.36
MPCM3	237.85	15.43

四、相变微胶囊溶液的换热特性

在各种换热系统中，利用流体对流换热是最常用的换热方法。由于液体的导热性能、密度、比热容等均较空气高，因此，采用液体对流换热是解决设备热交换的有效方法。各种研究表明，液体对流换热满足下列方程

$$Q = \rho V C_p \Delta t_f \qquad Nu \propto C_p^n \tag{3-18}$$

式中，Q 是换热量；ρ 是流体密度；V 是流体的体积流量；C_p 是流体的比热容；Δt_f 是流体进、出口温度差；Nu 是流体的努赛尔数。

功能热流体大致可以分为两类，即显热类和潜热类。根据式（3-18）可知，提高流体的比热容可以有效地提高流体对流换热性能，降低流体的运行温度、流量，循环泵功耗等也可随之降低。潜热型功能流体是由相变材料颗粒和单相流体构成的一种固液两相流体。由于相变材料在相变过程中吸收或释放大量的潜热，因此流体的比热容得到提高，从而起到了提高流体换热性能的目的。潜热型功能流体主要分两种：潜热微乳剂和微胶囊溶液。

（1）潜热微乳剂　多数相变材料是非水溶性的，和水不相溶，它和水可以构成特殊的功能性流体。将相变材料颗粒混入水中，加入表面活性剂，便可以形成稳定的潜热微乳剂，其中相变材料为颗粒相，水为连续相。界面活性剂可以防止颗粒之间的聚合，颗粒尺寸可达到微米级。

（2）微胶囊溶液　将微胶囊颗粒与载流体混合，制备成相变微胶囊溶液。微胶囊颗粒直径为微米级，可以较为稳定地悬浮在载流体之中，还可加入一些表面活性剂来增强悬浮效果。由于潜热型微乳剂在相变过程中相变材料颗粒会发生凝集现象，在流动换热过程中，凝固时相变材料

会凝固在管壁上，这既阻碍了流体的流动，又降低了换热性能。而微胶囊溶液中的相变材料由于有壳材的保护，颗粒之间不会发生凝集，也不会凝固在管壁上。相变微胶囊材料还可以作为一种蓄热材料，这种集蓄热和强化传热功能于一身的工作介质可以在多个领域中获得广泛应用。因此，相变微胶囊溶液作为一种理想的换热流体得到了越来越多的关注和研究。

（一）相变微胶囊溶液的热学特性

相变微胶囊溶液的热学特性与相变材料和单相流体都不相同。一般说来，以下几个参数对于溶液的换热最为重要，分别是密度、热导率、比热容和黏度。

1. 微胶囊溶液的密度

根据质量守恒定律，可得到

$$\rho_p = \frac{1}{\alpha_{m,c}/\rho_c + (1 - \alpha_{m,c})/\rho_s} \tag{3-19}$$

$$\rho_b = \frac{1}{\alpha_{m,p}/\rho_p + (1 - \alpha_{m,p})/\rho_f} \tag{3-20}$$

式中，ρ_p 是微胶囊的密度；ρ_c 是芯材的密度；ρ_s 是壳材的密度；$\alpha_{m,c}$ 是芯材在微胶囊中的质量分数；ρ_b 是微胶囊溶液的密度；ρ_f 是载流体的密度；$\alpha_{m,p}$ 是溶液中微胶囊的质量分数。

在制备微胶囊悬浮液的过程中，为了保证微胶囊溶液的稳定性，微胶囊材料的密度和载流体的密度近似相等，且质量分数 α_m 和体积分数 α 近似相等。尽管相变材料在相变过程中的密度变化为 10% ~ 15%，但在低体积分数情况下，微胶囊溶液的密度变化一般不大于 1% ~ 2%。因此，微胶囊溶液的密度依然可以作为常数处理。

2. 微胶囊溶液的比热容

微胶囊溶液的比热容对换热性能影响较大，而且在相变过程中吸收或释放大量的热量，故应当考虑其比热容的影响。

根据能量守恒定律，可以得到下式

$$c_p = \alpha_{m,c}c_c + (1 - \alpha_{m,c})c_s \tag{3-21}$$

$$c_b = \alpha_{m,p}c_p + (1 - \alpha_{m,p})c_f \tag{3-22}$$

式中，c_p 是微胶囊的比热容；c_c 是芯材的比热容；c_s 是壳材的比热容；c_b 是微胶囊溶液的比热容；c_f 是载流体的比热容。

尽管相变材料在液相和固相时的比热容不同，但与密度一样，在质量分数较低的情况下，溶液的比热容变化不大，因此也可以作为一个常量来处理。

在建立理论模型时，假设相变材料的相变过程是在一个相变温度区间内进行的，而相变过程中的比热容 c 定义如下

$$Q = \int_{T_l}^{T_h} c\,\mathrm{d}T \tag{3-23}$$

式中，Q 是相变材料的相变潜热。一些研究结果表明，相变材料在相变过程中比热容随温度变化的曲线形状对换热过程的影响并不大。因此，相变区间内的有效比热容 c_e 可用下式表示

$$c_e = c_b + \frac{Q}{T_h - T_l} \tag{3-24}$$

式中，T_h 是相变温度上限；T_l 是相变温度下限。

因此在整个换热过程中，微胶囊溶液的比热容可表示如下

$$\begin{cases} c_e = c_b & T_i < T < T_l \\ c_e = c_b + \dfrac{Q}{T_h - T_l} & T_l \leqslant T \leqslant T_h \\ c_e = c_b & T_h < T < T_o \end{cases} \tag{3-25}$$

3. 微胶囊溶液的热导率

微胶囊的热导率可以根据球模型按下式计算

$$\frac{1}{\kappa_p d_p} = \frac{1}{\kappa_c d_c} + \frac{d_p - d_c}{\kappa_s d_p d_c} \tag{3-26}$$

$$\left(\frac{d_p}{d_c}\right)^3 = 1 + \frac{\rho_c (1 - \alpha_{m,c})}{\rho_s \alpha_{m,c}} \tag{3-27}$$

式中，k_p 是微胶囊的热导率；κ_c 是芯材的热导率；κ_s 是壳材的热导率；d_p 是微胶囊的直径；d_c 是芯材的直径。

微胶囊溶液的热导率通过麦克斯韦关系式计算

$$\kappa_b = \kappa_f \frac{2 + \kappa_p/\kappa_f + 2\alpha(\kappa_p/\kappa_f - 1)}{2 + \kappa_p/\kappa_f - \alpha(\kappa_p/\kappa_f - 1)} \tag{3-28}$$

式中，κ_b 是微胶囊溶液的热导率；κ_f 是载流体的热导率。

但是，微胶囊溶液在流动过程中的换热系数要比通过麦克斯韦关系式计算得到的值大，这是由于在流动过程中，微胶囊颗粒与流体之间的相互扰动增强了流体的换热性能。微胶囊溶液换热性能的增强和微胶囊颗粒尺寸、流体流动的剪切率、热扩散系数以及溶液的浓度等有关。因此，流动过程中有效热导率可通过系数 f 进行修正

$$f = 1 + B\alpha Pe_p^m = 1 + B\alpha 8^m \left[Pe_f^m \left(\frac{r_p}{r_0}\right)^2 \right]^m \left(\frac{r}{r_0}\right)^m \tag{3-29}$$

$$\kappa_e = \kappa_b f \tag{3-30}$$

$$\begin{cases} B = 3.0 \quad m = 1.5, & Pe_p < 0.67 \\ B = 1.8 \quad m = 0.18, & 0.67 \leqslant Pe_p \leqslant 250 \\ B = 3.0 \quad m = \dfrac{1}{11}, & Pe_p > 250 \end{cases} \tag{3-31}$$

式中，$Pe_f = Re_f Pr_f$ 是微胶囊溶液中载流体的贝克莱数；r_p 是微胶囊半径；r_0 是圆管半径；r 是微胶囊到圆管中心的距离。

4. 微胶囊溶液的黏度

微胶囊溶液的黏度在分析其流动过程和压降时是重要的参数。随着压降的上升，泵功率会增加，这对微胶囊溶液的实际应用是不利的。微胶囊溶液的黏度受到几个参数的影响，如载流体的黏度、微胶囊溶液的浓度、微胶囊尺寸以及微胶囊表面的粗糙程度等。一些研究结果表明，当微胶囊溶液的浓度从5%增加到30%时，微胶囊溶液的黏度是水的1.2～11倍。当微胶囊溶液的体积分数不是很高（小于37%）时，可以视微胶囊溶液为均匀流体，其黏度可用下式计算

$$\frac{\eta_b}{\eta_f} = (1 - \alpha - A\alpha^2)^{-2.5} \tag{3-32}$$

式中，η_b 是微胶囊溶液的黏度；η_f 是载流体的黏度；A 是一个与微胶囊的材料、尺寸、形状及硬度等相关的参数。Mulligan 等人对颗粒尺寸为 $10\sim30\mu m$ 的微胶囊溶液进行了研究，得到 $A = 3.4$。Wang 等人对不同浓度的溴代十六烷微胶囊溶液进行了研究，得到 $A = 4.45$，其中微胶囊的平均尺寸大约为 $10.112\mu m$。Yamagishi 等人研究了十八烷微胶囊溶液的黏度，其中微胶囊的平均直径为 $6.3\mu m$，在微胶囊的体积分数低于20%的情况下，得到 $A = 3.7$。

当微胶囊溶液的体积分数低于30%时，通常可以把微胶囊溶液视为牛顿流体。Yamagishi 等人对芯材为十四烷和十二烷的微胶囊及其微胶囊溶液分别做了研究和测试，其结果如图 3-125 所示。由图中微胶囊溶液摩擦因数与雷诺数的关系可以看到，微胶囊溶液呈现出与牛顿流体相似的

特性。Yamagishi 等人的研究结果还指出，通过添加一些阴离子表面活性剂可以降低微胶囊溶液的黏度，尤其是当阴离子表面活性剂的质量分数较高时，微胶囊的形状和硬度会对微胶囊溶液的黏度产生影响。Wang 等人开展了关于微胶囊溶液流变特性的试验研究，研究结果表明，当微胶囊溶液的质量分数小于 27.6% 时，剪切力随着剪切速率线性增加。至于相变材料是处于固态还是液态对微胶囊溶液的流变特性没有影响，因为相变材料被固体外壳包覆，整个微球始终处于固体状态，所以溶液黏度在温度变化不大的情况下，即使发生相变也可认为是与温度独立的参数。

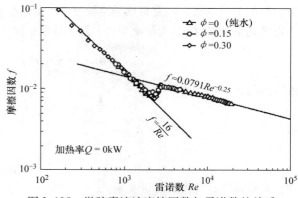

图 3-125　微胶囊溶液摩擦因数与雷诺数的关系
注：φ 为微胶囊溶液的体积分数。

5. 微胶囊溶液的稳定性

为了保证微胶囊溶液能够长久使用，其必须具有良好的稳定性。Ohtsubo 等人做了一系列试验来研究微胶囊破裂的原因，研究结果表明，随着微胶囊尺寸与微胶囊壳厚度的比例的增加，微胶囊的破碎率会提高。Yamagishi 等人对四种不同尺寸微胶囊颗粒进行的研究表明，较小尺寸的微胶囊更不容易破裂。Alvarado 等人研究了用明胶包覆十四烷的微胶囊，并指出为了保证微胶囊的稳定性，其尺寸应该小于 $10\mu m$，而试验结果也同样表明，微胶囊颗粒的稳定性随着颗粒尺寸的减小而得到了改善。Roy 等人分析了一系列尺寸在 $100 \sim 250\mu m$ 范围内的二十烷微胶囊的稳定性，研究结果表明，较小的和壳层较厚的微胶囊的稳定性能更好。还有许多研究工作则集中于微胶囊溶液在实际应用过程中的热力学和化学稳定性等方面的问题。Alkan 等人研究了二十二烷微胶囊溶液的热稳定性，研究结果表明在热力循环 5000 次之后，微胶囊溶液的热力学特性没有发生显著的变化。

（二）相变微胶囊溶液换热过程理论分析

换热流体在圆管中流动最为常见，为此，下面将分析相变微胶囊溶液在水平圆管中的流动换热过程。

为了简化分析，进行如下假设：

1）微胶囊溶液是均匀的牛顿流体，除了比热容之外，其余物理参数均认为是常量。

2）流动过程是充分发展的层流，所以径向流动可忽略。

3）微胶囊界面热阻可忽略。

4）进口温度低于相变材料的熔化温度。

5）轴向热传递和黏性耗散可忽略。

假设比热容是随温度变化的函数，那么在水平圆管中流动的控制方程为

$$u\frac{\partial T}{\partial z} + v\frac{\partial T}{\partial r} = \frac{1}{r\rho_b c_b}\frac{\partial}{\partial r}\left[r\kappa_e\left(\frac{\partial T}{\partial r}\right)\right] \tag{3-33}$$

式中，u 是轴向流速；v 是径向流速；z 是轴向距离；T 是溶液温度。

根据上述假设，上式可简化为

$$u\frac{\partial T}{\partial z} = \frac{1}{r\rho_b c_b}\frac{\partial}{\partial r}\left[r\kappa_e\left(\frac{\partial T}{\partial r}\right)\right] \tag{3-34}$$

边界条件为

$$T\mid_{z=0} = T_i, \frac{\partial T}{\partial r}\mid_{r=0} = 0, \frac{\partial T}{\partial r}\mid_{r=R} = \frac{q_w}{\kappa_{e,w}} \tag{3-35}$$

式中，T_i 是进口温度；q_w 是管壁的热流密度；$\kappa_{e,w}$ 是内管壁处溶液的热导率。

定义无量纲温度 θ、无量纲半径 r' 及无量纲轴向长度 z' 为

$$\theta = \frac{T - T_i}{q_w r_0 / \kappa_b}, r' = \frac{r}{r_0}, z' = \frac{z}{r_0} \tag{3-36}$$

层流流体的速度模型为

$$u = 2u_m \left(1 - r'^2 \right) \tag{3-37}$$

其中

$$u_m = \frac{m}{\pi r_0^2 \rho_b} \tag{3-38}$$

式中，m 是单位时间内的质量流量。

于是可以得到无量纲方程

$$Pe_b \left(1 - r'^2 \right) \frac{\partial \theta}{\partial z'} = \frac{1}{r'} \frac{\partial}{\partial r'} \left[r' f \left(\frac{\partial \theta}{\partial r'} \right) \right] \tag{3-39}$$

$$Pe_b = Re_b \, Pr_b = \frac{D u_m \rho_b c_b}{\kappa_b} \tag{3-40}$$

式中，D 是管直径。

无量纲边界条件为

$$\theta \big|_{z'=0} = 0, \frac{\partial \theta}{\partial r'} \big|_{r'=0} = 0, \frac{\partial \theta}{\partial r'} \big|_{r'=1} = \frac{1}{f_w} \tag{3-41}$$

式中，f_w 是管壁处的修正因子。

在相变微胶囊溶液流动换热过程中，相变材料分别经历三种状态：固态、固液混合态和液态。因此在换热过程中，溶液温度不是线性变化的。Choi 等人提出了"三段模型"来计算不同位置处的溶液温度：

第一段（固态区间）$L_1 = \dfrac{\dot{m} c_b \ \left(T_1 - T_{m,i} \right)}{q_w} L$

第二段（相变区间）$L_2 = L - L_1 - L_3$ $\tag{3-42}$

第三段（液态区间）$L_1 = \dfrac{\dot{m} c_b \ \left(T_{m,o} - T_h \right)}{q_w} L$

式中，$T_{m,i}$ 是进口处平均温度；$T_{m,o}$ 是出口处平均温度；T_1 是相变起始温度；T_h 是相变结束温度。

这样，平均温度即可表示如下

$$\begin{cases} T_m = T_i + \dfrac{T_1 - T_{m,i}}{L_1} z & 0 \leqslant z \leqslant L_1 \\[3mm] T_m = T_1 + \dfrac{T_h - T_1}{L_2} (z - L_1) & L_1 < z < L_1 + L_2 \\[3mm] T_m = T_h + \dfrac{T_{m,o} - T_h}{L_3} (z - L_1 - L_2) & L_1 + L_2 \leqslant z \leqslant L \end{cases} \tag{3-43}$$

式中，T_m 是溶液的平均温度。

衡量换热流体的换热效率时，采用如下参数：

换热系数
$$h_z = \frac{q_w}{T_w - T_z} \tag{3-44}$$

努赛尔数
$$Nu_z = \frac{h_z D}{\kappa_b} \qquad (3-45)$$

溶液无量纲温度 θ_z 及无量纲壁温 θ_w 　　$\theta_z = \frac{T_z - T_i}{q_w R / \kappa_b}, \theta_w = \frac{T_w - T_i}{q_w R / \kappa_b}$ 　　(3-46)

式中，T_w 是壁温。

（三）相变微胶囊溶液换热特性影响因素分析

与传统的单相显热流体相比，相变微胶囊溶液在换热过程中有更大的优点，由于其在相变过程中吸收或释放大量的潜热，使得有效比热容得到提高，而比热容越大，流体的换热性能越能够得到较大的改善。

Hu 等人研究了微胶囊溶液的强迫对流换热过程，重新修订了努赛尔数，因为描述单相流体换热过程的努赛尔数无法精确描述微胶囊溶液的换热过程。修正的努赛尔数是关于几个参数的方程，如史蒂芬数 Ste、雷诺数 Re、普朗特数 Pr、比热容和无量纲温度梯度等，但各个参数之间并不是完全相互独立的，一些参数与微胶囊和微胶囊溶液的特性有关。研究结果表明，Ste 和质量分数是影响微胶囊溶液换热性能的重要参数，过冷度、相变温度区间、微胶囊颗粒尺寸和 Re 等也对换热性能有影响。Zhao 等人研究了定热流密度下微胶囊溶液在圆管中的层流换热过程，其研究结果与 Hu 等人的研究结果相似。因此，Ste、质量分数、过冷度、相变温度区间、颗粒尺寸与管径之比和 Re 六个参数影响着微胶囊溶液的换热过程，其中 Ste、质量分数和颗粒尺寸是重要的影响参数。下面就这几个参数对换热过程的影响进行分析。

1. Ste 对换热特性的影响

Ste 是一个衡量微胶囊溶液显热与潜热之比的无量纲参数，其定义如下
$$Ste = c_e (q_w r / \kappa_b) / Q \qquad (3-47)$$

可见，Ste 对换热过程的影响主要是与相变过程相关联。Zeng 等人开展了微胶囊溶液的层流换热特性试验研究，结果表明 Ste 是影响努赛尔数 Nu 重要的参数。Zhang 等人对微胶囊溶液强化对流换热过程进行了分析，结果表明在相变过程中，换热效率的波动幅度和波动范围随着 Ste 的降低而增大。

2. 质量分数对换热特性的影响

根据式（3-28）和式（3-32）可知，质量分数影响微胶囊溶液的热导率和黏度。Mulligan 等人开展了微胶囊溶液换热特性的试验研究，其中微胶囊分别以十八烷、二十烷、十七烷和十二烷作为芯材，颗粒尺寸为 $10 \sim 30 \mu m$，研究结果表明，微胶囊溶液的比热容随着质量分数的增大而增加，换热效率得到明显改善。Yamagishi 等人对尺寸为 $2 \sim 10 \mu m$ 微胶囊溶液的紊流换热特性进行了研究，结果表明在高质量分数情况下，溶液流动状况由层流变为紊流，并且压降也降低了。Yamagishi 等人的试验数据表明，在相同的 Re 下，微胶囊溶液的换热效率随质量分数的增加而提高，如图 3-126 所示，随热流密度的增大而有所下降。Inaba 等人得到

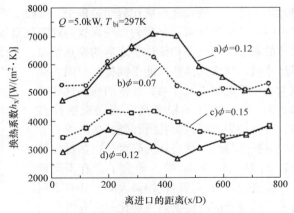

图 3-126　微胶囊溶液在不同 Re 和
质量分数条件下的换热效率
a）$Re_z = 9311 \sim 11020$，$\phi = 0.12$
b）$Re_z = 11094 \sim 12962$，$\phi = 0.07$
c）$Re_z = 5294 \sim 6329$，$\phi = 0.15$　d）$Re_z = 5488 \sim 6495$，$\phi = 0.12$

的试验结果表明，在微胶囊溶液层流换热过程中，随着大颗粒微胶囊质量分数的提高，传输热量和泵功率之比有所下降。因此，质量分数的提高对换热性能的改善既有有利的一面（即提高了溶液的比热容），也有不利的一面（即增加了溶液的黏度，增大了泵功耗）。

3. Re 对换热特性的影响

Re 是衡量微胶囊溶液紊乱程度的无量纲参数，溶液的紊动既可能提高流体的换热性能，也可能降低其换热性能。Roy 等人对相变材料微乳液进行了研究，试验结果表明，Re 对微乳液的换热特性有重要的影响。Inaba 等人对高浓度、大颗粒尺寸的微胶囊溶液进行了试验研究，研究结果表明，在紊流阶段，压降会随着 Re 的增加而减小；在层流阶段，压降则会随 Re 的增加而增大。Hu 等人研究了微胶囊溶液的强迫对流换热过程，研究结果表明，平均努赛尔数 Nu 随 Re 的增加而增加。Zeng 等人得到的结果表明，在微胶囊溶液换热过程中，无量纲温度会随着 Re 的增加而降低。

4. 过冷度及相变温度区间对换热特性的影响

过冷度是指相变材料在相变过程中熔化温度与凝固温度之差。经典成核理论解释了过冷度的物理机制，相变过程主要有两种成核机制：一种为均相成核机制，另一种为非均相成核机制。Montenegro 等人研究发现，均相成核的相变材料会导致较大的过冷度。Hu 等人的研究结果表明，当过冷度和相变温度区间都降低时，微胶囊溶液的换热性能会得到加强。Yamagishi 等人开展了一系列试验研究，结果表明当微胶囊颗粒尺寸小于 $100\mu m$ 时，过冷度和相变温度区间易随着颗粒尺寸的减小而增大；其研究结果还表明，选择与相变材料分子结构相似的成核剂添加到微胶囊中，可以有效降低材料的过冷度。Alvarado 等人以 94% 的十四烷和 6% 的十四酰作为芯材制备了微胶囊，试验结果表明，其过冷度可以得到明显降低，且随着十四酰含量的增加，其过冷度会进一步降低，同时相变潜热也会下降。Fan 等人制备了一系列的相变微胶囊，以十八烷为芯材，并分别以氯化钠、十八酰和石蜡为成核剂，研究结果表明，在一定浓度范围内，随着成核剂含量的增加，其过冷度显著下降。

5. 颗粒尺寸对换热特性的影响

根据式（3-26）可知，微胶囊颗粒尺寸也与微胶囊热导率有关，进而影响微胶囊溶液的导热性能。另外，微胶囊溶液在流动过程中，微胶囊颗粒会对载流体的流动产生扰动，因此，微胶囊可以通过对流体紊乱程度的影响来提高或降低微胶囊溶液的换热性能。Liu 等人研究了将不同尺寸的颗粒添加到单相流体中之后的换热情况，并指出存在一个临界尺寸，当颗粒大小大于该临界尺寸时，溶液的换热性能得到提高；而当颗粒大小小于此临界尺寸时，溶液的换热性能下降。Roy 等人开展了相变微乳液层流换热试验，研究结果表明，微乳液和微胶囊溶液有着相似的换热特性，并且认为壳对于换热过程没有显著的影响。Inaba 等人研究了含有不同尺寸微胶囊的溶液，其研究结果表明，含有不同尺寸的微胶囊溶液的换热性能比只含有单一尺寸微胶囊的溶液要好。另外，Zeng 等人的研究结果认为，微胶囊尺寸对溶液换热过程的影响与相变过程是独立的，且无量纲温度随着微胶囊颗粒尺寸的增大而降低，如图 3-127 所示。

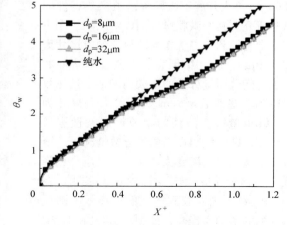

图 3-127　无量纲温度在不同颗粒尺寸下的变化

（四）相变微胶囊溶液层流换热特性模型分析

假设微胶囊溶液在水平圆管中流动，流动状态为定热流密度下的层流状态。相变材料在相变过程中的比热容变化采用三角形曲线，如图3-128所示。

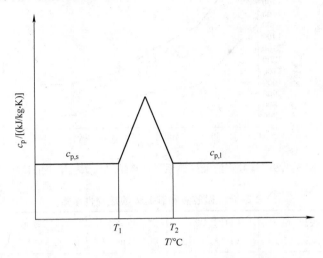

图3-128 相变材料在相变过程中的比热容变化曲线

因此，相变过程中的比热容可表示为

$$\begin{cases} c = c_b + \dfrac{4Q}{(T_h - T_1)^2}(T - T_1), T_1 < T < \dfrac{T_h + T_1}{2} \\ c = \dfrac{2Q}{T_h - T_1} - \dfrac{4Q}{(T_h - T_1)^2}\left(T - \dfrac{T_h + T_1}{2}\right), \dfrac{T_h + T_1}{2} \leq T < T_h \end{cases} \tag{3-48}$$

对于定热流密度层流的水换热过程，Shah 等人提出一个用来计算换热效率的关系式

$$Nu_z = 5.364\left[1 + \left(\dfrac{110z}{D\,Re_f\,Pr_f\,\pi}\right)^{-10/9}\right]^{3/10} - 1.0 \tag{3-49}$$

（五）相变微胶囊溶液层流换热特性

为了与试验结果进行比较，根据 Wang 等人的试验数据做了计算，微胶囊溶液的热物性参数见表3-54。

表3-54 微胶囊溶液的热物性参数

质量分数	密度 /(kg/m³)	比热容 /[kJ/(kg·℃)]	热导率 /[W/(m·℃)]	潜热 /(kJ/kg)	黏度 /mPa·s
0.158	1007	3.801	0.506	22.0	2.92

计算结果与试验结果的比较如图3-129所示，由图可知，试验结果与计算结果存在一定差距，但两者有相似的变化趋势。从该图可以看到，换热系数随着轴向距离的增加呈下降趋势。当 $70 < z/D < 120$ 时，换热系数略微上升，这说明相变过程开始发生，比热容增大；当 $120 \leq z/D < 160$ 时，换热系数的下降趋势变得明显，这表明相变过程结束，比热容下降。

在下面的计算中，微胶囊和载流体的热物性参数见表3-55，其中微胶囊以石蜡为相变材料，以二氧化硅为壳材。下面将分析 Ste、质量分数、相变温度区间和 Re 对换热系数和无量纲壁温的影响。

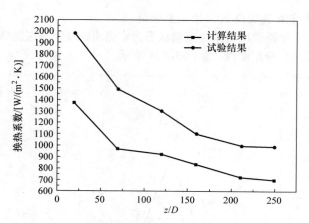

图 3-129　微胶囊溶液换热系数计算结果与试验结果的比较

表 3-55　微胶囊和载流体的热物性参数

材料	密度 /(kg/m³)	比热容 /[kJ/(kg·℃)]	热导率 /[W/(m·℃)]	黏度 /mPa·s	潜热 /(kJ/kg)
水	997	4.180	0.606	0.556×10^{-6}	—
微胶囊	983/838（固/液）	1.681/2.195（固/液）	0.215/0.147（固/液）	—	163

1. Ste 对换热特性的影响

图 3-130 和图 3-131 所示为 Ste 对无量纲壁温和换热系数的影响。Ste 是影响微胶囊溶液换热特性的重要参数，当 Ste 减小时，换热系数增大，同时无量纲壁温减小。从图 3-130 中可以看到，管壁温度在相变过程中大致保持为定值，当相变过程结束时由于比热容降低，管壁温度迅速上升。从图 3-131 中可以看到，在相变过程中换热系数迅速上升，而当相变过程结束时换热系数开始下降。较小的 Ste 意味着具有较大的潜热，也意味着具有较大的比热容，所以可以导致换热系数提高且使壁温下降。

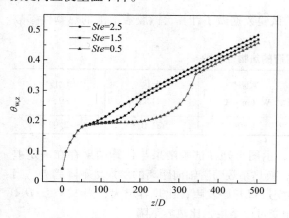

图 3-130　Ste 对无量纲壁温的影响
（$q_w = 7183 \text{W/m}^2$，$Mr = 0.074$，$ML = 0.063$，$Re = 1000$，$\alpha_m = 0.15$，$D = 10 \text{mm}$）

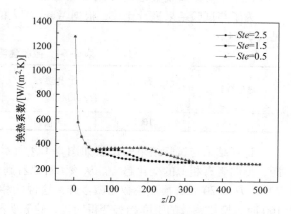

图 3-131　Ste 对换热系数的影响
（$q_w = 7183 \text{W/m}^2$，$Mr = 0.074$，$ML = 0.063$，$Re = 1000$，$\alpha_m = 0.15$，$D = 10 \text{mm}$）

2. 质量分数对换热特性的影响

图 3-132 和图 3-133 所示为质量分数对无量纲温度和换热系数的影响。因为质量分数既影响微胶囊溶液的热导率，也影响其比热容，所以质量分数是影响微胶囊溶液换热性能的另一个重要参数。随着微胶囊溶液质量分数的提高，溶液的比热容也增大。从图 3-132 中可以看到，管壁温度在相变过程发生后大致保持为定值，并随着相变过程的结束开始增大。同时也可看到，质量分数提高，管壁温度则明显下降，当质量分数从 5% 提高至 25% 时，管壁温度可以降低 50%。从图 3-133 中可知，当相变发生时，换热系数得到明显提升，而当相变过程结束时，换热系数开始下降；同时也可看到，微胶囊溶液的浓度增加，可明显提高其换热系数，尤其是在相变过程中。浓度的增加意味着相变材料含量的增加，因此相变过程对溶液换热特性的影响增加，但微胶囊溶液中的微胶囊颗粒在流动过程中会与载流体之间发生扰动，这也可提高其换热性能。因此，即使是在相变过程之外，随着微胶囊浓度的增加，无量纲温度也将较低。

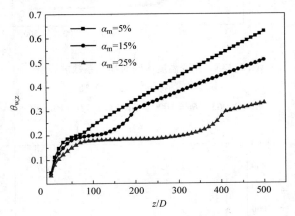

图 3-132 质量分数对无量纲温度的影响
（ $q_{\mathrm{w}} = 7183\mathrm{W/m^2}$ ， $Mr = 0.074$ ，
$ML = 0.063$ ， $Re = 1000$ ， $Ste = 1.5$ ， $D = 10\mathrm{mm}$ ）

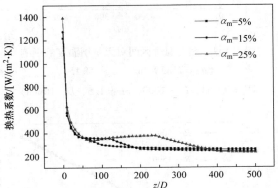

图 3-133 质量分数对换热系数的影响
（ $q_{\mathrm{w}} = 7183\mathrm{W/m^2}$ ， $Mr = 0.074$ ，
$ML = 0.063$ ， $Re = 1000$ ， $Ste = 1.5$ ， $D = 10\mathrm{mm}$ ）

3. 相变温度区间对换热特性的影响

图 3-134 和图 3-135 所示为相变温度区间（ Mr ）对无量纲温度和换热系数的影响。相变温度区间虽然也影响微胶囊溶液的换热过程，但从图中可以看到，其影响效果没有 Ste 和质量分数那么明显。相变温度区间只影响相变过程中的比热容平均值，在相变过程之外则没有明显的影响。从图 3-134 中可以看到，管壁温度在相变过程发生后大致保持为定值，并随着相变过程的结束开始增大。从图 3-135 中可以看到，当相变发生时，换热系数得到了提升，而当相变过程结束时，换热系数开始下降；且在相变过程中，较小的相变温度区间可以获得较大的换热系数。从式（3-48）可知，在相变过程中，较小的相变温度区间有相对较大的比热容，因此换热效率得到了明显的提高；同时也可看到，整个换热过程中，在不同相变温度区间内，壁温的变化并不明显，换热系数的变化也不是特别大，这也与以前的一些试验结果相符。

4. Re 对换热特性的影响

图 3-136 和图 3-137 所示为 Re 对无量纲温度和换热系数的影响。Re 是衡量流体紊动状况的物理量，在层流状况下，对于单相牛顿流体，其换热系数会随着 Re 的增加而增大。该计算中，Re 从 500 变化至 1500，流体依然处于层流状态。从图中可以看到，Re 对换热过程也有较重要的影响。从图 3-136 中可看到，管壁温度在相变过程发生后也大致保持为定值，并随着相变过程的

结束开始增大。从图3-137中可知,当相变发生时,换热系数得到了提升,而当相变过程结束时,换热系数开始下降;同时还可看到,当Re增大时,壁温明显下降,换热系数则提高。这与单相流体有相似的结果,也说明微胶囊溶液具有牛顿流体的性质。

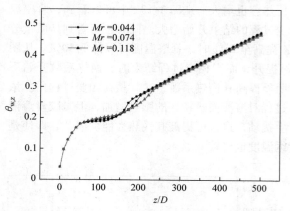

图3-134　相变温度区间对无量纲温度的影响
$(q_w = 7183\,\mathrm{W/m^2}, \; \alpha_m = 0.15,$
$ML = 0.063, \; Re = 1000, \; Ste = 1.5, \; D = 10\,\mathrm{mm})$

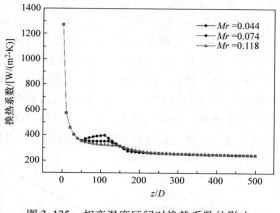

图3-135　相变温度区间对换热系数的影响
$(q_w = 7183\,\mathrm{W/m^2}, \; \alpha_m = 0.15,$
$ML = 0.063, \; Re = 1000, \; Ste = 1.5, \; D = 10\,\mathrm{mm})$

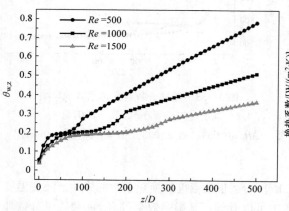

图3-136　Re对无量纲温度的影响
$(q_w = 7183\,\mathrm{W/m^2}, \; \alpha_m = 0.15,$
$ML = 0.063, \; Mr = 0.074, \; Ste = 1.5, \; D = 10\,\mathrm{mm})$

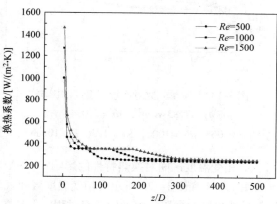

图3-137　Re对换热系数的影响
$(q_w = 7183\,\mathrm{W/m^2}, \; \alpha_m = 0.15,$
$ML = 0.063, \; Mr = 0.074, \; Ste = 1.5, \; D = 10\,\mathrm{mm})$

第四章 蓄冷空调系统与设备

一些工程材料具有蓄热（冷）特性，材料的蓄热（冷）特性往往伴随着温度变化、物态变化以及化学反应过程而体现出来。蓄冷空调系统就是根据水、冰以及其他物质的蓄热特性，尽可能地利用非峰值电力，使制冷机在满负荷条件下运行，将空调所需的制冷量以显热或潜热的形式部分或全部地储存于水、冰或其他物质中；在用电高峰时，便可使用这些蓄冷物质储存的冷量来满足空调系统的需要。

用来储存水、冰或其他介质的设备通常是一个空间或一个容器，称为蓄冷设备。蓄冷设备也可能是一个可以存放蓄冷介质的换热器，如结冰盘管等。蓄冷系统则包含了蓄冷设备、制冷设备、连接管路及控制系统。蓄冷空调系统是蓄冷系统与空调系统的总称。

第一节 蓄冷空调系统的工作原理

众所周知，建筑物空调的负荷分布是很不均匀的。以办公楼、写字楼为例，其24h冷负荷需求曲线如图4-1所示，图中纵坐标轴为该大楼的冷负荷需求，很明显8:00～18:00为空调开机时间，其他时间为空调关机时间。采用常规空调时，制冷机的选择必须满足峰值负荷的要求，即 $Q_m = 1000kW$；而采用蓄冷系统则可充分利用夜间时间，制冷机组工作时间由原来的10h延长到24h，制冷机组装机容量也相应下降到 $Q_x = 300kW$。

现以盘管式蓄冷系统为例，阐明蓄冷空调系统的工作原理。其蓄冷过程为：夜间，乙二醇载冷剂通过冷水机组和冰筒构成蓄冷循环，此时溶液出冷水机组温度为 $-3.3℃$。经盘管将冷量转移给冰筒内的水，使水结冰，回

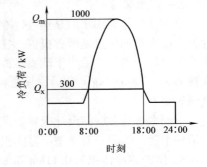

图4-1 冷负荷需求曲线

冷水机组温度为0℃，其循环如图4-2所示。融冰放冷流程为：白天，载冷剂液体经蓄冰筒及并联旁通，通过设定出水温度调节阀控制蓄冰筒流量与并联旁通流量的比例，确保出水温度为给定值；然后经换热系统将冷量并入常规空调管网内，或以大温差送风的方式直接送入空调使用，其循环如图4-3所示。

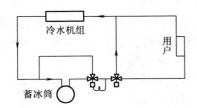

图4-2 夜间制冷蓄冷循环

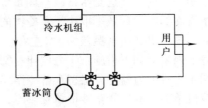

图4-3 白天融冰放冷循环

一、蓄冷空调系统分类

目前，用于空调的蓄冷方式较多，按蓄能方式可分为显热蓄冷和潜热蓄冷两大类；按蓄冷介

质可分为水蓄冷、冰蓄冷、共晶盐蓄冷和气体水合物蓄冷四种方式；按蓄冷装置的结构形式，可分为盘管式、板式、球式、冰晶式和冰片滑落式等。图 4-4 所示为蓄冷系统分类。

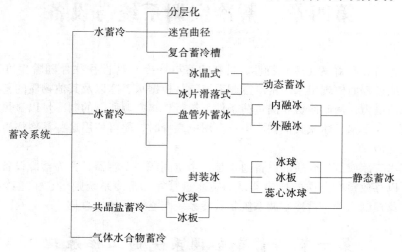

图 4-4 蓄冷系统分类

（一）水蓄冷

水蓄冷就是利用水的显热进行冷量的蓄存。具体来讲，就是利用 4～7℃ 的低温水进行蓄冷。这种蓄冷方式的优点是节省投资，技术要求低，维护费用少，可以使用常规空调制冷机组，而且冬季可以用于蓄热，适用于既要蓄冷又要蓄热的空调热泵机组。但由于水的蓄冷密度低［水的比热容为 4.18kJ/(kg·℃)］，只能利用 8℃ 的温差，故系统有占地面积大、冷损耗大、防水保温麻烦等缺点。

空调水蓄冷系统的设计应异于常规空调系统的设计，就是说应该尽可能提高空调回水温度，尽量减小蓄冷体积。蓄冷槽所需体积受蓄冷水和回水之间保持分层程度的影响。一般蓄冷温差为 8℃ 时，所需蓄冷体积为 0.118m³/(kW·h)；若温差为 11℃，则蓄冷槽体积可减小为 0.086m³/(kW·h)。

水蓄冷技术适用于现有常规制冷系统的扩容或改造，可以在不增加或少增加制冷机组容量的情况下提高供冷能力。另外，水蓄冷系统可利用消防水池、蓄水设施或建筑物地下室作为蓄冷槽，从而进一步降低系统的初投资，提高系统的经济性。

水蓄冷空调系统的主要缺点是蓄冷槽体积大、占地面积大，这在人口密集、土地利用率高的大城市是一个问题。这是水蓄冷空调系统使用受到制约的主要原因。

水蓄冷的容量和效率取决于蓄冷槽的供、回水温差，以及供、回水温度有效的分层间隔。在实际应用中，供、回水温差为 8℃ 左右。为防止蓄冷槽内冷水与温水相混合，引起冷量损失，可在蓄冷槽内采取如下措施：①分层化；②迷宫曲径；③复合蓄冷槽等。

图 4-5 所示为温度分层型水蓄冷循环。该流程可以如下几种模式运行：①制冷机单独供冷；②制冷机单独充冷；③蓄冷槽单独供冷；④制冷机、蓄冷槽联合供冷。

（二）冰蓄冷

冰蓄冷是指利用冰的相变潜热进行冷量的储存。由于 0℃ 时冰的蓄冷密度达 334kJ/kg，故蓄存同样多的冷量，冰蓄冷所需的介质体积比水蓄冷小得多。图 4-6 所示为冰蓄冷槽体积 V_i 与水蓄冷槽体积 V_w 之比和制冰率的关系，绘图时水蓄冷的利用温差 Δt_w 分别为 5℃、10℃、15℃、

20℃、25℃。图中制冰率 IPF（Ice Packing Factor）是指蓄冷槽中制冰量与制冰前蓄冷槽内水量的体积百分比。当 IPF = 10%、$\Delta t_w = 5$℃时，V_i/V_w 约为 0.35，即冰蓄冷槽体积 V_i 仅为水蓄冷槽体积的 35%；当 IPF = 50%、$\Delta t_w = 5$℃时，V_i/V_w 约为 0.14。可见用冰蓄冷比用水蓄冷的蓄冷槽体积得到大幅度减小。冰蓄冷槽的体积取决于槽中冰和水的百分比，一般蓄冷槽的体积按 $0.020 \sim 0.025 \mathrm{m^3}/$（kW·h）计算。

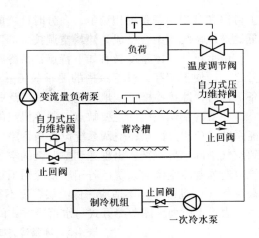

图 4-5　温度分层型水蓄冷循环

　　用冰蓄冷的空调系统，水温稳定，不易波动。这是因为蓄冷槽在融冰放冷时为一恒温相变过程。

　　冰蓄冷槽的冷损失减小。由于蓄冷槽的温度低于周围空气的温度，因此蓄冷槽的蓄冷量会散失到周围环境中去，即产生冷损失。其大小与蓄冷槽的表面积，蓄冷槽表面与周围空气的温度差，蓄冷槽隔热材料的种类、厚度、结构，以及蓄冷时间的长短有关。图 4-7 所示为冰蓄冷槽与水蓄冷槽冷损失的比较。图中 I_i 为冰蓄冷槽冷损失，I_w 为水蓄冷槽冷损失，当制冰率 IPF = 50% 时，I_i/I_w 约为 0.2，即冰蓄冷槽冷损失是水蓄冷槽冷损失的 20% 左右。综合考虑各种因素的影响，冰蓄冷槽的冷损失为其蓄冷量的 1% ~ 3%，而水蓄冷槽的冷损失为其蓄冷量 5% ~ 10%。这与冰蓄冷槽体积小而使其表面积减小有关。

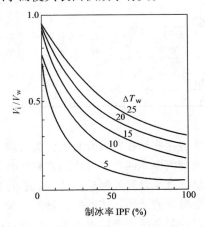

图 4-6　冰蓄冷槽体积与水蓄冷槽
体积之比和制冰率的关系

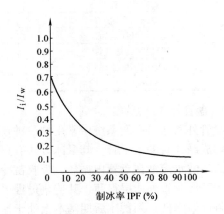

图 4-7　冰蓄冷槽与水蓄冷槽冷损失的比较

　　常规空调系统和水蓄冷空调系统冷媒水的供水温度为 7℃，因此，空调系统的送风温度为 13 ~ 15℃。而冰蓄冷空调系统蓄冷槽内水温可降到 0℃，因而空调系统送风温度可达 4 ~ 7℃，与常规空调系统相比，提供相同的冷量，送风量减少 40% 左右。当空调系统采用蓄冰和低温送风相结合的方式后，由于输送冷水温度降低，系统的管网和盘管、整个风道系统，以及水泵、冷却塔等辅机在材料、尺寸和容量方面的要求，均比水蓄冷和共晶盐蓄冷系统低，从而可节约系统设备投资。在安装过程中，施工量和材料消耗量也相应减少。同时，由于减小了管网和空气分配系统的体积，建筑物可用空间有所增大。在运行时，由于风扇和水泵设备容量的减小，导致了耗电量的降低。因此，在空调工程中，选用蓄冰和低温送风系统相结合的蓄冷、供冷方式，在初投资上可以和常规空调系统相竞争，在分时计费的电价结构下，其运行费用要低得多。因此，蓄冰和低温送风系统相结合已成为建筑空调技术的发展方向。

由上可知，冰蓄冷具有如下特点：蓄冷密度大，蓄冷温度几乎恒定，体积只有水蓄冷的几十分之一，便于储存，对蓄冷槽的要求较低，占用的空间小，容易做成标准化、系列化的标准设备。同时，冰蓄冷槽可就地制造，为其广泛应用创造了有利条件。

冰蓄冷空调系统的主要缺点：制冷机组的蒸发温度降低（要达到 -10 ~ -5℃），使压缩机性能系数（COP）减小；空调系统设备与管路比水蓄冷空调系统复杂；用冰蓄冷结合低温送风会导致空气中的水分凝结，出现送到空调区的空气量不足和空气倒灌等现象。对于用现有常规空调系统改造为蓄冷空调的系统，若用冰蓄冷则困难较大，原因包括制冷主机的工况变化太大，空调末端设备（风机盘管）不适应，保温层厚度不符合要求等。

表 4-1 所列为冰蓄冷方式与水蓄冷方式的性能比较。

表 4-1　冰蓄冷方式与水蓄冷方式的性能比较

项　目	水　蓄　冷	冰　蓄　冷
冷温度/℃	4 ~ 6	-9 ~ -3
冷水温度/℃	5 ~ 7	1 ~ 4
蓄冷体积/ [m³/(kW·h)]	0.089 ~ 0.169	0.019 ~ 0.023
制冷机形式	任选	往复式、螺杆式、离心式
制冷机电耗（电功率 kW/制冷量 kW）	0.17 ~ 0.24	0.244 ~ 0.4
制冷机 COP 值	4.17 ~ 5.9	2.5 ~ 4.1
蓄冷槽容积	较大	较小
蓄冷槽冷损失	较大	较小
蓄冷槽制作	现场制作	定型、商品化，或现场制作
冷冻水系统	多为开式系统，水泵能耗大	多为闭式系统，水泵能耗小
设计与操作运行	技术难度低，运行费低	技术难度高，运行费高
对旧建筑的适应性	差	好
蓄冷槽用于冬季供热	可兼用	差
投资	较低	较高

1. 盘管外蓄冰系统

盘管外蓄冰是空调系统中常用的一种蓄冰方式，即冰直接冻结在蒸发盘管上，盘管伸入蓄冷槽内构成结冰时的主干管。其融冰方式有盘管外融冰和盘管内融冰两种。蓄冷装置充冷时，制冷剂或乙二醇水溶液在盘管内循环，吸收蓄冷槽中水的热量，直至盘管外形成冰层。盘管外蓄冷过程中，开始时管外冰层很薄，其传热过程很快；随着冰层厚度的增加，冰的导热热阻增大，结冰速度将逐渐降低；到蓄冰后期基本上处于饱和状态，这时控制系统将自动停止蓄冰过程，以保护制冷机组安全运行。

（1）盘管外融冰　图 4-8 所示为盘管外融冰结构示意图。盘管一般为钢制蛇形盘管，蓄冷槽为矩形钢制或混凝土结构。

盘管外融冰是由温度较高的回水或载冷剂直接进入结满冰的盘管外蓄冷槽内循环流动，使盘管外表面的冰层逐渐融化。由于空调回水可与冰直接接触，因而融冰速率高，放冷温度为 1 ~ 2℃，充冷温度为 -9 ~ -4℃。为防止盘管外结冰不均匀，在蓄

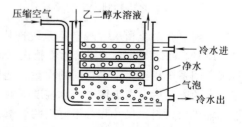

图 4-8　盘管外融冰结构示意图

冷槽内设置了水流扰动装置，用压缩空气鼓泡，加强水流扰动，使换热均匀。

（2）盘管内融冰　图4-9所示为盘管内融冰结构示意图。盘管形状有蛇形管、圆筒形管和U形管等。盘管材料一般为钢或塑料。蓄冷槽为钢、玻璃钢或钢筋混凝土结构。

融冰时，从空调流回的载冷剂通过盘管内循环，由管壁将热量传给冰层，使盘管表面的冰层自内向外融化释冷，将载冷剂冷却到需要的温度。内融冰时，由于冰层与管壁表面之间的水层厚度逐渐增加，对融冰的传热速率影响较大，为此，应选择合适的管径和恰当的结冰厚度。该蓄冷方式的充冷温度一般为 $-6 \sim -3℃$，释冷温度为 $1 \sim 3℃$。

2. 封装冰蓄冷系统

封装冰蓄冷是将封闭在一定形状的塑料容器内的水制成冰的过程。容器形状有球形、板形和表面有多处凹窝的椭球形。充注于容器内的是水或凝固热较高的溶液。图4-10所示为封装冰蓄冷结构示意图。容器沉浸在充满乙二醇溶液的蓄冷槽内，容器内的水随着乙二醇溶液的温度变化而结冰或融冰。封装冰蓄冷的充冷温度为 $-6 \sim -3℃$，释冷温度为 $1 \sim 3℃$。蓄冷槽多为钢制且为密闭式结构。

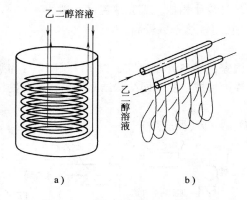

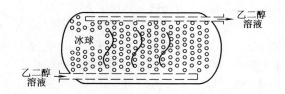

图4-9　盘管内融冰结构示意图
a）圆筒形盘管　b）U形盘管

图4-10　封装冰蓄冷结构示意图

3. 冰片滑落式动态蓄冷系统

图4-11所示为冰片滑落式动态蓄冷系统。该系统由蓄冷槽和位于其上方的若干片平行板状蒸发器组成。循环水泵不断将水从蒸发器上方喷洒而下，在蒸发器表面结成薄冰。待冰达到一定厚度后，制冷设备的四通阀切换，原来的蒸发器变为冷凝器，由压缩机来的高温制冷剂进入其中，使冰片脱落滑入蓄冷槽内。该系统的充冷温度为 $-9 \sim -4℃$，释冷温度为 $1 \sim 2℃$。该蓄冷方式融冰速率快。

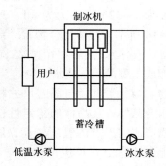

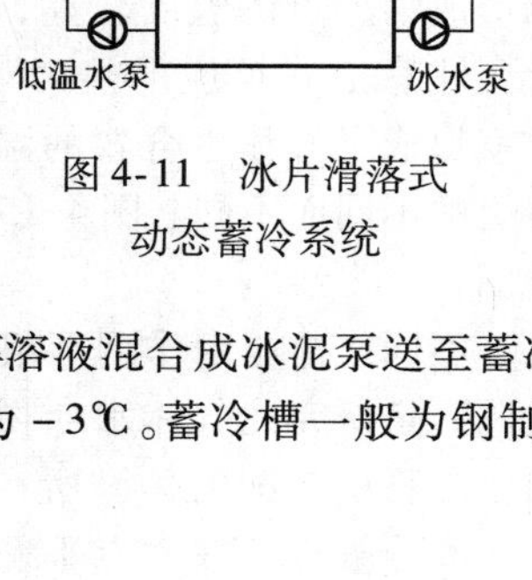

图4-11　冰片滑落式
动态蓄冷系统

4. 冰晶式蓄冷系统

图4-12所示为冰晶式蓄冷系统。它也是一种动态蓄冰方式。水泵从蓄冷槽底部将低浓度乙二醇水溶液抽出送至特制的蒸发器，当乙二醇水溶液在管壁上产生冰晶时，搅拌机将冰晶刮下，与乙二醇溶液混合成冰泥泵送至蓄冷槽，冰晶悬浮于蓄冷槽上部，与乙二醇溶液分离。充冷时蒸发温度为 $-3℃$。蓄冷槽一般为钢制。其蓄冰率约为50%。

（三）共晶盐蓄冷

共晶盐是一种相变材料，其相变温度为 $5 \sim 8℃$。它是由一种或多种无机盐、水、成核剂和稳定剂组成的混合物。将其充注在球形或长方形的高密度聚乙烯塑料容器中，并整齐地堆放在有载冷剂（或冷冻水）循环通过的蓄冷槽内。图4-13所示为其系统组成。蓄冷槽一般为敞开式钢板或钢筋混凝土槽。

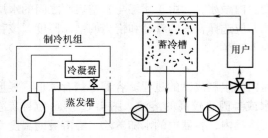

图4-12　冰晶式蓄冷系统

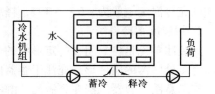

图4-13　共晶盐蓄冷系统组成

随着循环水温的变化，共晶盐的结冰或融冰过程与封装冰相似。其充冷温度一般为4~6℃，释冷温度为9~10℃。可使用常规制冷机组制冷蓄冷，机组性能系数较高。

（四）气体水合物蓄冷

气体水合物蓄冷在20世纪80年代由美国橡树岭国家试验室开始研究，以R11、R12等为工质。在一定温度和压力下，水合物能在某些气体分子周围形成坚实的网络状结晶体。在水合物结晶时释放出固化相变热。其反应方程式如下

$$R(g) + mH_2O(l) = R \cdot mH_2O(s) + H(反应热)$$

式中，H 是形成气体水合物 $R \cdot mH_2O$ 放出的热量。随气体种类的不同，这个数值一般为270~465kJ/kg，即与冰的蓄冷密度334kJ/kg相当。H 既可称为反应热，也可视为一种结冰的潜热，只是添加气体后使之相变温度提高，所以俗称"暖冰"。一般氟利昂气体形成气体水合物的相变温度为5~12℃，压力为（1~3）×101.325kPa。图4-14所示为气体水合物蓄冷系统工作原理图。

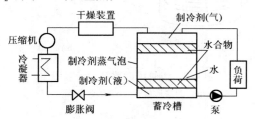

图4-14　气体水合物蓄冷系统工作原理图

气体水合晶体的内部结构与气体分子的大小有关，对于较小的分子（0.4~0.5nm），一般只形成Ⅰ型简单气体水合物。当气体分子较大时（0.56~0.66nm），一般形成Ⅱ型简单气体水合物。当分子直径与晶穴尺寸相近时，最易形成网络水合晶体，且晶体的稳定性也最高。这意味着水合物形成临界点的温度较高，压力较低。因此，宏观上要注意上式反应的热力学条件，即温度和压力。这就形成了气体水合物的温-压相变图，且随气体种类的不同而不同。图4-15所示为蓄冷工质R12相变图。

不同气体与水作用形成气体水合物的温-压相变图，是研究此气体水合物的特性、生成条件以及与蓄冷系统匹配的关键所在。图4-15中的 Q_2 点称为基本分解点。在此点平衡时，有氟利昂气体、氟利昂液体、水和气体水合晶体四种状态存在；而 Q_1

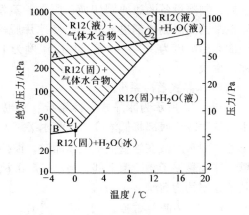

图4-15　蓄冷工质R12相变图

点也是关键点，此处同样存在四种物质状态，即氟利昂气体、水、冰和气体水合晶体。因此，Q_1、Q_2 点的物性是该物质形成水合物的关键物性。相变图中生成水合物的区域被画以阴影，而实际运行中工况常稳定在 $Q_1 \sim Q_2$ 之间，此处的蓄能密度 H 保持恒定。

表4-2 中列出了不同氟利昂气体形成水合物的特性，可作为选择符合系统工质的参考。从表中可以看到，作为替代工质的 R134a、R152a、R142b 等都具有较好的蓄冷特性。

表4-2　不同氟利昂气体形成水合物的特性

名称	分子式	分子结构	晶体直径/0.1nm	Q_1 $T/℃$	Q_1 $p/×101.325$kPa	Q_2 $T/℃$	Q_2 $p/×101.325$kPa	101.325kPa 下的 $T/℃$	比热容/(kJ/kg)	综合评估
R41	CH_3F	I	—	0	2.1	18.8	32	—	—	—
R32	CH_2F_2	I	—	—	—	17.6				
R23	CHF_3	I	12.05	—	—	21.8				
R14	CF_4	I	—	0	41.5	—				
R134a	CH_2FCF_3	—	—	—	—	10.0	4.1	—	358.2	理想选择
R152a	CH_3CHF_2	I	12.12	0	0.54	14.9	4.3	4.3	383	理想选择
R161	C_2H_5F	I	—	0	0.7	22.8	8.0	3.7	—	—
R40	CH_3Cl	I	12.0	0	0.41	20.5	4.9	7.5	—	—
R30	CH_2Cl_2	II	17.33	—	0.153	1.7	0.217			
R20	$CHCl_3$	II	17.33	−0.09		1.7	0.09			
R140	C_2H_3Cl	II	—	—	—	1.15	1.8			
R160	C_2H_5Cl	II	17.30	0	0.265	4.8	0.77			
R150	CH_3CHCl_3	II	—	0	0.072	1.5	0.092			
R11	CCl_3F	II	17.29	−0.1	0.08	8.5	0.65	—	282	传统选择
R12	CCl_2F_2	II	17.37	−0.1	0.36	12.1	4.27	5.2	271	传统选择
R12b1	$CBrClF_2$	II	—	0	0.189	9.96	1.673	7.6		
R12b2	CBr_2F_2	II	—	—	—	4.9	0.501			
R13b1	$CBrF_3$	II	—	−0.1	0.88	11		0.5		
R21	$CHCl_2F$			−0.13	0.145	8.61	0.998		277	
R22	$CHClF_2$	I	11.97	−0.2	0.84	16.3	7.6	0.9	380	
R22b1	$CHBrF_2$	II	—	—	—	9.87	2.65			
R31	CH_2ClF	I	—	−0.2	0.222	17.88	2.825	9.83	427	较理想
R141b	CH_3CCl_2F	—	—	—	—	8.4	0.424	—	344	
R142b	CH_3CClF_2	II	17.29	−0.04	0.136	13.09	2.294	9.1	349	理想选择

气体水合物蓄冷是一种新兴蓄冷空调技术，它不仅蓄冷温度与空调工况相吻合，蓄冷密度高，而且蓄冷 - 释冷时传热效率高，特别是直接接触释冷系统更是如此。但该方法还有一系列问题有待解决，如制冷剂蒸气夹带水分的清除、防止水合物膨胀堵塞等，离工程实用还有一段距离，故在此不做详细介绍和分析。

二、蓄冷空调系统的运行策略及工作模式

（一）蓄冷空调系统的运行策略

蓄冷空调系统将转移多少高峰负荷，应储存多少冷量才具有经济效益，首先取决于采用哪一种运行策略。这里需要考虑的因素很多，主要有建筑物空调负荷分布、电力负荷分布、电费计价结构、设备容量及储存空间，具体考虑时需要以实际情况为依据。

所谓运行策略是指蓄冷系统以设计循环周期（如设计日或周等）的负荷及其特点为基础，按电费结构等条件，对系统以蓄冷容量、释冷供冷或以释冷连同制冷机组共同供冷做出最优的运行安排考虑。一般可归纳为全部蓄冷策略和部分蓄冷策略。

1. 全部蓄冷策略

图 4-16 所示为全部蓄冷策略运行安排，图 4-17 所示为全部蓄冷系统循环图。全部蓄冷策略的蓄冷时间与空调时间完全错开。在夜间非用电高峰期，起动制冷机进行蓄冷，当所蓄冷量达到空调所需的全部冷量时，制冷机停机；在白天使用空调时，蓄冷系统将冷量转移给空调系统，使用空调期间制冷机不运行。全部蓄冷时，蓄冷设备要承担空调所需的全部冷量，故蓄冷设备的容量较大。该运行策略适用于白天供冷时间较短的场所或峰谷电价差很大的地区。图 4-16 中假定非用电高峰是从下午 6：00 到第二天上午 7：00，非用电高峰期制冷机的平均制冷量仅为 380kW。若是常规空调系统，则制冷机组是按设计日需要的最大制冷量来选择的。例如，图 4-16 中的建筑物需要的最大制冷量为 600kW，则需要选择制冷能力为 600kW 的制冷机组，来满足使用空调期间任何时间该建筑物的空调要求。

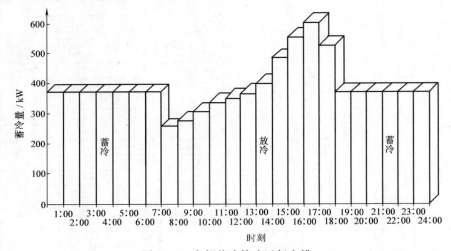

图 4-16　全部蓄冷策略运行安排

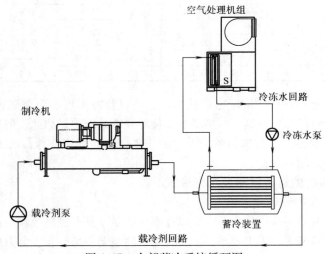

图 4-17　全部蓄冷系统循环图

2. 部分蓄冷策略

图 4-18 所示为部分蓄冷策略运行安排；图 4-19 所示为部分蓄冷系统循环图。部分蓄冷策略是在夜间非用电高峰时使制冷设备运行，储存部分冷量；白天使用空调期间，一部分空调负荷由

蓄冷设备承担，另一部分则由制冷设备承担。

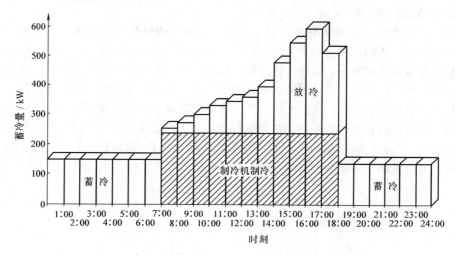

图 4-18　部分蓄冷策略运行安排

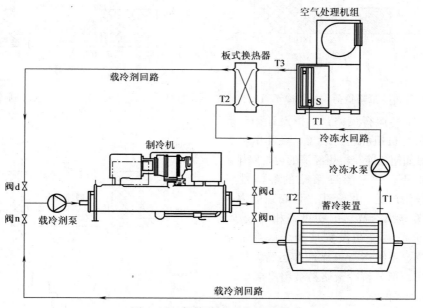

图 4-19　部分蓄冷系统循环图

　　一般情况下，部分蓄冷比全部蓄冷制冷机的利用率高，蓄冷设备容量小，是一种更经济有效的负荷管理模式。图 4-18 中制冷机制冷量比蓄冷量高出的部分，是因为空调运行时制冷机的制冷量一般大于蓄冷运行时的制冷量。从图 4-18 中可知，选择的制冷机制冷量仅为 240kW。就选择的制冷机容量而言，常规系统最大，全部蓄冷系统次之，部分蓄冷系统最小。

　　部分蓄冷策略根据电费结构情况通常可分为以下两种典型情况：

　　（1）按负荷均衡蓄冷　图 4-20 所示为部分蓄冷策略负荷均衡蓄冷运行安排。它是指制冷机组全天 24h 满负荷或接近满负荷运行。当冷负荷低于制冷机生产的冷量时，将多余的部分储存起来；当冷负荷超过机组容量时，多出的需求由蓄冷来满足。该策略特别适用于高峰冷负荷大大高于平均负荷的场合。其特点是减小了蓄冷装置和制冷机组的容量，由此可以实现最少的初期投资及最短的投资回收期。但在该运行策略下，制冷机在电力高峰期也需满负荷运行，运行费用比需求限制和全蓄冷策略均要高。

（2）按电力需求限制蓄冷 图4-21所示为部分蓄冷策略电力需求限制蓄冷运行安排。在高峰期，电力公司对一些用户提出限电要求，用户必须使制冷机组在较低的功率下运行，这就是限定需求策略。在该运行策略下，系统非蓄冷负荷满足电力设施的峰值需求，而影响系统非蓄冷负荷的因素包括照明、设备、仪器、风机、电动机等。选用蓄冷设备使得制冷机的运行并不增加设施的非蓄冷用电量，即制冷机组在白天运行按移峰要求限制在一定的需用电功率下供冷，不足的冷负荷由蓄冷装置供应；晚间蓄冷时的机组运行容量大于白天供冷时的冷量。这种运行策略为部分蓄冷系统提供了最低的运行成本，同时，它所要求的蓄冷量及制冷机容量均比全部蓄冷策略小，但较负荷均衡策略大，因此投资回收期稍长。

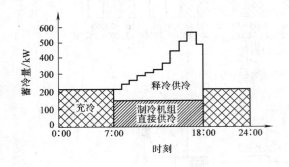

图4-20 部分蓄冷策略负荷均衡蓄冷运行安排

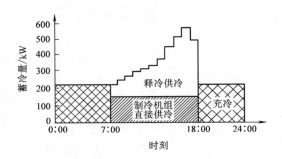

图4-21 部分蓄冷策略电力需求限制蓄冷运行安排

总之，以上的运行策略，是指设计循环周期负荷下的制冷机组和蓄冷装置，在非电力谷段供冷时考虑如何才能获得更经济的运行安排。

一般情况下，部分蓄冷策略的经济性较好，应用得较为广泛。尽管其"移峰"能力不如全部蓄冷策略那么高，但初投资相对较少，特别是均衡负荷系统初投资最少。从系统组成、设备投资、系统运行可靠性和运行费用等方面综合考虑，部分蓄冷策略易被用户接受。

3. 其他运行策略

以上各种运行策略是以充冷时无供冷负荷为特征的。若要考虑影响运行安排的供冷负荷的特点，则具体应考虑如下几种情况：

（1）夜间有少量供冷负荷 在这种情况下，制冷机组在夜间充冷并同时供冷，这种安排虽然供冷部分的电耗率有所增加，但制冷机组的初投资相对来说最少。图4-22所示为制冷机组在蓄冷时同时供冷的运行安排。

（2）夜间有一定量的供冷负荷 在此情况下，通常宜将夜间这部分供冷以小时负荷为基础，选择单独的制冷机组作为基载机组单独连续直接供应冷量，这部分负荷称为基本负荷量，再对扣

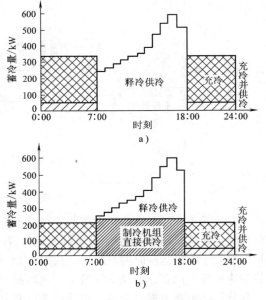

图4-22 制冷机组在蓄冷时同时供冷的运行安排
a) 全部蓄冷策略 b) 部分蓄冷策略

除基本负荷量后的日负荷量进行蓄冷运行安排。图 4-23 所示为单独制冷机组供应基本负荷量的运行安排。

（3）空调淡季放冷 按空调旺季设计的蓄冷系统，在空调淡季时可以很容易地转为全部蓄冷或一天中分时段蓄冷，以更大程度地节省运行费用。图 4-24 所示为空调淡季放冷时的运行安排。

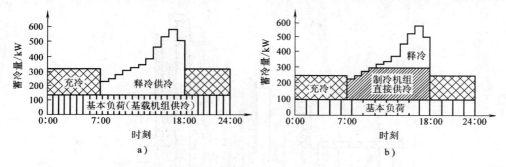

图 4-23 单独制冷机组供应基本负荷量的运行安排

a）全部蓄冷策略　b）部分蓄冷策略

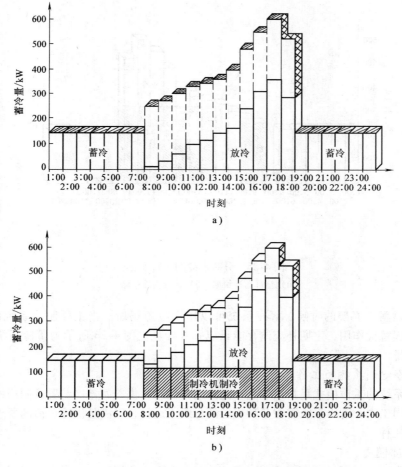

图 4-24 空调淡季放冷时的运行安排

a）全部蓄冷策略　b）部分蓄冷策略

（4）分时蓄冷　由于电费是分时计价，一天中会有某些时段内电价特别高。因此，可以在电费低谷期储存冷量，而在用电高峰期释放冷量（制冷机不开）。图4-25所示为分时蓄冷的运行安排。

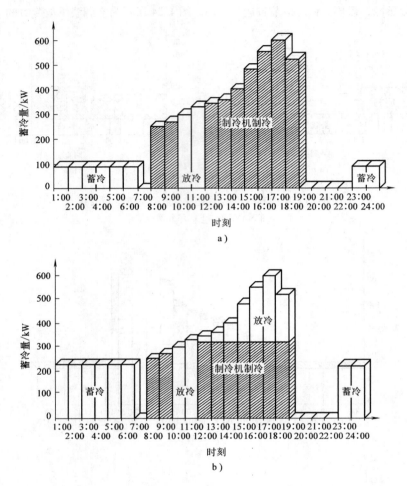

图4-25　分时蓄冷的运行安排

a）全部蓄冷策略　b）部分蓄冷策略

（5）应急冷源　必要的时候，蓄冷系统可以用于应急场所。当主要制冷系统出现问题时，蓄冷系统可以起替代作用，定期补充储存能量以弥补冷耗。图4-26所示为蓄冷系统作为应急冷源时的运行安排。

（二）蓄冷空调系统的工作模式

蓄冷空调系统的工作模式是指系统是在充冷还是供冷，供冷时蓄冷装置及制冷机组是各自单独工作还是共同工作。蓄冷系统需在几种规定的方式下运行，以满足供冷负荷的要求，常用的工作模式有以下几种。

1. 机组制冰模式

在此工作模式下，通过质量分数为25%的乙二醇溶液的循环，在蓄冰装置中制冰。此间，制冷机的工作状况受到监控，当离开制冷机的乙二醇溶液达到最低出口温度时，制冷机即关闭。

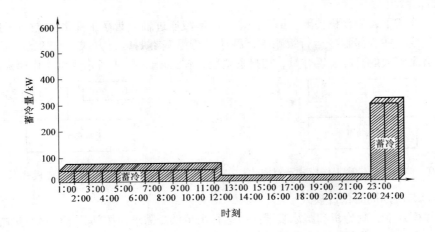

图 4-26　蓄冷系统作为应急冷源时的运行安排

图 4-27 所示为当制冰周期分别为 8h、10h、12h 时制冷机出口的乙二醇溶液温度。对于一个典型的 10h 制冰周期而言，乙二醇溶液出口温度不得低于 −5.56℃。若制冰周期超过 10h，则乙二醇溶液的极限温度要高于 −5.56℃；如果制冰期短于 10h，那么乙二醇溶液的极限温度将在制冰循环终点时低于 −5.56℃。这一性能是建立在 5℃温差的制冷机流量基础上的。当所选制冷机温差更大时，其乙二醇溶液出口温度将比图 4-27 所示更低。图 4-28 所示为该工作模式示意图。

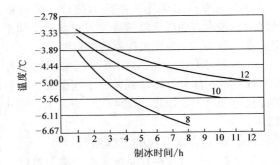

图 4-27　制冷机出口温度

2. 制冰同时供冷模式

当制冰期间存在冷负荷时，用于制冷的一部分低温乙二醇溶液被分送至冷负荷以满足供冷需求。乙二醇溶液分送量取决于空调水回路的设定温度。一般情况下，这部分供冷负荷不宜过大，因为这部分冷负荷的制冷量是制冷机组在制冰工况下运行时提供的。蓄冰时供冷在能耗及制冷机组容量上是不经济合理的，因此，只要此冷负荷有合适的制冷机组可选用，就应设置基载制冷机组专供这部分冷负荷。图 4-29 所示为该工作模式示意图。

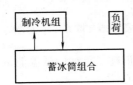

图 4-28　机组制冰工作模式示意图

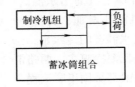

图 4-29　制冰同时供冷工作模式示意图

3. 单制冷机供冷模式

在这种工作模式下，制冷机满足空调全部冷负荷需求。出口处的乙二醇溶液不再经过蓄冰装置，而是直接流至负荷端，设定温度由制冷机维持。图 4-30 所示为该工作模式示意图。

4. 单融冰供冷模式

在此工作模式下，制冷机关闭。回流的乙二醇溶液通过融化储存在蓄冰装置内的冰，被冷却至所需要的温度。在全部蓄冷运行策略下，融冰供冷是基本的运行方式，它的运行费用是最低的，但要求有足够大的蓄冷装置容量，初投资费用会较大。图 4-31 所示为该工作模式示意图。

图 4-30　单制冷机供冷工作模式示意图　　　图 4-31　单融冰供冷工作模式示意图

5. 制冷机与融冰同时供冷模式

在此工作模式下，制冷机和蓄冰装置同时运行满足供冷需求。按部分蓄冷运行策略，在较热季节都需要采用这种工作模式，才能满足供冷要求。该工作模式又分为两种情况，即制冷机组优先和融冰优先。

（1）制冷机组优先　回流的热乙二醇溶液先经制冷机预冷，而后流经蓄冰装置被融冰冷却至设定温度。图 4-32a 为该工作模式示意图。

（2）融冰优先　从空调负荷端流回的热乙二醇溶液先经蓄冰装置冷却到某一中间温度，而后经制冷机冷却至设定温度。图 4-32b 为该工作模式示意图。

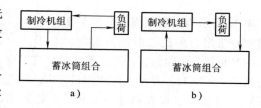

图 4-32　制冷机与融冰同时供冷工作模式示意图
a）制冷机组优先　b）融冰优先

三、蓄冷空调系统的工作流程

部分蓄冷运行策略在系统流程安排上可以分为主机与蓄冷槽串联和并联两种。在串联方式中，又分为主机在上游和蓄冷槽在上游两种情况。

（一）并联流程

图 4-33 所示为主机与蓄冷槽并联系统，其优点是可以兼顾压缩机与蓄冷槽的容量和效率。但这种连接方式使冷媒水的出口温度和出水量的控制变得相当复杂，往往难以保持恒定，而且浪费能量。这是因为若将主机的出水温度调低，则主机能耗增加；若使主机产生较高出水温度的冷媒水，

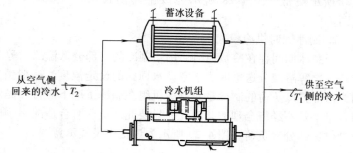

图 4-33　主机与蓄冷槽并联系统示意图

蓄冷槽产生的是低温冷媒水，两路汇合后冷媒水温度升高，则消耗了蓄冰的低温能量，也是不经济的。因此，一般都采用串联流程。

图 4-34 为主机与蓄冷槽并联系统流程图。来自空调装置的回水分别送到主机和蓄冷槽，降温后混合成 5 ~ 7℃的冷媒水送至负荷端。

（二）串联流程

1. 主机在蓄冷槽上游

图 4-35 为主机在蓄冷槽上游串联连接示意图。空调回水先流经主机，使主机能在较高的蒸

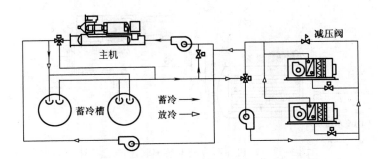

图 4-34　主机与蓄冷槽并联系统流程图

发温度下运行，提高了压缩机的容量和效率，使能耗降低。蓄冷槽在较低温度下运行，释冷速度较低。这种方式常用于舒适性空调系统。

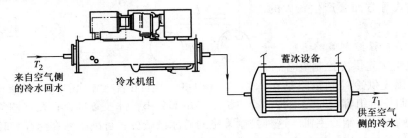

图 4-35　主机在蓄冷槽上游串联连接示意图

图 4-36 所示为主机在蓄冷槽上游串联系统流程图。蓄冷空调系统将约3℃的冷媒水送到空调箱或室内风机盘管机组后，12℃回水的一部分先送到主机，冷却降温至7℃后进入蓄冷槽再次降温，然后与另一部分回水混合成为3℃的冷媒水，再送到空调负荷端使用。其优点是蒸发器温度较高，有利于提高制冷主机的容量和效率。但7℃的冷媒水与蓄冷槽的温差

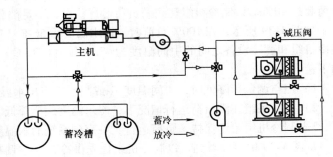

图 4-36　主机在蓄冷槽上游串联系统流程图

较小，放冷速度慢，使蓄冷槽的可用容量减小。

2. 主机在蓄冷槽下游

图 4-37 为主机在蓄冷槽下游串联连接示意图。空调回水先流经蓄冷槽，使蓄冷槽的放冷速度提高，但为了防止过快地消耗蓄冰量，需要控制蓄冷槽的出口温度。而主机在较低的蒸发温度下工作，使能耗增加。这种方式只用于工艺制冷和低温空调系统。

图 4-38 为主机在蓄冷槽下游串联系统流程图。12℃的空调回水的一部分先到蓄冷槽，降温到约7℃，由泵送至主机再次降温后与另一部分回水混合成为3℃的冷媒水，再送到负荷端使用。

四、蓄冷空调系统的控制策略

蓄冷空调系统在运行中，要合理安排分配制冷机组直接供冷量和蓄冷装置放冷量，使二者能最经济地满足冷负荷的需求。在运行控制中存在两种策略，一种是以制冷机组优先供冷为主，另

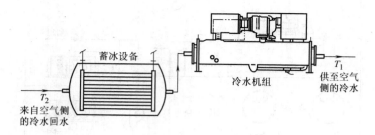

图 4-37　主机在蓄冷槽下游串联连接示意图

一种是以蓄冷装置优先供冷为主，其他不足部分互为补充。选用不同的控制策略，对系统蓄冰量、压缩机容量及系统控制方式等方面会产生较大的影响。

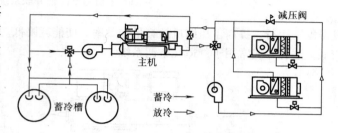

图 4-38　主机在蓄冷槽下游串联系统流程图

（一）串联流程控制策略

1. 制冷机组优先供冷控制策略

制冷机组优先供冷控制策略是在空调负荷大于制冷机组容量时先运行制冷主机，不足部分由蓄冰装置补充；在空调负荷低于制冷机组容量时，则仅运行制冷主机。这种控制策略的蓄冰量较少，可减少冰在储存和转换过程中的热损失，压缩机始终处于工作状态，蓄冷槽位于旁路，系统的控制比较复杂。图 4-39 所示为其系统负荷 – 温度图及系统流程示意图。当系统负荷低于 40% 时，系统只运行制冷主机；当系统负荷超过 40% 后，制冷机组达到满负荷运行状态，不足部分由融冰补充。

如图 4-39 所示，在 100% 负荷时，回水温度为 56 ℉（13.3℃），出水温度为 36 ℉（2.2℃），制冷机组和蓄冷设备之间的中间温度为 47.78 ℉（8.77℃）。以制冷机组优先的蓄冷系统的特征如下：

1）当空调负荷降低时，中间温度 T_i 或制冷机组出水温度下降。

2）制冷机组在满负荷运行情况下，冷水温度逐渐降低。

3）制冷机组始终保持满负荷运行，一直到系统的水温度降到 T_1，即 36 ℉（2.2℃）。

从图 4-39 中可以看到，以制冷机组优先供冷，在空调冷负荷已经降低的情况下，机组还必须在较低的蒸发温度下运行。实际上，当系统冷负荷已降为部分负荷时，制冷机组的能耗反而增加了。此外，制冷机组是按最低出水温度 T_1 即 36 ℉（2.2℃），而不是以中间温度 T_i 即 47.78 ℉（8.77℃）选择的。制冷机组的制冷量应按满负荷制冷量选用，以满足系统的要求。

在图 4-39 中，当系统部分负荷为 80% 时，制冷机组处于满负荷运行，其出水水温是 43.78 ℉（6.54℃）而不是 47.78 ℉（8.77℃），用冰将冷水进一步从 43.78 ℉（6.54℃）冷却至 36 ℉（2.2℃）。只有当回水温度降至 44.22 ℉（6.79℃）以下时，冷水机组才开始卸载。当系统的冷水温度低于 44.22 ℉（6.79℃）时，所有的冰已被用完，已没有冰的补充冷量。

2. 蓄冰装置优先供冷控制策略

蓄冰装置优先供冷控制策略是在空调负荷低于蓄冰容量时，先由融冰承担负荷；当空调负荷大于蓄冰容量时，再运行制冷主机进行补充。因此，由融冰提供的冷量是恒定的，而压缩机在变负荷下运行。当空调负荷很低时，可以通过调节阀改变蓄冰的供冷量；当负荷高时，调节压缩机运行负荷。因此，这种控制策略始终能够提供稳定可靠的控制。

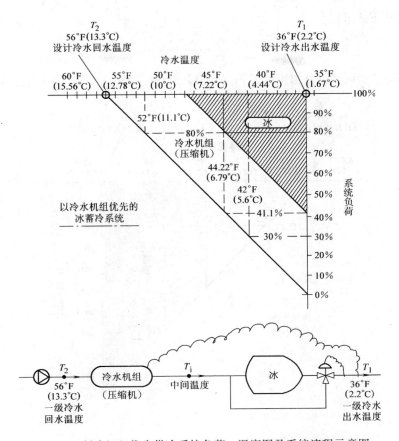

图 4-39　制冷机组优先供冷系统负荷－温度图及系统流程示意图

图 4-40 所示为其系统负荷－温度图及系统流程示意图。从图中可以看出，当系统负荷为 100%、冷水机组和蓄冰设备之间的中间温度（T_i）为 46.08℉（7.82℃）时，冷水回水温度为 56℉（13.3℃），冷水出水温度为 36℉（2.2℃），制冷机组的出水温度控制在 46.08℉（7.82℃）。当系统的冷水回水温度低于 56℉（13.3℃）时，制冷机组就会卸载。当系统的冷水回水温度低于 46.08℉（7.82℃）时，冷水机组将停止工作。只有当建筑物的负荷为 100% 时，冷水机组才会在 100% 负荷条件下工作。在部分负载情况下，冷水机组都是卸载运行。只有当部分负荷低于 50.4%、系统冷水回水温度低于 46.08℉（7.82℃）时，建筑物的降温才全部由冰来负担。

对蓄冰装置优先供冷控制策略来说，只要系统设计得当，蓄冰设备不用旁通即可自行控制产生温度为 36℉（2.2℃）的冷水。这是因为制冷机组的中间温度始终控制在恒定的 $T_i = 46.08℉$（7.82℃）点上，同时系统的 36℉（2.2℃）的出水通常是换热器可能提供的温度最低的水，甚至在蓄冰设备中还有很多冰的时候也是如此。冰的溶解速度是根据需要自行调节的。但是为了保证系统实际工作的性能，在蓄冰设备上一般还是会装一个旁通控制。与制冷机组优先供冷控制策略相比，该策略的控制系统简单得多，可用于低温送风系统。

（二）并联流程控制策略

如图 4-41 和图 4-42 所示，制冷机组与蓄冷装置在流程中并联，T_1、T_2 分别为系统的供出、回入温度，T_c、T_s 分别为制冷机组出口及蓄冷装置出口的温度。当冷负荷变化时，T_2 应进行相

应的变化，可从下式求得

$$\frac{q_i}{q_p} = \frac{T_2' - T_1}{T_2 - T_1} \tag{4-1}$$

式中，T_2'是部分负荷时的回液温度（℃）；q_i是部分负荷（kW）；q_p是设计负荷（kW）。

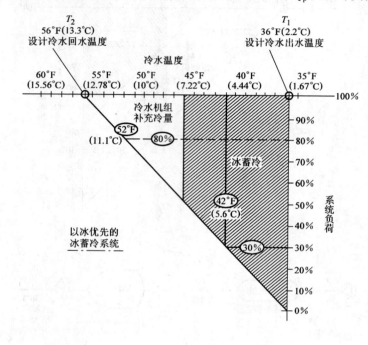

图 4-40　蓄冰装置优先供冷系统负荷 – 温度图及系统流程示意图

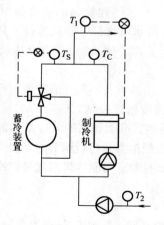

图 4-41　并联流程制冷机组优先供冷
控制策略示意图

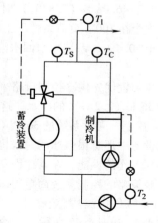

图 4-42　并联流程蓄冰装置优先供冷
控制策略示意图

假设制冷机组的供冷量和蓄冷装置释冷量各为 $0.5q_p$，供液温度 $T_1 = 7℃$，最大负荷 q_p 时的回液温度 $T_2 = 12℃$。

1. 制冷机组优先供冷控制策略

表 4-3 所列为制冷机组优先供冷控制策略运行情况。由该表可以得出：以并联流程制冷机组优先供冷控制策略运行时，蓄冷装置应按其出口温度 T_S 设定值进行控制，出口温度 T_S 随负荷降低而提高，当部分负荷相当于 $T_2' = \dfrac{q_i}{q_p}(T_2 - T_1) + T_1$ 时，就停止工作；制冷机组须以供给用户的温度 T_1 设定值进行控制，在联合供冷情况下，制冷机组的出口温度 T_C 随冷负荷的减少而降低，直至只用本身容量直接供冷能满足供冷负荷时，出口温度才维持在 T_1。

表 4-3 制冷机组优先供冷控制策略运行情况

供冷负荷 (%)	$T_2'/℃$	制冷机组		蓄冷装置		$T_1/℃$
		供冷/kW	$T_C/℃$	供冷/kW	$T_S/℃$	
100	12	$0.5q_p$	7	$0.5q_p$	7	7
80	11	$0.5q_p$	6	$0.3q_p$	8	7
50	9.5	$0.5q_p$	7	0	—	7
30	8.5	$0.3q_p$	7	0	—	7
0	7	0	7	0	—	7

2. 蓄冰装置优先供冷控制策略

表 4-4 所列为蓄冰装置优先供冷控制策略运行情况。由该表可以得出：当以蓄冰装置优先供冷控制策略运行时，蓄冷装置应按总的供出处的温度 T_1 进行控制，当供冷负荷减少时，其出口温度 T_S 随之降低，直至只需以本身释冷量供冷时 T_S 又维持在 T_1；制冷机组以其进口温度 T_2 进行控制，随着负荷的减少开始卸载而出口温度 T_C 上升，当 T_C 达到回液温度 T_2' 时，制冷机组停止工作。

表 4-4 蓄冰装置优先供冷控制策略运行情况

供冷负荷 (%)	$T_2'/℃$	制冷机组		蓄冷装置		$T_1/℃$
		供冷/kW	$T_C/℃$	供冷量/kW	$T_S/℃$	
100	12	$0.5q_p$	7	$0.5q_p$	7	7
80	11	$0.3q_p$	8	$0.5q_p$	6	7
50	9.5	0	—	$0.5q_p$	7	7
30	8.5	0	—	$0.3q_p$	7	7
0	7	0	—	0	7	7

第二节 蓄冷空调系统的构成

一、水蓄冷空调系统

(一) 概述

水蓄冷系统以空调用的冷水机组作为制冷设备，以保温槽作为蓄冷设备。空调主机在用电低谷时间将 4~7℃ 的冷水蓄存起来，空调时将蓄存的冷水抽出使用。

　　水蓄冷是利用水的温差进行蓄冷，可直接与常规空调系统匹配，无需其他专门设备。但这种系统只能储存水的显热，不能储存潜热，因此需要较大体积的蓄冷槽。

　　水蓄冷系统主要有如下优点：

　　1）可以使用常规的冷水机组，也可以使用吸收式制冷机组。常规的主机、泵、空调箱、配管等均能使用，设备的选择性和可用性范围广。

　　2）适用于常规供冷系统的扩容和改造，可以在不增加制冷机组容量的条件下达到增加供冷容量的目的。用于旧系统改造也十分方便，只需要增设蓄冷槽，原有的设备仍然可用，所增加费用不多。

　　3）蓄冷、放冷运行时冷媒水温度相近，冷水机组在这两种运行工况下均能维持额定容量和率。

　　4）可以利用消防水池、原有蓄水设施或建筑物地下室等作为蓄冷槽，以降低初投资。

　　5）可以实现蓄热和蓄冷的双重功能。水蓄冷系统更适用于采用热泵系统的地区，可用于冬季蓄热、夏季蓄冷。这对提高蓄冷槽的利用率，具有一定的经济性。

　　6）其设备及控制方式与常规空调系统相似，技术要求低，维修方便，无需特殊的技术培训。

　　水蓄冷系统也存在一些不足之处：

　　1）水蓄冷密度低，需要较大的储存空间，其使用受到空间条件的限制。

　　2）蓄冷槽体积较大，表面散热损失也相应增加，需要增加保温层。

　　3）蓄冷槽内不同温度的冷水容易混合，会影响蓄冷效率，使蓄存的冷水可用能量减少。

　　4）开放式蓄冷槽内的水与空气接触易滋生菌藻，管路易锈蚀，需增加水处理费用。

　　（二）水蓄冷槽的类型及其特点

　　水蓄冷系统利用水的显热容来储存冷量，水经冷水机组冷却后储存在蓄冷槽中用于次日的冷负荷供应。储存冷量的大小取决于蓄冷槽储存冷水的数量和蓄冷温差。蓄冷温差是空调负荷回流水与蓄冷槽供冷水之间的温度差。一个设计良好的蓄冷系统可以通过维持较高的蓄冷温差来储存较多的冷量。温差的维持可以通过降低储存冷水温度、提高回水温度以及防止回流温水与储存冷水的混合等措施来实现。典型水蓄冷系统的蓄冷温度在 4～7℃ 之间，此温度和大多数非蓄冷的冷水机组相匹配。

　　在水蓄冷技术中，关键问题是蓄冷槽的结构形式应能防止所蓄冷水与回流温水的混合。为实现这一目的，目前常采用自然分层蓄冷、多槽式蓄冷、迷宫式蓄冷和隔膜式蓄冷等方法。其中自然分层蓄冷方法简单、有效，是保证水蓄冷系统正常工作的最为经济和高效的方法。

　　1. 自然分层蓄冷

　　水的密度与温度有关，温度越低，密度越大，直到水温低至4℃后；水温低于4℃后，则密度减小，直至冻结。因此，4～6℃ 的冷水应该稳定地积聚在蓄冷槽的最低部位，而13℃以上的回水应积聚在蓄冷槽的高部位。所谓分层，就是利用密度的影响将热水与冷水分隔开。为此，要在上部热区和下部冷区之间创造和保持一个温度剧变层（斜温层），依靠稳定的斜温层阻止下部的冷水与上部的热水相互混合。

　　图4-43所示为蓄冷槽和斜温层内温度变化示意图。在蓄冷槽中设置了上下两个均匀分配水流散流器。为了实现自然分层的目的，要求在蓄冷和放冷过程中，空调回流温水始终从上部散流器流入或流出，而冷水是从下部散流器流入或流出，应尽可能形成分层水的上下平移运动。在自然分层的水蓄冷槽中，斜温层是一个影响冷热分层和蓄冷槽蓄冷效果的重要因

素。它是由于冷热水间自然的导热作用而形成的一个冷热温度过渡层。它会由于通过该水层的导热、水与蓄冷槽壁面的导热和槽壁的导热，并随储存时间的延长而增厚，从而减小实际可用蓄冷水的体积，减少可用蓄冷量。蓄冷槽储存期内斜温层的变化是衡量蓄冷槽蓄冷效果的主要指标。一般希望斜温层厚度为 0.3 ~ 1.0m。

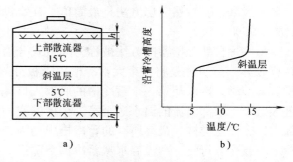

图 4-43　自然分层蓄冷槽及斜温层内温度变化示意图
a）自然分层蓄冷槽　b）斜温层

为了防止水的流入和流出对储存冷水的影响，在自然分层蓄冷槽中通过散流器从槽中取水和向槽中送水。水流散流器可使水缓慢地流入蓄冷槽和从蓄冷槽中流出，以尽量减少紊流和扰乱斜温层。这样，在蓄冷时，才能实现随着冷水不断从下部送入蓄冷槽和温水不断从上部被抽出，槽内斜温层稳步上升，如图 4-44 所示。反之，当取冷时，随着温水不断从上部流入和冷水不断从下部被抽出，槽内斜温层逐渐下降。好的分层蓄冷槽所蓄存能量的 90% 可以有效地用于供冷。

图 4-45 为自然分层水蓄冷系统原理图。系统组成是在常规的制冷系统中加入蓄冷槽，如图 4-45a 所示。在蓄冷循环时，制冷机组送来的冷水由底部散流器进入蓄冷槽，温水则从顶部排出，槽中水量保持不变。在放冷循环中，水的流动方向相反，冷水由底部送至负荷端，回流温水从顶部散流器进入蓄冷槽。图 4-45b 为水

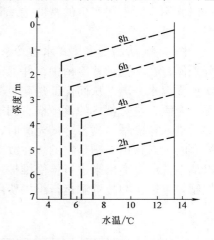

图 4-44　自然分层蓄冷槽内温度分布

蓄冷系统特性曲线图，纵坐标为温度，横坐标为蓄冷量百分比。A、C 分别为放冷循环时蓄冷槽的回水和出水特性曲线；B、D 分别为蓄冷循环时制冷机的回水和出水特性曲线。一般用蓄冷效率来描述蓄水槽的蓄冷效果。蓄冷效率定义为蓄冷槽实际放冷量与蓄冷槽理论可用蓄冷量之比，即蓄冷效率 =（曲线 A 与 C 之间的面积）/（曲线 A 与 D 之间的面积）。

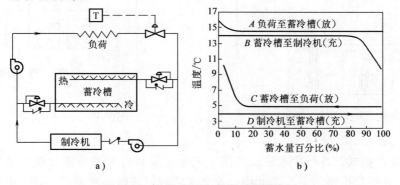

图 4-45　自然分层水蓄冷系统原理图
a）水蓄冷系统流程图　b）水蓄冷系统特性曲线

　　一般来说，自然分层方法是最简单、有效和经济的，若设计合理，其蓄冷效率可以达到85%～95%。

　　另一种自然分层蓄冷方法被称为隔板式分层蓄冷，如图4-46所示，其系统流程图如图4-47所示。该方法是将一个大蓄冷槽用隔板分隔成几个相互连通的分格，形成蓄冷槽的串联。蓄冷时，冷水从第一个蓄冷槽的底部入口进入槽中，顶部溢流的温水送至第二个槽的底部入口，依此类推，最终所有的蓄冷槽中均为冷水。放冷运行时，回流温水从蓄冷槽下部进入，由隔板导流从上部进入蓄冷槽，冷水则从蓄冷槽上部流出供冷。隔板与槽底间的空隙和

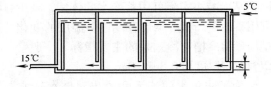

图4-46　隔板式分层蓄冷槽

与水面的空隙起到散流器的作用，在隔板的作用下，所有的槽中均为温水在上、冷水在下，可以利用水温不同产生的密度差来防止冷温水混合。

　　2. 多槽式蓄冷

　　图4-48所示为多槽式水蓄冷系统流程图。在系统中设置了多个蓄冷槽，将冷水和温水分别储存在不同的蓄冷槽中，并保证在蓄冷和放冷开始时有一个槽是空的。利用设置的空槽实现冷温水分离，从而保证送至负荷的冷水温度维持不变。在蓄冷过程中，蓄冷槽自左至右逐个充满，进行蓄冷的蓄冷槽右侧槽中的温水由下部阀门控制将温水抽出，送至冷水机组冷却后进入蓄冷槽。当蓄冷槽充满时，紧靠右边槽中的温水也刚好倒空。类似地，当蓄冷过程结束时，右边第一槽是空的。在放冷循环中，方向相反。运行时，多槽系统中个别蓄冷槽可以从系统中分离出来进行检修维护。多槽蓄冷系统要求使用的阀门较多，故其系统的管路和控制较复杂，初投资和运行维护费用较高。

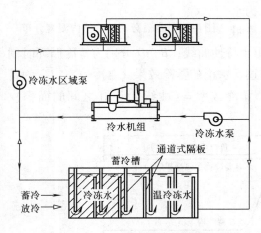

图4-47　隔板式分层蓄冷系统流程图

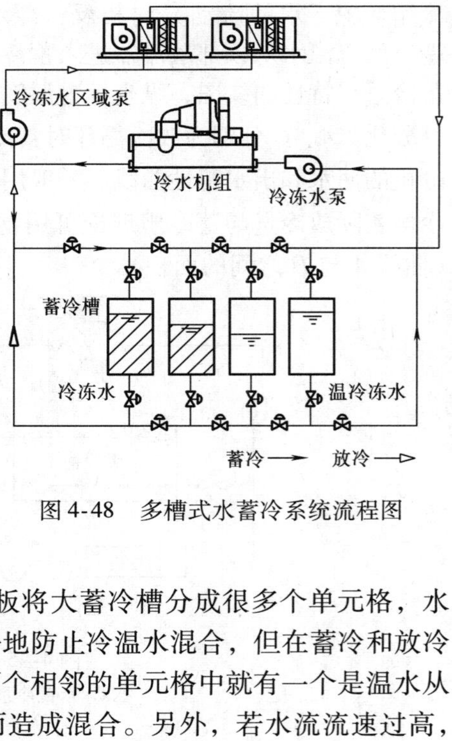

图4-48　多槽式水蓄冷系统流程图

　　3. 迷宫式蓄冷

　　图4-49为迷宫式蓄冷槽中水流线路图。它采用隔板将大蓄冷槽分成很多个单元格，水流按照设计的路线依次流过每个单元格。迷宫法能较好地防止冷温水混合，但在蓄冷和放冷过程中，水交替地从顶部和底部进口进入单元格，每两个相邻的单元格中就有一个是温水从底部进口进入或冷水从顶部进口进入，这样易因浮力而造成混合。另外，若水流流速过高，

则在蓄冷槽内会产生旋涡，导致水流扰动及冷温水的混合；若水流流速过低，则会使进出口端发生短路，在单元格中形成死区，使其余空间不能得到充分利用，降低了蓄冷系统的容量。

　　尽管迷宫式水蓄冷槽内存在部分混合现象，但由于蓄冷槽由多个小槽组成，且有隔板隔离，因此总的来说，迷宫式水蓄冷系统对不同温度的冷温水分离效果较好。但其槽表面积和容积之比偏高，使储存冷量的热损失增加，导致蓄冷效率下降。

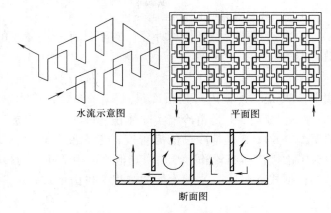

图 4-49　迷宫式蓄冷槽中水流线路图

　　4. 隔膜式蓄冷

　　在蓄冷槽内部安装一个活动的柔性隔膜或一个可移动的刚性隔板，将蓄冷槽分成分别储存冷温水的两个空间，从而实现冷温水的分离。图 4-50 为隔膜式水蓄冷槽示意图。为了减少温水对冷水的影响，一般将冷水放在下部。通常，隔膜用橡胶布制成，主要是水平方向布置，

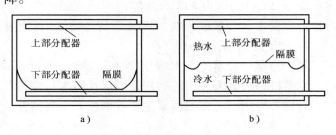

图 4-50　隔膜式水蓄冷槽示意图
a) 释冷结束时隔膜的位置　b) 蓄冷中期时隔膜的位置

这样即使出现小破洞也能靠自然分层原理限制上下方水的混流，减少泄漏。水平隔膜已成功地用于许多蓄冷槽，均能维持较高的蓄冷效率，同时为了使蓄冷槽内水流分布均匀，可在上下安装分配器。

　　隔膜可水平放置，也可垂直放置，相应地构成了水平隔膜式水蓄冷空调系统和垂直隔膜式水蓄冷空调系统。其系统示意图如图 4-51 和图 4-52 所示。

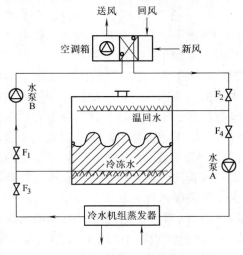

图 4-51　水平隔膜式水蓄冷空调系统

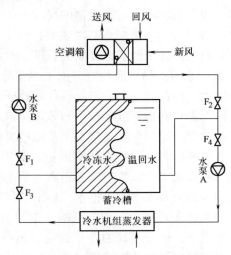

图 4-52　垂直隔膜式水蓄冷空调系统

（三）水蓄冷槽设计及性能分析

1. 蓄冷槽蓄冷量和体积计算　对于具有一定体积的蓄冷槽而言，蓄冷槽实际可用蓄冷量可表示为

$$Q_S = \rho V c_p \Delta T \varepsilon a \tag{4-2}$$

式中，Q_S 是蓄冷槽内可用蓄冷量（kJ）；ρ 是蓄冷水密度（kg/m³）；c_p 是水的比定压热容 [kJ/（kg·K）]；V 是蓄冷槽实际体积（m³）；ΔT 是放冷时回水温度与蓄冷时进水温度之间的温差（K）；ε 是蓄冷槽的完善度，考虑混合和斜温层等的影响；a 是蓄冷槽的体积利用率，考虑散流器布置和蓄冷槽内其他不可用空间等的影响。

根据式（4-2），水蓄冷槽的体积 V 可由下式确定

$$V = \frac{Q_S}{\Delta T \rho c_p \varepsilon a} \tag{4-3}$$

蓄冷量 Q_S 需按空调总冷负荷情况和系统运行策略（是全部蓄冷还是部分蓄冷）来确定；温差 ΔT 可选取为 10℃，如蓄冷时进水温度为 5℃，则放冷时回流温水水温度为 15℃。蓄冷槽的完善度 ε 一般取 85%～90%，蓄冷槽体积利用率 a 一般取 95%。

2. 水蓄冷槽结构设计

鉴于自然分层蓄冷技术应用得比较广泛，这里只阐述自然分层水蓄冷槽的结构设计方法。水蓄冷槽应具有一定的结构强度以及防水和防腐性能，并具有良好的保温效果。

设计蓄冷槽时考虑的因素主要有形状、安装位置、材料与结构，以及防水保温等。

（1）水蓄冷槽形状　最适合自然分层的蓄冷槽形状是垂直平底圆柱体。与长方体或立方体蓄冷槽相比，圆柱体在同样的容量下，面积与容量之比较小。蓄冷槽的面积与容量之比越小，热损失就越小，单位冷量的基建投资就越低。其他形状的蓄冷槽也可以用于自然分层，但必须采取措施防止进口水流的垂直运动。球形蓄冷槽的面积与容量之比最小，但分层效果不佳，实际应用较少。立方体和长方体的蓄冷槽可以与建筑物一体化，虽然这样热损失较大，但可以节省一个单独的蓄冷槽（如可利用现有的消防水池做蓄冷槽），以节省基建投资。

蓄冷槽的高度与直径之比是设计时需要考虑的一个形状参数，一般通过技术经济比较来确定。斜温层的厚度与蓄冷槽的尺寸无关。提高高度与直径之比，降低了斜温层在蓄冷槽中所占的份额，有利于提高蓄冷效率，但在容量相同的情况下，则会增加蓄冷槽的投资。提高高度与直径之比限制了散流器的长度，给散流器的设计增加了一定的难度。

（2）水蓄冷槽安装位置　由于水蓄冷采用的是显热储存，蓄冷槽的体积比冰蓄冷槽的体积要大。因此，安装位置是设计蓄冷槽时需要考虑的主要因素。若蓄冷槽体积较大，而空间有限，则可在地下或半地下布置蓄冷槽。对于新建项目，蓄冷槽应与建筑物组合成一体以降低初投资，这比单独新建一个蓄冷槽要合算。还应综合考虑兼作消防水池功能的用途。

蓄冷槽应布置在冷水机组附近，靠近制冷机及冷水泵。这样，一是减少了系统的冷损失，二是降低了冷水管道输送距离，从而减少了能耗及费用。循环冷水泵不要布置在蓄冷槽的顶部，而应布置在蓄冷槽水位以下的位置，以保证泵的吸入压力。

（3）水蓄冷槽的材料与结构　常用的蓄冷槽有焊接钢槽、装配式预应力水泥槽和现场浇筑水泥槽。钢槽良好的导热性能会影响蓄冷效率，对于体积较小的蓄冷槽这种影响较明显。水泥槽的绝热性能较好，地下布置时热损失不会很大，但其绝热性能同时会造成斜温层

品质的下降。选择蓄冷槽材料时应考虑的因素有初投资、泄漏的可能性、地下布置的可能性和现场的特定条件。

设计时应合理地选用蓄冷槽的结构和本体材料，尽可能减少或避免槽体内因结构梁、柱形成的冷桥。

（4）水蓄冷槽的防水保温　对蓄冷槽进行保温是提高其蓄冷能力的重要措施。设计时要考虑蓄冷槽底部、槽壁的绝热。

为了减少蓄冷槽的冷损失和防止因冷损失引起的蓄冷槽表面结露，以及防止温度变化产生的应力而使蓄冷槽损坏，必须对蓄冷槽进行保温。同时，为避免保温材料由于吸水而影响其性能，并防止地下水渗入保温层，槽体的保温及防水必须结合在一起进行。

保温材料应具有防水、阻燃、不污染水质，与混凝土防水材料结合性能强，耐槽内水温及水压，且施工安全，耐用及易维修等特点。一般采用聚苯乙烯发泡体、无定形聚氨酯制品。

防水材料要具有好的防水、防潮性能；对混凝土、保温材料的黏结性能要好；承受水温及水压的能力强，其膨胀系数应与保温材料相同；对水质无污染，施工方便，耐用，易维护。通常采用如下防水材料：灰浆加有机系列防水剂（树脂）、沥青橡胶系列涂膜防水材料、环氧合成高分子系列板形防水材料。

常用的保温和防水材料的组合形式有如下几种：成形保温材料（聚苯乙烯发泡体）和灰浆防水材料、成形保温材料（聚苯乙烯发泡体）和板形防水材料，以及现场发泡保温材料（硬质聚氨酯发泡体）和防水表面涂层（环氧树脂型防水）。

3. 水蓄冷槽散流器设计

自然分层的蓄冷槽需要用散流器将冷、温水平稳地引入槽中，依靠密度差而不是惯性力产生一个沿槽底或槽顶水平分布的重力流，形成一个使冷、温水混合作用尽量小的斜温层。因此，在自然分层水蓄冷槽设计中，散流器的设计特别重要，它对蓄冷槽的蓄冷效率有显著影响。好的散流器可以实现较佳的分层效果和稳定的斜温层。

在蓄冷过程开始时，由下部散流器进入的冷水流由于密度大，在水流速度较小的情况下，将紧贴蓄冷槽底面，依靠密度差而不是惯性沿水平方向移动，以纯导热的形式形成斜温层，避免与上部温水对流混合。同样，在放冷过程开始时，由上部散流器进入的温水由于密度小，在水流速度较小的情况下，将浮在冷水的表面，沿水平方向移动，同样以纯导热的形式形成斜温层，避免了与下面储存的冷水对流混合。因此，在蓄冷和放冷开始时均会形成初始斜温层。在后续的过程中，若进口水流速较大，则会破坏稳定的斜温层，导致冷、温水直接混合，减少了蓄冷槽内的有效蓄冷量。

散流器的作用就是通过使水流以密度流的形式缓慢地进入蓄冷槽，减少水流进入蓄冷槽时对储存水的冲击，促使斜温层形成，并通过减少可能产生的混合作用，维持斜温层的存在，减少对斜温层的破坏。

在 $0 \sim 20℃$ 范围内，水的密度差不大，形成的斜温层不太稳定，因此要求通过散流器的进出口水流流速足够小，以免造成对斜温层的扰动破坏。这就需要确定恰当的 Fr 和散流器进口高度 h，确定合理的 Re 来避免斜温层品质下降。

（1）散流器水力学特性　斜温层的水力学特性可由 Fr 和 Re 决定，它们是两个重要的无因次准则数。

1）Fr 准则数。它表示作用在流体上的惯性力与浮力之比的无因次准则数。该准则数反应进口水流形成密度流的条件。其定义式为

$$Fr = q / \left[gh^3 (\rho_i - \rho_a) / \rho_a \right]^{1/2} \qquad (4-4)$$

式中，Fr 是散流器进口的弗劳德数；q 是散流器单位长度的体积流量 $\left[m^3/(m \cdot s) \right]$；$g$ 是重力加速度 (m/s^2)，$g = 9.81 m/s^2$；h 是散流器最小进口高度 (m)，如图 4-53 所示；ρ_i 是进口水密度 (kg/m^3)；ρ_a 是周围水的密度 (kg/m^3)。

$$q = Q/L \qquad (4-5)$$

式中，Q 是通过散流器的最大流量 (m^3/s)；L 是散流器的有效长度 (m)。

当散流器排出口以两个方向成 180° 角布置时，其有效长度将为散流器实际长度的 2 倍。

研究表明：当 $Fr \leqslant 1$ 时，在进口水流中浮力大于惯性力，可很好地形成重力流；当 $1 < Fr < 2$ 时，也能形成重力流；当 $Fr \geqslant 2$ 时，以惯性流为主，惯性力作用增大会产生明显的混合现象，并且 Fr 的微小增加就会造成混合作用的显著增强。

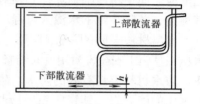

图 4-53　蓄冷槽底部
散流器断面图

若已知空调冷水循环流量和散流器的长度，则计算 Fr 准则数后，就可以确定散流器所需的进口高度。散流器进口高度的定义：当水以重力流从下部散流器的孔眼流出时，其孔眼与蓄冷槽底所需的垂直距离，如图 4-53 所示。对于上部散流器，其进口高度应为其开孔与蓄冷槽液面所需的垂直距离。一般要求 $Fr < 2$，通常设计时取 $Fr = 1$。

2）Re 准则数。蓄冷槽上下不同温度（即不同密度）的水混合将造成斜温层的破坏，这是由进口散流器单位长度流量过大引起的。其流体特性用雷诺数（Re）表示，其物理意义为流体的惯性力与该流体黏滞力的比值。散流器进口 Re 的定义式为

$$Re = q / \gamma \qquad (4-6)$$

式中，Re 是散流器进口雷诺数；q 是散流器单位长度水流量 $\left[m^3/(m \cdot s) \right]$；$\gamma$ 是进水的运动黏度 (m^2/s)。

对于确定的流量，可以通过调整散流器的有效长度来得到所需的 Re 值。

散流器的设计应控制在较低的 Re 值。若 Re 值过大，则由惯性流而引起的冷、温水混合将加剧，致使蓄冷槽所需容量增大。对于高度小的蓄冷槽，其 Re 值通常取 200；对于高度大于 5m 的蓄冷槽，其 Re 值一般取 400～850。

较低的进口 Re 值有利于减少斜温层进口侧的混合作用。进口 Re 值取 240～800 时，一般能获得理想的分层效果。

（2）散流器的结构形式　散流器应采用对称自平衡的布置方式。在自然分层水蓄冷槽中，常用的散流器形式主要有如下几种：

1）水平缝口型散流器。这种形式主要用在长方体蓄冷槽中，其结构如图 4-46 所示。

2）圆盘辐射型散流器。图 4-54 所示为圆盘辐射型散流器的结构，它主要用在圆柱形蓄冷槽中。它由两个相距很近的圆盘组成，两圆盘平行安装在蓄冷槽的底部或顶部，自分配管进入盘间的水，通过两盘之间的间隙，呈水平径向辐射状进入蓄冷槽，使水在蓄冷槽中得到均匀分配。

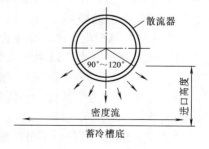

图 4-54　圆盘辐射型散流器

　　由于圆盘辐射型散流器的水流方向是径向向外离开圆盘，因此在同样条件下，该类散流器的 Re 值一般较高，这时可通过增加散流器的数量来降低 Re 值。

　　3）H 形散流器。图 4-55 为 H 形散流器结构示意图。这种散流器适用于长方体或立方体的水蓄冷槽。

　　4）八边形散流器。图 4-56 为双八边形散流器结构示意图。它在散流器直管上开有形状、大小相同，间距相等的开口缝。这种散流器主要适用于圆柱形蓄冷槽。它有单八边形和双八边形等形式。

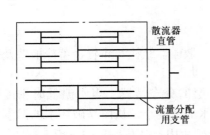

图 4-55　H 形散流器结构示意图

图 4-56　双八边形散流器结构示意图

　　（3）散流器布置　冷温水散流器的设置及与之相连的干支管均应尽可能地对称布置，其主要目的是不引起干支管水流的偏流，以确保散流器单位长度的水流量均等，排出水流速均匀，基本上处于重力流状态，避免引起槽内水平方向的扰动。在蓄冷槽内，分配管相对于与槽的中心轴垂直的水平面内成对称布置，以保证在各种负荷情况下，散流器接管上任意点的压力恒等。

　　在设计中要注意散流器的开口方向，尽量减少进水对槽中水的扰动。通常顶部散流器的开口方向朝上，避免有直接向下冲击斜温层的动量；底部散流器的开口方向朝下，避免有直接向上的动量。散流器的开口一般为 90°～120°，如图 4-53 所示。

　　另外，必须限制通过散流器开孔的水流速度，一般要求在 0.3～0.6m/s 范围内。孔中心间距应小于 2 倍的开孔高度，以确保孔间水的混合可能性降到最低限度。

　　（4）散流器的开口长度和开口高度的确定　散流器的开口高度是入口水流离开散流器并形成重力流所占有的垂直距离。对于蓄冷槽下部散流器，开口高度就是蓄冷槽底面与散流器入口开口顶部的距离。在散流器直管上，相邻两个开口间的间距应能防止重力流在管附近形成时造成混合现象。在管子底部开设圆孔，且开口间距为开口高度的 4 倍时混合作用相当小。

　　散流器开口长度为水流进蓄冷槽时开口的有效长度。在 H 形和八边形散流器中，当直管上开口等间距布置时，有效长度应为所有开口的总长度。

　　可按下式来确定散流器的开口长度 L 和开口高度 h

$$q = Re\gamma \tag{4-7}$$

$$L = \frac{Q}{q} \tag{4-8}$$

$$h = \frac{(q/Fr)^{2/3}}{\left[g(\rho_i - \rho_a)/\rho_a\right]^{1/3}} \tag{4-9}$$

　　首先选定蓄冷、放冷温度和入口 Re，由式（4-7）确定单位长度体积流量 q。根据蓄冷的总设计流量，由式（4-8）确定散流器总长度。再根据 $Fr < 2$ 的原则，选择 Fr 数，计算确

定出入口最小开口高度。最后，根据散流器开口流速均匀和分支中流量分配均匀的原则，布置分支结构、开口长度和间距。

设计流量应当是所预定的最大体积流量。对于确定的流量，可以通过调整散流器的有效长度来达到所需的 Re 值，然后由确定的流量和散流器开口长度，来确定出所需要的最小开口高度。

在大型蓄冷槽中，简单的散流器形式可能没有足够的长度来满足 Re 值的要求，这时就要考虑使用 H 形散流器和八边形散流器，以确保散流器具有足够的长度。在散流器设计中，除根据 Fr 和 Re 值确定出散热器最小开口高度和开口长度外，还需要根据水流分配均匀的原则来决定具体的结构形式。

4. 影响温度分层的因素

影响温度分层的因素主要有蓄冷水温、供回水温差、散流器结构与布置、蓄冷槽壁及沿槽壁的热传导以及冷温水混合和导热等。

1）水蓄冷槽的分层依赖于由密度决定的水中温度层的分布情况。当水温低时密度增大，但不宜采用温度≤4℃的水，因为当水温≤4℃时，水的密度小，从而易破坏水的温度分层。水蓄冷槽冷水（4~7℃）集中于槽底部区域，而温水（10~13℃）集中于槽上部区域。

2）由水蓄冷槽进出的冷、温水须通过散流器进行分配。故一个设计合理的散流器应使水进出蓄冷槽的水流在槽内平稳，扰动最小，斜温层不受干扰。

3）蓄冷能力随蓄冷槽供、回水温差的增加而增加，由于温差增加了冷、温水之间的密度差，在稳流条件下促使水的分层化，同时温差大也减少了通过蓄冷槽水的循环量，进一步加强了温度分层。

4）蓄冷槽壁及沿槽壁的热传导引起的温度变化，将导致斜温层高度的变化。当斜温层降低时，表示释冷阶段可利用的冷水量减少，如果处理不当，斜温层将明显下降，最后导致槽内冷水降到不能利用的温度，此时蓄冷槽须进行充冷。故充、释冷时间由槽的容积、槽体材料、保温条件等因素决定。可采用保温或埋地的钢筋混凝土槽予以改善。钢槽壁的热传导速度比钢筋混凝土要快，然而钢筋混凝土槽壁的热容大，当蓄冷槽进行充、释冷置换时，会影响斜温层的分布。

5）通常蓄冷槽的最佳状况应使斜温层的厚度保持在 0.3~1.0m 范围内，这取决于散流器的性能及斜温层维持的时间。

在温度分层型水蓄冷系统中，要求无论在充冷期间或释冷期间进入蓄冷槽的水温保持恒定，避免因密度差在散流器中产生浮力扰动而引起分层化的破坏。

6）蓄冷槽中的水温由于热传导及不可避免的冷、温水混合而引起的温升，较理想的为 0.5~1.0℃，且水以恒温状态从该蓄冷槽排出。但实际上在整个释冷期间其排出温度是逐渐递增的，而当斜温层开始接近下部散流器时，即在释冷将结束的一段时间内，水温迅速上升。释冷期间进出水温差的大小取决于蓄冷槽内温度分层化的质量，而这又直接受散流器的设计和蓄冷槽槽壁等的热传导的影响。

图 4-57 所示为典型的释冷过程温度变化特性，该图表示了在整个释冷循环期间蓄冷槽下部散流器处的温升情况。从图中可以看出，由于在蓄冷槽内斜温层被抽出蓄冷槽前后一段时间里，水的温度将急剧上升，故槽中约有 10% 的容积无法利用。

7）蓄冷槽进口平均温度以上的实际温升及可利用的冷水容积占槽总容积的比值，取决于散流器的设计及系统的运行情况。对于多数系统，当该温升最大为 1℃ 时，可利用的冷水容积比达 90%。在充冷循环中要达到这一要求，散流器的设计必须使斜温层厚度尽可能减小且保持稳定，以减少因冷、温水混合而引起的可利用的冷量损失。

在充冷期间，槽上方散流器处温水的温度变化如图 4-58 所示。温度随斜温层接近散流器而逐渐降低，当斜温层被引出时，水温将迅速降低，此时亦即充冷结束。

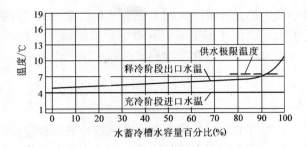

图 4-57　分层型蓄冷槽下部散流器
处充、释冷过程温度变化特性

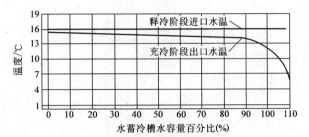

图 4-58　分层型蓄冷槽上部散流器处充、
释冷过程温度特性

5. 水蓄冷槽性能分析

图 4-59 所示为自然分层水蓄冷槽在蓄冷和释冷过程中的水温变化情况。T_2 和 T_1' 曲线分别代表释冷时蓄冷槽的回水和出水温度特性曲线，T_2' 和 T_1 曲线分别代表蓄冷过程中蓄冷槽出水和进水温度特性曲线。在蓄冷过程中，斜温层逐渐上升，当其上升到上部散流器时，从上部散流器流出水的温度将逐渐下降；当斜温层中的水全部被抽完时，温度下降得更快。在释冷过程中，斜温层逐渐下降，当斜温层中的水开始被下部散流器抽出时，水温开始升高；同样，当斜温层中的水将要被抽完时，水温迅速上升。一般来讲，当释冷出水温度 T_1' 开始升高时，释冷过程也就将近结束。当升高到一定程度，即斜温层中的水快要抽完时，供冷水温就无法满足空调负荷要求了。与此同时，回流温水的温度也因供冷水温度的升高而上升（如图中的 T_2 曲线所示），此时应停止供冷。这时即可确定蓄冷槽可利用的蓄冷量大小，蓄冷槽蓄冷水体积百分比一般考虑在 90% 左右。在释冷过程中，供冷水温度升高的程度取决于蓄冷槽中斜温层的厚度。它直接与散流器的设计、水流出散流器的速度、槽内及槽壁的传热有关。

（1）蓄冷槽的冷量释放系数　由于在蓄冷槽中不可避免地存在温、冷水混合和通过斜温层的导热等现

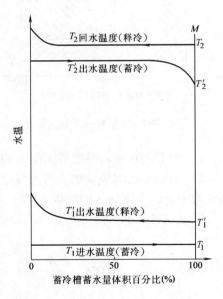

图 4-59　自然分层水蓄冷槽蓄
冷释冷特性

象，使蓄冷量减少，为了能表示出蓄冷槽的蓄冷性能，引用了完善度 FOM（Figure of Merit）——冷量释放系数的概念。该系数考虑了由于斜温层热传导和混合造成的可用蓄冷量的损失，其定义为从蓄冷槽移走的冷量与理论可用蓄冷量之比。图 4-60 所示为冷量释放系数的概念。面积 A 是纵坐标、M 线、T_2 曲线和 T_1' 曲线围成的面积，对应于释冷过程中从蓄冷

槽中移走的总冷量；面积 B 是纵坐标、M 线和 T_1' 曲线、T_1 曲线围成的面积，对应于上述冷量损失。面积 A 加上面积 B 对应于根据蓄冷过程入口温度和释冷过程中回水温度得到的理论可用总冷量，因此冷量释放系数可用下式表示

$$\mathrm{FOM} = \frac{A}{A+B} \times 100\% \qquad (4\text{-}10)$$

一个好的自然分层水蓄冷系统蓄冷槽的释冷系数可达 93% 甚至更高。

蓄冷槽内冷水温升是由下列三个因素造成的：

1）自外界传导至槽内的热量 b_1，如图 4-61 所示。

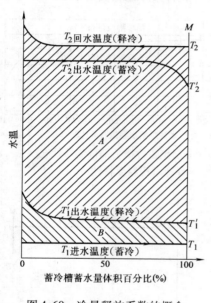

图 4-60　冷量释放系数的概念

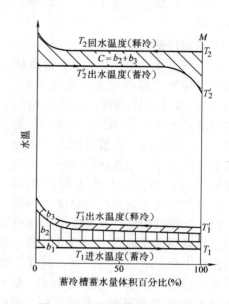

图 4-61　蓄冷槽冷损失示意图

2）由上回水在斜温层界面附近的热质交换所带入的热量 b_2。

3）由回水的间接换热，回水与冷水交替与槽壁接触，以蓄冷槽构件及其热影响区温度起伏为中介由回水导入的热量 b_3。

以上三者是蓄冷槽可供输出的冷量低于其输入冷量的全部原因所在，即

$$B = b_1 + b_2 + b_3$$

$$\mathrm{FOM} = \frac{A}{A+B} = 1 - \frac{B}{A+B} = 1 - \left(\frac{b_1}{A+B} + \frac{b_2}{A+B} + \frac{b_3}{A+B} \right)$$

$$= 1 - \left(\Delta\mathrm{FOM}_1 + \Delta\mathrm{FOM}_2 + \Delta\mathrm{FOM}_3 \right) \qquad (4\text{-}11)$$

式中，$\Delta\mathrm{FOM}_1$ 是由外界导入热量所致的冷量释放系数的降幅；$\Delta\mathrm{FOM}_2$ 是由斜温层界面附近的热质交换所致的冷量释放系数的降幅；$\Delta\mathrm{FOM}_3$ 是由以槽壁热影响区温度起伏为中介导入的热量所致的冷量释放系数的降幅。

（2）蓄冷槽的效率和损耗率　回水与冷水的热质交换使蓄冷槽输出的冷量减少，但这预冷了回水，使下一周期蓄冷槽充冷时冷水机组的进水温度下降（见图 4-61），从 T_2 降至 T_2'，使制冷机组提供的冷量减少。因此，蓄冷槽的效率 η 可表示为

$$\eta = \frac{向建筑物供给的冷量}{由冷水机组提供的冷量} = \frac{A}{A+B-C}$$

由于 $B-C=b_1$，所以

$$\eta = \frac{A}{A+b_1} \qquad (4-12)$$

蓄冷槽的损耗率用 δ 表示，则

$$\delta = \frac{由外界导入蓄冷槽的热量}{由冷水机组提供的冷量} = \frac{b_1}{A+B-C} = \frac{b_1}{A+b_1} \qquad (4-13)$$

由于 $\eta = \dfrac{A}{A+b_1} = 1 - \dfrac{b_1}{A+b_1} = 1-\delta$，所以

$$\eta = 1-\delta \qquad (4-14)$$

　　蓄冷槽效率与冷量释放系数的含义不同，前者与槽内换热无关，而由外界导入的热量和槽内部的换热均可使冷量释放系数下降，因而 $\eta >$ FOM。结构较差的蓄冷槽，两者之差高达15%。如要确定蓄冷槽容积、水量、水温及冷水机组的工作点，则须将两者准确地区分开来。

　　（四）水蓄冷系统构成

　　在水蓄冷空调系统中，制冷蓄冷系统和空调系统的连接主要有三种形式。

　　1. 简单水蓄冷空调系统

　　图4-62所示为简单水蓄冷空调系统流程图。其蓄冷槽为开式水池，而空调冷水系统一般均采用闭式系统。该系统设有4个电动阀（$V_1 \sim V_4$）用于启闭某管段，一个电动调节阀 V_5，以及一个阀前压力调节阀 V_6。系统共设三台水泵，水泵 P_1 为冷水机组供冷用水泵；水泵 P_2 为蓄冷用水泵，该水泵的流量小于水泵 P_1 的流量，以增大进出水温差，有利于蓄冷；水泵 P_3 为取冷用水泵。

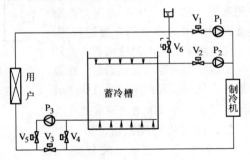

图4-62　简单水蓄冷空调系统流程图

　　该系统有4种运行模式，即蓄冷工况、冷水机组供冷工况、蓄冷槽供冷工况以及冷水机组与蓄冷槽同时供冷工况，见表4-5。只要采用蓄冷槽供冷，就必须依靠 V_6 调节阀来保证阀前压力为膨胀水箱维持的系统静水压力。这样可保证系统全部充满水，以便实现可靠的运行。

表4-5　水蓄冷系统工作模式及各阀门调节状况

工　况	冷水机组	P_1	P_2	P_3	V_1	V_2	V_3	V_4	V_5	V_6
蓄冷	开	关	开	关	关	开	关	开	关	关
冷水机组供冷	开	开	关	关	开	关	开	关	关	关
蓄冷槽供冷	关	关	关	开	关	关	关	关	调节	调节
冷水机组与蓄冷槽同时供冷	开	开	关	开	关	关	开	关	调节	调节

　　该系统在空调水蓄冷系统中应用较普遍，其主要特点是直接向用户供冷，具有系统简单、一次投资少、温度梯度损失小等优点。但该系统也存在以下不足：

　　1）蓄冷槽与大气相通，水质易受环境污染，水中含氧量高，且易滋生细菌和藻类植物。为防止系统管路、设施的腐蚀及微生物的繁殖，需设置相应的水处理装置。

　　2）整个水蓄冷槽为常压运行，其制冷及供冷回路应考虑防止由虹吸、倒空引起的运行工况

破坏。为维持系统静压力，膨胀水箱内必须充满水。

2. 换热器间接供冷式水蓄冷空调系统

图4-63为换热器间接供冷式水蓄冷空调系统流程图。该系统在供冷回路中采用换热器与用户形成间接连接。换热器一次侧与水蓄冷槽组成开式回路，而供至用户的二次侧形成闭式回路。这样，用户侧管路可防止氧化腐蚀、微生物繁殖等影响。

该系统可根据用户的要求，选用相应的设备以承受各种静压。因此，该系统主要适用于高层、超高层空调供冷。

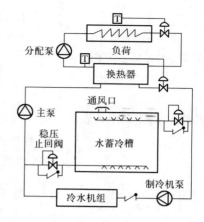

图4-63　换热器间接供冷式水蓄冷空调系统流程图

该系统由于用户的换热器二次侧回路为闭式流程，水泵扬程降低，故耗电量减少，但需增加设备及相应的投资。另外，由于系统中设置中间换热器会降低蓄冷系统的可用温差，将使其供水温度比直接供冷提高1~2℃，致使制冷机组容量降低及电耗增加。故此系统应根据规模大小及供冷条件，进行技术经济比较后再做选择。一般认为，高层建筑物的空调系统采用间接供冷方式较为经济。

3. 压力控制直接供冷式水蓄冷空调系统　图4-64所示为压力控制直接供冷式水蓄冷空调系统流程图。该系统适用于远距离供冷流程，在用户与水蓄冷槽间需增设输送泵。在蓄冷槽无法就近布置在用户处且距离较远的情况下，可以采用这种水蓄冷系统。

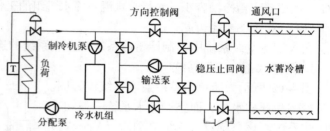

图4-64　压力控制直接供冷式水蓄冷空调系统流程图

二、冰蓄冷空调系统

（一）冰蓄冷空调系统分类

冰蓄冷系统的种类和制冰形式有很多种。从蓄冷系统所用冷媒角度考虑，有直接蒸发式和间接冷媒式。所谓直接蒸发式，是指制冷系统的蒸发器直接用作制冰元件，如盘管外蓄冰、制冰滑落式等；而间接冷媒式是指利用制冷系统的蒸发器冷却载冷剂，再用载冷剂来制冰。

按系统循环流程的不同，有并联和串联式冰蓄冷空调系统。

按蓄冰的形式不同，可分成静态蓄冰和动态蓄冰两种类型。静态蓄冰是指冰的制备和融化在同一位置进行，蓄冰设备和制冰部件为一体结构。具体形式有冰盘式（外融冰式管外蓄冰）、完全冻结式（内融冰式管外蓄冰）、密封件蓄冰。动态蓄冰是指冰的制备和储存不在同一位置，制冰机和蓄冷槽相对独立，如制冰滑落式、冰晶式系统等。

表4-6所列为上述几种冰蓄冷系统的特性比较。

表4-6　冰蓄冷系统的特性比较

系统类型	冰盘管式	完全冻结式	制冰滑落式	密封件式	冰晶式
制冷方式	直接蒸发或载冷剂间接	载冷剂间接	直接蒸发	载冷剂	制冷剂直接蒸发冷却混合溶液
制冰方式	静态	静态	动态	静态	动态
结冰、融冰方向	单向结冰、异向融冰	单向结冰、同向融冰	单向结冰、全面融冰	双向结冰、双向融冰	

（续）

系统类型	冰盘管式	完全冻结式	制冰滑落式	密封件式	冰晶式
选用压缩机	往复式、螺杆式	往复式、螺杆式、离心式、涡旋式	往复式、螺杆式	往复式、螺杆式、离心式、涡旋式	往复式、螺杆式
制冰率（IPF）	20%~40%	50%~70%	40%~50%	50%~60%	45%
蓄冷空间 /[m³/(kW·h)]	2.8~5.4	1.5~2.1	2.1~2.7	1.8~2.3	3.4
蒸发温度/℃	-9~-4	-9~-7	-7~-4	-10~-8	-9.5
蓄冷槽出水温度/℃	2~4	1~5	1~2	1~5	1~3
释冷速率	中	慢	快	慢	极快

（二）按冷媒分类的冰蓄冷空调系统

它分为制冷剂直接蒸发制冰和利用载冷剂（盐水、乙二醇水溶液等）间接冷却制冰两种形式。

1. 制冷剂直接蒸发制冰空调系统

制冷剂经压缩机冷凝成液态后，经过膨胀阀进入蓄冷槽盘管蒸发，蓄冷槽内的储水与盘管内的制冷剂进行热交换后降温，到0℃时开始在盘管外表面上结冰，蒸发后的气态制冷剂回流到压缩机中。随着蓄冰过程的进行，冰越结越厚，其蒸发温度会有所降低，制冷机的效率将会下降。因此，直接蒸发式蓄冰系统的冰层厚度一般控制在30~50mm。

制冷剂直接蒸发式蓄冰方式以蓄冷槽代替蒸发器，节省了蒸发器的费用。在蓄冰过程中，制冷剂与蓄冻水只发生一次热交换，制冷剂的蒸发温度较载冷剂间接蓄冰系统有所提高。但是，蒸发盘管长期浸泡在蓄冷槽内，容易引起管路腐蚀，发生制冷剂泄漏现象。

图4-65为制冷剂直接蒸发制冰空调系统流程图。压缩机、冷凝器、膨胀阀和蒸发盘管组成制冷循环。蒸发盘管放在蓄冷槽内，在电力低谷时段制冷机组运行，液态制冷剂在盘管内蒸发，管外形成冰层将冷量储存起来。电力高峰时段放冷，借助冷冻水泵将冷冻水送到风机盘管，风机盘管冷却空气。

图4-66所示为具有两个蒸发器的直接蒸发制冰空调系统流程图。在低谷时段制冷机组运行，

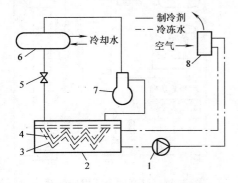

图4-65　制冷剂直接蒸发
制冰空调系统流程图
1—冷冻水泵　2—蓄冷槽　3—冰层
4—蒸发盘管　5—膨胀阀　6—冷凝器
7—压缩机　8—空调风机盘管

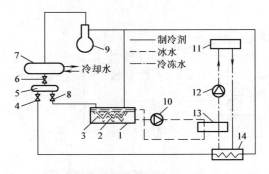

图4-66　具有两个蒸发器的直接蒸
发制冰空调系统流程图
1—蓄冷槽　2—蒸发盘管Ⅰ　3—冰层　4—膨
胀阀（空调用）　5—液体分配管　6—出液阀
7—冷凝器　8—膨胀阀（蓄冰用）　9—压缩机
10—冰水泵　11—风机盘管　12—冷冻水泵
13—换热器　14—预冷器（蒸发盘管Ⅱ）

液态制冷剂在蓄冷槽的蒸发盘管内蒸发制冷，盘管外形成冰层，将冷量储存起来（蓄冷工况）。在高峰时段空调系统运行时，由蓄冷槽内冰水向空调系统供冷（放冷工况）。放冷时还可以起动制冷机组，使制冷剂在蒸发盘管Ⅱ内蒸发制冷，以预冷空调系统回水，被冷却后的回水经换热器被蓄冷槽来的冰水进一步冷却后供空调系统使用。由于蒸发盘管Ⅱ具有预冷作用，也称其为预冷器。

2. 载冷剂间接制冰空调系统

制冷剂经压缩机冷凝成液态后，通过膨胀阀进入蒸发器，在蒸发器内与载冷剂（质量分数为 25% 的乙二醇溶液）进行热交换。载冷剂被降温至 0℃ 以下后，由泵送入蓄冷槽的盘管中，蓄冷槽内的储存水与盘管内的载冷剂进行热交换，降温至 0℃ 后开始在盘管外表面上结冰。盘管内的载冷剂放出冷量后逐渐升温，回到蒸发器重新换热降温。蒸发器内的液态制冷剂与载冷剂发生热交换，吸收载冷剂的热量后蒸发，气态制冷剂又回流到压缩机。随着蓄冰过程的进行，蓄冷槽内载冷剂盘管外的冰层逐渐增厚，载冷剂温度也随之下降，待冰层达到设计厚度时，进出蓄冷槽的载冷剂温度约为 -6℃／-3℃。其蓄冰时间通常也是根据载冷剂出口温度来控制的。

上述蓄冰过程是通过制冷剂在蒸发器中冷却载冷剂，再由载冷剂通过盘管冷却管外的水，而使其在管外表面上结冰的，要经过两次换热才能实现蓄冰过程。因此，在相同的蓄冰厚度下，载冷剂循环式制冷机组的蒸发温度要比制冷剂直接蒸发式的低，制冷机组的效率会有所下降。但由于在蓄冷槽内用载冷剂代替了制冷剂，使系统内的制冷剂充灌量减少，同时盘管发生泄漏的可能性下降，也不存在冷冻润滑油沉积的问题，因此运行可靠性得到了提高。

图 4-67 和图 4-68 所示为载冷剂间接制冰空调系统流程图。制冷机组运行时，载冷剂将制冷系统蒸发器的冷量带到蓄冷槽，载冷剂在蓄冷槽传热管内流动，并与管外的水进行热交换，使管外的水降温至 0℃，且在管外壁面形成冰层，将冷量储存起来（蓄冷工况）。空调系统运行时，将蓄冷槽中的冰水直接送到空调风机盘管冷却空气（见图 4-67），或通过换热器冷却空调回水（见图 4-68），以达到空调的目的（放冷工况）。

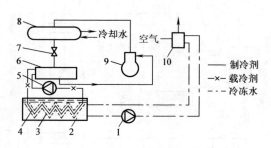

图 4-67　载冷剂间接制冰空调系统流程图
1—冷冻水泵　2—蓄冷槽　3—冰层
4—传热管　5—载冷剂泵　6—蒸
发器　7—膨胀阀　8—冷凝器
9—压缩机　10—空调风机盘管

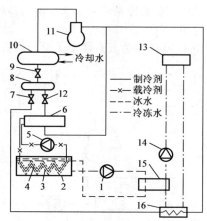

图 4-68　具有两个蒸发器的载冷剂
间接制冰空调系统流程图
1—冰水泵　2—蓄冷槽　3—冰层　4—传热管
5—载冷剂泵　6—蒸发器Ⅰ　7—膨胀阀（空调用）
8—液体分配器　9—出液阀　10—冷凝器
11—压缩机　12—膨胀阀（蓄冰用）
13—空调风机盘管　14—冷冻水泵　15—换热器
16—蒸发器Ⅱ（预冷器）

图 4-69 所示为具有双效机组的载冷剂制冰空调系统流程图。它有两台机组，一台为常规冷水机组，在放冷时产生 5~7℃的冷冻水；另一台为低温冷水机组，质量分数为 25% 的乙二醇水溶液通过其蒸发器时温度降为 -6℃，蓄冷时低温冷水机组运行，使乙二醇溶液在冷水机组、蓄冷槽、乙二醇溶液泵之间循环，将低温冷水机组的冷量储存到蓄冷槽内。放冷时，开动乙二醇溶液泵使乙二醇溶液在泵、蓄冷槽和换热器之间循环，在换热器中乙二醇溶液与冷冻水进行热交换，冷冻水将冷量送到空调风机盘管。该系统为部分蓄冷空调系统，因此，放冷时常规冷水机组也运行，同时向空调风机盘管供冷。

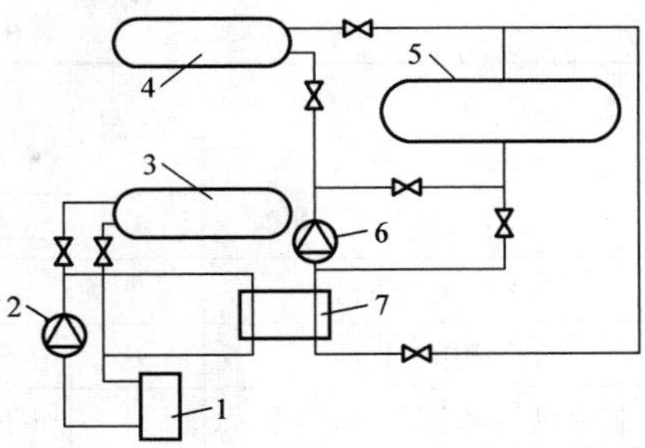

图 4-69　具有双效机组的载冷剂
制冰空调系统流程图

1—空调风机盘管　2—冷冻水泵　3—常
规冷水机组　4—低温冷水机组　5—蓄
冷槽　6—乙二醇溶液泵　7—换热器

（三）按系统循环流程分类的冰蓄冷空调系统

冰蓄冷系统的制冷主机和蓄冰装置所组成的系统可以有多种形式，但基本上可分为并联系统和串联系统。

对于许多建筑，特别是宾馆、饭店等商业性建筑，夏季夜间仍需要一定量的供冷量。由于夜间是蓄冷时间，制冷机需要产生用于蓄冰的 0℃以下的低温水，若同时有空调供冷要求，则需将 0℃以下的载冷剂经换热器供出约 7℃的空调冷水，这样，制冷系统运行效率将有所降低。为了提高运行经济性，应设基载冷水机组，直接供应 7℃左右的冷水，以保证夜间或蓄冰时间空调所需冷量。对于夜间供冷负荷较少的建筑，该基载冷水机组主要在夜间使用；若夜间供冷负荷较大，则可全天使用，以减少初投资；若夜间所需供冷量很少，也可不设基载冷水机组，而是直接由蓄冰用低温载冷剂供冷。

1. 并联蓄冰空调系统

图 4-70 所示为并联蓄冰空调系统流程图。整个系统由两部分构成，一部分为空调冷水系统，介质为水；另一部分为乙二醇水溶液系统（图中点画线框内部分），它可进行蓄冷或供冷。

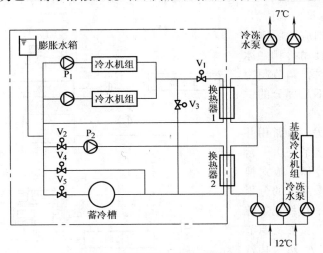

图 4-70　并联蓄冰空调系统流程图

乙二醇水溶液循环系统则由制冷主机、蓄冷槽、板式换热器（与空调用冷水系统的分界面）和泵、阀门等组成。各种运行工况调节情况见表 4-7。

表4-7　各种运行工况调节情况

工　　况	V_1阀	V_2阀	V_3阀	V_4阀	V_5阀	制冷机水温/℃		蓄冷槽水温/℃	
						供水	回水	供水	回水
蓄冰	关	关	开	关	开	-5.0	-1.7		
制冷机单独供冷	开	关	关	关	关	5.6	10.6		
蓄冷槽单独供冷	关	开	关	调节	调节			5.6	10.6
制冷机与蓄冷槽同时供冷	开	开	关	调节	调节	10.6		5.6	10.6

空调供水有三条回路，一路为基载冷水机组回路，可昼夜供给空调用冷水；另一路为通过板式换热器1被来自乙二醇水溶液制冷机组的低温溶液冷却的空调水回路；还有一路为通过板式换热器2被来自蓄冷槽的低温乙二醇水溶液冷却的空调水回路。

蓄冰时，阀门V_1、V_2、V_4关闭，阀门V_3、V_5开启，制冷机组向蓄冷槽供应低温乙二醇溶液，使蓄冷槽中的水冻结。蓄冰过程中乙二醇水溶液的温度不断降低。

该系统供冷有三种运行模式：制冷机单独供冷、蓄冷槽单独供冷、制冷机与蓄冷槽同时供冷。

（1）制冷机单独供冷　除阀门V_1开启外，其余阀门都关闭，将来自制冷机的温度较低的乙二醇溶液供至板式换热器1，以产生空调用冷水。为了提高运行效率，应尽量减少板式换热器的传热温差，一般取1~2℃。该空调系统供、回水温度为7℃和12℃，因此，制冷机的供、回水温度取为5.6℃和10.6℃。当空调冷负荷减少时，可减少制冷机的台数或调节制冷机的供冷能力。

（2）蓄冷槽单独供冷　关闭阀门V_1和V_3，将阀门V_2、V_4、V_5开启，并起动蓄冷槽泵P_2，从蓄冷槽融冰取冷，通过板式换热器2冷却空调用水。根据空调供水或回水温度，调节阀门V_4和V_5，控制蓄冷槽融冰取冷。

（3）制冷机与蓄冷槽同时供冷　起动泵P_1和P_2，关闭阀门V_3，即可实现制冷机与蓄冷槽同时供冷。至于同时供冷时是以制冷机为主，还是以蓄冷槽为主，则需要根据控制策略来决定。若以制冷机为主，当制冷机满载运行时仍不能满足用户所需冷量，则调节阀门V_4和V_5，从蓄冷槽取出一定冷量，以保证空调所需。若以蓄冷槽为主，则应关闭阀门V_4，开启阀门V_5，使蓄冷槽融冰取冷量为最大，同时，调节制冷机供冷能力以补充不足部分的供冷量。

图4-71所示为另一种常用并联蓄冰空调系统。该系统由一台双工况制冷机、蓄冷槽、板式换热器（与空调用冷水系统的分界面）、初级乙二醇泵、次级乙二醇泵、冷冻水泵、冷却水泵及调节阀门等组成。表4-8所列为其各种运行工况的调节情况。

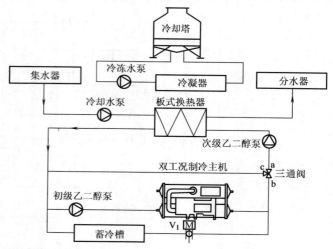

图4-71　蓄冷槽与制冷机并联蓄冰系统流程图

表4-8 并联蓄冰系统各种运行工况的调节情况

运行工况	制冷机	初级乙二醇泵	次级乙二醇泵	V_1	三通阀
制冰	开	开	关	开	关
制冰同时供冷	开	开	开	开	调节
融冰供冷	关	关	开	开	调节
制冷机供冷	开	开	开	关	b—a
制冷机与融冰同时供冷	开	开	开	开	调节

2. 串联蓄冰空调系统

图4-72为串联蓄冰空调系统流程图。该蓄冷系统由制冷机、蓄冷槽、板式换热器以及泵、阀门等串联组成，利用温度较低的乙二醇溶液通过板式换热器冷却空调用水。对于串联蓄冰系统，制冷机可位于蓄冷槽上游，此时，制冷机出水温度较高，蓄冷槽进出水温度较低。因此，制冷机效率高、耗电少，但蓄冷槽融冰温差小，取冷效率较低。若制冷机位于蓄冷槽下游，则情况刚好相反。一般多采用主机在上游的布置方案。

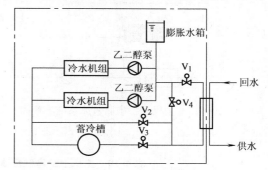

图4-72 串联蓄冰空调系统流程图

该系统除蓄冰工况外，也可以有制冷机单独供冷、蓄冷槽单独供冷、制冷机与蓄冷槽同时供冷等几种运行工况。表4-9所列为各种运行工况的调节情况。

表4-9 串联蓄冰系统各种运行工况的调节情况

运行工况	V_1	V_2	V_3	V_4	制冷机水温/℃ 供水	制冷机水温/℃ 回水	蓄冷槽水温/℃ 出水	蓄冷槽水温/℃ 进水
蓄冰	关	关	开	开	-5.0	-1.7	—	—
制冷机单独供冷	开	开	关	关	6.0	11.0	—	—
蓄冷槽单独供冷	开	调节	调节	关	11.0	11.0	6.0	11.0
制冷机与蓄冷槽同时供冷	开	调节	调节	关	6.8	11.5	4.0	6.8

注：表中水温值为示例。

根据串联系统中制冷机与蓄冷槽的前后位置，可分为主机上游和主机下游两种类型。

（1）主机上游串联蓄冰系统　采用主机上游方式，可使制冷机组出水温度较高，系统运行效率高，电耗减少。

图4-73为主机上游串联蓄冰系统流程图。该系统由双工况制冷机、蓄冷槽、板式换热器、乙二醇泵、冷冻水泵、冷却水泵和各种阀门等组成。表4-10所列为其各种运行工况的调节情况。

在主机上游串联系统中，又分为单循环回路系统和双循环回路系统。

1）单循环回路主机上游串联系统。图4-74为单循环回路主机上游串联系统流程图，其制冷机位于蓄冰装置的上游。

该系统可允许蓄冰系统按五种运行工况中的四种运行，即制冰、融冰供冷、制冷机供冷、制冷机与融冰同时供冷。表4-11所列为其各种运行工况的调节情况。

阀V_1根据温度传感器TS_1的反应来调节，阀V_2既可以用于维持一个较泵P_1小的恒定流量，也可以通过从冷负荷返回的乙二醇温度来调节。

当空调供冷回路中含有冷冻水时，必须安装一台热交换器（板式）将乙二醇回路和空调的冷冻水回路隔开。在已装有制冷机的情况下，制冷机可作为基载主机安装在冷冻水回路中以减少蓄冰系统的负荷。

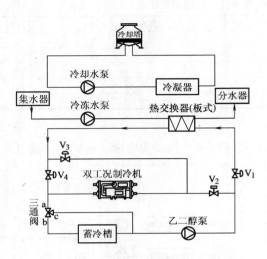

图4-73　主机上游串联蓄冰系统流程图

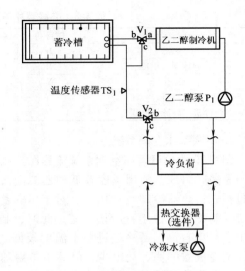

图4-74　单循环回路主机上游
串联系统流程图

表4-10　主机上游串联蓄冰系统各种运行工况的调节情况

运行工况	制冷机	乙二醇泵	V_1	V_2	V_3	V_4	三通阀
制冰	开	开	关	开	关	关	a-b
融冰供冷	关	开	开	关	关	开	调节
制冷机供冷	开	开	开	关	开	关	a-c
制冷机与融冰同时供冷	开	开	开	关	开	关	调节

表4-11　单循环回路主机上游串联系统各种运行工况的调节情况

运行工况	制冷机	P_1	V_1	V_2
制冰	开	开	a-b	a-b
融冰供冷	关	开	调节	a-c
制冷机供冷	开	开	a-c	a-c
制冷机与融冰同时供冷	开	开	调节	a-c

　　当需要在制冰的同时供冷时，不能采用该系统。它要求从蓄冰装置返回的低温乙二醇溶液通过水泵送至冷负荷或热交换器。由于乙二醇温度低于0℃，风机盘管和热交换器易结冰。

　　2）双循环回路主机上游串联系统。图4-75为双循环回路主机上游串联系统流程图。该系统允许以五种工况方式运行。表4-12所列为其各运行工况调节情况。

表4-12　双循环回路主机上游串联系统各运行工况调节情况

运行工况	制冷机	P_1	P_2	V_1	V_2
制冰	开	开	关	a-b	a-c
制冷同时供冷	开	开	开	a-b	调节
制冷机供冷	开	开	开	a-c	a-b
融冰供冷	关	开	开	调节	a-b
制冷机与融冰同时供冷	开	开	开	调节	a-b

根据不同的运行工况，阀 V_1 和阀 V_2 依据温度传感器 TS_1 的反应进行调节。采用双循环回路的优点在于系统制冰和供冷可以同时进行，而不必担心风机盘管或热交换器被冻结。该系统允许每一个回路中有不同的流量。当各回路中的流量不同时，一次回路中的乙二醇流量应该大于或等于二次回路中的乙二醇流量。像单循环回路流程一样，系统流程中也可增设热交换器和基载主机。

（2）主机下游串联蓄冰系统　主机下游时，使得制冷机组的出水温度较低，制冷机在较低的蒸发温度下运行，其效率将下降，机组的制冰容量将减小。但主机下游能维持所需温度，温度控制稳定。

图 4-76 为主机下游串联系统流程图。该系统由双工况制冷机、蓄冷槽、板式换热器、乙二醇泵、冷冻水泵、冷却水泵和各种阀门等组成。表 4-13 所列为其各工况调节情况。

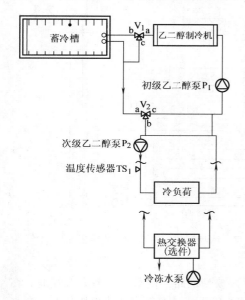

图 4-75　双循环回路主机上
游串联系统流程图

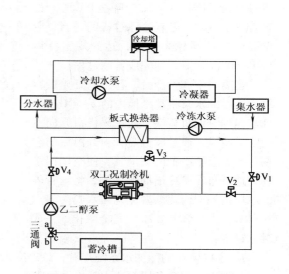

图 4-76　主机下游串联系统流程图

表 4-13　主机下游串联蓄冰系统各工况调节情况

运行工况	制冷机	乙二醇泵	V_1	V_2	V_3	V_4	三通阀
制冰	开	开	关	开	关	关	b - a
融冰供冷	关	开	开	关	关	开	调节
制冷机供冷	开	开	开	关	开	关	c - a
制冷机与融冰同时供冷	开	开	开	关	开	关	调节

在确定串联蓄冰系统时，应当注意乙二醇泵的容量和系统水温分布的确定。蓄冰工况和制冷机单独供冷工况下，泵流量应按制冷机空调负荷确定。但是，当制冷主机与蓄冷槽同时供冷时，由于负荷增大，系统供、回水温差必须大于 5℃，应达到 7～8℃，制冷主机或蓄冷槽的供水温度较低，影响系统供冷能力，为此应适当提高空调用水的供、回水温差。另外，在蓄冰工况和制冷主机单独供冷工况下，系统阻力较小；而当制冷主机与蓄冷槽同时供冷时，需依次克服制冷主机蒸发器、蓄冷槽和板式换热器的阻力，因此，应按最不利工况确定泵的扬程。在大多数运行工况

下，泵的功耗将增加。

（四）按蓄冰形式分类的冰蓄冷空调系统

1. 冰盘管式蓄冷空调系统

冰盘管式是最早的制冷剂直接蒸发式蓄冰系统。蓄冷槽内放置制冷剂盘管，槽内充满水。蓄冰时，制冷剂在金属盘管内直接蒸发并吸收热量，将金属盘管外表面的水结成冰，结冰厚度一般控制在 40～60mm。在融冰放冷时，则使空调系统的回水送入蓄冷槽，与金属盘管外的冰接触融化，融冰后水温下降至 1～3℃，然后通过泵送至空调负荷端使用。

由于盘管式蓄冷槽制冷剂用量大，盘管焊接质量要求高，盘管的焊接处多，常出现制冷剂泄漏问题，且维修困难，故近年来已逐渐采用载冷剂间接冷却。

图 4-77 为冰盘管式蓄冷空调系统流程图。蓄冰时，蓄冷槽内的水与制冷剂进行热交换后降温，当水温降至0℃时开始在管壁上结冰。随着蓄冰过程的进行，管壁表面的冰层越来越厚，达到规定厚度（40～60mm）时，即完成蓄冰过程。

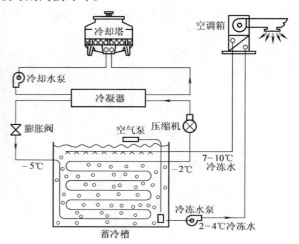

当需要空调供冷时，蓄冷槽开始融冰放冷。冷冻水泵将蓄冷槽内的 2～4℃的冷冻水送到空调负荷端，通过风机盘管向室内吹送冷风。通过风机盘管，升温后的空调回水送至蓄冷槽的喷淋管，使空调回水均匀地分布在蓄冷槽的融冰侧，将盘管外的冰层由外向内逐渐融化，回水则降温至 2～4℃，直至管外的冰层完全融化，完成融冰过程。

图 4-77　冰盘管式蓄冷空调系统流程图

从图 4-77 中的冷冻水系统来看，该冷冻水流程属于开放型回路，即蓄冷槽与大气相通。在高层建筑中，为避免回水流入蓄冷槽的速度过快而造成回水管不满或在管内造成失压状态，在水路系统设计上，通常要在回水进入蓄冷槽前装设一只背压阀，以保证回水管处于常满状态，同时也可避免供冷水泵停机时大量冰水回到蓄冷槽而产生回流满溢。

蓄冷槽内结冰和融冰的均匀性极为重要。结冰密度若不均匀，则融冰放冷时会产生死区，空调回水自然从阻力最小而最易融化的地方流过而融冰。为了使蓄冷槽内的结冰和融冰均匀一致，在蓄冷槽内设置了空气搅拌器。空气搅拌器利用配管的开孔将空气导入蓄冷槽的底部，通过浮力使大量气泡升起而搅动水流。在蓄冰过程中，水的扰动使槽内的水温快速均匀降低，从而促使管壁表面结冰厚度一致。在融冰放冷过程中，扰动可促进蓄冷槽内的水流分布均匀，加速冰的融化。

在设计上，蓄冷槽所需搅拌的空气量和蓄冷槽容积成正比，每立方米的蓄冷槽需搅拌风量为 1～1.5m³/h。风机出口处的静压一般在 20kPa 以上。在安装空气搅拌机时，应将其固定在槽外，将引管伸入槽底分叉成细管，并在管壁上打出直径约 5mm 的小孔。为了避免将热风吹入蓄冷槽而造成热损失，一般应将吸气管接在蓄冷槽内液面上方以吸取冷空气。

使用空气搅拌器扰动水流非常方便，但也存在一些不足。由于长期地将空气送入水中，必将使水呈现弱酸性，加速浸没在水中的金属盘管的腐蚀，因而需对盘管进行防腐处理。一般都采用热浸镀锌钢管。

蓄冰时，水在盘管上逐渐结冰，冰层沿径向向外扩展。冰层越厚，要求盘管内制冷剂的蒸发温度越低，从而使制冷系统的效率大为降低，故需在盘管外设置结冰厚度传感器，以监控结冰的厚度，避免因结冰过厚而使管与管之间搭成"冰桥"，阻断水流通道，影响融冰的进行。

结冰厚度的检测方法通常有如下几种：

1）机械接触式。即将冰厚检测探针每隔一定时间移动一下，观察感测探针是否触碰到冰层，如图4-78a所示；或者用感测器接触冰层，如图4-78b所示。

2）电极式。即根据通电电极之间的电位差来确定结冰厚度，如图4-79所示。

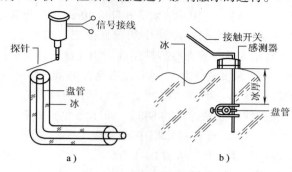

图 4-78　接触式冰厚传感器

3）水位差式。即由水位电极棒的通电情况来感测结冰厚度，如图 4-80 所示。

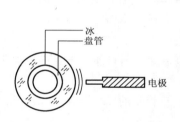

图 4-79　电极式冰厚传感器

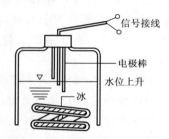

图 4-80　水位差式冰厚传感器

4）电阻式。将一组探针安装在管壁外所设定的距离处，如 10mm、20mm、30mm、40mm、50mm 处，根据电阻值测得相应的结冰厚度，如图 4-81 所示。

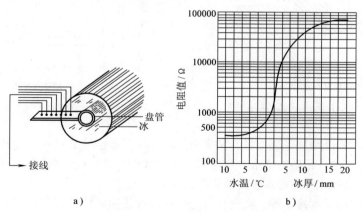

图 4-81　电阻式冰厚传感器
a）测量示意图　b）水与冰电阻曲线图

盘管式蓄冰系统的结冰量既可以由水结成冰后体积的膨胀量来计算，也可以由管壁冰厚度和管长度来计算。在 0℃时，冰的密度为 917kg/m^3，水结成冰体积膨胀量约为 9%，故只要用测得的蓄冷槽水位上升的水量除以水与冰的密度相对变化，即可得知结冰量。

冰盘管式蓄冰系统除了制冷剂直接冷却制冰外，还有载冷剂间接冷却制冰。图4-82为空调工程中常用的载冷剂（乙二醇溶液）冷却制冰的盘管式蓄冰系统流程图。充冷时，当溶液温度为−7～−3℃时，盘管外结冰厚度可达40mm；充冷温度取决于充冷速率和制冰量，较短的蓄冷循环时间需要较高的充冷速率和较低的充冷温度。

图4-83所示为冰盘管充冷特性曲线。当充冷时间为14h时，充冷温度为−1.5～4℃；当充冷时间为8h时，充冷温度为−9～−4℃。图4-84所示为冰盘管放冷特性曲线。在融冰放冷期间，释冷温度能平稳地维持在1.5℃，直至储冰槽中80%以上的冰融化掉。在释冷后期，温度增加1～1.5℃。

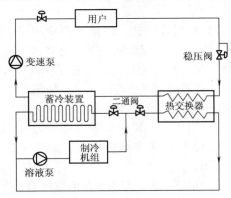

图4-82　载冷剂冷却制冰的
盘管式蓄冰系统流程图

综上所述，冰盘管式蓄冷系统具有如下特点：

1）融冰过程是由外向内融化，温度较高的冷冻回水与冰直接接触，可以在较短的时间内制出大量的低温冷冻水。特别适用于短时间内要求冷量大、温度低的场所，如一些工业加工过程及低温送风空调系统。

2）由于采用外融冰方式，若储存的冰没有完全融化而再度制冰，则只能在未融的冰层上制冰，而冰的热阻大，因此会增加制冷设备的耗电量。

3）蓄冷槽内需保持50%以上的水，以便抽水融冰。为防止盘管间的冰连接在一起而无法抽水融冰，通常使用结冰厚度控制器。

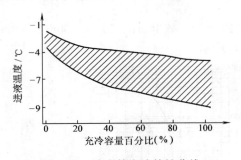

图4-83　冰盘管充冷特性曲线

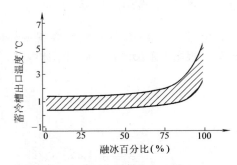

图4-84　冰盘管放冷特性曲线

4）用空气搅拌器既增加了耗电量，又提高了故障率。若空气泵吸入端过滤效果不好，则会将污浊的空气泵入水中，污染冷冻水，容易增加空调水侧的水垢；另外，长时间将空气泵入水中将使水呈弱酸性，会加速浸泡在水中的盘管的腐蚀。

5）该系统的主体是制冷系统，应选择合适的制冷剂流速，使带到蒸发器盘管内的润滑油流回压缩机，而不致影响盘管传热效果。

6）在设计盘管式蓄冰系统时，其水系统中要安装止回阀和稳压阀等控制设备，以免停泵时系统水回流、蓄冷槽水外溢，以及开机时蓄冷槽被抽空。

7）该系统的压缩机多选择往复式或螺杆式结构。若选择离心式，则要确认其是否适合于制冰工况。一般选择三级离心式压缩机作为蓄冰主机。

2. 完全冻结式冰蓄冷空调系统

完全冻结式冰蓄冷系统大多是由一组标准化的蓄冷筒或蓄冷槽并联构成的。蓄冷筒（槽）内装有数量多且细的塑胶质盘管，盘管内通以载冷剂，管外充满水，水与载冷剂之间通过管壁进行热交换。

完全冻结式冰蓄冷系统由于采用载冷剂作为工质，经过制冷主机降温后为蓄冷筒（槽）提供冷量，故常见的制冷主机有往复式、螺杆式和离心式等类型。在选用离心式制冷机组时，应当考虑其既能用于蓄冰又能用于空调，常选用三级离心式制冷机组作为蓄冰主机。

图 4-85 为完全冻结式冰蓄冷空调系统流程图。该系统是将冷水机组制出的低温乙二醇溶液送入蓄冷槽中的塑料管，使管外的水结成冰。蓄冷槽中的水可以完全冻结成冰，融冰时从空调负荷端流回的乙二醇溶液进入蓄冷槽，流过塑料盘管，将管外的冰融化，乙二醇溶液的温度下降，再被抽回到空调负荷端使用。在蓄冰、融冰过程中，蓄冷槽内部的水静止不动，只借助于塑料管内乙二醇溶液的温度变化进行制冰和融冰。

该系统常见的蓄冷槽形式有 Calmac 蓄冷筒和 Fafco 蓄冷槽两种。图 4-86 为 Calmac 蓄冷筒示意图，图 4-87 为 Fafco 换热盘管示意图。

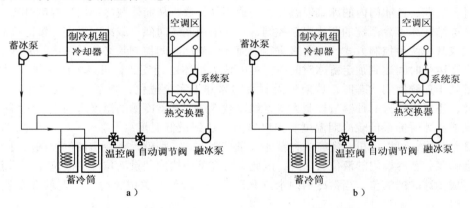

图 4-85　完全冻结式冰蓄冷空调系统流程图
a）蓄冰过程　b）融冰过程

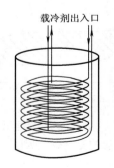

图 4-86　Calmac 蓄冷筒示意图

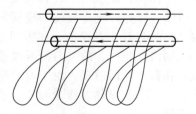

图 4-87　Fafco 换热管示意图

Calmac 蓄冷筒采用外径为 16mm 的聚乙烯管绕成螺旋形盘管，放置在外保温的玻璃钢或聚乙烯圆筒内。筒是密闭式的，聚乙烯管上平均结冰厚度为 16mm，有效蓄存面积为 $0.27 m^2/(kW \cdot h)$。

Fafco 蓄冷槽由外径为 64mm 的石蜡脂塑料制成平行流换热盘管插入保温槽体中构成。每片标准型换热盘管长 1800mm、宽 122mm，并带有 200 支小管，如图 4-87 所示。多个换热盘管可由顶端固定，组装在一起，插入一个槽体中。平均蓄冰厚度为 10mm，有效蓄存面积为 $0.45m^2/$（kW·h）。

由于完全冻结式冰蓄冷系统融冰时，最靠近管壁的冰首先融化，故为内融冰方式，因此蓄冷槽内不需预留空间作为冷水区。该系统具有较高的制冰率（IPF）。工作时，蓄冷槽内的水静止不动。根据塑料管内载冷剂的温度变化进行制冰、融冰过程的控制，故不需要结冰厚度控制器和空气搅拌器，从而降低了系统故障率。

为避免塑料管内承受过大的压力，设计时应将乙二醇溶液系统与空调冷冻水系统通过换热器隔开，这样可减少所需要的乙二醇溶液量，同时也降低了泄漏的可能性。乙二醇溶液的黏度比水大，所以阻力损失较大，致使泵耗功增加。

从理论上讲，采用载冷剂间接制冰方式，其制冷主机的蒸发温度应更低，但因为采用了内融冰方式，融冰后的光管向外结冰的热阻反而较小，所以实际上结冰时主机的蒸发温度与冰盘管式相比不一定更低。在融冰过程中，融冰主要靠紧贴管外已融化的水与未融化的冰之间的自然对流或已融化水的导热来进行传热。在融冰中期，载冷剂隔着一层水阻再将冰融化，内圈水层逐渐加厚。由于水的热导率只有冰的 1/4 左右，形成了相当大的热阻，使得融冰速率变得缓慢，尤其是在放冷过程后期，蓄冰筒内的冰难以融化，冷量不易释放，从而使载冷剂出口温度升高。

完全冻结式冰蓄冷系统的蓄冰容量控制，一般采用制冰时间、载冷剂温度、蓄冷槽液位三种控制方式或其中两种控制方式的组合来进行，而其中制冰时间控制是必须采用的一种基本控制方式。当蓄冰运行时间达到预定蓄冰时间时，可以认为蓄冰已经完成，可以关闭主机及附属设备。当蓄冷槽处于连续使用状态时，若前一天所蓄的冰并未完全融化，则第二天的蓄冰时间可以缩短。因此，还要设置另一种容量控制方式，如以载冷剂离开蓄冷槽的温度来判定，则可以参照该蓄冷槽完成蓄冰时的最低载冷剂温度。当出口温度达到最低温度（-7～-4℃）时，就表示蓄冰过程已经完成，可以停机。还有一种蓄冰容量控制方式，那就是蓄冷槽液位控制。由于水结冰时体积会膨胀，蓄冷槽内的液位会上升，因此，可在蓄冷槽内装设液位计、液位开关，记下开始蓄冰到完成蓄冰时的液位，当蓄冷槽内水位上升至设定液位开关位置时，就表示蓄冷槽已满冰，可控制停机。

完全冻结式冰蓄冷系统在充冷阶段，其充冷温度是随着盘管外冰层厚度的增加而降低的，要在较短的时间内完成蓄冰过程，则需要较低的充冷温度。该蓄冷系统的充冷温度平均为 -5～-3℃。图 4-88 所示为该冰蓄冷系统的充冷特性曲线，其充冷周期为 8～16h。开始时充冷温度下降明显，这是由于水的显热蓄热量较小的缘故；在中间蓄冷阶段，由于水的凝固潜热较大，故其蓄冷温度近似为一条水平直线；在蓄冷阶段后期，由于蓄冷槽中的水都凝固成了冰，且冰的显热蓄冷量较小，故其蓄冷温度将急剧下降。

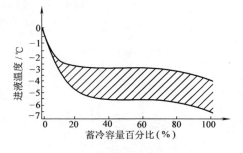

图 4-88　完全冻结式冰蓄冷
系统的充冷特性曲线

当完全冻结式冰蓄冷系统释冷温度不变时，释冷速率将持续下降；当释冷速率保持不变时，释冷温度将持续上升。试验表明，在整个释冷阶段，蓄冷槽出口温度持续上升，其温度与入口温度和释冷速率有关。图 4-89 所示为释冷周期为 6～8h，释冷速率不变，进口温度为 10℃时，其融冰释冷特性曲线。从图中可以看出，其融冰释冷温度在 0～5℃ 范围内。

在实际运行中，蓄冷装置极少能以恒定的速率释冷，而是根据空调负荷进行调节。为确定释冷温度，应特别注意释冷周期最后数小时的冷负荷。必须使系统的蓄冷量能保证供应每小时所需的释冷温度和释冷速率。

综上所述，完全冻结式冰蓄冷系统具有如下特点：

1）制冷系统制冷剂量减少，不易泄漏。

2）蓄冷槽内的水可以完全冻结成冰，蓄存体积较小。无结冰厚度控制器及搅拌装置，降低了故障率，并减少了用电量。

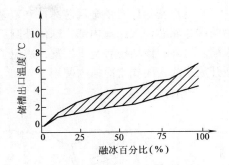

图 4-89　完全冻结式冰蓄冷系统
融冰释冷特性曲线

3）融冰时，由管表面开始融冰（内融冰），若储存的冰未用完而开始制冰，则仍由盘管外表面开始制冰，传热效果好。

4）采用载冷剂进行蓄冰和融冰，增加了一次传热损失，需靠增加传热面积来补偿。

5）内融冰方式使结冰和融冰过程都比较缓慢，适合空调使用，不适合工业过程使用。

6）结冰厚度为 10 ~ 50mm，耗电量仍比常规系统多。

3. 密封件式冰蓄冷空调系统

密封件式冰蓄冷空调系统是以内充水溶液和成核剂的容器作为蓄冷单元，将许多这种密封的容器有规则地堆积在蓄冷槽内。蓄冷时，由制冷主机提供的低温载冷剂（质量分数为25%的乙二醇溶液）通过蓄冷槽内容器之间的空隙流动，与密封件内的水进行热交换，使密封件内的水冻结而储存冷量。

密封件式蓄冷系统与完全冻结式蓄冷系统的工作原理大致相同，也是将低温载冷剂作为与蓄冷介质的传热介质，只是载冷剂在外，冰冻结在密封件内。

密封件由高密度聚乙烯（硬质 PE）材料制成，其形状有圆球形、哑铃形和长方形。由于水结冰时约有 10% 的体积膨胀，为防止冰形成后体积增大对密封件壳体造成破坏，通常要在密封件壳体上或密封件内预留膨胀空间。密封件蓄冷槽一般有卧式圆筒形蓄冷槽、立式钢制密封槽、长方体形混凝土槽等类型。

圆球形密封件的外形如图 4-90 所示，其直径为 50 ~ 100mm，表面有多处凹窝。结冰时，凹处外凸成平滑的球形。使用时，以自然堆叠方式置于一个圆筒形密闭式压力钢制筒内，以防结冰后体积膨胀或密度下降造成球体上浮。

长方形密封件一般为长 750mm、宽 300mm、厚 35mm 的长方块，其结构如图 4-91 所示，内部充填 90% 的水，预留 10% 的空间用于体积膨胀和收缩。由于同样存在结冰时体积膨胀、密度减小的现象，故在使用时须将其放置于圆筒形钢制密闭压力容器内，且须整齐排列，以保证载冷剂能够均匀畅通地进行流动换热。

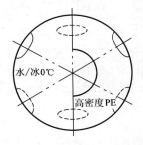

图 4-90　圆球形密封件

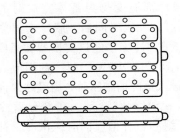

图 4-91　长方形密封件

　　哑铃形密封件有单金属芯冰球和双金属芯冰球，其结构如图 4-92 所示。双金属芯冰球结构为两端金属芯伸入冰球内部，球体外圆周具有伸缩褶皱，可适应制冰、融冰过程中的体积膨胀和收缩。另外，该结构有金属配重，避免了冰球漂浮于水面的问题。这样，冰球可以自由堆叠安放在开放式或密闭式蓄冷槽内使用。

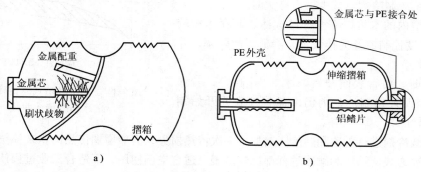

图 4-92　哑铃形密封件
a）单金属芯冰球　b）双金属芯冰球

　　双金属芯冰球的外形尺寸为 $\phi130mm \times 242mm$，容积为 $2.2cm^3$，质量为 $2.25kg$，单球蓄冷量为 796kJ。单金属芯冰球的外形尺寸为 $\phi114mm \times 234mm$，容积为 $1.76cm^3$，质量为 $1.8kg$，其单球蓄冷量为 544kJ。这两种冰球在载冷剂温度为 $-5℃$ 时，9h 内可完成 95% 的蓄冰量；在载冷剂温度为 $10℃$ 时，6h 内可完成 95% 的融冰量。

　　图 4-93 为典型密封件式冰蓄冷空调系统流程图。蓄冰时，由蓄冰泵将载冷剂送至制冷主机降温至 $-6℃$ 后通入蓄冷槽；与密封件内的水进行热交换，将其内的水降温至 0℃ 以下结冰，载冷剂吸热升温后离开蓄冷槽，其温度约为 $-3℃$；再由泵送入制冷主机降温，槽内的密封件按载冷剂的通过方向逐段结冰。至结冰末段时，蓄冷槽内的密封件完全冻结，这时载冷剂离开蓄冷槽的温度降至 $-5℃$ 左右，控制机构控制制冷机组停机，完成蓄冰过程。

　　融冰放冷时，由融冰泵将蓄冷槽中的载冷剂抽送至热交换器，与空调回水进行热交换，向空调系统提供冷冻水。在融冰开始阶段，蓄冷槽内的载冷剂温度仍为蓄冰完成时的温度（$-5℃$ 左右），一段时间后，载冷剂温度逐渐上升到 $1\sim5℃$。冷冻水经热交换器和温度控制阀后温度由 12℃ 降至 7℃，载冷剂回流温度为 $7\sim10℃$，进入蓄冷槽融冰后，由融冰泵向热交换器提供 $1\sim5℃$ 的载冷剂。在部分蓄冷模式中，制冷机组和蓄冷槽应同时提供冷负荷，此时一部分回流载冷剂经蓄冰泵送入制冷主机降

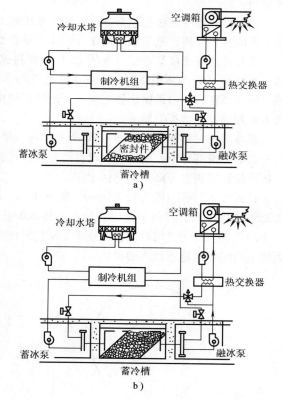

图 4-93　典型密封件式冰蓄冷空调系统流程图
a）蓄冰过程　b）融冰过程

温；另一部分载冷剂进入蓄冷槽融冰降温后再回流，由融冰泵一起送到热交换器。

在上述系统的融冰放冷过程中，主机和蓄冷槽并联运行，向制冷主机提供具有较高温度的回流载冷剂，提高了制冷主机的运行效率；但系统管路中需加控制阀，以防在蓄冰过程中有少量低温（0℃以下）载冷剂逆流通过融冰泵到达热交换器，使热交换器的冷冻水侧结冰，冻坏热交换器，影响系统正常运行。

密封式蓄冷系统的蓄冰容量控制与完全冻结式一样，可采用时间控制、载冷剂回水温度控制、液位控制三种方式或者三种方式中的两种方式组合控制。对于半密闭式蓄冷槽，通过载冷剂膨胀水箱的液位变化来设定蓄冰完成的液位控制点，以控制制冷主机的运行。也可以采用时间控制和载冷剂回水温度控制两种方法。

密封件式系统的蓄冷槽可分为开放式和密封式两种。在设计开放式系统时，应注意防止密封件结冰后浮出水面，使载冷剂溶液发生短路现象，降低密封件与载冷剂溶液的换热效果。蓄冷槽的防水保温也应重点考虑。由于乙二醇载冷剂溶液中乙二醇挥发的问题难以解决，故开放式系统实际应用得很少。封闭式蓄冷系统不存在上述问题，而且还可以降低水泵的功耗，减少系统管路及设备的腐蚀问题。当几个蓄冷槽并联时，水路系统应保证载冷剂溶液与密封件进行充分的热交换。

对于小型空调系统，可以直接将载冷剂乙二醇溶液供给空气处理设备。较大型的空调系统或高层建筑宜设置热交换器，将空调系统循环的冷冻水与载冷剂溶液分隔开。这样既可以减少溶液的用量，也可以降低密封件所受的压力。蓄冷槽一般由普通钢板制成，承压能力一般为 $450 \sim 600kPa$。蓄冷槽可以大到 $100m^3$，小到 $2m^3$。

图 4-94 所示为密封件式蓄冷系统充冷特性曲线。其蓄冷时间为 $8 \sim 16h$，蓄冷槽内载冷剂入口温度为 $-7 \sim -4℃$，当完全冻结时，温度急剧下降。图 4-95 所示为在相同供水温度和不同单位体积流量条件下，一种冰球蓄冷系统的充冷特性曲线。从图中可以看出，蓄冷过程经过近 4h，载冷剂回水温度才降低至 0℃ 以下，冰球内的水开始冻结。在冻结过程中，供、回水温度变化不大，当槽内球体接近全部冻结时，载冷剂回水温度迅速下降，并接

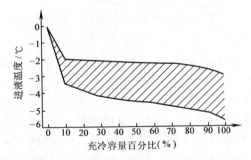

图 4-94　密封件式蓄冷系统充冷特性曲线

近供水温度，如图中流量为 $3.6m^3/(h \cdot m^3)$ 的回水曲线所示。从图中还可看出，流量为 $1.6m^3/(h \cdot m^3)$ 时，由于流量小，在相同供水温度条件下其传热温差小，故蓄冷过程所需时间较长，蓄冷 13h 后，总充冷比率仅约 70%。

图 4-96 所示为密封件式蓄冷系统释冷特性曲线。按释冷温度不变，释冷时间为 $6 \sim 8h$，蓄冷槽入口温度为 10℃ 时的运行情况，当密封件内的冰全部融化时，出口温度急剧上升。

在释冷过程中，由于密封件内的冰不断融化，冰与容器壁的传热面积随之减小，所以当需要维持释冷温度不变时，释冷速率会下降；当需要维持释冷速率不变时，释冷温度将会平稳上升。在实际运行中，释冷温度和释冷速率往往随负荷需要而变化。释冷阶段最后几个小时的负荷是确定设备最高释冷温度的重要因素，因为蓄冷设备容量的选择必须保证每个小时都能达到负荷要求的释冷温度和释冷速率。

图 4-97 所示为冰球蓄冷系统释冷特性曲线。与蓄冷过程相同，影响冰球蓄冷系统融冰取冷的因素也是载冷剂的进水温度和单位蓄冷体积的载冷剂流量。蓄冷槽进水温度高，流量大，则融冰取冷快，但取冷出水温度高；同时，随着蓄冷槽内蓄冷量的减小，取冷率迅速降低。从图 4-97 中可以看出，在定流量条件下，随着融冰取冷过程的进行，出水温度将不断升高。流量较小时

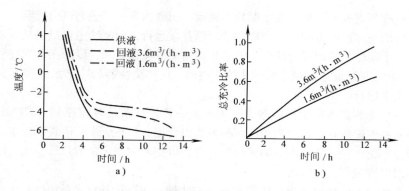

图 4-95　不同单位体积流量时冰球式蓄冷系统充冷特性曲线
a）载冷剂供、回水温度曲线　b）总充冷比率的变化

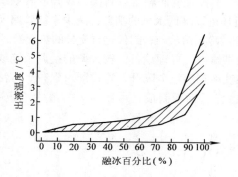

图 4-96　密封件式蓄冷系统释冷特性曲线

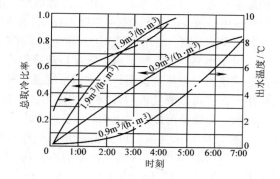

图 4-97　冰球蓄冷系统释冷特性曲线

[如流量为 0.9m³/(h·m³)]，在较长时间内出水温度变化不大，保持在 0～2℃以下，随着槽内蓄冷量的减少，出水温度迅速提高。当流量较大时 [如流量为 1.9m³/(h·m³)]，取冷初期和取冷后期出水温度的提高均较快，而取冷中期一段较长时间内取冷出水温度变化不大，为 1～2℃。这表明取冷初期由于槽内球外的载冷剂温度变化迅速，取冷后期由于蓄冷量迅速降低，故出水温度迅速提高；而取冷中期为主要融冰取冷期，蓄冷槽内传热较稳定，故出水温度变化不大。

　　4. 制冰滑落式蓄冷空调系统

　　制冰滑落式蓄冷系统属于制冷剂直接蒸发式动态蓄冰方式。它具有独立的制冷系统，通过一特制的垂直板片式蒸发器（制冰器）与蓄冷槽联系起来，构成冰蓄冷系统。

　　图 4-98 为制冰滑落式蓄冷空调系统流程图。在制冷剂侧，低温的制冷剂由制冷系统流入蒸发器内，与蒸发器表面上的水或冰层进行热交换，吸收热量而蒸发为气态制冷剂；再被制冷机组中的压缩机吸入，经压缩、冷凝和节流过程再供给蒸发器进行吸热制冷，从而形成一制冷剂循环过程。在冰水侧，冰水供应管路在蒸发器上方将冷水喷淋在蒸发器表面上，再落入蓄冷槽内，部分冷水流过蒸发器板表面时受到制冷剂的冷却而冻结在其表面上。当冰层在蒸发器上逐渐冻结至相当厚度（6～8mm）之后，即被除下来放入蓄冷槽。除冰的方法一般采用制冷剂热气除霜原理，即由压缩机出口端引入高温高压气态制冷剂进入蒸发器内，利用加热的方法使粘贴在蒸发器表面的冰融化一薄层，使冰块从蒸发器表面上脱落，落入其下部放置的蓄冷槽中。由于该方法的结冰厚度较薄，故制冷主机的蒸发温度可相应提高，因此，制冰时制冷机的容量与效率均较高。

　　制冰滑落式蓄冷系统的蓄冷槽通常位于制冰主机的下方，制出的冰块依靠重力直接落入蓄冷槽内。由于蓄冷槽本身具有适当的深度，故此方式易造成不均匀的冰块堆叠分布；且由于冰的密度比水小而使部分冰块漂浮在水面上，导致冰块堆积，从而降低了蓄冷槽的有效蓄冰容积。解决该问题的方法是在蓄冷槽的上方、制冰主机的落冰处，加装一个螺杆输送机构，借助于螺杆机构的引导使落冰分配到蓄冷槽的各个角落，使落冰均匀堆积，从而提高蓄冷槽的空间利用率。

制冰滑落式蓄冷槽可以是地面上的钢板结构槽外加保温层，或钢筋混凝土槽内加保温层，也有些蓄冷槽是楼板下方开挖的地下槽内加保温层。

制冰滑落式蓄冷系统的操作运行特性与蓄冷槽内冰的数量无关，在整个充冷循环中保持不变。由于片状冰具有较大的表面积，因此该蓄冷系统可获得较高的释冷速率。通常情况下，可保持释冷温度为 1～2℃，直至蓄冷槽内的冰有80%～90%被融化。由于其释冷速率快，因此特别适合于尖峰用冷，而且可用温差较大（>13℃）的冷冻水供应低温空调系统。图4-99所示为制冰滑落式蓄冷系统释冷特性曲线。

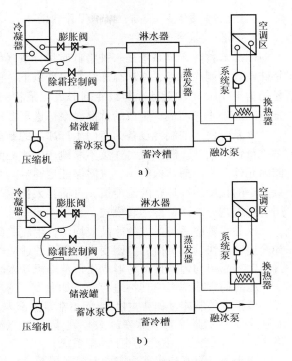

图4-98　制冰滑落式蓄冷空调系统流程图
a) 制冰过程　b) 融冰过程

制冰滑落式蓄冷系统必须采用特殊的制冷设备；系统需要的空间高度较大，以保证冰片顺利落下。另外，为了使空调负荷端流回的水将冰均匀地融化，有的系统将回水沿蓄冷槽的四周均匀地喷向冰层。

综上所述，制冰滑落式蓄冷系统具有如下特点：

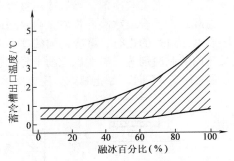

图4-99　制冰滑落式蓄冷系统释冷特性曲线

1) 蓄冰系统的制冰机只在满负荷下运行，保持着最高运行效率，无需配备调节装置，减少了维修工作量。

2) 该系统制冰与蓄冰位置分离，制冰厚度小，效率高，比较适合于要求用冰时间较长的场所。

3) 制成的薄片冰可在极短的时间内融化，特别适用于工业过程及渔业冷冻。

4) 采用热气除冰方式使冰片脱落，会增加制冷系统故障，同时还产生了8%～9%的能量损失。若采用螺旋刮除方式使冰片脱离蒸发器而掉入蓄冷槽的方式，又会增加刮冰设备的耗电，也易发生故障。

5) 该系统在运行过程中，抽水、洒水容易使蒸发器上的冷冻板氧化锈蚀，轻者会使冷冻板表面粗糙，冰片与冷冻板面冻结在一起不能脱离；重者会使冷冻板穿孔，造成制冷剂泄漏。

6) 冰为固体，在蓄冷槽内不易分布均匀，因此，制冰机系统通常采用一对一方式匹配蓄冷槽，而不宜采用一机多槽的方式，以免出现系统投资高、所占空间较大等问题。

7) 结冰厚度虽小，压缩机耗电仍比常规系统大。

8）制冰机故障率较高，维护保养费用高。

5. 冰晶式蓄冷空调系统

冰晶式蓄冷空调系统是一种将低质量分数（6%）载冷剂溶液（通常为水和乙二醇溶液）经特殊设计的制冷机组，冷却至冻结点温度以下，使载冷剂溶液产生非常细小均匀的冰晶，此类直径约为 $100\mu m$ 的细微冰晶与载冷剂形成泥浆状的物质。其形成过程类似于雪花，自结晶核以三维空间向外生长而成，生成的冰晶经泵输送至蓄冷槽储存，以满足空调尖峰负荷要求。

该系统使用的制冷设备为专门生产冰晶的制冰机，冰晶直接循环于蒸发器盘管之间，蒸发器需进行特殊设计。制冰机可连续不断地产生冰晶而不需要热气脱冰装置，蓄冷槽内也无需特殊的储冰元件。蓄冷槽结构简单，只需保证足够空间并进行适当防水保温即可。该蓄冰方式适用于容量较小的长期连续运转的制冷机，可储存大量冰晶，以供应短时间急需的较大空调负荷，故常应用于一周式分量冰蓄冷运转模式。

冰晶式蓄冷系统生成的冰晶较均匀，生成的微小冰晶数量很多，其总热交换面积很大，融冰释冷速率极快，对负荷的急剧变化有很强的适应性。冰晶的生成过程是在制冷机组的蒸发器内进行的，冰晶很均匀，且不易形成死角及冷桥。冰晶系统中的含冰率可达 60% 以上。

冰晶的含冰率影响其物理特性（如黏度、密度、热值等），在选择水泵及盘管时需注意。

该系统的制冰过程在主机处，而不在蓄冰筒内，且制冷过程中含有冰晶的混合溶液不断流动，随着制冷时间的延长，其含冰率越来越大，因此该系统不能太大，故制冷能力较小。目前只能生产至 180kW 左右的系统，还不适用于大型系统。

图 4-100 为冰晶式蓄冷空调系统流程图。蓄冰时，由蓄冰泵将蓄冷槽底部质量分数为 6% 的低浓度载冷剂送到制冷蒸发器，蒸发器内有包括液体搅拌机在内的双重管热交换器。外管为制冷剂蒸发器，内管通有载冷剂。当载冷剂被冷却至冰点以下时即在管壁上产生冰晶，搅拌机将冰晶刮下，与载冷剂混合成冰晶两相液，由泵送回蓄冷槽，冰晶悬浮于蓄冷槽上部，载冷剂沉于槽下部。随着蓄冰过程的进行，蓄冷槽内的冰晶储量越来越多，底部载冷剂量减少，且浓度提高，制冰蒸发器内的制冷剂蒸发温度也逐渐下降，直到蓄冷槽内冰晶量达到预定数量或载冷剂温度低于设定点温度 -6.5℃ 时，停止制冰，完成蓄冰过程，此时制冷剂蒸发温度约为 -9.5℃。

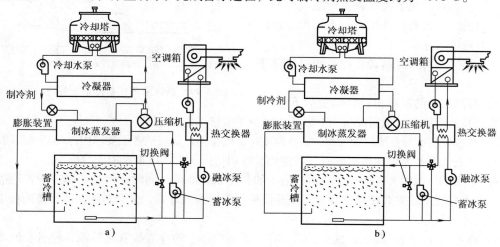

图 4-100 冰晶式蓄冷空调系统流程图（1）

a）蓄冰过程 b）融冰过程

融冰释冷时，混合溶液被融冰泵直接送到热交换器向空调端提供冷量，升温后温度为 10～12℃ 的载冷剂离开热交换器回流到蓄冷槽，将槽内的冰晶融化成水。由于冰晶接触表面积大，冰晶溶解迅速，混合溶液在 1~3℃时再被泵送到热交换器，使空调冷冻水降温，提供给空调负荷。

图 4-101 所示为另一种形式的冰晶式蓄冷空调系统。其冰晶不是在蒸发器内生成的，而是在蓄冷槽内生成的。蓄冰时，制冷机组蒸发器将载冷剂冷却到低于 0℃，然后将载冷剂送到蓄冷槽内与其中的水直接接触，水便凝结成冰晶漂浮在蓄冷槽的顶部。融冰释冷时，从空调风机盘管来的冷冻水在蓄冷槽内与冰直接接触，并被冷却降温。在这种情况下，载冷剂与冷冻水之间

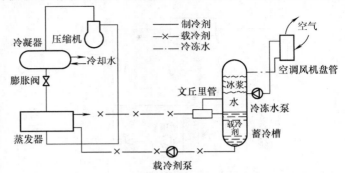

图 4-101　冰晶式蓄冷空调系统流程图（2）

的传热率很高，冷却后的冷冻水又被泵送到空调风机盘管。

综上所述，冰晶式蓄冷系统具有如下特点：

1）制冷剂直接冷却载冷剂制冰，减少了热交换次数，提高了换热效率。

2）动态制冰，冰晶立刻脱离，换热效果好。

3）载冷剂浓度低，节省了乙二醇的用量。

4）蓄冷槽结构简单，无需配管，造价较低。

5）制冰蒸发器动态制冰，运转部件多，需定期维修。

6）载冷剂浓度需准确控制，否则容易导致制冰蒸发器发生故障。

7）单机制冰容量小，不适用于大型系统。

三、共晶盐蓄冷空调系统

共晶盐是由水、无机盐及添加剂调配而成的混合物，它无毒、不燃烧。目前使用效果较好的共晶盐有两种，一种的相变温度为 8.3℃，相变潜热为 95.3kJ/kg，密度为 1473.7kg/m³；另一种的相变温度为 5℃。共晶盐蓄冷装置主要以美国 Transphase 公司的 T 形冰板容器为代表；我国的台佳公司也生产过球形和板形高温相变蓄冷容器，其相变温度为 6~9℃，单位质量蓄冷量为 0.04kW·h/kg。

共晶盐蓄冷系统的基本组成与水蓄冷系统相同，采用常规空调冷水机组作为制冷主机，但蓄冷槽内采用共晶盐作为蓄冷材料，利用封闭在塑料容器内的共晶盐相变潜热进行蓄冷（共晶盐可以在较高的温度下发生相变）。蓄冷时，从制冷机出来的冷冻水流过蓄冷槽内的共晶盐塑料容器，使塑料容器内的糊状共晶盐冻结进行蓄冷。空调启用时，再将从空调负荷端流回的冷冻水送入蓄冷槽，塑料容器内的共晶盐融化，将水温降低，送入空调负荷端继续使用。

（一）共晶盐蓄冷空调系统布置形式

共晶盐蓄冷空调系统可以按全部蓄冷和部分蓄冷策略运行。根据共晶盐蓄冷槽和冷水机组在蓄冷系统中的相对位置关系，可以分为冷水机组位于上游的布置形式和冷水机组位于下游的布置形式。

图 4-102 和图 4-103 所示分别为冷水机组位于上游的共晶盐蓄冷空调系统和冷水机组位于下游的共晶盐蓄冷空调系统。由于冷冻水系统一般为开式系统，水泵的扬程必须考虑位差，在蓄冷槽的入口和出口要分别加装稳压阀和止回阀。蓄冷槽出口增压泵采用变流量可调节方式，采用稳压阀进行系统静压控制，在泵出口设止回阀，防止系统内的水倒流入蓄冷槽。

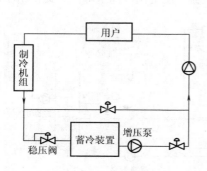

图 4-102　冷水机组位于
上游的共晶盐蓄冷空调系统

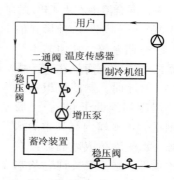

图 4-103　冷水机组位于
下游的共晶盐蓄冷空调系统

（二）共晶盐蓄冷空调系统工作流程

使用时，将蓄冷容器以水平方向整齐排列置于蓄冷槽内，蓄冷容器采用可自行堆叠的方式，每个容器中间预留一定的间隙以利于水流均匀通过，与容器表面进行热交换。在蓄冷槽两端分别设置一水流出口分布管和回流集水分布管，分布管上等距离地开有小孔，使水流能均匀分布和回收。

图 4-104 为共晶盐蓄冷空调系统流程图。蓄冷时，冷冻水由蓄冷泵 P_1 送到冷水机组降温至 4℃左右，然后从阀 V_1 进入蓄冷槽冷冻水分布主管。冷冻水由分布管开孔均匀流入，通过蓄冷容器之间的间隙流动，并与容器内的蓄冷介质进行热交换，使容器内的共晶盐温度下降至相变点温度（如 8.3℃）以下产生共晶盐固体。热交换后的冷冻水则升温至略低于相变温度的温度（如 8℃），在蓄冷槽末端集水管处汇流离开蓄冷槽，再由泵 P_1 送到冷水机组降温。蓄冷槽内的蓄冷容器根据冷冻水流入的先后顺序依次发生相变凝固，直至槽的末端。在蓄冷过程中，冷冻水温度基本保持稳定，直到蓄冷后期，蓄冷容器内大部分蓄冷介质已凝固完，冷冻水离开蓄冷槽的温度才开始下降。当温度降到 6℃左右时，表明蓄冷过程已完成。

由于目前共晶盐的相变温度在 8℃左右，释冷运行时，冷冻水离开蓄冷槽的温度在 9~10℃范围，高于一般空调系统所要求的 7℃冷冻水温度，所以，共晶盐蓄冷空调系统大部分都不采用全部蓄冷模

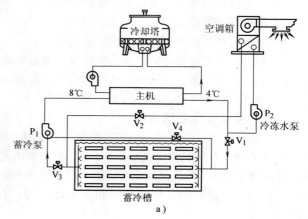

a）

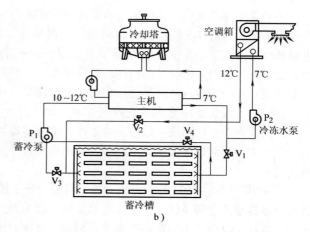

b）

图 4-104　共晶盐蓄冷空调系统流程图
a）蓄冷过程　b）放冷过程

式，而采用部分蓄冷模式。冷水机组与蓄冷槽既可并联使用，也可串联使用。

串联使用时，阀 V_1、V_2、V_3 打开，V_4 关闭，12℃的冷冻水回水分两路分别进入蓄冷槽和制冷主机进行降温。进入蓄冷槽的水温降至 9～10℃，进入制冷主机的水温降至 4～5℃，两股水流混合后水温约为 7℃，由冷冻水泵 P_2 送至空调处理设备。并联系统的关键问题是要控制好两股水流的流量分配，这可以通过控制阀门来调节。

（三）共晶盐蓄冷空调系统的蓄冷和放冷特性

共晶盐蓄冷空调系统的充冷温度一般为 4～6℃，离开蓄冷槽的水温在蓄冷开始时为 8℃，蓄冷过程结束时温度降为 7℃。图 4-105 所示为共晶盐蓄冷空调系统充冷温度变化曲线，从图中可看出，蓄冷时冷水进口温度由 7℃降到 4.5℃左右。

图 4-106 所示为共晶盐蓄冷空调系统放冷温度曲线。出水温度是随着放冷过程的进行逐渐升高的，从开始放冷时的约 7℃提高到蓄冷量耗尽时的约 10℃。这是由于在放冷过程刚开始时，蓄冷槽的蓄冷量较高，能提供较低的出口温度，而随着蓄冷量的逐渐释放，蓄冷量不足，蓄冷槽出水温度升高。

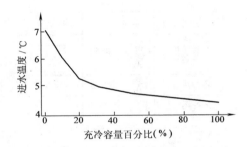

图 4-105　共晶盐蓄冷空调系统
充冷温度变化曲线

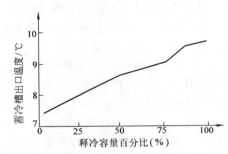

图 4-106　共晶盐蓄冷空调系统放冷温度曲线

（四）共晶盐蓄冷空调系统的特点

共晶盐蓄冷空调系统具有如下特点：

1）该系统与常规空调系统基本相同，可以采用高效冷水机组，并入已有的空调系统使用。

2）可用常规空调系统改建为蓄冷空调系统，适合于旧楼房空调系统的改造。空调负荷增加部分可以在不增加冷水机组的情况下，由蓄冷部分提供。

3）共晶盐蓄冷材料的相变温度较高，因此与冰蓄冷空调系统相比，主机效率可以提高很多（约为 30%），接近常规冷水机组的效率。

4）因蓄冷系统工作在 0℃以上，因此，设计时无需考虑管道系统的冻结问题，可采用常规冷水机组系统的设计方法。

5）共晶盐蓄冷空调系统的蓄冷能力虽比冰蓄冷小，但比水蓄冷大，其蓄冷槽容积仅为水蓄冷系统的三分之一。

6）蓄冷温度高于冰蓄冷空调系统，故蓄冷槽的保温措施可减少，散热损失也有所减少。

7）蓄冷槽可做在建筑物基础内，或埋在室外，不占用有效空间。

8）由于蓄冷材料的相变温度高（如 8℃左右），在放冷过程中，蓄冷槽的冷冻水供应温度为 9～10℃，不能被空调系统直接使用，所以不能采用全部蓄冷模式，而必须采用部分蓄冷模式，由制冷主机进一步降温后才能供应空调系统使用。

9）共晶盐蓄冷材料在蓄冷和放冷过程中存在组分离析现象，虽然加入稠化剂等材料可以使该问题得到改善，但效果并不十分理想，还有待于进一步去解决。

10）蓄冷材料密度大，在相同蓄冷容量下，系统重量为冰蓄冷空调系统的 2~3 倍。

四、小型蓄冷空调系统

在空调器中，耗电部件是压缩机、室内外送风机（风扇）、泵和控制用器件等。在中小型空调装置中，90% 以上的电力是由压缩机消耗的。因此，在供电高峰期要控制空调装置的电力消耗，可停止压缩机运转而使用一种蓄冷装置，从而达到同样的制冷效果。蓄冷式空调装置的构造原理就是在普通空调装置上安装带有蓄冷材料换热器的蓄冷器，其主要作用是储存冷量，当压缩机停止运行时，即可作为冷源进行放冷运行。这种空调装置也适用于普通的用压缩机进行的放冷运行。

（一）制冷剂自循环式蓄冷空调装置

图 4-107a 所示为制冷剂自循环式蓄冷空调系统。这种系统除设有普通空调装置外，还安装了蓄冷器、三通阀、开关阀以及蓄冷运行时用的节流阀。各种状态下阀的开关状态及制冷剂流向如图 4-107b 所示。

放冷运行时，在制冷剂回路系统内，蓄冷器与蒸发器连成一个循环回路，然后利用制冷剂的液体和气体的重力差使制冷剂循环，从而进行冷气调节运行。这种方法称为制冷剂自循环方式。

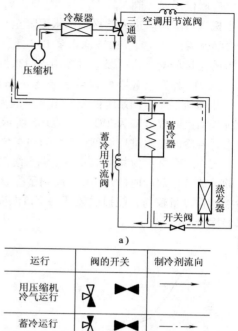

a)

运行	阀的开关	制冷剂流向
用压缩机冷气运行		
蓄冷运行		
放冷运行		

▷ 开　▶ 关

b)

图 4-107　蓄冷式空调系统
a) 制冷剂自循环式蓄冷空调系统
b) 阀的开关状态及制冷剂流向

图 4-108 所示为其基本循环回路。它是一种利用重力差的热输送方式，放冷运行时作为冷源的蓄冷器放在上面，下面放蒸发器并用配管将它们连接起来以构成基本回路。在放冷运行时，蓄冷器热交换器内被蓄冷材料冷却液化的制冷剂流入下面的蒸发器内并同空气进行热交换，以此形成冷气来冷却房间。当制冷剂蒸发成气体上升后，再回到蓄冷器内冷凝液化，如此反复循环进行放冷运行。此时，蓄冷材料的冷量即为气体制冷剂液化的冷源。

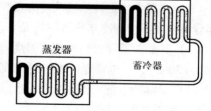

图 4-108　制冷剂自循环系统的基本循环回路

该蓄冷空调装置的工作过程如下：

（1）用压缩机时的制冷运行　经压缩机压缩后的制冷剂，经过冷凝器、三通阀、节流阀、蒸发器后放出冷气，然后返回压缩机。此时，开关阀处于关的状态，依靠冷负荷进行开、停压缩机的操作与一般空调器相同。

（2）蓄冷运行　它是根据定时器等元件发出的指令进行的。制冷剂通过压缩机、冷凝器、三通阀、蓄冷用节流阀、蓄冷器的热交换器，最后将冷量传给蓄冷材料进行蓄冷，此时关闭开关阀。停止蓄冷运行的指令是根据蓄冷材料的温度发出的。

（3）放冷运行　它也是根据定时器等元件从外部发出的指令进行的。此时，压缩机、室外部分（对分体式空调器而言）的送风机都停止运转，只有室内部分的风机消耗电力。打开开关阀，在蓄冷器热交换器中，蓄冷材料将制冷剂冷凝液化，然后液态制冷剂便通过开关阀流入蒸发器中。当其与空气进行热交换后，制冷剂蒸发成气体，然后气体回到蓄冷器内被冷凝液化，如此反复循环。放冷运行是通过室内侧的气温测定器来控制开关阀的。当蓄冷材料的温度上升时，测定器便发出指令将开关阀关闭，此时放冷运行停止，又恢复使用压缩机进行冷气运行。

日本三菱公司研制了压缩机功率为 0.75kW 的制冷剂自循环式蓄冷空调装置，其主要性能参数见表 4-14。为使蓄冷器产生的热损失对空调的工作有利，将蓄冷器装于室内部分。制冷剂自循环式回路也装在室内部分，室外部分与普通空调器一样。

表 4-14　蓄冷空调装置的主要性能参数

样　　机			小型蓄冷空调	柜式蓄冷空调
标准性能	额定电源		100V,50Hz	三相 200V,50Hz
	制冷能力/kW		2.33	12.8
	放冷能力/kW		2.33	12.8
	放冷时间/min		50	30
室内部分	外形尺寸[（高/mm）×（宽/mm）×（厚/mm）]		960×780×350	1775×1380×450
	蒸发器形式		金属翅片排管	金属翅片排管
	送风机	形式	轴流风扇	多叶片离心风扇
		风量/（m³/h）	600	2160
		电动机功率/kW	0.024	0.16
蓄冷槽	蓄冷槽尺寸[（长/mm）×（宽/mm）×（高/mm）]		460×686×204	785×600×380
	槽内热交换器形式		金属翅片排管	金属翅片排管
	蓄冷材料		四氢呋喃 17 水化物	四氢呋喃 17 水化物
	蓄冷材料充入量/kg		43.5	146
室外部分	外形尺寸[（高/mm）×（宽/mm）×（厚/mm）]		415×554×504	865×804×804
	压缩机	形式	全封闭	全封闭
		电动机功率/kW	0.75	3.75
	送风机	形式	轴流风扇	轴流风扇
		电动机功率/kW	0.020	0.2
	制冷剂		R22	R22

蓄冷运行时，蓄冷材料温度和蓄冷器入口处制冷剂温度变化如图 4-109 所示。当蓄冷材料达到 -1℃ 的过冷温度时，便发生相变化，此时温度会上升到 4.2℃。经过 45min 后，热交换器部分的蓄冷材料基本上凝固，90min 后达到 0℃，蓄冷即结束。蓄冷材料温度在 15℃ 以下进行放热时，所需的蓄冷量约为 9420kJ。此外，在 90min 的蓄冷运行中，蓄冷量与电力消耗的关系与运行时的环境温度有关，8374kJ 热量需要 1.2～1.3kW·h 的电力。

放冷运行时，蓄冷材料的温度及放冷能力如图 4-110 所示。室内部分吸入空气干球温度为 27℃，湿球温度为 19.5℃。经过 60min 运行得到 7955～8374kJ 的热量。当蓄冷材料温度为 10℃ 时，放冷能力为 2.09kW。如果放冷运行时开关阀处于连续常开状态，则可达到 2.90kW 以上的放冷能力，但放冷时间就只剩 40~45min 左右了。在正常使用条件下，放冷能力可达到 2.33kW，放冷时间可延长到 50min。

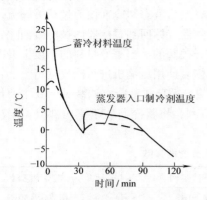

图 4-109　小型蓄冷空调装置的蓄冷运行

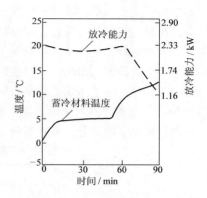

图 4-110　小型蓄冷空调装置放冷运行

三菱公司还开发了一种压缩机功率为 3.75kW 的柜式蓄冷空调装置，它装有同小型空调器构造相同的蓄冷装置，其性能见表 4-14。

蓄冷运行开始时，蓄冷材料温度为 10℃，运行 70~80min 后，热交换器部分的蓄冷材料即凝固，90min 后蓄冷材料温度为 -4~ -3℃，蓄冷器的制冷剂温度为 -7~ -6℃，其温度变化类似于小型空调器。蓄冷材料在温度达到 -1~0℃的过冷温度时即发生相变。但是，按其蓄冷能力的比例来说，柜式空调器蓄冷器内的热交换器，其换热面积比小型空调器小，因此，在蓄冷运行时，蓄冷材料和制冷剂间的温差：小型空调器为 2~3℃，柜式空调器为 3~5℃。运行时电力消耗为 4.8~5.0kW·h，蓄冷量约为 29308kJ。

放冷运行时，蓄冷材料温度和放冷能力的变化如图 4-111 所示。放冷能力为 11kW，放冷时间为 30~40min。

由于室内外气温升高以及蓄冷器内的蓄冷量不断减少，因而就要开动压缩机运行。此时，与普通空调器的性能相同。

综上所述，采用这种蓄冷方式可以在电力高峰负荷时，只用室内侧的送风机即可达到预

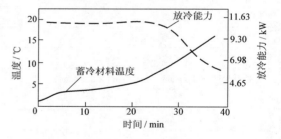

图 4-111　柜式蓄冷空调器放冷运行

期的效果。此外，采用这种蓄冷装置可将蓄冷槽内损失的热量有效地利用起来，这是因为蓄冷槽设在室内，在额定输出的放冷运行期间，80% 的蓄冷量可以被放出。

这种装置的缺点是由于装设蓄冷槽而使其体积增大。但是，只要通过进一步的研究，合理地改进设计和改善蓄冷材料的性能，这一缺点是完全可以克服的。

（二）热管式蓄冷空调装置

热管由内部真空的密闭容器、吸液芯及流体工质所组成。蒸发段的流动工质吸收管外高温液体的热量而蒸发。产生的蒸汽由吸液芯的毛细管作用流向低压的冷凝段，在吸液芯的气液界面冷却而冷凝。从蒸发段吸收来的热量作为冷凝潜热向外界释放，液化了的液体工质由重力作用返回蒸发段再次蒸发。如此反复循环，实现工质的加热或冷却。

热管冰蓄冷系统利用了热管的特性。把热管设置在蓄冷槽内，热管的上部与来自制冷系统的制

冷剂接触而放热（即热管的冷凝段与制冷系统蒸发器中的制冷剂接触放热）；热管的下部在蓄冷槽内吸热（即热管的蒸发段）而制冷；热管的蒸发、冷凝循环与制冷机的制冷循环相结合而制冰。

图4-112为热管式蓄冷空调装置示意图。将热管放在蓄冷槽内，热管的下部（蒸发段）在蓄冷槽内吸热制冰，热管的上部（冷凝段）与来自制冷机的制冷剂进行热交换而放热。热管内的工作液在蒸发段吸热蒸发，经传输段流向热管冷凝段，冷凝液由吸液芯送回蒸发段再次循环。热管蓄冷系统的特点：由于热管的等温高速转移热量，使热管表面的结冰速度均匀，制冰时可省掉盐水冷冻液的输送量。此外，由于热管自身具有热变换

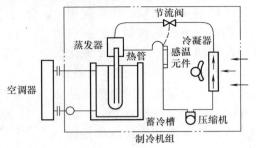

图4-112　热管式蓄冷空调装置示意图

功能，克服了制冷剂直接蒸发系统管路长而引起的制冷剂压力降低及回油难等缺点。

（三）冰蓄冷柜式空调机组

在中小型建筑物空调中，大量应用着柜式空调机。柜式空调机的用电量在夏季白天的总空调用电量中占相当大的比例（如日本为80%左右）。冰蓄冷柜式空调机和非蓄冰柜式空调机一样，具有易设计、安装和使用方便的优点。

图4-113所示为冰蓄冷柜式空调机与集中式冰蓄冷空调系统的构成比较。在集中式冰蓄冷空调系统中，夜间所蓄冰在白天直接融化，其冷量为空调系统冷水所用。与此不同，在冰蓄冷柜式空调机中，夜间所蓄冰供白天空调工况运转时对制冷剂进行过冷用，以此减少空调机的高峰用电量。蓄冷单元作为一机多室空调系统室外机的一部分，与各室内单元之间的制冷剂管道相连。一台室外蓄冷单元可以连接多台室内机。

图4-114所示为冰蓄冷空调机的工作过程。夜间蓄冷运转时，蓄冷单元作为蒸发器使用，在其盘管内制冷剂蒸发，在盘管外部空间结冰蓄冷。白天空调工况运转时，用电磁阀切换制冷剂的流动方向，蓄冷单元作为过冷器使用。这时其盘管内通过的制冷剂液体由盘管外的冰融化过冷。过冷了的制冷剂液体再经室内机的电子膨胀阀节流降温后，供蒸发器蒸发制冷，以降低室内空气温度。

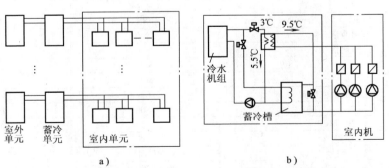

图4-113　冰蓄冷柜式空调机与集中式冰蓄冷空调系统的构成比较
a）冰蓄冷一机多室空调机　b）冰蓄冷集中式空调系统

图4-115所示为其制冷循环压焓图。制冷剂的过冷提高了循环制冷量及循环制冷系数（COP），同时也使压缩机的排气压力降低，耗电量减少。

图 4-116 所示为冰蓄冷空调机和集中式冰蓄冷空调系统的电力负荷移峰填谷作用比较。在夜间用电低谷期，空调机运转制冰；在白天供冷高峰期，蓄冷单元的冰融化供冷。由于受安装空间和成本的限制，冰蓄冷柜式空调机的用电负荷移峰率相对小一些，一般为 25%，而集中式冰蓄冷空调系统蓄冷单元的移峰率一般为 50%。

表 4-15 所列为两种冰蓄冷空调机室外单元及冰蓄冷单元的性能参数。

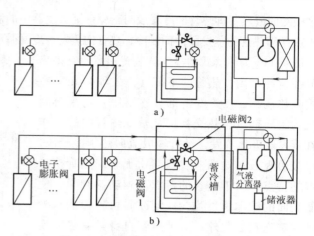

图 4-114　冰蓄冷空调机的工作过程
a）夜间制冰运转　b）白天供冷运转

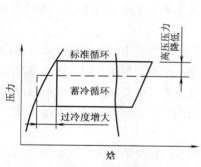

图 4-115　白天供冷运转时制冷循环压焓图

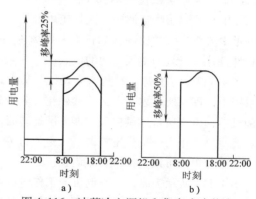

图 4-116　冰蓄冷空调机和集中式冰蓄冷空调系统的电力负荷移峰填谷作用比较
a）冰蓄冷空调机　b）集中式蓄冷空调系统

表 4-15　冰蓄冷空调机室外单元和冰蓄冷单元性能参数

	型　号		R－J280	R－J355
室外单元	外形尺寸[（长/mm）×（宽/mm）×（高/mm）]		1400×785×1645	1400×785×1645
	制冷量/kW		28.0	35.5
	制热量/kW		28.0	35.5
	耗电量/kW	制冷	8.8	10.6
		制热	8.9	11.2
	压缩机功率/kW		3.0×2	（3.0＋3.75）×1
	风量/（m³/h）		7800	10200
	噪声/dB		53	55
	质量/kg		305	310
冰蓄冷单元	型号		RT－175	RT－175
	外形尺寸[（长/mm）×（宽/mm）×（高/mm）]		1200×1200×1550	1200×1200×1550
	蓄冷量/MJ		224	280
	产品质量/kg		270	270
	充水量/kg		1030	1030

测试结果表明，冰蓄冷空调机通过利用夜间蓄冷量，其制冷系数从 2.47 提高到了 3.35，排气压力从 1.8MPa 降低了 1.6MPa，过冷温度从常规循环的 7℃增加到 36℃，显著改善了白天供冷

时的循环性能。

　　图 4-117 所示为一小型办公楼应用冰蓄冷与常规柜式空调机的实例对比。常规空调机在下午 2:00 时，用电量达到高峰值。而冰蓄冷空调机的不仅峰值用电量少（移峰率达 40%），且用电高峰推后了 1.5h。

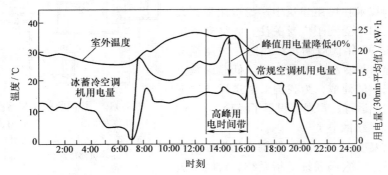

图 4-117　冰蓄冷与常规柜式空调机应用比较

（四）动态冰浆蓄冷空调系统

　　图 4-118 所示为动态冰浆蓄冷空调系统。该系统采用了供热、供冷两个循环回路，每个循环回路都由冷凝器、蒸发器和调节阀组成。供冷回路的蒸发器和供热回路的冷凝器安装在空气处理箱内，用于调节向室内供应空气的温度、湿度。

　　由冰浆发生器产生的冰浆储存在蓄冷槽中，然后由泵输送至供冷回路的冷凝器中。来自蒸发器的制冷剂蒸气在该冷凝器中冷凝成液体，并依靠重力回到蒸发器中，蒸发冷却通过空气处理箱的空气。

　　在供热回路中，由冰浆发生器产生的热量供给制热回路中的蒸发器；来自空气处理箱中冷凝器的制冷剂液体在重力作用下流入蒸发器，在蒸发器中以较高的蒸发温度汽化吸收冰浆发生器产生的热量；然后汽化后的制冷剂蒸气进入空气处理箱中的冷凝器放热，以加热流入的空气。

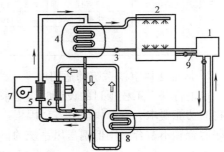

图 4-118　动态冰浆蓄冷空调系统
1—冰浆发生器　2—蓄冷槽　3—循环泵
4—供冷模式冷凝器　5—供冷模式蒸发器
6—供热模式冷凝器　7—空气处理箱
8—供热模式蒸发器　9—冰浆

　　图 4-119 所示为热回收式冰浆蓄冷空调系统。在蓄冷运行模式下，制冷循环中的风冷冷凝器工作，二元溶液从蓄冷槽被泵送至冰晶发生器，产生的冰晶再输送至蓄冷槽的底部，在蓄冷槽内冰晶聚集在其上部。供冷运行时，二元冰浆溶液被送至中间换热器，将冷量传递给来自末端机组的冷媒水；从中间换热器返回的温度较高的溶液被喷洒在槽内上部的冰晶上，冰晶融化后，溶液温度再次下降。在热回收运行模式下，风冷冷凝器不工作，水冷冷凝器开始工作。水冷冷凝器释放的热量传递给末端机组。此运行模式适用于既需要制冷，又需要制热的多功能建筑。在供热运行模式下，制冷剂流动换向，原来的风冷冷凝器现在作为蒸发器使用。制冷循环向水冷冷凝器提供热量，再由水冷冷凝器将热量传递给末端机组。

五、冰蓄冷低温送风空调系统

（一）概述

　　20 世纪 50 年代，美国率先将低温送风技术应用于住宅和小型商用建筑加装空调的改造项目内。而后，又在许多医院的空调设计中使用了该项技术。但是，由于受到冷源、系统设计、投资费用以及技术水平等的限制，其发展较为缓慢。

直到20世纪80年代冰蓄冷技术逐渐完善和推广，变风量空调技术在民用建筑中广泛应用后，大温差低温送风技术才受到了广泛关注，并得到了快速发展。20世纪90年代后期，在我国一些建筑工程中，开始结合冰蓄冷和变风量使用了低温送风空调技术。这些工程的建成，为我国低温送风空调工程的设计、施工、运行、管理等积累了经验。

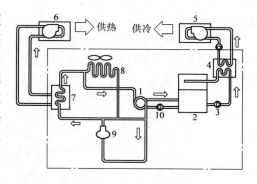

图4-119 热回收式冰浆蓄冷空调系统
1—冰浆发生器 2—蓄冷槽 3、10—循环泵
4—换热器 5、6—空调末端机组 7—水冷冷凝器
8—风冷冷凝器 9—压缩机

1. 低温送风系统的分类

相对于送风温度在12~16℃范围内的常规空调系统而言，低温送风空调系统是指系统运行时，送风温度小于或等于11℃的空调系统。表4-16所列为空调送风系统的分类及所需冷媒温度。

表4-16 空调送风系统的分类及所需冷媒温度

空调送风系统类型	送风温度/℃		冷 源	
	范围	名义值	冷媒温度/℃	冷媒形式
常规送风系统	12~16	13	7	冷水机组
低温送风系统	9~11	10	4~6	冷水机组、水蓄冷或直接膨胀
	6~8	7	2~4	蓄冰系统或直接膨胀
	≤5	4	≤2	蓄冰系统

2. 低温送风空调系统的适用性

在进行一个工程项目的设计时，是采用常规空调系统，还是采用低温送风系统，需要对该建筑物的功能要求、冷源供应等各种因素进行全面的技术、经济论证后才能确定。表4-17列出了一些适合和不适合采用低温送风系统的情况，供设计时参考。

表4-17 低温送风空调系统的适用性

适合采用低温送风系统	不适合采用低温送风系统
有小于或等于4℃的低温水可供使用	没有小于或等于4℃的低温水可供利用
要求显著降低建筑高度，降低投资	房间要求保持较高循环风量（换气次数）
要求空调区内空气相对湿度在40%左右	要求空调区内空气相对湿度大于40%
冷负荷超过已有空调设备及管网供冷能力的改造工程	全年中有较长时间可以利用室外空气进行节能运行

（二）低温送风空调系统的特点

（1）初投资低 在低温送风空调系统中，送风温差可达13~20℃，减小了送风系统的设备及风管尺寸，因此也降低了送风系统的初投资。如当送风温度为7℃时，与常规送风系统相比，风管尺寸减小30%~36%，空气处理设备的外形尺寸减小20%~30%，风机功率减小30%~50%。低温送风与常规送风相比，空调水系统与风系统的投资可减少14%~19%，而总投资可减少6%~11%。

（2）减少高峰电力需求，降低运行费用 采用低温送风系统可以进一步减小蓄冷空调系统的峰值电力需求，空调系统的风机大多在电力峰值时间运行，低温送风系统减少了送风量，从而也相应地减少了峰值功率需求。如当采用相同类型的末端送风方式时，送风温度为7.2℃的低温送风系统比常规送风系统的风机功率降低了13%~27.7%。

低温送风系统电力需求的减少，使送风系统的全年运行电耗减少，从而降低了电力增容费及运行费。另外，由于低温送风系统的送风温度低，送出风的含湿量低，空气中相对湿度降低，使得在保持相同舒适感的条件下，可适当提高室内干球温度 1~2℃。这可减少空调冷负荷而节省运行电费。

（3）节省空间，降低建筑物造价　低温送风系统中，由于送风量的减少，空气处理设备数量减少，风道尺寸相应减小，所占空间减小。对于新建的建筑物，送风管道尺寸的减小可使建筑物的层高降低 76~152mm，建筑工程造价相应地可减少 1.75%~11.6%。

（4）适用于改建工程　与冰蓄冷相结用的低温送风系统适用于既需要增加冷负荷，又受电网增容及空间限制的改扩建工程。在这类工程中，可用冰蓄冷系统来满足增加的冷源要求，利用原有风道及风机满足增加的空调负荷。这样既可节省空间，又可降低改建、扩建费用。

（5）提高空调舒适性　低温送风系统与冰蓄冷机组相结合，空气处理设备中冷水温度低于常规空调的冷水温度，从而降低了循环风出风的露点温度。由于露点温度的下降，可在较高的干球温度下保持相当的人体舒适感。低温送风系统的空气相对湿度一般为 35%~45%。在此情况下，干球温度即使提高 1~2℃，人体同样会感到舒适。房间空气干球温度提高后，房间冷负荷降低，制冷机的能耗可减少 5%~10%。另外，较低的相对湿度使人体对空调送风有较强的新鲜感和舒适感。低温送风还大大减少了空调区域细菌生存和繁衍的条件，从而提高了空调区域的空气质量，更有利于人体的健康。

（三）低温送风系统室内状态参数

空调房间内的舒适度取决于温度、湿度、空气流通量、活动量、年龄、性别、衣着等多种因素，而其中的干球温度和相对湿度是衡量舒适性的两个最主要参数。

根据美国冷冻空调学会的标准（ASHRAE 55—2013），人体感受舒适性的温度、湿度范围如图4-120所示。一般而言，只要降低相对湿度，即使提高干球温度也可获得同等舒适性。因此，低温送风系统的优点就在于它能提供低供风温度，增加除湿能力，使室内的相对湿度降低，提高室内干球温度，从而节约能源消耗，减少系统运行费用。表 4-18 所列为低温送风系统中室内温度、湿度值。

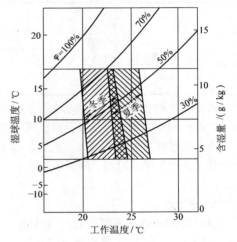

图 4-120　舒适性范围
（ASHRAE 55—2013）

表 4-18　低温送风系统中室内温度、湿度值

系统	干球温度/℃	露点温度/℃	相对湿度（%）
常规送风	22.8	11.6	50
	24.0	12.8	50
低温送风	24.2	11.0	46
	24.4	10.6	41
	24.7	8.9	37
	25.8	7.2	32
	23.6	9.4	42
	24.4	7.2	33

低温送风系统一次风处理温度低，因此送风的含湿量也低。采用低温送风系统的建筑物，其室内相对湿度通常维持在 30%~45%，低于常规空调系统的 50%~60%。根据 ASHRAE 55—

2013，干球温度 25.6℃、相对湿度 33% 的室内环境与干球温度 23.9℃、相对湿度 50% 的室内环境有同样的舒适感；干球温度 28℃、相对湿度 35% 的有效温度与干球温度 26℃、相对湿度 60% 的有效温度是相同的。即在相对湿度较低时，可以通过提高干球温度来获得同样的舒适感。因此，在低温送风空调系统的设计中，可以将室内干球温度提高 1 ~ 2℃，这样既可以防止人有吹冷风的感觉，又可以达到节能的目的。

（四）低温送风系统的构成

低温送风系统主要由蓄冷设备、冷却盘管、风机、风管及低温送风末端装置组成。

1. 蓄冷设备

它是决定送风温度的主要因素。表 4-19 所列为不同类型蓄冷系统释冷时的最低出水温度。一般来说，当供水温度一定时，不同的蓄冷系统在释放冷量时其出水温度是不同的。若蓄冷系统在释冷过程中流量保持不变，则从蓄冷系统释放出的冷冻水的温度会逐渐上升。若出水温度保持不变，则流量会逐渐下降。

表 4-19　不同类型蓄冷系统释冷时最低出水温度

蓄 冷 系 统	最低出水温度/℃
制冰滑落式	1.1
冰盘管式（外融冰）	3.3
完全冻结式（冷水机组在下游）	2.2
冰球式	1.1
冰晶式	0

蓄冷系统的载冷剂供应温度也因蓄冰类型的不同而改变，制冰滑落式、冰晶式可达 1℃。但在融冰过程末期槽内剩余容量减少时，供应温度可升至 3 ~ 5℃。若系统中再加上热交换器，则所供应的冷冻水温度将再提高 1 ~ 2℃。若要使蓄冷系统保持较低的冷冻水供水温度，则可根据要求增加蓄冷容量，或加长融冰时间，降低融冰速率，或将制冷主机设置在系统融冰过程后期工作，使载冷剂降温。

2. 冷却盘管

选择冷却盘管主要根据其传热性能、迎面风速、风机位置等因素确定。低温送风系统中盘管排数一般为 8 ~ 12 排，翅片数小于或等于 4.72 片/cm，翅片过密则不便清洗。在设计选择时，应尽量减小冷冻水流量以降低泵的功率，并获得最大温升。在部分蓄冷系统中，具有较高回水温度的冷冻水先通过主机降温后，再进入蓄冷槽降温，得到最低的冷冻水供应温度。低温送风系统冷冻水通过盘管的温升一般为 11 ~ 16℃，而常规送风系统的温升为 6 ~ 8℃。

盘管的迎面风速主要取决于空调处理设备的冷却容量、送风量和盘管尺寸。常规系统中冷却盘管的迎面风速为 2 ~ 3m/s。低温送风系统的除湿量远大于常规系统，其盘管排数多，阻力大，因此迎面风速低于常规系统。其迎面风速一般为 1.8 ~ 2.3m/s，最大不超过 2.8m/s。

风机与盘管间的相对位置会影响到低温送风系统的工作效果。若将风机安装在盘管之后，则会将风机电动机的发热量带入送风空气中，使送风温度升高 1 ~ 1.5℃；若将风机装在盘管之前，将不利于送风气流的均匀分布。在工程实践中，为了获得尽可能低的送风温度，多将风机布置在盘管的上游。这样虽然压头损失较大，但能满足设计温度要求。

3. 风机

风机选型方法与常规送风方式相同。按抽出式配置的风机必须计算温升，风机温升一般为 1.0 ~ 1.7℃；而按压入式配置的风机则不需计算空气温升。

4. 风管

低温送风的风管较小，允许更灵活地确定风管尺寸。圆风管的摩擦阻力小，易于安装，不易漏风，空气动力噪声小，造价低。矩形风管的宽高比应尽可能小，以减小摩擦阻力和降低初投资。

图 4-121 所示为常规风管系统与低温风管系统。低温送风系统优于常规空调送风系统的地方在于减少了送风量，可采用较小尺寸的风管，或降低送风压力。缩小风管尺寸的主要好处是可以节省风管的制作费用，减少风管占用的空间；而降低送风压力，则可以减少风机的功耗。

管道保温的作用是减少冷量损失和防止凝露现象发生。最小保温层厚度按防止凝露来确定，而最佳保温层厚度则按经济分析来确定。空调房间内的风管用玻璃棉材料保温，可以得到令人满意的效果。对于非空调场所，管道可采用闭孔阻

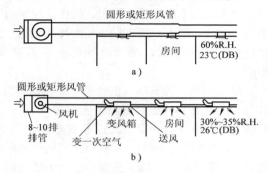

图 4-121　常规风管系统与低温风管系统
a）常规风管系统　b）低温风管系统

水的弹性材料作为隔热材料，并采用双层结构，在接头处应搭接。为了防止湿空气渗入隔热层引起管道锈蚀，要特别注意严格密封所有的接头处及可能渗漏的部位，还要注意压力表接管、温度测孔及阀杆的隔热，以防这些地方产生的凝结水流入隔热层。

5. 低温送风末端装置

低温送风系统的主要特点是送风温度低，一次送风量小，对冷水的温度要求远低于常规空调系统，去湿量大。但同时也会产生以下问题，应予以考虑和避免。

1）空气循环量小，会使空调区域的气流循环量降低，而空气流速过低及气流循环量小，会影响空调区域的舒适性。

2）由于低温空气易于下沉，因此应防止低温空气直接进入工作区，避免使工作区内的人员有吹冷风感。

3）由于送风温度通常低于周围空气的露点温度，因此应防止送风装置表面结露。这在刚起动空调装置时尤为明显，更易在送风口产生结雾和滴水现象，严重破坏了室内环境。因此，低温送风系统必须采取软起动方式，即起动时必须逐渐降温，待室内露点温度低于散流器外表面温度时，才进入正常运行状态。

基于上述原因，目前低温送风系统通常采用的送风方式有以下两种：

1）在送风末端加设空气诱导箱或混合箱，使一次送风和部分回风在混合箱内混合至常规送风状态后，直接通过一般常规空气用散流器送入空调房间。此类设备大致分为三种形式，即带风机的串联式混合箱、带风机的并联式混合箱及不带风机的诱导型混合箱。

2）采用低温送风系统专用的散流器，直接将一次低温风送入室内，使之在出风口附近与空调区域内的空气迅速混合，从而增强室内空气流动，并使送风在到达工作区域前完成混合，使温度升高。

（1）带风机的串联式混合箱　一次风与室内诱导空气混合后，通过混合箱内的风机送出，其原理如图 4-122 所示。带风机的串联式混合箱，风机的风量范围通常为 750 ~ 4000m³/h，功率为 60 ~ 560W，已有许多低温送风系统采用这种形式。

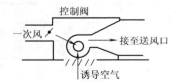

图 4-122　带风机的
串联式混合箱

串联式混合箱具有如下特点：

1）一次风经混合后再送入室内，最终送风温度和常规系统相当。

2）在变风量系统中，当一次风量有变化时，送入室内的空气量保持不变，房间内的气流稳定。

3）设计选型容易。

然而，在串联式混合箱中，风机连续运行，小功率电动机效率不高，能耗较大，其总耗与一次风机接近。另外，串联式混合箱运行时噪声较大，维修时维修人员需进入顶棚内，维护费用高。

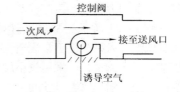

图 4-123 带风机的并联式混合箱

（2）带风机的并联式混合箱 室内诱导空气经混合箱风机后再与一次风混合，然后通过散流器进入室内，如图 4-123 所示。并联式混合箱（包括串联式）可加装盘管，用来冷却或加热室内诱导空气。

在常规空调系统中，只有当一次风送风量低于最小值时，才开启混合箱风机。并联式风机的功率比串联式要小，噪声也较小。对于变风量系统，若选用的房间散流器风量较小，则能防止冷空气直接进入工作区，还可根据需要开停混合箱的风机。因此，并联式混合箱在调节上较灵活。但其仍需消耗风机功率，有一定噪声，维护费用也较高。

（3）不带风机的诱导型混合箱 图 4-124 所示为不带风机的诱导型混合箱。一次风与回风或房间的空气经诱导混合后进入室内。该混合箱装在顶棚内。

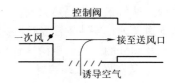

图 4-124 不带风机的诱导型混合箱

诱导型变风量混合箱的诱导比在 0.3～0.7 之间。比如，当一次风量为 100m³/h、一次送风温度为 5.6℃、室内温度为 25.6℃时，送至散流器的风量为 130～170m³/h，送风温度为 10～13.9℃。不带风机的诱导型混合箱无功率消耗，但需要增加一次风的送风压力，其噪声小于带风机的混合箱。

（4）喷嘴型低温送风散流器 采用专门的散流器，直接将一次风沿天花板以较高的速度送出，强化一次低温风与周围空气的混合，使气流沿天花板的贴附长度增加。当空气流离开天花板时，温度已升高，避免了人体感受低温风而引起的不舒适感。同时，由于一次风的引射，增强了对室内空气流的扰动。

图 4-125 所列为喷嘴型低温送风散流器。这种散流器的原理是设有一个喷射核，一般为方锥形或长方锥形，凸出在室内，四周均布小喷口，或制成细条缝快速送风，增加贴附长度，与室内空气混合。出口速度一般为 10.2m/s，也可降至 5.1m/s，一次风的送风温度为 3.3～7.2℃，散流器的风量为 50～950m³/h，静压损失为 10～150Pa。

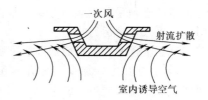

图 4-125 喷嘴型低温送风散流器

表 4-20 所列为采用串联、并联、不带风机混合箱的不同末端装置时常规送风系统与低温送风系统的风机功率消耗。

表 4-20 采用不同末端装置时低温送风系统与常规送风系统的风机功率消耗

末端装置	串联混合箱		并联混合箱		无风机混合箱	
送风温度/℃	12.8	7.2	12.8	7.2	12.8	7.2
一次风量/(m³/h)	16980	11377	16980	11377	16980	11377
混合箱风机风量/(m³/h)	16980	16980	0	5603	0	0
一次风全压/Pa	561	561	623	623	623	673
一次风风机功率/kW	4.9	3.3	5.4	3.6	5.4	3.9
混合箱风机功率/kW	3.1	3.1	0	1.0	0	0
送风系统总功率/kW	8.0	6.4	5.4	4.7	5.4	3.9

从表4-20中可以看出，当不同的末端装置送风温度为7.2℃时，低温送风比常规送风的风机功率降低了13%～27.7%。送风温度越低、建筑物规模越大时，低温送风系统消耗的功率越少。需要指出的是，在过渡季节低温送风系统中的制冷机停机时，所对应的室外温度要低于常规空调系统，使制冷机运行的时间延长，但与全年耗能相比，延长运行时数所增加的能耗是很小的。

（五）低温送风系统的形式

图4-126所示为几种低温送风系统的形式。图中 s 指空调房间送风，y 指末端送风装置诱导的空调房间的空气，h 指回风，p 指排向室外的空气，x 指室外新风。

图4-126a 中，低温冷源可采用低温制冷机或冰蓄冷系统或部分冰蓄冷系统，并以制冷机为辅助冷源，末端采用低温送风散流器。

图4-126b 中，可采用两个冷源，也可采用冰蓄冷系统。供冷时，融冰水供低温盘管，一部分冰水和回水混合后供高温盘管。还可以采用双工况制冷机组，白天以常规空调工况运行，夜晚用盘管来制冰。该系统采用串联式混合箱，也可以采用低温送风散流器。

图4-126c 中，在空调箱中仅有低温盘管，而部分冰水和回水混合后，再直接进入室内诱导器，以充分利用冷源的

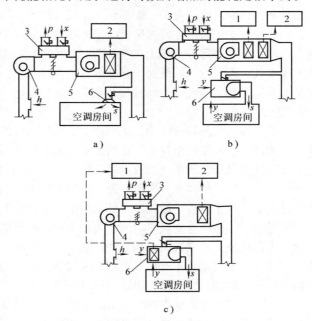

图4-126　低温送风系统的形式
1—常规冷源　2—低温冷源　3—热回收装置
4—回风机　5—一次风处理装置　6—末端送风装置

冷量。该系统末端送风装置为诱导式风机盘管机组。在保证新风要求的前提下，一次风可以采用适当比例的新、回风混合。

三种系统中，新、回风均通过热回收装置，使排风和新风充分进行热交换，以利于节省冷量。

（六）低温送风空调系统设计

1. 室内空气设计参数确定

表4-21所列为低温送风空调系统室内空气设计参数。

表4-21　低温送风空调系统室内空气设计参数

系统类型	干球温度/℃	相对湿度（%）	确定时的注意事项
舒适性低温送风系统	23～28	30～50（常用40）	应根据冷源类型或冷水供水温度、室内冷负荷及湿负荷、系统形式、建筑层高、空调机房大小等确定；在满足舒适度的条件下，使系统初投资和运行费用最低
工艺性低温送风系统	根据工艺要求确定	根据工艺要求确定	根据工艺要求的室内设计参数来确定冷源类型或冷水供水温度、系统形式、建筑层高、空调机房大小；在满足工艺要求的条件下，使系统初投资和运行费用最低

2. 低温送风空调系统冷负荷计算

低温送风空调系统冷负荷主要是由围护结构得热引起的冷负荷、人体散热引起的冷负荷、照明引起的冷负荷、机器设备散热引起的冷负荷等基本冷负荷，以及渗透空气引起的冷负荷，空调

送、回风机散热引起的冷负荷，风管得热引起的冷负荷，风机盘管末端装置内置风机散热引起的冷负荷等附加冷负荷组成。

空气渗透引起的潜热负荷与室外空气和室内空气的蒸汽分压力之差成正比。室内相对湿度低的空调房间，因空气渗透引起的潜热负荷比相对湿度高的房间大得多。空气渗透量与围护结构的气密性和外门开启方式有关，工程设计中可按 0.5 次/h 的换气次数计算空气渗透量。

在压出式空调系统中，送风机处于冷却盘管的上游。风机的散热量直接被冷却盘管吸收，成为盘管冷负荷的一部分。压出式空调器需在风机段和表冷段之间设置稳定段或均流装置，机组内压头损失较吸入式空调系统大。在吸入式空调系统中，送风机处在冷却盘管的下游，风机的散热量被空调系统送出的低温空气吸收，提高了送风温度。低温送风系统空调风机温升一般在 1.2 ~ 2.5℃ 之间。

在低温送风变风量系统中，虽然增加了风管的保冷厚度，减少了得热量，但是由于管道内输送风量的减少，风管的温升仍然相当于或者稍大于常温送风系统的管道温升。对于一般办公建筑的低温送风变风量空调系统，设计时可将 1.6℃ 作为低温送风系统的管道温升。在部分负荷的情况下，随着送风量的减少，送风温差可达到 3℃ 以上。送风温度的上升，也能使得控制系统适当增加送风量，从而改善了散流器在低风量情况下的扩散性能，维持了较好的室内气流组织。

低温送风往往结合变风量空调系统来实现。当采用风机动力型变风量末端装置时，要计算其内置风机得热量。并联式风机动力型末端装置内置风机在送冷风时一般不运行，只有当房间冷负荷极小或送热风状态时才开启。串联式风机动力型末端装置不管是送冷风还是送热风，其内置风机始终运行。因此，应该计算串联式风机动力型末端装置内置风机的发热量。

风机动力型末端装置中的小型电动机的效率约为 35%，总的风机效率在 30% 左右。当末端装置设在非顶层的吊顶内时，其二次回风还应包括一部分灯光负荷。当末端装置设在顶层吊顶内时，应包括一部分灯光和屋面负荷。设计人员应根据实际情况确定这些附加的冷负荷。

3. 低温送风空调系统方式

它是全空气系统的一种类型，按其末端装置和送风口形式的不同组合，可以形成多种低温送风空调系统。表 4-22 所列为几种常用方式。

表 4-22　几种常用低温送风空调系统方式

内区空调方式	周边区空调方式	应 用 情 况
仅采用低温送风口	无外区	适用于无周边区的区域空调，空调负荷稳定。大堂、门厅等易受室外空气渗透的房间或区域不适合采用
单风道 VAV 末端装置或并联型 FPB 末端装置 + 低温送风口（FPB 内置风机一般在内区送风量很小，室内气流组织难以保证时开启，末端风机风量比常温 VAV 系统小）	风机盘管	风机盘管夏季供冷水，冬季供热水
	带电加热或热水再热盘管的并联型 FPB 末端装置 + 低温送风口	周边区并联型 FPB 内置风机只在冬季送热风时开启，其他季节同单风道 VAV 末端装置的运行方式一致
	（夏季）单风道 VAV 末端装置 + 低温送风口 + （冬季）风机盘管	风机盘管只在冬季运行，冬季当每米长度外围护结构的热损耗大于 200W 时，推荐采用风机盘管
	（夏季）单风道 VAV 末端装置 + 低温送风口 + （冬季）散热器	冬季当每米长度外围护结构的热损耗为 100 ~ 200W 时，推荐采用散热器
	（夏季）单风道 VAV 末端装置 + 低温送风口 + （冬季）电加热器	冬季当每米长度外围护结构的热损耗小于 100W 时，推荐采用电加热器

（续）

内区空调方式	周边区空调方式	应 用 情 况
串联型 FPB 末端装置 + 普通送风口	带电或热水再热盘管的串联型 FPB 末端装置 + 普通送风口风机盘管	串联型 FPB 末端装置内置风机常年运行，风机盘管夏季供冷水，冬季供热水
	（夏季）串联型 FPB 末端装置 + 普通送风口 + （冬季）风机盘管	风机盘管只在冬季运行，冬季当每米长度外围护结构的热损耗大于 200W 时，推荐采用风机盘管
	（夏季）串联型 FPB 末端装置 + 普通送风口 + （冬季）散热器	冬季当每米长度外围护结构的热损耗为 100～200W 时，推荐采用散热器
	（夏季）串联型 FPB 末端装置 + 普通送风口 + （冬季）电加热器	冬季当每米长度外围护结构的热损耗小于 100W 时，推荐采用电加热器
诱导型末端装置 + 低温送风口	带电或热水再热盘管的诱导型末端装置 + 低温送风口	调节一次风阀和诱导风阀的开度，当房间需要充分供冷时，开大一次风阀，关闭诱导风阀

注：VAV 指 Variable Air Volume；FPB 指 Fan Powered Box。

选择低温送风系统方式时，应充分分析空调区域的负荷特点，合理划分周边区和内区。在确定末端装置和送风口形式时，须兼顾空调系统新风分配的均匀性和对气流组织的影响程度。关于空调区域新风分配的不均匀性，低温送风系统比常温空调系统更严重。若系统选择或设计不合理，不但在设计工况下各温度控制区之间存在着新风分配的差异，而且在过渡季节时会使这种差异更明显。

4. 冷却盘管参数确定

低温送风系统冷却盘管的许多设计参数与常温空调系统的盘管参数有很大差异。与常温冷却盘管相比，低温送风系统冷却盘管具有以下特点：

1）进入盘管的冷水温度和离开盘管的空气温度较低，盘管的进水温度和出风温度的接近度较小，冷水（或二次冷媒）的温升较大。

2）冷却盘管的排数和单位长度翅片数较多。

3）通过冷却盘管的迎面风速较小。

4）通过冷却盘管水侧和空气侧的压降变化范围较大。

5）部分负荷条件下，尤其是在进水温度与出风温度的接近度极小和大温差系统中，冷水侧流体的流速很低，急剧降低了盘管的传热性能，出风温度上升；而控制系统又使水阀开大，流体流动从层流转变成紊流，使出风温度下降，造成低温送风出风温度不稳定。

6）盘管冷凝水量大，在叠放式盘管之间需设置中间冷凝水盘。由于冷凝水量较大，具有清洗效果，减少了尘埃和污垢在盘管上的积聚。

表 4-23 所列为常温空调系统和低温送风系统冷却盘管性能及技术参数比较。

表 4-23　冷却盘管性能及技术参数比较

项　目	参　数	常温空调系统	低温送风空调系统
盘管选型参数	离开盘管的空气温度/℃	11～14	4～11
	进入盘管的冷水温度/℃	5～8	1～6(低于1℃时应采用乙二醇溶液或其他二次冷媒)
	盘管迎面风速/(m/s)	2.3～2.8	1.5～2.3
	进水和出风温度接近度/℃	5.5～7.5	2.2～5.5
	冷水温升/℃	5～8.8	7～13
结构参数	盘管排数	4～6	6～12
	单位长度翅片数/(片/mm)	0.32～0.55	多达0.55
	盘管传热率	可不修正	需要进行修正
盘管静压	空气侧压降/Pa	125～250	150～320
	冷水侧压降/Pa	18～60	27～90
部分负荷特性	冷水流量减小时的出风温度	比较稳定	可能出现波动
	出风温度不稳定的解决方法	—	采用较小管径铜管或分回路盘管,强化传热
凝水排放	上下式叠加盘管	无需设中间凝结水盘	需设中间凝结水盘
	凝结水量	较少	较多

5. 低温送风散流器的选择

低温送风散流器的形式应根据所采用的末端装置的类型确定。当系统采用串联式风机动力型末端装置时,可以使用普通的常温散流器;而当系统采用单风道节流型末端装置、并联式风机动力型末端装置和诱导型末端装置时,需要采用适合低温送风的散流器。适合低温送风的散流器主要有保温型散流器、电热型散流器及高诱导比低温散流器等。前两种散流器有时被称为防结露风口,适用于送风温度较高的低温送风系统,也常常被使用在室内干球温度较高、相对湿度较大的场合。

送风散流器的表面温度处于送风温度与房间空气温度之间的某个中间温度上。当送风散流器的表面温度等于或低于室内空气的露点温度时,散流器表面将出现凝露现象。金属送风散流器的室内空气侧表面温度一般比送风温度高2℃左右;而塑料送风散流器的温差可高达6℃;高诱导比低温送风散流器,其送风温度可以更低。在进行低温送风气流分布及风口设计时,必须在较大的温度和风量范围内解决好低温一次风与空调区内空气的混合、气流的贴附长度和风口噪声等问题。

高诱导比低温送风口的关键部件是内部喷射核。喷射核四周均布着小喷口。送风时,一次风通过风管直接送入喷射核,然后由喷口喷出,形成贴附射流;一次风离开喷口就开始大量诱导室内空气,在离开风口喷口115mm处其混风比已达2.35:1。由于多个独立的圆截面射流具有较高的密度和风速,在整个射流的过程中能保持良好的诱导效果。低温送风在离开风口10cm以后,送风温度便升高到室内空气的露点温度以上,避免产生低温空气在空调区下降的现象。典型的高诱导比低温送风散流器主要有平板型、孔板型及条缝型三种形式。

设计人员必须通过比较送风散流器的射程、贴附长度与空调房间特征长度等参数,确定最优的性能参数。选择低温送风口时，应对低温送风射流的贴附长度予以重视。在考虑射程的同时，还应使送风散流器的贴附长度大于空调房间的特征长度，避免出现人员活动区吹送冷风现象。

高诱导比低温送风散流器选型和布置时还需注意如下几点：

1）确定空调区的最大和最小送风量。

2）根据房间的形状和特征长度确定送风散流器的形式。

3）按低温送风散流器标定风量的80%～100%进行选型，根据需要可堵塞部分喷口。

4）均匀地布置低温送风散流器，避免在空调房间内出现死角。

5）低温送风散流器布置时还要满足下列要求：①与迎面风口送风气流相碰处的风速不应大于0.75m/s；②风口送出的气流遇到临近墙壁时的风速为0.25～0.75m/s；③风口安装时，风口侧边至墙壁的距离，应为风口对应于射流速度为0.25m/s处的射程乘以0.404或更小的数值；相邻两个风口侧边间的距离，应为风口对应于射流速度为0.25m/s处的射程乘以0.808或更小的数值。

6）检查风口的噪声值以及静压值是否满足设计要求。若不满足要求，则应重新选择送风散流器的大小。

第三节　蓄冷空调冷水机组的类型及性能

冷水机组是将制冷系统中的全部或部分设备直接在制造厂内组装成的一个整体。冷水机组具有结构紧凑、控制装置齐全、机组工作效率高、控制系统智能化、主机和零部件标准化等优点。压缩式冷水机组可按压缩机的形式分为活塞式、螺杆式、离心式和涡旋式四种类型。

表4-24所列为常用蓄冷空调主机形式及其主要性能指标。

表4-24　常用蓄冷空调主机形式及其主要性能指标

种　类		制冷剂	单机产冷量范围（空调工况）/kW	性能系数/（kW/kW）	
				空调工况	蓄冷工况
水冷	离心式（三级）	R123	1050～4750	5.40～4.70	3.90～3.15
	螺杆式	R22	210～1370	5.00～4.15	3.70～3.00
	活塞式	R22	58～1045	4.15～3.50	3.15～2.70
	涡旋式	R22	56～175	5.20～4.25	3.80～3.10
风冷	螺杆式	R22	210～1195	4.69～3.90	3.40～2.90
	活塞式	R22	58～350	3.90～3.20	2.90～2.50
	涡旋式	R22	52～175	4.80～4.15	3.50～3.00

表4-24中空调工况按冷却水进、出口温度为32℃/37℃，冷冻水进、出口温度为12℃/7℃来计算；蓄冷工况为25%（质量分数）乙二醇水溶液，进、出口温度为-2℃/-6℃，冷却水进、出口温度为30℃/35℃。如果工况变化，则可近似按冷却水上升（或下降）1℃，机组性能系数下降（或上升）2%；低温载冷剂上升（或下降）1℃，机组性能系数升高（或降低）3%左右来估算。

一、活塞式冷水机组

目前以37～89kW（50～120hp）半封闭机型为主，小冷量只需用单台压缩机，大冷量则要用多台压缩机组成多机头冷水机组。这种机组在国内的使用及运行经验较成熟，维修较容易，造价低，易于控制。但该机型制冷机存在零部件多、效率低、体型大，在变温工况下性能不如螺杆式制冷机等缺点，今后有被螺杆式制冷机取代的倾向。

图4-127为水冷往复式冷水、冰蓄冷双功能机组外形图，表4-25所列为其主要性能参数，

图 4-128 所示为其性能曲线。

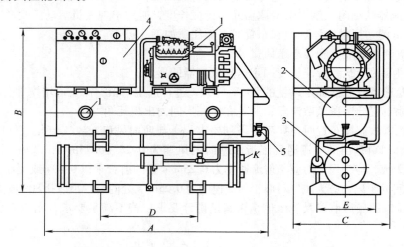

图 4-127　水冷往复式冷水、冰蓄冷双功能机组外形图
1—往复活塞式压缩机　2—蒸发器　3—冷凝器　4—控制柜　5—膨胀阀

表 4-25　水冷往复式冷水、冰蓄冷双功能机组主要性能参数

机　型		JCSWD-55	JCSWD-80	JCSWD-110	JCSWD-160	JCSWD-195	JCSWD-260	JCSWD-325	JCSWD-380
名义制冷量 /MJ/h	常规	695	1013	1389	2025	2401	3163	3983	4807
	冰蓄冷	486	709	973	1418	1602	2215	2790	3367
R22 制冷剂充填量 /kg		42	62	84	126	150	200	250	300
安全保护		高低压开关、断水、防冻开关、安全阀、过载保护装置、温度自动开关、油压开关、压缩机过热等							
能量调节范围（%）		25，50，75，100							
压缩机	输入功率 /kW　常规	50	72	100	150	156	208	260	312
	冰蓄冷	38	56	76	114	120	160	200	240
	额定电流/A	90	130	180	240	342	456	570	684
	加油量/L	7.76	14.8	15.4	23.1	24	32	40	48
冷凝器	污垢系数 /(m²·h·℃/kJ)	<0.00042							
	水程阻力/kPa	<80							
	水流量/(m³/h)	40	60	80	120	144	192	240	280
	管径/mm	75	75	100	125	125	125	150	150
蒸发器	污垢系数 /(m²·h·℃/kJ)	<0.00042							
	水程阻力/kPa	<80							
	水流量/(m³/h)	35	50	70	105	123	164	205	246
	管径/mm	75	100	125	150	150	200	200	200
机组质量/kg		1400	1800	2000	3000	3400	4600	5200	5800

注：1. 常规空调名义制冷量按如下工况确定：冷冻水进口温度12℃，出口温度7℃；冷却水进口温度30℃，出口温度35℃。

2. 冰蓄冷制冷量按如下工况确定：不冻液体进口温度-2℃，出口温度-6℃。

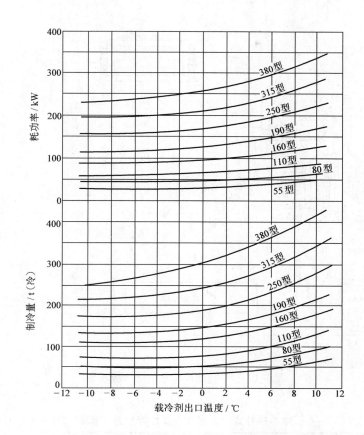

图 4-128　水冷往复式冷水、冰蓄冷双功能机组性能曲线

　　该机组采用半封闭活塞式制冷压缩机、卧式壳管式冷凝器和蒸发器。用户可根据冷凝器的冷水温度和蒸发器的冷冻水温度，并参照厂家所提供的主要技术参数表和特性曲线图来选择相应的冷水机组。

二、螺杆式冷水机组

　　目前应用最多的是 37~186kW（50~250hp）的半封闭和全封闭喷油双螺杆机型，有单机头和多机头之分。螺杆式压缩机由于具有零部件少、重量轻、体积小、无故障运行时间长、容积效率高、调节性能好等优点，因而在空调上应用得越来越多。采用带节能器、具有可调内容积比的螺杆机，其效率更高，更适合在空调及蓄冰工况下运行。因此，螺杆机组在蓄冷空调中具有广阔的应用前景。

　　图 4-129 为螺杆式冷水机组制冷流程图。由于螺杆压缩机采用喷油润滑，因此设置了一套油循环处理系统，有油分离器、油冷却器、油泵等。

　　表 4-26 所列为 RTWA 系列水冷螺杆式冷水机组主要性能参数，表 4-27 所列为 RTHB 系列水冷螺杆式冷水机组主要性能参数，表 4-28、表 4-29 所列分别为 RTHB 系列水冷螺杆式冷水机组日间工况和夜间工况主要性能参数。其空调工况制冷量为 60~390t（冷）。在 −4℃/−0.5℃ 制冰工况下，乘以约为 0.67 的系数。最低温度为 −7℃。

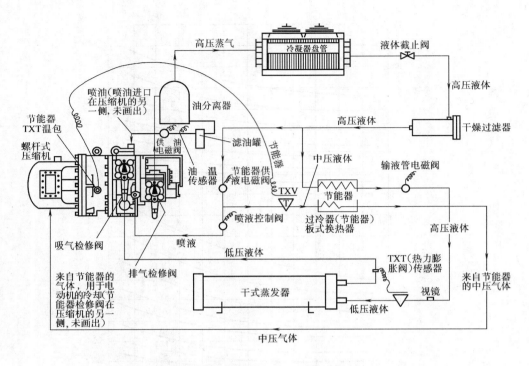

图4-129　螺杆式冷水机组制冷流程图

表4-26　**RTWA 系列水冷螺杆式冷水机组主要性能参数**（R22）（蒸发器7℃/12℃）

RTWA 型号		制冷量		输入功率/kW	电流/A		蒸发器			冷凝器			尺寸/mm			接管尺寸/mm	
		t（冷）	kW		运转	起动	存水量/L	水流量/(L/s)	压力降/kPa	存水量/L	水流量/(L/s)	压力降/kPa	长	宽	高	蒸发器	冷凝器
RTWA70	标准	62	218	55	47/56	309/309	151	11	52	34	13	40	2515	864	1823	100	100
	加长	63	222	51	47/56	309/309	151	11	52	45	13	40	2835	864	1823	100	100
RTWA80	标准	71	250	61	55/59	357/357	143	12	56	38	14	41	2515	864	1823	100	100
	加长	73	257	58	55/59	357/357	143	12	56	49	14	41	2835	864	1823	100	100
RTWA90	标准	82	289	70	72/59	382/357	133	14	58	41	17	41	2607	864	1823	100	100
	加长	84	295	67	72/59	382/357	133	14	58	56	17	41	2848	864	1823	100	100
RTWA100	标准	92	325	79	72/78	382/382	122	16	68	45	19	38	2607	864	1823	100	100
	加长	94	331	76	72/78	382/382	122	16	68	62	19	38	2607	864	1823	100	100
RTWA110	标准	99	349	86	86/78	489/382	196	17	68	48	20	43	3340	864	1823	150	100
	加长	101	356	83	86/78	489/382	196	17	68	66	20	43	3340	864	1823	150	100
RTWA125	标准	108	379	93	86/92	489/489	180	18	65	51	22	41	3340	864	1823	150	100
	加长	110	386	89	86/92	489/489	180	19	65	70	23	43	3340	864	1823	150	100

表 4-27　RTHB 系列水冷螺杆式冷水机组主要性能参数（R22）（蒸发器 7℃/12℃）

RTHB 型号		制冷量		输入功率/kW	电流/A		蒸发器			冷凝器			尺寸/mm			接管尺寸/mm	
		t(冷)	kW		运转	起动	存水量/L	水流量/(L/s)	压力降/kPa	存水量/L	水流量/(L/s)	压力降/kPa	长	宽	高	蒸发器	冷凝器
RTHB130	标准	106	374	81	138	591	72	18	42	68	21	39	2715	864	1632	100	100
	加长	111	389	80	135	591	95	19	57	95	22	52	3477	864	1632	100	100
RTHB150	标准	126	449	94	158	712	79	21	47	83	26	42	2715	864	1632	100	100
	加长	133	468	91	154	712	106	22	63	110	27	56	3477	864	1632	100	100
RTHB180	标准	152	536	116	197	870	102	26	41	96	31	39	2722	1083	1784	125	125
	加长	158	557	114	193	870	136	27	56	132	32	52	3534	1083	1784	125	125
RTHB215	标准	175	615	129	218	1003	117	29	43	117	36	38	2722	1083	1784	125	125
	加长	182	640	126	213	1003	155	31	57	155	37	51	3534	1083	1784	125	125
RTHB255	标准	225	790	164	272	1156	144	38	48	140	46	42	2791	1200	1926	125	150
	加长	234	823	160	266	1156	193	39	63	185	47	56	3553	1200	1926	125	150
RTHB300	标准	252	887	179	299	1483	163	42	49	163	51	39	2791	1200	1926	125	150
	加长	263	924	175	291	1483	216	44	64	216	53	53	3553	1200	1926	125	150
RTHB380	标准	327	1150	240	407	2167	201	55	50	201	67	41	2960	1520	2032	150	200
	加长	341	1200	235	397	2167	269	57	67	269	69	56	3723	1520	2032	150	200
RTHB450	标准	367	1290	265	454	2675	230	62	50	230	74	40	2960	1520	2032	150	200
	加长	382	1343	259	441	2675	307	64	66	310	77	54	3723	1520	2032	150	200

表 4-28　RTHB 系列水冷螺杆式冷水机组日间工况主要性能参数

型号		制冷量		输入功率/kW	蒸发器		冷凝器	
		t(冷)	kW		水流量/(L/s)	压力降/kPa	水流量/(L/s)	压力降/kPa
RTHB130	标准	107	376	81	19	56	22	41
	加长	112	394	80	20	77	23	55
RTHB150	标准	129	454	94	23	62	26	43
	加长	135	475	91	24	87	27	58
RTHB180	标准	154	542	116	28	56	32	41
	加长	161	566	114	29	75	33	55
RTHB215	标准	177	622	129	32	56	36	40
	加长	185	651	126	33	77	37	53
RTHB255	标准	227	798	164	41	62	46	43
	加长	238	837	160	43	87	48	59
RTHB300	标准	255	897	179	46	65	51	41
	加长	267	939	175	48	87	53	55
RTHB380	标准	331	1164	240	60	68	67	43
	加长	347	1220	234	62	90	70	59
RTHB450	标准	370	1301	265	67	68	75	41
	加长	388	1364	259	70	90	78	56

注：蒸发器乙二醇溶液（质量分数为 25%）进、出口温度为 8℃/13℃。

表 4-29　RTHB 系列水冷螺杆式冷水机组夜间工况主要性能参数

型　号		制冷量		输入功率 /kW	蒸发器		冷凝器	
		t(冷)	kW		水流量 /(L/s)	压力降 /kPa	水流量 /(L/s)	压力降 /kPa
RTHB130	标准	71	250	77	18	54	22	41
	加长	75	262	75	19	74	23	55
RTHB150	标准	85	300	87	22	60	26	43
	加长	89	314	85	23	82	27	58
RTHB180	标准	102	357	109	26	52	32	41
	加长	107	375	108	28	72	33	55
RTHB215	标准	116	409	110	30	53	36	40
	加长	122	429	118	32	74	37	53
RTHB255	标准	150	527	153	39	60	46	43
	加长	158	554	150	41	82	48	59
RTHB300	标准	168	590	165	43	61	52	41
	加长	176	620	163	46	83	54	55
RTHB380	标准	219	771	225	57	64	68	43
	加长	230	809	222	59	87	70	59
RTHB450	标准	245	861	245	63	63	76	41
	加长	257	903	242	66	86	78	56

注：蒸发器乙二醇溶液（质量分数为 25%）进、出口温度为 $-4\,℃/-0.5\,℃$。

　　表 4-30 所列为 RTAA 系列风冷螺杆式冷水机组主要性能参数。空调工况制冷量为 60～340t（冷），在 $-4\,℃/-0.5\,℃$ 制冰工况时乘以约为 0.67 系数。最低温度为 $-12\,℃$。

表 4-30　RTAA 系列风冷螺杆式冷水机组主要性能参数（R22）（蒸发器 7℃/12℃）

型　号	制冷量		输入功率 /kW	制冷量调节 （%）	蒸发器				冷凝器		冷凝风机		尺寸/mm		
	t(冷)	kW			存水量 /L	水流量 /(L/s)	压力降 /kPa	接管尺寸 /mm	个数	排数	数量	直径 /mm	功率 /kW	长	宽	高
RTAA—70	59	207	60	15～100	151	10	36	100	4	2	8	762	0.7	5175	2240	2200
RTAA—80	68	239	71	15～100	143	12	36	100	4	2	8	762	0.7	5175	2240	2200
RTAA—90	77	272	83	15～100	130	13	45	100	4	2	9	762	0.7	5175	2240	2200
RTAA—100	86	302	95	15～100	122	15	39	100	4	2	10	762	0.7	5175	2240	2200
RTAA—110	93	326	103	15～100	202	16	45	150	4	2	10	762	0.7	5861	2240	2200
RTAA—125	102	359	113	15～100	173	17	39	150	4	2	10	762	0.7	5861	2240	2200
RTAA—130	114	402	120	10～100	184	19	48	125	4	3	10	762	1.13	7010	2390	2380
RTAA—140	131	459	140	10～100	175	22	60	125	4	3	10	762	1.13	7010	2390	2380
RTAA—155	138	484	148	10～100	277	23	43	150	4	3	11	762	1.13	7010	2390	2380
RTAA—170	152	534	165	10～100	261	26	49	150	4	3	12	762	1.13	7010	2390	2380
RTAA—185	168	559	174	10～100	234	27	37	150	4	3	13	762	1.13	7010	2390	2380
RTAA—200	174	611	191	10～100	231	29	43	150	4	3	14	762	1.13	7010	2390	2380
RTAA—215	179	629	194	10～100	379	30	45	150	4	3	14	762	1.13	7010	2390	2380
RTAA—240	206	723	231	10～100	572	35	36	150	8	3	17	762	1.13	11010	2240	2430
RTAA—270	229	805	256	10～100	523	39	44	150	8	3	19	762	1.13	11010	2240	2430
RTAA—300	251	884	281	10～100	511	43	52	150	8	3	21	762	1.13	11010	2240	2430
RTAA—340	292	1027	325	10～100	470	48	50	150	8	3	24	762	1.13	11010	2240	2430
RTAA—370	315	1108	351	10～100	439	53	57	150	8	3	26	762	1.13	11010	2240	2430
RTAA—400	338	1188	378	10～100	407	57	64	150	8	3	28	762	1.13	11010	2240	2430

图 4-130 为 JCSLD 系列水冷螺杆式冷水、冰蓄冷双功能机组外形图，表 4-31 所列为其主要性能参数，图 4-131 所示为其特性曲线。该冷水机组采用半封闭螺杆式压缩机及高效油分离器，无脉动输出。压缩机电动机采用制冷剂冷却，转子和轴承采用油冷却，降低了噪声，提高了效率。

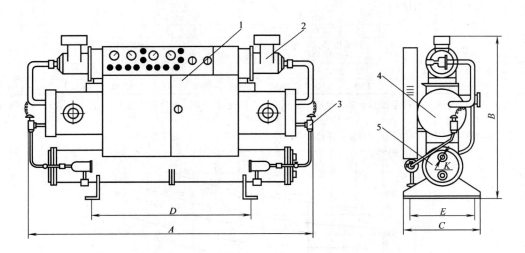

图 4-130　JCSLD 系列水冷螺杆式冷水、冰蓄冷双功能机组外形图
1—控制柜　2—螺杆式压缩机　3—膨胀阀　4—蒸发器　5—冷凝器

表 4-31　JCSLD 系列水冷螺杆式冷水、冰蓄冷双功能机组主要性能参数（R22）

机　型		JCSLD -50	JCSLD -80	JCSLD -100	JCSLD -160	JCSLD -200	JCSLD -240	JCSLD -300	JCSLD -360	JCSLD -400	JCSLD -480
名义制冷量 /($\times 10^3$ kJ/h)	常规	637	1020	1274	2041	2510	3046	3766	4569	5021	6092
	水蓄冷	444	713	892	1426	1756	2130	2633	3195	3511	4260
压缩机	形式	进口螺杆式压缩机									
	输入功率 /kW　常规	37	60	74	120	148	180	222	270	296	360
	输入功率 /kW　冰蓄冷	28	46	56	92	114	138	171	207	228	276
	额定电流/A	65	120	130	240	240	300	360	450	480	600
	加油量/L	11	12	22	24	26	26	39	39	52	52
	冷却方式	氟利昂气体冷却									
冷凝器	形式	卧式壳管式									
	污垢系数 /(m²·h·℃/kJ)	< 0.00042									
	水程阻力/kPa	< 80									
	水流量/(m³/h)	37	60	74	120	150	180	225	270	300	360
	管径/mm	75	75	100	100	150	150	150	150	150	150

（续）

机　型		JCSLD-50	JCSLD-80	JCSLD-100	JCSLD-160	JCSLD-200	JCSLD-240	JCSLD-300	JCSLD-360	JCSLD-400	JCSLD-480
蒸发器	形式	卧式壳管式干式蒸发									
	污垢系数/(m²·h·℃/kJ)	<0.00042									
	水程阻力/kPa	<80									
	水流量/(m³/h)	32	50	64	100	128	150				
	管径/mm	75	100	125	125	150	150				
安全保护		高低压开关、断水、防冻开关、安全阀、过载保护装置、温度自动开关、油压开关、压缩机过热、电机反转保护等									
能量调节范围（%）		25、50、75、100									
机组质量/kg		1300	1500	1900	3000	4000	4500	6300	6800	7800	8500

注：1. 常规空调名义制冷量按如下工况确定：冷冻水进口温度为12℃，出口温度为7℃；冷却水进口温度为30℃，出口温度为35℃。

　　2. 冰蓄冷制冷量按如下工况确定：不冻液体进口温度为-2℃，出口温度为-6℃。

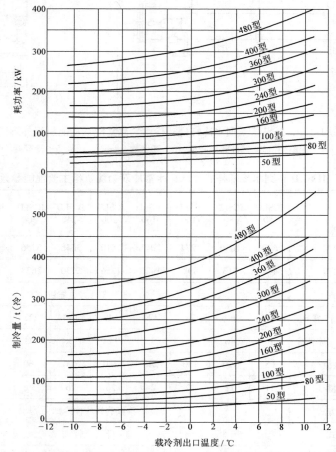

图4-131　JCSLD系列水冷螺杆式冷水、冰蓄冷双功能机组特性曲线

　　表4-32所列为SSL系列双温工况水冷半封闭螺杆式冷水机组性能参数，载冷剂采用25%（质量分数）的乙二醇溶液。制冷名义工况：载冷剂进、出口温度为12℃/7℃，冷却水进、出温度为30℃/35℃。制冰名义工况：载冷剂出口温度为-5℃，冷却水进口温度为30℃；载冷剂出口温度范围为-10~15℃，冷却水出口温度范围为25~40℃。图4-132所示为该系列冷水机组载冷剂阻力曲线，图4-133所示为其冷却水阻力曲线，表4-33所列为其变工况性能修正系数。

表 4-32　SSL 系列双温工况水冷半封闭螺杆式冷水机组性能参数

项目		单位	SSL240 制冷	SSL240 制冰	SSL300 制冷	SSL300 制冰	SSL350 制冷	SSL350 制冰	SSL400 制冷	SSL400 制冰	SSL460 制冷	SSL460 制冰	SSL510 制冷	SSL510 制冰	SSL560 制冷	SSL560 制冰	SSL600 制冷	SSL600 制冰	SSL650 制冷	SSL650 制冰
工况			制冷	制冰	制冷	制冰	制冷	制冰	制冷	制冰	制冷	制冰	制冷	制冰	制冷	制冰	制冷	制冰	制冷	制冰
名义制冷量		kW	240	161	300	201	350	235	400	268	460	308	510	342	560	375	600	402	650	436
		10⁴ kcal/h	21	14	26	17	30	20	34	23	40	26	44	29	48	32	52	35	56	37
输入功率		kW	49	45	61	56	71	65	81	74	93	85	103	94	113	103	122	112	132	121
制冷剂 R22 充注量		kg	45		55		65		75		85		90		100		105		115	
最大运行电流		A	97		122		150		160		200		215		228		244		272	
能量调节范围		%	0/25/50/75/100 或无级调节																	
运行控制方式			可编程序控制器全自动控制																	
电源			3/N/PE　AC 380V/220V　50Hz																	
安全保护			高低压力保护,安全阀,断水延时保护,电动机过载,相序及缺相保护																	
压缩机	形式		半封闭螺杆式																	
	起动方式		Y—△																	
	数量	台	1												2					
蒸发器	形式		U 形干式壳管式(设计承受水压 1.0MPa)																	
	载冷剂流量	m³/h	44		55		65		74		85		94		103		111		120	
	载冷剂阻力	kPa	55		55		55		55		60		60		60		67		67	
	进出水管径		DN80				DN100				DN125						DN150			
冷凝器	形式		卧式壳管式(设计承受水压 1.0MPa)																	
	水流量	m³/h	48		61		70		80		92		103		112		121		131	
	水阻力	kPa	40		40		40		40		45		45		45		50		50	
	进出水管径		DN80				DN100				DN125						DN150			
外形尺寸	长	mm	3100		3100		3100		3200		3100		3100		3200		3500		3600	
	宽	mm	780		780		830		830		920		920		920		970		970	
	高	mm	1620		1660		1750		1750		1660		1730		1730		1760		1870	
机组质量		kg	1250		1450		1750		1780		2000		2400		2500		2660		2940	
运行质量		kg	1370		1590		1900		1950		2180		2590		2730		2910		3210	

（续）

项 目		单位	SSL700		SSL750		SSL800		SSL860		SSL920		SSL1020		SSL1120		SSL1200		SSL1300	
工况			制冷	制冰	制冷	制冰	制冷	制冰	制冷	制冰	制冷	制冰	制冷	制冰	制冷	制冰	制冷	制冰	制冷	制冰
名义制冷量		kW	700	470	750	503	800	536	860	576	920	616	1020	684	1120	750	1200	804	1300	872
		10^4kcal/h	60	40	64	43	69	46	74	50	79	53	88	59	96	64	103	69	112	75
输入功率		kW	142	130	152	139	162	148	174	159	186	170	206	188	226	206	244	224	264	251
制冷剂 R22 充注量		kg	120		130		140		150		160		175		190		210		225	
最大运行电流		A	282		310		320		360		400		428		456		488		526	
能量调节范围		%	0/25/50/75/100 或无级调节																	
运行控制方式			可编程序控制器全自动控制																	
电源			3/N/PE　AC 380V/220V　50Hz																	
安全保护			高低压力保护、安全阀、断水延时保护、电动机过载、相序及缺相保护																	
压缩机	形式		半封闭螺杆式																	
	起动方式		Y—△																	
	数量	台	2										4							
蒸发器	形式		U 形干式壳管式（设计承受水压 1.0MPa）																	
	载冷剂流量	m³/h	129		138		147		159		170		188		206		221		240	
	载冷剂阻力	kPa	67		67		67		75		75		75		75		67		67	
	进出水管径		DN150														2 × DN125		DN125 + DN150	
冷凝器	形式		卧式壳管式（设计承受水压 1.0MPa）																	
	水流量	m³/h	140		151		161		173		185		205		225		242		261	
	水阻力	kPa	50		50		50		55		55		55		55		50		50	
	进出水管径		DN150														2 × DN125		DN125 + DN150	
外形尺寸	长	mm	3700		3600		3700		3700		3900		4000		4200		3500		3700	
	宽	mm	970		970		970		1200		1200		1200		1200		1860		1860	
	高	mm	1870		1900		1900		1640		1700		1750		1800		1880		1990	
机组质量		kg	3050		3200		3350		3700		3900		4200		4300		5500		5890	
运行质量		kg	3330		3500		3660		4040		4270		4570		4740		6000		6420	

（续）

型号 项目	单位	SSL1400 制冷	SSL1400 制冰	SSL1500 制冷	SSL1500 制冰	SSL1600 制冷	SSL1600 制冰	SSL1720 制冷	SSL1720 制冰	SSL1840 制冷	SSL1840 制冰	SSL1940 制冷	SSL1940 制冰	SSL2040 制冷	SSL2040 制冰	SSL2140 制冷	SSL2140 制冰	SSL2240 制冷	SSL2240 制冰
名义制冷量 工况	kW	1400	940	1500	1006	1600	1072	1720	1152	1840	1232	1940	1300	2040	1368	2140	1434	2240	1500
名义制冷量	10^4kcal/h	120	81	129	87	138	92	148	99	158	106	167	112	175	118	184	123	193	129
输入功率	kW	284	260	304	278	324	296	348	318	372	340	392	358	412	376	432	394	452	412
制冷剂R22充注量	kg	240		260		280		300		320		335		350		365		380	
最大运行电流	A	564		602		640		2×360		2×400		428+400		456+400		456+428		2×456	
能量调节范围	%	0/25/50/75/100 或无级调节																	
运行调节方式		可编程序控制器全自动控制																	
电源		3/N/PE AC 380V/220V 50Hz																	
安全保护		高低压力保护、安全阀、断水延时保护、电动机过载、相序及缺相保护																	
压缩机 形式		半封闭螺杆式																	
压缩机 起动方式		Y—△																	
压缩机 数量	台	4																	
蒸发器 形式		U形干式壳管式（设计承受水压1.0MPa）																	
蒸发器 载冷剂流量	m^3/h	258		276		295		317		339		358		376		394		413	
蒸发器 载冷剂阻力	kPa	67		67		67		75		75		75		75		75		75	
蒸发器 进出水管径		2×DN150																	
冷凝器 形式		卧式壳管式（设计承受水压1.0MPa）																	
冷凝器 水流量	m^3/h	281		302		322		346		370		390		410		430		451	
冷凝器 水阻力	kPa	50		50		50		55		55		55		55		55		55	
冷凝器 进出水管径		2×DN150																	
外形尺寸 长	mm	3700		3700		3700		3700		3900		4000		4200		4200		4200	
外形尺寸 宽	mm	1860		1860		1860		2600		2600		2600		2600		2600		2600	
外形尺寸 高	mm	1990		2020		2020		1760		1820		1870		1920		1920		1920	
机组质量	kg	6280		6580		6880		7600		8000		8300		8400		8700		8800	
运行质量	kg	6840		7170		7500		8280		8740		9040		9210		9510		9680	

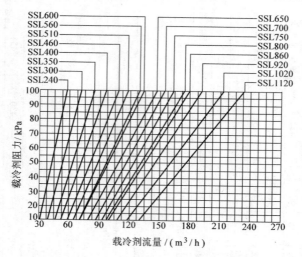

图 4-132　双温工况水冷半封闭螺杆式冷水机组载冷剂阻力曲线

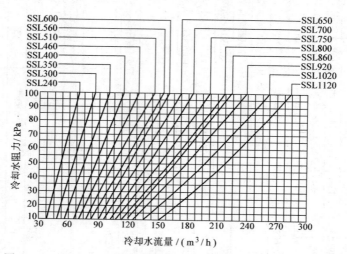

图 4-133　双温工况水冷半封闭螺杆式冷水机组冷却水阻力曲线

表 4-33　双温工况水冷半封闭螺杆式冷水机组变工况性能修正系数

载冷剂出口温度/℃	冷却进水温度/℃									
	25		28		30		32		35	
	制冷量	输入功率	制冷量	输入功率	制冷量	输入功率	制冷量	输入功率	制冷量	输入功率
-10	0.59	0.80	0.56	0.84	0.55	0.87	0.53	0.91	0.51	0.96
-5	0.71	0.82	0.68	0.87	0.67	0.91	0.65	0.94	0.62	1.00
0	0.83	0.85	0.80	0.90	0.79	0.94	0.78	0.97	0.75	1.03
4	0.95	0.89	0.92	0.94	0.91	0.97	0.89	1.01	0.86	1.07
7	1.05	0.91	1.02	0.96	1.00	1.00	0.98	1.04	0.95	1.10
10	1.16	0.94	1.12	0.99	1.10	1.03	1.08	1.07	1.05	1.13
15	1.33	0.99	1.30	1.04	1.28	1.08	1.25	1.12	1.22	1.18

注：1. 以上系数相对于制冷名义工况。

　　2. 流量同制冷名义工况。

三、离心式冷水机组

单级、双级离心式制冷机变工况能力差，不宜用于蓄冰工况。三级离心式制冷机能适应空调及蓄冰工况的要求，其性能系数最高。

TRANE CVHE/CVHG 三级压缩离心式冷水机组的选择较复杂，其选型步骤如下：首先按空调工况选择所需的冷水机组型号（见表4-34），制冰工况的制冷量是空调工况的72%～80%。制冷工况和制冰工况在选择压缩机的叶轮尺寸和流量孔板装置的规格时会有些差别。因此，应选出这两个部件的最佳型号和规格，使其既适用于制冰工况，同时也适用于制冷工况，并保证其效率是较高的。

表 4-34　TRANE CVHE/CVHG 三级压缩离心式冷水机组主要性能参数（适用于 R123）

型　　号	制冷量		耗电指标/[kW/t(冷)]	耗电量/kW	蒸发器		冷凝器		R123 冷剂质量/kg	外形尺寸/mm			接管尺寸/mm	
	t(冷)	kW			水流量/(L/s)	压降/kPa	水流量/(L/s)	压降/kPa		长	宽	高	蒸发器	冷凝器
CVHE—330	330	1055	0.703	242	51	70	66	46	268	3895	2026	2422	200	200
CVHE—420	330	1160	0.700	270	56	83	67	38	268	3895	2026	2422	200	200
CVHE—420	350	1231	0.706	270	59	77	71	52	282	3895	2026	2422	200	200
CVHE—420	400	1406	0.700	337	67	65	82	66	309	3895	2026	2422	200	200
CVHE—420	450	1582	0.687	337	76	56	92	56	341	3895	2026	2422	200	200
CVHE—420	500	1758	0.672	379	84	86	101	84	450	5055	2026	2422	200	200
CVHE—660	550	1934	0.695	433	93	61	112	62	446	3937	2419	2902	250	250
CVHE—660	600	2110	0.690	489	101	71	122	60	446	3937	2419	2902	250	250
CVHE—660	650	2285	0.691	489	109	55	132	69	496	3937	2419	2902	250	250
CVHE—660	660	2321	0.698	548	111	57	134	72	496	3937	2419	2902	250	250
CVHE—660	700	2461	0.693	548	118	53	142	65	523	3937	2419	2902	250	250
CVHG—780	750	2637	0.699	548	126	90	152	61	473	3937	2419	2902	250	250
CVHG—780	800	2813	0.696	621	135	70	162	69	523	3937	2419	2902	250	250
CVHG—780	850	2989	0.659	621	143	117	170	94	635	5156	2419	2915	250	250
CVHG—1067	900	3164	0.637	621	151	94	180	67	668	5223	3039	3086	300	300
CVHG—920	950	3340	0.638	621	160	71	190	74	726	5223	3039	3086	300	300
CVHG—1067	1000	3516	0.642	716	168	95	200	82	682	5223	3039	3086	300	300
CVHG—1067	1050	3692	0.661	716	177	104	211	90	680	5223	3039	3086	300	300
CVHG—1067	1100	3868	0.644	799	185	93	220	80	727	5223	3039	3086	300	300
CVHG—1067	1150	4043	0.677	799	193	100	232	80	736	5223	3039	3086	300	300
CVHG—1067	1200	4219	0.638	799	202	79	239	78	909	5223	3039	3086	300	300
CVHG—1067	1300	4571	0.623	892	219	48	284	47	1091	5223	3039	3375	350	350

注：适用于冷却水 32℃/37℃，冷冻水 7℃/12℃。

TRANE 三级压缩离心式冷水机组主要包括全封闭三级压缩机和电动机组合、蒸发器、冷凝器、两级中间节能器、微处理机的控制柜、起动柜、制冷剂和润滑系统等。

两套可调的压缩机入口导流叶片用以实现压缩机的容量控制。导流叶片是由装在外面的电动节球连杆操纵器控制的，以调节蒸发器制冷量的大小。

压缩机电动机用液体制冷剂冷却，该冷却系统无活动部件。制冷剂液体自冷凝器或节能器而来，并在定子绕组及转子与定子之间均匀流动。电动机的绕组经过特别的绝缘处理，以适合在制冷剂环境下运行。

润滑系统包括油泵、油加热器和油过滤器等。可拆卸的油泵由电动机带动，以保证在任意时刻都能把油供应给压缩机的两个轴承。油泵浸在集油槽内。加热器将油保持在适当的温度，使制冷剂和油的亲和力最小。润滑油用制冷剂冷却，以保持油具有适当的黏度。

　　TRANE 水冷三级离心式冷水机组的空调工况制冷量为 300~1350t(冷)。在 -4℃/-0.5℃制冰工况下需乘以 0.72~0.80 的系数。最低温度为 -6℃。

四、涡旋式冷水机组

　　涡旋式制冷机组应用在蓄冰工况,其性能系数高于螺杆式和活塞式,再加上涡旋式制冷机具有结构简单、效率高、振动及噪声小等较多优点,是一种很有前途的蓄冷空调主机形式。

　　TRANE CGWD 和 CGWE 系列各有 6 种型号,制冷量范围为 56~171kW。每种型号均分为标准型和加大型,共计有 22 种规格。

　　与相同制冷量的往复式制冷机组相比,其零件减少了 64%,并且只有两个运动部件。涡旋式制冷机组与往复式制冷机组相比转矩减小 70%,这使电动机所受的力减小,噪声和振动也有所减少。另外,较冷的吸入气体使电动机保持较低的温度,延长了其使用寿命和提高了效率,性能比电动机布置在排气热气体中优越。

　　TRANE 涡旋式冷水机组控制系统具有微积分比例控制冷冻水温度、先进的运行模式控制和系统保护,以及适用于遥控和通信的能力。

　　运行模式控制包括:在压缩机起动、容量分级和电路之间防止再起动计时控制;低压起动逻辑控制;电源中断后的自动再起动及多台机组运行时间的平衡控制。

　　系统保护的安全性参数在运行过程中,可以按周期自动进行检查。系统保护包括自行诊断程序和感应器等。

　　安全性参数包括蒸发器内压力、冷凝压力、排气温度、电动机绕组温度、冷冻水出水温度和电动机的电流等。

　　TRANE 水冷或风冷涡旋式冷水机组的空调工况制冷量为 15~50t(冷);在 -4℃/0.5℃制冰工况下,需乘以约为 0.67 的系数。最低温度为 -9℃。表 4-35、表 4-36 所列分别为 CGWD 系列水冷涡旋式冷水机组和 CGWE 系列水冷涡旋式冷水机组主要性能参数,表 4-37、表 4-38 所列分别为 CGAE 系列风冷涡旋式冷水机组和 CXAE 系列热泵机组主要性能参数。

表 4-35　CGWD 系列水冷涡旋式冷水机组主要性能参数

CGWD 型号	制冷量 t(冷)	制冷量 kW	输入功率 /kW	制冷量调节 (%)	单台压缩机电流/A 运转	单台压缩机电流/A 起动	蒸发器 存水量/L	蒸发器 水流量/(L/s)	蒸发器 压力降/kPa	冷凝器 存水量/L	冷凝器 水流量/(L/s)	冷凝器 压力降/kPa	尺寸/mm 长	尺寸/mm 宽	尺寸/mm 高	接管尺寸/mm 蒸发器	接管尺寸/mm 冷凝器
20S	17	58	18	50	20	104	30	2.9	35	8	3.7	47	2073	797	1467	50	50
20H	17	59	17	50	20	104	30	2.9	35	8	3.7	38	2442	797	1467	50	50
25S	21	72	23	60	31	153	26	3.5	38	8	4.4	53	2073	797	1467	50	50
25H	21	73	21	60	31	153	26	3.5	38	11	4.4	43	2442	797	1467	50	50
30S	25	86	26	50	31	153	60	4.2	27	8	5.3	55	2073	797	1467	65	50
30H	25	87	24	50	31	153	60	4.2	27	11	5.3	46	2442	797	1467	65	50
40S	33	115	35	25,50,75	20	104	49	5.5	41	15	6.9	46	2607	797	1487	65	80
40H	33	116	34	25,50,75	20	104	49	5.5	41	19	6.9	36	2804	797	1487	65	80
50S	40	141	45	30,60,80	31	153	79	6.7	41	15	8.4	51	2607	797	1487	80	80
50H	41	144	42	30,60,80	31	153	79	6.9	42	19	8.6	41	2804	797	1487	80	80
60S	48	169	52	25,50,75	31	153	72	8.1	46	19	10.1	49	2607	797	1487	80	80
60H	49	171	48	25,50,75	31	153	72	8.2	48	23	10.3	41	2804	797	1487	80	80

表 4-36　CGWE 系列水冷涡旋式冷水机组主要性能参数

CGWD 型号	制冷量 t(冷)	制冷量 kW	输入功率/kW	制冷量调节(%)	电流/A 运转	电流/A 起动	蒸发器 存水量/L	蒸发器 水流量/(L/s)	蒸发器 压力降/kPa	冷凝器 存水量/L	冷凝器 水流量/(L/s)	冷凝器 压力降/kPa	尺寸/mm 长	宽	高	接管尺寸/mm 蒸发器	冷凝器
102	16	56	13	50	41	114	45	2.7	33	8	3.3	48	2000	815	1200	50	50
103	20	70	17	58 或 42	52	158	45	3.4	50	10	4.2	54	2000	815	1200	50	50
104	24	84	21	50	63	169	40	4.1	53	12	5.1	60	2000	815	1200	65	50
205	31	109	27	75,50,25	83	156	62	5.2	24	18	6.5	43	2150	815	1500	65	65
206	39	137	34	80,50,21 或 70,50,29	104	210	66	6.6	52	22	8.2	43	2150	815	1500	65	65
207	48	169	42	75,50,25	126	233	95	8.1	57	26	10.0	52	2150	815	1500	80	65

表 4-37　CGAE 系列风冷涡旋式冷水机组主要性能参数

CGAE 型号	制冷量 t(冷)	制冷量 kW	输入功率/kW	制冷量调节(%)	电流/A 运转	电流/A 起动	冷凝风机 数量	冷凝风机 kW	冷凝风机 转速	蒸发器 存水量/L	蒸发器 水流量/(L/s)	蒸发器 压力降/kPa	尺寸/mm 长	宽	高	蒸发器接管尺寸/mm
C20	15	53	16	50	17.2	104	2	0.75	940	45	2.52	33	2242	1527	1749	50
C25	19	67	21	60,40	26.2	153	3	0.75	940	41	3.03	33	2242	1527	1864	65
C30	23	81	25	50	26.2	153	4	0.75	940	62	3.87	22	2242	2245	1001	65
C40	30	105	32	75,50,25	17.2	104	4	0.75	940	53	4.88	33	2242	2245	1991	65
C50	38	134	41	80,60,30	26.2	153	6	0.75	940	80	6.22	38	2892	2245	1991	80
C60	45	158	49	75,50,25	26.2	153	6	0.75	940	143	7.74	48	2892	2245	1991	100

表 4-38　CXAE 系列热泵机组主要性能参数

CXAE 型号	制冷量 t(冷)	制冷量 kW	输入功率/kW	供热量 供热量/kW	供热量 功率/kW	制冷量调节(%)	电流/A 运转	电流/A 启动	蒸发器 数量	蒸发器 kW	蒸发器 转速	冷凝器 存水量/L	冷凝器 水流量/(L/s)	冷凝器 压力降/kPa	尺寸/mm 长	宽	高	蒸发器接管尺寸/mm
102	15	53	16	52	14	50	35	111	2	0.53	648	45	2.52	17	2530	950	1800	50
103	18	63	20	65	18	58 或 42	44	155	2	0.53	726	45	3.03	23	2530	950	1800	50
104	22	77	24	80	23	50	53	164	2	1.30	780	40	3.70	28	2530	950	1800	65
205	28	98	30	105	29	75,50,25	70	186	2	1.30	726	62	4.71	24	2530	1850	1870	65
206	35	123	41	130	37	80,50,20 或 70,50,29	88	199	4	0.53	726	66	5.89	35	2630	1850	2070	65
207	43	151	50	160	45	75,50,25	106	217	4	1.30	780	95	7.23	28	2630	1850	2070	80

第四节　蓄冷设备的种类及性能

　　蓄冷空调系统中常用的蓄冷设备主要有盘管式蓄冷设备、封装式蓄冷设备、冰片滑落式蓄冷设备和冰晶式蓄冷设备等。下面介绍各种蓄冷设备的种类及性能。

一、盘管式蓄冷设备

　　盘管式蓄冷设备是由沉浸在蓄冷槽中的盘管构成换热表面的一种蓄冷设备。在蓄冷过程中，载冷剂（一般为质量分数为25%的乙二醇溶液）或制冷剂在盘管内循环，吸收蓄冷槽中水的热量，在盘管外表面形成冰层。取冷过程则有内融冰和外融冰两种形式。

　　（1）外融冰方式　温度较高的空调回水直接送入盘管表面结有冰层的蓄冷槽中，使盘管表面上的冰层自外向内逐渐融化。由于空调回水与冰直接接触，换热效果好，取冷快，来自蓄冷槽的供水温度可低到1℃左右。此外，空调用冷水直接来自蓄冷槽，故不需要二次换热装置。但是，为了使外融冰系统达到快速融冰放冷的目的，蓄冷槽内水的空间应占一半，亦即蓄冷槽的蓄冷率（IPF）不应大于50%，故蓄冷槽容积大。同时，由于盘管外表面冻结的冰层不均匀，易形成水流死角，而使蓄冷槽局部形成永不融化的冰层，故需采取搅拌措施，以促进冰的均匀融化。

　　（2）内融冰方式　来自用户或二次换热装置的温度较高的载冷剂（或制冷剂）仍在盘管内循环，通过盘管表面将热量传递给冰层，使盘管外表面的冰层自内向外逐渐融化进行取冷。冰层自内向外融化时，由于在盘管表面与冰层之间形成了薄的水层，其热导率仅为冰的25%左右，故融冰换热热阻较大，影响了取冷速率。为了解决该问题，目前多采用细管、薄冰层蓄冰。

　　与外融冰方式相比，内融冰方式可以避免外融冰方式由于上一周期蓄冷循环时，在盘管外表面可能产生剩余冰而引起的传热效率下降。另外，内融冰系统为闭式流程，对系统防腐及静压问题的处理都较为简便、经济。因此，内融冰蓄冷系统在空调工程中应用较多。

　　沉浸在蓄冷槽内的盘管结构形状常用的有三种，即蛇形盘管、圆筒形盘管和U形立式盘管。它们作为换热器的功能部件，分别与相应的不同种类的蓄冷槽组合为成套的各种标准型号的蓄冷装置。同时，这些盘管也可以根据需要制成非标准尺寸，并制作适用于各种建筑物布置的蓄冷槽，组成非标准的蓄冷设备以满足实际需要。

（一）蛇形盘管蓄冷设备

　　图4-134所示为蛇形盘管结构，表4-39所列为BAC蛇形盘管蓄冷设备主要性能参数，表4-40所列为RH—ICT内融冰系列标准蓄冷槽性能参数，表4-41所列为RH—ICTW外融冰系列标准蓄冷槽性能参数。

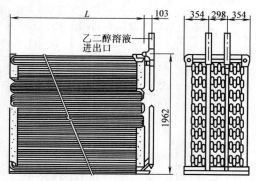

图4-134　蛇形盘管结构

表 4-39　BAC 蛇形盘管蓄冷设备主要性能参数

型号		TSU-237M	TSU-476M	TSU-594M	TSU-761M
蓄冰潜热容量/kW·h,t(冷)·h		833,237	1674,476	2089,594	2676,761
净重/kg		4420	7590	9150	10990
工作质量/kg		17730	33530	42200	51610
蓄冷槽水容量/L		11320	22110	28250	34640
盘管内乙二醇容量/L		985	1875	2320	2990
接管尺寸/mm		50	75	75	75
外形尺寸	长/mm	3240	6050	6050	6050
	宽/mm	2400	2400	2980	3600
	高/mm	2390	2390	2390	2390

表 4-40　RH-ICT 内融冰系列标准蓄冷槽性能参数

项目	型号	RH-ICT			
		200	400	600	800
潜冷蓄冷量	t(冷)·h	200	400	600	800
全冷量	t(冷)·h	228	454	677	902
盘管内溶液量	m³	0.5	1.0	1.5	2.0
槽内水容量	m³	11.9	23.1	33.4	44.2
冰盘管组数	组	1	2	3	4
空载质量	kg	5040	9880	14720	18760
运行质量	kg	16940	32980	48120	62960
长度	mm	6100	6100	6100	6100
宽度	mm	1210	2150	3030	3940
高度	mm	2150	2150	2150	2150
接管尺寸	mm	2 × DN65	4 × DN65	6 × DN65	8 × DN65

表 4-41　RH-ICTW 外融冰系列标准蓄冷槽性能参数

项目	型号	RH-ICTW			
		200	400	600	800
潜冷蓄冷量	t(冷)·h	200	400	600	800
全冷量	t(冷)·h	240	464	692	916
盘管内溶液量	m³	0.5	1.0	1.5	2.0
槽内水容量	m³	12.4	25.6	36.8	48.0
冰盘管组数	组	1	2	3	4
空载质量	kg	5040	9880	14720	18760
运行质量	kg	16940	32980	48120	62960
长度	mm	6380	6380	6380	6380
宽度	mm	1730	2928	4126	5324
高度	mm	2480	2480	2480	2480
接管尺寸	mm	2 × DN65	4 × DN65	6 × DN65	8 × DN65

盘管为钢制连续卷焊而成，其外径为 $\phi 26.67mm(\phi 1.05in)$，盘管组装在钢架上，装配后进行整体外表面热镀锌。为提高传热效率，相邻两组盘管的流向相反，以使蓄冷和放冷时温度均匀。盘管内额定工作压力为 1.05MPa，盘管外冰层厚度为 35.56mm(1.4in)，盘管换热表面积为 $0.137m^3/(kW·h)$，冰表面积为 $0.5m^3/(kW·h)$。该装置一般使用质量分数为 25% 的乙二醇溶液，充冷时进液温度为 -5.6℃，放冷时出口温度为 0.1℃。图 4-135 所示为盘管的乙二醇溶液入口

温度随蓄冷时间变化的过程，根据允许蓄冷时间的长短来确定运行温度和选择乙二醇溶液浓度。图4-136所示为内融冰盘管取冷曲线，这种蓄冰盘管的结构使得融冰时出口温度稳定。由于盘管式蓄冰设备取冷后期存在碎冰期，因此后期取冷温度将进一步下降。图4-137所示为外融冰装置融冰曲线，大多数情况下，外融冰装置内的冰在融化了80%或更多一些以前，取冷温度可保持低于1.5℃。图4-138所示为盘管蓄冷设备阻力曲线，不同容量的蓄冷槽组合时，基本保持了各盘管支路阻力相等的原则，所以不同型号蓄冷槽并联组合，只要其流量保持一致，其流动阻力就相差不大。

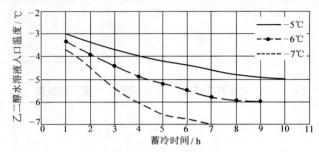

图4-135　盘管蓄冷过程温度变化曲线

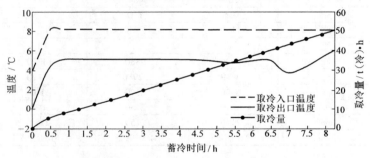

图4-136　内融冰盘管取冷曲线

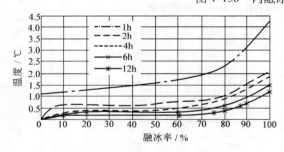

图4-137　外融冰装置融冰曲线

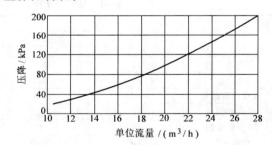

图4-138　盘管蓄冷设备阻力曲线

注：图中单位流量对应于200t(冷)·h的情况。

盘管式蓄冷设备除了采用钢盘管外，还可以采用导热塑料盘管。导热塑料盘管既保证了导热性能又能防止盘管腐蚀，其重量轻，施工方便，承重要求低。图4-139所示为导热塑料盘管的蓄冰性能，图4-140所示为导热塑料盘管的融冰性能，图4-141所示为导热塑料盘管的阻力性能，表4-42列出了导热塑料蓄冰盘管主要性能参数。

盘管放置在蓄冷槽内。蓄冷槽可以是钢制、玻璃钢制或钢筋混凝土制的，槽体壁面覆盖有80~100mm厚的保温层。此种冰盘管式蓄冷槽既可以设计为外融冰式，也可以设计为内融冰式。当采用外融冰方式时，为了保证融冰均匀，可在盘管下部设置压缩空气管，从管中泵送出空气，起搅拌作用。但长期送入空气将使槽中水呈弱酸性，对盘管有腐蚀作用。

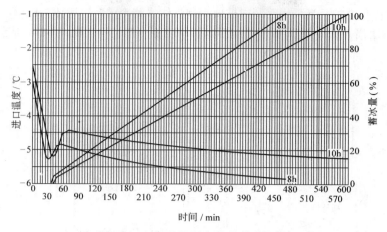

图 4-139　导热塑料盘管的蓄冰性能

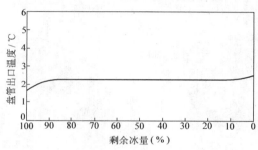

图 4-140　导热塑料盘管的融冰性能

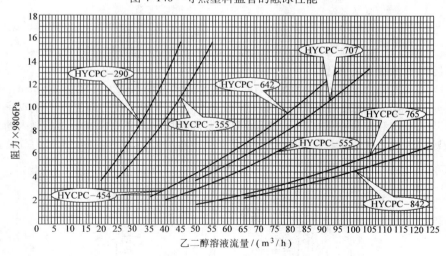

图 4-141　导热塑料盘管的阻力性能

表 4-42　导热塑料蓄冰盘管主要性能参数

型　号	HYCPC-290	HYCPC-355	HYCPC-454	HYCPC-555	HYCPC-642	HYCPC-707	HYCPC-765	HYCPC-842
蓄冷量/t(冷)·h	290	355	454	555	642	707	765	842
净重/t	4.01	4.62	5.12	5.91	6.50	7.08	7.96	8.57
运行质量/t	17.96	21.50	27.19	32.64	37.06	40.47	43.83	47.85
乙二醇溶液量/m³	0.84	1.02	1.31	1.61	1.86	2.04	2.21	2.43

为了便于安装与维护，当采用钢制或玻璃钢制整体式蓄冷槽时，槽体与墙壁或槽体之间一般应保持450mm 的距离。图 4-142a 所示为蛇形盘管钢制蓄冷槽结构，图 4-142b 所示为蛇形盘管混凝土蓄冷槽结构。

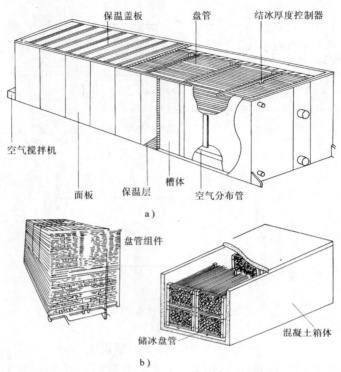

a）

b）

图 4-142　蓄冷槽结构示意图

a）蛇形盘管钢制蓄冷槽结构　b）蛇形盘管混凝土蓄冷槽结构

（二）圆筒形盘管蓄冷装置

图 4-143 所示为圆筒形盘管蓄冷装置结构。盘管材质为聚乙烯，外径为 ϕ16mm，结冰厚度一般为 12mm。相邻两组盘管内，载冷剂出入口流向相反，有利于改善和提高传热效率，并使蓄冷槽内温度均匀。盘管组装在构架上，整体放置在蓄冷槽内。在充冷末期，蓄冷槽内的水基本上全部冻结成冰，因此，又常称该蓄冷设备为完全冻结式蓄冷设备。图 4-144 所示为其蓄冰筒结构

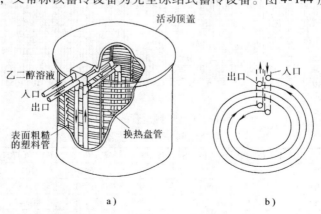

a）　　　　　　　b）

图 4-143　圆筒形盘管蓄冷装置结构

a）蓄冷槽结构　b）载冷剂出入口流向

组成,图4-145为若干蓄冰筒连接示意图。蓄冰筒体为厚9.6mm的聚乙烯板,外覆50mm厚绝热层,外表包0.8mm厚的铝箔。其标准系列产品规格有5种,潜热蓄冷容量为288~570kW·h。盘管内工作压力为0.6MPa。蓄冷槽直径为$\phi1.88~\phi2.261$m,高度为2.083~2.566m。盘管换热表面积为$0.511 m^2/(kW·h)$,蓄冷体积为$0.019 m^3/(kW·h)$。由于盘管的长度较大,管内流阻较大,一般为80~100kPa。表4-43列出了CALMAC蓄冰筒的性能和尺寸,表4-44列出了单个冰筒的制冷容量。

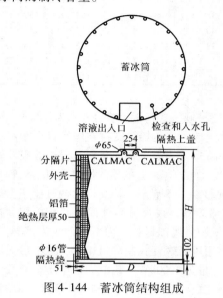

图4-144　蓄冰筒结构组成　　　　　图4-145　若干蓄冰筒连接示意图

表4-43　CALMAC蓄冰筒的性能和尺寸

型号	总蓄冷能力/kW·h	潜热蓄冷能力/kW·h	显热蓄冷能力/kW·h	最高工作温度/℃	工作压力/MPa	试验压力/MPa	尺寸/mm D	H	质量/kg 无水时	充水时	水冰体积/L	乙二醇容量/L	管束管径/mm	共通管管径/mm	连接管管径/mm	楼板负荷/(kg/m²)
1082A	341	288	53	38	0.6	1.0	1880	2083	387	3773	3731	355	16	50	50	1360
1098A	404	345	59	38	0.6	1.0	2261	1727	482	4518	4459	410	16	50	65	1125
1170A	598	510	88	38	0.6	1.0	2261	2366	677	7021	6796	621	16	50	65	1750
2150A	654	559	95	38	0.6	1.0	2261	2566	764	7614	7212	774	16	50	65	1898
1190A	668	570	98	38	0.6	1.0	2261	2566	705	7614	7371	673	16	50	65	1898

注:2150A型号适用于温度低和温差大一些的乙二醇溶液循环系统。

表4-44　单个冰筒的制冷容量　　　　（单位：×3.516kW·h）

入水温度/℃	出水温度/℃	型号 1098					1170					1190				
	制冷时间/h	6	7	8	9	10	6	7	8	9	10	6	7	8	9	10
15.6	10	105	106	106	106	106	149	149	149	149	149	167	167	167	167	167
	8.9	102	103	104	104	104	147	148	148	149	149	164	165	165	166	166
	7.8	98	100	101	101	102	144	145	146	146	146	161	162	163	163	163

（续）

型　号		1098					1170					1190				
制冷时间/h		6	7	8	9	10	6	7	8	9	10	6	7	8	9	10
入水温度/℃	出水温度/℃															
10.0	7.2	93	96	99	100	100	137	141	145	147	147	153	158	162	164	164
	6.7	90	93	95	97	98	132	138	141	143	145	148	154	158	160	162
	5.6	84	89	92	94	96	124	130	135	140	141	138	145	151	156	158
7.2	4.4	75	81	84	87	89	110	118	124	128	131	123	132	138	143	146
	3.3	68	75	79	83	85	102	109	116	122	124	112	122	130	136	139
	2.2	60	67	72	76	80	88	98	106	113	117	98	110	118	126	131

　　Ice-Cel 蓄冰装置的标准型号有 TS120、TS180 和 TS240 三种规格，其蓄冷能力分别为422kW·h、633kW·h 和 844kW·h。盘管由外径为 φ19mm 的聚乙烯管组成，聚乙烯管支撑在刚性径向塑料隔离棒束上。蓄冰筒为双层玻璃钢结构，在两层壁之间为51mm 厚的聚氨酯保温材料，保温效果非常好，在 27℃ 环境下的热损失只有 0.5kW。每一个盘管都与竖直的同样材质的聚乙烯进出口接头管连接。管子与接头焊接在一起，形成一个均匀的热交换器，无接缝、不泄漏，热交换器的试验压力为1.725kPa，最大额定工作压力可达 1.035kPa。接头为聚乙烯短管，很容易与外部管路相连接。在Ice-Cel 蓄冰筒中，所有支撑与固定热交换器的金属部件均采用耐腐蚀材料，为不锈钢或镀锌钢板。表4-45 所列为 Ice-Cel TS240 型蓄冰装置的主要参数。当使用风冷螺杆式制冷机组时，机组最大制冷量为 915kW；当使用水冷螺杆式制冷机组时，其最大制冷量为 1900kW。载冷剂采用质量分数为25%的乙二醇水溶液，充冷时，进、出盘管的温度通常为 −4℃/ −0.5℃，当出口温度低于 −2.2℃时，蓄冷槽已完全结冰。放冷时，盘管出口温度一般为 0～7℃。

表4-45　Ice-Cel TS240 型蓄冰装置的主要参数

项　目	参　数
直径/m	2.54
高/m	2.48
空重/kg	1020
乙二醇溶液体积/L	1174
水的体积/L	8333
总运行质量/kg	10555

　　表4-46 所列为 KTIB 系列圆筒形蓄冷设备的主要参数，表4-47 为其制冰融冰速率－温差表。由表4-47 可知，若使用高效率型盘管，欲以 5h 制冰，则制冰平均水温为 −3.51℃，再由对数平均温差可判断选用进水 −6℃、出水 −2℃的方式来制冰。选取融冰方式也相同。

表4-46　KTIB 系列圆筒形蓄冷设备的主要参数

型　号	尺寸/mm		蓄冷量/(kW·h)		
	直径 D	高度 H	潜热	显热(0～12℃)	全热
KTIB-90	2108	1550	248	61	309
KTIB-120	2108	2050	352	83	435
KTIB-140	2608	1550	387	96	483
KTIB-190	2608	2050	549	130	679

（三）U 形立式盘管蓄冷设备

　　图4-146 为 U 形盘管在蓄冷槽内结构图。盘管在蓄冷槽内,盘管材料为耐高、低温的聚烯烃石

蜡脂,每片盘管由 200 根外径为 ϕ6.35mm 的中空管组成,管两端与直径为 ϕ50mm 的集管相连,其结冰厚度通常为 10mm。图 4-147 所示为 U 形盘管结构。U 形盘管的管径很小,所以很容易弄脏。如果载冷剂不经过过滤,或者没有很好地清洗过滤器,管道就会被堵塞。U 形盘管蓄冷设备有标准系列和非标准系列两类。标准系列型号有 140、280、420、590 四种,其潜热蓄冷容量为 440 ~ 1758kW · h,盘管有效换热面积为 0.449m² / (kW · h),蓄冷槽壁为 1.6mm 厚的镀锌钢板,内壁敷设带有防水膜的保温层,蓄冷槽高度为 2.083m,宽度为 2.348m,长度为 1.661 ~ 5.979m。单位蓄冷量的蓄冷槽体积为 0.018m³/(kW · h),盘管内工作压力为 0.62MPa,压力损失为 75kPa。表 4-48 所列为 FAFCO U 形蓄冰盘管性能参数,图 4-148 所示为 FAFCO 标准蓄冷槽压降与流量关系,图 4-149 所示为 U 形盘管标准蓄冷槽结构。

表 4-47　制冰融冰速率 – 温差表

制(化)冰时间/h		5	6	7	8	9	10	12
制冰平均水温/℃	标准型	-5.63	-4.69	-4.02	-3.52	-3.13	-2.82	-2.35
	高效率型	-3.51	-2.94	-2.51	-2.21	-1.96	-1.76	-1.47
	铜管型	-1.51	-1.25	-1.07	-0.94	-0.84	-0.75	-0.63
融冰平均水温/℃	标准型	9.16	7.64	6.54	5.73	5.09	4.58	3.82
	高效率型	5.48	4.57	3.92	3.43	3.05	2.75	2.29
	铜管型	6.39	5.33	4.56	4.00	3.56	3.20	2.67

注:1. 铜管型潜热量较标准型增加 3%。

　　2. 高效率型潜热量较标准型减少 6%。

　　3. 各型显热存量相同。

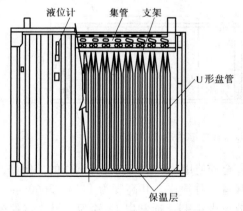

图 4-146　U 形盘管在蓄冷槽内结构图

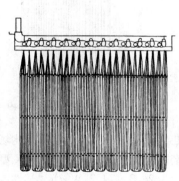

图 4-147　U 形盘管结构

表 4-48　FAFCO U 形蓄冰盘管性能参数

项　　目	140 型	280 型	420 型	590 型	880 型	1180 型
潜热容量/kW · h	440	879	1319	1758	2637	3516
显热容量(-2.2℃/14℃)/kW · h	46	91	137	183	274	366
有效传热面积/m²	182	364	546	728	1092	1456
单位冷量所需传热面积/[m²/(kW · h)]	0.42	0.42	0.42	0.42	0.42	0.42
长/mm	1661	3032	4607	5979	6250	6250
宽/mm	2423	2423	2423	2423	2670	2670
高/mm	2083	2083	2083	2083	2990	4220
蓄冷槽底面积/m²	4	7.4	11.2	14.5	16.7	16.7
蓄冷槽体积/m³	8.4	15.6	23.5	30.6	43.4	61.2

（续）

项　目	140 型	280 型	420 型	590 型	880 型	1180 型
船运质量/kg	910	1450	2175	2730	4095	5450
运行质量/kg	5960	11470	17205	23400	35100	46800
单位面积运行承重/(kg/m²)	1493	1554	1542	1612	2103	3224
水容量/m³	4.8	9.4	14.2	19.5	29.3	39.0
乙二醇量/L	66	133	199	265	398	530
最大运行压力/kPa	620	620	620	620	620	620

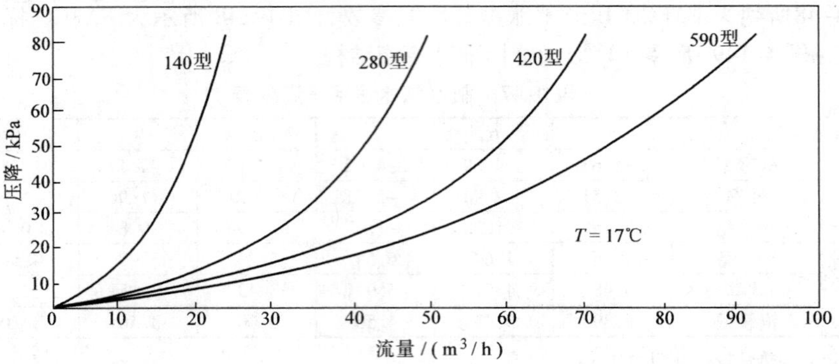

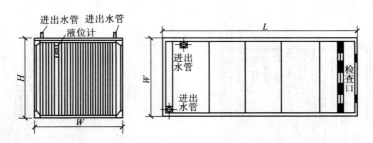

图 4-148　FAFCO 标准蓄冷槽压降与流量关系

图 4-149　U 形盘管标准蓄冷槽结构

　　非标准盘管是为适应不同建筑结构场合，合理使用建筑空间而设计制作的。例如，利用建筑物的地下室或基础筏基，其型号为 HX 型，共有 9 种规格，其高度为 1220～3660mm，每片的潜热蓄冷容量为 24.3～74.2kW·h，其性能参数见表 4-49。通常以 12 片为一组，布置在钢筋混凝土槽内或筏基内，其布置形式如图 4-150 所示。

表 4-49　FAFCO HX 系列蓄冰盘管性能参数

项　目	HX-8	HX-10	HX-12	HX-14	HX-16	HX-18	HX-20	HX-22	HX-24
盘管高度/m	1.22	1.53	1.83	2.14	2.44	2.75	3.05	3.36	3.66
潜热容量/kW·h	24.3	30.2	36.6	42.9	49.2	55.6	61.9	67.9	74.2
有效传热面积/m²	10	12.6	15.2	17.8	20.5	23.1	25.7	28.2	30.8
乙二醇量/L	3.6	4.55	5.5	6.55	7.4	8.5	9.4	10.2	11.3
每片质量/kg	12.5	15.7	18.9	22.6	26.3	29.1	31.8	34.9	38.5
最高运行温度/℃	38	38	38	38	38	38	38	38	38
最大运行压力/kPa	620	620	620	620	620	620	620	620	620
蓄冰盘管外径/mm	6.4	6.4	6.4	6.4	6.4	6.4	6.4	6.4	6.4
槽内净高（含配管空间）/m	1.7	2	2.3	2.8	3.3	3.7	4	4.3	4.5

U 形盘管蓄冷设备使用 25% 的乙二醇溶液，充冷时进出盘管的溶液温度为 −4.8℃或 −1.2℃，放冷时溶液温度为 5℃或 10℃。

盘管式蓄冷设备的蓄冷槽结构形状有圆筒形和矩形两种。标准组装式蓄冷槽的材料一般有镀锌钢板、玻璃钢或高密度聚乙烯等。非标准的蓄冷槽一般为钢筋混凝土结构。

蓄冷槽的布置位置应根据具体条件，因地制宜地设置在室内或室外。既可放在屋顶，也可埋在地下或半地下，必要时可设置在安装支架上。图 4-151 所示为圆筒形蓄冷槽的几种安装位置。对于全

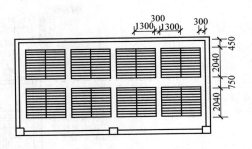

图 4-150　非标准 U 形盘管
在混凝土槽内的布置形式

部埋于地下的蓄冰筒，必须增加筒壁厚度，坑底混凝土应湿润并压实，再填上不积水的砂层。安放蓄冰筒时，蓄冰筒应放在隔热垫上，先注入部分水，然后用砂填回坑内，砂层要均匀，砂层表面应平整。全埋地下的蓄冰筒上部用一刚性保护挡板覆盖在上面，并装上检修管延伸管，用以检查水位和回填砂层厚度。用压缩空气进行试压，加压至 0.6MPa 后，在 24h 内压力下降 0.07MPa 是可以接受的。

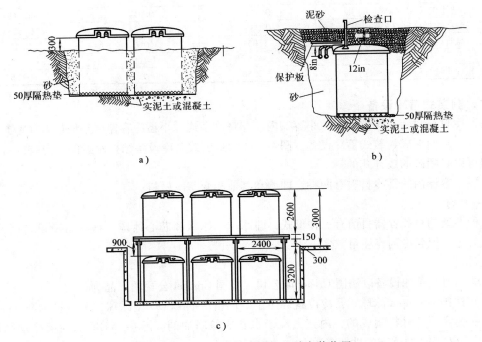

图 4-151　圆筒形蓄冷槽的几种安装位置
a) 半埋地下　b) 全埋地下　c) 安装在支架上

对钢筋混凝土蓄冷槽应采取合适的保温措施。对利用建筑物或地下室或筏基的蓄冷槽，应留有足够的安装和维修空间。图 4-152 所示为 U 形盘管在钢筋混凝土蓄冷槽内的安装位置。

前面分别介绍了蛇形盘管、圆筒形盘管和 U 形盘管蓄冷设备。这三种蓄冷盘管设备在工程中都有实际应用，各有特点，表 4-50 列出了三种蓄冷设备的性能比较。

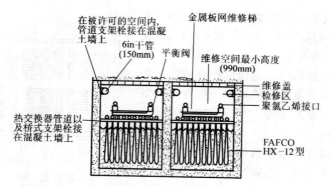

图 4-152　U 形盘管在钢筋混凝土蓄冷槽内的安装位置

表 4-50　三种盘管式蓄冷设备性能比较

性　　能	蛇形盘管	圆筒形盘管	U 形盘管
蓄冷能力/(kW·h/台)	833~2676	288~570	448~1758
盘管材质	钢	塑料	塑料
盘管外径/mm	≈27	≈16	≈6.5
传热面积/[m²/(kW·h)]	0.137	0.511	0.449
蓄冷槽材质	钢	塑料	钢
蓄冷槽体积/[m³/(kW·h)]	0.021	0.019	0.018
乙二醇溶液量/[kg/(kW·h)]	0.284	1.024	0.625
盘管内工作压力/MPa	1.05	0.6	0.62
压降/kPa	≈75	≈115	≈75
装置质量/[kg/(kW·h)]	≈2.56	≈1.24	≈1.65

二、封装式蓄冷设备

将蓄冷材料封装在球形或板状小容器内，并将许多这种小蓄冷容器密集地放置在密封罐或开式槽体内，从而形成封装式蓄冷设备。图 4-153 为封装式蓄冷设备结构示意图，封装式蓄冷系统的流程可以是闭式的或开式的。

封装在容器内的蓄冷材料有两种，即冰和其他相变蓄冷材料。

（一）冰

此种类型的封装容器目前有三种形式，即冰球、冰板和芯心冰球。该种蓄冷设备运行可靠，流动阻力小，但载冷剂充注量较多。

1. 冰球

冰球式封装蓄冰设备以法国 Cristopia 公司、美国 Crgogel 公司的产品为代表。

（1）法国 Cristopia 冰球式蓄冷设备　用于空调蓄冷的 C. OO 型冰球，其外径为 96mm，外壳是用高密度聚乙烯材料制成的，内充去离子水和成核添加剂。图 4-154 所示为蓄冷球结构，表 4-51 所列为 C. OO 型冰球的性能参数。

由于容器为刚性结构，水溶液注入预留膨胀空间约为 9%，水在其中冻结蓄冷。外径为 96mm 的冰球，其换热面积约为 0.75m²/(kW·h)，每立方米空间可堆放 1300 个冰球；外径为 77mm 的冰球，每立方米空间可堆放 2550 个冰球，总蓄冷量约为 57kW·h，潜热蓄冷量约为 48.5kW·h。

不论是采用开放式蓄冷槽还是密闭式蓄冷槽，均需注意冰球要密集堆放，以防止载冷剂从自由水面或无球空间旁通过。

冰球在安装时，由于其外形对称，在蓄冷槽成包装排列，填满蓄冷槽内部，因而乙二醇溶液可以在每个容器四周环流,热交换均衡。为防止流体在蓄冷槽内发生局部短路而引起换热性能下降,在蓄冷槽的进、出口均设有匀化格栅或散流器,以使流体在蓄冷槽内流速均匀。在矩形蓄冷槽或开式蓄冷槽中,通常在槽内设有用于定位限制的格栅或挂栅,使封装的容器完全沉浸在载冷剂中。有时在蓄冷槽内设置必要的导流挡板,使溶液在蓄冷槽内均匀流动,提高其换热效率。

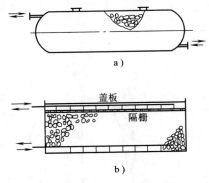

图 4-153 封装式蓄冷设备结构示意图
a)密闭式蓄冷槽 b)敞开式矩形蓄冷槽

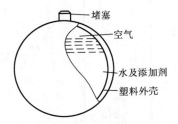

图 4-154 蓄冷球结构

表 4-51 C.OO 型冰球的性能参数

性 能 项 目	数 值	备 注
外壳		高密度聚乙烯
溶液		去离子水及添加剂
外径/mm	96.4	
液重/g	400.7	
总体积/cm³	469.1	结冰后为 492.1
内容积(水溶液)/cm³	413.1	
总热容($\Delta t = 20℃$)/(kJ/个)	140.153	
潜热/(kJ/个)	133.43	
每 kWh 所需个数/[个/(kW·h)]	25.69	
换热表面积/[m²/(kW·h)]	0.745	
蓄冷槽体积/[m³/(kW·h)]	0.012	
每 m³ 空间堆放球数/(个/m³)	1300	
融点/℃	0	
过冷度/℃	-2.2	
最高工作压力/MPa	2.5	

Cristopia 公司的 STL 型标准蓄冷槽有卧式和立式两种,可根据安装位置不同来选用。图 4-155 为卧式蓄冷槽结构示意图,蓄冷槽上部有入孔以便充填球,底部入孔用于卸球(埋地时无此入孔)。卧式蓄冷槽共有 9 种规格,其直径为 0.95 ~ 3m,长度为 2.98 ~ 14.77mm,容积

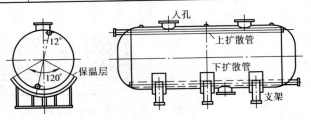

图 4-155 卧式蓄冷槽结构示意图

为 2 ~ 100m³,承压为 0.45MPa,平均流量为 2.5m³/h,压力降为 2.5 ~ 30kPa,蓄冷容量为 166 ~ 8350kW·h。载冷剂乙二醇溶液经上、下扩散管在蓄冷槽上、下两端进出;溶液流经蓄冷槽的压降主要是进出散流管的阻力,而流经冰球的压降很小。图 4-156 为立式蓄冷槽结构图,上下部各设入孔以供装、卸球用,下部入孔内设有格栅,以防止打开时漏球。上、下散流器使乙二醇溶液在蓄冷槽内均匀流过。蓄冷槽外壁及底座均应有良好的隔热保温措施。

（2）Cryogel 冰球蓄冷设备　Cryogel 冰球表面存有多处凹窝，其结构如图 4-157 所示。Cryogel 冰球直径为 100mm，额定容量为每 77 个冰球可蓄冷 3.52kW·h。水被封存在球内，球被放在槽体内，载冷剂流过槽体而制冰或融冰，如图 4-158 所示。对密闭式蓄冷槽而言，蓄冷 1t（冷）·h（3.516kW·h）需 0.0567～0.0708m³ 的空间；对开式蓄冷槽而言，蓄冷 1t（冷）·h（3.516kW·h）需 0.0708～0.0850m³ 的空间。

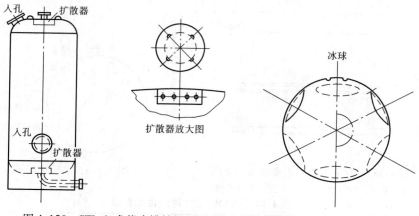

图 4-156　STL 立式蓄冷槽结构图　　　图 4-157　Cryogel 冰球结构

Cryogel 冰球结冰体积膨胀时凹处外凸成平滑圆球形，使用自然堆垒方式安装于一密闭式压力钢槽内。对冰球蓄冷设备而言，最重要的是要避免载冷剂流动短路现象。在制冰和融冰周期，所有载冷剂必须均匀地掠过槽体内部的冰球。短路现象（见图 4-159 及图 4-160）将会造成冰球吸冷量不足及放冷量减少。采用卧式蓄冷槽时，一定要精心布置好冰球。

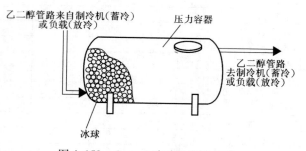

图 4-158　Cryogel 冰球及蓄冷槽体

最好的方案是采用立式蓄冷槽，如图 4-161 所示。当冰球浮在槽体顶部时，载冷剂几乎是自动地均匀流过的。

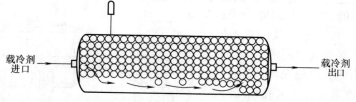

图 4-159　载冷剂通过冰球时的短路现象（密闭式蓄冷槽）

2. 冰板

冰板封装式蓄冷设备以 Reaction 公司、Carrier 公司和吉佳机电设备公司的产品为代表。

（1）Carrier 冰板式蓄冷设备　Carrier 冰板容积为扁平状，其外形尺寸为 812mm × 304mm ×

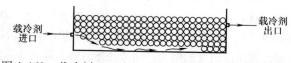

图 4-160　载冷剂通过冰球时的短路现象（开式蓄冷槽）

44.5mm，由高密度聚乙烯材料制成，板内注入去离子水，单位容积的潜热容量为 0.804kW·h，换热表面积为 0.66m²/（kW·h）。冰板有次序地放置在蓄冷槽内，其堆放的结构外形如图 4-162 所示。在蓄冷槽两端安置尺寸较小的冰板，以合理利用蓄冷槽的空间。蓄冷槽的体积为 0.0145m³/（kW·h），冰板约占蓄冷槽体积的 80%。冰板在结冰和融冰过程中发生膨胀和收缩，冰板的材料性能可保证其在系统使用期内不发生破裂。

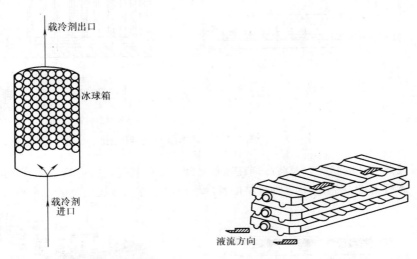

图 4-161　载冷剂通过立式蓄冷槽流动状况　　　　图 4-162　冰板堆放示意图

Carrier 公司生产的标准卧式蓄冷槽有 40 种规格，其直径为 1.52~3.66m，长度为 2.44~21.03m，承压 0.7MPa，其外形结构如图 4-163 所示。蓄冷槽内流量的大小可根据放冷量要求，用折流板使乙二醇载冷剂溶液在蓄冷槽内形成 1、2、4 三种通路。其最小流量为 10~185m³/h，压降主要发生在蓄冷槽进、出口的水流分布器处，一般为 12~35.9kPa。其蓄冷容量为 316~14920kW·h。

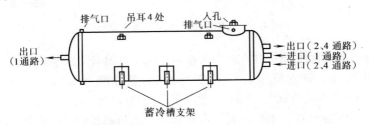

图 4-163　Carrier 蓄冷槽外形图

对于冰板式蓄冷设备，大多使用矩形蓄冷槽。矩形蓄冷槽可用钢板、玻璃钢或钢筋混凝土制作，通常为敞开式，工作在大气压力状态下。蓄冷槽顶部设有保温盖板，在蓄冷槽最高液位有溢流口，其结构如图 4-164 所示。在蓄冷槽上部离传热液面 10cm 处设有格栅，以保证容器全部沉浸在液面以下，顶部设有入孔以充填容器。当蓄冷槽在地上安装时，在其下部设有排水管、阀门或检修门。钢筋混凝土蓄冷槽常设在地下，或利用建筑筏基。

（2）Reaction 公司冰板式蓄冷设备　Reaction 冰板的外形尺寸为 812mm×304mm×44.5mm，由高密度聚乙烯制成。板中充注去离子水，其换热表面积为 0.66m²/（kW·h）。

冰板被叠装在箱体内，载冷剂循环通过蓄冷槽体以制冰或融冰。图 4-165 和图 4-166 所示分

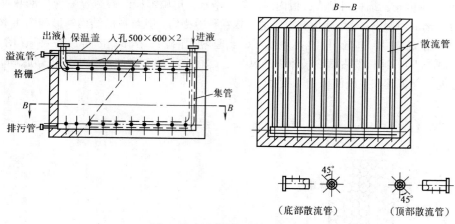

图 4-164　矩形蓄冷槽结构图

别为冰板彼此叠装的状况以及载冷剂在冰板之间流动的状况。图 4-167 所示为放置冰板的典型蓄冷槽体。冰板蓄冷设备有 30 多种规格的蓄冷槽可以选择，冰板在现场装入槽内。

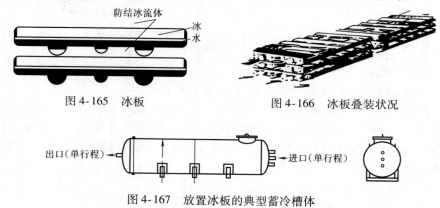

图 4-165　冰板　　　　　　　　图 4-166　冰板叠装状况

图 4-167　放置冰板的典型蓄冷槽体

最大型的槽体为 SM4112C 型，其直径为 3.66m，长度为 21m，蓄冷能力为 12148kW·h。中等型槽体为 SM2510C 型，其直径为 3m，长度为 18m，蓄冷能力为 7313kW·h。小型槽体为 SM407C 型，其直径为 2.1m，长度为 2.7m，蓄冷能力为 1368kW·h。

（3）吉佳冰板式蓄冷设备　冰板内充注水和高效的冰核添加剂，与传统蓄冰设备相比，具有结冰速度提高 95%、融冰速度提高 90%、冰核添加剂使水结冰过冷温度为 -2.5℃（球状一般为 -6 ~ -4℃，自来水为 -8 ~ -5℃）等特点，可保证在蓄冰工况下主机高效运行。同时，蓄冰堆积体积比球状小 25%，从而使蓄冷槽具有体积小、重量轻、安装方便等优点。图 4-168 及图 4-169 所示分别为冰板蓄冷装置充、放冷过程特性曲线。

吉佳公司生产了 JCSLD 螺杆式和 JCSWD 往复式制冷、蓄冷双功能机组。该机组与冰板式蓄冷设备和计算机监控系统组成先进的蓄冷空调系统。不仅白天可用于常规空调，晚上还能用于蓄冰储能。表 4-52 和表 4-53 所列分别为 JCSLD 螺杆式和 JCSWD 往复式制冷、蓄冷双功能机组性能参数。

3. 芯心冰球

图 4-170 所示为双金属芯心冰球的结构。芯心褶囊由高弹性、高强度聚乙烯制成，褶皱有利

于适应冻结和融冰时内部冰或水体积变化而产生的膨胀和收缩。同时，两侧设有中空金属芯心，一方面可增强热交换；另一方面可起配重作用，在开放式槽内放置时冻结后不会浮起。

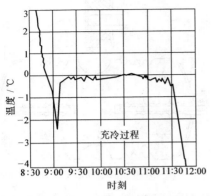
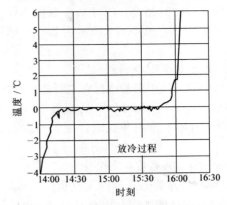

图 4-168　冰板蓄冷设备充冷过程特性曲线　　图 4-169　冰板蓄冷设备放冷过程特性曲线

表 4-52　JCSLD 螺杆式制冷、蓄冷双功能机组性能参数

机型	空调制冷量/ kW	蓄冰制冷量/ kW	输入功率/ kW	蒸发器		冷凝器	
				水流量/ (m³/h)	水阻力/ kPa	水流量/ (m³/h)	水阻力/ kPa
JCSLD—50	177	120	45	39	<80	38	<80
JCSLD—80	284	191	66	49	<80	61	<80
JCSLD—100	354	240	90	61	<80	76	<80
JCSLD—160	567	383	132	98	<80	122	<80
JCSLD—200	697	472	162	120	<80	150	<80
JCSLD—240	846	574	196	146	<80	182	<80
JCSLD—300	1046	710	240	180	<80	225	<80
JCSLD—360	1269	860	294	218	<80	273	<80
JCSLD—400	1395	945	320	240	<80	300	<80
JCSLD—480	1693	1150	392	291	<80	364	<80

注：空调工况下，载冷剂温度为 7℃ 或 12℃；制冰工况下，载冷剂温度为 -4℃ 或 0℃。

表 4-53　JCSWD 往复式制冷、蓄冷双功能机组性能参数

机型	空调制冷量/ kW	蓄冰制冷量/ kW	输入功率/ kW	蒸发器		冷凝器	
				水流量/ (m³/h)	水阻力/ kPa	水流量/ (m³/h)	水阻力/ kPa
JCSWD—55	193	130	45	33	<80	41	<80
JCSWD—80	281	190	70	48	<80	60	<80
JCSWD—110	386	262	90	66	<80	83	<80
JCSWD—190	667	452	156	114	<80	143	<80
JCSWD—250	879	597	208	151	<80	189	<80
JCSWD—315	1107	751	260	190	<80	238	<80
JCSWD—380	1336	907	312	230	<80	287	<80

注：空调工况下，载冷剂温度为 7℃ 或 12℃；制冰工况下，载冷剂温度为 -4℃ 或 0℃。

　　芯心褶囊式冰球的直径为 130mm，长度为 242mm，球内充注 95% 的水和 5% 的添加剂，以促进冻结。每 1000 个褶囊冰球的潜热蓄冷量为 207kW·h。双金属芯心是铝合金翅片管，其外径为 2mm，内径为 0.9mm，长 100mm。表 4-54 所列为其性能参数。

由于芯心冰球内部设有金属配重，结冰后体积膨胀不会上浮，蓄冷槽顶部可不设格栅，而在蓄冷槽的两端设置有格栅，以使载冷剂液体均匀流动，有利于传热。图 4-171 所示为芯心冰球蓄冷槽结构。

（二）其他相变蓄冷材料

目前采用的其他相变蓄冷材料主要是共晶盐，又称优态盐（Eutectic Salt）。共晶盐蓄冷设备主要以美国 Transphase 公司和我国台佳公司的产品为代表。

1. Transphase 共晶盐蓄冷设备

Transphase 共晶盐是一种以无机盐（Inorganic

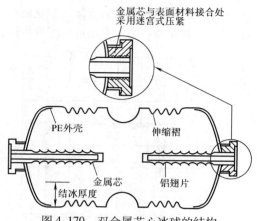

图 4-170　双金属芯心冰球的结构

Salts），即以五水硫酸钠化合物为主，由水和添加剂调配而成的混合物，充注在高密度聚乙烯板式容器内，如图 4-172 所示，其性能参数见表 4-55。

表 4-54　双金属芯心冰球性能参数

项　目	数　值	项　目	数　值
外形尺寸：(直径/cm)×(长/cm)	φ13.0×24.2(±5%)	芯心	中空双金属芯心
容积/L	2.20(±5%)	单位热容个数/[个/(kW·h)]	4.55
热容量/(kW·h/个)	0.22(±5%)	单位热容体积/[m³/(kW·h)]	<2.13
冰容积比(IPF)	>65%	质量/kg	2.25(±5%)
材质	PE 外壳		

注：1. 热容量包括显热与潜热。

　　2. 结冰速率在载冷剂温度为 -5℃ 时，7h 内完成结冰量 95%。

　　3. 融冰速率在载冷剂温度为 7℃ 时，6h 完成融冰量 95%。

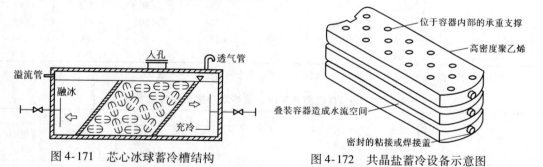

图 4-171　芯心冰球蓄冷槽结构　　　　　图 4-172　共晶盐蓄冷设备示意图

表 4-55　Transphase 共晶盐蓄冷容器性能参数

项　目	T-41 型	T-47 型
溶解潜热/(kJ/kg)	125.6	95.5
溶解温度/℃	5	8.3
每片溶解潜热/(kJ/片)	640	485
充冷温度/℃	1.5~4	5~7.5
放冷温度/℃	6~11	9~14
每片外形尺寸：(长/mm)×(宽/mm)×(高/mm)	410×203×44	
每片质量/kg	5.6	
每片容积/L	4.2	
每 kW·h 蓄冷所需片数	6	8

这些共晶盐蓄冷板彼此叠装在一个蓄冷槽内，或者在现场被装入混凝土槽体内。蓄冷平板在槽内有次序地排列。由于共晶盐溶液的密度比水大，不会发生漂浮，在结冰时也不膨胀和收缩，所以，共晶盐蓄冷平板在槽内不会发生移动现象。

共晶盐蓄冷槽通常为开式的矩形钢筋混凝土槽，可现场制作安装，并要有良好的防水渗漏覆盖层。蓄冷槽高度一般为 $2.4 \sim 3.0m$，蓄冷槽体积按 $0.048m^3/(kW \cdot h)$ 考虑。入口和出口总管分别位于槽体相对的两端，进出口集管一般为多孔的 PVC 管，其管径和流速与槽内宽度有关，通常槽内水平断面流速为 $5 \sim 10mm/s$。

2. 台佳公司共晶盐蓄冷设备

台佳共晶盐是一种由无机盐类、水及添加剂等按不同配方组成的混合物，由于它在 $8℃$ 会产生相变（由液体变为固体），相变温度高于水，故称为高温相变蓄冷材料。

高温相变蓄冷器有球式和板式两种。球式与普通冰球相同，直径为 $70mm$；板式为 $400mm \times 800mm \times 40mm$ 的板式容器，内放共晶盐，外壳材料为高密度聚乙烯。冷冻水在板与板的空隙及支撑孔中流动，它具有码放随意、安装方便的特点。表 4-56 所列为高温相变蓄冷与冰蓄冷系统的性能比较。

表 4-56　高温相变蓄冷系统与冰蓄冷系统的性能比较

项　目　　　类　别	台佳高温相变蓄冷系统	冰蓄冷系统
相变温度/℃	8	0
冷水机组供水温度/℃	2	-6 以下
制冷机蒸发温度/℃	-2	-10
压缩机效率	128.5%	100%
压缩机耗电	71.5%	100%
水泵耗电	150%，但与全系统相比很小，可以忽略	100%
单位质量蓄冷量/(kJ/kg)	230	335
单位体积比重	1.43	1
潜热量/($\times 10^5$kJ/m^3)	3.30	3.35
体积/蓄冷量	102%	100%
占地面积	101%	100%
形状	球状、板状	球状、板状
水系统添加物	无	乙二醇或其他防冻剂
系统设计	简易。只需加设蓄冷槽，其余与一般空调系统无异	复杂。管路、制冷机、水甚至末端装置都需重新设计
修改、扩充	方便	复杂
系统改造	简易	复杂

高温相变蓄冷设备，因相变温度高于 $0℃$，故适合与任何冷水机组配合使用，冷冻水也无需添加防冻液，对现有集中式空调系统的改造更为方便。

高温相变蓄冷材料的关键技术有以下两点。

（1）不过冷　蓄冷材料应具有准确的冻结点，以保证冻结完全以及取冷时供冷水温不致过高。

（2）不层化　通常共晶盐在过饱和状态溶解时，一部分无机盐会沉淀在容器底部，而使部分液体浮在容器的上部，此现象称为"层化"。如果不抑制层化现象，将会使共晶盐在经过最初的几千次反复冻结与溶解以后，损失将近 40% 的溶解热，即其蓄冷容量仅剩下 60% 左右，这将大大降低蓄冷设备的蓄冷能力。影响层化的因素很多，主要是共晶盐种类、核化方法，以及封装容器的厚度。Transphase 共晶盐采用特殊的浓化方法（Thickening）与独特的共晶盐容器设计，完全防止了层化现象的发生。

共晶盐蓄冷材料以其理论上可以在任何温度进行相变的特点，非常适合蓄冷空调系统使用。但实际上常面临诸如可靠性、稳定性、经济性和耐久性等关键性问题，因而适合空调应用的共晶盐蓄冷材料并不多见。尽管如此，高温相变蓄冷材料仍然值得我们去研究开发。目前正在开发研究冻结溶解温度为 5 ~ 6℃ 的相变蓄冷材料。

三、冰片滑落式蓄冷设备

前述两种蓄冷设备的蓄冰层或冰球为一次冻结完成，故称为静态蓄冰。蓄冰时，冰层冻结得越厚，制冷机的蒸发温度越低，性能系数也越低。如果控制冻结冰层的厚度，每次仅冻结薄层片冰，而进行高运转率的反复快速制冷，则可提高制冷机的蒸发温度（-8 ~ -4℃），比采用冰盘管时提高了 2 ~ 3℃。冰片滑落式蓄冷设备就是在制冷机的板式蒸发器表面上不断冻结薄片冰，然后滑落至蓄冷槽内进行蓄冷，此方法又称为动态制冰。该类型蓄冷设备的代表厂家有 Turbo、Mueller、Morris 和五洲中天等公司。图 4-173 为冰片滑落式蓄冷设备示意图，图 4-174 所示为蒸发板模块。

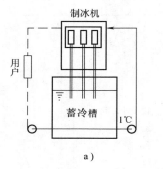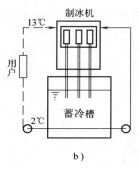

图 4-173　冰片滑落式蓄冷设备示意图

a）蓄冷过程　b）放冷过程

（一）冰片滑落式蓄冷设备的工作过程

1. 蓄冷过程

图 4-173a 所示为冰片冻结及蓄冷过程。通过水泵将蓄冷槽中的水自上向下地喷洒在制冷机的板状蒸发器表面，使其冻结成薄冰层。当冰层厚度达到 3 ~ 6mm 时，通过制冰机上的四通阀，将高温气态制冷剂通入蒸发器，使与蒸发器板面接触的冰融化，则冰片靠自重滑落至蓄冷槽内，如此反复进行冻结和取冰过程。蓄冷槽的蓄冰率为 40% ~ 50%。

2. 放冷过程

图 4-173b 所示为融冰放冷过程。空调回水仍可自上向下地喷洒在制冷机板状蒸发器表面，或向蓄冷槽均匀地送入空调回水，使槽内冰片不断融化，从而送出温

图 4-174　蒸发板模块

度较低的空调用水。为了满足全天供冷需要，放冷过程中制冷机可同时运行，以降低流经板状蒸发器表面的空调回水，使其降温后流入蓄冷槽，这样可以延缓融冰过程，以保证供冷要求。

冰片滑落式蓄冷设备的运行特性与蓄冷槽内冰的数量无关，其在整个充冷循环中保持不变。由于片状冰具有大的表面积，因此，该蓄冷系统可获得较高的放冷速率，特别适合尖峰用冷。通常情况下，可保持放冷温度为 $1 \sim 2$℃，直至蓄冷槽内的冰有 80% ~ 90% 被溶解。但这种蓄冷设备的初投资较高，而且需要层高较高的机房。

冰片滑落式蓄冷槽通常为矩形钢筋混凝土现场制作，也可用钢板或玻璃钢制作，但必须能承受上部制冷设备的负载。由于冰片是靠自重落入蓄冷槽内的，碎冰片堆积成冰堆形成的安止角一般为 20° ~ 40°或更大些，这将影响蓄冷槽容积的合理利用。因此，应尽可能加大板状蒸发器的出口面积，并在蒸发器与蓄冷槽之间保留合理的空间距离，使冰片能分布到整个蓄冷槽中。另外，蓄冷槽内的起始水位对槽内冰的分布也有影响，过高的水位将使冰浮起，在蓄冷槽底部形成空白区；而过低的水位则会增大冰堆的安止角。图 4-175 所示为蓄冷槽内容积利用

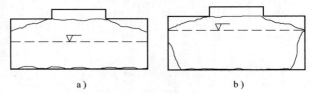

图 4-175　蓄冷槽内容积利用情况

a) 合适的起始水位　b) 起始水位过高

情况。较大规模的蓄冰系统可用机械的方法，如用螺旋输送器或旋转喷嘴喷射高速水流将冰堆摊平。蓄冷槽容积一般为 $0.024 \sim 0.027 \mathrm{m}^3/(\mathrm{kW \cdot h})$。

（二）冰片滑落式蓄冷设备的性能特点

冰片滑落式蓄冷设备控制冰层冻结的厚度，将冰层的热阻控制在一定范围内，提高了制冷机的蒸发温度，也相应地提高了机组的性能系数。同时融冰时为直接接触式换热，融冰释冷可达很高的速度，更便于控制使用。图 4-176 所示为冰片滑落式蓄冷设备融冰性能曲线，表 4-57 所列为冰片滑落式蓄冷设备性能参数。

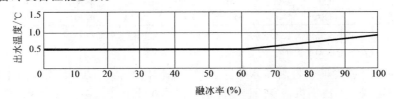

图 4-176　冰片滑落式蓄冷设备融冰性能曲线

冰片滑落式蓄冷设备具有如下性能特点：

（1）系统简单　采用制冷剂直接蒸发制冰，无需乙二醇中间换热环节。

（2）效率较高　蒸发温度比间接蓄冰高 3 ~ 5℃，效率高 10% ~ 15%；制冷剂泵强制循环，循环量是压缩机吸气量的数倍，蒸发器换热系数高；满液式蒸发，消除了蒸发器过热区；结冰厚度控制在 9.52mm 以下，冰的热阻小。

（3）融冰性能佳　冰与水直接接触，融冰速度快，可保持恒定的 0.5 ~ 1℃的出水温度，融冰彻底；即使不开主机，也可满足尖峰负荷，运行策略更灵活，最大限度地降低了运行费用；易实现全量蓄冰，无融冰供冷不能满足负荷的担忧；更适合过渡季节由分量蓄冰向全量蓄冰转换。

（4）蓄冰直观　在蒸发板上形成片状冰，结冰过程可见；热汽脱冰，碎冰存在蓄冷槽中，蓄冷槽中冰量也直观可见。

（5）冷热共槽　制冰与蓄冰分离，蓄冷槽中储存的只是冰和水。蓄冷槽既作为夏季蓄冷槽，

也作为冬季的蓄热槽。

表 4-57　冰片滑落式蓄冷设备性能参数

项目 型号	IH/C 170-4	IH/C 213-5	IH/C 255-6	IH/C 298-7	IH/CIH/C 340-8	IH/C 383-9	IH/C 426-10	IH/C 468-11	IH/C 510-12
空调工况 制冷量/t(冷)	250	313	375	438	500	563	626	688	750
蓄冰工况 制冷量/t(冷)	170	213	255	298	340	383	426	468	510
电源	380V,50Hz								
工质名称	R22								
压缩机 类型	半封闭螺杆式压缩机								
压缩机 功率/kW 制冷工况	173	216	260	303	346	388	431	474	518
压缩机 功率/kW 蓄冰工况	157	196	236	275	314	353	392	431	471
蒸发器 形式	垂直蒸发板								
蒸发器 水阻力/kPa	40~50								
蒸发器 水流量/(m³/h)	151	189	227	265	303	340	378	416	454
冷凝器 形式	管壳式换热器								
冷凝器 水阻力/kPa	50~60								
冷凝器 水流量/(m³/h)	185	232	280	331	370	420	464	510	557
制冷主机 长/mm	3200	3600				4200			
制冷主机 宽/mm	1200	1700				2200			
制冷主机 高/mm	2000								
制冷主机 运输质量/kg	2400	3000	3600	4200	4800	5400	6000	6600	7200
制冷主机 运行质量/kg	3000	3750	4500	5250	6000	6750	7500	8250	9000
蒸发机组 长/mm	3235	4020	4805	5590	6375	7160	7945	8730	9515
蒸发机组 宽/mm	2230								
蒸发机组 高/mm	2520								
蒸发机组 运输质量/kg	3920	4900	5880	6860	7840	8820	9800	10780	11760
蒸发机组 运行质量/kg	4320	5400	6480	7560	8640	9720	10800	11880	12960

注：1. 空调工况：冷冻水进水温度为12℃；冷却水进水温度为32℃，出水温度为37℃。

　　2. 蓄冰工况：冷却水进水温度为32℃。

（6）布置灵活　蓄冷槽中为水和冰的混合物，无任何设备，设计、安装简单；蓄冷槽可利用建筑物筏基或箱基，不占用机房空间；蓄冷槽可全埋式或半埋式露天放置或设置在屋顶；仅增大蓄冷槽的容积即可延长蓄冰时间，实现长周期蓄冰；蓄冰蒸发板可与蓄冷槽分离，冰片可通过冰浆泵远距离输送。

（7）可靠性高　压缩机吸气过热度低，压缩机电动机温升小，使用寿命长；蒸发板蓄冰、脱冰时无应力影响，免维护，使用寿命长；无乙二醇间接换热系统，系统简单，可靠性大幅提高；蓄冰机组采用一体化设计，工厂化组装，出厂前进行制冷、制冰运行检验，确保系统的可靠性，为用户使用提供了保证。

（8）维护方便　制冰与蓄冰分离，蓄冰设备维护工作量少，不影响系统的正常使用，维护费用低。

四、冰晶式蓄冷设备

冰晶式蓄冷设备也属于动态制冰，它是通过冰晶制冷机将低浓度的乙二醇溶液冷却至低于0℃，然后，将此状态的过冷水溶液送入蓄冷槽，溶液中即可分解出0℃的冰晶。这种过程就像自然界降过冷态的雨，着地时立即形成"雨冰"。若过冷温度为 -2℃，则可产生 2.5% 的直径约为 100μm 的冰晶。由于单颗粒冰晶十分细小，冰晶在蓄冷槽中分布十分均匀，蓄冷槽蓄冰率约为 50% 。因而结晶化的溶液可用泵直接输送。

冰晶式蓄冷设备以 Sunwell 公司产品为代表，单台最大制冷能力不超过 315kW。以 TS—30 型为例，其制冷能力为 105kW，配有半封闭活塞式制冷机、水冷壳管式冷凝器、吸气分液储液器、气液回热器等。其特殊之处在于蒸发器部分，该机组配有 6 个长度为 1.83m 的套筒式蒸发器，内管直径约为 300mm。制冷剂 R22 从内外管之间的夹层内通过，以质量分数为 8% 的乙二醇溶液在内管中通过，达到过冷温度。冰的结晶体在内侧形成，为了保持内管壁面温度均匀，配有 3 台由外部电动机驱动的翼形旋转叶片擦拭机，每台负责 2 个套筒蒸发器。该装置的外形尺寸为 2.36m（长）×1.75m（宽）×2.16m（高），可以制造冰晶，也可像普通冷水机组一样，通过调节温度的方法直接制取空调冷水。图 4-177 为该蓄冷设备工作原理图。

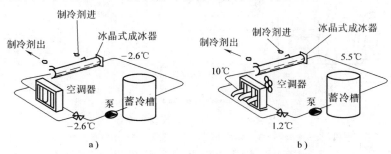

图 4-177　冰晶式蓄冷设备工作原理图
a) 蓄冷过程　b) 放冷过程

除了上述冰晶式蓄冷设备外，动态制冰中还有一种冰浆式蓄冷设备，其制冰方法与前述蓄冷设备有所不同。冰浆是一种水和冰晶粒子的混合物，由于冰浆中冰晶粒子的直径一般为几十微米到几百微米，因此这种冰晶与水组成的混合溶液有着良好的热物性和传输特性，能够像普通流体一样在管道内输送或在蓄冷槽中储存。冰晶在传热过程中的相变特性，使得冰浆的单位容积热容量比同等冷水的热容量高出许多。在一定的热负荷下，可以大大减小输送流体的流量，从而也就大幅度地减小了输送管的直径，降低了循环泵功率消耗，减小了换热器尺寸。另外，由于这种冰水混合流体的安全性和对环境的无污染性，以及充分利用低谷电力夜间制冰、节约电力费用等优点，使得冰浆蓄冷系统在技术上和经济上都具有广阔的应用前景，已经在一些空调工程中得到应用。

（一）冰浆发生装置

常用的产生冰浆的方法有过冷法、刮削法、喷射法和真空法等。

（1）过冷法　图 4-178 所示为过冷法冰浆发生系统。在过冷换热器中，水被过冷到 -2℃，当其离开过冷器时，约有 2.5% 的过冷水变成冰晶，其余大部分仍是液态。产生的冰晶落入蓄冷槽中，由于冰和水存在密度差，冰晶聚集在蓄冷槽的上部，而水储存在蓄冷槽的下部，水温仍保持在 0℃ 左右。夜间低谷时，蓄冷系统产生冰晶，使蓄冷槽内的冰晶质量分数达到 20% ~30%；白天高峰时，蓄冷槽底部的冷水被送到空调末端换热器中向房间供冷。

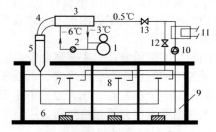

图 4-178　过冷法冰浆发生系统
1—制冷机组　2—载冷剂（乙二醇溶液）泵
3—冰浆发生器　4— -2℃过冷态水　5—过冷态释放装置
6—水层　7—冰层　8—喷嘴　9—0℃水
10—水泵　11—预热器　12、13—调节阀

（2）刮削法　图4-179所示为刮削法冰浆发生系统。它由压缩机、冷凝器、节流装置、壳管式蒸发器等组成。制冷剂在壳侧蒸发吸热，乙二醇溶液（质量分数为6% ~ 10%）在管内被冷却。当温度降至其凝固点以下时，溶液中产生微小的冰晶（直径约为 $100\mu m$）。为防止冰晶黏附在管内壁上，安装了一个旋转刮削板，将内壁上黏附的冰晶刮下，随溶液一起送出蒸发器进入蓄冷槽。冰浆的质量分数可以根据系统运行条件进行调节，一般为 0 ~ 35%。

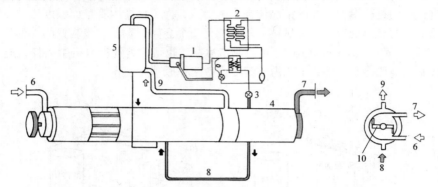

图4-179　刮削法冰浆发生系统

1—压缩机　2—冷凝器　3—节流装置　4—蒸发器　5—吸气储液器　6—载冷剂

7—冰浆　8—制冷剂液体　9—制冷剂气体　10—搅拌器

（3）喷射法　图4-180所示为喷射法冰浆发生系统。它是利用两种互不相溶流体间的换热来产生冰晶的。由制冷系统将不溶于水且密度比水大的流体冷却至水的冰点以下，然后由泵将流体送入喷射器产生高压，并从溶液罐的上部抽吸水。由于在喷射器中产生了足够的扰动和冷却效果，使得普通的水产生冰晶。一旦冰浆混合物到达溶液罐内，较轻的冰晶漂浮在中上部，而较重的传热流体则沉降在底部，并用于系统再循环。

（4）真空法　水的饱和温度是随压力变化而变化的，水在压力为610Pa、温度为 0.01℃ 时达到其三相点。如果在真空室内喷入水，并将由水滴表面产生的蒸汽连续地抽出，被抽出的蒸汽由于吸收了液滴的热量，结果是

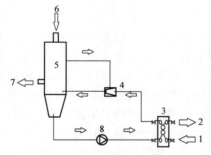

图4-180　喷射法冰浆发生系统

1—制冷剂进　2—制冷剂出　3—换热器

4—喷射器　5—冰浆发生器　6—溶液进

7—冰浆出　8—循环泵

使液滴温度下降直至变成冰粒子。液滴表面产生的蒸汽由机械压缩装置抽走，被压缩的蒸汽再由凝结器冷凝成水。

图4-181所示为真空法冰浆发生系统。它由供水系统、真空室、蒸汽压缩机、蒸汽凝结器和真空泵等组成。供水系统由水罐、水泵和喷嘴组成。水泵将水加压至0.7MPa后供给喷嘴，真空室实际上是一个蒸发器，在真空室的上部空间布有中空锥形的喷嘴。压缩系统由两级压缩机组成，水凝结器采用壳管式换热器，用自来水做冷却水，真空泵用来抽出系统中的不凝气体。

（二）冰浆的应用领域

冰浆溶液除了可用于舒适性空调、工业生产过程、食品处理与保存外，还可用于以下方面。

（1）用于管道和换热器清洗　传统的清除管道和换热器污垢脏物的方法是机械的方法，该方法很难完成清污工作。采用质量分数为10%的冰浆溶液则能够完成复杂几何形状管道和换热器的清污工作。

（2）用做冷藏汽车的蓄冷剂 在冷藏汽车的四周保温夹层空间内充入冰浆溶液，使车厢内保持所要求的温度。与普通运输车辆相比，这种冷藏汽车能保证冷藏食品的新鲜。冰浆的充入和更换可在专门的充冷站进行。

（3）在生物医学上用于局部区域的快速降温 由于冰浆中的冰晶粒子尺寸很小，在传热过程中会发生瞬间融化。这种冰晶粒子的瞬间相变将释放出大量的热量，可以快速降温及快速响应热负荷的变化，并且冰浆流体的自身温度稳定。这些特性为冰浆在生物医学上的应用提供了充分的条件。目前，冰浆已经应用于降低大脑表面温度以防止大脑过热；对于心脏病突发病人，使用冰浆就能使大脑和心脏部位快速降温，防止脑细胞和心脏细胞因缺血而导致快速死亡。

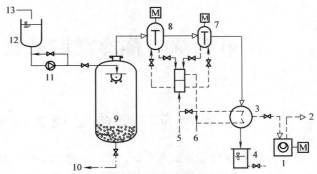

图 4-181　真空法冰浆发生系统

1—真空泵　2—排气　3—冷凝器　4—冷凝罐　5—冷却水进
6—冷却水出　7—第二级压缩装置　8—第一级压缩装置
9—真空喷射室　10—冰晶　11—水泵　12—水罐　13—水

（4）用做灭火剂 现有的灭火装置和喷嘴可以输送质量分数为 30% 的冰浆溶液。采用冰浆溶液灭火可以将灭火时间缩短一半，同时使室内温度急剧降低。与水相比，采用冰浆灭火所需的量较少。

动态冰浆由于具有蓄冷密度大、流动性和传热性能好等优点，现已被用于蓄冷空调系统中用电负荷的移峰填谷，还可用于工业处理过程和食品工程领域。随着对动态冰浆技术研究的深入，其设备成本将降低，运行效率将提高，潜在的应用领域将进一步扩大，因而动态冰浆是一种非常实用的新技术。

前面已对各种蓄冷设备进行了一些阐述分析，就目前国内外应用情况来看，主要有冰盘管式（外融盘管式）、完全冻结式（内融盘管式）、冰球式（封装式）、共晶盐式（封装式）、冰晶式（动态蓄冰式）和制冰滑落式（动态蓄冰式）等几种形式。它们各有特点，表 4-58 所列为这几种蓄冷设备的特性比较。从我国蓄冷空调工程的实际应用情况来看，完全冻结式和冰球式蓄冷设备应用得较多，共晶盐式、冰晶式和制冰滑落式设备应用得较少。随着我国蓄冷技术的不断发展，一些新型、高效的蓄冷设备将会逐渐得到应用。

表 4-58　几种蓄冷设备的特性比较

特性 ＼ 种类		冰盘管式	完全冻结式	冰球式	蓄冷水式	共晶盐式	冰晶式	制冷滑落式
蓄冷材料		冰	冰	冰	水	低温共融物	合成液	冰
制冰冷剂		制冷剂	乙二醇溶液	乙二醇溶液	制冷剂	水	制冷剂	制冷剂
化冰冷剂		冰水	乙二醇溶液	乙二醇溶液	水	水	乙二醇溶液	水
IPF（结冰率）（%）		50~60	55~75	55~65	—	—	50~60	40~50
蓄能密度/ （kW·h/m³）	显热	14	14	14	9	9	14	14
	潜热	46~60	49~70	49~60	—	14~18	46~56	39~46
冰水系统		开放系统	封闭系统	半封闭/开放	封闭/开放	开放系统	开放系统	开放系统
制冰冷剂平均 蒸发温度/℃		-8~-6	-10	-15~-12	0~2	0~2	-12~-10	-10~-5
融冰水温/℃		3	3~5	4~6	4~12	11~12	0	0~1
故障率		高	低	低	低	低	高	普通
寿命/a		7~15	20	20	20	6~7	10~20	10~20

第五章 蓄冷空调系统的设计与控制

第一节 蓄冷空调系统冷负荷的确定

无论是常规空调还是蓄冷空调,设计的基础工作都是对建筑物进行逐时冷负荷的计算。常规空调是根据某一时间的最大冷负荷来选择冷水机组和空调设备的,而蓄冷空调必须计算出建筑物设计日逐时冷负荷,并画出冷负荷曲线图,根据建筑物的实际情况来确定最经济合理的蓄冰量和冷水机组大小。

计算设计日逐时冷负荷,应对当地的气象数据、建筑物维护结构特点、人流、内部热源设备、新风量等诸因素进行综合分析,用近似估算法或动态计算法确定由得热量引起的冷负荷。但冷负荷动态计算法工作量较大且复杂,通常在方案设计时可通过大量工程实践,分析、比较、归纳,得出建筑空调冷负荷估算指标进行估算,待项目正式确定后再进行详细的动态冷负荷逐时计算。

一、近似估算法

表 5-1 所列为常用建筑物空调冷负荷估算指标,根据建筑物的用途和功能、新风量、照明负荷、室内人数、空调面积,即可计算出建筑物的瞬时最大冷负荷。这是常规空调选择制冷机组和空气处理设备的依据。对于蓄冷空调,必须计算出设计日逐时冷负荷。

表 5-1 常用建筑物空调冷负荷估算指标

房间名称		室内人均面积/ $(m^2/人)$	新风量		建筑冷负荷/ (W/m^2)	人体冷负荷/ (W/m^2)	照明及设备冷负荷/ (W/m^2)	三项冷负荷小计/ (W/m^2)	新风冷负荷/ (W/m^2)	总冷负荷/ (W/m^2)
			$m^3/$ $(h·人)$	$m^3/$ $(h·m^2)$						
1.宾馆饭店	客房	10	25	2.5	60	7	20	87	27	114
	酒吧、咖啡厅	2	25	12.5	35	70	15	120	136	256
	中餐厅	1.5	25	17.5	35	116	20	170	190	360
	西餐厅	2	25	12.5	40	84	17	141	136	277
	宴会厅	1.25	25	20	30	134	30	194	216	410
	中庭	8	18	2.25	90	17	60	167	24	191
	小会议室	3	25	8.5	60	43	40	43	92	235
	大会议室	1.5	25	17.5	40	88	40	168	190	358
	理发美容室	4	25	6.25	50	41	50	141	67	208
	健身房	5	60	12	35	87	20	142	130	272
	弹子房	5	30	6	35	46	30	111	65	176
	棋牌室	2	25	12.5	35	63	40	138	136	274
	舞厅	3	33	11	20	97	20	137	119	256
	办公区	10	25	2.5	40	14	50	124	27	151
	小卖部	5	18	3.6	40	31	40	111	40	151
2.科研办公楼	科研办公区	5	20	4	40	28	40	108	43	151
	门厅	3.5	0	0	47	47	60	154	0	154
	会客和接待室	3.5	25	7.5	40	42	20	102	81	183
	图书阅览室	10	25	2.5	50	14	30	94	27	121
	展览厅陈列室	4	25	6.25	58	31	20	0.9	68	177
	会堂报告厅	2	25	12.5	35	58	40	133	136	269

（续）

房间名称		室内人均面积/（m²/人）	新风量		建筑冷负荷/（W/m²）	人体冷负荷/（W/m²）	照明及设备冷负荷/（W/m²）	三项冷负荷小计/（W/m²）	新风冷负荷/（W/m²）	总冷负荷/（W/m²）
			m³/（h·人）	m³/（h·m²）						
3. 公寓、住宅		10	50	5	70	14	20	104	54	158
4. 商场	底层	1	12	12	35	160	40	235	130	365
	二层	1.2	12	10	35	12.8	40	203	104	307
	三层以上	2	12	6	4	80	40	160	65	225
5. 影剧院	观众厅	0.5	8	16	30	228	15	273	174	447
	休息厅	2	40	20	70	64	20	154	216	370
	化妆室	4	20	5	40	35	50	125	55	180
6. 体育馆	比赛馆	2.5	15	6	35	65	40	140	65	205
	休息厅	5	40	8	70	27.5	20	117	86	203
	贵宾室	8	50	6.25	58	17	30	105	68	173

注：1. 中庭层高4.5m，若层高增加2m，则冷负荷增加20%。

2. 本表总负荷为瞬时最大负荷，在求建筑物总冷负荷时，应考虑各空调房间同时使用系数0.7~0.9。

在初步设计过程或设计者难以进行典型设计日逐时负荷计算时，可采用系数法或平均法，根据峰值负荷估算典型设计日逐时冷负荷或典型设计日日总冷负荷。

1. 系数法

为使设计者较快、方便、准确地计算出设计日逐时冷负荷，通过大量科学统计，得出了表5-2所列的建筑物冷负荷逐时系数。

表5-2　建筑物冷负荷逐时系数

时刻	写字楼	宾馆	商场	餐厅	咖啡厅	夜总会	保龄球馆
1：00		0.16					
2：00		0.16					
3：00		0.25					
4：00		0.25					
5：00		0.25					
6：00		0.50					
7：00	0.31	0.59					
8：00	0.43	0.67	0.40	0.34	0.32		
9：00	0.70	0.67	0.50	0.40	0.37		
10：00	0.89	0.75	0.76	0.54	0.48		0.30
11：00	0.91	0.84	0.80	0.72	0.70		0.38
12：00	0.86	0.90	0.88	0.91	0.86	0.40	0.48
13：00	0.86	1.00	0.94	1.00	0.97	0.40	0.62
14：00	0.89	1.00	0.96	0.98	1.00	0.40	0.76
15：00	1.00	0.92	1.00	0.86	1.00	0.41	0.80
16：00	1.00	0.84	0.96	0.72	0.96	0.47	0.84
17：00	0.90	0.84	0.85	0.62	0.87	0.60	0.84
18：00	0.57	0.74	0.80	0.61	0.81	0.76	0.86
19：00	0.31	0.74	0.64	0.65	0.75	0.89	0.93
20：00	0.22	0.50	0.50	0.69	0.65	1.00	1.00
21：00	0.18	0.50	0.40	0.61	0.48	0.92	0.98
22：00	0.18	0.33				0.87	0.85
23：00		0.16				0.78	0.48
24：00		0.16				0.71	0.30

　　表 5-1 中所列的数据是峰值冷负荷逐时系数为 1 时的数值。将此数值与表 5-2 中建筑物冷负荷逐时系数相乘，并将该建筑物同一时段不同功能和性质的建筑物冷负荷相加，即可获得建筑物设计日逐时冷负荷。依此画出冷负荷曲线图，即可确定蓄冷空调的蓄冷量和制冷机组大小。但是，影响空调逐时冷负荷的因素很多，即使完全相同的建筑，若朝向不同，其逐时冷负荷分布也不相同；再者，我国各地区各类建筑物空调逐时运行负荷尚未经全面调查统计，因此表中所列数据仅供估算时参考。

　　2. 平均法

　　日总冷负荷的计算公式为

$$Q = \sum_{i=1}^{24} q_i = nmq_{max} = nq_p \qquad (5-1)$$

式中，Q 是日总冷负荷（kW·h）；q_i 是 i 时刻空调冷负荷（kW）；q_p 是日平均冷负荷（kW）；n 是典型设计日空调运行小时数（h）；m 是平均负荷系数，等于日平均冷负荷与峰值小时冷负荷之比。

　　从式（5-1）可以看出，利用平均负荷系数可以估算出典型设计日的空调日总负荷，依此可以进行蓄冷系统的方案设计或初步设计，确定制冷主机和蓄冷设备容量。一般平均负荷系数为 0.75 ~ 0.85。

　　3. 各类建筑物逐时空调冷负荷分布

　　各类建筑物逐时空调冷负荷分布图是不同的，主要表现在如下诸方面。

　　（1）冷负荷循环周期　一般常以日为循环周期；也有以数天为一循环的，如教堂等，一周内仅若干小时需要供冷；还有以不定的天数为循环的，如体育比赛馆等。

　　（2）冷负荷持续时间　有些建筑物冷负荷持续时间是 24h，如宾馆、医院及三班连续生产的工厂等；有的在晚间至清晨一段时间不要求供冷负荷，如商场、办公楼及学校等；有的只在特定的时间内有供冷负荷要求，如餐厅、酒家、影剧院及体育馆等。表 5-3 列出了常用建筑物的平均负荷系数及工作时间供参考。

表 5-3　常用建筑物的平均负荷系数及工作时间

建筑物用途	设计日平均负荷系数	工作时间/h
办公楼	0.8 ~ 0.93	10
商场	0.75	12 ~ 13
宾馆	0.73	24
医院	0.6	24
学校	0.85	9

　　（3）设计日平均负荷系数　它是指设计日平均小时负荷与最大小时负荷之比。表 5-3 也同时列出了常用建筑物的平均负荷系数。

　　图 5-1 所示为几种建筑物逐时冷负荷分布。从图中可以看出，图 5-1a ~ e 和图 5-1g 所示建筑物在用电低谷时，不用空调或少用（与高峰负荷相比）空调，适合采用蓄冷空调系统；而对于如图 5-1f、h 这样 24h 均使用空调且负荷变化不大的建筑物，则不适宜采用蓄冷空调。

　　二、动态计算法

　　（一）概述

　　在进行建筑物空调冷负荷计算时，首先必须分清两个含义不同而相互又有关联的量，即得热量和冷负荷。

　　1. 得热量

　　得热量是指某一瞬时进入室内的热量。对得热可采用两种分类方法。若按是否随时间变化来

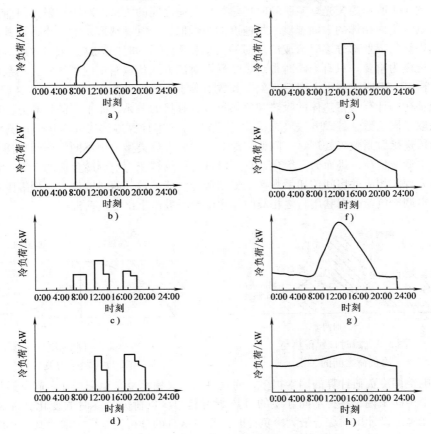

图 5-1　几种建筑物逐时冷负荷分布

a) 商场　b) 办公楼　c) 餐厅　d) 酒楼　e) 体育馆、影剧院

f) 宾馆建筑　g) 综合性楼宇　h) 三班制工厂企业

分，有稳定得热和瞬变得热之分。如照明灯具、人体和耗电量不变的室内用电设备的发热量都属于稳定得热。而像透过玻璃窗进入室内的日射量和围护结构的不稳定传热则属于瞬变得热。若按显热和潜热加以区分，则有显热得热和潜热得热之分。凡借助传导、对流和辐射三种方式中的任何一种或其组合方式将热量传递给空调房间的得热便是显热得热。而由进入室内的湿量带来的得热便是潜热得热，如随着人体、设备的散湿量及新风或渗透风带入室内的湿量而引起的得热即属于此类。

2. 冷负荷

冷负荷是指为了维持恒定的室温而在任一瞬时应从室内除去的热量。任一时间所有室内瞬时显热得热的总和未必等于同一时间的室内冷负荷。由图 5-2 可以看出，借助辐射形式传递的得热量，首先被围护结构和家具等室内物体所吸收并储存于其中。当这些围护结构和家具等室内物体表面的温度高于室内空气温度后，所储存的热量再借助对流方式逐时放出给予室内空气而形成冷负荷。图 5-3 所示为瞬时日射得热与冷负荷之

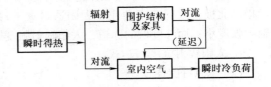

图 5-2　瞬时日射得热与瞬时
冷负荷之间关系示意图

间的关系，图5-4所示为荧光灯照明瞬时得热与冷负荷之间的关系。对于辐射得热而言，这些围护结构和家具等室内物体的表面温度增加速度的快慢取决于其蓄热容量的大小，而其蓄热容量便决定着显热得热的辐射部分逐时形成冷负荷的大小和所滞后的时间。这一蓄热效应对确定供冷设备的容量来说极为重要。只有当瞬时得热量全部以对流方式传递给室内空气时，其数值才等于瞬时冷负荷。再有，瞬时潜热也无滞后现象，其数值等于瞬时冷负荷。

空调冷负荷的计算与蓄热体的吸热和放热过程有直接的关系，而不同的计算方法对吸热和放热过程则采取不同的数学处理方法（或简化处理方法）。本计算方法建立在传递函数法的基础之上，用房间传递函数系数来处理这一问题，即对不同的得热类型采用不同的房间传递函数系数来计算室内的空调冷负荷，进而为了简化计算，对日射得热转变为空调冷负荷的计算，利用传递函数法的基本方程和相应的房间传递系数产生出空调冷负荷系数；而对墙体、屋面等围护结构传热得热转变为空调冷负荷，则利用与之相应的传递函数系数产生出冷负荷温度。

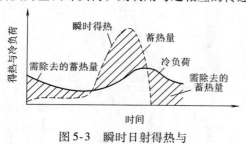

图5-3 瞬时日射得热与
冷负荷之间的关系

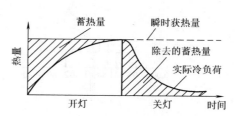

图5-4 荧光灯照明瞬时得热
与冷负荷之间的关系

由于影响空调冷负荷计算的因素很多，而这些因素又错综复杂地交织在一起；另外，对某个建筑物或某个房间来说，各种不同性质的得热所引起的冷负荷分量逐时的变化往往又是不同步的。因此，在确定设计用的综合最大冷负荷时需经过认真的分析比较后，取用某一小时的各冷负荷分量之和。

（二）建筑物外表面所接受的太阳辐射强度

从空调的角度看，太阳辐射热有利于冬季的室内采暖，而在夏季它使室内产生大量余热，人们要花费一定的代价来抵消它的作用。因此，在进行室内冷负荷计算时，要掌握太阳辐射热对建筑物的热作用。

透过大气到达地面的太阳辐射线中，一部分按原来的直线辐射方向到达地面，称其为太阳直射辐射；另一部分由于被各种气体分子、液体或固体颗粒反射或折射，到达地球表面时并无特定方向，称其为太阳散射辐射。直射辐射和散射辐射之和称为太阳总辐射或简称太阳辐射。

到达地面的太阳辐射强度的大小，主要取决于地球对太阳的相对运动，也就是取决于被照射地点与太阳射线形成的高度角 β（见图5-5）和太阳光线通过大气层的厚度。地理纬度不同，季节不同，昼夜不同，太阳辐射强度都不同。如纬度高的南极和北极，太阳高度角小，太阳通过大气层的路程长，太阳辐射强度小；而纬度低的赤道，太阳辐射强度则大。

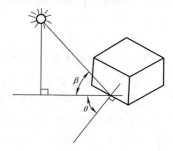

图5-5 太阳高度角

1. 太阳辐射强度表达式

（1）太阳直射辐射

1）水平面上的直射辐射强度 $J_{s,z}$ 可由式（5-2）计算

$$J_{s,z} = I_N \sin\beta$$

$$(5\text{-}2)$$

式中，I_N 是垂直于太阳光线的平面上的直射辐射强度（W/m^2），可由当地气象台站取得；β 是太阳高度角。

2）竖直面上的直射辐射强度 $J_{c,z}$ 可由式（5-3）计算

$$J_{c,z} = I_N \cos\beta \cos\theta \tag{5-3}$$

式中，θ 是太阳辐射线在水平面上的投影与墙壁面法线间的夹角，如图 5-5 所示。

（2）太阳散射辐射

1）太阳散射辐射内容。建筑围护结构外表面所接受的散射辐射包括以下三项。

① 天空散射辐射：来自天空各方向反射、折射的散乱光，其中以短波辐射为主。

② 地面反射辐射：太阳光线射到地面上以后，其中一部分被地面所反射到建筑物表面，属中短波辐射。

③ 大气长波辐射：大气中的水蒸气吸收太阳光的部分热，又吸收来自地面和围护结构外表面的反射辐射热后，使其温度上升，从而向地面进行长波辐射。

2）太阳散射辐射强度。地球上任何一个地方、任意一个倾斜表面上，获得的太阳总辐射强度等于该倾斜表面所接受的直射辐射强度和散射辐射强度的总和。但是，在给出太阳总辐射强度的数据时，散射辐射一般只计算天空散射辐射一项。

① 水平面上的天空散射辐射强度 $J_{p,s}$。可由当地气象台站查得该强度数据。

晴天时水平面上天空散射辐射强度可用式（5-4）计算

$$J_{p,s} = 0.5 I_0 \sin\beta \frac{mP}{1 - 1.4\ln P} \tag{5-4}$$

式中，I_0 是太阳常数，它是指太阳与地球之间为年平均距离时，在地球的上边界处，垂直阳光的表面上的太阳辐射强度，$I_0 = 1353 W/m^2$；P 是大气透明率，它是指到达地面的太阳辐射强度与大气以外的辐射强度之比，一般为 $0.65 \sim 0.75$；β 是太阳高度角；m 可近似按式（5-5）计算

$$m = \frac{1}{\sin\beta} \tag{5-5}$$

② 竖直平面上的天空散射辐射强度 $J_{c,s}$ 近似等于水平面上的天空散射辐射强度的一半，即

$$J_{c,s} = \frac{1}{2} J_{p,s} \tag{5-6}$$

实际上，各朝向竖直平面同一时刻所受散射辐射强度并不相同，但因为差别很小，可采用式（5-6）计算。地面反射辐射和大气长波辐射应根据具体条件另外计算。

2. 围护结构外表面所吸收的太阳辐射热

当太阳射线照射到非透明的围护结构外表面时，一部分光线被反射，另一部分光线被吸收，两者的比例取决于表面材料的种类、表面粗糙度和颜色。表面越粗糙，颜色越深，吸收的太阳辐射热越多。同一种材料对于不同波长的辐射光的吸收率也是不同的。黑色表面几乎可以全部吸收各种波长的辐射，而白色表面对不同波长的吸收率则不同，对于可见光线，几乎 90% 都被反射回去了。因此，在外围护结构上刷白或玻璃上挂白色窗帘可减少进入室内的太阳辐射热。表 5-4 所列为各种材料的围护结构外表面对太阳辐射热的吸收系数 ρ 值。

3. 室外空气综合温度

由于建筑围护结构外表面同时受到太阳辐射和室外空气温度的热作用，外表面单位面积上得到的热量为

$$q = \alpha_o (t_o - t_w) + \rho I = \alpha_o \left[\left(t_o + \frac{\rho I}{\alpha_o} \right) - \tau_w \right] = \alpha_o (t_z - t_w) \tag{5-7}$$

式中，α_o 是建筑围护结构外表面与室外空气间的传热系数 [W/(m² · K)]；t_o 是室外空气计算温度（℃）；t_w 是建筑围护结构外表面温度（℃）；ρ 是建筑围护结构外表面对太阳辐射的吸收系数；I 是建筑围护结构外表面接受的总的太阳辐射强度（W/m²）。

表 5-4 围护结构外表面对太阳辐射热的吸收系数 ρ

面层类别		表面性质	表面颜色	吸收系数
石棉材料	石棉水泥板	—	浅灰色	0.72 ~ 0.78
金属	白铁屋面	光滑，旧	灰黑色	0.86
粉刷	拉毛水泥墙面	粗糙，旧	灰色或米黄色	0.63 ~ 0.65
	石灰粉刷	光滑，新	白色	0.48
	陶石子墙面	粗糙，旧	浅灰色	0.68
	水泥粉刷墙面	光滑，新	浅蓝色	0.56
	砂石粉刷	—	深色	0.57
墙	红砖墙	旧	红色	0.72 ~ 0.73
	硅酸盐砖墙	不光滑	青灰色	0.41 ~ 0.60
	混凝土块墙	—	灰色	0.65
屋面	红瓦屋面	旧	红色	0.56
	红褐色瓦屋面	旧	红褐色	0.65 ~ 0.74
	灰瓦屋面	旧	浅灰色	0.52
	石板瓦	旧	银灰色	0.75
	水泥屋面	旧	青灰色	0.74
	浅色油毛毡	粗糙，新	浅黑色	0.72
	黑色油毛毡	粗糙，新	深黑色	0.86

为方便计算，称 $t_z = t_o + \dfrac{\rho I}{\alpha_o}$ 为综合温度。实际上，它相当于将室外空气温度 t_o 提高了一个由太阳辐射引起的附加值 $\left(\dfrac{\rho I}{\alpha_o}\right)$，并非真正存在的空气温度。

式（5-7）只考虑了来自太阳对围护结构的中短波辐射，没有考虑围护结构外表面与天空和地面之间存在的长波辐射。

近年来对式（5-7）进行了修改，修改后公式为

$$t_z = t_o + \frac{\rho I}{\alpha_o} - \frac{\varepsilon \Delta R}{\alpha_o} \tag{5-8}$$

式中，ε 是建筑围护结构外表面的长波辐射系数；ΔR 是建筑围护结构外表面向外界发射的长波辐射和天空及周围物体对围护结构外表面的长波辐射之差（W/m²）。

ΔR 值可近似按如下选取：夏季水平面，$\dfrac{\varepsilon \Delta R}{\alpha_o} = 3.5 \sim 4.0℃$；夏季垂直面，$\Delta R = 0$。

可见，考虑了长波辐射作用后，综合温度 t_z 值下降了。若不考虑长波辐射对围护结构外表面的热作用，则夏季空调冷负荷计算偏安全。

（三）围护结构瞬变传热引起的冷负荷

1. 外墙和屋面瞬变传热引起的冷负荷

在日射和室外气温综合作用下，外墙和屋面瞬变传热形成的逐时冷负荷可按式（5-9）计算

$$LQ_q = AK(t_1 - t_n) \tag{5-9}$$

式中，LQ_q 是外墙和屋面瞬变传热引起的逐时冷负荷（W）；A 是外墙和屋面的面积（m²）；K 是外墙和屋面的传热系数 [W/(m² · ℃)]；t_n 是室内设计温度（℃）；t_1 是外墙和屋面的冷负荷计算温度的逐时值（℃）。

按照构造和建筑物热物理特性不同，将外墙和屋面分别划分为6种类型（Ⅰ～Ⅵ）。各种不同材料、构造及厚度的303种外墙和324种屋面（包括通风和不通风的屋面）的归类及其有关的建筑物热物理特性参数见文献［48］。

为便于设计者选用，这里列出了几种常用的外墙或屋面所属类型（见表5-5和表5-6），并提供了相应的冷负荷计算温度 t_1 值（见表5-7和表5-8）。这样，便可利用式（5-9）进行冷负荷的逐时计算。

表 5-5　外墙结构类型

序号	构造	壁厚 t /mm	保温层厚度/mm	导热热阻/ (m²·K/W)	传热系数/ [W/(m²·K)]	质量/ (kg/m²)	热容量/ [kJ/ (m²·K)]	类型
1	1—砖墙 2—白灰粉刷	240		0.32	2.05	464	406	Ⅲ
		370		0.48	1.55	698	612	Ⅱ
		490		0.63	1.26	914	804	Ⅰ
2	1—水泥砂浆 2—砖墙 3—白灰粉刷	240		0.34	1.97	500	436	Ⅲ
		370		0.50	1.50	734	645	Ⅱ
		490		0.65	1.22	950	834	Ⅰ
3	1—砖墙 2—泡沫混凝土 3—木丝板 4—白灰粉刷	240		0.95	0.90	534	478	Ⅱ
		370		1.11	0.78	768	683	Ⅰ
		490		1.26	0.70	984	876	0
4	1—水泥砂浆 2—砖墙 3—木丝板	240		0.47	1.57	478	432	Ⅲ
		370		0.63	1.26	712	608	Ⅱ

表5-6　屋面结构类型

序号	构造	壁厚t/mm	保温层 材料	保温层 厚度l/mm	导热热阻/(m²·K/W)	传热系数/[W/(m²·K)]	质量/(kg/m²)	热容量/[kJ/(m²·K)]	类型
1	说明 1）预制细石混凝土板25mm，表面喷白色水泥浆 2）通风层≥200mm 3）卷材防水层 4）水泥砂浆找平层20mm 5）保温层 6）隔汽层 7）找平层20mm 8）预制钢筋混凝土板 9）内粉刷	35	水泥膨胀珍珠岩	25	0.77	1.07	292	247	IV
				50	0.98	0.87	301	251	IV
				75	1.20	0.73	310	260	III
				100	1.41	0.64	318	264	III
				125	1.63	0.56	327	272	III
				150	1.84	0.50	336	277	III
				175	2.06	0.45	345	281	II
				200	2.27	0.41	353	289	II
			沥青膨胀珍珠岩	25	0.82	1.01	292	247	IV
				50	1.09	0.79	301	251	IV
				75	1.36	0.65	310	260	III
				100	1.63	0.56	318	264	III
				125	1.89	0.49	327	272	III
				150	2.17	0.43	336	277	III
				175	2.43	0.38	345	281	II
				200	2.70	0.35	353	289	II
			加气混凝土 泡沫混凝土	25	0.67	1.20	289	256	IV
				50	0.79	1.05	313	268	IV
				75	0.90	0.93	328	281	III
				100	1.02	0.84	343	293	III
				125	1.14	0.76	358	306	III
				150	1.26	0.70	373	318	III
				175	1.38	0.64	388	331	III
				200	1.50	0.59	403	344	II
2	说明 1）预制细石混凝土板25mm，表面喷白色水泥浆 2）通风层≥200mm 3）卷材防水层 4）水泥砂浆找平层20mm 5）保温层 6）隔汽层 7）现浇钢筋混凝土板 8）内粉刷	70	水泥膨胀珍珠岩	25	0.78	1.05	376	318	III
				50	1.00	0.86	385	323	III
				70	1.21	0.72	394	331	II
				100	1.43	0.63	402	335	II
				125	1.64	0.55	411	339	II
				150	1.86	0.49	420	348	II
				175	2.07	0.44	429	352	III
				200	2.29	0.41	437	360	I
			沥青膨胀珍珠岩	25	0.83	1.00	376	318	III
				50	1.11	0.78	385	323	III
				75	1.38	0.65	394	331	III
				100	1.64	0.55	402	335	II
				125	1.91	0.48	411	339	II
				150	2.18	0.43	420	348	II
				175	2.45	0.38	429	352	II
				200	2.72	0.35	437	360	I
			加气混凝土 泡沫混凝土	25	0.69	1.16	382	323	III
				50	0.81	1.02	397	335	III
				75	0.93	0.91	412	348	III
				100	1.05	0.83	427	360	II
				125	1.17	0.74	442	373	II
				150	1.29	0.69	457	385	I
				175	1.41	0.64	472	398	I
				200	1.53	0.59	487	411	I

表5-7 外墙冷负荷计算温度 t_1 （Ⅱ型外墙） （单位:℃）

时 刻 \ 朝 向	南	西南	西	西北	北	东北	东	东南
0	36.1	38.2	38.5	36.0	33.1	36.2	38.5	38.1
1	36.2	38.5	38.9	36.3	33.2	36.1	38.4	38.1
2	36.2	38.6	39.1	36.5	33.2	36.0	38.2	37.9
3	36.1	38.6	39.2	36.5	33.2	35.8	38.0	37.7
4	35.9	38.4	39.1	36.5	33.1	35.6	37.6	37.4
5	35.6	38.2	38.9	36.3	33.0	35.3	37.3	37.0
6	35.3	37.9	38.6	36.1	32.8	35.0	36.9	36.6
7	35.0	37.5	38.2	35.8	32.6	34.7	36.4	36.2
8	34.6	37.1	37.8	35.4	32.3	34.3	36.0	35.8
9	34.2	36.6	37.3	35.1	32.1	33.9	35.5	35.3
10	33.9	36.1	36.8	34.7	31.8	33.6	35.2	34.9
11	33.5	35.7	36.3	34.3	31.6	33.5	35.0	34.6
12	33.2	35.2	35.9	33.9	31.4	33.5	35.0	34.5
13	32.9	34.9	35.5	33.6	31.3	33.7	35.2	34.6
14	32.8	34.6	35.2	33.4	31.2	33.9	35.6	34.8
15	32.9	34.4	34.9	33.2	31.2	34.3	36.1	35.2
16	33.1	34.3	34.8	33.2	31.3	34.6	36.6	35.7
17	33.4	34.4	34.8	33.2	31.4	34.9	37.1	36.2
18	33.9	34.7	34.9	33.3	31.6	35.2	37.5	36.7
19	34.4	35.2	35.3	33.5	31.8	35.4	37.9	37.2
20	34.9	35.8	35.8	33.9	32.1	35.7	38.2	37.5
21	35.3	36.5	36.5	34.4	32.4	35.9	38.4	37.8
22	35.7	37.2	37.3	35.0	32.6	36.1	38.5	38.0
23	36.0	37.7	38.0	35.5	32.9	36.2	38.6	38.1
最大值	36.2	38.6	39.2	36.5	33.2	36.2	38.6	38.1
最小值	32.8	34.3	34.8	33.2	31.2	33.5	35.0	34.5

表5-8 屋面冷负荷计算温度 t_1 （单位:℃）

时 刻 \ 屋面类型	Ⅰ型	Ⅱ型	Ⅲ型	Ⅳ型	Ⅴ型	Ⅵ型
0	43.7	47.2	47.7	46.1	41.6	38.1
1	44.3	46.4	46.0	43.7	39.0	35.5
2	44.8	45.4	44.2	41.4	36.7	33.2
3	45.0	44.3	42.4	39.3	34.6	31.4
4	45.0	43.1	40.6	37.3	32.8	29.8
5	44.9	41.8	38.8	35.5	31.2	28.4
6	44.5	40.6	37.1	33.9	29.8	27.2
7	44.0	39.3	35.5	32.4	28.7	26.5
8	43.4	38.1	34.1	31.2	28.4	26.8
9	42.7	37.0	33.1	30.7	29.2	28.6
10	41.9	36.1	32.7	31.0	31.4	32.0
11	41.1	35.6	33.0	32.3	34.7	36.7
12	40.2	35.6	34.0	34.5	38.9	42.2
13	39.5	36.0	35.8	37.5	43.4	47.8
14	38.9	37.0	38.1	41.0	47.9	52.9
15	38.5	38.4	40.7	44.6	51.9	57.1
16	38.3	40.1	43.5	47.9	54.9	59.8
17	38.4	4.9	46.1	50.7	56.8	60.9
18	38.8	43.7	48.3	52.7	57.2	60.2
19	39.4	45.4	49.9	53.7	56.3	57.8
20	40.2	46.7	50.8	53.6	54.0	54.0
21	41.1	47.5	50.9	52.5	51.0	49.5
22	42.0	47.8	50.3	50.7	47.7	45.1
23	42.9	47.7	49.2	48.4	44.5	41.3
最大值	45.0	47.8	50.9	53.7	57.2	60.9
最小值	38.3	35.6	32.7	30.7	28.4	26.5

使用表5-7和表5-8时，还应注意以下事项：

1）此两表的编制条件是以北京（北纬39°48′）的气象参数数据为依据的，以7月份代表夏季，所采用的室外日平均温度为29℃，室外最高温度为33.5℃，室外日温波幅为9.6℃。

所采用的外表面传热系数为18.6W/(m²·K)，内表面传热系数为8.7W/(m²·K)。所采用的外墙和屋面的吸收系数 $\rho = 0.90$。

2）对不同设计地点，表5-7和表5-8中的 t_1 值应加上该地点的修正值 t_d。表5-9给出了全国40个地点的9个不同朝向的 t_d 值。

表5-9　Ⅰ～Ⅳ型结构地点修正值 t_d　　　　　　　　　（单位：℃）

编号	城市	朝向								
		南	西南	西	西北	北	东北	东	东南	水平
1	北京	0.0	0.0	0.0	0.0	0.0	0.0	0.0	0.0	0.0
2	天津	-0.4	-0.3	-0.1	-0.1	-0.2	-0.3	-0.1	-0.3	-0.5
3	石家庄	0.5	0.6	0.8	1.0	1.0	0.9	0.8	0.6	0.4
4	太原	-3.3	-3.0	-2.7	-2.7	-2.8	-2.8	-2.7	-3.0	-2.8
5	呼和浩特	-4.3	-4.3	-4.4	-4.5	-4.6	-4.7	-4.4	-4.3	-4.2
6	沈阳	-1.4	-1.7	-1.9	-1.9	-1.6	-2.0	-1.9	-1.7	-2.7
7	长春	-2.3	-2.7	-3.1	-3.3	-3.1	-3.4	-3.1	-2.7	-3.6
8	哈尔滨	-2.2	-2.8	-3.4	-3.7	-3.4	-3.8	-3.4	-2.8	-4.1
9	上海	-0.8	-0.2	0.5	1.2	1.2	1.0	0.5	-0.2	0.1
10	南京	1.0	1.5	2.1	2.7	2.7	2.5	2.1	1.5	2.0
11	杭州	1.0	1.4	2.1	2.9	3.1	2.7	2.1	1.4	1.5
12	合肥	1.0	1.7	2.5	3.0	2.8	2.8	2.4	1.7	2.7
13	福州	-0.8	0.0	1.1	2.1	2.2	1.9	1.1	0.0	0.7
14	南昌	0.4	1.3	2.4	3.2	3.0	3.1	2.4	1.3	2.4
15	济南	1.6	1.9	2.2	2.4	2.3	2.3	2.2	1.9	2.2
16	郑州	0.8	0.9	1.3	1.8	2.1	1.6	1.3	0.9	0.7
17	武汉	0.4	1.0	1.7	2.4	2.2	2.3	1.7	1.0	1.3
18	长沙	0.5	1.3	2.4	3.2	3.1	3.0	2.4	1.3	2.2
19	广州	-1.9	-1.2	0.0	1.3	1.7	1.2	0.0	-1.2	-0.5
20	南宁	-1.7	-1.0	0.2	1.5	1.9	1.3	0.2	-1.0	-0.3
21	成都	-3.0	-2.6	-2.0	-1.1	-0.9	-1.3	-2.0	-2.6	-2.5
22	贵阳	-4.9	-4.3	-3.4	-2.7	-2.5	-2.5	-3.5	-4.3	-3.5
23	昆明	-8.5	-7.8	-6.7	-5.5	-5.2	-5.7	-6.7	-7.8	-7.2
24	拉萨	-13.5	-11.8	-10.2	-10.0	-11.0	-10.1	-10.2	-11.8	-8.9
25	西安	0.5	0.5	0.9	1.5	1.8	1.4	0.9	0.5	0.4
26	兰州	-4.8	-4.4	-4.0	-3.8	-3.9	-4.0	-4.0	-4.4	-4.0
27	西宁	-9.6	-8.9	-8.4	-8.5	-8.9	-8.6	-8.4	-8.9	-7.9
28	银川	-3.8	-3.5	-3.2	-3.3	-3.6	-3.4	-3.2	-3.5	-2.4
29	乌鲁木齐	0.7	0.5	0.2	-0.3	-0.4	-0.4	0.2	0.5	0.1
30	台北	-1.2	-0.7	0.2	2.6	1.9	1.3	0.2	-0.7	-0.2
31	二连浩特	-1.8	-1.9	-2.2	-2.7	-3.0	-2.8	-2.2	-1.9	-2.3
32	汕头	-1.9	-0.9	0.5	1.7	1.8	1.5	0.5	-0.9	0.4
33	海口	-1.5	-0.6	1.0	2.4	2.9	2.3	1.0	-0.6	1.0
34	桂林	-1.9	-1.1	0.0	1.1	1.3	0.9	0.0	-1.1	-0.2
35	重庆	0.4	1.1	2.0	2.7	2.8	2.6	2.0	1.1	1.7
36	敦煌	-1.7	-1.3	-1.1	-1.5	-2.0	-1.6	-1.1	-1.3	-0.7
37	格尔木	-9.6	-8.8	-8.2	-8.3	-8.8	-8.3	-8.2	-8.8	-7.6
38	和田	-1.6	-1.6	-1.4	-1.1	-0.8	-1.2	-1.4	-1.6	-1.5
39	喀什	-1.2	-1.0	-0.9	-1.0	-1.2	-1.9	-0.9	-1.0	-0.7
40	库车	0.2	0.2	0.2	-0.1	-0.3	-0.2	0.2	0.3	0.3

3）当外表面传热系数 α_w 不同于18.6W/(m²·K)时，应将表中查得的 t_1 值乘以表5-10中的修正值 k_a。

表5-10　外表面放热系数修正值 k_a

α_w	12	14	16	18	20	22	24	26
k_a	1.06	1.03	1	0.98	0.97	0.95	0.94	0.93

4）当内表面传热系数不同时，可不加修正。

5）考虑到城市大气污染和中、浅颜色的耐久性差，建议吸收系数一律采用 $\rho = 0.90$，亦即对表列数值不加修正。但当确有把握经久保持建筑物围护结构表面的中、浅色时，可将表列数值乘以表 5-11 所列的吸收系数修正值 k_ρ。

表 5-11　吸收系数修正值 k_ρ

颜色 ＼ 类别	外墙	屋面
浅色	0.94	0.88
中色	0.97	0.94

根据以上综合修正结果，外墙和屋面的冷负荷计算温度为

$$t_1' = (t_1 + t_d) k_a k_\rho \tag{5-10}$$

2. 外玻璃窗瞬变传热引起的冷负荷

在室内外温差作用下，玻璃窗瞬变传热引起的逐时冷负荷可按式（5-11）计算

$$LQ_c = AK(t_1 - t_n) \tag{5-11}$$

式中，LQ_c 是玻璃窗瞬变传热引起的逐时冷负荷（W）；K 是玻璃窗的传热系数 $[W/(m^2 \cdot K)]$；t_n 是室内设计温度，单位为（℃）；t_1 是玻璃窗的冷负荷计算温度逐时值（℃）。

根据单层玻璃和双层玻璃的不同，可分别按表 5-12 和表 5-13 选用 K 值（表中的 α_n 和 α_w 分别为玻璃窗内、外表面传热系数），在采用表中数值后，应根据不同的窗框情况，乘以表5-14中的修正值；此外，当计算有内遮阳设施玻璃窗的传热量时，单层玻璃窗的传热系数应减小25%，双层玻璃窗的传热系数应减小15%。

表 5-12　单层窗玻璃的传热系数 K 值

α_w	α_n									
	5.8	6.4	7.0	7.6	8.1	8.7	9.3	9.9	10.5	11.0
11.6	3.87	4.13	4.36	4.58	4.79	4.99	5.16	5.34	5.51	5.66
12.8	4.00	4.27	4.51	4.76	4.98	5.19	5.38	5.57	5.76	5.93
14.0	4.11	4.38	4.65	4.91	5.14	5.37	5.58	5.79	5.98	6.16
15.1	4.20	4.49	4.78	5.04	5.29	5.54	5.76	5.98	6.19	6.38
16.3	4.28	4.59	4.88	5.16	5.43	5.68	5.92	6.15	6.37	6.58
17.4	4.37	4.68	4.99	5.27	5.55	5.82	6.07	6.32	6.55	6.77
18.6	4.43	4.76	5.07	5.61	5.94	5.94	6.45	6.70	6.93	6.93
19.8	4.49	4.84	5.15	5.47	5.77	6.05	6.33	6.59	6.84	7.08
20.9	4.55	4.90	5.23	5.56	5.86	6.15	6.44	6.71	6.98	7.23
22.1	4.61	4.97	5.30	5.63	5.95	6.26	6.55	6.83	7.11	7.36
23.3	4.65	5.01	5.37	5.71	6.04	6.34	6.64	6.93	7.22	7.49
24.4	4.70	5.07	5.43	5.77	6.11	6.43	6.73	7.04	7.33	7.61
25.6	4.73	5.12	5.48	5.84	6.18	6.50	6.83	7.13	7.43	7.71
26.7	4.78	5.16	5.54	5.90	6.25	6.58	6.91	7.22	7.52	7.82
27.9	4.81	5.20	5.58	5.94	6.30	6.64	6.98	7.30	7.62	7.92
29.1	4.85	5.25	5.63	6.00	6.36	6.71	7.05	7.37	7.70	8.00

表 5-13　双层窗玻璃的传热系数 K 值

α_w	α_n									
	5.8	6.4	7.0	7.6	8.1	8.7	9.3	9.9	10.5	11.0
11.6	2.37	2.47	2.55	2.62	2.69	2.67	2.80	2.85	2.90	2.94
12.8	2.42	2.51	2.59	2.67	2.74	2.80	2.86	2.92	2.97	3.01
14.0	2.45	2.56	2.64	2.72	2.79	2.86	2.92	2.98	3.02	3.07
15.1	2.49	2.59	2.69	2.77	2.84	2.91	2.97	3.02	3.08	3.13
16.3	2.52	2.63	2.72	2.80	2.87	2.94	3.01	3.07	3.12	3.17
17.4	2.55	2.65	2.74	2.84	2.91	2.98	3.05	3.11	3.16	3.21
18.6	2.57	2.67	2.78	2.86	2.94	3.01	3.08	3.14	3.20	3.26
19.8	2.59	2.70	2.80	2.88	2.97	3.05	3.12	3.17	3.23	3.28

（续）

α_w	α_n									
	5.8	6.4	7.0	7.6	8.1	8.7	9.3	9.9	10.5	11.0
20.9	2.61	2.72	2.83	2.91	2.99	3.07	3.14	3.20	3.26	3.31
22.1	2.63	2.74	2.84	2.93	3.01	3.09	3.16	3.23	3.29	3.34
23.3	2.64	2.76	2.86	2.95	3.04	3.12	3.19	3.26	3.31	3.37
24.4	2.66	2.77	2.87	2.97	3.06	3.14	3.21	3.27	3.34	3.40
25.6	2.67	2.79	2.90	2.99	3.07	3.15	3.22	3.30	3.36	3.41
26.7	2.69	2.80	2.91	3.00	3.09	3.17	3.24	3.31	3.37	3.43
27.9	2.70	2.81	2.92	3.01	3.11	3.19	3.26	3.33	3.40	3.45
29.1	2.71	2.83	2.93	3.04	3.12	3.20	3.28	3.35	3.41	3.47

表 5-14　玻璃窗传热系数的修正值

窗框类型	单 层 窗	双 层 窗
全部玻璃	1.00	1.00
木窗框，80% 玻璃	0.90	0.95
木窗框，60% 玻璃	0.80	0.85
金属窗框，80% 玻璃	1.00	1.20

玻璃窗的冷负荷计算温度 t_1 的逐时值，可按表 5-15 中的数值采用。

对不同设计地点，表 5-15 中的 t_1 值应加上地点修正值 t_d。表 5-16 给出了全国 40 个地点的 t_d 值。当设计地点不在此列时，可按气象条件与之接近地点的修正值采用，或按式（5-12）计算 t_d 值

$$t_d = t_w' - t_w \tag{5-12}$$

式中，t_w' 是设计地点的日平均室外空气计算温度（℃）；t_w 是北京的日平均室外空气计算温度（℃），$t_w = 29$℃。

表 5-15　玻璃窗冷负荷计算温度 t_1

时刻	0	1	2	3	4	5	6	7	8	9	10	11
t_1	27.2	26.7	26.2	25.8	25.5	25.3	25.4	26.0	26.9	27.9	29.0	29.9
时刻	12	13	14	15	16	17	18	19	20	21	22	23
t_1	30.8	31.5	31.9	32.2	32.2	32.0	31.6	30.8	29.9	29.1	28.4	27.8

表 5-16　玻璃窗的地点修正值 t_d

编 号	城 市	t_d	编 号	城 市	t_d
1	北京	0	21	成都	-1
2	天津	0	22	贵阳	-3
3	石家庄	1	23	昆明	-6
4	太原	-2	24	拉萨	-11
5	呼和浩特	-4	25	西安	2
6	沈阳	-1	26	兰州	-3
7	长春	-3	27	西宁	-8
8	哈尔滨	-3	28	银川	-3
9	上海	1	29	乌鲁木齐	1
10	南京	3	30	台北	1
11	杭州	3	31	二连浩特	-2
12	合肥	3	32	汕头	1
13	福州	2	33	海口	1
14	南昌	3	34	桂林	1
15	济南	3	35	重庆	3
16	郑州	3	36	敦煌	-1
17	武汉	3	37	格尔木	-9
18	长沙	3	38	和田	-1
19	广州	1	39	喀什	0
20	南宁	1	40	库车	0

（四）透过玻璃窗的日射得热形成的冷负荷的计算

1. 日射得热因数

透过玻璃窗进入室内的日射得热分为两部分。

（1）透过玻璃窗直接进入室内的太阳辐射热 q_t

$$q_t = \tau_z J_z + \tau_s J_s \tag{5-13}$$

式中，τ_z、τ_s 是玻璃对太阳辐射的直射、散射日射透过率；J_z 是直射太阳辐射强度在玻璃表面法线方向的分量（W/m^2）；J_s 是散射太阳辐射强度（W/m^2）。

（2）玻璃窗吸收太阳辐射后传入室内的热量 q_α

$$q_\alpha = N(\alpha_z J_z + \alpha_s J_s) \tag{5-14}$$

式中，α_z、α_s 是玻璃对太阳辐射直射、散射的吸收率；N 是玻璃吸收太阳辐射热传向室内的比率，即

$$N = \frac{R_w}{R} = \frac{R_w}{R_w + R_n} = 0.319 \tag{5-15}$$

式中，R 是玻璃的总热阻（$m^2 \cdot K/W$）；R_w 是玻璃外表面热阻（$m^2 \cdot K/W$），$R_w = \frac{1}{\alpha_w}$；R_n 是玻璃内表面热阻（$m^2 \cdot K/W$），$R_n = \frac{1}{\alpha_n}$；α_w 是玻璃外表面传热系数 $W/(m^2 \cdot K)$，取 $18.6 W/(m^2 \cdot K)$；α_n 是玻璃内表面传热系数 $W/(m^2 \cdot K)$，取 $8.7 W/(m^2 \cdot K)$。

由于玻璃窗的类型、遮阳设施、太阳入射角及太阳辐射强度等因素的各种组合太多，无法建立太阳辐射得热与太阳辐射强度之间的函数关系，于是采用一种对比的计算方法。

采用 3mm 厚的普通平板玻璃作为"标准玻璃"，在一定的条件下［$\alpha_n = 8.7 W/(m^2 \cdot K)$ 和 $\alpha_w = 18.6 W/(m^2 \cdot K)$］，得出夏季（以 7 月份为代表）通过这一"标准玻璃"的日射得热量 q_t 和 q_α 值，令

$$D_j = q_t + q_\alpha$$

称 D_j 为日射得热因数。

经过大量统计计算工作，得出我国 40 个城市夏季 9 个不同朝向的逐时日射得热因数值 D_j 及其最大值 D_{jmax}。经过相似分析，给出了适用于不同纬度带（每一带宽为 $\pm 2°30'$ 纬度）的 D_{jmax} 值，见表 5-17。

表 5-17　夏季各纬度带的日射得热因数最大值 D_{jmax}

朝向 纬度带	南	东南	东	东北	北	西北	西	西南	水平
20°	130	312	541	465	130	465	541	312	876
25°	145	331	509	421	134	421	509	331	834
30°	173	374	538	415	115	415	538	374	833
35°	251	436	575	429	122	429	575	436	844
40°	302	477	599	442	114	442	599	477	842
45°	368	508	598	433	109	433	598	508	812
拉萨	174	462	727	592	133	592	727	462	991

考虑到在非标准玻璃情况下，以及不同窗类型和遮阳设施对日射得热的影响，可对日射得热因数加以修正，通常乘以玻璃窗的综合遮挡系数 C_z，即

$$C_z = C_s C_n \tag{5-16}$$

式中，C_s 是玻璃窗的遮阳系数，由表 5-18 查得；C_n 是窗内遮阳设施的遮阳系数，由表 5-19 查

得；C_z 是实际玻璃窗的日射得热与"标准"玻璃窗的日射得热的比值。

2. 冷负荷计算

透过玻璃窗进入室内的日射得热形成的逐时冷负荷 LQ_b 按式（5-17）计算

$$LQ_b = AC_z D_{jmax} C_{LQ} \tag{5-17}$$

式中，LQ_b 是透过玻璃进入室内的日射得热引起的逐时冷负荷（W）；A 是玻璃窗的净面积（m^2）；C_a 是窗的有效面积系数，见表 5-20；C_z 是玻璃窗的综合遮挡系数；D_{jmax} 是日射得热因数的最大值（W/m^2），以七月份为代表的夏季各纬度带的 D_{jmax} 值见表 5-17；C_{LQ} 是冷负荷系数，以北纬 27°30′为界划线，将全国分为南、北两区，北纬 27°30′以北的为北区，北纬 27°30′以南的为南区，现给出北区和南区无内遮阳和有内遮阳的 9 个不同朝向（即东、西、南、北、东北、西南、西北、东南和水平）的逐时冷负荷系数值，见表 5-21～表 5-24。

表 5-18　窗玻璃的遮阳系数

玻 璃 类 型	C_s 值	玻 璃 类 型	C_s 值
"标准玻璃"	1.00	6mm 厚吸热玻璃	0.83
5mm 厚普通玻璃	0.93	双层 3mm 厚普通玻璃	0.86
6mm 厚普通玻璃	0.89	双层 5mm 厚普通玻璃	0.78
3mm 厚吸热玻璃	0.96	双层 6mm 厚普通玻璃	0.74
5mm 厚吸热玻璃	0.88		

注：1. "标准玻璃"是指 3mm 厚的单层普通玻璃。

2. 吸热玻璃是指上海耀华玻璃厂生产的浅蓝色吸热玻璃。

3. 表中 C_s 对应的内、外表面放热系数 $\alpha_n = 8.7 W/(m^2 \cdot ℃)$，$\alpha_w = 18.6 W/(m^2 \cdot ℃)$。

4. 这里的双层玻璃的内、外层玻璃是相同的。

表 5-19　窗内遮阳设施的遮阳系数

内遮阳类型	颜　　色	C_n
白布帘	浅色	0.50
浅蓝布帘	中间色	0.60
深黄、紫红、深绿布帘	深色	0.65
活动百叶帘	中间色	0.60

表 5-20　窗的有效面积系数 C_a 值

系　　数	单层钢窗	单层木窗	双层钢窗	双层木窗
有效面积系数 C_a	0.85	0.70	0.75	0.60

（五）室内热源散热形成的冷负荷计算

室内热源包括工艺设备散热、照明散热及人体散热等。

室内热源散出的热量包括显热和潜热两部分。潜热散热成为瞬时冷负荷；显热散热中的对流热成为瞬时冷负荷，而辐射部分则先被围护结构等物体表面所吸收，然后再缓慢地逐渐散出，形成滞后冷负荷。因此，必须采用相应的冷负荷系数。

1. 设备散热形成的冷负荷　设备和用具显热散热形成的冷负荷按式（5-18）计算

$$LQ_s = QC_{LQ} \tag{5-18}$$

式中，Q 是设备和用具的实际显热散热量（W）；C_{LQ} 是设备和用具显热散热冷负荷系数，根据这些设备和用具开始使用后的小时数及从开始使用时间算起到计算冷负荷时间的小时数，分有罩和无罩两种情况，可查阅表 5-25 和表 5-26。

表 5-21　北区无内遮阳玻璃窗冷负荷系数 C_{LQ}

朝向＼时刻	0	1	2	3	4	5	6	7	8	9	10	11	12	13	14	15	16	17	18	19	20	21	22	23
南	0.16	0.15	0.14	0.13	0.12	0.11	0.13	0.17	0.21	0.28	0.39	0.49	0.54	0.65	0.60	0.42	0.36	0.32	0.27	0.23	0.21	0.20	0.18	0.17
东南	0.14	0.13	0.12	0.11	0.10	0.09	0.22	0.34	0.45	0.51	0.62	0.58	0.41	0.34	0.32	0.31	0.28	0.26	0.22	0.19	0.18	0.17	0.16	0.15
东	0.12	0.11	0.10	0.09	0.09	0.08	0.29	0.41	0.49	0.60	0.56	0.37	0.29	0.29	0.28	0.26	0.24	0.22	0.19	0.17	0.16	0.15	0.14	0.13
东北	0.12	0.11	0.10	0.09	0.09	0.08	0.35	0.45	0.53	0.54	0.38	0.30	0.30	0.30	0.29	0.27	0.26	0.23	0.20	0.17	0.16	0.15	0.14	0.13
北	0.26	0.24	0.23	0.21	0.19	0.18	0.44	0.42	0.43	0.49	0.56	0.61	0.64	0.66	0.66	0.63	0.59	0.64	0.64	0.38	0.35	0.32	0.30	0.28
西北	0.17	0.15	0.14	0.12	0.12	0.12	0.13	0.15	0.17	0.18	0.20	0.21	0.22	0.22	0.28	0.39	0.50	0.56	0.59	0.31	0.22	0.21	0.19	0.18
西	0.17	0.16	0.14	0.13	0.12	0.12	0.12	0.14	0.15	0.16	0.17	0.17	0.18	0.25	0.37	0.47	0.52	0.62	0.55	0.24	0.23	0.21	0.20	0.18
西南	0.18	0.16	0.14	0.13	0.13	0.12	0.13	0.15	0.17	0.18	0.20	0.21	0.29	0.40	0.49	0.54	0.64	0.59	0.39	0.25	0.24	0.22	0.20	0.19
水平	0.20	0.18	0.17	0.16	0.15	0.14	0.16	0.22	0.31	0.39	0.47	0.53	0.57	0.69	0.68	0.55	0.49	0.41	0.33	0.28	0.26	0.25	0.23	0.21

表 5-22　北区有内遮阳玻璃窗冷负荷系数 C_{LQ}

朝向＼时刻	0	1	2	3	4	5	6	7	8	9	10	11	12	13	14	15	16	17	18	19	20	21	22	23
南	0.07	0.07	0.06	0.06	0.06	0.05	0.11	0.18	0.26	0.40	0.58	0.72	0.84	0.80	0.62	0.45	0.32	0.24	0.16	0.10	0.09	0.09	0.08	0.08
东南	0.06	0.06	0.06	0.05	0.05	0.05	0.30	0.54	0.71	0.83	0.80	0.62	0.43	0.30	0.28	0.25	0.22	0.17	0.13	0.09	0.08	0.08	0.07	0.07
东	0.06	0.05	0.05	0.04	0.04	0.04	0.47	0.68	0.82	0.79	0.59	0.38	0.24	0.24	0.23	0.21	0.18	0.15	0.11	0.08	0.07	0.07	0.06	0.06
东北	0.06	0.05	0.05	0.04	0.04	0.04	0.54	0.79	0.79	0.60	0.38	0.29	0.29	0.29	0.27	0.25	0.21	0.16	0.12	0.08	0.07	0.07	0.06	0.06
北	0.12	0.11	0.10	0.09	0.09	0.09	0.59	0.54	0.54	0.65	0.75	0.81	0.83	0.83	0.79	0.71	0.60	0.61	0.68	0.17	0.16	0.15	0.14	0.13
西北	0.08	0.07	0.06	0.06	0.06	0.06	0.09	0.13	0.17	0.21	0.23	0.25	0.26	0.26	0.35	0.57	0.76	0.83	0.67	0.13	0.10	0.09	0.09	0.08
西	0.08	0.07	0.06	0.06	0.06	0.06	0.08	0.11	0.14	0.17	0.18	0.19	0.20	0.34	0.56	0.72	0.83	0.77	0.53	0.11	0.10	0.09	0.09	0.08
西南	0.08	0.08	0.07	0.06	0.06	0.06	0.09	0.13	0.17	0.20	0.23	0.28	0.38	0.58	0.73	0.84	0.79	0.59	0.37	0.13	0.12	0.10	0.09	0.09
水平	0.09	0.09	0.08	0.07	0.07	0.07	0.13	0.26	0.42	0.57	0.69	0.77	0.85	0.84	0.73	0.63	0.49	0.33	0.19	0.13	0.12	0.11	0.10	0.09

表 5-23　南区无内遮阳窗玻璃冷负荷系数 C_{LQ}

朝向＼时刻	0	1	2	3	4	5	6	7	8	9	10	11	12	13	14	15	16	17	18	19	20	21	22	23
南	0.21	0.19	0.18	0.17	0.16	0.14	0.17	0.25	0.33	0.42	0.48	0.54	0.59	0.70	0.70	0.57	0.52	0.44	0.35	0.30	0.28	0.26	0.24	0.22
东南	0.14	0.13	0.12	0.11	0.11	0.10	0.20	0.36	0.47	0.52	0.61	0.54	0.39	0.37	0.36	0.35	0.32	0.28	0.23	0.20	0.19	0.18	0.16	0.15
东	0.12	0.11	0.10	0.09	0.09	0.08	0.24	0.39	0.48	0.61	0.57	0.38	0.31	0.30	0.29	0.28	0.27	0.23	0.21	0.18	0.17	0.15	0.14	0.13
东北	0.12	0.12	0.11	0.10	0.09	0.09	0.26	0.41	0.49	0.59	0.54	0.36	0.32	0.32	0.31	0.29	0.27	0.24	0.20	0.18	0.17	0.16	0.14	0.13
北	0.28	0.25	0.24	0.22	0.21	0.19	0.38	0.49	0.52	0.55	0.59	0.63	0.66	0.68	0.68	0.68	0.69	0.69	0.60	0.40	0.37	0.35	0.32	0.30
西北	0.17	0.16	0.15	0.14	0.13	0.12	0.12	0.15	0.17	0.20	0.20	0.21	0.22	0.27	0.38	0.48	0.54	0.63	0.52	0.25	0.23	0.21	0.20	0.18
西	0.17	0.16	0.15	0.14	0.13	0.12	0.12	0.14	0.16	0.17	0.18	0.19	0.20	0.28	0.40	0.50	0.54	0.61	0.50	0.24	0.23	0.21	0.20	0.18
西南	0.18	0.17	0.15	0.14	0.13	0.12	0.13	0.16	0.19	0.23	0.25	0.27	0.29	0.37	0.48	0.55	0.67	0.60	0.38	0.26	0.24	0.22	0.21	0.19
水平	0.19	0.17	0.16	0.15	0.14	0.13	0.14	0.19	0.28	0.37	0.45	0.52	0.56	0.68	0.67	0.53	0.46	0.38	0.30	0.27	0.25	0.23	0.22	0.20

表 5-24　南区有内遮阳窗玻璃冷负荷系数 C_{LQ}

朝向＼时刻	0	1	2	3	4	5	6	7	8	9	10	11	12	13	14	15	16	17	18	19	20	21	22	23
南	0.10	0.09	0.09	0.08	0.08	0.07	0.14	0.31	0.47	0.60	0.69	0.77	0.87	0.84	0.74	0.66	0.54	0.38	0.20	0.13	0.12	0.12	0.11	0.10
东南	0.07	0.06	0.06	0.05	0.05	0.05	0.27	0.55	0.74	0.83	0.75	0.52	0.40	0.39	0.36	0.33	0.27	0.20	0.13	0.09	0.09	0.08	0.08	0.07
东	0.06	0.05	0.05	0.05	0.04	0.04	0.36	0.63	0.81	0.81	0.63	0.41	0.27	0.27	0.25	0.23	0.20	0.15	0.10	0.08	0.07	0.07	0.07	0.06
东北	0.06	0.06	0.05	0.05	0.05	0.04	0.40	0.67	0.82	0.76	0.56	0.38	0.31	0.30	0.28	0.25	0.21	0.17	0.11	0.08	0.08	0.07	0.07	0.06
北	0.13	0.12	0.12	0.11	0.10	0.10	0.47	0.67	0.70	0.72	0.77	0.82	0.85	0.84	0.81	0.78	0.77	0.75	0.56	0.18	0.17	0.16	0.15	0.14
西北	0.08	0.07	0.07	0.06	0.06	0.06	0.08	0.13	0.17	0.21	0.24	0.26	0.27	0.34	0.54	0.71	0.84	0.77	0.46	0.11	0.10	0.09	0.09	0.08
西	0.08	0.07	0.07	0.06	0.06	0.06	0.07	0.12	0.16	0.19	0.21	0.22	0.23	0.37	0.60	0.75	0.84	0.73	0.42	0.10	0.10	0.09	0.09	0.08
西南	0.08	0.07	0.07	0.06	0.06	0.06	0.09	0.16	0.22	0.28	0.32	0.35	0.36	0.50	0.69	0.84	0.83	0.61	0.34	0.11	0.10	0.10	0.09	0.09
水平	0.09	0.08	0.08	0.07	0.07	0.06	0.09	0.21	0.38	0.54	0.67	0.76	0.85	0.83	0.72	0.61	0.45	0.28	0.16	0.12	0.11	0.10	0.10	0.09

表 5-25　有罩设备和用具显热散冷负荷系数

连续使用小时数/h	开始使用后的小时数/h																							
	1	2	3	4	5	6	7	8	9	10	11	12	13	14	15	16	17	18	19	20	21	22	23	24
2	0.27	0.40	0.25	0.18	0.14	0.11	0.09	0.08	0.07	0.06	0.05	0.04	0.04	0.03	0.03	0.03	0.02	0.02	0.02	0.02	0.01	0.01	0.01	0.01
4	0.28	0.41	0.51	0.59	0.39	0.30	0.24	0.19	0.16	0.14	0.12	0.10	0.09	0.08	0.07	0.06	0.05	0.05	0.04	0.04	0.03	0.03	0.02	0.02
6	0.29	0.42	0.52	0.59	0.65	0.70	0.48	0.37	0.30	0.25	0.21	0.18	0.16	0.14	0.12	0.11	0.09	0.08	0.07	0.06	0.05	0.05	0.04	0.04
8	0.31	0.44	0.54	0.61	0.66	0.71	0.75	0.78	0.55	0.43	0.35	0.30	0.25	0.22	0.19	0.16	0.14	0.13	0.11	0.10	0.08	0.07	0.06	0.06
10	0.33	0.46	0.55	0.62	0.68	0.72	0.76	0.79	0.81	0.84	0.60	0.48	0.39	0.33	0.28	0.24	0.21	0.18	0.16	0.14	0.12	0.11	0.09	0.08
12	0.36	0.49	0.58	0.64	0.69	0.74	0.77	0.80	0.82	0.85	0.87	0.88	0.64	0.51	0.42	0.36	0.31	0.26	0.23	0.20	0.18	0.15	0.13	0.12
14	0.40	0.52	0.61	0.67	0.72	0.76	0.79	0.82	0.84	0.86	0.88	0.89	0.91	0.92	0.67	0.54	0.45	0.38	0.32	0.28	0.24	0.21	0.19	0.16
16	0.45	0.57	0.65	0.70	0.75	0.78	0.81	0.84	0.86	0.87	0.89	0.90	0.92	0.93	0.94	0.94	0.69	0.56	0.46	0.39	0.34	0.29	0.25	0.22
18	0.52	0.63	0.70	0.75	0.79	0.82	0.84	0.86	0.88	0.89	0.91	0.92	0.93	0.94	0.95	0.95	0.96	0.96	0.71	0.58	0.48	0.41	0.35	0.30

表 5-26　无罩设备和用具显热散冷负荷系数

连续使用小时数/h	开始使用后的小时数/h																							
	1	2	3	4	5	6	7	8	9	10	11	12	13	14	15	16	17	18	19	20	21	22	23	24
2	0.56	0.64	0.15	0.11	0.08	0.07	0.06	0.05	0.04	0.04	0.03	0.03	0.02	0.02	0.02	0.02	0.01	0.01	0.01	0.01	0.01	0.01	0.01	0.01
4	0.57	0.65	0.71	0.75	0.23	0.18	0.14	0.12	0.10	0.08	0.07	0.06	0.05	0.05	0.04	0.04	0.03	0.03	0.02	0.02	0.02	0.01	0.01	0.01
6	0.57	0.65	0.71	0.76	0.79	0.82	0.29	0.22	0.18	0.15	0.13	0.11	0.10	0.08	0.07	0.06	0.06	0.05	0.04	0.04	0.03	0.03	0.03	0.02
8	0.58	0.66	0.72	0.76	0.80	0.82	0.85	0.87	0.33	0.26	0.21	0.18	0.15	0.13	0.11	0.10	0.09	0.08	0.07	0.06	0.05	0.04	0.04	0.03
10	0.60	0.68	0.73	0.77	0.81	0.83	0.85	0.87	0.89	0.90	0.36	0.29	0.24	0.20	0.17	0.15	0.13	0.11	0.10	0.08	0.07	0.07	0.06	0.05
12	0.62	0.69	0.75	0.79	0.82	0.84	0.86	0.88	0.89	0.91	0.92	0.93	0.38	0.31	0.25	0.21	0.18	0.16	0.14	0.12	0.11	0.09	0.08	0.07
14	0.64	0.71	0.76	0.80	0.83	0.85	0.87	0.89	0.90	0.92	0.93	0.93	0.94	0.95	0.40	0.32	0.27	0.23	0.19	0.17	0.15	0.13	0.11	0.10
16	0.67	0.74	0.79	0.82	0.85	0.87	0.89	0.90	0.91	0.92	0.93	0.94	0.95	0.96	0.96	0.97	0.42	0.34	0.28	0.24	0.20	0.18	0.15	0.13
18	0.71	0.78	0.82	0.85	0.87	0.89	0.90	0.92	0.93	0.94	0.94	0.95	0.96	0.96	0.97	0.97	0.97	0.98	0.43	0.35	0.29	0.24	0.21	0.18

设备显热散热量计算方法如下：

1）电动设备。当工艺设备及其电动机都在室内时，计算公式为

$$Q = 1000n_1 n_2 n_3 N / \eta \tag{5-19}$$

当只有工艺设备在室内，而电动机不在室内时，计算公式为

$$Q = 1000n_1 n_2 n_3 N \tag{5-20}$$

当工艺设备不在室内，而只有电动机放在室内时，计算公式为

$$Q = 1000n_1 n_2 n_3 \frac{1 - \eta}{\eta} N \tag{5-21}$$

式中，N 是电动设备的安装功率（kW）；η 是电动机效率，可由产品样本查得，JO_2 电动机效率见表5-27；n_1 是利用系数（安装系数），它是电动机最大实耗功率与安装功率之比，一般可取 0.7 ~ 0.9，可用以反映安装功率的利用程度；n_2 是电动机负荷系数，它是指电动机每小时平均实耗功率与机器设计时最大实耗功率之比，对精密设备可取 0.15 ~ 0.40，对普通设备可取 0.50 左右；n_3 是同时使用系数，指室内电动机同时使用的安装功率与总安装功率之比，根据工艺过程的设备使用情况而定，一般取 0.5 ~ 0.8。

2）电热设备散热量。对于无保温密闭罩的电热设备，按式（5-22）计算

$$Q = 1000n_1 n_2 n_3 n_4 N \tag{5-22}$$

式中，n_4 是考虑排风带走热量的系数，一般取 0.5。

表5-27　JO_2 电动机效率

电动机功率/kW	0.25 ~ 1.10	1.50 ~ 2.20	3.00 ~ 4.00	5.50 ~ 7.5	10 ~ 13	17 ~ 22
效率	0.76	0.80	0.83	0.85	0.87	0.88

3）电子设备。计算公式与式（5-21）相同，其中系数 n_2 的值根据使用情况而定，对于已给出实测的实耗功率值的电子计算机可取 1.0，一般仪表取 0.5 ~ 0.9。

2. 照明散热形成的冷负荷

室内照明设备散热属于稳定得热，只要电压稳定，这一得热量是不随时间变化的。但照明所散出的热量同样是由对流和辐射两部分构成的，照明散热形成的瞬时冷负荷同样低于瞬时得热。

根据照明灯具的类型和安装方式不同，其冷负荷计算式也不同

白炽灯　　　　　　　　　$$LQ_z = 1000NC_{LQ} \tag{5-23}$$

荧光灯　　　　　　　　　$$LQ_z = 1000n_1 n_2 NC_{LQ} \tag{5-24}$$

式中，N 是照明灯具所需功率（W）；n_1 是镇流器消耗功率数，当明装荧光灯的镇流器装在空调房间内时，取 $n_1 = 1.2$，当暗装荧光灯镇流器装设在顶棚内时，可取 $n_1 = 1.0$；n_2 是灯罩隔热系数，当荧光灯罩上部穿有小孔（下部为玻璃板），可利用自然通风散热于顶棚内时，取 $n_2 = 0.5 ~ 0.6$，而荧光灯罩无通风孔者，则视顶棚内通风情况，取 $n_2 = 0.6 ~ 0.8$；C_{LQ} 是照明散热冷负荷系数，根据明装和暗装荧光灯及白炽灯，按照不同的空调设备运行时间和开灯时间及开灯后的小时数，由表5-28查得。

3. 人体散热形成的冷负荷

人体散热与性别、年龄、衣着、劳动强度以及环境条件等多种因素有关。在人体散热中，辐射成分约占 40%，对流成分约占 20%，其余 40% 则为潜热。这一潜热量可认为是瞬时冷负荷，对流热也形成瞬时冷负荷。至于辐射热则形成滞后冷负荷。

由于性质不同的建筑物中有不同比例的成年男子、女子和儿童数量，而成年女子和儿童的散热量低于成年男子。为了实际计算方便，可以成年男子为基础，乘以考虑了各类人员组成比例的系数 n'（称为群集系数），表5-29给出了一些数据，可作为参考。

表 5-28　照明散热冷负荷系数

灯具类型	空调设备运行小时数/h	开灯小时数/h	开灯后的小时数/h										
			0	1	2	3	4	5	6	7	8	9	10
明装荧光灯	24	13	0.37	0.67	0.71	0.74	0.76	0.79	0.81	0.83	0.84	0.86	0.87
	24	10	0.37	0.67	0.71	0.74	0.76	0.79	0.81	0.83	0.84	0.86	0.87
	24	8	0.37	0.67	0.71	0.74	0.76	0.79	0.81	0.83	0.84	0.29	0.26
	16	13	0.60	0.87	0.90	0.91	0.91	0.93	0.93	0.94	0.94	0.95	0.95
	16	10	0.60	0.82	0.83	0.84	0.84	0.84	0.85	0.85	0.86	0.88	0.90
	16	8	0.51	0.79	0.82	0.84	0.85	0.87	0.88	0.89	0.90	0.29	0.26
	12	10	0.63	0.90	0.91	0.93	0.93	0.94	0.95	0.95	0.95	0.96	0.96

灯具类型	空调设备运行小时数/h	开灯小时数/h	开灯后的小时数/h										
			11	12	13	14	15	16	17	18	19	20	21	22	23
明装荧光灯	24	13	0.89	0.90	0.92	0.29	0.26	0.23	0.20	0.19	0.17	0.15	0.14	0.12	0.11
	24	10	0.29	0.26	0.23	0.20	0.19	0.17	0.15	0.14	0.12	0.11	0.10	0.09	0.08
	24	8	0.23	0.20	0.19	0.17	0.15	0.14	0.12	0.11	0.10	0.09	0.08	0.07	0.06
	16	13	0.96	0.96	0.97	0.29	0.26								
	16	10	0.32	0.29	0.25	0.23	0.19								
	16	8	0.23	0.20	0.19	0.17	0.15								
	12	10	0.37												

灯具类型	空调设备运行小时数/h	开灯小时数/h	开灯后的小时数/h										
			0	1	2	3	4	5	6	7	8	9	10
暗装荧光灯或明装白炽灯	24	10	0.34	0.55	0.61	0.65	0.68	0.71	0.74	0.77	0.79	0.81	0.83
	16	10	0.58	0.75	0.79	0.80	0.80	0.81	0.82	0.83	0.84	0.86	0.87
	12	10	0.69	0.86	0.89	0.90	0.91	0.91	0.92	0.93	0.94	0.95	0.95

灯具类型	空调设备运行小时数/h	开灯小时数/h	开灯后的小时数/h										
			11	12	13	14	15	16	17	18	19	20	21	22	23
暗装荧光灯或明装白炽灯	24	10	0.39	0.35	0.31	0.28	0.25	0.23	0.20	0.18	0.16	0.15	0.14	0.12	0.11
	16	10	0.39	0.35	0.31	0.28	0.25								
	12	10	0.50												

人体显热散热引起的冷负荷计算式为

$$LQ_r = q_r n n' C_{LQ} \tag{5-25}$$

式中，q_r 是不同室温和劳动性质成年男子显热散热量（W），见表 5-29；n 是室内全部人数；n' 是群集系数，见表 5-30；C_{LQ} 是人体显热散热冷负荷系数，见表 5-31，这一系数取决于人员在室内停留时间及由进入室内时算起至计算时刻为止的时间。

对于人员密集的场所，如电影院、剧院和会堂等，由于人体对围护结构和室内家具的辐射换热量相应减少，可取 $C_{LQ} = 1.0$。

人体潜热散热引起的冷负荷计算式为

$$LQ_L = q_L n n' \tag{5-26}$$

式中，q_L 是不同室温和劳动性质成年男子潜热散热量（W）；n 是室内全部人数；n' 是群集系数。

表 5-29　不同温度条件下成年男子散热、散湿量

劳动	热湿量	温度/℃														
		16	17	18	19	20	21	22	23	24	25	26	27	28	29	30
静坐	显热/W	99	93	90	87	84	81	78	74	71	67	63	58	53	48	43
	潜热/W	17	20	22	23	26	27	30	34	37	41	45	50	55	60	65
	全热/W	116	113	112	110	110	108	108	108	108	108	108	108	108	108	108
	散湿量/(g/h)	26	30	34	35	38	40	45	50	56	61	68	75	82	90	97
极轻劳动	显热/W	108	105	100	97	90	85	79	75	70	65	61	57	51	45	41
	潜热/W	34	36	40	43	47	51	56	59	64	69	73	77	83	89	93
	全热/W	142	141	140	140	137	136	135	134	134	134	134	134	134	134	134
	散湿量/(g/h)	50	54	59	64	69	76	83	89	96	102	109	115	123	132	139
轻度劳动	显热/W	117	112	106	99	93	87	81	76	70	64	58	51	47	40	35
	潜热/W	71	74	79	84	90	94	100	106	112	117	123	130	135	142	147
	全热/W	188	186	185	183	183	181	181	182	182	181	181	181	182	182	182
	散湿量/(g/h)	105	110	118	126	134	140	150	158	167	175	184	194	203	212	220
中等强度劳动	显热/W	150	142	134	126	117	112	104	97	88	83	74	67	61	52	45
	潜热/W	86	94	102	110	118	123	131	138	147	152	161	168	174	183	190
	全热/W	236	236	236	236	235	235	235	235	235	235	235	235	235	235	235
	散湿量/(g/h)	128	141	153	165	175	184	196	207	219	227	240	250	260	273	283
重度劳动	显热/W	192	186	180	174	169	163	157	151	145	140	134	128	122	116	110
	潜热/W	215	221	227	233	238	244	250	256	262	267	273	279	285	291	297
	全热/W	407	407	407	407	407	407	407	407	407	407	407	407	407	407	407
	散湿量/(g/h)	321	330	339	347	356	365	373	382	391	400	408	417	425	434	443

表 5-30　某些空调建筑内的群集系数 n'

工作场所	群集系数	工作场所	群集系数
影、剧院	0.89	旅馆	0.93
百货商场（售货）	0.89	图书馆阅览室	0.96
纺织厂	0.90	铸造车间	1.00
体育馆	0.92	炼钢车间	1.00

表 5-31　人体显热散热冷负荷系数

在室内的总小时数/h	每个人进入室内后的小时数/h											
	1	2	3	4	5	6	7	8	9	10	11	12
2	0.49	0.58	0.17	0.13	0.10	0.08	0.07	0.06	0.05	0.04	0.04	0.03
4	0.49	0.59	0.66	0.71	0.27	0.21	0.16	0.14	0.11	0.10	0.08	0.07
6	0.50	0.60	0.67	0.72	0.76	0.79	0.34	0.26	0.21	0.18	0.15	0.13
8	0.51	0.61	0.67	0.72	0.76	0.80	0.82	0.84	0.38	0.30	0.25	0.21
10	0.53	0.62	0.69	0.74	0.77	0.80	0.83	0.85	0.87	0.89	0.42	0.34
12	0.55	0.64	0.70	0.75	0.79	0.81	0.84	0.86	0.88	0.89	0.91	0.92
14	0.58	0.66	0.72	0.77	0.80	0.83	0.85	0.87	0.89	0.90	0.91	0.92
16	0.62	0.70	0.75	0.79	0.82	0.85	0.87	0.88	0.90	0.91	0.92	0.93
18	0.66	0.74	0.79	0.82	0.85	0.87	0.89	0.90	0.92	0.93	0.94	0.94

在室内的总小时数/h	每个人进入室内后的小时数/h											
	13	14	15	16	17	18	19	20	21	22	23	24
2	0.03	0.02	0.02	0.02	0.02	0.01	0.01	0.01	0.01	0.01	0.01	0.01
4	0.06	0.06	0.05	0.04	0.04	0.03	0.03	0.03	0.02	0.02	0.02	0.01
6	0.11	0.10	0.08	0.07	0.06	0.06	0.05	0.04	0.04	0.03	0.03	0.03
8	0.18	0.15	0.13	0.12	0.10	0.09	0.08	0.07	0.06	0.05	0.05	0.04
10	0.28	0.23	0.20	0.17	0.15	0.13	0.11	0.10	0.09	0.08	0.07	0.06

（续）

在室内的	每个人进入室内后的小时数/h											
总小时数/h	13	14	15	16	17	18	19	20	21	22	23	24
12	0.45	0.36	0.30	0.25	0.21	0.19	0.16	0.14	0.12	0.11	0.09	0.08
14	0.93	0.94	0.47	0.38	0.31	0.26	0.23	0.20	0.17	0.15	0.13	0.11
16	0.94	0.95	0.95	0.96	0.49	0.39	0.33	0.28	0.24	0.20	0.18	0.16
18	0.95	0.96	0.96	0.97	0.97	0.97	0.50	0.40	0.33	0.28	0.24	0.21

第二节　蓄冷空调系统制冷机组的确定

一、蓄冷空调用制冷机组的选择

选择蓄冷空调用制冷机组时，应考虑两个方面的要求：制冷机的蒸发温度适应蓄冷温度的要求；制冷机的容量和其调节范围应能满足负荷要求。

对于水蓄冷系统和共晶盐蓄冷系统，通常可选用常规的冷水机组，载冷剂为水；而对于冰蓄冷空调系统，需采用双工况运行的制冷机组，既能在常规空调工况下工作，又能在蓄冷时以制冰工况运行，载冷剂是质量分数为 25% ~ 30% 的乙二醇溶液。通常用于蓄冰系统的制冷机组的类型有活塞式冷水机组、螺杆式冷水机组、三级离心式冷水机组和涡旋式冷水机组。

（一）常用制冷机组的主要特性

（1）活塞式冷水机组　活塞式冷水机组分为开启式、半封闭式和全封闭式三种。用于蓄冷空调系统的主要是半封闭式和开启式。容量通常在 1000kW 以下，适合于中小型蓄冷空调，空调工况下 COP 值 4.1 ~ 5.4。用于蓄冰工况时，蒸发器出液温度为 −12 ~ −10℃，COP 值为 2.9 ~ 3.9。

（2）螺杆式制冷机组　与活塞式制冷机组相比，螺杆式制冷机组具有结构简单、紧凑，易损件少，可靠性高等优点，尤其是在低蒸发温度或高压缩比工况下仍可单级压缩；采用滑阀调节装置，制冷量可在 10% ~ 100% 范围内进行无级调节，并可在无负荷情况下起动。由于排气温度低，热效率高，运转平稳，振动小，故其应用较为广泛。

螺杆式制冷机组的容量为 100 ~ 1500kW，空调工况下的 COP 值为 4.1 ~ 5.4。为适应冰蓄冷空调的需要，现已生产出双工况螺杆式冷水机组。由于螺杆压缩机具有恒流量、变压头的工作特性，故其冷水机组可适用于制冰工况。在制冰时，蒸发器出液温度为 −12 ~ −7℃，其 COP 值为 2.9 ~ 3.9。

（3）离心式冷水机组　它具有转速高、单机制冷容量大、质量小、体积小、运转平稳、振动小等优点，通常可在 30% ~ 100% 的负荷范围内进行无级调节。

按压缩机级数分有单级、双级和三级三种，按冷凝压力可分为低压和中压两类。低压系统使用 R123 做制冷剂，中压系统使用 R22 或 R134a 做制冷剂。离心式制冷机组的容量为 300 ~ 850kW，由于离心式制冷机组具有变流量、定压头的工作特性，故其冷水机组一般不适用于制冰工况。若用于蓄冰系统，单级压缩机必须进行改装以提高其转速；三级压缩的离心式制冷机组可用于蓄冷系统，其蒸发器出液最低温度为 −6℃。水冷离心式冷水机组在空调工况下的 COP 值为 5.0 ~ 5.9；在蓄冰工况下的 COP 值为 3.5 ~ 4.1。

（4）涡旋式制冷机组　其优点是结构简单，重量轻，易损件少，维修周期长。由于结构限制，该机组容量较小，通常小于 210kW，目前已生产出 500kW 的制冷机组，可用于冰晶式或制冰滑落式蓄冷系统。在制冰工况下，蒸发器出液最低温度可达 −9℃。该机组在空调工况下的 COP 值 3.1 ~ 4.1；在制冰工况下的 COP 值为 2.7 ~ 2.9。

表 5-32 所列为上述各种制冷机组的性能参数，供设计选型时参考。

（二）制冷机组在制冰工况下的制冷量

制冷机组的制冷能力随蒸发温度（或蒸发器出口液温）的降低而减弱，随冷凝温度（或进冷凝器水温）的降低而提高。具体变化的数值视机组类型及设计而异，都应以各制造厂家提供的有关制冷机组在不同工况下的性能数据为准。通常制冷机组在制冰工况下的容量仅为标定容量的 60% ~ 80%。

表 5-32　常用制冷机组性能参数

制冷机组种类	制冷剂	单机制冷量/kW	制冷系数（COP）		最低供冷温度/℃
			空调工况	制冰工况	
活塞式	R22 R134a	52 ~ 1060	4.1 ~ 5.4	2.9 ~ 3.9	− 10 ~ − 12
螺杆式	R22 R134a	350 ~ 7000	4.1 ~ 5.4	2.9 ~ 3.9	− 7 ~ − 12
离心式	R123（低压） R22（中压） R134a（中压）	350 ~ 8500	5.0 ~ 5.9	3.5 ~ 4.1	− 6
涡旋式	R22 R134a	< 210	3.1 ~ 4.1	2.7 ~ 2.9	− 9

根据制冷机组性能分析，一般制冷机组出液温度每降低 1℃，各机组制冷容量减少量列于表 5-33 中，供参考。

表 5-33　制冷机组出液温度每降低 1℃对制冷容量的影响

机组类型	活塞式	螺杆	涡旋式	离心式	
				中压	低压（三级）
与标定容量相比较的减少量（%）	3.1 ~ 3.2	2.9 ~ 3.0	2.7 ~ 2.9	3.0 ~ 3.1	2 ~ 2.5

冷却水进冷凝器温度每降低 1℃，冷量的增加量也因机组类型及其设计而异，应以制造厂家提供的数据为准，一般估计为 1% ~ 2%。

当载冷剂采用质量分数为 25% 的乙二醇溶液时，对制冷机组容量的影响系数为 0.97 ~ 0.98。因此，当蓄冷时，如制冰温度为 − 6 ~ − 4℃，则制冷机组的容量与标定容量的比值见表 5-34。

表 5-34　制冷机组制冰容量与标定容量的比值

机组类型	活塞式	涡旋式	螺杆式	离心式（中压）	离心式（三级）
比值	0.60 ~ 0.65	0.64 ~ 0.68	0.64 ~ 0.70	0.62 ~ 0.66	0.72 ~ 0.80

此外，在选择蓄冷空调系统的制冷机组时，必须确定蓄冰期载冷剂的最低温度。这个最低温度除与所选定的蓄冰装置类型有关以外，主要还取决于冻结小时数。

二、蓄冷空调用制冷机组容量的确定

确定白天空调用和晚间制冰用的压缩机制冷量的依据就是压缩机的工作特性。当分配给晚间所需的压缩机制冷量确定后，系统的结冰量实际上已经被确定了。最佳的压缩机制冷量和储冰量的计算，在很大程度上取决于运行策略（全部蓄冷或部分蓄冷）和控制策略（融冰优先或制冷主机优先）。

（一）全部蓄冷运行策略时制冷机组容量的确定

全部蓄冷运行策略是指设计日（或周）非电力谷段的总冷负荷全部由蓄冷装置供应，制冷主机在此时段不运行。该方案配备的蓄冷装置和制冷主机的容量与其他方案相比最大，初投资最多，但运行费用最节省。图 5-6 所示为全部蓄冷策略空调冷负荷分布，该蓄冷策略主要适用于负荷集中、使用时间短的建筑物。

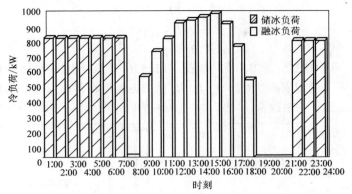

图 5-6　全部蓄冷策略空调冷负荷分布

全部蓄冷策略制冷机组容量的计算公式为

$$R_2 = \frac{RH + Q}{N\eta} \tag{5-27}$$

$$R_1 = \eta R_2 \tag{5-28}$$

式中，R_2 是制冷机组在空调工况下的制冷量（kW）；R_1 是制冷机组在制冰工况下的制冷量（kW）；RH 是在设计日中建筑物所需的总冷负荷（kJ）；Q 是蓄冷槽热损失（kJ）；N 是夜间制冰用制冷机组运行时间（h）；η 是压缩机容量变化率，即制冷机组在制冰工况时的制冷量与空调工况时的制冷量之比，对螺杆式制冷机组为 0.7，对往复活塞式制冷机组为 0.65。

（二）部分蓄冷运行策略时制冷机组容量的确定

部分蓄冷运行策略仅将设计日非谷段的冷负荷总量转移一部分（一般为 30% ~ 50%）进行蓄冰，白天制冷主机与蓄冷装置联合供应冷负荷的需要。在实际运行中，设计日负荷按部分蓄冰安排，在过渡季节往往可以按全部蓄冰运行。部分蓄冷分为主机优先和融冰优先两种控制策略。图 5-7、图 5-8 所示分别为主机优先和融冰优先控制策略空调冷负荷分布。

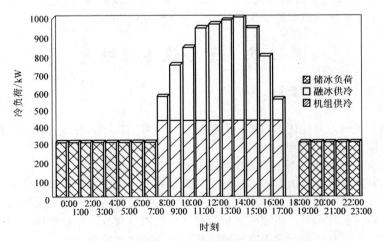

图 5-7　主机优先控制策略空调冷负荷分布

（1）主机优先　采用主机优先的运行策略所需主机及蓄冷槽容量最小。其主机容量的计算

公式为

$$R_2 = \frac{RH + Q}{D + N\eta}$$ (5-29)

$$R_1 = \eta R_2$$ (5-30)

式中，RH 是在设计日中建筑物所需的总冷负荷（kJ）；Q 是蓄冷槽热损失（kJ）；D 是白天使用空调的时间（h）；N 是晚间制冰的时间（h）；R_2 是制冷机组在空调工况下的制冷量（kW）；R_1 是制冷机组在制冰工况下的制冷量（kW）；η 是压缩机容量变化率，一般为 $0.65 \sim 0.70$。

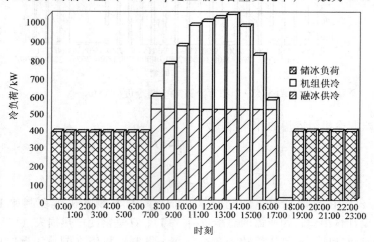

图 5-8 融冰优先控制策略空调冷负荷分布

（2）融冰优先 采用融冰优先的控制策略更能充分利用低谷电力，运行费用最节省。融冰优先主机容量的计算公式为

$$R_2 = \frac{Q_{max} D}{D + N\eta}$$ (5-31)

$$R_1 = \eta R_2$$ (5-32)

式中，Q_{max} 是建筑物高峰设计负荷（kW）；D 是白天制冷机组直接供冷时间（h）；N 是夜间制冷机组制冰时间（h）；R_2 是制冷机组在空调工况下的制冷量（kW）；R_1 是制冷机组在制冰工况下的制冷量（kW）；η 是压缩机容量变化率，一般为 $0.65 \sim 0.70$。

第三节 蓄冷设备的确定

一、运行策略选择和流程配置

（一）运行策略选择

根据当地电费结构及其他优惠政策，有明显优势时可只选择一种运行策略，否则应选择几种不同的运行策略以供进行经济性比较。

常用的运行策略有两种，即全部蓄冷和部分蓄冷。

全部蓄冷策略转移尖峰电力最多，运行费用最节省，特别适用于空调负荷大、使用时间短的场合，但由于其压缩机和蓄冷槽的容量大，初投资大，一般舒适性空调不太适用。

部分蓄冷策略运行时间长，压缩机容量和蓄冰量均明显减少，投资费用大幅度降低，一般舒适性空调均可采用，尤其适用于全天空调时间长、负荷变化大的场合。

（二）流程配置

根据工程具体情况可选择并联流程配置，或制冷机组位于蓄冷装置上游或下游的串联流程配置中的一种进行容量确定，或选几种流程配置进行方案比较。

根据制冷机组与蓄冰装置在供冷时的相互关系，可分为并联系统和串联系统。

1. 并联系统

在图 5-9 所示的并联系统中，根据不同的具体要求而采用不同的方式。图 5-9a 所示为可用于一般情况的普通并联系统；图 5-9b 所示则可用于在夜间蓄冰的同时，又必须由同一台制冷机提供少量基载负荷的系统。此时开启泵 P_3，调节阀门 V_5 和 V_6，一则控制所需冷量，再则不使供至板式换热器的乙二醇溶液温度低于 $0℃$，以防冻结。

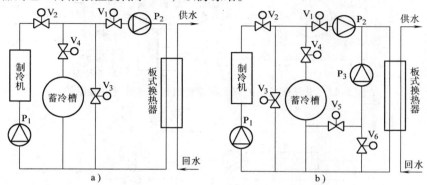

图 5-9　并联系统
a）普通并联系统　b）有少量基载负荷的并联系统

图 5-10、图 5-11 所示为双工况制冷机与蓄冰装置并联设置。两个设备均处在高温（进口温度为 $8 \sim 11℃$）段，能均衡发挥各自的效率，融冰泵采用变频控制，所有电动阀可双位开闭。其缺点是配管、流量分配、冷媒温度控制、运转操作等较复杂。该系统适用于全蓄冷系统和供水温差小（$5 \sim 6℃$）的部分蓄冷系统。图 5-11 所示为蓄冷时段仍需供冷的情况，应将基载主机与蓄冷系统并联设置。

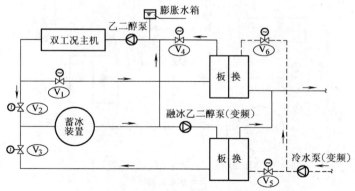

图 5-10　双工况制冷机与蓄冰装置并联系统

2. 串联系统

双工况主机与蓄冰装置串联布置，控制点明确，运行稳定，可提供较大温差（$\geq 7℃$）供冷。图 5-12 所示为串联系统。在串联系统中，可根据制冷机组与蓄冷装置的前后位置，分为主机上游和主机下游两种类型。一般情况下多采用主机上游形式，此时制冷机出水温度可以较高，设备运行效率高，电耗少，下游蓄冷槽出水温度低，便于进行节能控制。

（1）主机上游　图 5-13、图 5-14 所示为主机上游串联系统。制冷机处在高温端，制冷效率高，而蓄冰装置处在低温端，融冰效率低。该系统适用于融冰特性较理想的蓄冰装置或空调负荷平稳变化的系统。

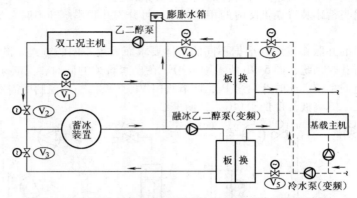

图 5-11 有基载负荷的双工况制冷机与蓄冰装置并联系统

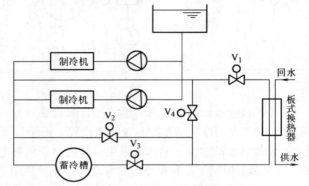

图 5-12 串联系统

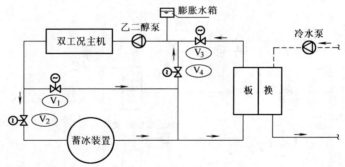

图 5-13 主机上游串联系统

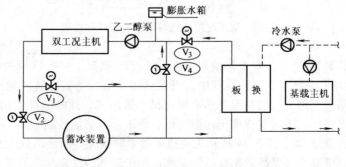

图 5-14 有基载负荷的主机上游串联系统

（2）主机下游　图 5-15、图 5-16 所示为主机下游串联系统。制冷机处在低温端，制冷效率低，而蓄冰装置处在高温端，融冰效率高。该系统适用于融冰特性欠佳的蓄冰装置、封装式蓄冰装置或空调负荷变化幅度较大的系统。

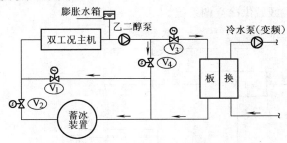

图 5-15　主机下游串联系统

（3）外融冰系统　图 5-17、图 5-18 所示为外融冰系统。它为开式系统，蓄冰装置内的水为动态，效率高，融冰速率大，释冷温度为 1~3℃。外融冰系统适用于工业用冷水和区域供冷空调系统。

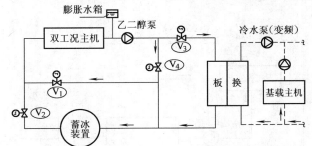

图 5-16　有基载负荷的主机下游串联系统

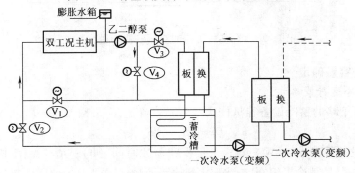

图 5-17　外融冰系统

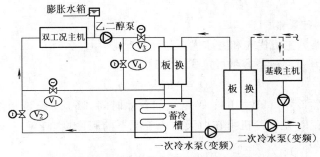

图 5-18　有基载负荷的外融冰系统

（4）双蒸发器外融冰系统　图 5-19、图 5-20 所示为双蒸发器外融冰系统。它为开式系统，释冷温度为 1 ~ 3℃。双工况主机设两个蒸发器，夜间制冰为乙二醇蒸发器，白天制冷为冷水蒸发器；冷水不需换热直接进入蓄冷槽融冰，白天可提高主机效率，降低一次冷水泵扬程。双蒸发器外融冰系统适用于大型区域供冷空调系统。

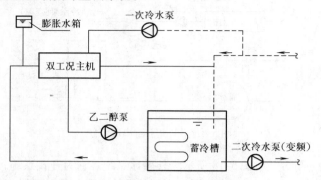

图 5-19　双蒸发器外融冰系统

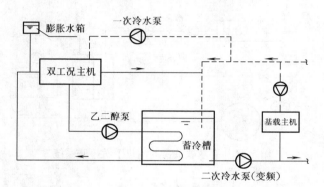

图 5-20　有基载负荷的双蒸发器外融冰系统

二、蓄冷设备容量确定

（一）全部蓄冷运行策略

全部蓄冷运行策略的蓄冷设备容量按式（5-33）确定

$$Q_i = NR_1 = NR_2\eta \tag{5-33}$$

式中，Q_i 是蓄冷设备蓄冷量（kW·h）；N 是夜间蓄冰时间（h）；R_1 是制冷机组在制冰工况下的制冷量（kW）；R_2 是制冷机组在空调工况下的制冷量（kW）；η 是压缩机容量变化率，一般为 0.65 ~ 0.70。

（二）部分蓄冷运行策略

部分蓄冷运行策略分主机优先和融冰优先两种情况。

（1）主机优先　其蓄冷设备容量可按式（5-34）确定

$$Q_i = NR_1 = NR_2\eta \tag{5-34}$$

式中，Q_i 是蓄冷设备蓄冷量（kW·h）；N 是夜间蓄冰时间（h）；R_1 是制冷机组在夜间制冰工况下的制冷量（kW）；R_2 是制冷机组在白天空调工况下的制冷量（kW）；η 是压缩机容量变化率，一般为 0.65 ~ 0.70。

在设计高峰负荷时，蓄冷设备的融冰供冷量为

$$Q_{i\max} = Q_{\max} - R_2 \tag{5-35}$$

式中，$Q_{i\max}$ 是设计高峰时的最大融冰供冷量（kW）；$Q_{\max}$ 是建筑物高峰设计负荷（kW）；R_2 是制冷机组在空调工况下的制冷量（kW）。

（2）融冰优先　其蓄冷设备容量可按式（5-36）确定

$$Q_i = NR_1 = NR_2\eta \tag{5-36}$$

式中，Q_i 是蓄冷设备蓄冷量（kW·h）；N 是夜间蓄冰时间（h）；R_1 是制冷机组在夜间制冰工况下的制冷量（kW）；R_2 是制冷机组在白天空调工况下的制冷量（kW）；η 是压缩机容量变化率，一般为 0.65～0.70。

在设计高峰日，蓄冷设备每小时的融冰供冷量为

$$Q_{ip} = \frac{R_1 N}{D} = \frac{R_2 \eta N}{D} \tag{5-37}$$

式中，Q_{ip} 是设计高峰日蓄冷设备每小时融冰供冷量（kW）；R_1 是制冷机组在制冰工况下的制冷量（kW）；R_2 是制冷机组在空调工况下的制冷量（kW）；N 是夜间蓄冰时间（h）；D 是白天空调供冷时间（h）；η 是压缩机容量变化率，一般为 0.65～0.70。

三、蓄冷槽体积及蓄冷空调系统配电容量计算

（一）蓄冷槽体积计算

蓄冷槽体积可按式（5-38）计算

$$V = \frac{Q_i b}{q} \tag{5-38}$$

式中，V 是蓄冷槽体积（m³）；Q_i 是蓄冷设备容量（kW·h）；b 是容积膨胀系数，对于水蓄冷 $b \approx 1.0$，对于冰蓄冷 $b \approx 1.05～1.15$；q 是单位蓄冷槽体积蓄冷能力（kW·h/m³）。

（二）蓄冷空调系统配电容量计算

（1）常规空调系统配电容量　可按式（5-39）确定

$$P = R(\varepsilon_1 + \gamma) \tag{5-39}$$

式中，P 是常规空调系统配电容量（kW）；R 是常规空调系统制冷机制冷量（kW）；ε_1 是制冷机组空调运行时单位制冷量耗电量（kW/kW）；γ 是制冷空调系统单位制冷量的附属设备耗电量（kW/kW）；

ε_1 及 γ 的取值和制冷机组的类型及空调系统的形式有关，ε_1 可参照表 5-35 选取，γ 值取 0.11～0.07kW/kW。

表 5-35　不同冷水机组单位制冷量的耗电量　　　　（单位：kW/kW）

类型	多级离心式	活塞式	螺杆式	涡旋式
空调（4～7℃）	0.17～0.20	0.18～0.24	0.18～0.24	0.24～0.33
制冰（-9～-3℃）	0.24～0.28	0.25～0.34	0.25～0.34	0.34～0.37

（2）全部蓄冷时系统配电容量　可按式（5-40）确定

$$P = R_2 \eta\ \varepsilon_2 + P_a \tag{5-40}$$

式中，P 是全部蓄冷时系统配电容量（kW）；R_2 是全部蓄冷时制冷机组在空调工况下的制冷量（kW）；η 是蓄冷运行时制冷机组容量变化率，其取值和蓄冷方式有关，对于冰蓄冷 η 值取 0.6～0.7；ε_2 是制冷机组蓄冷运行时单位制冷量的耗电量（kW/kW），其值可参考表 5-35 选取；P_a 是蓄冷运行时附属设备的总功率（kW）。

（3）部分蓄冷时系统配电容量　对于部分蓄冷空调系统，若采用相同的制冷机组白天空调运行，夜间蓄冷运行时，可按式（5-41）估算配电容量

$$P = R_2\varepsilon_1 + R\gamma \tag{5-41}$$

式中，P 是部分蓄冷时系统配电容量（kW）；R_2、ε_1、R、γ 的意义同前。

第四节　蓄冷空调系统的自动控制

蓄冷空调控制系统按每天预先编排的时间顺序来控制所有设备的起停并监视各设备的工作状况，主要功能如下：

1）控制制冷主机起停。

2）制冷主机故障报警。

3）控制乙二醇泵起停。

4）乙二醇泵故障报警。

5）控制冷却水泵和冷冻水泵起停。

6）冷却水泵和冷冻水泵故障报警。

7）控制冷却塔风机起停。

8）冷却塔风机故障报警。

9）冷却水和冷冻水泵供水温度监测。

10）乙二醇供/回水温度监测。

11）蓄冷槽进、出口温度监测。

12）末端乙二醇流量监测。

13）室外温、湿度监测。

14）空调冷负荷监测。

15）各时段用电量及峰谷电量监测。

16）各种数据统计表格、曲线绘制。

17）存冰量记录显示。

18）可实现无人值守运行。

19）各时段用电量及电费自动记录。

系统可在监控计算机上操作，系统状态由计算机显示，各统计数据可用打印机打印保存。在监控计算机脱机状态下，系统可由控制柜触摸屏手动或自动控制。

一、自动控制系统组成

随着微电子技术和计算机技术的飞速发展，当前的蓄冷空调系统自动控制都已采用由计算机及其软件等组成的直接数字控制器与电子传感器及执行机构相结合的直接数字控制（DDC）系统。

蓄冷系统的自动控制系统需要保证制冷机组、冷却塔、蓄冷装置、热交换器及各种泵在设计要求的参数下安全可靠地运行，并能达到预期的目的。

蓄冷系统的自动控制系统主要由蓄冷控制器、微机、显示器、打印机、冷水机组控制器及有关执行机构和传感器等组成。蓄冷空调自动控制系统可对制冷机组、冷却塔风机、蓄冷装置、溶液泵及水泵、热交换器、冷凝器等提供监测、控制和诊断功能。蓄冷控制器与制冷机组控制器以通信方式相连，使冷水机组的状态和各种运行数据以及故障诊断结果都可以在蓄冷控制器上得到，并在系统的显示屏上显示。蓄冷控制器收集处理各运行设备的各种运行数据，用来控制蓄冷系统的安全可靠运行。

二、制冷机组控制

制冷机组控制是此类蓄冷系统的一个关键。全部蓄冷系统和冷水机组系统仅在一个温度下制冷，而部分蓄冷系统要求冷水机组既作为制冰设备又作为常规的冷水机组。制冰的开始和结束都需要自动控制。

（一）制冷机组出口温度控制

可由机组配备的控制器执行，一般都可采用其出口温度传感器设定各运行方式下的规定值，以维持出口温度的恒定。但在串联、制冷机组上游流程配置中，若采用制冷机组优化的控制策略，则应采用蓄冷装置后的出液温度恒定来控制。

（二）制冷机组容量控制

制冷机组容量控制，一是制冷机组单机容量的调节，一般可通过维持出口温度恒定来完成调节，也可采用进口温度控制，可由制冷机组及所带的自控系统来完成；二是采用台数控制（多台机组时），台数控制在一般制冷机组设计为恒流量运行的情况下，可采用其流量与供、回水（液）温差计算出的冷量达到整台机组容量来进行。

在充冷运行方式中，不论是哪一种蓄冷系统，都不应进行单机容量调节，而应按额定负荷运行，以提高其运行效率，但可进行台数控制。

对于冰蓄冷系统，制冰是在白天工作开始以前进行的。在制冰过程中，制冷机组由蓄冰筒来控制。蓄冰筒容量必须大于制冷机组的制冰能力，这样才能使制冷机组在最大限度制冰能力下运行。不希望制冷机组在制冰时间卸载。制冷周期的后期，如冰的厚度达到其最大值，制冷机组的出口溶液温度和制冷机组的温差是较小的。制冷机组必须在最后状态下安全运行。利用这种方式制冰时，不需要对制冷机组的温度进行控制。在制冰周期内，制冷机组以最大限度运转，对制冷机组的控制仅仅是开、停制冷机组。

冰筒中蓄满冰时制冰即停止。低峰结束时，继续制冰会干扰建筑物的需求控制及舒适性空调的性能。有几种方法可以确定冰筒何时全部再装载，最简单的方法是根据制冷机组乙二醇回液的温度来确定。

从制冰到常规制冷机组运转的转换必须持续进行，同时不干扰制冷机组的安全控制。

三、蓄冷装置控制

蓄冷系统可分为全部蓄冷系统和部分蓄冷系统。全部蓄冷系统在供冷时不使用制冷主机，只依靠蓄冷槽来满足冷负荷的需求，这种系统要求蓄冷槽和主机容量都比较大，一般用于体育馆、影剧院等供冷负荷大、持续时间短的场所；部分蓄冷系统在供冷时依靠蓄冷槽和主机共同运行负担冷负荷，主机和蓄冷槽容量都比较小，初投资和运行费用可以达到最优，因而被一些商业建筑广泛采用。部分蓄冷系统的控制就是要解决冷负荷在主机和蓄冷槽之间的分配问题。常见的控制策略有三种，即主机优先、蓄冷槽融冰优先和优化控制。

（一）外温预测

空调负荷与室外温度有关，制冷主机能耗也与室外温度有关。为了对蓄冰和融冰过程进行综合优化，需要对优化周期的室外温度进行预测。利用气象台发布的天气预报数据，结合实测的逐时室外温度，采用自学习的形式可以预测第二天的室外温度。

（二）负荷预测

蓄冷装置的蓄冷量应考虑当天基本用尽，这样才是最经济的；同时要避免出现最后几小时蓄冷系统冷量供不应求的局面。

负荷预测基本上可分为简单的负荷预测和利用神经网络系统进行的负荷预测。

1. 简单的负荷预测

简单的负荷预测一般以一年内的日负荷计算及实际运行结果的分析为基础，进行"时间表"安排，并考虑节假日等的修正量，将计算得出的现存蓄冷量与之平衡后，确定运行方式及制冷机组台数等。

2. 利用神经网络系统进行的负荷预测

采用一种实时专家系统来模拟蓄冷系统管理，开发一套神经网络计算机程序来预测下一天的制冷及蓄冷负荷。对下一天的制冷及蓄冷负荷的预测，可以假设人们最大限度地利用非峰值电力，并最小限度地起动制冷系统。

控制用的计算机程序是在已商品化的神经网络计算机软件的基础上开发出来的。它需设置一个标准环境温度值数据库。

神经网络系统是根据人脑的神经组织结构设计和命名的，它具有高度内连的"神经元"，如图5-21所示。

这种软件安装在一台普通的个人计算机中，具有三层结构（输入、隐含、输出），并可在用户觉察不到的情况下进行工作。当它成功地完成工作后，实时控制专家系统利用其做出的下一天的冷负荷预测，对整夜的蓄冰过程进行控制。

神经网络既没有指示进程能力，也没有独立的数据储存的记忆能力。它的最大好处就是设置了多点的并行输入端。这样就可以在不加大编写程序工作量的情况下，使系统的调节修正作用更迅速，反应更敏捷。

为构成神经网络系统，需要三种文件，即定义文件、调试文件和检验文件。定义文件主要用来描述网络结构形式，列出网络中各"神经元"的代号，同时也可定义从输出"神经元"中输出的信息的显示格式。调试文件主要是用标准温度值数据库，对网络进行调试，建立每天0:00～23:00的标准气温模型。一般用未来42h的标准气温模型进行分析运算，做出下一个夜间的蓄冰负荷的预测。由于典型年的标准气温模型与实际的气温值有一定出入，所以它所做出的预测可能与实际情况有约12%的误差。下面的工作就是由检验文件，利用未来42h的实际气温预测值（与实际气温的误差应小于3%）对所做出的预测进行修正，从而做出更为准确的蓄冷负荷的预测，如图5-22所示。

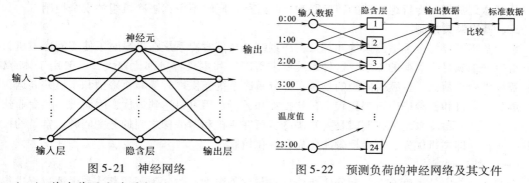

图5-21　神经网络　　　　　　　图5-22　预测负荷的神经网络及其文件

（三）蓄冷装置充冷量控制

蓄冷装置在还有25%以上蓄冷量时，一般应不进行充冷；充冷充足时，应停止制冷机组运行，以节省电力及运行费用，停机控制常用如下几种方法：

1）制冷机组出口温度低至充冷充足时的输出温度值。

2）制冷机组充冷时的进、出口温差低至充冷充足时的规定值。

3）蓄冷装置蓄冷量指示已为100%。

4）充冷时间设定。

通常以1）、2）两种方法作为主要控制，以3）、4）两种方法作为后备辅助控制。

（四）蓄冷装置释冷量及供出温度控制

蓄冷装置释冷量的控制，以用户侧或供出侧温度的恒定，控制蓄冷装置进口或出口的流量分配调节阀门来完成；在变流量控制中，以用户侧温度的恒定，控制变流泵来完成，而供出侧温度的恒定，以其温度传感器的设定值来控制蓄冷装置进口或出口的调节阀。

（五）热交换器控制

在冷冻水系统中，可安置冷水机组的地方即可安装热交换器。在部分蓄冷系统中，蓄冷系统只是几种冷源中的一种，热交换器的安装位置要保证与其他冷源的一致性。

热交换器容量的控制有下列几种方法：

1）冷冻水流量。

2）乙二醇流量。

3）冷冻水温度。

4）乙二醇温度。

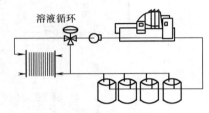

图 5-23　热交换器控制

乙二醇管道或冷冻水管道上的三通混合阀能用于冷量控制。在蓄冰周期时，乙二醇管道上的旁通阀可防止接近冻结温度的溶液进入热交换器。此阀也可控制热交换器的冷量。三通阀通过变化送入热交换器乙二醇的流量达到控制热交换器容量的目的，如图 5-23 所示。

热交换器冷量也可以通过控制冷冻水温度及流量达到。当进入热交换器的回水温度升高时，热交换器的冷量也增加。在融冰周期内，热交换器的冷量由热交换器和冰筒相混合的温度来确定。乙二醇的温度决定热交换器的最大冷量。融冰周期内乙二醇温度在 0 ~ 7℃ 范围内变化。

四、低温送风系统控制

低温送风由于其独特的性质，需要专门的自动控制，依靠人工的操作技术水平和经验的手动控制是难以胜任的。手动控制不能发挥低温送风的全部效益，也不能保证最低的能耗水平。目前自动控制多采用直接数字控制（DDC）带中央程序控制的微机控制系统，它能满足低温送风的特殊控制要求，并能发挥低温送风的全部效益。

低温送风房间的相对湿度较低，室内干球温度的设定值应该提高，以节省电力消耗。用DDC 系统可根据回风的露点，重置每个可保证室内舒适的室内干球温度设定值。

由于周围空气的湿度比房间内空气的湿度高，当无人使用时，空调系统已停止运行，因此室内空气湿度会提高。用 DDC 系统可根据回风露点控制再起动时的送风温度，实行软起动，以避免末端装置上出现凝露。

按照卫生和节能的要求，DDC 系统可根据回风中 CO_2 的浓度来保证室内所必需的新风量。

低温送风系统中，蓄冷槽的出水温度直接对出口温度产生影响。这是由于传热温差和管道的散热损失造成了冷水温度的升高和出风温度的提高。特别是在融冰过程的初始阶段和最终阶段，水温的变化比较明显，会引起出风温度的变化，从而破坏空调区域的舒适性。因此，必须充分考虑稳定出水温度的各种措施。

目前常用的措施是将蓄冷槽流出的冷水经热交换器与末端装置及空气处理设备的冷水进行热交换。在蓄冷槽中加设自动流量调节阀，根据出水温度的变化改变融冰冷水流经板式热交换器的流量，以达到稳定板式热交换器换热量的目的，进而稳定空气处理设备末端装置的进口水温。

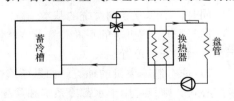

图 5-24　用三通阀调节水温的蓄冰系统

图 5-24 所示为一蓄冰装置的调节系统。以进空气处理设备的水温为参考量，自动调节三通阀的旁通开

启度，进而达到调节热交换器中换热量的目的，以达到稳定出风温度的目的。

图5-25所示为静态蓄冰装置低温送风调节系统。调节的参考量均为盘管进水水温，通过稳定盘管进水水温，来稳定空调区域的温度。

图5-25中三通调节阀A的作用是，调节峰值负荷时，部分使用冰蓄冷及部分使用机组制冷量，或全部使用制冷机组冷量的调节机构；而调节阀B为适应空调负荷变化调节进入空气处理设备水量的调节机构，它可保持冷水的送冷量与负载变化相适应，用以稳定送风的出风温度。

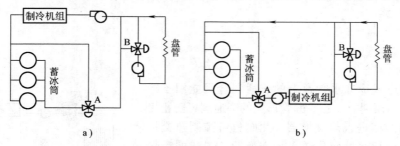

图5-25　静态蓄冰装置低温送风调节系统

a) 制冷机组位于蓄冷槽上游　b) 制冷机组位于蓄冷槽下游

第五节　蓄冷空调系统设计实例

一、蓄冷空调系统设计方法

（一）蓄冷空调系统设计需要的基本资料

收集设计所需的基本资料，有助于完成空调、电力负荷计算及经济效益分析。

（1）建筑物类型　不同类型的建筑物的负荷分布不同。对于负荷比较集中，且负荷发生在用电高峰的建筑物，采用蓄冷系统可以充分利用低谷电价，因此很适合采用蓄冷空调系统。

（2）可利用空间　建筑物结构、制冷机的位置、放置蓄冷槽的空间大小及位置均影响蓄冷设备的选择，不同的蓄冷设备对放置空间有不同的要求。

（3）建筑物的使用功能　对新建建筑物，设计人员要收集建筑物围护结构、空调面积、空调机房、水源、电源及内部负荷等详细资料。另外，还应了解建筑物将来的使用状况、设备的运行情况。昼夜负荷较平均的场所，不适合用蓄冷空调系统。

（4）电价　当地的电价政策是决定是否使用蓄冷空调系统的重要因素。峰谷电价差越大，安装蓄冷空调系统越有利。国外有资料表明，峰谷电价比为2∶1时，可以考虑采用蓄冷空调系统；峰谷电价比为3∶1时，可以大胆采用蓄冷空调系统。当然，国外电价政策与我国的电价政策不尽相同，应按我国的电价政策进行设计。

（5）对改扩建项目，应收集原空调系统基本资料　对于原来已有空调系统的工程项目，为了达到节能效果，提高经济效益，当用户要求改装为蓄冷式空调系统时，还应在收集上述基本资料的同时，了解原空调系统的基本情况。

1）原有空调机房的平面布置及空间情况。对原有机房的场地空间要进行实地观测，初步确定蓄冷槽的安装位置。

2）原有制冷主机的种类。如果压缩机为螺杆式或活塞式，则可用于多种蓄冷系统；若为单级离心式，则只适用于水蓄冷系统和共晶盐蓄冷系统。若制冷机已使用10年以上，则不宜再改为蓄冷系统，最好一并更换制冷机。

3）原有制冷机的容量、水泵的流量及扬程情况。了解原有制冷机的容量大小、水泵的流量及扬程是否适合改建后的系统；了解相关的送回风系统、管路及电力控制系统，并考虑如何与新系统衔接。

4）操作及使用情况。了解夏季操作的最大冷负荷、峰谷负荷的差值、空调使用时间及建筑物功能等。

5）用电情况。了解原有空调系统的用电情况以及电力系统在这方面的优惠政策，以便进行经济性评估。

6）空调方式。了解原有空调方式是全空气系统、空气－水系统，还是制冷剂直接蒸发式系统，以便选择蓄冷系统。

（二）蓄冷空调系统设计步骤

蓄冷空调系统的设计可以按照以下几个步骤进行。

1. 可行性分析

在进行某项蓄冷空调工程设计之前，需要预先进行可行性分析，其主要内容包括技术可行性分析和经济可行性分析，以便对多种选择方案做出最优的决策。在蓄冷空调系统可行性分析中，要考虑的因素通常包括建筑物使用特点、使用单位意见、设备性能要求、经济效益、可以利用空间以及操作维护等问题。

2. 确定典型设计日空调冷负荷

在常规空调系统设计日，以每年高峰负荷发生时间的最大负荷量作为设计值，设备容量的选择均满足此标准，因此选取的都是最大值。在蓄冷空调系统设计中，除了需要知道最大负荷外，还要详细求得每天每小时的负荷量——逐时空调负荷，以及全天的累计总负荷，以便计算蓄冷量。

3. 选择蓄冷装置的形式

目前，在蓄冷空调工程中应用较多的蓄冷形式是水蓄冷、内融冰（完全冻结式）和封装冰（冰球式）系统。

（1）水蓄冷系统 水蓄冷装置结构简单，运行、管理方便，但在设计和应用上应防止供、回水的掺混，要求较高。一般认为，水蓄冷系统需要占用更多的场地和投资，但在一定容量条件下，水蓄冷槽容积越大，占地面积相对越小，单位蓄冷量造价就越低。因此，应充分利用室外地下空间或室内外消防水池发展水蓄冷系统。

（2）内融冰系统 内融冰蓄冷装置通常由制造厂组装生产，具有故障率低，制冰率 IPF（Ice Packing Factor）高，易于维修，乙二醇溶液在管内不易渗漏，以及蓄冷槽体积小等优点。但由于需要较低的蓄冷温度，并经热交换器供应空调负荷，因而其热效率较低。蓄冷槽可利用钢板、玻璃钢或钢筋混凝土制作，也可以利用建筑筏基、地下室做蓄冷槽，可设置在地上、地下或屋顶。该系统是用得较多的蓄冷系统。

（3）封装冰蓄冷系统 该系统具有与内融冰系统相近的性能，尤其是采用闭式系统时，其结构简单，安装、运行、维修方便。压力式蓄冷槽可根据不同建筑场地设计为立式或卧式各种规格容量，也可设置在室内外，地面上下或屋面上以节省占地面积。封装冰蓄冷系统是广为应用的一种蓄冷系统，其主要缺点是载冷剂乙二醇的使用量较大，蓄冷温度低。

（4）其他蓄冷系统 主要包括共晶盐、外融冰、制冰滑落式和冰晶式蓄冷系统等。

1）共晶盐蓄冷系统。它可使用常规制冷机组，特别适用于原有建筑的扩建，只需增加蓄冷装置，就可扩大供冷容量。由于其相变潜热较低，所需蓄冷槽体积一般为冰蓄冷槽的 3 倍，而且初投资高，从而影响了其推广使用。

2）外融冰蓄冷系统。蓄冷过程既可以用制冷剂（R22、R134a 等）直接制冰，也可以用乙二醇溶液制冰。直接制冰时换热效率高，常用于区域供冷系统。采用乙二醇溶液制冰时，蓄冷温度低，在融冰放冷时，冷水与冰直接接触，放冷速度快。其缺点是 IPF 值小，蓄冷槽和冷水系统一般为开式，需考虑静压维持措施。在蓄冷时若控制不当，盘管之间易产生冰桥现象，影响传热效果。外融冰系统一般宜用于系统较大的低温（1~2.5℃）供冷中。

3）制冰滑落式和冰晶式蓄冷系统。它们的优点是蓄冷结冰温度高，蓄冷和释冷速率高，主要用于中小容量的快速反应蓄冷系统。其控制要求高，价格较高，应用受到一定限制。

4. 确定系统模式

蓄冷空调系统有多种蓄冷模式、运行策略及不同的系统流程安排。如蓄冷模式中有全部蓄冷模式和部分蓄冷模式；运行策略中有主机优先和蓄冷优先策略；系统流程有串联和并联之分，在串联流程安排中又涉及主机和蓄冷槽哪一个在上游的问题等。这些都需要做出明确、合理的选择，才能对设备容量进行确定。

5. 确定制冷主机和蓄冷装置的容量

在系统蓄冷模式、运行策略及流程安排确定的情况下，确定制冷主机和蓄冷装置的容量，并选定和计算蓄冷槽的体积。

6. 系统设备的设计及配套

系统设备的设计及配套主要是指主机选择、蓄冷槽设计，以及附属设备（如泵及热交换器）的选择等。

7. 经济效益分析

经济效益分析包括初投资费用、运行费用、全年运行电费的计算，求得与常规空调系统相比的投资回收期。

（三）蓄冷空调设计中应注意的问题

1. 制冷系统的蒸发温度与结冰厚度

蓄冷空调系统特别是冰蓄冷空调系统，在蓄冷过程中，一般会造成制冷机组蒸发温度的降低。理论上说，蒸发温度每降低 1℃，制冷机组的平均耗电率将增加 3%。因此在确定蓄冷系统时，应尽可能地选择蓄冷温度高、换热设备好的蓄冷设备。

对于冰蓄冷系统，影响制冷机组蒸发温度的主要因素是蓄冷设备的结冰厚度。结冰厚度越小，蓄冷时所需制冷机组的蒸发温度越高，耗电量越少；但若结冰厚度太小，则蓄冰设备盘管换热面积将增加，槽体体积加大。因此，一般应考虑经济的结冰厚度来控制制冷系统的蒸发温度。表 5-36 所列为各类冰蓄冷设备生产厂家的平均结冰厚度及盘管外径。

表 5-36　冰蓄冷设备平均结冰厚度及盘管外径

类　　型	外融冰	内融冰			冰　球	软质冰球	制冰滑落
厂家	BAC	CALMAC	FAFCO	BAC	CRISTOPIA	CRYOGEL	MORRIS
平均结冰厚度/mm	35.6	12	10	23	35	43	45	5~10
盘管外径/mm	26.7	16	6.35	26.7	—	—	—
冰球直径/mm	—	—	—	—	77	95	102	—

另外，蓄冷设备盘管的材质也是影响制冷系统蒸发温度的一个因素。如 BAC 内融冰式和外融冰式蓄冷设备，其换热盘管为钢管，换热效果良好。而 FAFCO 蓄冷设备盘管的材质为聚乙烯塑料，管径较小，为得到较好的换热效果，加大了其单位蓄冷量换热面积，盘管的结冰厚度设计得最小。其有效传热面积为 $0.412m^2/(kW \cdot h)$，是同类产品中最大的。

2. 名义蓄冷量和净可利用蓄冷量

名义蓄冷量是指由蓄冷设备生产厂家定义的蓄冷设备的理论蓄冷量（一般比净可利用蓄冷

量大）。

净可利用蓄冷量是指在一给定的蓄冷和释冷循环过程中，蓄冷设备在等于或小于可用供冷温度时所能提供的最大实际蓄冷量。

净可利用蓄冷量占名义蓄冷量的百分比是衡量蓄冷设备性能的一个重要指标。此百分比越大，则蓄冷设备的使用率越高。当然该数值受蓄冷系统很多因素的影响，如蓄冷系统的配置、设备的进出口温度等。对于冰蓄冷系统，此数值可近似为融冰率。如水蓄冷系统，其净可利用蓄冷量占名义蓄冷量的百分比的大小，即蓄存效率，主要取决于槽体分布管的设计、操作流程、内部传热损失及槽体四周外表面的传热损失等。一般对于设计良好的系统，尤其是槽体表面积与体积的比值小的大型蓄冷水槽（如分层式），其蓄存损失不大，净可利用蓄冷量占名义蓄冷量的比例主要取决于散流器的设计和系统的运行方式。很多系统可以在最多高于平均蓄冷温度1℃时，将90%的冷水抽出加以利用。为了能达到这一目的，散流器的设计必须满足释冷和蓄冷过程，特别是释冷过程，调整整个槽体温度的梯度高度，以减少温水与冷水的混合，从而减少可利用蓄冷量的损失。通常将蓄冷槽做成迷宫式、隔膜式、多槽式、分层式四种形式，来避免死水空间及混水现象，提高蓄存效率。

3. 制冰率与融冰率

目前，制冰率（IPF）有两种定义。一种是指对于冰蓄冷式系统，当完成一个蓄冷循环时，蓄冰容器内水量中冰所占的比例（IPF1），通过该数值可以看出蓄冷槽中水的结冰占有量；另一种是指蓄冷槽内制冰容积与蓄冰槽容积之比（IPF2），此数值可以决定蓄冷槽的体积大小，见表5-37。

表 5-37　蓄冷设备制冰率与融冰率

类　　型	冰盘管式	完全冻结式	制冰滑落式	冰晶或冰泥式	冰球式
制冰率 IPF1	30%～60%	70%～90%	—	—	>90%以上
制冰率 IPF2	20%～50%	50%～70%	40%～50%	45%	50%～60%

而融冰率是指在完成一个融冰释冷循环后，蓄冰容器内融化的冰占总结冰量的比例。

制冰率与融冰率这两个概念是冰蓄冷式系统中评价蓄冰设备性能的两个非常重要的数值。共晶盐式系统也存在这两个概念，只是蓄冷介质不同而已。通过制冰率的数值可以反映出蓄冰设备单位蓄冷量占用体积的大小，而系统对蓄冰设备的利用率可以通过融冰率来表示。通常对于同一类型的蓄冷设备，在相同条件下，其制冰率和融冰率越高越好。

融冰率与系统的配置、设备进出口温度、系统的运转策略等多项因素有关，对于串联式蓄冷设备上游的系统，蓄冷设备的融冰率较高；反之，对于串联式蓄冷设备下游的系统，融冰率较低；而并联系统的融冰率介于两者之间。

4. 蓄冷特性与释冷特性

蓄冷系统的蓄冷温度取决于蓄冷速率和这一时间蓄冷槽体的状态特性。对于外融冰式和内融冰式蓄冷设备，它是指盘管上结冰量的多少。对于要求蓄冷时间短的冰蓄冷系统，一般需要较高的蓄冷速率，即需要较低的（平均）蓄冷温度蓄冷；反之，若蓄冷速率慢，则蓄冷温度较高。在时间允许的情况下，慢速蓄冷对提高系统的运行效率是有利的。一般情况下，蓄冷设备生产厂家都可以提供各种蓄冷速率下的最低蓄冷温度值，这样就可以确定制冷机组的最低蒸发温度。图5-26所示为盘管式蓄冰系统的蓄冷特性曲线。图中曲线簇为盘管的入口温度随时间的变化过程，可根据允许进行的蓄冷时间长短，来确定运行温度和选择乙二醇水溶液浓度。如要求7h蓄满，则盘管最终入口温度不得高于－7℃，乙二醇水溶液体积分数可选为23%。试验测试数据表明，在整个蓄冷过程中，蓄冷速率变化接近一条直线，即逐时蓄冷量基本不变。在流量不变的前提下，若选择的蓄冰时间不同，蓄冷槽需要的进口温度也不同，要求完成蓄冰的时间越短，应提供的载冷剂进口温度也越低。

　　对于一些蓄冷设备（如容器式、共晶盐式），在蓄冷过程的初期会产生过冷现象。过冷现象仅发生在蓄冷设备已完全释冷、内无一点余冰时，其结果是降低了蓄冷开始阶段的换热速率。过冷现象可以通过添加起成核作用的试剂来减小其过冷度值。某些成核剂可将过冷度限制在 - 3 ~ -2℃之间。

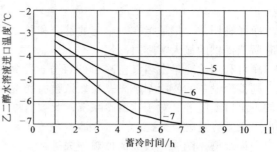

图 5-26　盘管式蓄冰系统的蓄冷特性曲线
注：流量为 18m³/（h·组）。

　　蓄冰式系统在释冷循环过程中，若释冷温度保持不变，则释冷量逐渐减少；当释冷速率保持恒定时，释冷温度会逐渐上升。完全冻结式、封装式蓄冷设备的表现较为明显，这是由于盘管外和冰球内的冰在大部分时间是隔着一层水进行热交换融冰的，同时换热面积在动态变化。对于制冰滑落式、盘管式蓄冷设备，回水（温水）与冰直接接触融冰，释冷温度相对保持稳定。而 BAC 内融冰式蓄冷设备利用冰的浮力，使得在释冷过程中，始终有部分冰与盘管直接接触，并且在融冰释冷 20% 时，冰破碎上浮，仍有部分冰与盘管相接触，从而提高了换热效果。

　　图 5-27 所示为一盘管式蓄冷装置融冰取冷特性曲线。试验数据表明，在流量基本不变的前提下，在整个冷量的取冷（融冰）过程中，取冷速率几乎是一条直线，而且在取冷过程的后期取冷速率还会相对大一些。这个特性对一般空调系统来说是非常适用的，因为午后时间往往是空调负荷的高峰期，希望取出更多的冷量。

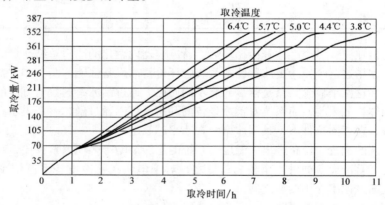

图 5-27　盘管式蓄冷装置融冰取冷特性曲线
注：流量为 18m³/（h·组）。

　　取冷水温的高低，不仅取决于流量，还与取冷进口水温有关，而取冷可持续时间又与取冷速率有关。

　　实际上，蓄冷设备很少能保持取冷速率恒定不变。实际取冷速率取决于空调负荷曲线图，特别是最后几个小时的空调负荷值最为重要，这决定了释冷循环最高释冷温度值。

　　因此，对于同类型蓄冷设备，哪一设备在实际取冷速率条件下保持恒定取冷温度的时间越长，其性能就越好。在图 5-28 中，曲线 B 较曲线 A 平稳，说明其取冷温度稳定。由此可见，决定蓄冷设备（蓄冷水式除外）性能的最主要的因素是换热效果，即整个蓄冷和取冷循环过程中的换热效果。

制冷机组、蓄冷设备与末端装置三者之间的输入、输出特性是相互影响的。制冷机组、蓄冷设备和末端装置的容量大小主要取决于最低蓄冷温度、最高取冷温度与最高使用温度（冷冻水）。最低蓄冷温度越低，则制冷系统的蒸发温度也越低，不利于制冷机组的运行，同时机组的耗电率也较高。最高取冷温度越高，蓄冷设备容量越小，但使用温度越高，所需末端装置的换热效果则越差；反之，最高取

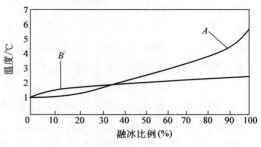

图 5-28　蓄冷装置取冷温度曲线

冷温度越低，蓄冷设备容量越大，但使用温度越低，所需末端装置的换热效果越好。因此，应合理地选择系统的蓄冷温度和取冷温度，特别是最低蓄冷温度和最高取冷温度，见表 5-38。

表 5-38　蓄冷系统的蓄冷温度与取冷温度　　　（单位：℃）

系 统 分 类		蓄 冷 温 度	取 冷 温 度	取 冷 媒 体
蓄冷水式		4 ~ 6	4.5 ~ 8	水
蓄冰式	冰盘管式	−9 ~ −4	1 ~ 4	水
	完全冻结式	−6 ~ −3	3 ~ 6	二次冷媒（乙二醇溶液）
	制冰滑落式	−9 ~ −4	1 ~ 3	水
	冰晶或水泥	−2.77[①]	1 ~ 4	二次冷媒（乙二醇溶液）
	封装式	−6 ~ −3	3 ~ 6	二次冷媒（乙二醇溶液）
共晶盐式		4 ~ 6	9 ~ 10	水

① 蓄冷时制冷系统的蒸发温度为 −9.4℃。

5. 占用空间小，安装灵活

蓄冷设备的占用空间是业主与设计者应重点考虑的问题，特别是在高楼林立的都市地区，寸土寸金，有时为增加停车位，而放弃采用蓄冷空调系统。因此，蓄冷设备的单位蓄冷量占用体积或占用地面积是衡量蓄冷设备性能的一项重要指标，应优先考虑占地面积小、占用空间少、布置位置灵活的蓄冷设备，参见表 5-39。

表 5-39　各种蓄冷设备单位的蓄冷量占用体积

系 统 分 类		单位蓄冷体积/[m³/(kW·h)]
蓄冷水式		0.089 ~ 0.169[①]
蓄冰式	冰盘管式	0.023 ~ 0.054
	完全冻结式	0.015 ~ 0.023
	制冰滑落式	0.024 ~ 0.027
	冰晶式	约 0.034
	封装式	0.019 ~ 0.023
共晶盐式（TRANSPHASE）		0.048

① 进、出水温差为 6 ~ 11℃。

国外很多蓄冷设备生产厂（如 CALMAC、FAFCO、BAC 等）均有自己的标准蓄冰装置，以利于运输、吊装及安装。在空间受到限制时，可并排或上下重叠紧密设置，安装位置不受限制，室内室外均可。根据不同情况，可以将蓄冰设备安装在屋顶、机房内，必要时也可埋地设置。例如，FAFCO 设有多种非标准型蓄冰设备，可适应不同高度的要求，如将蓄冰盘管设在建筑物的筏基或混凝土槽内，还可现场组装，从而增大了使用的灵活性。

通常槽体一般设计成矩形或圆柱形。对于制冰滑落式蓄冷槽，其槽体尺寸影响着蓄冰量，设计时应特别引起注意。

另外，蓄冷设备所需辅助设备（如泵、换热器等）的占用空间也是应考虑的，整个蓄冷系

统占用空间越少就越有利。

6. 热损失

在设计蓄冷槽槽体时，应注意槽体必须有足够的强度，以克服水、冰水混合物或其他制冷剂的静压，槽体应进行防腐防水处理，同时应防止水的蒸发。对于埋地式蓄冷槽，槽体还需承受泥土和地表水对槽体四周的压力。

蓄冷槽槽体一般每天有 1% ~ 5% 的能量损失，其数值大小取决于槽体的面积、传热系数和槽体内外温差。采用埋地式蓄冷槽设计时，必须考虑其冷损失，通常换热系数取 0.58 ~ 1.9W/（m² · K）。槽体材料可选用钢结构、混凝土、玻璃钢或塑料。

设置于室外或屋顶上的蓄冷设备受太阳辐射热的影响较大，应详细计算其冷损失，建议蓄冷设备外表面为白色或加反射覆盖物，以减少太阳辐射热的影响。

7. 安全性和可靠性

蓄冷空调系统主要应用于商业大楼，特别是都市人口稠密的地区，其系统首先应考虑安全性。

通常蓄冷设备（如内融冰式、封装式、共晶盐式等）的维修量很小。但对于冷媒盘管直接蒸发式系统，由于制冷剂在蓄冷设备盘管内蒸发，蒸发面积很大，制冷剂需求量很多，蓄冷设备的安全性与可靠性是十分重要的。特别是钢制盘管的材质与焊接技术，应避免盘管在正常使用寿命期间出现泄漏现象。而对于制冰滑落式蓄冷设备和冰晶式蓄冷系统，蒸发器部分的机械维修问题应予以重视。

对于高层建筑空调及末端装置较多的空调系统，如风机盘管加新风系统，为保持管路系统的密闭性及减少泵的阻力损失，设计时常增设热交换器，特别是载冷剂循环系统，增设载冷剂必将有一定的传热损失，但是制冷系统和载冷剂循环系统可被限制在机房内，增加了系统的安全性。另外，应注意载冷剂系统禁止使用含锌的管材。

对于蓄冷空调系统辅助设备（如水泵、调节阀、控制阀、热交换器等）的选择，必须严格符合蓄冷系统的要求。如果选择不当，将给蓄冷空调系统的正常运行带来严重后果。例如，应考虑阀门的密封性，防止阀门的内漏和外漏。

8. 蓄冷系统的控制性与操作性

蓄冷系统的控制主要是指在各种条件下，执行各种运行模式控制以及各种安全保护控制，而安全保护控制之一是冰蓄冷载冷剂溶液循环系统所具有的换热器冷冻水侧的防冻控制。在融冰的过程中，有效地控制融冰速率，而不致使冰融化过快或过慢是极为重要的。控制蓄冷设备的蓄存量的多少一般可以通过蓄冷设备的进出口温度、蓄冷槽槽体水位高低等几种方法，无论采用哪种方法，其控制精度是主要的。

9. 经济性

蓄冷空调系统的经济性主要取决于系统的初投资费用和运行费用。

系统的初投资费用取决于系统的设计方式、蓄冷设备种类及与之相匹配的制冷机组的容量大小。蓄冷空调系统无论是采用部分蓄冷还是全部蓄冷，其初投资通常均比常规空调系统高，这就要求设计者正确掌握建筑物空调负荷的时间变化特性，确定合理的蓄冷设备容量及系统配置，制订系统的运行策略，准确地进行经济性分析，以便投资者可以在短时间内以节省电费的形式收回多出的投资。一般情况下，在一个已设计好的蓄冷系统中，可以通过单位可利用蓄冷量所需的费用来衡量蓄冷设备的经济性。另外，蓄冷系统的配置也影响蓄冷设备的大小。

例如，制冰滑落式蓄冷系统，其制冰设备较贵，而蓄冰设备的造价较低。因此，为了降低初投资，采用大蓄冷量与小制冷量的配比是合适的。对于每周一次蓄冷循环的场所，特别适合采用制冰滑落式系统。

对于大型工程，采用大型蓄冷水槽具有较好的经济性。例如，当设计日负荷为7000kW·h（槽体容积为760m³）时，采用大型蓄冷水系统的初投资比常规空调系统要低。另外，利用消防水池可实现在夏季蓄冷水、冬季蓄热水，具有两种功能。

另外，当地的电价政策是决定是否采用蓄冷空调的关键。电价由电力报装费、峰谷电价和基本电价三部分构成，其中电力报装费和峰谷电价是影响蓄冷空调经济性的重要因素。电力报装费影响初投资，峰谷电价和基本电价影响运行费用。另外，有些地区对采用蓄冷空调的用户给予优厚的鼓励政策。因此，采用蓄冷空调系统的经济性必须根据当地电价政策进行技术经济分析。

二、设计实例一

有一建筑物，其设计高峰负荷为1000t（冷），空调工作时间为10h，制冰工作时间为13h，工作转换时间间隔为1h，逐时空调负荷变化见表5-40，全天系统冷负荷总量为8260t（冷）·h。下面分别确定不同运行策略和控制策略下的设备容量。为计算方便起见，忽略蓄冷槽热损失。

压缩机容量变化率 η 是反映压缩机在不同工作温度下制冷量变化的比例系数。这里蓄冰和空调是由同一台压缩机来承担的。在冰蓄冷系统中，压缩机的压头始终是变化的，因此，最好选用可变压头型压缩机，如螺杆式压缩机。离心式压缩机的压头是固定的，在运行中其 η 值是一个变量。η 值应取自实际选用的压缩机额定性能参数，但由于系统设计时往往还没有具体的压缩机特性数据，可根据图5-29所示的通用曲线来估算。图5-29所示曲线是针对螺杆式压缩机给出的，对一般双螺杆式压缩机都适用。

表 5-40　逐时空调负荷变化情况

空调时间	空调负荷/t（冷）
8:00～9:00	560
9:00～10:00	735
10:00～11:00	830
11:00～12:00	940
12:00～13:00	960
13:00～14:00	980
14:00～15:00	1000
15:00～16:00	935
16:00～17:00	780
17:00～18:00	540
总计 10h	8260t（冷）·h

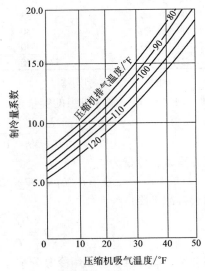

图 5-29　通用压缩机特性曲线

注：摄氏温度与华氏温度的单位换算关系为：$\dfrac{t}{℃} = \dfrac{5}{9}\left(\dfrac{\theta}{℉} - 32\right)$。

有一个载冷剂循环式冰蓄冷系统，采用水冷式冷凝器。在制冰工况下，冷凝温度为99℉（37.22℃），蒸发温度为20℉（-6.67℃）；在空调工况下，冷凝温度为110℉（43.33℃），蒸发温度为40℉（4.44℃）。为了估算方便，在冷凝温度上加2℉（1.11℃）作为压缩机排气温度，从蒸发温度减去2℉（1.11℃）作为压缩机吸气温度，2℉（1.11℃）代表压缩机排出和吸入的最小管道阻力损失。

在制冰工况下，压缩机排气温度 = （99 + 2）℉ = 101℉（38.33℃），压缩机吸气温度 = （20 - 2）℉ = 18℉（7.78℃），由图 5-29 查得压缩机制冷量系数为 10.7。在空调工况下，压缩机排气温度 = （110 + 2）℉ = 112℉（44.44℃），压缩机吸气温度 = （38 - 2）℉ = 36℉（2.22℃），由图 5-29 查得压缩机制冷量系数为 13.8，则压缩机容量变化率 η = 10.7/13.8 = 0.78。

（一）全部蓄冷运行策略

制冷机组在空调工况下的制冷量为

$$R_2 = \frac{RH}{N\eta} = \frac{8260t（冷）\cdot h}{13h \times 0.78} = 815t（冷）$$

蓄冷设备总蓄冷量为

$$Q_i = R_2 N\eta = 815 \times 13 \times 0.78t（冷）\cdot h = 8260t（冷）\cdot h$$

采用全部蓄冷运行策略的建筑物每个设计日所需的蓄冷设备冷源分配情况见表 5-41。

表 5-41　全部蓄冷运行策略空调负荷分配情况

空调时间	空调负荷/t（冷）	融冰供冷/t（冷）	冷水机组供冷/t（冷）
8：00 ~ 9：00	560	560	—
9：00 ~ 10：00	735	735	—
10：00 ~ 11：00	830	830	—
11：00 ~ 12：00	940	940	—
12：00 ~ 13：00	960	960	—
13：00 ~ 14：00	980	980	—
14：00 ~ 15：00	1000	1000	—
15：00 ~ 16：00	935	935	—
16：00 ~ 17：00	780	780	—
17：00 ~ 18：00	540	540	—
总计 10h	8260t（冷）·h	8260t（冷）·h	—

（二）部分蓄冷运行策略

（1）融冰优先　制冷机组的容量为

$$R_2 = \frac{Q_{max}D}{D + N\eta} = \frac{1000 \times 10}{10 + 13 \times 0.78}t（冷） = 497t（冷）$$

蓄冷设备蓄冷量为

$$Q_i = R_2 N\eta = 497 \times 13 \times 0.78t（冷）\cdot h = 5040t（冷）\cdot h$$

白天融冰供冷量为

$$Q_o = \frac{Q_i}{D} = \frac{5040}{10}t（冷） = 504t（冷）$$

每个设计日建筑物空调用冷源分配见表 5-42，系统的工作情况和配置方法如图 5-30 所示。由图 5-30 和表 5-42 可将系统工作特性归纳如下：

1）在设计日和正常工作情况下，蓄冰设备每小时提供不变的冷量，即 504t（冷）。

2）制冷机组只有在 100% 建筑物高峰负荷 1000t（冷）时，才会在设计的满负荷情况下运行，并提供 496t（冷）的冷量。

3）在此系统中，中间温度 T_i 始终保持 46.08℉（7.82℃）不变。当制冷机组工作时，必须控制其出水温度是恒定的。

4）当系统的冷水回水温度低于 56℉（13.3℃）时，制冷机组就开始卸载。

5）当系统的冷水回水温度低于 46.08℉（7.82℃）时，制冷机组就停止工作。只有在回水温度低于此点时，建筑物的降温才完全由冰来提供冷源。

（2）制冷机组优先　制冷机组容量为

$$R_2 = \frac{RH}{D + N\eta} = \frac{8260}{10 + 13 \times 0.78} t(冷) = 411 t(冷)$$

蓄冷设备蓄冷量为

$$Q_i = R_2 N\eta = 411 \times 0.78 \times 13 t(冷) \cdot h = 4168 t(冷) \cdot h$$

在设计高峰小时从蓄冷设备融冰所得冷量为

$$Q_{imax} = Q_{max} - R_2 = (1000 - 411) t(冷) = 589 t(冷)$$

以制冷机组优先的建筑物，每个设计日所需的制冷机组和蓄冷设备冷源分配情况见表 5-43，系统的工作情况如图 5-31 所示。由图 5-31 和表 5-43 可知，系统的工作特点可归纳如下：

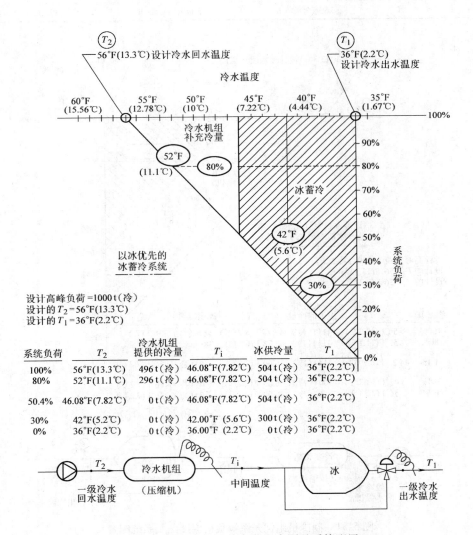

图 5-30　融冰优先系统负荷温度图及系统配置

表5-42　融冰优先空调冷源分配情况

空调时间	空调负荷/t(冷)	融冰供冷/t(冷)	制冷机组供冷/t(冷)
8:00 ~ 9:00	560	504	56
9:00 ~ 10:00	735	504	231
10:00 ~ 11:00	830	504	326
11:00 ~ 12:00	940	504	436
12:00 ~ 13:00	960	504	456
13:00 ~ 14:00	980	504	476
14:00 ~ 15:00	1000	504	496
15:00 ~ 16:00	935	504	431
16:00 ~ 17:00	780	504	276
17:00 ~ 18:00	540	504	36
总计 10h	8260t(冷)·h	5040t(冷)·h	3220t(冷)·h

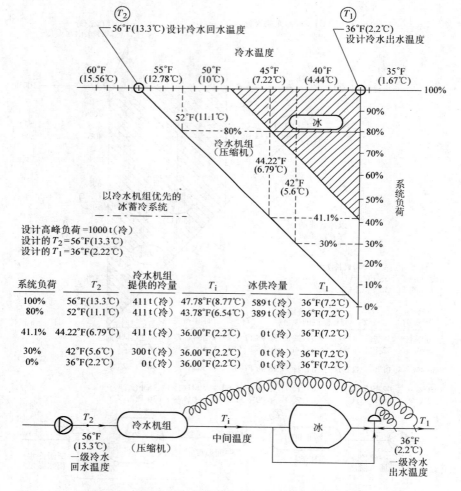

图5-31　制冷机组优先系统负荷温度图及系统配置

表 5-43 冷水机组优先冷源分配情况

空调时间	空调负荷/t（冷）	制冷机组供冷/t（冷）	融冰供冷/t（冷）
8:00~9:00	560	411	149
9:00~10:00	735	411	324
10:00~11:00	830	411	419
11:00~12:00	940	411	529
12:00~13:00	960	411	549
13:00~14:00	980	411	569
14:00~15:00	1000	411	589
15:00~16:00	935	411	524
16:00~17:00	780	411	369
17:00~18:00	540	411	129
总计 10h	8260t（冷）·h	4110t（冷）·h	4150t（冷）·h

1）建筑物冷负荷从 100% 降到 41.1% 的全过程，制冷机组始终提供 411t（冷）的恒定冷量。

2）压缩机的吸气温度连续下降以供应较低的冷水出水温度。

3）中间温度 T_i 为 47.78°F（8.77℃），只有当建筑物冷负荷为 100% 时才存在。以制冷机组优先的模式运行时，中间温度 T_i 始终是变化的。

4）当建筑物负荷下降时，制冷机组的功率消耗反而上升。

5）当一级冷水回水温度达到 44.22°F（6.79℃）或中间温度 T_i 达到 36°F（2.2℃）时，压缩机便开始卸载。

三、设计实例二

国家某行业综合业务楼，主楼为长方形，南北走向，总建筑面积为 50391.9m²，其中地上面积为 38046.2m²，地下面积为 8669.2m²。建筑主体高度为 113.45m，制高点为 123.45m；地上 27 层，裙房 6 层，地下 3 层。

（一）设计特点

（1）冷源　采用部分负荷冰蓄冷系统，制冷主机（美国 YORK）与蓄冰设备（美国 BAC，安装在混凝土水槽中）为串联方式，主机位于蓄冰设备上游。同时考虑到连续空调负荷的比例，设置了一台基载主机。

空调总冷负荷为 6523kW，冷指标为 129W/m²，夜间空调冷负荷为 1512kW，总热负荷为 6047kW，热指标为 120W/m²；设计日空调总冷量为 78265kW·h，其中设计日连续空调总冷量为 34681kW·h，设计日总蓄冷量为 43588kW·h，总潜热储冰冷量为 16741kW·h［4760t（冷）·h］，空调通风用电安装容量为 1761kW，耗电指标为 35W/m²，典型设计日冷负荷表见表 5-44。

表 5-44 典型设计日冷负荷表　　　　　　　　　　　（单位：kW）

时　刻	新风负荷	围护负荷	人员负荷	照明负荷	设备负荷	合计
1:00	509.3	385.2	143.3	56.3	111.9	1205.9
2:00	503.0	385.2	143.3	56.3	111.9	1199.7
3:00	494.5	385.2	143.3	56.3	111.9	1191.1
4:00	488.3	385.2	143.3	56.3	111.9	1184.9
5:00	484.1	385.2	143.3	56.3	111.9	1180.7
6:00	496.8	385.2	143.3	56.3	111.9	1193.4
7:00	524.3	385.2	143.3	56.3	111.9	1220.9

（续）

时　刻	新风负荷	围护负荷	人员负荷	照明负荷	设备负荷	合计
8:00	1886.9	1300.1	546.7	228.4	144.1	4106.2
9:00	1993.9	1507.6	778.1	329.0	504.8	5113.4
10:00	2086.9	1525.3	799.3	355.1	526.9	5293.5
11:00	2179.8	1472.4	817.1	378.5	544.2	5392.0
12:00	2258.7	1508.7	831.4	394.8	566.2	5559.7
13:00	2315.7	1659.1	844.4	410.5	581.5	5811.2
14:00	2343.8	1838.1	854.0	422.6	591.6	6050.1
15:00	2336.8	1972.6	860.5	434.5	598.0	6202.4
16:00	2279.0	2021.4	867.0	444.5	603.4	6215.3
17:00	2250.9	1943.6	873.7	451.9	611.0	6131.1
18:00	642.8	385.2	143.3	56.3	111.9	1339.5
19:00	613.3	385.2	143.3	56.3	111.9	1309.9
20:00	583.5	385.2	143.3	56.3	111.9	1280.1
21:00	562.4	385.2	143.3	56.3	111.9	1259.1
22:00	547.6	385.2	143.3	56.3	111.9	1244.3
23:00	534.9	385.2	143.3	56.3	111.9	1231.6
0:00	528.5	385.2	143.3	56.3	111.9	1225.1
日总负荷	29445.7	22142.2	10077.8	4637.6	6837.7	73141.0

蓄冰空调冷负荷为42480.3kW·h［12081.0t（冷）·h］

　　根据建筑专业提供的设计图样以及房间的不同使用功能进行空调负荷计算，同时考虑到该建筑物的使用性质，暂定办公部分空调使用时间为7:30～17:30，从17:30到次日7:30只考虑部分楼层有人员使用，遵循此原则，计算结果为：

1）设计日峰值冷负荷（16:00）为6215.3kW［1768t（冷）］。

2）设计日总冷负荷为73141kW·h［20800t（冷）·h］。

3）设计日连续空调总冷负荷为30660.7kW·h［8720t（冷）·h］。

4）设计日总蓄冰冷负荷为42480.3kW·h［12081t（冷）·h］。

（2）热源　采用城市热网集中供热，冬、夏季手动切换。

（3）水系统　双管制变水量系统，且竖向以6层和20层为界，分为高、中、低三个区。其中低区、中区冷水由制冷机房直接供给，供回水温度为7℃/12℃；高区（20～27层）冷水经板式换热器（瑞典Alfa Laval小温差板式换热器）换热后间接供给，供回水温度为7.5℃/12.5℃，二次换热站设在19层。冷水管路同程设置，系统采用膨胀水箱定压（冬、夏共用），低、中区系统膨胀水箱设在21层，高区系统膨胀水箱设在屋顶水箱间内，其补充水来自中区空调冷水。

（二）系统设计

　　该工程采用部分负荷蓄冰系统，制冷主机和蓄冰设备为串联方式，主机位于蓄冰设备上游。同时考虑到连续空调负荷的比例，设置了一台基载主机，并联运行，直接供应7℃的冷冻水。

　　另外，冷水机组与冷冻水泵（乙二醇泵）、冷却水泵，换热器与冷冻水泵一对一匹配设置，所有水泵备用一台，自动（或手动）投入运行。

（1）基载主机　选用一台 YORK 公司的 YSECEAS45CKC 型螺杆式冷水机组，制冷量为430t（冷），冷冻水温度为7℃/12℃，流量为263m³/h，冷却水温度为32℃/37℃，流量为307m³/h。

（2）双工况主机　选用两台 YORK 公司的 YSECEAS45CKCS 型螺杆式冷水机组，制冷工况制冷量为420t（冷），制冰工况制冷量为278t（冷）；乙二醇流量为320m³/h，冷却水流量为298m³/h。表5-45 所列为该冷水机组的工况参数。

表 5-45　制冷蓄冰冷水机组工况参数

工况类型	乙二醇温度/℃	冷却水温度/℃
制冷工况	6.6/10.8	32/37
制冰工况	-5.6/-2.8	32/37

（3）蓄冰设备　选用20台美国 BAC 公司的 TSU—238M 型冰盘管，安装在混凝土蓄冷槽中。总潜热蓄冰冷负荷为4760t（冷）·h，最大融冰供冷量为750t（冷）。

（4）板式换热器　选用三台 SWEP 公司的板式换热器，单台换热量为1570kW，一次水温度为3.6℃/10.8℃，二次水温度为7℃/12℃。

（5）乙二醇泵　选用三台 NT200-315 型 Allweiler 水泵，其中一台备用，单台流量为350m³/h，扬程为36m。

（6）冷冻水泵　选用五台 NT200-400 型 Allweiler 水泵，其中一台备用，单台流量为300m³/h，扬程为45m。

（7）冷却水泵　选用四台 NT200-315 型 Allweiler 水泵，其中一台备用，单台流量为330m³/h，扬程为37m。

（8）补水定压

1）乙二醇系统。采用隔膜式定压罐定压方式，乙二醇溶液储存在闭式水箱内，通过压力传感器起动乙二醇补水泵向系统补充乙二醇。

2）冷冻水系统。采用开式膨胀水箱定压方式，通过液位传感器起动补水泵向系统补充软化水。

（三）设计日蓄冰系统运行工况

1）基载主机供冷量（全天）为9210t（冷）·h。

2）双工况主机供冷量（7:30~17:30）为7704t（冷）·h。

3）蓄冰槽融冰供冷量（7:30~17:30）为3886t（冷）·h。

4）双工况主机制冷量（23:00~6:00）为3934t（冷）·h。

表5-46 为设计日负荷平衡表。

表 5-46　设计日负荷平衡表

时刻	总冷负荷/t（冷）	制冷机制冷量/t（冷）			蓄冷槽		取冷率（%）
		基载主机	制冰工况	制冷工况	储冷量/t（冷）·h	取冷量/t（冷）	
0:00	348	348	595	—	2046	—	—
1:00	343	343	581	—	2625	—	—
2:00	341	341	571	—	3194	—	—
3:00	339	339	564	—	3756	—	—
4:00	337	337	534	—	4288	—	—
5:00	336	336	256	—	4542	—	—

（续）

时 刻	总冷负荷 /t（冷）	制冷机制冷量/t（冷）			蓄 冷 槽		取冷率 （%）
		基载主机	制冰工况	制冷工况	储冷量/t（冷）· h	取冷量/t（冷）	
6:00	339	339	220	—	4760	—	—
7:00	347	347	—	—	4758	—	—
8:00	1168	430	—	387	4405	351	7.37
9:00	1454	430	—	803	4182	221	4.65
10:00	1505	430	—	805	3910	270	5.68
11:00	1533	430	—	805	3609	298	6.27
12:00	1581	430	—	807	3263	344	7.23
13:00	1653	430	—	812	2850	411	8.63
14:00	1721	430	—	818	2376	473	9.93
15:00	1764	430	—	822	1862	512	10.75
16:00	1768	430	—	823	1345	515	10.81
17:00	1744	430	—	822	852	492	10.33
18:00	381	381	—	—	850	—	—
19:00	373	373	—	—	848	—	—
20:00	364	364	—	—	846	—	—
21:00	358	358	—	—	844	—	—
22:00	354	354	—	—	842	—	—
23:00	350	350	613	—	1453	—	—
合 计	20801	9210	3934	7704	—	3886	81.65

（四）自控设计

该工程空调自控采用集散式直接数字控制（DDC）系统，制冷机房内设备及蓄冰系统控制均纳入 DDC 控制系统中，微机控制中心设在制冷机房内。

部分负荷蓄冰系统运行工况比较复杂，对控制系统的要求相对较高。除了保证各运行工况间的相互转换及冷冻水、乙二醇的供回水温度控制外，还应解决主机和蓄冰设备间的供冷负荷分配问题。

该工程采用优化控制（智能控制）系统，根据测定的气象条件及负荷侧回水温度、流量，通过计算预测全天逐时负荷，然后制订主机和蓄冰设备的逐时负荷分配（运行控制）情况，控制主机输出，最大限度地发挥蓄冰设备融冰供冷量，以达到节约电费的目的。

制冷系统可实现以下运行工况的控制：

1）主机制冰工况。

2）蓄冰设备融冰供冷工况。

3）主机单独供冷工况。

4）主机和蓄冰设备同时供冷工况。

5）系统关闭工况。

（五）经济指标

（1）设备参数及投资

1）常规电制冷系统。设计拟选用三台 McQuay 公司的 PEH100KAY65F 型离心式冷水机组，单台制冷量为 2110kW［600t（冷）］，以及相应的附属设备，见表5-47。

表5-47　常规空调系统的设备选型及投资

序号	设备名称	主要性能	数量	功率/kW	单价/万元
1	冷水机组 McQuay	制冷量为 2110kW［600t（冷）］ 冷冻水 7℃/12℃，流量为 360m³/h 冷却水 32℃/37℃，流量为 455m³/h 工质为 HFC-134a	3	426.8	18.0 万美元
2	冷冻水泵	流量为 396m³/h，扬程为 45m	4	75	1.21 万美元
3	冷却水泵	流量为 495m³/h，扬程为 35m	4	75	1.21 万美元
4	冷却塔	LRCM-LN400，冷却水量为 460m³/h	3	16.8	30.35
5	软化水器	CSR-4，处理水量为 6~12m³/h	1	1	9.5
6	补水泵	流量为 20m³/h，扬程为 110m	2	15	0.27 万美元
7	软化水箱	$V=10m^3$，外形尺寸为 3000mm×2000mm×2000mm	1	—	0.8
8	膨胀水箱	$V=2.3m^3$，外形尺寸为 1800mm×1200mm×1200mm	1	—	0.24
9	管网系统	包括管道、阀门及设备安装	—	—	59.1
10	自控系统	包括执行机构	—	—	5.0 万美元
11	合计	—	—	1796.8	878.85

注：水泵备用一台，总功率未统计。

2）蓄冰空调系统。表5-48 所列为蓄冰空调系统的设备选型及投资。

表5-48　蓄冰空调系统的设备选型及投资

序号	设备名称	主要性能	数量	功率/kW	单价/万元
1	基载主机 YORK	YSECEAS45CKC，工质为 R22，空调工况制冷量为 1512kW［430t（冷）］	1	277	12.5 万美元
2	双工况主机 YORK	YSECEAS45CKCS，工质为 R22，制冷工况制冷量为 1477kW［420t（冷）］，制冰工况制冷量为 978kW［278t（冷）］	2	277	13.1 万美元
3	蓄冰设备	TSU-238M，潜热蓄冷量为 837kW·h［238t（冷）·h］	20	—	1.071 万美元
4	板式换热器	SWEP-G158，换热量为 1570kW	3	—	3.24 万美元
5	乙二醇泵	流量为 350m³/h，扬程为 36m	3	45	0.9 万美元
6	冷冻水泵	流量为 300m³/h，扬程为 45m	5	55	0.84 万美元
7	冷却水泵	流量为 330m³/h，扬程为 37m	4	45	0.9 万美元
8	冷却塔	LRCM-LN300，冷却水量为 345m³/h	3	11	22.6
9	乙二醇补水泵	流量为 6m³/h，扬程为 20m	2	0.8	0.05 万美元
10	冷冻水补水泵	流量为 20m³/h，扬程为 110m	2	15	0.27 万美元
11	软化水器	CSR-4，处理水量为 6~12m³/h	1	1	9.5
12	隔膜式膨胀水罐	$V=0.321m^3$，$D=\phi600mm$	1	—	0.55
13	软化水箱	$V=10m^3$，外形尺寸为 3000mm×2000mm×2000mm	1	—	0.8

（续）

序号	设备名称	主　要　性　能	数量	功率 /kW	单价 /万元
14	膨胀水箱	$V = 2.3\text{m}^3$，外形尺寸为 1800mm × 1200mm × 1200mm	1	—	0.24
15	乙二醇溶液箱	$V = 2.0\text{m}^3$，外形尺寸为 1800mm × 1200mm × 1200mm	1	—	0.24
16	乙二醇溶液	进口 100% 乙烯乙二醇溶液 10t	—	—	0.25 万美元
17	管网系统	包括设备、管道、阀门施工费	—	—	48.2
18	自控系统	包括执行机构	—	—	9.2 万美元
19	合计	—	—	1325.8	1088.89

注：1. 水泵备用一台，总功率未统计。

　　2. 蓄冰系统设计调试费为 4.5 万美元。

　　3. 变配电设备节省费约 35.0 万元。

（2）经济性比较　表 5-49 所列为常规空调与蓄冰空调系统的经济性比较。

（3）设计日节省电费　表 5-50 所列为蓄冰空调节省电费统计。

表 5-49　常规空调与蓄冰空调系统的经济性比较

序　号	项　　目	常规电制冷系统	蓄冰空调系统
1	制冷设备初投资/万元	878.85	1088.89
2	综合初投资/万元	2053.41	2070.95
3	电力负荷/kW	1796.8	1325.8
4	机房面积/m²	455.7	678.8
5	变配电设备差额/万元	—	−35.0
6	电力增容费差额/万元	—	−268.47
7	设备初投资差额/万元	—	175.04
8	设备折旧费差额/万元	—	11.67
9	综合初投资差额/万元	—	17.54
10	削峰负荷/kW	—	471
11	日削峰电量/kW·h	—	3497.7
12	年节电费/万元	—	12
13	静态回收年限/年	—	1.5
14	动态回收年限/年	—	无

注：1. 北京地区每千瓦用电负荷电力投资费用为 5700 元/kW。其中，电源集资费（购电权）4000 元/kW，最低可购买 60%，即 2400 元/kW；贴费双路供电为 900 元/kW×2 = 1800 元/kW；电力设备（变压器、配电柜等）费用为 1500 元/kW。

　　2. 京津唐电网峰谷分时电价（1994 年 11 月起执行），峰值电价为 0.534 元/kW，8:00~11:00，18:00~23:00；平峰电价为 0.318 元/kW，7:00~8:00，11:00~18:00；低谷电价为 0.118 元/kW，23:00~7:00。

　　3. 建筑结构投资按 3300 元/m² 计。

　　4. 设备使用年限按 15 年计。

表 5-50　蓄冰空调节省电费统计

时　刻	冷负荷 /t（冷）	制冷机制冷量/t（冷）			蓄冷槽/t（冷）		取冷率 （%）	节省电费 /元
		基载主机	制冰工况	制冷工况	储冷量	取冷量		
0:00	348	348	595	—	2046	—	—	95.49
1:00	343	343	581	—	2625	—	—	93.24
2:00	341	341	571	—	3194	—	—	91.63

（续）

时 刻	冷负荷 /t（冷）	制冷机制冷量/t（冷）			蓄冷槽/t（冷）		取冷率 （%）	节省电费 /元
		基载主机	制冰工况	制冷工况	储冷量	取冷量		
3:00	339	339	564	—	3756	—	—	90.51
4:00	337	337	534	—	4288	—	—	85.70
5:00	336	336	256	—	4542	—	—	41.08
6:00	339	339	220	—	4760	—	—	35.36
7:00	347	347	—	—	4758	—	—	
8:00	1168	430	—	387	4405	351	7.37	-168.59
9:00	1454	430	—	803	4182	221	4.65	-106.31
10:00	1505	430	—	805	3910	270	5.68	-129.97
11:00	1533	430	—	805	3609	298	6.27	-143.43
12:00	1581	430	—	807	3263	344	7.23	-98.50
13:00	1653	430	—	812	2850	411	8.63	-117.53
14:00	1721	430	—	818	2376	473	9.93	-135.26
15:00	1764	430	—	822	1862	512	10.75	-146.50
16:00	1768	430	—	823	1345	515	10.81	-147.27
17:00	1744	430	—	822	852	492	10.33	-140.71
18:00	381	381	—	—	850	—	—	
19:00	373	373	—	—	848	—	—	
20:00	364	364	—	—	846	—	—	
21:00	358	358	—	—	844	—	—	
22:00	354	354	—	—	842	—	—	
23:00	350	350	613	—	1453	—	—	98.37
合 计	20801	9210	3934	7704	—	3886.34	81.65	-702.67
	日移高峰电量 = 1026.8kW·h				日移平峰电量 = 2470.9kW·h			

每年节省电费 = 120292 元

注：1. 全年空调运行时间按 120 天计。

2. 设计日运行 20 天。

3. 80% 负荷运行 70 天。

4. 60% 负荷运行 30 天。

第六章　蓄冷空调系统的动态性能及测试

第一节　水蓄冷空调系统

一、水蓄冷自然分层动态性能

自然分层型水蓄冷槽的槽体形状一般有圆柱体和长方体两种。在相同体积下，圆柱体的表面积与体积比要比长方体小。因此，圆柱体水蓄冷槽的冷损失较小，故温度分层型蓄冷槽一般采用平底圆柱体。

（一）自然分层型水蓄冷流程

图6-1所示为自然分层型水蓄冷流程，该流程可按以下几种模式运行：

1）制冷机单独供冷。

2）制冷机向蓄冷槽充冷。

3）蓄冷槽单独供冷。

4）制冷机、蓄冷槽联合供冷。

充冷时，制冷回路中制冷机组及其冷水泵单独运行，制冷机出口水温为充冷过程中的重要控制参数，制冷机出口水温越低，蓄冷槽内的温差就越大，对蓄冷过程就越有利。但与之相应的制冷机组效率将降低，因而应综合考虑其出口温度值。

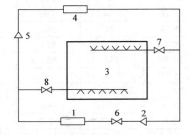

图6-1　自然分层型水蓄冷流程
1—制冷机组　2—一次冷水泵　3—蓄冷槽
4—负荷　5—负荷泵　6、7、8—调节阀

供冷时，根据冷负荷的变化，制冷回路及供冷回路可采用联合运行或单独运行两种方式。单独释冷过程就是在供冷时，蓄冷槽按要求向用户（空调机或风机盘管）逐渐释放冷量。联合供冷过程就是制冷机应在额定工况下满负荷运行，不足部分由蓄冷槽补充。

（二）水蓄冷自然分层动态模型

被模拟的水蓄冷槽是垂直放置的圆柱形蓄冷罐，如图6-2所示。将蓄冷罐沿轴向离散化分成 N 层，并认为每一层内的水是等温的。蓄冷罐内的水沿轴向流动被近似为某一层水在离散化时间步长内向上移动一层。不希望水蓄冷罐内有对流现象发生，因为这会加剧筒内冷水与温水的混合，不利于温度分层，并严重影响其蓄冷量和蓄冷效率。实际操作中，在蓄冷罐的进、出口处都装有分配器或散流器，目的是让水流均匀流动，不致产生较大的扰动。

根据能量平衡关系，对每一层可建立离散化的数学模型，即

$$M_i c_{pw} \frac{\mathrm{d}T_i}{\mathrm{d}t} = \frac{\lambda_w A_c}{\Delta x} \left[(T_{i+1} - T_i) - (T_i - T_{i-1}) \right] + K A_s (T_a - T_i) \quad (6-1)$$

式中，M_i 是每层内水的质量（$M_i = \rho A_c \Delta x$）（kg）；ρ 是水的密度（kg/m³）；c_{pw} 是水的比热容 [kJ/(kg · ℃)]；λ_w 是水的热导率

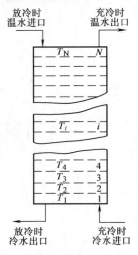

图6-2　水蓄冷自然分层物理模型

$[kW/(m \cdot K)]$；K是蓄冷罐壁传热系数 $[kW/(m^2 \cdot K)]$；A_c是蓄冷罐内横截面积（m^2）；A_s是每一层的圆周表面积（m^2），$A_s = \pi D \Delta x$；D是蓄冷罐内径（m）；Δx是每一层的厚度（m）；T_{i+1}是第$i+1$层内水温（℃）；T_i是第i层内水温（℃）；T_{i-1}是第$i-1$层内水温（℃）；T_a是周围环境温度（℃）。

若定义无量纲时间 $t^* = \dfrac{\lambda_w}{\rho \Delta x^2 c_{pw}} t$，即

$$\frac{dt^*}{dt} = \frac{\lambda_w}{\rho \Delta x^2 c_{pw}} \tag{6-2}$$

对式（6-1）进行微分，即

$$\rho A_c \Delta x c_{pw} \left[\frac{dT_i}{dt^*} \right] \left[\frac{dt^*}{dt} \right] = \frac{\lambda_w A_c}{\Delta x} [(T_{i+1} - T_i) + (T_{i-1} - T_i)] + K A_s (T_a - T_i)$$

再将式(6-2)代入上式，即

$$\frac{dT_i}{dt^*} = [(T_{i+1} - T_i) + (T_{i-1} - T_i)] + \frac{K A_s \Delta x}{A_c \lambda_w} (T_a - T_i) \tag{6-3}$$

亦即

$$\frac{dT_i}{dt^*} = (T_{i+1} - 2T_i + T_{i-1}) + \frac{4K \Delta x^2}{\lambda_w D} (T_a - T_i) \tag{6-4}$$

对式（6-4）在时间和空间上进行离散化求解，并适当选取空间步长 Δx 和时间步长 Δt，即

$$\Delta x = \frac{0.3 A_c \lambda_w}{\dot{m} c_{pw}} \tag{6-5}$$

$$\Delta t = \frac{\rho A_c \Delta t}{\dot{m}} \tag{6-6}$$

式中，$\dot{m}$是进入蓄冷罐的水流量（kg/s）。

（三）结果与分析

进行动态性能分析时，制冷系统采用45kW的冷水机组提供冷源。蓄冷罐为垂直圆柱形罐，内径为3m，高4m，蓄冷罐内水的初始温度按13℃计算，制冷机组充冷温度按5℃计算。根据这些条件，通过计算所得的蓄冷罐内温度分布如图6-3所示。

从图6-3可见，在充冷期间蓄冷罐内不同高度的水温分布，显示了将5℃冷水与13℃温水分离的斜温层。斜温层随充冷循环的进行在蓄冷罐内逐渐上升直至消失，此时充冷过程结束，罐内水温皆达到5℃。

斜温层受罐内供回水温差，罐体保冷条件以及罐内进、出口水流状态等因素影响。随着供回水温差的加大，其冷温水之间的密度差也加大，这有利于冷温水分层。同时，供回水温差加大，可减少水的循环量，这也有利于温度分层。沿蓄冷罐壁的热传导将会引起罐内温度变化，从而引起斜温层位置发生变化，当斜温层处在罐体下部时，表示释冷期间可利用的冷水容量减少，因此，蓄冷罐壁必须采取保温隔热措施。另外，罐体进出口处的水流必须保持层流状态，以免引起冷温水混合，破坏斜温层。

图6-4所示为充冷时进出口处的温度特性。进口处水温保持恒定（5℃），这主要由冷水机组提供；出口处水温随斜温层接近而逐渐降低，当斜温层移出筒体时，水温将迅速降低，此时充

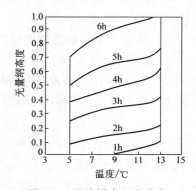

图6-3　蓄冷罐内温度分布

冷过程结束。

图 6-5 所示为释冷时进出口处的温度特性。进口处水温保持恒定 (13℃)，这主要由空调机组的回水温度决定；出口处水温是逐渐递增的，主要是由于热传导及不可避免的冷温水混合引起的，而当斜温层接近底部时，水温迅速上升，亦即释冷过程结束。

综上所述，自然分层水蓄冷系统具有如下特性：

1) 蓄冷罐内水温分布随充冷循环的进行在罐内高度上发生变化，并存在分隔冷温水的斜温层。斜温层的存在有利于空调水蓄冷系统，使冷温水不至于混合。

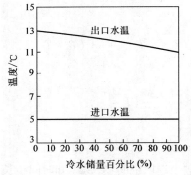
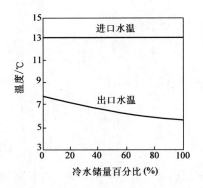

图 6-4　充冷时进出口处的温度特性　　　　图 6-5　释冷时进出口处的温度特性

2) 当斜温层向上移出筒体时，充冷过程结束；当斜温层向下移出筒体时，释冷过程结束。

3) 斜温层受供回水温差、罐体保温以及进出口处水流状态等因素影响，设计时应综合考虑。

4) 充冷时，进口水温保持恒定，出口水温逐渐降低；释冷时，进口水温保持恒定，出口水温逐渐升高。

二、水蓄冷系统动态性能模拟

（一）数理模型建立

图 6-6、图 6-7 分别为蓄冷罐内、蓄冷罐壁热量传递示意图。由图 6-6 可知，该蓄冷罐沿纵向被分成 N 个相等的单元，根据能量平衡原理，每个蓄冷单元及蓄冷罐壁的微分方程建立如下

$$\frac{\partial T}{\partial t} = \frac{k_f}{\rho_f c_f} \frac{\partial^2 T}{\partial x^2} - \frac{\dot{m}}{\rho_f c_f} \frac{\partial T}{\partial x} + \frac{h_i p}{A_f \rho_f}(T_w - T) \tag{6-7}$$

式中，A_f 是蓄冷罐内横截面积 (m²)；c_f 是水的比热容 [kJ/(kg·K)]；h_i 是蓄冷罐内壁面传热系数 [W/(m²·K)]；k_f 是水的热导率 [W/(m·K)]；$\dot{m}$ 是充冷或放冷时水的流量 (kg/s)；p 是蓄冷罐周长 (m)；T 是蓄冷水温度 (℃)；T_w 是蓄冷罐壁温 (℃)；t 是时间 (s)；x 是轴向坐标 (m)；ρ_f 是水的密度 (kg/m³)。

$$\frac{\partial T_w}{\partial t} = \alpha_w \frac{\partial^2 T_w}{\partial x^2} + \frac{h_o p}{A_w \rho_w c_w}(T_\infty - T_w) - \frac{h_i p}{A_w \rho_w c_w}(T_w - T) \tag{6-8}$$

式中，A_w 是蓄冷罐壁横截面积 (m²)；c_w 是蓄冷罐壁的比热容 [kJ/(kg·K)]；h_o 是蓄冷罐外壁面传热系数 [W/(m²·K)]；T_∞ 是环境温度 (℃)；α_w 是蓄冷罐壁热扩散率 (m²/s)；ρ_w 是蓄冷罐壁的密度 (kg/m³)。

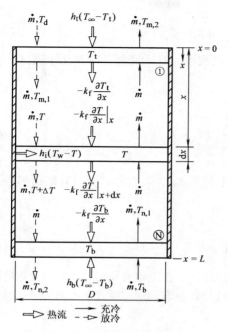

图 6-6 蓄冷罐内热量传递示意图

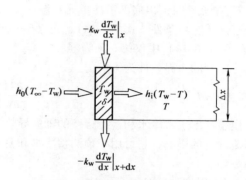

图 6-7 蓄冷罐壁热量传递示意图

初始条件如下

$$\theta(x,0) = \frac{T_i - T_\infty}{T_{in} - T_\infty} \tag{6-9}$$

式中，T_i 是蓄冷水初始温度（℃）；T_{in} 是蓄冷水进口温度（℃）；θ 是无量纲温度，$\theta = \frac{T - T_\infty}{T_{in} - T_\infty}$。

$$\theta_w(x,0) = \frac{T_{wi} - T_\infty}{T_{in} - T_\infty} \tag{6-10}$$

式中，T_{wi} 是蓄冷罐壁初始温度（℃）；θ_w 是无量纲壁温，$\theta_w = \frac{T_w - T_\infty}{T_{in} - T_\infty}$。

充冷循环时，在 $x = 0$ 处的边界条件如下

$$\frac{\partial T_t}{\partial x} + \frac{h_t}{k_f}(T_\infty - T_t) + \frac{\dot{m} c_f}{k_f A}(T_1 - T_{m,2}) = 0 \tag{6-11}$$

式中，T_1 是充冷时进入顶部蓄冷单元的水温（℃）；$T_{m,2}$ 是充冷时流出顶部蓄冷单元的水温（℃）；T_t 是蓄冷罐内顶部蓄冷单元水温（℃）。

放冷循环时，在 $x = 0$ 处的边界条件如下

$$\frac{\partial T_t}{\partial x} + \frac{h_t}{k_f}(T_\infty - T_t) + \frac{\dot{m} c_f}{k_f A}(T_d - T_{m,1}) = 0 \tag{6-12}$$

式中，T_d 是放冷时进入顶部蓄冷单元的水温（℃）；$T_{m,1}$ 是放冷时流出顶部蓄冷单元的水温（℃）。

在静态模式时，对于绝热边界条件，式（6-11）、式（6-12）中的第 2、3 项为零；对于对流边界条件，式（6-11）、式（6-12）中仅第 3 项为零。

放冷循环时，在 $x = L$ 处的边界条件如下

$$\frac{\partial T_b}{\partial x} - \frac{h_b}{k_f}(T_\infty - T_b) - \frac{\dot{m}c_f}{k_f A}(T_N - T_{n,2}) = 0 \tag{6-13}$$

式中，T_b 是蓄冷罐内底部蓄冷单元水温（℃）；T_N 是放冷时进入底部蓄冷单元水温（℃）；$T_{n,2}$ 是放冷时流出底部蓄冷单元水温（℃）。

充冷循环时，在 $x = L$ 处的边界条件如下

$$\frac{\partial T_b}{\partial x} - \frac{h_b}{k_f}(T_\infty - T_b) - \frac{\dot{m}c_f}{k_f A}(T_b - T_{n,1}) = 0 \tag{6-14}$$

式中，$T_{n,1}$ 是充冷时流出底部蓄冷单元水温（℃）。

对于绝热边界条件，式（6-13）、式（6-14）中的第2、3项为零；对于对流边界条件，式（6-13）、式（6-14）中仅第3项为零。

蓄冷罐壁的边界条件为

当 $x = 0$ 和 $x = L$ 时 $\qquad\qquad \frac{\partial T_w}{\partial x} = 0 \tag{6-15}$

该模型考虑了蓄冷水和蓄冷罐壁的轴向导热、热物性、蓄冷罐的几何尺寸，以及蓄冷罐进出口处水流混合的影响，它可用来预测蓄冷水和蓄冷罐壁在静态和动态模式下的温度分布情况，其已知参数如下：

1）温水温度为15℃。

2）冷水温度为5℃。

3）长径比为 2 ~ 3.5，以 0.5 递增。

4）长厚比为 50 ~ 300。

5）流量为 45 ~ 1440L/h。

6）初始温差为 5 ~ 10℃。

（二）动态性能模拟

1. 静态模式

在静态模式下，起始冷水温度为5℃、温水温度为15℃，斜温层处在蓄冷罐一半高度处，影响温度分层的主要参数有长径比（L/D）、长厚比（L/δ）、蓄冷罐材料、蓄冷罐外部传热热阻。

（1）蓄冷罐直径和厚度相同但长度不同 图6-8所示为时间间隔6h、具有不同长径比（2、2.5、3、3.5）的蓄冷水温分布。

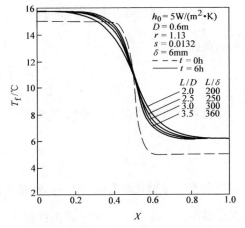

图6-8 具有相同直径、不同长度蓄冷罐内的温度分布
D—蓄冷罐直径 r—流体与蓄冷罐材料的热容比（$\rho_f c_f / \rho_w c_w$）
s—流体与蓄冷罐材料的热导率比（k_f / k_w） δ—蓄冷罐壁厚
X—蓄冷罐无量纲长度（x/L）

流体内的热扩散取决于冷水层和温水层间的温差。热扩散随蓄冷罐长度的增加而减少；蓄冷罐壁轴向导热也是随着蓄冷罐长度的增加而减少。

定义一个无量纲参数（Bi 数）来表示蓄冷罐壁的轴向导热对温度分层的影响程度，该参数表示如下

$$Bi = \frac{h_o L^2}{k_w \delta} = \frac{h_o \pi D L \Delta T_f}{k_w \pi D \frac{\delta}{L} \Delta T_w} \tag{6-16}$$

当 Bi 数较小时，通过壁面导热传入的热量大于通过壁面对流传入的热量，因此，蓄冷罐的

壁温将高于蓄冷罐内最冷处的流体温度，这将导致底部冷水层的温度上升。通过壁面导热传入的热量随着蓄冷罐长度的增加而减少，随着蓄冷罐壁厚的减小而减少，因此，蓄冷罐壁轴向导热随着 Bi 数的增加而减少。Bi 数随着长径比的增加而增大，温度分层的程度随着长径比的增加而增加，因此，Bi 数越大，温度分层越好。

（2）蓄冷罐的长度、壁厚相同但直径不同　选择不同的蓄冷罐直径，使得其长径比分别为2、2.5、3 和 3.5，图 6-9 所示为该情况下的蓄冷水温分布。蓄冷罐的表面积与体积比（A_s/V）随着长径比的增加而增加，蓄冷流体温度上升率与蓄冷罐的表面积与体积比成正比。另一个影响斜温层退化的参数是热容比，当蓄冷罐的热容远小于蓄冷流体的热容时，可忽略蓄冷罐壁面对斜温层退化的影响。由于蓄冷罐长度 L 和壁厚 δ 不变，故其 Bi 数也相同。底部冷水的温度和顶部温水的温度随着时间的增加而上升，底部冷水温度的上升加剧了温度分层的退化。在较大蓄冷容积和蓄冷罐最大长度有限制的情况下，可以通过增大热容比、减小表面积与体积比来产生温度分层。

（3）蓄冷罐的直径相同但长度、壁厚不同　图 6-10 所示为具有相同直径、不同长度和壁厚的蓄冷罐内温度分布。Bi 数随着蓄冷罐长径比的增加而增加，因此，温度分层随着 Bi 数增加而改善。从该图可以看出，当长径比超过 3.0 时，温度分层没有明显地改善。

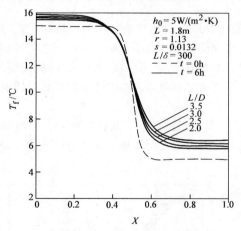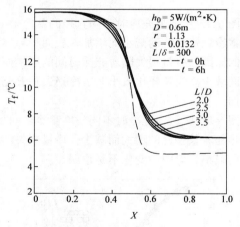

图 6-9　具有相同长度和壁厚、不同　　　　　图 6-10　具有相同直径、不同长度和
　　直径蓄冷罐内的温度分布　　　　　　　　　　壁厚的蓄冷罐内温度分布

2. 动态模式

在动态模式下，分析了分层水蓄冷系统的充冷性能和放冷性能。

（1）充冷循环性能　充冷循环开始时，蓄冷罐内温度处于均匀分布状态。冷水通过扩散器从罐底部流入，温水通过扩散器从罐顶部流出。扩散器有助于减小水流扰动和罐内冷、温水之间的混合。

充冷水流量对温度分层的影响可从其温度分布看出，温度分层的程度可用贝克来数（Pe）表示。Pe 表示通过蓄冷流体加入系统的冷量与通过斜温层传导的冷量之比，充冷时间随着流量（Pe）的增加而缩短。Pe 与 Fo（傅里叶数）的乘积表示在给定时间内，充冷或放冷冷水的体积与蓄冷罐总体积之比。图 6-11 所示为其充冷循环的温度分布。当冷水进入罐内时，斜温层开始形成，斜温层厚度随着充冷时间的延长而增加。这主要是由通过斜温层的导热、蓄冷罐壁轴向导热以及进口处水流的混合等因素引起的。

图 6-12 所示为充冷时蓄冷水流量对斜温层的影响。从图中可知，当流量较低时，斜温层退

化更显著，这是由于通过斜温层的导热和沿着蓄冷罐壁的轴向导热是随着充冷时间的增加而增加的。温度分层随着流量的增加而改善，但达到一定值后，其改善效果不明显。

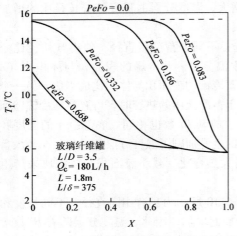

图 6-11　充冷循环的温度分布

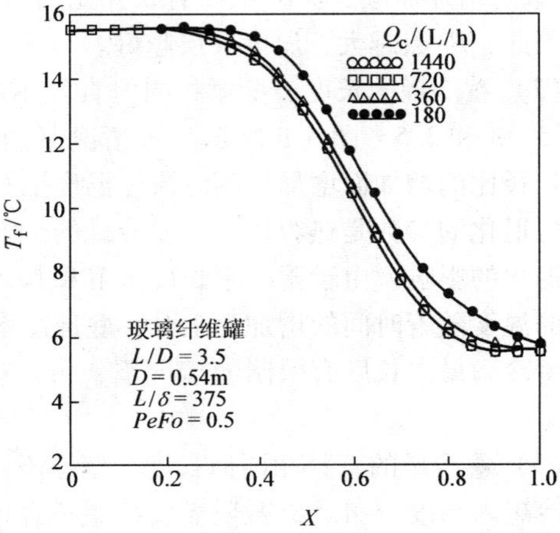

图 6-12　充冷时蓄冷水流量对斜温层的影响

图 6-13 所示为充冷时不同直径的蓄冷罐的长径比对斜温层的影响。从图中可知，充冷时间随着蓄冷罐长径比的减小而增加，表面积与体积比随着长径比的减小而减小，由于热扩散和轴向导热的原因，冷量损失随着充冷时间的增加而增加。由周围环境传热引起的冷损失随着长径比的减小而减少。当长径比较小时，冷损失随着充冷时间的增加而增加，温度分层随着长径比的减小而增加。

图 6-14 所示为充冷时不同长度蓄冷罐的长径比对斜温层的影响。从图中可知，蓄冷罐壁轴向导热随着长径比的增大而减少，冷量损失随着充冷时间的增大而增加。温度分层随着长径比的增大而减小，但图中变化不是很明显。

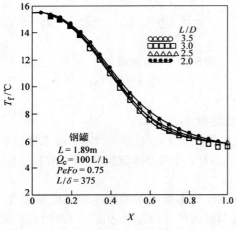

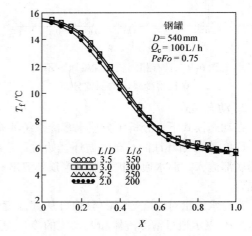

图 6-13　充冷时不同直径的蓄冷
罐的长径比对斜温层的影响

图 6-14　充冷时不同长度蓄冷
罐的长径比对斜温层的影响

图 6-15 所示为充冷时初始温差对温度分层的影响。从图中可知，斜温层的退化随着初始温差的增大而加剧，这是由于温差的增大，增加了通过斜温层和罐壁的传热量。

（2）放冷循环性能　放冷时，冷水通过散流器从罐底部抽出，从负荷端返回的温水通过散流器从罐顶部送入罐内。图 6-16 所示为放冷循环时的温度分布，当温水从罐顶进入蓄冷罐内时，斜温层就开始形成，斜温层厚度随着放冷时间 t 的增加而增大。

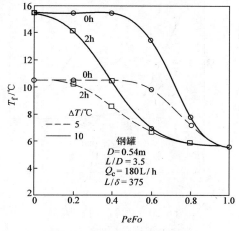

图 6-15　充冷时初始温差
对温度分层的影响

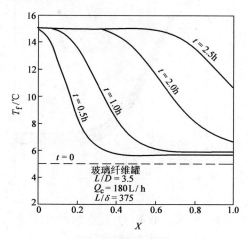

图 6-16　放冷循环时的温度分布

图 6-17 所示为放冷时不同轴向位置的温度变化。从图中可知，底层的温度随着时间的增加而缓慢地上升，整个罐内温度都是随着时间的增加而上升的，这将产生一些冷量损失。

图 6-18 所示为放冷时不同长度蓄冷罐的长径比对温度分层的影响。蓄冷罐壁的轴向导热随着长径比的减小而增加，放冷时间随着长径比的增加而增加，冷量损失随着放冷时间的增加而增加。从图中可知，由于放冷时间增加，较大长径比的斜温层更容易退化；较小长径比的蓄冷罐，其放冷温度较低，但图中变化不是很明显。

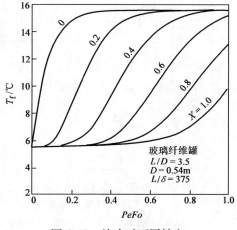

图 6-17　放冷时不同轴向
位置的温度变化

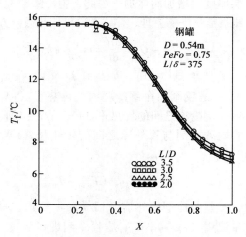

图 6-18　放冷时不同长度蓄冷罐的
长径比对温度分层的影响

图 6-19 所示为放冷时不同直径蓄冷罐的长径比对温度分层的影响。其表面积与体积比随着长径比的减小而减小，蓄冷罐壁的轴向导热随着蓄冷罐长度的减小而增加，放冷时间随着长径比的减小而增加，底部放冷水温随着长径比的减小而轻微增加，亦即温度分层随着长径比的减小而减小。

图 6-20 所示为放冷时初始温差对温度分层的影响。从图中可知，斜温层的退化是随着初始

温差的加大而加剧的。这是由于蓄冷罐壁的轴向导热以及冷温水之间的热扩散增加的缘故。

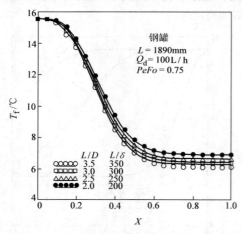

图 6-19 放冷时不同直径蓄冷罐的长径比对温度分层的影响

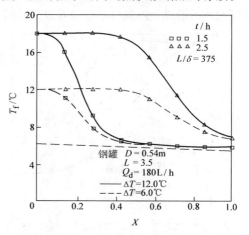

图 6-20 放冷时初始温差对温度分层的影响

第二节 冰蓄冷空调系统

一、盘管式冰蓄冷系统

（一）数理模型建立

图 6-21 所示为冷水机组上游串联式冰盘管式蓄冷系统。充冷时，温度较低的载冷剂在管内流动，冰在管外形成；放冷时，温度较高的载冷剂在管内流动，冰在管外壁融化。冰层的热阻随着冰层厚度的增加而增加，因此，蓄冷罐的性能随着蓄冷容量和蓄冷时间而变化。

根据能量平衡原理，建立蓄冷罐传热微分方程式如下

$$Q_b + Q_g = \frac{dH}{dt} = m \frac{\partial h}{\partial t} + h \frac{\partial m}{\partial t} \tag{6-17}$$

式中，H 是总焓（kJ）；h 是比焓（kJ/kg）；m 是质量（kg）；Q_b 是载冷剂在蓄冷罐内的传热量（kW）；Q_g 是周围环境与蓄冷罐之间的传热量（kW）；t 是时间（s）。

管内载冷剂与管外冰之间的传热量（kW）可用下式表示

$$Q_b = \dot{m}_b c_b (T_{b,in} - T_{b,out}) \tag{6-18}$$

式中，c_b 是载冷剂比热容 [kJ/(kg·℃)]；$\dot{m}_b$ 是载冷剂的质量流量（kg/s）；$T_{b,in}$ 是载冷剂进口温度（℃）；$T_{b,out}$ 是载冷剂出口温度（℃）。

周围环境与罐内冰之间的传热量 Q_g（kW）可用下式表示

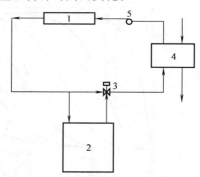

图 6-21 冷水机组上游串联式冰盘管式蓄冷系统
1—冷水机组 2—蓄冷罐 3—调节阀
4—换热器 5—泵

$$Q_g = U_a A_a (T_a - T_t) \tag{6-19}$$

式中，A_a 是蓄冷罐壁的面积（m²）；T_a 是周围环境温度（℃）；T_t 是蓄冷罐内温度（℃）；U_a 是蓄冷罐壁的传热系数 [kW/(m²·℃)]。

蓄冷介质焓的变化可以写成冰的潜热、显热变化与水的显热变化之和，其表达式如下

$$Q_b + Q_g = -h_{if}\frac{\mathrm{d}m_{ice}}{\mathrm{d}t} + m_{ice}c_{ice}\frac{\mathrm{d}T_{ice}}{\mathrm{d}t} + m_w c_w \frac{\mathrm{d}T_w}{\mathrm{d}t} \tag{6-20}$$

式中，c_{ice} 是冰的比热容 $[\mathrm{kJ/(kg \cdot ℃)}]$；$c_w$ 是水的比热容 $[\mathrm{kJ/(kg \cdot ℃)}]$；$h_{if}$ 是冰的熔解热 $(\mathrm{kJ/kg})$；m_{ice} 是冰的质量 (kg)；m_w 是水的质量 (kg)；T_{ice} 是冰的温度 $(℃)$；T_w 是水的温度 $(℃)$。

载冷剂温度随着盘管的长度而变化，根据能量平衡关系，可建立如下方程式

$$\dot{m}_b c_b \frac{\mathrm{d}T_b}{\mathrm{d}x} = \dot{q}_b \tag{6-21}$$

式中，T_b 是载冷剂温度 $(℃)$；$\dot{q}_b$ 是单位长度传热量 $(\mathrm{kW/m})$。

蓄冷介质与载冷剂之间的单位长度传热量还可用以下传热方程式表示

$$\dot{q}_b = UA'_t \ (T_s - T_b) \tag{6-22}$$

式中，A'_t 是单位长度管子外表面积 $(\mathrm{m^2/m})$；T_s 是蓄冷介质温度 $(℃)$；U 是传热系数 $[\mathrm{kW/(m^2 \cdot ℃)}]$。

载冷剂与蓄冷介质之间的传热系数可用下式表示

$$UA_t = \left(\frac{1}{A_i h_b} + \frac{1}{UA_s}\right)^{-1} \tag{6-23}$$

式中，A_i 是管子内表面积 $(\mathrm{m^2})$；A_s 是蓄冷介质表面积 $(\mathrm{m^2})$；A_t 是管子外表面总传热面积 $(\mathrm{m^2})$；h_b 是载冷剂与管内表面之间表面传热系数 $[\mathrm{kW/(m^2 \cdot ℃)}]$。

上式中第 1 项为载冷剂与管壁间的对流热阻；第 2 项为管子与冰水层间的热阻，其值取决于蓄冷罐处于充冷过程还是放冷过程。

在分析蓄冷系统性能时，假设 UA_t 沿着管长不变，这样就可通过积分式 (6-21) 得到任何位置处的载冷剂温度 T_b，即

$$T_b = T_s + \ (T_{b,in} - T_s) \ \mathrm{e}^{\frac{-UA_t x}{\dot{m}_b c_b L}} \tag{6-24}$$

式中，L 是管子长度 (m)；x 是沿管长位置 (m)。

对数平均温差可用下式表示

$$\Delta T_{lm} = \frac{(T_{b,out} - T_s) - (T_{b,in} - T_s)}{\ln (T_{b,out} - T_s) / (T_{b,in} - T_s)} \tag{6-25}$$

利用对数平均温差，可以求出载冷剂与冰之间的传热量，即

$$Q_b = UA_t \Delta T_{lm} \tag{6-26}$$

在换热器中，常用有效度来描述其性能。有效度定义为实际传热量与最大传热量之比。对于蓄冷罐的充冷和放冷过程，最大传热量是在载冷剂的出口温度等于蓄冷介质的相变温度 $(0℃)$ 时获得的。因此，蓄冷罐的有效度定义如下

$$\varepsilon = \frac{\dot{m}_b c_b (T_{b,in} - T_{b,out})}{(\dot{m}c)_{min}(T_{b,in} - T_f)} \tag{6-27}$$

式中，T_f 是蓄冷介质相变温度 $(℃)$；$(\dot{m}c)_{min}$ 是最小侧的热容量 $[\mathrm{kJ/(℃ \cdot s)}]$。

在蓄冷罐中，载冷剂侧的热容量最小，因此，充冷或放冷量可用下式表示

$$Q_b = \varepsilon \dot{m}_b c_b (T_{b,in} - T_f) \tag{6-28}$$

管壁外侧与蓄冷介质间的热阻取决于蓄冷罐处于充冷过程还是放冷过程；管内侧的对流换热系数 h_b 仅取决于载冷剂的流量。对于湍流流动 $(Re > 2000)$，其换热系数可按下式确定

$$Nu = 0.023Re^{4/5}Pr^{2/5} \tag{6-29}$$

式中，Nu 是努塞尔数；Pr 是普朗特数；Re 是雷诺数。

对于层流流动，其换热系数可按下式确定

$$Nu = 3.66 + \frac{0.0534 \ (RePrD/L)^{1.15}}{1 + 0.0316 \ (RePrD/L)^{0.84}} \tag{6-30}$$

管壁的热阻可按下式确定

$$UA_{\text{tube}} = \frac{2\pi k_{\text{tube}}L}{\ln(D_o/D_i)} \tag{6-31}$$

式中，A_{tube} 是管子的传热面积（m^2）；D_i 是管子内径（m）；D_o 是管子外径（m）；k_{tube} 是管子的热导率 [$kW/(m \cdot ℃)$]；U 是管子的传热系数 [$kW/(m^2 \cdot ℃)$]。

蓄冰和融冰期间的传热过程取决于管外是冰还是水以及管子的排列结构。图 6-22 为蓄冷盘管结构示意图，图 6-22a 所示为单根管子的蓄冰过程，图 6-22b 所示为一排管子的蓄冰过程。

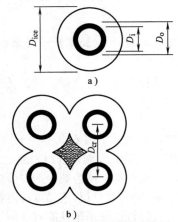

图 6-22 蓄冷盘管结构示意图
a）单根管子的蓄冰过程
b）一排管子的蓄冰过程

（1）充冷过程 该过程被分为三部分：显热充冷、不受限的潜热充冷和受限的潜热充冷。显热充冷是在蓄冷罐完全放冷之后进行的，它将水温从起始温度降至水的凝固温度，该过程没有发生相变；不受限的潜热充冷过程是从冰开始形成到相邻管子之间的冰柱开始搭接为止，如图 6-22a 所示，管壁外的冰是以冰柱形式出现的；一旦相邻管子之间的冰柱形成搭接，冰外表面的传热面积就受到限制，如图 6-22b 所示，该过程就称为受限的潜热充冷过程。

显热充冷过程是将水温降至水的凝固温度，假设蓄冷罐内水温均匀，其能量平衡方程可从式（6-20）简化得到

$$Q_b + Q_g = m_w c_w \frac{dT_w}{dt} \tag{6-32}$$

载冷剂与水之间的总热阻包括载冷剂与管内壁之间的热阻、管壁热阻、管外壁与蓄冷介质之间的热阻，它可按下式计算

$$UA_t = \left[\frac{1}{A_i h_b} + \frac{\ln(D_o/D_i)}{2\pi k_{\text{tube}}L} + \frac{1}{h_w A_o} \right]^{-1} \tag{6-33}$$

式中，A_o 是管子外表面积（m^2）；h_w 是管子外表面的表面传热系数 [$kW/(m^2 \cdot ℃)$]。

管子外表面的自然对流表面传热系数可按下式计算

$$Nu_D = \left\{ 0.60 + \frac{0.387 Ra_D^{1/6}}{[1 + (0.559/Pr)^{9/16}]^{8/27}} \right\}^2 \tag{6-34}$$

式中，Ra_D 是雷利数。

在不受限的潜热蓄冷过程中，蓄冷量受管外蓄冰量的影响。在该过程中，由于冰与载冷剂之间的温差较小，冰的显热蓄冷量不到潜热蓄冷量的 4%，因此可忽略显热蓄冷量，其能量平衡方程可用下式表示

$$Q_b + Q_g = -h_{if} \frac{dm_{\text{ice}}}{dt} \tag{6-35}$$

载冷剂与蓄冷介质之间的传热热阻可按下式确定

$$UA_{t} = \left[\frac{1}{A_{i}h_{b}} + \frac{\ln (D_{o}/D_{i})}{2\pi k_{tube}L} + \frac{\ln (D_{ice}/D_{o})}{2\pi k_{ice}L} + \frac{1}{h_{w}A_{ice}} \right]^{-1} \qquad (6\text{-}36)$$

式中，A_{ice}是管外冰层表面积（m^2）；D_{ice}是管外冰层直径（m）；k_{ice}是管外冰层的热导率 [kW/(m·℃)]。

其中管外冰层表面积可按下式计算

$$A_{ice} = \pi D_{ice}L \qquad (6\text{-}37)$$

通过式（6-35）可以求得管外冰层质量的变化，再由冰层质量的变化，可以得到管外冰层直径的变化。

当相邻管子间冰柱相互搭接时，便开始了受限潜热蓄冷过程，此时相邻管子的中心距被称为冰层的临界直径 D_{cr}。该过程的传热不再是一维传热，其传热量可按下式计算

$$Q_{act} = fQ_{crit} = f \frac{2\pi k_{ice}L}{\ln (D_{crit}/D_{o})} \qquad (6\text{-}38)$$

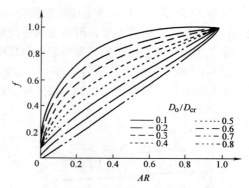

图 6-23　修正因子 f 随面积比 AR 和临界直径比 D_{o}/D_{cr} 的变化关系

式中，D_{crit}是相邻冰层开始搭接时管子的中心距，亦即冰层的临界直径（m）；f是冰层传热量修正因子；Q_{act}是实际传热量（kW）；Q_{crit}是冰层开始搭接时的传热量（kW）。

图 6-23 所示为修正因子 f 随面积比 AR 和临界直径比 D_{o}/D_{cr} 的变化关系，它也可按下式计算

$$f = -1.441AR + 2.455 \sqrt{AR} + \frac{D_{o}}{D_{crit}} (3.116AR - 3.158 \sqrt{AR}) \qquad (6\text{-}39)$$

式中，AR 是实际传热面积与不受限蓄冷时的传热面积之比。

面积比 AR 按下式确定

$$AR = 1 - \frac{\pi}{4} \arccos \frac{D_{crit}}{D_{ice}} \qquad (6\text{-}40)$$

载冷剂与蓄冷介质之间的传热热阻可按下式计算

$$UA_{t} = \left[\frac{1}{A_{i}h_{b}} + \frac{\ln (D_{o}/D_{i})}{2\pi k_{tube}L} + \frac{\ln (D_{crit}/D_{o})}{2\pi k_{ice}Lf} + \frac{1}{h_{w}A_{ice}} \right]^{-1} \qquad (6\text{-}41)$$

（2）放冷过程

放冷过程分为不受限的潜热放冷过程及受限的潜热和显热放冷过程。在不受限潜热放冷过程中，冰层在管外融化；在受限的潜热放冷过程中，管子之间融化后的水层开始连通。

在不受限的潜热放冷过程中，由于冰层在恒定的温度下融化，其显热变化很小；但水的显热变化较大，因此，能量平衡方程可写为

$$Q_{b} + Q_{g} = h_{if} \frac{dm_{w}}{dt} + m_{w}c_{w} \frac{dT_{w}}{dt} \qquad (6\text{-}42)$$

式中，dm_{w}/dt 是管外水层的质量变化率（kg/s）。

当放冷过程开始时，管子外壁周围没有水，管子外表面温度等于水的冰结温度，冰表面温度也恒定在冻结温度。载冷剂与管表面之间的传热热阻可按下式确定

$$UA_{t} = \left[\frac{1}{A_{i}h_{b}} + \frac{\ln (D_{o}/D_{i})}{2\pi k_{tube}L} + \frac{\ln (D_{w}/D_{o})}{2\pi k_{w}L} \right]^{-1} \qquad (6\text{-}43)$$

式中，D_{w} 是水层的外径（m）；k_{w} 是水层的热导率 [kW/(m·℃)]。

当融化的水层连通后，出现了载冷剂与水、水再与冰之间的传热过程。由于不能确定管子与水、水与冰之间的传热系数，在此假定管子与水之间的传热热阻在受限潜热放冷过程中保持不变，它等于不受限潜热放冷过程时的传热热阻。

（二）结果分析

图6-24所示为潜热蓄冷量随潜热蓄冷率的变化关系。从图中可知，在不受限的潜热蓄冷过程中，蓄冷量几乎保持不变；但在受限的潜热蓄冷过程中，蓄冷量的下降很明显。图中曲线转折点对应于冰层开始搭接时刻，蓄冷量随着载冷剂进口温度的提高而减少。

图6-25所示为放冷量随名义蓄冷率的变化关系。从图中可知，当管外冰层融化时，其放冷量在不断减少；特别是在融化的水层开始连通时，其放冷量下降得更快。

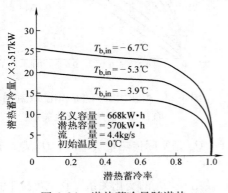

图6-24 潜热蓄冷量随潜热蓄冷率的变化关系

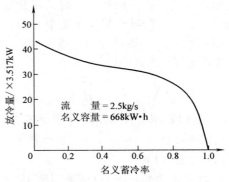

图6-25 放冷量随名义蓄冷率的变化关系

图6-26所示为充冷时蓄冷有效度 ε 的变化。从图中可知，当潜热蓄冷率和载冷剂的流量增加时，其蓄冷有效度减小。在不受限的潜热蓄冷过程中，蓄冷有效度几乎不取决于载冷剂进口温度。

对于放冷过程，其有效度由放冷量确定，最大放冷量可由下式确定

$$Q_{d,max} = m_{ice} \left[(h_{if} + c_w (T_{b,in} - T_f)) \right] \quad (6-44)$$

图6-27所示为放冷有效度 ε 的变化。从图中可知，放冷有效度随着放冷容量的减少而减小，随着流量的增加而减小。

图6-28～图6-30所示分别为放冷有效度 ε 随着

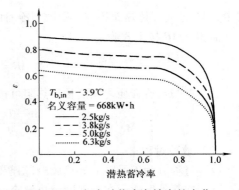

图6-26 充冷时蓄冷有效度的变化

放冷容量和载冷剂流量的变化关系。在图6-28所示为当载冷剂流量为2.5kg/s时，放冷有效度在载冷剂进口温度分别为7.2℃、10℃、15.6℃情况下的变化规律；图6-29、图6-30所示为当载冷剂流量为3.8kg/s、5.0kg/s时，放冷有效度的变化规律。

在图6-28～图6-30中，也同时给出了某蓄冷产品（Calmac）的实际值。从图中可以看出两者之间吻合得较好，从而表明该模型可以预测蓄冷系统的性能。

有效度概念为预测蓄冷罐性能提供了一个简单的模型。对于蓄冷过程，任何时刻的蓄冷罐有效度可以通过蓄冷率和载冷剂的流量来确定，蓄冷量可以通过有效度和载冷剂进口温度来确定。如果在充冷期间载冷剂流量发生变化，蓄冷罐的性能可以利用有效度曲线来计算。

对于放冷过程，如果已知初始放冷量和载冷剂流量，就可确定蓄冷罐有效度。瞬态放冷量可

用有效度和载冷剂进口温度来确定。载冷剂进口温度不同的蓄冷罐，可近似用同一条放冷有效度曲线来表示其性能；而载冷剂流量不同的蓄冷罐，需用不同的放冷有效度曲线来表示其性能。该方法可用于确定放冷量随时间的变化规律。

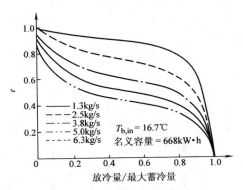

图 6-27　放冷有效度的变化

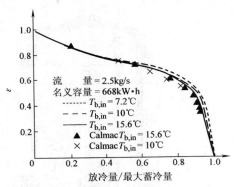

图 6-28　放冷有效度随放冷容量
和载冷剂流量的变化（载冷剂流量为 2.5kg/s）

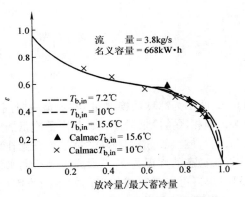

图 6-29　放冷有效度随放冷容量
和载冷剂流量的变化（载冷剂流量为 3.8kg/s）

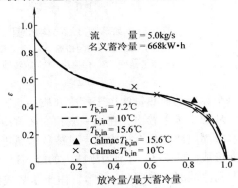

图 6-30　放冷有效度随放冷容量
和载冷剂流量的变化（载冷剂流量为 5.0kg/s）

二、封装式冰蓄冷系统

（一）冰球式蓄冷系统

1. 蓄冷过程模拟与分析

图 6-31 为冰球蓄冷罐示意图。冰球均匀地堆积在蓄冷罐内，冰球内充填有 90% 左右的蓄冷介质（水），蓄冷罐内布置有水平和垂直的栅栏，用来固定冰球，防止冰球分布不均匀。蓄冷时，载冷剂流体从底部进入蓄冷罐，在球与球之间的间隙通道内流动，并与球内的蓄冷介质产生热交换，发生热交换后的载冷剂流体从蓄冷罐顶部流出。放冷时，载冷剂流体的流向与蓄冷过程相反，流体从蓄冷罐上部进入，从蓄冷罐底部流出。

图 6-32 为蓄冷单元体示意图（将蓄冷罐进出口格栅之间分成 m 个蓄冷单元）。单位时间内，流体的能量变化是由于蓄冷单元体底部和顶部的能量交换，以及与球内的蓄冷介质热交换而产生的，即

$$\rho c V \frac{\mathrm{d}T}{\mathrm{d}t} = \rho c q_v (T_m - T_{m+1}) + \sum_{i=1}^{N} \Phi_i \tag{6-45}$$

式中，V 是每层流体的体积（m^3）；ρ 是流体密度（kg/m^3）；c 是流体比热容 [$kJ/(kg \cdot \mathcal{C})$]；$q_v$ 是流体流量（m^3/s）；Φ_i 是流体与单个冰球的换热量（kW）；T 是流体温度（$\mathcal{C}$）；T_m 是流体进入蓄冷单元体时的温度（$\mathcal{C}$）；T_{m+1} 是流体流出蓄冷单元体时的温度（$\mathcal{C}$）；N 是每层冰球数。

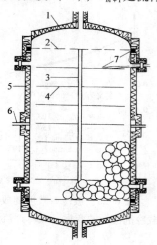

图 6-31　冰球蓄冷罐结构示意图

1—可拆的上盖　2—均匀格栅　3—垂直栅栏
4—水平栅栏　5—保温层　6—旋转轴
7—热电偶

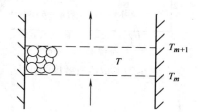

图 6-32　蓄冷单元体示意图

　　每个冰球的换热量取决于蓄冷介质的状态。图 6-33 所示为冰球的换热量 Φ_i 随蓄冷时间 t 的变化。从图中可以看出，在固－液相变区蓄冷量最大，固相区蓄冷量最小，液相区蓄冷量居中。

　　水凝固成冰时具有过冷度，过冷状态属于亚稳态，一旦亚稳态遭到破坏，冰层就开始在球的内表面形成。图 6-34 所示为冰球内的凝固过程。处于亚稳态的水温为 T_L，形成冰晶后的水温立刻回升到冰的凝固温度 T_F（0°）。由于冰晶成核时间很短，可以忽略成核期间发生的凝固过程，成核完成后（回到 T_F 温度时）凝固的薄冰层半径 r_o 可用下式表示

$$r_o = \left[r_i^3 \left(1 - \frac{\rho_L c_L}{\rho_S L_F} \Delta T \right) \right]^{1/3} \tag{6-46}$$

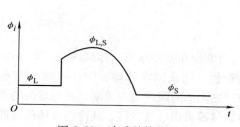

图 6-33　冰球的换热量
随蓄冷时间的变化

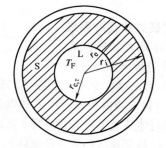

图 6-34　冰球内的凝固过程

式中，ρ_L 是蓄冷介质（水）的液相密度（kg/m^3）；ρ_S 是蓄冷介质（水）的固相密度（kg/m^3）；c_L 是蓄冷介质（水）的液相比热容 [$kJ/(kg \cdot \mathcal{C})$]；$L_F$ 是蓄冷介质的熔解热（kJ/kg）；r_i 是冰球的内径（m）；r_o 是凝固的薄冰层半径（m）；ΔT 是蓄冷介质的过冷度（$\mathcal{C}$），$\Delta T = T_F - T_L$。

　　冰球与流体在 $\tau \leqslant t \leqslant t_{f,\tau}$（凝固过程完成时刻）期间的换热量可按下式确定

$$\varPhi_{c,\tau}(t) = \frac{T_F - T(t)}{R_f + R_{env} + R_{c,\tau}(t)} \tag{6-47}$$

式中，R_f 是流体与冰球外部表面之间的热阻（$m^2 \cdot °C/kW$）；R_{env} 是球壳的热阻（$m^2 \cdot °C/kW$）；$R_{c,\tau}(t)$ 是固相冰层的热阻（$m^2 \cdot °C/kW$）。

其热阻可分别按下式计算

$$R_f = \frac{1}{hS} \tag{6-48}$$

式中，h 是流体与球表面之间的表面传热系数[$kW/(m^2 \cdot °C)$]；S 是冰球的外表面积（m^2）。

$$R_{env} = \frac{1}{4\pi k_p}\left(\frac{1}{r_i} - \frac{1}{r_e}\right) \tag{6-49}$$

式中，k_p 是球壳的热导率[$kW/(m \cdot °C)$]；r_e 是冰球的外径（m）。

$$R_{c,\tau}(t) = \frac{1}{4\pi k_s}\left(\frac{1}{r_{c,\tau}(t)} - \frac{1}{r_i}\right) \tag{6-50}$$

式中，k_s 是冰的热导率[$kW/(m \cdot °C)$]；$r_{c,\tau}(t)$ 是冰层的半径（m）。

为了确定冰层半径 $r_{c,\tau}(t)$，假定蓄冷介质固－液界面释放的热量全部传递给外部的流体，则有

$$4\pi r_{c,\tau}^2(t)\rho_L L_F dr_{c,\tau}(t) = -\varPhi_{c,\tau}(t)dt \tag{6-51}$$

式中，L_F 是蓄冷介质的熔解热（凝固热则为 $-L_F$）（kJ/kg）。

当 $t = \tau$ 时，有 $r_{c,\tau}(\tau) = r_o$；当 $t = t_{f,\tau}$ 时（凝固过程完成时刻），$r_{c,\tau}(t_{f,\tau}) = 0$。利用式（6-47）~式（6-51）就可确定 $\varPhi_{c,\tau}(t)$。

液相或固相过程的冰球换热量可用式（6-52）求得

$$\rho_b c_b V_n \frac{dT_b(t)}{dt} = -\varPhi_b(t) \tag{6-52}$$

式中，ρ_b 是蓄冷介质液相或固相密度（kg/m^3）；c_b 是蓄冷介质液相或固相比热容[$kJ/(kg \cdot °C)$]；T_b 是蓄冷介质液相或固相温度（$°C$）；$\varPhi_b(t)$ 是蓄冷介质液相或固相的换热量（kW）；V_n 是冰球内蓄冷介质的体积（m^3）。

蓄冷介质液相或固相的换热量可由下式确定

$$\varPhi_b(t) = \frac{T_b - T(t)}{R_f + R_{env}} \tag{6-53}$$

根据各自的 τ 和 t 值，有 $\varPhi_i = \varPhi_L$、$\varPhi_{c,\tau}$ 或 $\varPhi_S$。

由于蓄冷罐的底部和顶部没有充填冰球，如图 6-31 所示，对于这两个特殊的蓄冷单元体，可建立如下能量平衡方程式

$$\rho c V_c \frac{dT}{dt} = \rho c q_v (T_m - T_{m-1}) \quad (当 m = 0 \text{ 或 } m = M+1 \text{ 时}) \tag{6-54}$$

式中，V_c 是蓄冷罐底部或顶部流体的体积（m^3）；M 是蓄冷罐进出口格栅间的蓄冷单元体数。

图 6-35 所示为蓄冷时蓄冷罐不同位置的流体温度随时间的变化曲线，图中也给出了相同条件下的试验结果（蓄冷流体进口温度为 $-6.0°C$，流体流量为 $1.3 m^3/h$）。从图中可以看出，理论结果与试验结果吻合得较好，但在蓄冷过程后期和蓄冷罐的上部会存在一些偏差。这主要是由于蓄冷罐内流体与周围环境之间的换热所致。

图 6-36 所示为流体进出口温度、蓄冷率和凝固率随时间的变化曲线。从图中可知，当流体出口温度达到其进口温度时，蓄冷过程完成。所有冰球在蓄冷过程进行到充冷时间的 2/3 时都已开始凝固。

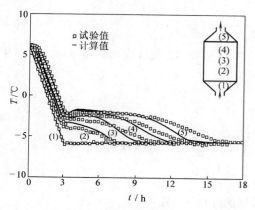

图6-35　蓄冷时流体温度随时间的变化曲线

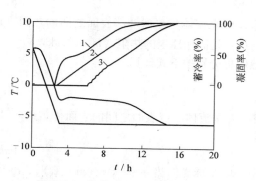

图6-36　流体进出口温度、蓄冷率
和凝固率随时间的变化曲线
1—已开始凝固的冰球百分率　2—蓄存冷量
的百分率　3—完全凝固的冰球百分率

2. 放冷过程模拟与分析

放冷过程的模拟方法与蓄冷过程是一样的，但放冷过程不存在过冷现象。因此，每层的冰球几乎同时在熔解温度发生相变，每层流体的能量变化可用下式表示

$$\rho c V \frac{\mathrm{d}T}{\mathrm{d}t} = \rho c q_{\mathrm{v}} (T_m - T_{m-1}) + N\Phi_{\mathrm{i}} \tag{6-55}$$

式中，Φ_{i} 是冰球的换热量（kW）；N 是每层的冰球数。

假定熔解过程从球壳的内表面开始，然后向球中心融化。一旦熔解过程开始，蓄冷介质的固相温度 T_{F} 为 0℃。冰球与流体间的换热量可用下式计算

$$\Phi_{\mathrm{f}}(t) = \frac{T_{\mathrm{F}} - T(t)}{R_{\mathrm{f}} + R_{\mathrm{env}} + R_{\mathrm{L}}(t)} \tag{6-56}$$

式中，$R_{\mathrm{L}}(t)$ 是熔化的液相层热阻（$\mathrm{m}^2 \cdot \text{℃/kW}$）。

$$R_{\mathrm{L}}(t) = \frac{1}{4\pi k_{\mathrm{e}}} \left(\frac{1}{r_{\mathrm{L}}(t)} - \frac{1}{r_{\mathrm{i}}} \right) \tag{6-57}$$

式中，k_{e} 是考虑自然对流的液相层的有效热导率 [$\mathrm{kW/(m \cdot ℃)}$]，$k_{\mathrm{e}} = 1.1 \times 10^{-3} \mathrm{kW/(m \cdot ℃)}$；$r_{\mathrm{L}}(t)$ 是熔化的液相层半径（m）。

为了确定液相层半径 $r_{\mathrm{L}}(t)$，建立了固 – 液界面层的能量平衡方程，并认为冰球融化时吸收的热量等于流体放出的热量，则有

$$4\pi r_{\mathrm{L}}^2(t) \rho_{\mathrm{L}} L_{\mathrm{F}} \mathrm{d}r_{\mathrm{L}}(t) = \Phi_{\mathrm{f}}(t) \mathrm{d}t \tag{6-58}$$

式中，L_{F} 是冰的熔解热（kJ/kg）。

一旦熔解开始，可以利用式（6-56）~式（6-58）求解 $\Phi_{\mathrm{f}}(t)$，直至熔解过程完成，这时 $r_{\mathrm{L}}(t) = 0$。

熔解之前的换热量 Φ_{s} 和熔解完成之后的换热量 Φ_{L} 的确定与蓄冷过程相同。

所以根据冰球的状态，有 $\Phi_{\mathrm{i}} = \Phi_{\mathrm{s}}$、$\Phi_{\mathrm{f}}$ 或 Φ_{L}。

图6-37 所示为放冷时蓄冷罐内流体温度随时间的变化，图中也给出了相同条件下（流体进口温度为 5.0℃，流量为 1.1m^3/h）的试验结果。从图中可知，理论计算值与试验值吻合得很好，这主要是由于考虑了熔化液相层的自然对流作用，采用有效热导率可以大大简化放冷过程的熔化传热分析。

图 6-38 所示为不同流体进口温度时流体出口温度的变化。从图中可知，当流体进口温度升高时，放冷时间缩短。

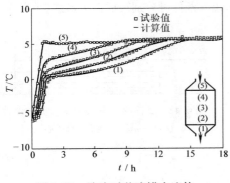

图 6-37　放冷时蓄冷罐内流体
温度随时间的变化

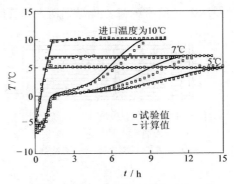

图 6-38　不同流体进口温度时
流体出口温度的变化

（流体流量为 1.1m³/h）

图 6-39 所示为不同流体流量时流体出口温度的变化。从图中可知，当流体流量增加时，放冷时间也缩短。

图 6-40 所示为放冷时流体进出口温度、放冷率和熔解率随时间的变化。从图中可知，当流体出口温度达到其进口温度时，放冷过程即结束。

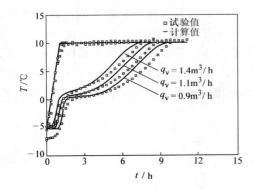

图 6-39　不同流体流量时流体
出口温度的变化

（流体进口温度为 10℃）

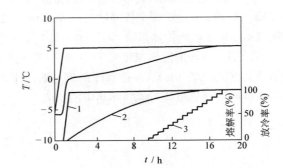

图 6-40　放冷时流体进出口温度、放
冷率和熔解率随时间的变化

1—已开始熔解的冰球百分率　2—释放冷
量的百分率　3—完全熔解的冰球百分率

（二）冰板式蓄冷系统

1. 蓄冷过程模拟与分析

在冰蓄冷平板堆积床系统中（见图 6-41），蓄冷剂被封闭在扁平的矩形容器中，蓄冷平板被整齐地堆积在有载冷剂（乙二醇溶液）循环通过的蓄冷槽内。在充冷过程中，蓄冷剂开始处于液态，通过与流经平板表面的载冷剂进行换热，不断放出热量。由于在充冷过程中蓄冷剂经历了液态、液－固两相态到固态的变化，因此，整个充冷过程可根据蓄冷剂所处的不同状态分成三个不同的时间段：显热蓄冷段（蓄冷剂为液态）、潜热蓄冷段（蓄冷剂由液态转变成固态）、显热蓄冷段（蓄冷剂为固态）。

为简化分析，作如下假设：①平板内的蓄冷剂温度均匀；②蓄冷槽壁面绝热；③载冷剂和蓄冷剂的热物性参数为常数；④蓄冷平板和载冷剂间的表面传热系数在整个充冷过程中为常数；⑤忽略载冷剂和蓄冷剂沿流体流动方向的导热。基于上述假设，蓄冷平板和载冷剂在不同时间段的微元控制体（见图6-42）能量平衡方程及初始和边界条件可分别写成以下形式。

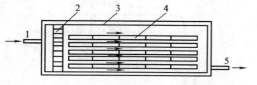

图6-41　蓄冷平板堆积床系统示意图
1—载冷剂入口　2—进口均匀格栅
3—蓄冷槽　4—蓄冷板　5—载冷剂出口

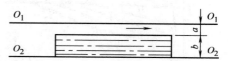

图6-42　蓄冷平板和载冷剂微元控制体
$O_1 O_1$—载冷剂通道对称中心线
$O_2 O_2$—蓄冷平板对称中心线

（1）时间段 I

$$\rho_{pl} c_{pl} b \frac{\partial T_{pl}}{\partial t} = -\frac{h(T_{pl} - T_f)}{1 + M_{w,f}} \tag{6-59}$$

$$\rho_f c_f a \frac{\partial T_f}{\partial t} + u \rho_f c_f a \frac{\partial T_f}{\partial x} = \frac{h(T_{pl} - T_f)}{1 + M_{w,f}} \tag{6-60}$$

初始条件：　　　　　　$t = t_I = 0, \quad T_{pl} = T_{pi}, \quad T_f = T_{fi}$　　　(6-61)

边界条件：　　　　　　$x = 0, \quad T_f = T_{f,in}$　　　　　　　(6-62)

式中，ρ_{pl}、ρ_f 是蓄冷剂、载冷剂流体的密度（kg/m³）；c_{pl}、c_f 是蓄冷剂、载冷剂流体的比热容[J/(kg·℃)]；b 是蓄冷平板厚度的一半（m）；ΔT 是相变材料（PCM）的过冷度（℃）；t 是时间（s）；h 是表面传热系数[W/(m²·℃)]；$T_{f,in}$ 是载冷剂在蓄冷槽进口处的温度（℃）；T_{pl}、T_f 是蓄冷剂、载冷剂流体温度（℃）；T_{pi}、T_{fi} 是蓄冷剂、载冷剂初始温度（℃）；a 是蓄冷平板间通道高度的一半（m）；u 是载冷剂流过蓄冷平板的速度（m/s）；x 是轴向坐标（m）；$M_{w,f}$ 是蓄冷平板的壁面热阻与对流换热热阻的比值

$$M_{w,f} = \frac{\dfrac{\delta_w}{k_w A}}{\dfrac{1}{hA}} = \frac{h\delta_w}{k_w} \tag{6-63}$$

式中，δ_w 是蓄冷平板壁厚（m）；k_w 是蓄冷平板壁的热导率[W/(m·℃)]；A 是蓄冷平板壁面面积（m²）。

（2）时间段 II　式（6-59）和式（6-60）适用于 $T_{pl} > T_m - \Delta T$（下标 m 表示蓄冷剂凝固点）的情况。当相变蓄冷材料温度达到 $T_m - \Delta T$ 时，凝固过程开始，能量以潜热方式储存，蓄冷材料和流体的控制方程分别为

$$\lambda \rho_{pl} \frac{\partial s_{pl}}{\partial t} = \frac{h(T_m - T_f)}{1 + M_{w,f} + M_{ps,f}} \tag{6-64}$$

$$\rho_f c_f a \frac{\partial T_f}{\partial t} + u \rho_f c_f a \frac{\partial T_f}{\partial x} = \frac{h(T_m - T_f)}{1 + M_{w,f} + M_{ps,f}} \tag{6-65}$$

式中，λ 是蓄冷剂凝固潜热（J/kg）；s_{pl} 是蓄冷剂凝固厚度（m）；$M_{ps,f}$ 是固态相变材料的热阻与对流换热热阻的比值

$$M_{\mathrm{ps,f}} = \frac{\dfrac{s_{\mathrm{pl}}}{k_{\mathrm{ps}}A}}{\dfrac{1}{hA}} = \frac{hs_{\mathrm{pl}}}{k_{\mathrm{ps}}} \tag{6-66}$$

式中，k_{ps} 是蓄冷剂固态热导率 $[\mathrm{W/(m \cdot ℃)}]$。

对于过冷度的影响，可采用如下考虑：认为液态相变蓄冷材料的温度 T_{pl} 降到 $T_{\mathrm{m}} - \Delta T$ 时，靠近壁面的一薄层液体蓄冷材料会瞬间凝固为固相，同时放出潜热，此部分热量被其余液相部分的蓄冷材料所吸收，使其温度 T_{pl} 回升到 T_{m}。因此，凝固开始时相变蓄冷材料的凝固厚度不是零，而是 $s_{\mathrm{pl,o}}$。

在时间段 Ⅱ 内，式（6-64）、式（6-65）的初始条件为

$$t = t_{\text{Ⅱ}} = 0, T_{\mathrm{pl}} = T_{\mathrm{m}}, T_{\mathrm{f}} = T_{\mathrm{fⅡ,i}}, s_{\mathrm{pl}} = s_{\mathrm{pl,o}} \tag{6-67}$$

其中 $s_{\mathrm{pl,o}}$ 由下式求得

$$\rho_{\mathrm{pl}}c_{\mathrm{pl}}(b - s_{\mathrm{pl,o}})[T_{\mathrm{m}} - (T_{\mathrm{m}} - \Delta T)] = \rho_{\mathrm{ps}}s_{\mathrm{pl,o}}\lambda \tag{6-68a}$$

在式(6-68a)中忽略相变蓄冷材料密度的变化，认为 $\rho_{\mathrm{pl}} = \rho_{\mathrm{ps}}$，即得

$$s_{\mathrm{pl,o}} = \frac{bc_{\mathrm{pl}}\Delta T}{\lambda + c_{\mathrm{pl}}\Delta T} \tag{6-68b}$$

式（6-67）中，$t_{\text{Ⅱ}}$ 是相变蓄冷材料温度为 $T_{\mathrm{pl}} = T_{\mathrm{m}} - \Delta T$ 的时刻，此时流体温度为 $T_{\mathrm{fⅡ,i}}$，它可由式（6-59）和式（6-60）计算得到。

（3）时间段 Ⅲ 在此时间段内，相变蓄冷材料温度低于其凝固温度，相变材料和流体的控制方程分别为

$$\rho_{\mathrm{ps}}c_{\mathrm{ps}}b\frac{\partial T_{\mathrm{ps}}}{\partial t} = -\frac{h(T_{\mathrm{ps}} - T_{\mathrm{f}})}{1 + M_{\mathrm{w,f}}} \tag{6-69}$$

$$\rho_{\mathrm{f}}c_{\mathrm{f}}a\frac{\partial T_{\mathrm{f}}}{\partial t} + u\rho_{\mathrm{f}}c_{\mathrm{f}}a\frac{\partial T_{\mathrm{f}}}{\partial x} = \frac{h(T_{\mathrm{ps}} - T_{\mathrm{f}})}{1 + M_{\mathrm{w,f}}} \tag{6-70}$$

式中，ρ_{ps} 是蓄冷剂固相密度（$\mathrm{kg/m^3}$）；c_{ps} 是蓄冷剂固相比热容 $[\mathrm{J/(kg \cdot ℃)}]$；$T_{\mathrm{ps}}$ 是蓄冷剂固相温度（℃）。

初始条件： $t = t_{\text{Ⅲ}} = 0,\ T_{\mathrm{ps}} = T_{\mathrm{m}},\ T_{\mathrm{f}} = T_{\mathrm{fⅢ,i}} \tag{6-71}$

式中，$t_{\text{Ⅲ}}$ 是蓄冷剂固态显热蓄冷段开始时刻，此时载冷剂流体温度为 $T_{\mathrm{fⅢ,i}}$，它可由式（6-64）和式（6-65）计算得到。

载冷剂流体和蓄冷平板间对流换热关系式为

$$Nu_{\mathrm{f}} = \frac{hD}{k_{\mathrm{f}}} = 8.3 \tag{6-72}$$

式中，Nu_{f} 是努塞尔数；D 是特征长度（m），$D = 4a$；k_{f} 是载冷剂流体热导率 $[\mathrm{W/(m \cdot ℃)}]$。

为使计算结果具有通用性，对上述方程进行无量纲化。定义下述无量纲参数为

$$\theta = \frac{T - T_{\mathrm{fi}}}{T_{\mathrm{pi}} - T_{\mathrm{m}}},\ \tau = \frac{t}{t_{\mathrm{c}}},\ X = \frac{x}{L},\ S_{\mathrm{pl}} = \frac{s_{\mathrm{pl}}}{b},$$

$$\Delta\theta = \frac{\Delta T}{T_{\mathrm{pi}} - T_{\mathrm{m}}},\ c_{\mathrm{pl,f}} = \frac{b\rho_{\mathrm{pl}}c_{\mathrm{pl}}}{a\rho_{\mathrm{f}}c_{\mathrm{f}}},\ c_{\mathrm{ps,f}} = \frac{b\rho_{\mathrm{ps}}c_{\mathrm{ps}}}{a\rho_{\mathrm{f}}c_{\mathrm{f}}},$$

$$St = \frac{hL}{ua\rho_{\mathrm{f}}c_{\mathrm{f}}},\ Ste = \frac{c_{\mathrm{pl}}(T_{\mathrm{pi}} - T_{\mathrm{m}})}{\lambda}。$$

式中，θ 是无量纲温度；τ 是无量纲时间，$t_{\mathrm{c}} = \dfrac{L}{u}$（$L$ 为蓄冷槽长度）；X 是无量纲轴向坐标；S 是蓄冷剂无量纲凝固厚度（结冰率）；$\Delta\theta$ 是蓄冷剂无量纲过冷度；$c_{\mathrm{pl,f}}$ 是蓄冷剂液相与载冷剂流体的有效热容比；$c_{\mathrm{ps,f}}$ 是蓄冷剂固相与载冷剂流体的有效热容比；St 是斯坦顿数；Ste 是斯蒂芬数。

无量纲方程及其初始和边界条件分别为：

时间段 Ⅰ：

$$\frac{\partial \theta_{\mathrm{pl}}}{\partial \tau} = -\frac{\dfrac{St}{c_{\mathrm{pl,f}}}(\theta_{\mathrm{pl}} - \theta_{\mathrm{f}})}{1 + M_{\mathrm{w,f}}} \tag{6-73}$$

$$\frac{\partial \theta_{\mathrm{f}}}{\partial \tau} + \frac{\partial \theta_{\mathrm{f}}}{\partial X} = \frac{St(\theta_{\mathrm{pl}} - \theta_{\mathrm{f}})}{1 + M_{\mathrm{w,f}}} \tag{6-74}$$

初始条件：　　　　　　$\tau = \tau_{\mathrm{I}} = 0$，$\theta_{\mathrm{pl}} = \theta_{\mathrm{pi}}$，$\theta_{\mathrm{f}} = \theta_{\mathrm{fi}} = 0$ $\tag{6-75}$

边界条件：　　　　　　$X = 0$，$\theta_{\mathrm{f}} = \theta_{\mathrm{f,in}}$ $\tag{6-76}$

时间段 Ⅱ：

$$\frac{\partial S_{\mathrm{pl}}}{\partial \tau} = \frac{\dfrac{StSte}{c_{\mathrm{pl,f}}}(\theta_{\mathrm{m}} - \theta_{\mathrm{f}})}{1 + M_{\mathrm{w,f}} + M_{\mathrm{ps,f}}} \tag{6-77}$$

$$\frac{\partial \theta_{\mathrm{f}}}{\partial \tau} + \frac{\partial \theta_{\mathrm{f}}}{\partial X} = \frac{St(\theta_{\mathrm{m}} - \theta_{\mathrm{f}})}{1 + M_{\mathrm{w,f}} + M_{\mathrm{ps,f}}} \tag{6-78}$$

初始条件：　　　　　　$\tau = \tau_{\mathrm{II}}$，$\theta_{\mathrm{pl}} = \theta_{\mathrm{m}}$，$\theta_{\mathrm{f}} = \theta_{\mathrm{fII,i}}$，$S_{\mathrm{pl}} = S_{\mathrm{pl,o}}$ $\tag{6-79}$

其中，$S_{\mathrm{pl,o}} = \dfrac{Ste\Delta\theta}{1 + Ste\Delta\theta}$。

时间段 Ⅲ：

$$\frac{\partial \theta_{\mathrm{ps}}}{\partial \tau} = -\frac{\dfrac{St}{c_{\mathrm{ps,f}}}(\theta_{\mathrm{ps}} - \theta_{\mathrm{f}})}{1 + M_{\mathrm{w,f}}} \tag{6-80}$$

$$\frac{\partial \theta_{\mathrm{f}}}{\partial \tau} + \frac{\partial \theta_{\mathrm{f}}}{\partial X} = \frac{St(\theta_{\mathrm{ps}} - \theta_{\mathrm{f}})}{1 + M_{\mathrm{w,f}}} \tag{6-81}$$

初始条件：　　　　　　$\tau = \tau_{\mathrm{III}}$，$\theta_{\mathrm{ps}} = \theta_{\mathrm{m}}$，$\theta_{\mathrm{f}} = \theta_{\mathrm{fIII,i}}$ $\tag{6-82}$

充冷能力是衡量蓄冷系统性能的重要参数，在此定义无量纲充冷量 Q^* 为

$$Q^* = \frac{\int_0^t m_{\mathrm{f}} c_{\mathrm{f}} (T_{\mathrm{f,out}} - T_{\mathrm{f,in}}) \, \mathrm{d}t}{m_{\mathrm{f}} c_{\mathrm{f}} (T_{\mathrm{pi}} - T_{\mathrm{m}}) t_{\mathrm{c}}} = \int_0^{\tau} (\theta_{\mathrm{f,out}} - \theta_{\mathrm{f,in}}) \, \mathrm{d}\tau \tag{6-83}$$

对上述各时间段的无量纲微分方程用有限差分方法进行数值离散。时间用前差，流体微分方程中的对流项（一阶微商项）用逆风格式。在离散过程中，对应变量均采用隐式格式，计算过程中需进行迭代求解。在每个时间步长内，先在一空间步长内进行迭代求解，直至计算结果收敛。再在空间上沿流线方向逐渐推进，直至流体出口为止。完成一个时间步长的计算后，再在时间上进行推进计算，直至整个充冷过程结束。图 6-43 为计算程序流程图。在计算过程中，当 $\theta_{\mathrm{pl}} = \theta_{\mathrm{m}} - \Delta\theta$ 时，即进入潜热充冷段；当 $S_{\mathrm{pl}} = 1$ 时，认为相变过程已结束；当 $(\theta_{\mathrm{ps}} - \theta_{\mathrm{f}}) < 0.1$ 时，认为充冷过程已结束。

计算结果如图 6-44 ~ 图 6-53 所示。图 6-44 ~ 图 6-51的计算条件：载冷剂流量 $m=0.04\text{kg/s}$，$T_{fi}=30℃$，$T_{pi}=30℃$，乙二醇载冷剂的质量分数为 25%。下面对计算结果进行讨论，分析各参数对冰蓄冷平板堆积床系统蓄冷特性的影响。图 6-44 ~ 图 6-46 给出了过冷度为零（无过冷）时，蓄冷平板堆积床各截面上流体温度 θ_f、蓄冷剂温度 θ_p 及蓄冷剂结冰率 S_{pl} 随时间 τ 的变化。由图可知，X 值越大（亦即离堆积床入口处越远），开始凝固的时间越迟，相变过程所需的时间也越长。这是因为在相变过程中，在离入口越远的地方，流体和蓄冷剂的温差越小，其对流换热相对于入口处越弱，所以相变过程需较长的时间。在相变过程中，液态相变材料的温度维持在其熔点，而平板壁和固态蓄冷材料内存在明显的温度梯度，而且随着时间的增加，固态蓄冷材料的热阻不断增大。因此，流体的温度在相变过程中不断降低，温度曲线没有出现很明显的平台。图 6-47 所示为无过冷时充冷量 Q^* 随时间的变化。由图可知，随着时间的增加，Q^* 趋向于一常数。同时潜热蓄冷的比例比显热蓄冷大得多，潜热蓄冷占了主要部分。在起始蓄冷段，水的显热蓄冷量增加得较快，这是因为蓄冷剂与载冷剂之间的传热温差较大；在中间蓄冷段，因冰的相变潜热恒定，故蓄冷量随时间呈线性增加；在蓄冷段后期，因冰的比热容较小，故冰的显热蓄冷量增加得较缓慢，并渐渐趋向一恒定值。

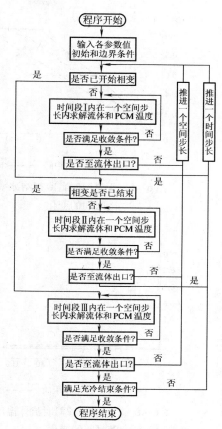

图 6-43 计算程序流程图

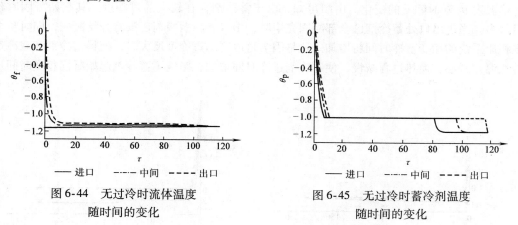

图 6-44 无过冷时流体温度
随时间的变化

图 6-45 无过冷时蓄冷剂温度
随时间的变化

图 6-48、图 6-49 所示蓄冷剂过冷度为 $2℃$（$\Delta\theta=0.067$）时，各截面上流体温度 θ_f 和蓄冷剂温度 θ_p 随时间 τ 的变化。由图可知，由于蓄冷剂过冷的影响，相变凝固的起始时刻比无过冷时要推迟一点。这是因为蓄冷剂温度要降到过冷温度时才能凝固。

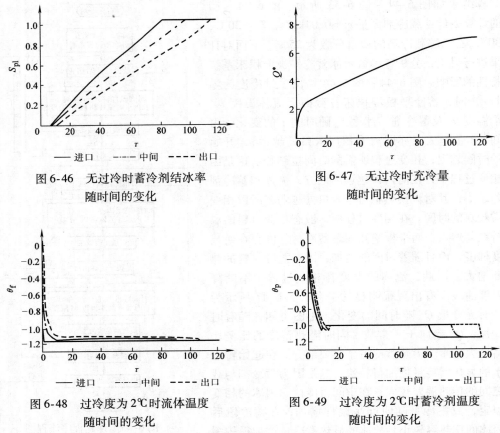

图 6-46 无过冷时蓄冷剂结冰率
随时间的变化

图 6-47 无过冷时充冷量
随时间的变化

图 6-48 过冷度为2℃时流体温度
随时间的变化

图 6-49 过冷度为2℃时蓄冷剂温度
随时间的变化

图 6-50、图 6-51 所示为当蓄冷剂过冷度为 4℃（$\Delta\theta = 0.133$）时，各截面上流体温度 θ_f 和蓄冷剂温度 θ_p 随时间 τ 的变化。由图可知，由于蓄冷剂存在较大的过冷度，其起始凝固时刻将推迟很多。当进出口处蓄冷剂已全部凝固完毕时，出口处的蓄冷剂还没有开始凝固，同时整个平板堆积床系统的相变蓄冷时间将增加。这是因为蓄冷剂的过冷度增大时，使得蓄冷剂和载冷剂间的传热温差减小，换热过程减慢，使蓄冷剂过冷时间增加，影响了蓄冷剂起始凝固相变时间。

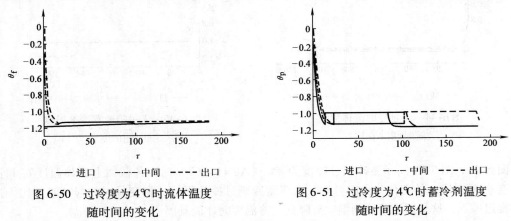

图 6-50 过冷度为4℃时流体温度
随时间的变化

图 6-51 过冷度为4℃时蓄冷剂温度
随时间的变化

由以上分析可知：蓄冷剂过冷度越大，其起始凝固时刻越迟，同时相变蓄冷时间也越长。这对蓄冷系统的性能极为不利。由以上内容也不难看出，蓄冷剂过冷度在2℃以内时，对蓄冷性能没有多大影响。因此，人们总是设法降低蓄冷剂的过冷度。可以采用添加成核剂的办法来减小蓄冷剂的过冷度，并能将过冷度控制在2℃左右。

图 6-52、图 6-53 给出了载冷剂流量为 0.02kg/s、过冷度 $\Delta\theta = 0.067$（$\Delta T = 2℃$）时，蓄冷剂不同截面的温度和充冷量随时间的变化。对图 6-52 和图 6-49 进行比较可以看出，当载冷剂流量减小时（图 6-52 中的流量是图 6-49 中流量的一半），蓄冷剂不同截面的温度变化差距较大，同时整个充冷时间将延长 $\left(\text{由} \ \tau = \dfrac{t}{t_c} = \dfrac{t}{L/u} \text{推算得知}\right)$。这是由于载冷剂进出控制体的流量较小，流入和流出控制体的热量较少，导致控制体内蓄冷剂的温度变化较慢。对图 6-53 和图 6-47 进行比较可以看出，载冷剂流量、蓄冷剂流量、蓄冷剂过冷度大小对充冷量的大小没有影响，只是完成充冷所需的时间不同，即载冷剂流量、蓄冷剂过冷度大小对系统的充冷能力没有影响。当然总是希望充冷时间越短越好，这样就可减少蓄冷机组的功耗，提高系统运行的经济性。

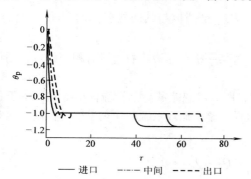

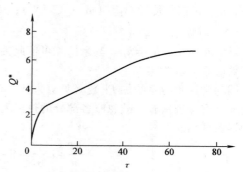

图 6-52　载冷剂流量为 0.02kg/s 时　　　　　图 6-53　载冷剂流量为 0.02kg/s 时
　蓄冷剂温度随时间的变化　　　　　　　　　　充冷量随时间的变化

通过对冰蓄冷平板堆积床动态蓄冷特性的理论分析，可得出如下结论：

1）清楚地显示了蓄冷平板堆积床内载冷剂和蓄冷剂在不同截面的温度随时间的变化，揭示了系统的充冷量随时间的变化规律。为人们分析蓄冷系统的动态特性提供了理论依据。

2）蓄冷剂过冷度越大，起始凝固时刻越迟，同时充冷时间将增加，这对充冷过程极为不利。计算结果还表明，蓄冷剂过冷度在2℃以内时，对蓄冷特性没有什么影响。因此，可通过添加成核剂的办法，使蓄冰时的过冷度减小到2℃左右或更小一点。

3）载冷剂流量减小，充冷时间相应增加，这对蓄冷系统的经济性不利。应尽量提高载冷剂流量，缩短充冷所需时间。

4）载冷剂流量、蓄冷剂过冷度大小对系统的充冷能力没有影响，但会影响充冷所需时间。

2. 放冷过程模拟与分析

在平板蓄冷系统中，常采用具有绕流的设计方案。这时流场已不是一维流场，不能简单地使用一维模型，而采用二维模型又会带来很大的计算量。引入相互效应系数，能够在不增加计算量的前提下得到比一维模型更精确的结果。该方法不仅适用于平板蓄冷系统的建模与计算，还可推广到其他具有二维绕流的系统中。对于单个蓄冷平板，采用近似积分方法能得到很好的结果。但现有研究集中在等壁温边界条件下，而实际应用都是对流边界条件。将现有模型推广到对流边界条件下，得到了该情况下蓄冷平板融冰时的控制方程。

图 6-54 为蓄冷系统示意图。图中 i、j、k 表示沿流向相邻的分格点，考虑相邻分格点之间挡板传热的影响，通过这两块挡板传递的热量可表示为

$$Q_{ij} = h_{ij}A_c(T_i - T_j)$$

$$Q_{ik} = h_{ik}A_c(T_i - T_k) \qquad (6\text{-}84)$$

式中，A_c 是格点侧面面积（m^2）；T_i 是第 i 个格点载冷剂温度（℃）；T_j 是第 j 个格点载冷剂温度（℃）；T_k 是第 k 个格点载冷剂温度（℃）；h_{ij} 是第 i 个格点与第 j 个格点的相互效应系数；h_{ik} 是第 i 个格点与第 k 个格点的相互效应系数。

相互效应系数包括挡板两侧对流换热和挡板传导换热的影响，即

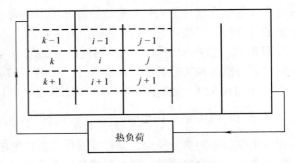

图 6-54　蓄冷系统示意图

$$\frac{1}{h_{ij}} = R_{\text{cond}} + R_{\text{conv1}} + R_{\text{conv2}} \qquad (6\text{-}85)$$

式中，R_{cond} 是挡板传导热阻（$m^2 \cdot ℃/kW$）；R_{conv1}、R_{conv2} 是挡板与其两侧载冷剂之间的对流热阻（$m^2 \cdot ℃/kW$）。

且有 $h_{ij} = h_{ji}$，$h_{ik} = h_{ki}$。其余格点可依此类推，若某一格点左边或右边没有相邻格点，则将其相互效应系数取为零。

因为常用蓄冷系统的 Pe 数（贝克来数）较大，所以可忽略载冷剂沿流向的导热。由于蓄冷装置通常有保温措施，故忽略各部分的热损失。这样，整个循环系统载冷剂温度的控制方程和初始边界条件为

$$\frac{\partial T}{\partial t} + a\frac{\partial T}{\partial x} + S + \frac{1}{V_i c_f \rho_f}(Q_{ij} + Q_{ik}) = 0 \qquad (6\text{-}86)$$

$$T\Big|_{t=0} = T_0, \quad T\Big|_{x=0} = T\Big|_{x=L}$$

式中，a 是载冷剂流速（m/s）；c_f 是载冷剂比热容 [kJ/(kg·℃)]；ρ_f 是载冷剂密度（kg/m³）；V_i 是控制体的体积（m³）；T 是载冷剂温度（℃）；t 是时间（s）；x 是沿载冷剂流动方向的坐标；S 是源项。

在划分格点时，使一个控制容积包含一个蓄冷平板。源项 S 可用分段函数表示。在蓄冷器内，S 包括传递给蓄冷平板的热量和由于绝热不好引起的热损；在管道内，S 代表热损；在热负荷部分，S 即为加入的热量。S 的离散化公式可以表示如下

$$S = \frac{1}{V_i c_f \rho_f}\begin{cases} Q_{ui} + Q_{li} \\ 0 \\ Q_{ni} \end{cases} \qquad (6\text{-}87)$$

式中，Q_{ui} 是从蓄冷平板上表面传入的热量（kW）；Q_{li} 是从蓄冷平板下表面传入的热量（kW）；Q_{ni} 是热负荷（kW）。

考虑到问题的逆风性质，用单边三点上风格式进行隐式差分离散，得差分方程为

$$\frac{T_i^{n+1} - T_i^n}{\Delta t} + a\frac{T_{i-2}^{n+1} - 4T_{i-1}^{n+1} + 3T_i^{n+1}}{2\Delta x} + S^{n+1} + Q_{ij}^{n+1} + Q_{ik}^{n+1} = 0 \qquad (6\text{-}88)$$

式中，Δt 是时间步长（s）；Δx 是空间步长（m）。

蓄冷平板内的冰融化放冷时，由于冰的密度比水的密度小，故冰块会上浮，在冰块上表面与容器内表面之间会形成一层厚度很小的液态膜，形成"接触融化"。文献 [60] 在等壁温条件下，借助于边界层理论和近似积分法，得到了该情况下的控制方程。这里仍采用一维模型（因为蓄冷平板一般都比较扁平，符合一维模型的条件），同时利用热阻的概念，得到了单个平板内

冰块在对流边界条件下的控制方程

$$\frac{\mathrm{d}H_i}{\mathrm{d}t} = -\frac{k_1 Ste_i}{\rho_s c_1(\delta + k_1 R)} - \frac{k_1 Ste_i}{\rho_1 c_1(H_0 - H_i + k_1 R)} \frac{(\rho_1 - \rho_s)gH_i}{4\mu}$$

$$= \frac{k_1 Ste_i L_1^2}{\rho_s c_1(\delta + k_1 R)\delta^3} \tag{6-89}$$

$$H_i|_{t=0} = H_0$$

式中，c_1 是水的比热容 $[\mathrm{kJ/(kg \cdot \text{℃})}]$；$H_i$ 是蓄冷平板内冰块的高度（m）；H_0 是蓄冷平板内冰块的初始高度（m）；k_1 是水的热导率 $[\mathrm{kW/(m \cdot \text{℃})}]$；$g$ 是重力加速度，$g = 9.8\mathrm{m/s^2}$；R 是单个平板对流热阻和平板传导热阻之和（$\mathrm{m^2 \cdot \text{℃}/kW}$）；$Ste_i$ 是斯蒂芬数，$Ste_i = c_1 T_i / h_m$；h_m 是冰的熔解潜热（kJ/kg）；ρ_1 是水的密度（$\mathrm{kg/m^3}$）；ρ_s 是冰的密度（$\mathrm{kg/m^3}$）；δ 是蓄冷平板内冰块与平板上壁面之间的液膜厚度（m）；L_1 是冰块的高度（m）；μ 是水的动力黏度（$\mathrm{Pa \cdot s}$）。

蓄冷平板与载冷剂交换的热量为

$$Q_{ui} = \frac{k_1 T_i A_u}{\delta + k_1 R}$$

$$Q_{li} = \frac{k_1 T_i A_1}{H_0 - H_i + k_1 R} \tag{6-90}$$

式中，A_u 是单个蓄冷平板上表面的面积（$\mathrm{m^2}$）；A_1 是单个蓄冷平板下表面的面积（$\mathrm{m^2}$）。

无相变时仅采用集总热容处理，即

$$Q_{ui} = \frac{1}{R}(T_i - T_{ni})A_u$$

$$Q_{li} = \frac{1}{R}(T_i - T_{ni})A_1 \tag{6-91}$$

式中，T_{ni} 是无相变时蓄冷平板内的温度（℃）。

联立求解式（6-84）～式（6-91）即可。

为了验证上述模型合理与否，在自行研制的冰蓄冷装置上进行了融冰过程试验研究，同时将模型计算值与试验值进行了比较。由于工程上最关心的是蓄冷槽进出口载冷剂温度的变化情况，因此，这里主要分析讨论蓄冷槽进出口载冷剂温度的变化规律。

图 6-55、图 6-56 所示分别为引入相互效应系数和没有引入相互效应系数时载冷剂进出口温度的计算值与试验值的比较。从图 6-55、图 6-56 中可以看出，引入相互效应系数的模型计算值与试验值吻合得很好，而没有引入相互效应系数时误差较大。这是由于没有引入相互效应系数即相当于有一块绝热挡板存在，它使冰融化的时间变长，同时载冷剂放冷温度将降低。

图 6-57 所示为蓄冷槽内载冷剂温度分布情况。从图中可以看出冰的显热放冷、冰的潜热放冷和水的显热放冷三个典型阶段的温度分布情况，且载冷剂进口温度比出口温度高 2～4℃。图 6-58 所示为槽内不同位置蓄冷平板内冰块融化厚度随时间的变化关系。从图中可以看出，融化率基本保持不变。虽然开始融冰的时间相差不多，但结束融冰的时间相差很多，约占整个融冰时间的四分之一。若要控制融冰量，使得每个蓄冷平板内残留一些冰，作为下一次蓄冰时的成核剂，则必须在进口附近平板内的冰融化完之前停止融冰，而此时出口附近平板内的冰只融化了近 60%。使用这种方法，将使蓄冷系统有效放冷量减小，一般不宜采用。

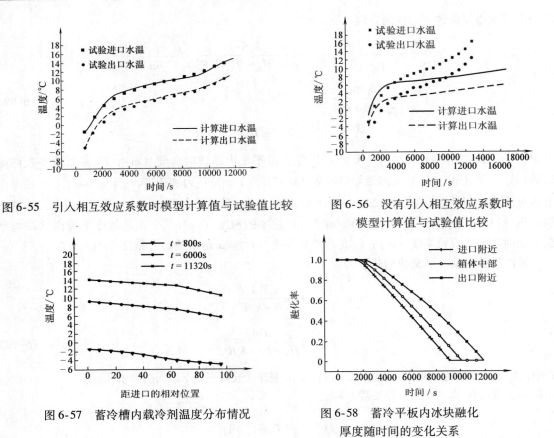

图 6-55　引入相互效应系数时模型计算值与试验值比较　　　图 6-56　没有引入相互效应系数时模型计算值与试验值比较

图 6-57　蓄冷槽内载冷剂温度分布情况　　　图 6-58　蓄冷平板内冰块融化厚度随时间的变化关系

图 6-59 所示为热负荷对融冰系统性能的影响。从图中可以看出，热负荷大时，融化时间变短，载冷剂放冷温度升高，进出口温差增大。图 6-60 所示为载冷剂流量对融冰系统性能的影响。可以看出，大流量使得融化时间变短，载冷剂放冷温度升高，同时进出口温差减小。

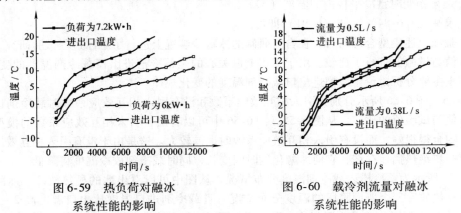

图 6-59　热负荷对融冰系统性能的影响　　　图 6-60　载冷剂流量对融冰系统性能的影响

通过对冰蓄冷平板堆积床放冷特性的分析，可以得出如下结论：

1）相互效应系数反映了蓄冷槽内二维扰流通过挡板时相互影响的本质。引入相互效应系数能提高建模的准确性，使模型计算值与试验值吻合得很好。

2）在蓄冷槽融冰放冷过程中，蓄冷槽出口温度比进口温度低 2~4℃。在蓄冷槽内，蓄冷平板的融化率基本保持不变，板内冰块开始融化的时间相差不多，但结束融冰的时间相差很多。

3）热负荷大时，融冰放冷时间变短，且载冷剂放冷温度升高，进出口温差增大；载冷剂流量增大时，融冰放冷时间也变短，且进出口温差变小。

三、动态冰蓄冷系统

冰浆是由微小的冰晶和溶液组成的，而溶液通常是由水和冰点调节剂（如乙二醇、乙醇或氯化钠等）构成的。由于冰浆中冰晶粒子的直径一般为几十微米到几百微米，因此，这种冰晶与水组成的混合溶液有着很好的热物性和传输性能，能够像普通流体一样在管道内输送或者在蓄冷槽中储存。冰晶在传热过程中的相变特性，使得冰浆的单位容积热容量比同等冷水的热容量高出许多，即冰浆具有较高的蓄冷密度。因此，在一定的热负荷下，可以大大减少流体流量，也可以大幅度减小输送管的直径、降低泵的功耗、减小换热器的结构尺寸；同时由于冰浆具有较大的传热面积，使其具有较快的供冷速率和较好的温度调节特性。它不像传统的盘管式（内融冰、外融冰）和封装式（冰球、冰板）蓄冷系统的冰凝结在换热器的壁面上，增加了冰层的传热热阻，使其传热效率较低。

冰浆蓄冷系统现已被用于空调系统中，夜间低谷时蓄冷，白天高峰时供冷。冰浆蓄冷空调系统的容量一般只有高峰负荷的 20% ~ 50%，使其整个系统小巧、紧凑。由于冰浆蓄冷空调系统具有低温送风特性，使得整个空调系统的风管、水管尺寸减小，运行成本降低。

由于冰晶粒子与水之间的物性差异，以及冰晶融化后与水的混合，也导致了冰浆流体流动与换热的特异性和多样性。因此，有必要对冰浆流体的流动、传热特性进行阐述和分析。

（一）冰浆流体的黏度和流动性能

对冰浆这种悬浮流体黏度的计算，应用最为广泛的是 Thomas 方程，其中不仅考虑到了粒子浓度的影响，也考虑到了粒子之间的相互作用，即

$$\eta_{is} = \eta_L(1 + 2.5w + 10.05w^2 + 0.00273e^{16.6w}) \tag{6-92}$$

式中，η_L 是输运流体的黏度（Pa·s）；w 是冰浆的质量分数。

式（6-92）在 $w < 62.5\%$，冰浆粒子直径在 $0.1 ~ 435\mu m$ 的范围内都是适用的，主要用于均匀流动。

在实际流动中，由于不同程度地存在非均匀流动，管内出现浓度梯度，这一现象又增加了管内流动的复杂性，Andrej 等人从这点出发，在 Doron 两层理论模型的基础上建立了黏度模型，将 Thomas 方程中的 w 用 $w(r)$ 代替，即

$$\eta_{is} = \eta_L[1 + 2.5w(r) + 10.05w(r)^2 + 0.00273e^{16.6w(r)}] \tag{6-93}$$

式中，$w(r)$ 是冰浆沿管道径向的含量分布。

因此，利用 Andrej 改进后的黏度计算模型，流体的表观黏度可写为

$$\overline{\eta}_{is} = \frac{1}{A}\int_A \eta_{is}(r)\,dA(r) \tag{6-94}$$

冰浆试验表明：对于冰浆含量较低的流体，仍可将其看作牛顿流体；冰浆含量较高的流体，则属于非牛顿流体。Guilpart 等人采用 Oswald 型幂律模型来描述冰浆的流动性能，冰浆以乙醇 - 水（乙醇的质量分数为 11%）溶液作为输运流体，则其黏度可用下式表示

$$\eta_{app} = \frac{\tau}{\dfrac{du}{dr}} = K(w)\left(\frac{du}{dr}\right)^{n(w)-1} \tag{6-95}$$

其中

$$n(w) = 0.263 + \frac{0.737}{1 + \left(\dfrac{w}{0.112}\right)^{8.34}} \qquad 0 < w < 0.28 \tag{6-96}$$

$$K(w) = e^{(-5.441 + 832.4w^{2.5})} \qquad 0 < w < 0.13 \tag{6-97}$$

$$K(w) = e^{(-6.227 + 16.487w^{0.5})} \qquad 0.13 < w < 0.28 \qquad (6\text{-}98)$$

式中，τ 是切应力（Pa）；u 是冰浆速度（m/s）；w 是冰浆的质量分数；r 是径向坐标。

冰浆溶液的黏度和含冰率直接影响到冰浆这一两相混合流体在管道内的压力损失。Doron 针对沙石的两相悬浮流动提出了两层模型和三层模型，从理论上提出了这类两相悬浮流体的压降方程，即

$$\Delta p = f \frac{L}{D} \frac{\rho u^2}{2} \qquad (6\text{-}99)$$

式中，f 是摩擦系数；L 是管道长度（m）；D 是管道内径（m）；ρ 是冰浆密度（kg/m^3）；u 是冰浆速度（m/s）。

将 Doron 的悬浮模型用于水平管内的冰浆流动，得到以下压降方程

$$\Delta p = f \frac{L}{D} \frac{\rho u^2}{2} \varphi^{\omega} \qquad (6\text{-}100)$$

$$f = \alpha Re^{-\beta} \qquad (6\text{-}101)$$

式中，ω，α，β 是系数，通过试验确定；φ 是冰浆的体积分数。

冰浆含量对压降的影响大致可分为三种：①压降随冰浆含量的增大而增大；②冰浆含量在一定范围内，压降基本上与纯水相等；③在一定范围内，压降随冰浆含量的增大而减小。大部分研究结果属于第一种，即管内压降随着含冰率的增大而增大，相应地，其传热系数也随着含冰率的增大而增大；而且这一结果也比较符合一般液固两相流体的理论，即固相高含量导致流体的黏度增大，从而使压降增大，同时粒子的存在使得整体导热能力增强。但是，也有少数试验结果出现了后两种情况。B. D. Knodel 等人将初始含冰率为 11% 的冰浆导入管内进行试验，粒子直径为 2 ~ 3mm，发现在冰浆质量分数小于 2% 时，冰浆流体的压降基本与纯水一样，但在 2% ~ 4% 范围内有一个明显的压降减小过程；在 4% ~ 11% 范围内，压降又基本不变。具体结果见如下分析。

图 6-61 所示为冰浆的摩擦系数随冰浆质量分数的变化。从图中可知，冰浆的摩擦系数随其含量的增加而减小。当冰浆的质量分数低于 2% 时，冰浆的摩擦系数与纯水的摩擦系数几乎没有差别；当冰浆的质量分数在 2% ~ 4% 范围内时，冰浆的摩擦系数急剧减小；当冰浆的质量分数大于 4% 时，其摩擦系数近似恒定不变。

图 6-62 所示为冰浆与水的摩擦系数之比随冰浆质量分数的变化。从图中可知，当冰浆的质量分数为零时，其比值为 1；当冰浆的质量分数大于 4% 时，其比值趋向一恒定值。这是由于随着冰浆含量的增加，其湍流流动减弱；当冰浆含量超过某一定值时，甚至会出现层流流动。

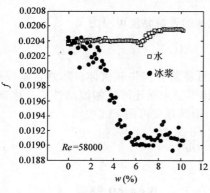

图 6-61　冰浆的摩擦系数随
冰浆质量分数的变化

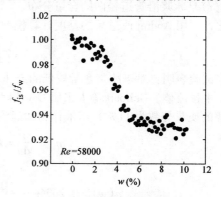

图 6-62　冰浆与水的摩擦系数之比
随冰浆质量分数的变化

图 6-63 所示为当冰浆质量分数大于 4% 时，冰浆与水的摩擦因数之比随 Re 数的变化。从图中可知，当冰浆质量分数为 4%、6%、8% 和 10% 时，其摩擦系数之比大约为平均值 0.946。因此，当管道直径为 24mm、冰浆质量分数大于 4% 时，可用下式来确定冰浆的摩擦系数

$$\frac{f_{is}}{f_w} = \frac{f_{is}}{0.184Re^{-0.2}} = 0.946 \qquad (6\text{-}102)$$

式中，f_{is} 是冰浆的摩擦因数；f_w 是水的摩擦因数；Re 是雷诺数。

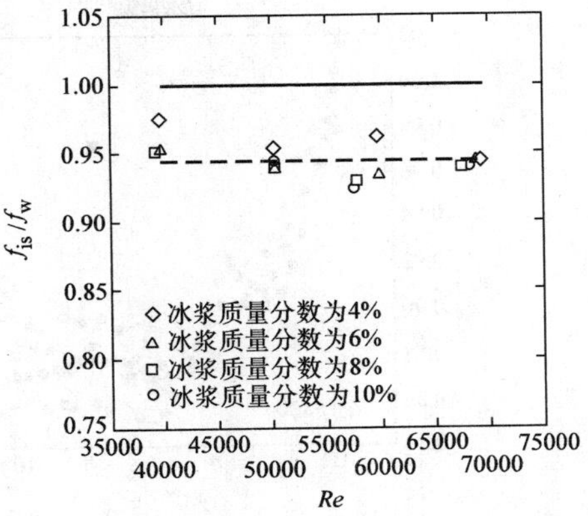

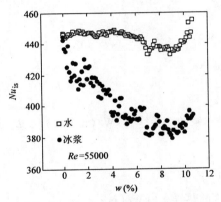

图 6-63　冰浆质量分数大于 4% 时，冰浆与水的摩擦系数之比随 Re 数的变化

（二）冰浆流体的传热性能

图 6-64、图 6-65 所示为不同热流密度时，冰浆的传热努塞尔数（Nu 数）随其质量分数的变化。从图中可知，Nu 数随着冰浆质量分数的提高而减小；当冰浆质量分数大于 4% 时，其 Nu 数保持相对恒定。

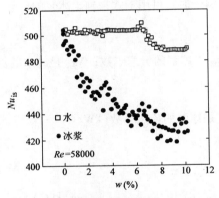

图 6-64　热流密度为 15kW/m² 时，冰浆的 Nu 数随其质量分数的变化

图 6-65　热流密度为 40kW/m² 时，冰浆的 Nu 数随其质量分数的变化

图 6-66、图 6-67 所示为不同热流密度时，冰浆与纯水的 Nu 数之比随冰浆质量分数的变化。从图中可知，冰浆与水的 Nu 数之比随冰浆质量分数的提高而减小，直到冰浆的质量分数大于 4% 时，冰浆与水的 Nu 数之比才保持相对恒定。这是由于随着冰浆质量分数的提高，其流动形式由湍流向层流转变，从而使其传热系数减小。冰浆传热系数的减小既有有利的一面，也有不利的一面。有利的一面是冰浆通过管道输送时，可以减少其与环境的换热量；不利的一面是冰浆通过换热器进行换热时，势必会增大其换热面积。冰浆蓄冷系统对远距离的区域供冷是非常有利的，它既可减小流动阻力，又可减少输送冷损。

图 6-68 所示为当冰浆质量分数大于 4% 时，冰浆

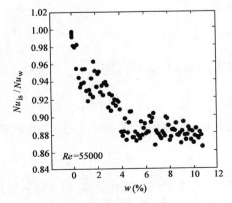

图 6-66　热流密度为 15kW/m² 时，冰浆与水的 Nu 数之比随冰浆质量分数的变化

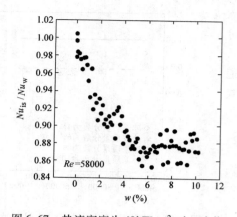
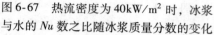
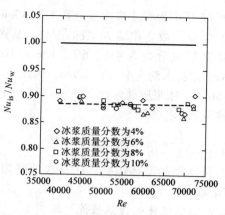

图 6-67　热流密度为 40kW/m² 时，冰浆　　　　图 6-68　冰浆质量分数大于 4% 时，冰浆
与水的 Nu 数之比随冰浆质量分数的变化　　　　　与水的 Nu 数之比随 Re 数的变化

与水的 Nu 数之比随 Re 数的变化。从图中可知，当冰浆质量分数为 4%、6%、8% 和 10% 时，冰浆与水的 Nu 数之比大约为平均值 0.885。因此，当管道直径为 24mm（小直径管道）、冰浆质量分数大于 4% 时，可用下式来确定冰浆的传热系数

$$\frac{Nu_{is}}{Nu_{w}} = 0.885 \tag{6-103}$$

式中，Nu_{is} 是冰浆的努塞尔数；Nu_{w} 是纯水的努塞尔数。

$$Nu_{is} = \frac{h_{is}D_{i}}{k_{is}} \tag{6-104}$$

式中，h_{is} 是冰浆的传热系数 $[kW/(m^2 \cdot ℃)]$；k_{is} 是冰浆的热导率 $[kW/(m \cdot ℃)]$；D_{i} 是管道内径（m）。

$$Nu_{w} = \frac{h_{w}D_{i}}{k_{w}} \tag{6-105}$$

式中，h_{w} 是水的传热系数 $[kW/(m^2 \cdot ℃)]$；k_{w} 是水的热导率 $[kW/(m \cdot ℃)]$。

$$Nu_{w} = \frac{(f/8) \, Re_{w}Pr_{w}}{K_{1} + K_{2} \, (f/8)^{1/2} \, (Pr_{w}^{2/3} - 1)} \tag{6-106}$$

其中

$$K_{1} = 1 + 3.4f \tag{6-107}$$

$$K_{2} = 11.7 + 1.8Pr_{w}^{-1/3} \tag{6-108}$$

$$f = (1.82 \lg Re_{w} - 1.64)^{-2} \tag{6-109}$$

式中，Re_{w} 是水的雷诺数；Pr_{w} 是水的普朗特数；

$$Re_{w} = \frac{u_{w}D_{i}\rho_{w}}{\eta_{w}} \tag{6-110}$$

式中，u_{w} 是水的流速（m/s）；ρ_{w} 是水的密度（kg/m³）；η_{w} 是水的黏度（Pa·s）。

$$Pr_{w} = \frac{c_{pw}\eta_{w}}{k_{w}} \tag{6-111}$$

式中，c_{pw} 是水的定压比热容 $[kJ/(kg \cdot ℃)]$。

上述冰浆摩擦系数和 Nu 数的适用范围如下：$4\% < w < 11\%$，$3.8 \times 10^{4} < Re < 7.4 \times 10^{4}$，$D_{i} = 24mm$。

相关文献提出了一种适用范围较宽的冰浆传热系数关联式，该式的适用范围为：0.7m/s <

$u_{is} < 2.5\text{m/s}$，$0 < w < 30\%$，$18\text{mm} < D_i < 25\text{mm}$，$6\text{kW/m}^2 < q < 14\text{kW/m}^2$。图 6-69 所示为冰浆的平均 Nu 数随其质量分数的变化，从图中可知，随着冰浆质量分数的提高，其 Nu_{is} 数增大；随着冰浆速度的增加，其 Nu_{is} 数也增大。

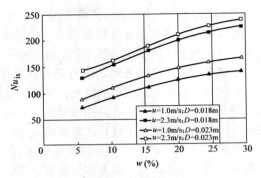

图 6-69　冰浆的平均 Nu 数
随其质量分数的变化

当 $w > 5$ 时：

$$\frac{Nu_{is}}{Nu_w} = 1 + 0.103w - 2.003Re_{is}^{-0.192(30-w)/30} w^{0.339Re_{is} \times 10^{-4}} \qquad (6\text{-}112)$$

式中，w 是冰浆的质量分数；Re_{is} 是冰浆的雷诺数，$Re_{is} = \dfrac{u_{is}D_i\rho_{is}}{\eta_{is}}$。

当 $w \leqslant 5$ 时：

$$\frac{Nu_{is}}{Nu_w} = 1 \qquad (6\text{-}113)$$

相关文献提出了输运流体为 10%（质量分数）乙醇溶液的冰浆传热系数关联式，该式的适用范围为：$5\text{m/s} < u_{is} < 12\text{m/s}$，$4\% < w < 33\%$，$28\text{kW/m}^2 < \dot{q} < 114\text{kW/m}^2$。图 6-70 所示为冰浆的传热系数随其质量分数的变化。从图中可知，随着冰浆质量分数的提高，其传热系数 h_{is} 增大；随着冰浆速度的增加，其传热系数 h_{is} 也增大。

$$\frac{h_{is}}{h_{D,is}} = 0.924 + 0.076e^{w/100} - 6.43 \times 10^{-5} \left(\frac{w}{100}\right)^{0.562} Re_{is}^{0.827} \qquad (6\text{-}114)$$

$$h_{D,is} = 0.023 \frac{k_{is}}{D} Re_{is}^{0.8} Pr_{is}^{0.4} \qquad (6\text{-}115)$$

（三）冰浆流体在空调系统中的动态特性

在常规的空调系统中，6℃/12℃的供/回水温度所产生的冷量约为 25kJ/kg。这主要是由于水的显热容量较小，而采用冰浆作为载冷剂，可以减少所需要的循环量。

图 6-71 所示为冰浆与冷水的供冷量比较。冰浆的供冷量是随着冰浆质量分数的变化而变化的。如当冰浆的质量分数为 20%、冰浆的供/回水温度为 0℃/13℃时，其冷量比为 4.8，则其提供的冷量为 120kJ/kg。

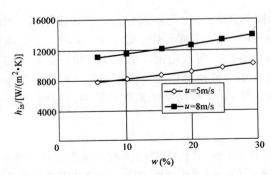

图 6-70　冰浆的传热系数随
其质量分数的变化

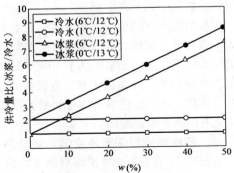

图 6-71　冰浆与冷水的供冷量比较

　　图 6-72 所示为冰浆的压力降随速度和冰浆质量分数的变化。冰浆的压力降与其摩擦系数、冰浆流动速度和冰浆质量分数有关。在低速流动时，冰浆溶液出现了相分离，冰晶漂浮在通道的上部，这将增加不同质量分数冰浆溶液间的压力降变化。从图 6-72 中可以看出，在低速流动时，不同质量分数的冰浆溶液间的压力降差别变化较大。这是由于低速流动时，冰晶漂浮在通道上部，引起冰浆有效流通截面积减小，从而使其流速增加，阻力变化较大；同时通道上部聚集的冰晶也使其摩擦阻力增大。在高速流动时，不同冰浆质量分数的溶液与冷水之间的压力降差值变化较小。这是由于高速流动使得冰浆溶液成为均匀流动。

　　图 6-73 所示为冰浆溶液的传热系数随其流量和质量分数的变化。从图中可知，传热系数是随着流量的增加而增大、随着冰浆质量分数的提高而减小的。这是由于冰浆质量分数的提高减少了溶液的扰动，通过换热器的流动是层流而不是紊流。尽管在较高的冰浆质量分数下，其传热系数有所下降，但由于微小的冰晶增加了其传热表面积，以及具有较大的传热温差，仍然使其具有较大的传热量。

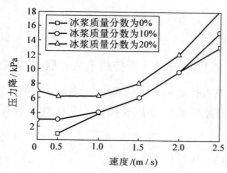

图 6-72　冰浆的压力降随速度和
冰浆质量分数的变化

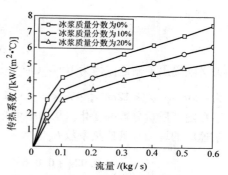

图 6-73　冰浆溶液的传热系数
随其流量和质量分数的变化

第三节　蓄冷球堆积床蓄冷空调系统

　　堆积床一般为圆柱形或矩形容器，内含具有相变蓄能材料的球形胶囊。传热流体流经堆积床，与球形胶囊发生热交换。当相变材料凝固时，释放自身热量；当相变材料熔化时，吸收传热流体热量。球形堆积床蓄能方式的优点是传热面积大、运行可靠、结构简单，而且可通过增减球形胶囊的数量来调节蓄能量。

　　球形堆积床应用于空调蓄冷时，采用水作为相变蓄冷材料，乙二醇水溶液作为载冷剂。当堆积床垂直放置，自然对流与强迫对流方向一致时，系统运行效果最佳。除了水，还有一些低碳链的烷烃类物质，其相变温度低于 10℃，可用于相变蓄冷。与水相比，十四烷的相变凝固时间缩短了 16% ~72%，这是由于水具有较高的过冷度。相变材料熔化时，液态相变材料内部发生自然对流换热，熔化过程中入口与初始温度以及雷诺数 Re 对平均换热系数的影响比凝固过程大，且熔化时间小于凝固时间。

一、蓄冷球堆积床蓄冷空调系统动态性能

　　如图 6-74 为蓄冷球堆积床空调系统示意图。该系统主要包括制冷主机、堆积床蓄冷单元、用户单元。在用电低谷期，制冷系统工作，低温载冷剂流过蓄冷球堆积床，蓄冷球中的相变蓄冷材料凝固，储存冷量；在用电高峰期，蓄冷材料释放冷量，从而起到"移峰填谷"的作用。与传统的水蓄冷相比，冰蓄冷利用潜能蓄冷，具有单位体积蓄冷量大的优点。

（一）蓄冷球堆积床充冷性能

1. 蓄冷球堆积床充冷过程模型

建立蓄冷球堆积床充冷过程数理模型，采用隐式中间差分格式来求解该模型。由于充冷过程是一个较复杂的传热过程，涉及流体的换热、蓄冷球的相变换热以及载冷剂和蓄冷球之间的换热，为计算方便，进行如下假定：

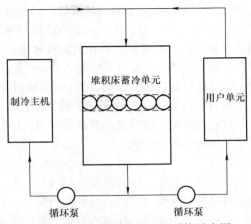

图 6-74　蓄冷球堆积床空调系统示意图

1）蓄冷球在堆积床内分布均匀。

2）载冷剂流体与蓄冷材料（PCM）的热物性与温度无关（除流体黏度外）。

3）载冷剂流速在流动过程中不变。

4）蓄冷球和载冷剂流体的温度只在流动方向上发生变化。

考虑载冷剂和外界环境的热损失以及载冷剂的导热，建立如下载冷剂能量平衡方程

$$\rho_f C_f \varepsilon \frac{\partial T_f}{\partial \tau} + \rho_f C_f \varepsilon u \frac{\partial T_f}{\partial x} = k_f \varepsilon \frac{\partial^2 T_f}{\partial^2 x} + h_{eff} a_p (T_p - T_f) - h_w a_w (T_f - T_{sur}) \tag{6-116}$$

$$a_p = \frac{6(1-\varepsilon)}{d} \tag{6-117}$$

$$a_w = \frac{4}{D} \tag{6-118}$$

在式（6-116）中，左边两项分别表示堆积床内载冷剂的内能变化和载冷剂在流动方向上的能量变化，右边三项为载冷剂的热传导、蓄冷球和载冷剂之间的传热、堆积床和外界的热损失。

为了计算载冷剂与蓄冷球之间的对流换热系数，引入如下经验公式

$$Nu = 3.22 Re^{1/3} Pr^{1/3} + 0.117 Re^{0.8} Pr^{0.4} \tag{6-119}$$

$$Re = \frac{\varepsilon \rho u d}{\mu} \tag{6-120}$$

$$Pr = \frac{\nu}{a} = \frac{\mu C_f}{k_f} \tag{6-121}$$

载冷剂与蓄冷球之间的换热必须经过蓄冷球壁与冰，需引入如下有效传热系数

$$h_{eff} = \frac{h}{1 + R_{cover} + R_{ice}} \tag{6-122}$$

$$M_{cover} = \frac{R_{cover}}{R_h} = \frac{h r_o (r_o - r_i)}{k_c r_i} \tag{6-123}$$

$$M_{ice} = \frac{R_{ice}}{R_h} = \frac{h r_o^2 (r_i - r_p)}{k_{ice} r_i r_p} \tag{6-124}$$

在蓄冷过程中，堆积床外壁与外界环境之间的热损失为

$$h_w = \frac{1}{\dfrac{1}{0.8h} + \dfrac{D}{2k_{iso}} \ln\left(\dfrac{D+2e}{D}\right) + \left(\dfrac{D}{D+2e}\right)\dfrac{1}{h_x}} \tag{6-125}$$

式（6-116）~式（6-125）中，T_f 是载冷剂的温度；T_p 是蓄冰球温度；T_{sur} 是环境温度；τ 是时间；x 是载冷剂流动方向的高度位置；u 是载冷剂的流速；ρ_f 是载冷剂的温度；C_f 是载冷剂的比热容；k_f 是载冷剂的热导率；h_{eff} 是载冷剂和蓄冷球的有效换热系数；h 是载冷剂和蓄冷球的换热系数；

h_w 是载冷剂和环境的有效换热系数；h_x 是堆积床壁和环境的换热系数；Nu 是努塞尔数；Re 是雷诺数；Pr 是普拉特数；M_{cover} 是蓄冷球球壳热阻与换热热阻的比值；M_{ice} 是蓄冷球内冰的热阻与换热热阻的比值；a_p 是单位体积内蓄冷球的换热面积；a_w 是单位体积内堆积床的换热面积；ε 是蓄冷床的孔隙率；D 是堆积床的直径；d 是蓄冷球的外径；r_o 是蓄冷球的外径；r_i 是蓄冷球的内径；r_p 是蓄冷球内相变面的位置；e 是堆积床的隔热材料的厚度；μ 是载冷剂的黏度；k_c 是蓄冷球球壳材料的热导率；k_{ice} 是冰的热导率；k_{iso} 是堆积床隔热材料的热导率。

在各参数中，载冷剂的黏度 μ 随温度的变化很大，进而影响传热性能。因此，在该模型中考虑了黏度随温度的变化。

$$\mu = 4.15 - 0.1606 T_f + 0.0042 T_f^2 \tag{6-126}$$

在充冷过程中，球内的蓄冷材料经历了三个不同的状态：液态、相变状态、固态。处于液态和固态时是显热充冷阶段；当发生相变时，处于潜热充冷阶段，该阶段储存了大部分的冷量。

第一阶段为液态显热充冷过程，根据能量平衡可得到如下方程

$$\rho_1 C_1 (1-\varepsilon)\frac{\partial T_p}{\partial \tau} = h_{eff} a_p (T_f - T_p) \tag{6-127}$$

开始时刻蓄冷球温度为 T_{p0}，随着蓄冷过程的进行，过冷至 $T_p = T_{pm} - \Delta T$ 结束。

第二阶段为相变充冷过程，根据能量平衡可得到如下方程

$$\rho_s L (1-\varepsilon)\frac{\partial \Phi}{\partial \tau} = h_{eff} a_p (T_{pm} - T_f) \tag{6-128}$$

相变开始后，液态相变材料的温度瞬间由 $T_{pm} - \Delta T$ 上升至 T_{pm}，并生成厚度为 $r_{p0} = \dfrac{r_i}{\left(1 + \dfrac{\Delta T C_1}{L}\right)^{1/3}}$ 的冰层，至相变结束。

第三阶段为固态显热充冷过程，根据能量平衡可得到如下方程

$$\rho_s C_s (1-\varepsilon)\frac{\partial T_p}{\partial \tau} = h_{eff} a_p (T_f - T_p) \tag{6-129}$$

当蓄冷球的温度达到载冷剂入口温度时，整个蓄冷过程结束。

初始条件：
$$t = 0 \text{ 时}, \ T_f = T_{f0}, \ T_p = T_{p0} \tag{6-130}$$

边界条件：
$$T_f|_{x=0} = T_{fin}, \ \frac{\partial T_f}{\partial x}\Big|_{x=H} = 0 \tag{6-131}$$

式(6-128)~式(6-131)中，L 是蓄冷材料的相变潜热；T_{pm} 是蓄冷材料的相变温度；T_{p0} 是蓄冷球的初始温度；T_{f0} 是载冷剂的初始温度；T_{fin} 是载冷剂的入口温度；ΔT 是蓄冷材料充冷时的过冷度；H 是堆积床的高度；Φ 是发生相变的比例；r_{p0} 是开始发生相变时冰层内侧的位置；ρ_1 是液态蓄冷材料的密度；c_1 是液态蓄冷材料的比热容；ρ_s 是固态蓄冷材料的密度；C_s 是固态蓄冷材料的比热容。

蓄冷球任意放置在堆积床中，可以引入经验公式来计算孔隙率
$$\varepsilon = 0.4272 - 0.004516(D/d) + 0.00007881(D/d)^2 \tag{6-132}$$

采用隐式中间差分格式将式 (6-116)、式(6-127)~式(6-131)转化成有限差分方程，得
$$(a-b)T_{fi+1}^{n+1} + (1+2b+c_i^n+d_i^n)T_{fi}^{n+1} + (-a-b)T_{fi-1}^{n+1} = T_{fi}^n + c_i^n T_{pi}^n + d_i^n T_{sur} \tag{6-133}$$

第一阶段：
$$T_{pi}^{n+1} = \frac{T_{pi}^n + \omega_i^n \Delta\tau T_{fi}^{n+1}}{1 + \omega_i^n \Delta\tau} \tag{6-134}$$

$$\omega_i^n = \frac{h_{effi}^n a_p}{\rho_1 C_1 (1-\varepsilon)} \tag{6-135}$$

$$c_i^n = \frac{\omega_{fi}^n \Delta \tau}{1 + \omega_i^n \Delta \tau} \tag{6-136}$$

第二阶段:
$$\Phi_i^{n+1} = \Phi_i^n + \omega_i^n \Delta \tau (T_{pm} - T_{fi}^{n+1}) \tag{6-137}$$

$$\omega_i^n = \frac{h_{effi}^n a_p}{\rho_s L (1 - \varepsilon)} \tag{6-138}$$

$$c_i^n = \omega_{fi}^n \Delta \tau \tag{6-139}$$

第三阶段:
$$T_{pi}^{n+1} = \frac{T_{pi}^n + \omega_i^n \Delta \tau T_{fi}^{n+1}}{1 + \omega_i^n \Delta \tau} \tag{6-140}$$

$$\omega_i^n = \frac{h_{effi}^n a_p}{\rho_s C_s (1 - \varepsilon)} \tag{6-141}$$

$$c_i^n = \frac{\omega_{fi}^n \Delta \tau}{1 + \omega_i^n \Delta \tau} \tag{6-142}$$

$$\omega_{fi}^n = \frac{h_{effi}^n a_p}{\rho_f C_f \varepsilon} \tag{6-143}$$

$$\omega_{wi}^n = \frac{h_{wi}^n a_w}{\rho_f C_f \varepsilon} \tag{6-144}$$

$$a = \frac{u \Delta \tau}{2 \Delta x} \tag{6-145}$$

$$b = \frac{k_f}{2 \Delta x \rho_f C_f} \tag{6-146}$$

$$d_i^n = \omega_{wi}^n \Delta \tau \tag{6-147}$$

初始条件:
$$T_{fi}^0 = T_{pi}^0 = T_{f0} \tag{6-148}$$

边界条件:
$$T_{f0}^n = T_{fin}, \quad T_{f_M}^n = T_{f_{M-1}}^n \tag{6-149}$$

式中,上标 n 表示时间,下标 i 表示位置;上标 0 表示初始时间,下标 0 表示初始位置,下标 M 表示出口处。

2. 蓄冷球堆积床充冷过程试验结果与分析

试验采用的蓄冷球堆积床为圆柱体,直径为 0.5m,高度为 0.9m,隔热材料采用硬质聚氨酯泡沫塑料,厚度为 2cm。相变蓄冷材料为水,载冷剂为 30%(质量分数)的乙二醇水溶液,蓄冷球的外径为 97mm,内径为 95mm,球壁材料为聚乙烯塑料。在充冷前,载冷剂和蓄冷球的温度相等。在进行数值计算时,取时间步长为 60s,空间步长为 2.5cm。

(1)蓄冷球堆积床充冷过程模型验证 为验证本模型的正确性,对模型的计算结果与试验结果进行比较。图 6-75 和图 6-76 所示为蓄冷球堆积床充冷与放冷过程计算结果与相关文献中试验结果的比较。从图中可以看出,试验结果与数值计算结果一致,因此,该模型可以用来预测与优化蓄冷球堆积床系统的性能。

(2)蓄冷球堆积床充冷阶段特性模拟 下面分析蓄冷球堆积床不同高度($x/H = 0$、0.25、0.5、0.75、1)处,载冷剂温度 T_f、蓄冷材料温度 T_p、蓄冰率(IPF)、蓄冷量、蓄冷速率及潜能蓄冷率随时间的变化,以及载冷剂入口温度、初始温度、流速、堆积床空隙率、过冷度对出口温度 T_o、蓄冷速率 q 的影响。

总蓄冰率为
$$\mathrm{IPF} = \int_0^1 \Phi \mathrm{d}x^* = \frac{1}{M} \sum_{i=1}^M \Phi_i^n \tag{6-150}$$

式中,x^* 是无量纲的高度位置,$x^* = x/H$。

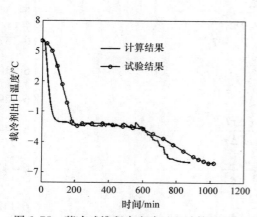

图 6-75　蓄冷球堆积床充冷过程计算结果与
试验结果比较

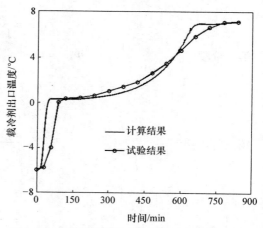

图 6-76　蓄冷球堆积床放冷过程计算结果与
试验结果比较

堆积床蓄冷系统单位时间蓄冷量（蓄冷速率）为

$$q = C_f q_m (T_{\text{fout}} - T_{\text{fin}}) = C_f \rho_f u \frac{\pi D^2}{4} \varepsilon (T_{\text{fout}} - T_{\text{fin}}) \tag{6-151}$$

堆积床系统的蓄冷量为

$$Q = \int_0^t q \mathrm{d}t = \sum_1^n q^j \Delta \tau \tag{6-152}$$

单位时间潜冷量（潜冷速率）为

$$q_1 = m_{\text{pcm}} L (\text{IPF}^{n+1} - \text{IPF}^n) \tag{6-153}$$

潜能蓄冷量为

$$Q_1 = m_{\text{pcm}} L \text{IPF}^n \tag{6-154}$$

潜冷率效率（潜冷速率占蓄冷速率的比例）为

$$\beta = \frac{q_1}{q} \tag{6-155}$$

潜冷量效率（潜冷量占蓄冷量的比例）为

$$\eta = \frac{Q_1}{Q} \tag{6-156}$$

　　为了分析蓄冷球堆积床的充冷特性，取堆积床的空隙率为 0.45，蓄冷材料的过冷度为 2K，蓄冷材料与载冷剂的初始温度为 7℃，载冷剂的流速为 20L/min，载冷剂入口温度为 -10℃。

　　图 6-77 所示为不同高度处蓄冷材料的温度随时间的变化（$x = 0$ 为入口处，$x/H = 1$ 为出口处）。由该图可知，各位置处的蓄冷材料温度都是先过冷至 -2℃，其中出口处的过冷时间最长，进口处的过冷时间最短。这是由于载冷剂最先与进口处的蓄冷球发生热交换，使得进口处的蓄冷球温度最先下降，过冷时间最短。过冷完成后进入相变充冷阶段，蓄冷球的温度维持在凝固点

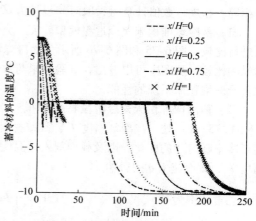

图 6-77　不同高度处蓄冷材料的温度随时间的变化

0℃，进口处的蓄冷球最先完成相变充冷过程；然后进入固相充冷阶段，蓄冷球的温度不断降低，直至达到载冷剂的入口温度 –10℃，这样便完成了蓄冷球的充冷过程。过冷度延长了充冷过程的时间。因此应设法减小蓄冷材料的过冷度，一般通过添加成核剂来减小过冷度，从而缩短蓄冷材料充冷过程的过冷时间。

表6-1列出了蓄冷球堆积床不同高度处的充冷时间比较。由该表可知，相变充冷时间占总充冷时间的绝大部分。由于相变充冷时的蓄冷密度远大于液态充冷和固态充冷时的蓄冷密度，故相变充冷阶段是整个充冷过程中最重要的。液态充冷时间、过冷时间、相变充冷时间随着与入口距离的增加处增大，固态充冷时间随位置的变化则不大。这是由于载冷剂在流动方向上温度不断上升。

表6-1　蓄冷球堆积床不同高度处的充冷时间比较

截面位置 x/H	0	0.25	0.5	0.75	1
液态充冷时间/min	5	8	13	18	24
过冷时间/min	3	4	5	7	10
相变充冷时间/min	68	88	115	132	150
总充冷时间/min	120	150	180	210	230

图6-78所示为不同高度处载冷剂温度随时间的变化。由图可知，在 $x/H = 0$、0.25、0.5、0.75、1 处，载冷剂温度达到进口温度时，蓄冷过程结束，蓄冷时间分别为76 min、103 min、135 min、158 min、198 min。在液态充冷阶段，载冷剂温度下降较快，这是由于在充冷起始阶段，蓄冷材料与载冷剂之间的温差较大，换热量较大，换热速率也较大。在相变充冷阶段，载冷剂温度维持在一个相对稳定的数值，分别为 –10℃、–7℃、–5℃、–3.5℃、–2.5℃。这是由于在相变充冷阶段蓄冷材料发生凝固，其相变温度保持不变，与载冷剂间的相变换热

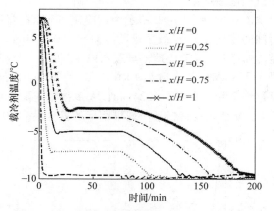

图6-78　不同高度处载冷剂温度随时间的变化

量也一定，使得蓄冷材料与载冷剂之间的温差一定，从而维持载冷剂温度基本不变。在固态充冷阶段，载冷剂温度逐渐下降，这是由于蓄冷球的冰层热阻增大，使得蓄冷材料与载冷剂之间的换热量逐渐减小。从图中还可看出，堆积床进口处的载冷剂温度下降得最快，而出口处的载冷剂温度下降得最慢；同时，进口处的载冷剂温度最低，出口处的载冷剂温度最高。这是由于载冷剂最先与进口处的蓄冷球发生热交换，将蓄冷球内的热量传递给载冷剂，使得载冷剂温度逐渐升高。

图6-79所示为不同高度处蓄冰率随时间的变化。由图可知，蓄冰率随着时间的增加而增大，当充冷时间为7min、12min、17min、25min、34min时，蓄冷球堆积床在 $x/H = 0$、0.25、0.5、0.75、1 处的蓄冷材料开始凝固，这与液态充冷阶段的结束时间相一致。当充冷时间为75min、98min、117min、155min、183min时，蓄冷球堆积

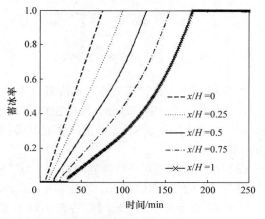

图6-79　不同高度处蓄冰率随时间的变化

床各处的蓄冷材料结束凝固,这也与相变充冷阶段的结束时间相一致。从图中还可看出,各个位置的蓄冰率变化不完全相同,在离入口处近的地方,载冷剂温度较低,充冷速度也较快,蓄冰率近似线性增加;而在离入口较远的地方,蓄冰率呈非线性增加,而且增加得较慢。这是由于在离入口近的地方,载冷剂温度较低且维持稳定,如图6-78所示,载冷剂和蓄冷材料之间的温差较大,因此它们之间的换热量也较大,所以入口处的蓄冰率增加得较快且呈线性变化。

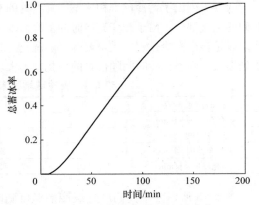

图6-80　总蓄冰率随时间的变化

图6-80所示为总蓄冰率随时间的变化。在0~8min,所有的相变材料处于液态显热蓄冷阶段,蓄冰率为0;在8~20min,只有少量的相变材料发生相变,蓄冰率缓慢增加;在20~120min,大量的相变材料处于相变蓄冷阶段,因此,蓄冰率随时间线性增加至0.8;在120~180min,蓄冰率的增加速度逐渐减慢,这是由于相变材料的相变过程逐渐结束。

图6-81和图6-82所示为蓄冷速率与蓄冷量随时间的变化。在液态显热蓄冷阶段(0~24min),蓄冷速率从9 kW快速下降至4 kW;在24~35min,蓄冷速率随时间呈U形变化,先由4 kW下降至3.8 kW,再上升至4 kW;在35~82min,蓄冷速率维持4 kW不变;在82~184min,蓄冷速率逐渐下降;在184~224min,大多数相变蓄冷材料处于固态显热蓄冷阶段,蓄冷速率缓慢下降至0。整个相变材料蓄冷球堆积床的蓄冷量为40 MJ。

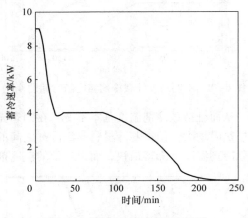

图6-81　蓄冷速率随时间的变化

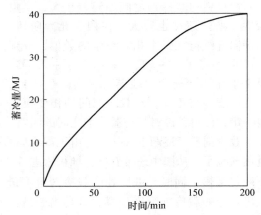

图6-82　蓄冷量随时间的变化

图6-83所示为潜冷率效率与潜冷量效率随时间的变化。潜冷率效率:在0~30min,由0快速上升至0.97;在30~72min,维持在0.98,此时蓄冷几乎全部以相变潜能形式进行;在72~160min,逐渐下降至0.8,蓄冷形式主要是潜能蓄冷;此后迅速下降至0。潜能蓄冷量占总蓄冷量的76%。

(3)载冷剂流速对充冷性能的影响　为了分析载冷剂流速对蓄冷球堆积床充冷性能的影响,取载冷剂流速分别为10L/min、15L/min、20L/min、25L/min、30L/min。

图6-84所示为不同流速时载冷剂出口温度随时间的变化。从图中可知,载冷剂流速越大,其出口温度下降得越快;且载冷剂流速越大,其出口温度也越低,亦即载冷剂进出口温差越小。

在相变充冷阶段，载冷剂温度保持不变，且载冷剂流速越大，其温度越低。这是由于在蓄冷球换热面积和蓄冷量一定的情况下，载冷剂流速增大，Re 数随之增大，Nu 数也增大，即换热系数增大，使蓄冷材料和载冷剂之间的换热量增加，故载冷剂温度下降得较快。

图 6-85 所示为不同流速时蓄冷速率随时间的变化。从图中可知，增大载冷剂流速将缩短充冷时间；蓄冷速率在充冷开始时下降得较快，在充冷后期则下降得较慢。这是由于充冷后期蓄冷球内的冰层热阻越来越大，导致载冷剂和蓄冷材料之间的换热系数越来越小。

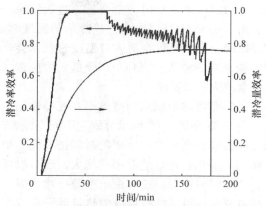

图 6-83　潜冷率效率与潜冷量效率随时间的变化

（4）载冷剂入口温度对充冷性能的影响　为了分析载冷剂入口温度对蓄冷球堆积床充冷性能的影响，载冷剂的入口温度分别为 -14℃、-12℃、-10℃、-8℃、-6℃。

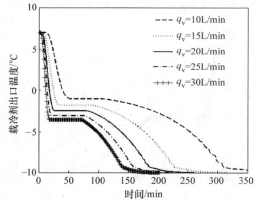

图 6-84　不同流速时载冷剂出口温度随时间的变化

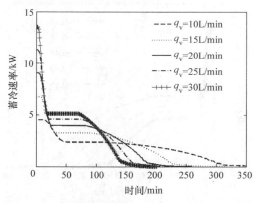

图 6-85　不同流速时蓄冷速率随时间的变化

图 6-86 所示为不同载冷剂入口温度时载冷剂出口温度随时间的变化。由图可知，当载冷剂入口温度升高时，载冷剂出口温度下降得较慢，并最终达到进口温度，完成整个充冷过程，液态充冷时间及整个充冷时间增加。这是由于当载冷剂入口温度升高时，蓄冷材料和载冷剂之间的换热温差减小，从而使得蓄冷材料和载冷剂之间的换热量也减小，在总蓄冷量一定的情况下，载冷剂出口温度下降得较慢，充冷时间增加。

在相变蓄冷阶段，载冷剂的入口温度分别为 -14℃、-12℃、-10℃、-8℃、-6℃时，载冷剂出口温度维持在 -3.5℃、-3℃、-2.6℃、-2℃、-1.9℃。

图 6-87 所示为不同载冷剂入口温度时蓄冷速率随时间的变化。载冷剂入口温度越高，蓄冷速率越低，但是蓄冷速率的变化趋势越平缓，且维持稳定的时间越长。如当入口温度为 -4℃时，蓄冷速率在 30~180min 范围内保持在 2.2 kW 左右。这是由于入口温度较高时，载冷剂和蓄冷球之间的温差较小，蓄冷球释放的热量被载冷剂充分吸收，因此出口温度维持稳定。

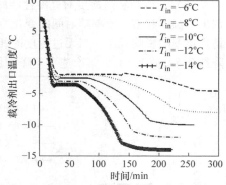

图 6-86　不同载冷剂入口温度时载冷剂出口温度随时间的变化

当蓄冷速率为0时，整个蓄冷过程结束。因此，由图6-86中可以看出，载冷剂的温度越低，蓄冷时间越短。但载冷剂入口温度过低，会使蓄冷空调系统的能效比（COP）降低，故应选择合理的载冷剂入口温度。

（5）蓄冷球堆积床的空隙率对充冷性能的影响　图6-88和图6-89所示分别为不同空隙率时，载冷剂出口温度和蓄冷速率随时间的变化。由图6-88可以看出，随着空隙率的增大，出口温度降低，蓄冷时间缩短。这是由于空隙率增大时，相变材料减少，相变材料释放的热量低于载冷剂的吸收能力，造成两者之间的温差减小，即堆积床

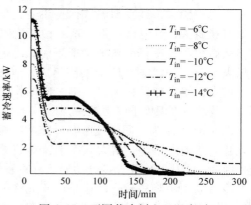

图6-87　不同载冷剂入口温度时
蓄冷速率随时间的变化

出口温度下降。从图6-89中可以看出，蓄冷速率随着空隙率的增大而增大。虽然高的空隙率可以缩短蓄冷过程的时间，但会使相变材料的质量减少，即降低了蓄冷球堆积床的蓄冷能力。

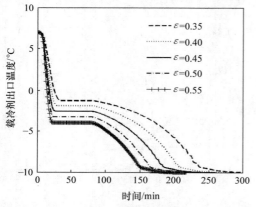

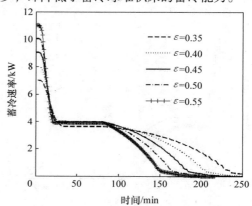

图6-88　不同空隙率时载冷剂出口温度随时间的变化　　图6-89　不同空隙率时蓄冷速率随时间的变化

（6）蓄冷材料过冷度对充冷性能的影响　图6-90和图6-91所示分别为不同过冷度时，载冷剂出口温度和蓄冷速率随时间的变化冷速率的影响。当过冷度小于2K时，过冷度对出口温度和蓄冷速率的影响较小。与无过冷度时相比，当过冷度为3K或4K时，相变蓄冷阶段出口温度下降约0.5℃或1.5℃，蓄冷速率下降，蓄冷时间延长。

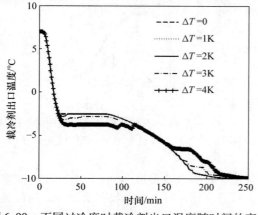

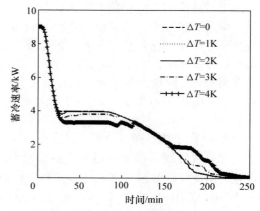

图6-90　不同过冷度时载冷剂出口温度随时间的变化　　图6-91　不同过冷度时蓄冷速率随时间的变化

（7）载冷剂初始温度对充冷性能的影响　图 6-92 和图 6-93 所示分别为不同载冷剂初始温度时，载冷剂出口温度和蓄冷速率随时间的变化。由图可见，载冷剂初始温度只对液态充冷过程有影响，载冷剂初始温度越高，其温度下降得越慢；而对相变充冷阶段和固态充冷阶段的影响不大。

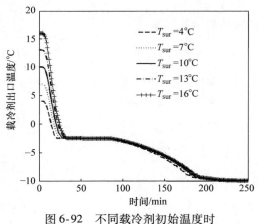
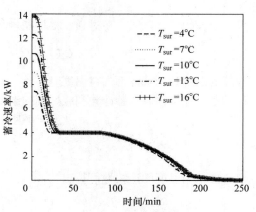

图 6-92　不同载冷剂初始温度时　　　　图 6-93　不同载冷剂初始温度时
载冷剂出口温度随时间的变化　　　　蓄冷速率随时间的变化

3. 蓄冷球堆积床充冷过程总结

建立了蓄冷球堆积床充冷过程的数理模型，该模型考虑了载冷剂与蓄冷球之间换热系数的变化、载冷剂的导热、相变蓄冷材料的过冷度以及蓄冷球堆积床热损失的影响。采用该模型分析了蓄冷球堆积床的充冷过程，讨论了载冷剂入口温度、初始温度和流速对充冷过程载冷剂出口温度和蓄冷速率的影响。研究结果表明：

1）在液态充冷阶段，蓄冷材料温度降低至过冷点；在相变充冷阶段，蓄冷材料温度维持在凝固温度不变；在固态充冷阶段，蓄冷材料温度下降至载冷剂入口温度。蓄冷球堆积床充冷时间随位置的不同而不同，靠近入口位置的蓄冷球充冷时间较短，而靠近出口位置的蓄冷球充冷时间较长。

2）载冷剂流速对充冷过程有较大影响。随着载冷剂流速的增大，充冷时间明显缩短，载冷剂出口温度下降得较快，蓄冷速率增大。

3）载冷剂入口温度对充冷过程也有较大影响。载冷剂的温度越低，蓄冷时间越短。但载冷剂入口温度过低，会使蓄冷空调系统的能效比（COP）降低，故应选择合理的载冷剂入口温度。

4）随着空隙率的增大，出口温度降低，蓄冷时间缩短。蓄冷速率随着空隙率的增大而增大，但相差不明显。虽然高的空隙率可以缩短蓄冷时间，但会使相变材料的质量减小，即降低了蓄冷球堆积床的蓄冷能力。

5）载冷剂初始温度和较小过冷度对充冷过程影响较小，只对液态充冷时间有一些影响。

（二）蓄冷球堆积床放冷性能

1. 蓄冷球堆积床放冷过程模型

在放冷过程中，球内的蓄冷材料经历了三个不同的状态：固态、相变状态、液态。处于液态和固态时是显热放冷阶段；当发生相变时，处于潜热放冷阶段，该阶段释放大部分的冷量。

第一阶段为固态显热放冷过程，根据能量平衡可得到如下方程

$$\rho_s C_s (1 - \varepsilon) \frac{\partial T_p}{\partial \tau} = h_{eff} a_p (T_f - T_p) \tag{6-157}$$

开始时刻蓄冷球温度为 T_0，随着蓄冷过程的进行，升至相变温度 T_{pm} 结束。

第二阶段为相变放冷过程，根据能量平衡可得到如下方程

$$\rho_s L(1-\varepsilon)\frac{\partial \Phi}{\partial \tau} = h_{eff} a_p (T_f - T_{pm}) \tag{6-158}$$

至相变结束。

第三阶段为液态显热放冷过程，根据能量平衡可得到如下方程

$$\rho_1 C_1(1-\varepsilon)\frac{\partial T_p}{\partial \tau} = h_{eff} a_p (T_f - T_p) \tag{6-159}$$

当蓄冷球的温度达到载冷剂入口温度时，整个放冷过程结束。

最初蓄冷球是固态，蓄冷球和载冷剂的温度一致，即等于 T_0 且低于 0℃

$$\tau = 0 \text{ 时，} T_f = T_p = T_0 \tag{6-160}$$

入口处温度恒定，即

$$T_f\big|_{x=0} = T_{fin} \tag{6-161}$$

出口处根据温度的连续性可得出

$$\frac{\partial T_f}{\partial x}\bigg|_{x=H} = 0 \tag{6-162}$$

采用隐式中间差分格式将方程转化成一系列离散方程，温度对时间的导数采用向后差分格式，温度对距离的导数采用中间差分格式。

2. 蓄冷球堆积床放冷过程结果与分析

下面分析蓄冷球堆积床不同高度（$x/H = 0$、0.25、0.5、0.75、1）处，载冷剂温度 T_f、蓄冷材料温度 T_p 和放冷量随时间的变化，以及载冷剂入口温度、流速、堆积床孔隙率对载冷剂出口温度和放冷速率的影响。

放冷量：

$$Q = C_f \rho_f u\left(\frac{\pi D^2}{4}\right)\varepsilon \Delta\tau \sum (T_{fin} - T_{fout}) \tag{6-163}$$

（1）蓄冷球堆积床放冷性能　为了研究蓄冷球堆积床的放冷性能，取初始温度为 -10℃，载冷剂入口温度为 10℃，载冷剂流速为20L/min。图6-94所示为不同高度（$x/H = 0$、0.25、0.5、0.75、1）处蓄冷球温度随时间的变化。由该图可知，不同高度处蓄冷球温度随时间呈上升变化，而在相变放冷阶段，蓄冷球温度保持不变，维持在相变温度 0℃。在堆积床不同高度处的蓄冷球先进行固态显热放冷，其固态显热放冷分别在 5min、8min、13min、16min、20min 时结束。当蓄冷球温度上升至 0℃ 时，进入相变放冷阶段，其相变放冷分别在 91min、116min、146min、

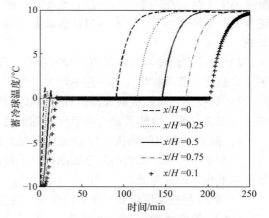

图6-94　不同高度处蓄冷球温度随时间的变化

174min、203min 时结束。当相变材料温度达到入口温度时，整个放冷过程结束。从该图还可看出，大部分时间处于相变放冷阶段，且处于入口处的放冷过程先发生、出口处的放冷过程后发生，在大约200min 时整个放冷过程基本结束。这是由于流入堆积床的载冷剂最先与入口处的蓄冷球进行换热，此时换热温差最大，换热率也最大，故放冷过程最先完成。

图6-95 所示为不同高度处载冷剂温度随时间的变化。由图可知，在固态放冷阶段，载冷剂

温度快速上升；在相变放冷阶段，载冷剂温度基本维持稳定，分别维持在10℃、7.5℃、5.7℃、4.4℃、3.3℃；在相变放冷阶段后期和液态放冷阶段，载冷剂温度缓慢上升。这是由于在放冷起始阶段，蓄冷球与载冷剂之间的温差较大，换热量较大。在相变放冷阶段，蓄冷球和载冷剂之间的有效换热系数维持恒定，即与载冷剂间的相变换热量也恒定，使得蓄冷球与载冷剂之间的温差恒定，从而维持载冷剂温度不变。在相变放冷阶段后期和液态放冷阶段，蓄冷球内的液态层热阻较大，使得蓄冷球与载冷剂之间的换热量逐渐减少，载冷剂温度上升缓慢。

图 6-96 所示为不同高度处融冰率随时间的变化。在 $x/H = 0$、0.25 处，融冰率随时间线性增大；而在远离入口处的位置，融冰率随时间非线性地增大。在距离入口近的位置，载冷剂温度较低，载冷剂和蓄冷材料之间的温差较大，它们之间的换热量也较大，所以入口处的融冰率增加得较快，且融冰过程先结束。

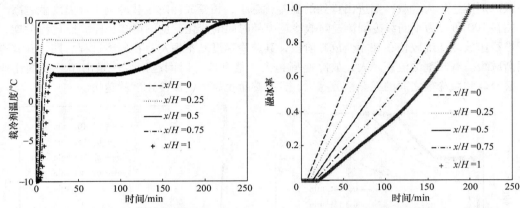

图 6-95　不同高度处载冷剂温度随时间的变化　　　图 6-96　不同高度处融冰率随时间的变化

图 6-97 和图 6-98 所示分别为蓄冷球堆积床放冷速率与放冷量随时间的变化。从图 6-97 中可以看出，在 0～20min，放冷速率以较快的速度由 10.4kW 下降至 3.3kW；在 20～120min，放冷速率维持恒定；在 120min 以后，放冷速率缓慢下降至 0。这是由于在放冷初期，进入堆积床内的载冷剂温度较高，载冷剂与蓄冷球之间的温差较大，故其放热率较大；在相变放冷阶段，蓄冷球和载冷剂之间的有效换热系数维持恒定，放冷速率也恒定；在相变放冷阶段后期和液态放冷阶段，蓄冷球内的液态层热阻较大，使得蓄冷球与载冷剂之间的换热量逐渐减少。从图 6-98 中可以清晰地看到，在大约 200min 时，放冷量达到最大值，放冷过程结束，最大放冷量为 38MJ，整

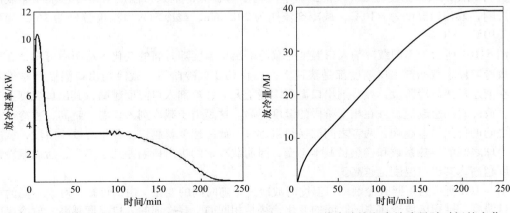

图 6-97　蓄冷球堆积床放冷速率随时间的变化　　　图 6-98　蓄冷球堆积床放冷量随时间的变化

个放冷过程的平均放冷速率约为3kW。

（2）载冷剂流速对放冷性能的影响 为了分析载冷剂流速对蓄冷球堆积床放冷性能的影响，取蓄冷球初始温度为 $-10℃$，载冷剂入口温度为10℃，载冷剂流速分别为10L/min、15L/min、20L/min、25L/min、30L/min。

图6-99所示为不同载冷剂流速时载冷剂出口温度随时间的变化。当载冷剂流速分别为10L/min、15L/min、20L/min、25L/min、30L/min时，堆积床放冷时间分别为360min、290min、240min、215min、180min；在相变放冷阶段，载冷剂温度分别维持在1.7℃、2.6℃、3.3℃、3.9℃、4.3℃。载冷剂流速越大，其出口温度上升得越快；且载冷剂流速越大，其出口温度也越高。这是由于载冷剂流速越大，蓄冷球和载冷剂之间的换热系数越大，它们之间的换热率就越大，载冷剂温度上升得越快，堆积床放冷时间就越短。在相变放冷阶段放冷量相对稳定的情况下，载冷剂流速越大，载冷剂进出口处的温差就越小，相变放冷阶段载冷剂出口温度就越高。

图6-100所示为不同载冷剂流速时放冷速率随时间的变化。由图可知，在放冷过程前期，蓄冷球堆积床放冷速度较快；在相变放冷阶段，其放冷速度基本恒定；在放冷过程后期，其放冷速度逐渐减缓。载冷剂的流速越大，放冷速率越大，整个放冷时间越短。这是由于载冷剂流速越快，蓄冷球和载冷剂之间的换热系数越大，其换热量也越大，放冷速度就越快。

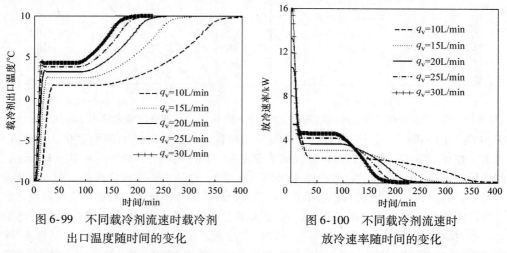

图6-99 不同载冷剂流速时载冷剂
出口温度随时间的变化

图6-100 不同载冷剂流速时
放冷速率随时间的变化

（3）载冷剂入口温度对放冷性能的影响 为了分析载冷剂入口温度对蓄冷球堆积床放冷性能的影响，取初始温度为 $-10℃$，载冷剂流速为20L/min，载冷剂入口温度分别为16℃、14℃、12℃、10℃、8℃。

图6-101所示为不同载冷剂入口温度时载冷剂出口温度随时间的变化。从图中可知，在固态显热放冷阶段，载冷剂出口温度都是快速上升；在相变放冷阶段，载冷剂出口温度基本维持稳定；在液态显热放冷阶段，载冷剂出口温度缓慢上升。载冷剂入口温度越高，其出口温度上升得越快，放冷时间也越短，且在相变阶段的温度越高。这是由于载冷剂入口温度越高，蓄冷球和载冷剂之间的传热温差越大，两者之间的换热量越多，放冷速度就越快。在相变放冷阶段，载冷剂和蓄冷球之间的换热系数和换热量基本不变，因而载冷剂的进出口温差几乎不变，所以载冷剂入口温度越高，其出口温度也越高。

图6-102所示为不同载冷剂入口温度时放冷速率随时间的变化。由图可知，对于不同的载冷剂入口温度，堆积床放冷速率随时间的变化趋势是相同的。载冷剂的入口温度越高，放冷速度越快，放冷时间就越短。载冷剂的入口温度升高，增大了蓄冷球和载冷剂的换热温差，从而增加了

两者之间的换热量，故其放冷量增加速度加快、放冷时间缩短。

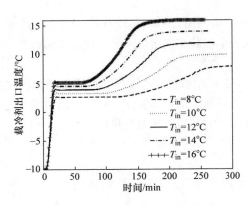

图 6-101　不同载冷剂入口温度时
载冷剂出口温度随时间的变化

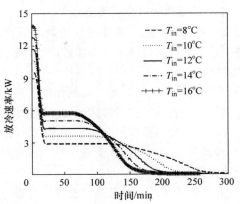

图 6-102　不同载冷剂入口温度时
放冷速率随时间的变化

（4）堆积床孔隙率对放冷性能的影响　为了分析孔隙率对蓄冷球堆积床放冷性能的影响，取初始温度为 -10℃，载冷剂入口温度为 10℃，载冷剂流速为 20L/min，孔隙率分别为 0.35、0.40、0.45、0.50、0.55。

图 6-103 所示为不同孔隙率时载冷剂出口温度随时间的变化。从该图中可以看出，当孔隙率分别为 0.35、0.40、0.45、0.50、0.55 时，蓄冷球堆积床放冷时间分别为 300min、270min、240min、210min、190min。当孔隙率由 0.35 增大到 0.55 时，相变阶段的出口温度由 2.1℃ 上升至 4.5℃。堆积床孔隙率越大，载冷剂出口温度越高，放冷时间越短。这是由于堆积床孔隙率越大，与蓄冷球发生换热的载冷剂越多，蓄冷球与载冷剂的接触越充分，放冷时间就越短。当蓄冷球放冷时，由于孔隙率的增大，堆积床内的载冷剂增多，在放冷量一定的情况下，载冷剂进出口处的温差减小，即载冷剂的出口温度升高。

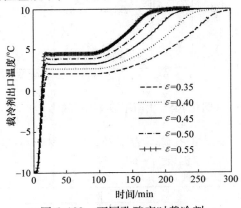

图 6-103　不同孔隙率时载冷剂
出口温度随时间的变化

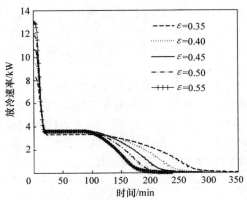

图 6-104　不同孔隙率时蓄冷球堆积床放
冷速率随时间的变化

图 6-104 所示为不同孔隙率时蓄冷球堆积床放冷速率随时间的变化。由图可知，孔隙率越大，整个放冷过程的放冷量越小，放冷时间越短。在放冷阶段前期，放冷量随时间的变化基本一致；在放冷阶段后期，孔隙率大时，放冷速度较大，放冷时间较短。孔隙率越大，堆积床内的蓄冷球越少，在放冷过程中放出的融化潜热也越少，故其总的放冷量越少，放冷时间越短。在相变放冷阶段，若孔隙率增大，则载冷剂质量增大，蓄冷球质量减小，载冷剂和蓄冷球之间达到换热

平衡，因而单位时间放冷量几乎不变，在图中表现为五条曲线在相变阶段基本重合。

3. 蓄冷球堆积床放冷过程总结

建立了蓄冷球堆积床放冷过程的数理模型，采用该模型分析了蓄冷球堆积床的放冷动态特性，并讨论了载冷剂流速、入口温度以及堆积床孔隙率对载冷剂出口温度和放冷量的影响。研究结果表明：

1）在固态放冷阶段，蓄冷球的温度上升至相变点；在相变放冷阶段，蓄冷球的温度维持在相变温度不变；在液态放冷阶段，蓄冷球的温度上升至载冷剂入口温度。载冷剂出口温度先快速上升，在相变放冷阶段维持在一个相对稳定的温度，至放冷后期其温度再缓慢上升。

2）放冷量在放冷初期上升较快；在相变放冷阶段，放冷量稳定上升；在放冷后期，放冷量的上升速度逐渐减缓。

3）载冷剂流速越大，其出口温度上升得越快且温度越高，放冷速度也越快。而整个放冷过程的总放冷量与载冷剂的流速无关。

4）载冷剂入口温度越高，其出口温度上升得越快，放冷时间越短。在相变放冷阶段，载冷剂出口温度稳定在较高值，整个放冷过程的总放冷量稍大。

5）堆积床孔隙率越大，载冷剂出口温度越高，放冷时间越短，整个放冷过程的放冷量越小。在放冷阶段前期，放冷量随时间的变化基本一致。

（三）十四烷与水作为蓄冷材料的球形堆积床蓄冷性能比较

将十四烷作为相变蓄冷材料应用于球形堆积床蓄冷系统中，并对其性能与以水为相变蓄冷材料的球形堆积床蓄冷系统的性能进行比较。

（1）十四烷的热物理性质　该系统采用的相变蓄冷材料是十四烷。图6-105和表6-2所示为十四烷的热物性参数。在常温下，其相变潜热较大，无毒、无腐蚀性，化学性质稳定，且无明显相分离。与水相比，十四烷具有较高的凝固点，无明显的过冷度。因此，在蓄冷过程中，载冷剂的入口温度相对较高，冷却载冷剂的制冷系统能效（COP）也较高。

（2）相同条件下十四烷与水作为相变材料的堆积床系统性能比较　堆积床高0.9m，直径为0.5m，蓄冷球直径为5cm，厚1mm。为了比较相同条件下

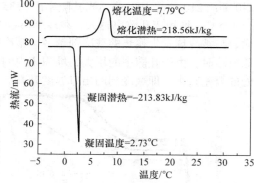

图6-105　十四烷的凝固与融化DSC曲线

十四烷与水作为相变材料的堆积床系统的性能，取堆积床的孔隙率为0.45，蓄冷材料与载冷剂的初始温度为10℃，载冷剂的流速为20L/min，载冷剂入口温度为-6℃。

表6-2　十四烷的热物性参数

热物性参数	十四烷	
	固态	液态
凝固点/℃	2.73	
凝固潜热/(kJ/kg)	213.8	
熔化点/℃	7.79	
熔化潜热/(kJ/kg)	218.6	
比热容/[kJ/(kg·K)]	1.64	2.16
热导率/[W/(m·K)]	0.35	0.15
密度/(kg/m³)	884	759

图 6-106 ~ 图 6-108 所示分别为相同条件下，以十四烷与水为蓄冷材料时的凝固率、蓄冷速率、蓄冷量比较。由图 6-108 可以看出，十四烷蓄冷堆积床的蓄冷量为 22MJ，仅为冰球蓄冷堆积床的 55%，这是由于水具有较高的相变潜热与密度。

从图 6-106 中可知，以十四烷与水为蓄冷材料的堆积床蓄冷时间分别为 104min 与 288min，十四烷的相变时间缩短了 64%。这是由于十四烷的相变温度较高，蓄冷球与载冷剂的温差较大，蓄冷速率较高（如图 6-107 所示，十四烷蓄冷堆积床的蓄冷速率远高于冰球蓄冷堆积床），且蓄冷能力较弱，因此其蓄冷时间大大缩短。

水具有较高的过冷度，导致蓄冷系统的蓄冷时间有所延长。由图 6-106 可以看出，当过冷度为 3K 时，蓄冷时间延长了 80min，约为 28%。

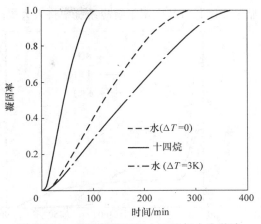

图 6-106　相同条件下以十四烷与水为蓄冷材料时的凝固率比较

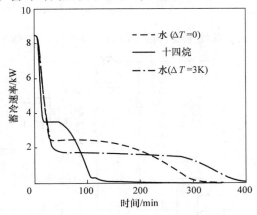

图 6-107　相同条件下以十四烷与水为蓄冷材料时的蓄冷速率比较

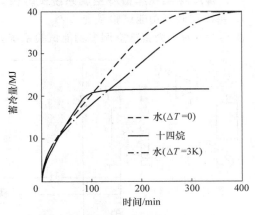

图 6-108　相同条件下以十四烷与水为蓄冷材料时的蓄冷量比较

（3）相同蓄冷能力时，以十四烷与水为相变材料的堆积床系统性能比较　图 6-109 和图 6-110 所示分别为相同蓄冷量时以十四烷与水为蓄冷材料的蓄冷速率与潜热蓄冷量比较。调整孔隙率的大小与堆积床的尺寸可以改变相变蓄冷材料的质量，从而改变系统的蓄冷能力。以十四烷为蓄冷材料的堆积床蓄冷系统的孔隙率为 0.35，高 0.9m，直径为 0.5m；在尺寸不变的条件下，以水①为蓄冷材料的堆积床的孔隙率为 0.65；调整以水②为蓄冷材料的堆积床的尺寸，高 0.73m，直径为 0.41m，孔隙率为 0.35。由图 6-110 可以看出，此时三者的潜热蓄冷量相同，相变蓄冷时间分别为 112min、133min 和 185min。因此可以看出，以十四烷为相变蓄冷材料的蓄冷系统具有更好的性能。

（4）以十四烷与水为蓄冷材料的球形堆积床的蓄冷性能总结　将十四烷作为蓄冷材料应用于球形堆积床蓄冷系统中，并对其性能与冰球堆积床蓄冷系统性能进行了比较。与冰球蓄冷堆积床系统相比，十四烷蓄冷堆积床的蓄冷时间缩短了 64%，但其蓄冷量仅为冰球蓄冷堆积床的 55%。当水的过冷度为 3K 时，蓄冷时间延长了 80min。由于十四烷具有较高的相变温度且无明显过冷度，将其应用于蓄冷系统中将大大提高系统的性能。

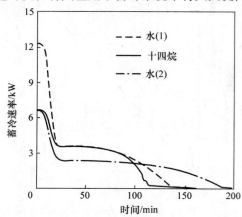

图 6-109　相同蓄冷量时以十四烷与水为蓄冷
材料的蓄冷速率比较

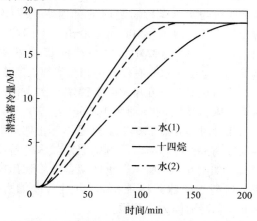

图 6-110　相同蓄冷量时以十四烷与水为蓄冷
材料的潜热蓄冷量比较

二、蓄冷球堆积床蓄冷空调系统试验性能

1. 蓄冷空调多功能试验系统

图 6-111 所示为蓄冷空调多功能试验系统。该试验系统主要包括三部分：制冷系统、球形堆

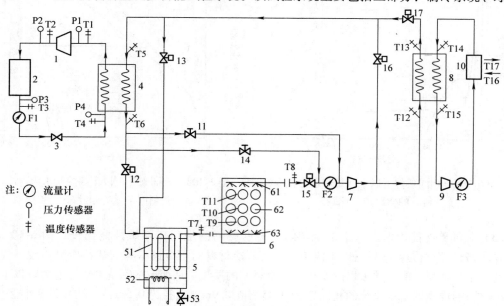

图 6-111　蓄冷空调多功能试验系统

1—压缩机　2—冷凝器　3—节流膨胀装置　4—蒸发器　5—预热器　6—蓄冷装置　7—循环泵
8—换热器　9—循环泵　10—室内风机盘管机组　11—调节阀　12、13、14、15、16、17—电磁阀
18—换热盘管　19—电加热器　20—截止阀　21—出口分配器　22—蓄冷球　23—进口分配器　F1—制冷剂流量计
F2—载冷剂流量计　F3—空调冷冻水流量计　P1—压缩机吸气压力传感器　P2—压缩机排气压力传感器　P3—冷凝压力传感器
P4—蒸发压力传感器　T1—压缩机吸气温度传感器　T2—压缩机排气温度传感器　T3—冷凝温度传感器　T4—蒸发温度传感器
T5—载冷剂进蒸发器温度传感器　T6—载冷剂出蒸发器温度传感器　T7—载冷剂进蓄冷装置温度传感器
T8—载冷剂出蓄冷装置温度传感器　T9—蓄冷装置底部温度传感器　T10—蓄冷装置中部温度传感器　T11—蓄冷装置顶部温度传感器
T12—载冷剂进换热器温度传感器　T13—载冷剂出换热器温度传感器　T14—空调冷媒水进换热器温度传感器
T15—空调冷媒水出换热器温度传感器　T16—室内机组进风温度传感器　T17—室内机组出风温度传感器

积床蓄冷单元和室内机组。该试验装置可按以下六种工况运行来实现不同的功能：常规空调制冷工况、单独蓄冷工况、常规空调制冷和蓄冷工况、单独放冷工况、蒸发器和蓄冷装置串联联合供冷工况、蒸发器和蓄冷装置并联联合供冷工况。该试验主要研究单独蓄冷和放冷工况。

（1）单独蓄冷工况的工作过程　制冷剂循环系统的工作过程如下：制冷剂由压缩机1压缩后排出，进入冷凝器2放出热量，冷凝后的制冷剂液体经节流膨胀装置3进行节流降压，降压后的制冷剂液体在蒸发器4内蒸发吸收载冷剂侧的热量而气化，而载冷剂放出热量后温度降低，蒸发气化后制冷剂气体被吸入压缩机1进行压缩。如此循环往复，完成制冷剂循环工作过程。

载冷剂循环系统的工作过程如下：电磁阀13、14、17关闭，电磁阀12、15、16开启，调节阀11可根据进入蓄冷装置6内的载冷剂流量大小进行调节（当载冷剂流量最小时，调节阀11可开至最大；当载冷剂流量最大时，调节阀11可开至最小），循环泵7开启。由蒸发器4降温后的载冷剂经电磁阀12进入预热器5内的换热盘管18，根据蓄冷系统的需要由电加热器19对载冷剂的温度进行调节，调节温度后的载冷剂进入蓄冷装置6内与蓄冷球22内的蓄冷材料进行热交换，蓄冷材料因放热而发生凝固相变将冷量储存起来，吸热升温后的载冷剂则经电磁阀15和流量计F2被循环泵7吸入，循环泵7将升温后的载冷剂经电磁阀16排入蒸发器4内再进行放热降温。如此循环往复，完成载冷剂循环工作过程。

当需要调节蓄冷过程中的载冷剂流量时，从蒸发器4出来的载冷剂分成两路：一路载冷剂进入蓄冷装置6内完成蓄冷过程；另一路载冷剂不参与蓄冷过程，而经调节阀11进入循环泵7。两路载冷剂在循环泵7入口处汇合后被循环泵7吸入。

（2）单独放冷工况的工作过程　制冷剂循环系统的工作过程如下：压缩机1关闭，该循环系统不工作。

载冷剂循环系统的工作过程如下：电磁阀13、14、16关闭，电磁阀12、15、17开启，调节阀11可根据进入蓄冷装置6内的载冷剂流量大小进行调节（当载冷剂流量最小时，调节阀11可开至最大；当载冷剂流量最大时，调节阀11可开至最小），循环泵7开启。由换热器8吸热升温后的载冷剂经电磁阀17、蒸发器4、电磁阀12、预热器5后，进入蓄冷装置6内并与蓄冷球22内的蓄冷材料进行热交换，蓄冷材料因吸热而发生熔化相变将冷量释放出来，放热降温后的载冷剂则经电磁阀15和流量计F2被循环泵7吸入，循环泵7将降温后的载冷剂排入换热器8内吸收空调冷媒水侧的热量而升温，而空调冷媒水放出热量后温度降低，升温后载冷剂经电磁阀17、蒸发器4、电磁阀12、预热器5后再次进入蓄冷装置6内进行放热降温。如此循环往复，完成载冷剂循环工作过程。

当需要调节放冷过程中的载冷剂流量时，从蒸发器4出来的载冷剂分成两路：一路载冷剂进入蓄冷装置6内完成放冷过程；另一路载冷剂不参与放冷过程，而是经调节阀11进入循环泵7。两路载冷剂在循环泵7入口处汇合后被循环泵7吸入，然后进入换热器8内吸收空调冷媒水侧的热量而升温，升温后的载冷剂经电磁阀17、蒸发器4、电磁阀12、预热器5后再次回到蓄冷装置6内放热降温。

空调冷媒水循环系统的工作过程如下：循环泵9开启，经换热器8降温后的空调冷媒水被循环泵9吸入，再由循环泵9经流量计F3排入室内风机盘管机组10内吸收室内空气的热量而升温，而室内空气放出热量后温度降低，升温后的空调冷媒水回到换热器8再次进行放热降温。如此循环往复，完成空调冷媒水循环工作过程。

2. 试验结果与分析

试验采用的蓄冷球堆积床为圆柱体，内径为0.5m，高度为0.9m，隔热材料采用硬质聚氨酯发泡材料，厚度为10cm。相变蓄冷材料为水，载冷剂为30%（质量分数）的乙二醇水溶液，蓄冷球的外径为9.7cm，内径为9.5cm，球壁材料为聚乙烯塑料，蓄冷球堆积床的孔隙率为0.45。在蓄冷前，载冷剂和蓄冷球的温度为7℃。

（1）单独蓄冷工况性能　蒸发器制冷量为载冷剂流经蒸发器携带的冷量，而蓄冷量为堆积床蓄冷过程中储存的冷量。

蒸发器单位时间制冷量（制冷速率）：$\qquad q_{e1} = C_f(T_5 - T_6)F_2 \qquad (6-164)$

蓄冷速率：$\qquad\qquad\qquad q_{c2} = C_f(T_7 - T_8)F_2 \qquad (6-165)$

蒸发器制冷量：$\qquad\qquad Q_{e1} = \Sigma q_{e1}\Delta\tau \qquad\qquad (6-166)$

堆积床蓄冷量：$\qquad\qquad Q_{c2} = \Sigma q_{c2}\Delta\tau \qquad\qquad (6-167)$

图6-112和图6-113所示分别为蓄冷时压缩机吸排气温度和压力随时间的变化。在系统起动时，吸气温度迅速下降至-10℃，而排气温度迅速上升到74℃，吸气压力和排气压力分别维持在0.2MPa和1.2~1.3MPa。当蓄冷时间超过130min时，吸、排气压力分别稳定在0.12MPa和1.15MPa。在整个蓄冷过程中，压缩机工作稳定。

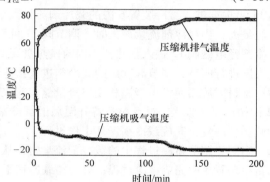

图6-112　压缩机吸气温度和排气温度随时间的变化

图6-114所示为堆积床内载冷剂温度随时间的变化。随着蓄冷过程的进行，进出口处载冷剂温度分别在35min和50min时下降至约-3℃，蓄冷球内相变材料（水）开始凝固，潜热蓄冷阶段开始。因此，入口处相对其他位置先开始潜热蓄冷，水的过冷度为-3℃。入口处蓄冷球在35~120min时发生相变，载冷剂温度先上升后下降，这主要是由于入口处蓄冷球首先和载冷剂发生热交换。出口处蓄冷球在50~120min时发生相变，蓄冷球和载冷剂之间传热达到平衡，载冷剂的温度维持稳定（-2℃左右）。此后，入口处和出口处的载冷剂温度相等，并且缓慢上升至0℃，蓄冷过程结束。

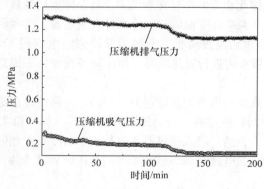

图6-113　压缩机吸气压力和排气压力随时间的变化

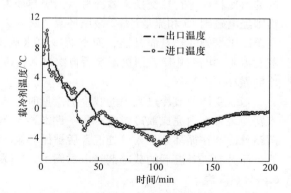

图6-114　堆积床内载冷剂温度随时间的变化

图6-115所示为载冷剂进出蒸发器温度随时间的变化。蓄冷开始阶段，载冷剂进出蒸发器温度迅速下降。随着蓄冷过程的进行，载冷剂出口温度稳定在-10~-8℃，载冷剂进口温度稳定在1~4℃。在120~150min时，载冷剂蒸发器出口温度上升至0℃，蓄冷过程结束。

图6-116所示为蒸发器制冷速率和堆积床蓄冷速率随时间的变化。蒸发器制冷速率是通过载冷剂流过蒸发器进出口温差得出的。从图上可以看出，制冷速率比蓄冷速率（单位时间蓄冷量）

高 1.5kW，这是由于系统和环境之间的换热造成的热损失所致。在 0~40min 时，堆积床内的载冷剂和蓄冷球处于显热蓄冷阶段，载冷剂和蓄冷球之间的温差较大，蓄冷速率较快。随着蓄冷过程的进行，堆积床内载冷剂的温度下降，蓄冷速率也逐渐降低。在 40~120min 时，蓄冷球发生相变，蓄冷球和载冷剂之间的换热维持稳定，因此，蓄冷速率维持在 3.5kW 左右。随着相变蓄冷过程的结束，水凝固成冰，此时为固态显热蓄冷，蓄冷速率迅速下降。

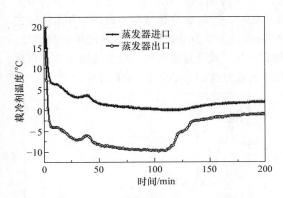

图 6-115　载冷剂进出蒸发器温度随时间的变化

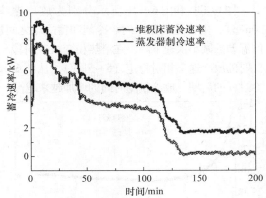

图 6-116　蒸发器制冷速率和堆积床
蓄冷速率随时间的变化

图 6-117 所示为蒸发器制冷量和堆积床蓄冷量随时间的变化。由于系统设备存在热损失，蒸发器制冷量大于堆积床的蓄冷量。从图上可以看出，蓄冷堆积床的蓄冷量为 31MJ，其中水的潜热蓄冷为 26MJ，约为堆积床蓄冷量 84%。

（2）单独放冷工况性能　放冷速率为系统单位时间的放冷量，即

$$q_{\mathrm{dis}} = C_{\mathrm{f}}(T_{13} - T_{12})F_2 \tag{6-168}$$

放冷量：

$$Q_{\mathrm{dis}} = \sum q_{\mathrm{dis}}\Delta\tau \tag{6-169}$$

图 6-118 所示为放冷工况时堆积床内载冷剂温度随时间的变化。堆积床入口处蓄冷球先与载冷剂发生热交换，入口处载冷剂温度迅速上升至 10.5℃，入口处放冷过程优先结束。堆积床中间位置载冷剂温度和出口处载冷剂温度分别在 17min 和 24min 后上升，此后，相变放冷阶段开始，载冷剂和蓄冷球之间换热稳定，堆积床中间位置载冷剂温度和出口处载冷剂温度缓慢上升。

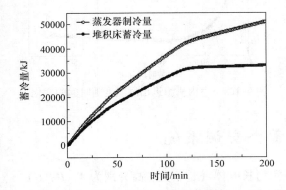

图 6-117　蒸发器制冷量和堆积床蓄冷量
随时间的变化

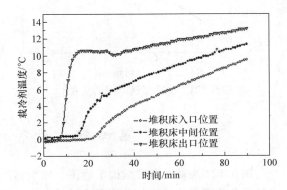

图 6-118　放冷工况时堆积床内载冷剂
温度随时间的变化

图 6-119 所示为载冷剂进出换热器温度随时间的变化。载冷剂在放冷工况时流过换热器，流进换热器的载冷剂温度在放冷开始阶段迅速下降至 3.3℃，随着放冷过程的进行，载冷剂温度逐渐上升。这是由于随着放冷过程的进行，堆积床出口处载冷剂的温度在逐渐上升；而流出换热器的载冷剂温度在放冷初期迅速下降之后，稳定在 14.5～15.5℃ 之间，这有利于蓄冷球内相变材料放冷的稳定进行。

图 6-120 和图 6-121 所示分别为放冷速率和放冷量随时间的变化。在显热放冷阶段（0～20min），主要是堆积床内载冷剂和蓄冷球之间进行显热放冷，这时放冷速率随着载冷剂和蓄冷球之间温差的减小快速下降。在潜热相变放冷阶段（20～90min），主要为堆积床内蓄冷球融冰潜热放冷，此时的放冷速率相对稳定（5～7kW）。从图 6-121 中可以看出，放冷量随时间的延长逐渐增加，在放冷过程的后期，放冷量随时间的增加越来越慢，这是由于其放冷速率随时间的延长而减小。

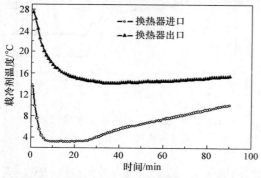

图 6-119 载冷剂进出换热器温度随时间的变化

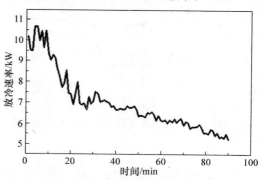

图 6-120 放冷速率随时间的变化

图 6-122 所示为室内机组进出风温度随时间的变化。室内机组出风温度在放冷阶段开始后迅速下降，随着放冷过程的进行，出风温度稳定在 16℃，室内温度稳定在 22～23℃，稳定的出风温度有利于保持室内环境的舒适性。因此，该系统可以用于空调系统的蓄冷和放冷，既有利于电力负荷"移峰填谷"，又能满足室内的舒适性要求。

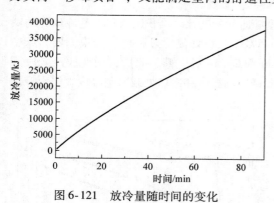

图 6-121 放冷量随时间的变化

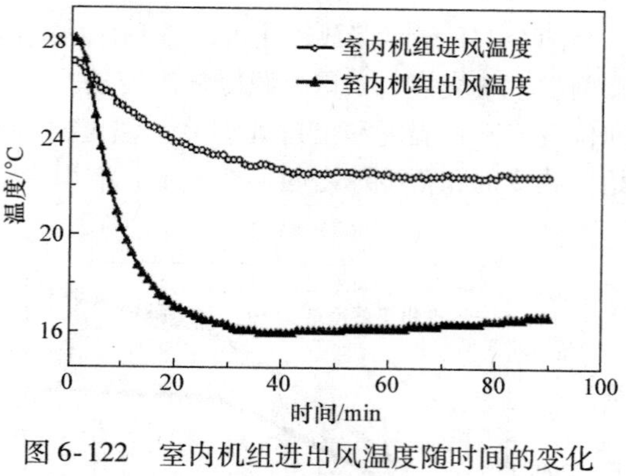

图 6-122 室内机组进出风温度随时间的变化

第四节 盘管式蓄冷空调系统

图 6-123 为蓄冷盘管结构示意图。整个蓄冷装置为长方体（长、宽、高分别为 A、B、H），平行的盘管浸没在静态的相变蓄冷材料中。由于压降较小，盘管采用水平平行放置。如图 6-123a 所示，相邻盘管之间的距离相等且等于 a。如图 6-123b 所示，载冷剂从盘管内部流过，带走相

变材料的热量，达到蓄冷/放冷的目的。在蓄冷过程中，在盘管的外表面形成固态的相变材料层；而在放冷阶段，盘管外侧的固态相变材料逐渐融化成液态。

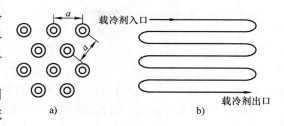

与水相比，十四烷的凝固点较高，且无明显的过冷度。因此，将十四烷应用于蓄冷系统中，可提高制冷主机的能效比（COP）。

图 6-123 蓄冷盘管结构示意图

一、盘管式蓄冷空调系统动态特性模型

基于相变材料与载冷剂的能量平衡，建立了以十四烷为相变材料的盘管式蓄冷系统的动态模型。该模型可用来预测盘管式蓄冷系统的蓄冷/放冷动态性能。

冷却后的载冷剂流经盘管，将冷量传递给盘管外侧的相变材料（十四烷）。相变材料经历四个过程：液态显热蓄冷、非限制相变蓄冷、限制相变蓄冷、固态显热过冷蓄冷。盘管的长度远大于其管径，因此传热可视为一维空间传热。载冷剂能量平衡方程为

$$C_t \rho_f \frac{\partial T_f}{\partial t} + C_t \rho_f u \frac{\partial T_f}{\partial x} = \frac{h_{eff} A_{eff} (T_p - T_f)}{A_c L} \tag{6-170}$$

式中，h_{eff} 是有效换热系数；A_{eff} 是有效换热面积。

式（6-170）左侧两项分别为载冷剂内能的变化和载冷剂流动能量的变化，右侧项表示载冷剂和相变材料之间的对流传热。

在蓄冷开始阶段，载冷剂和液态相变材料之间换热，相变材料温度下降。在相变蓄冷阶段，载冷剂与固态相变材料之间换热，相变材料的温度保持在凝固点。因此，盘管外侧相变材料的能量平衡方程如下

$$h_{eff} A_{eff} (T_p - T_f) = H \frac{\partial m}{\partial t} + m \frac{\partial H}{\partial t} \tag{6-171}$$

$$H = H_m + C_p T_p \tag{6-172}$$

式（6-171）表示载冷剂与相变材料之间的换热等于相变材料的内能变化。在液态与固态显热阶段，相变材料的内能变化是以显热方式进行的；而在非限制与限制凝固相变蓄冷阶段，相变材料的内能变化主要是以潜热方式进行的。

在蓄冷过程中，载冷剂冷量必须通过盘管管壁与固态相变材料层传送给相变材料。在计算换热系数时，必须考虑固态相变材料、盘管管壁、管外对流换热热阻的影响。因此，需要引入有效传热系数

$$R_{eff} = \frac{1}{h_{eff} \pi dl} = R_f + R_c + R_s + R_l \tag{6-173}$$

式中，l 是盘管长度。

其中，盘管外侧对流换热热阻为

$$R_f = \frac{1}{h_f \pi dl} \tag{6-174}$$

盘管管壁导热热阻为

$$R_c = \frac{\ln (D/d)}{2\pi k_{tube} l} \tag{6-175}$$

固态相变材料导热热阻为

$$R_s = \frac{\ln (D_s/D)}{2\pi f k_s l} \tag{6-176}$$

管外液态相变材料自然对流传热热阻为

$$R_1 = \frac{1}{h_1 \pi D_s l} \qquad (6\text{-}177)$$

蓄冷时，相变材料经历四个阶段：①在液态显热蓄冷阶段，无固态相变材料，因此，$R_s = 0$，$D_s = D$；②在非限制相变蓄冷阶段，固态相变材料以同心圆形式增长至相邻的盘管形成搭接，$f = 1$；③在限制相变蓄冷阶段，引入修正因子 f；④在固态显热蓄冷阶段，管外无液态相变材料，因此，$R_1 = 0$。

放冷时，相变材料经历三个阶段：①固态显热放冷阶段；②相变融化放冷阶段；③液态显热放冷阶段。相变材料与载冷剂的能量平衡方程和蓄冷时类似。

管内载冷剂的对流换热系数由式（6-178）~ 式（6-180）确定。

$$h_f = \frac{k_f Nu_f}{d} \qquad (6\text{-}178)$$

$$Nu_f = 0.023\, Re^{0.8} Pr^{0.4} \quad (Re < 2300) \qquad (6\text{-}179)$$

$$Nu_f = 3.66 + \frac{0.0534\,(RePrd/l)^{1.15}}{1 + 0.0316\,(RePrd/l)^{0.84}} \quad (Re > 2300) \qquad (6\text{-}180)$$

光滑管外自然对流换热系数可由 Holman 引用的经验公式计算得到，该公式在 $10^5 < Gr\,Pr < 10^{12}$ 时适用。

$$Nu_1 = \left\{ 0.6 + \frac{0.387(Ra_1)^{1/6}}{[1 + (0.559/Pr_1)^{9/16}]^{8/27}} \right\}^2 \qquad (6\text{-}181)$$

$$Ra_1 = \frac{g\beta\Delta T l^3}{\nu_1 \alpha_1} \qquad (6\text{-}182)$$

黏度随温度的变化较大，为计算 Re 数与 Pr 数，模拟出液态相变材料与载冷剂的黏度随温度的变化函数。

液态十四烷的黏度：

$$\mu_1 = 0.0391 - 26.0778/(T + 273.15) + 4479/(T + 273.15)^2 \qquad (6\text{-}183)$$

载冷剂的黏度：

$$\mu_f = \exp\left\{ \begin{array}{l} 4.630 - 2.148\zeta - 12.701[273.15/(T + 273.15)] \\ + 5.405\zeta[273.15/(T + 273.15)] + 10.9899[273.15/(T + 273.15)]^2 \end{array} \right\} \qquad (6\text{-}184)$$

盘管入口处：

$$T_f \big|_{x=0} = T_{in} \qquad (6\text{-}185)$$

相变材料与载冷剂的初始温度相等：

$$T_f \big|_{t=0} = T_p \big|_{t=0} = T_{ini} \qquad (6\text{-}186)$$

采用隐式差分格式将式（6-170）和式（6-172）离散成代数方程，选择适当的空间与时间步长来保证方程的稳定性。离散化的代数方程用 MATLAB 程序求解。

二、盘管式蓄冷空调系统蓄冷特性

盘管被放置在尺寸为 $100\text{cm} \times 100\text{cm} \times 50\text{cm}$ 的装满液态十四烷的矩形容器内，盘管的数目为 10，用厚度为 0.5mm 的铜管制成，长 16m，内径为 16mm，相邻管间距为 60mm。用质量分数为 15% 的乙二醇水溶液作载冷剂。

1. 盘管蓄冷过程特性分析

为分析盘管式蓄冷系统的蓄冷特性，分别将载冷剂流速、入口温度、盘管内径、载冷剂与相变材料的初始温度设定为 30L/min、-5℃、16mm 和 10℃。

图 6-124 所示为相变材料与载冷剂在不同位置处的温度随时间的变化。相变材料的温度在

20min 内快速下降至凝固点，这是由于盘管管壁材料良好的导热性和大的载冷剂流速（约为2.5m/s）所致。在非限制和限制相变蓄冷阶段，相变材料的温度保持不变。当相变材料温度低于其凝固点时，相变材料处于固态显热蓄冷阶段。

　　在开始阶段，载冷剂的温度快速下降，然后保持在一个稳定的温度，最后逐渐下降至入口温度。从图中可以看出，在入口、中间、出口位置处，载冷剂温度在蓄冷过程的大部分时间内分别保持 -5℃、-3.3℃、-2℃不变。这是由于在相变蓄冷阶段，载冷剂与相变材料之间的传热稳定，即两者之间的温差保持稳定，因此，载冷剂温度保持稳定。

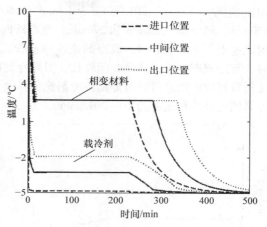

图 6-124　相变材料与载冷剂在不同位置
处的温度随时间的变化

　　从图 6-125 中可以看出，该蓄冷系统的蓄冷速率约为5kW，蓄冷能力为103MJ，蓄冷过程在400min 时结束。当凝固率达到 1 时，相变蓄冷阶段结束。由图 6-126 可以看出，在231min、280min、330min 时，入口、中间、出口位置处的相变潜热蓄冷阶段结束。总的凝固率为整个系统的固态相变材料占总相变材料的比例。总凝固率在 0～250min 时线性增长至0.88，然后在330min 时缓慢上升至1。这是由于非限制相变蓄冷阶段中固态相变材料的热阻小于限制相变蓄冷阶段。

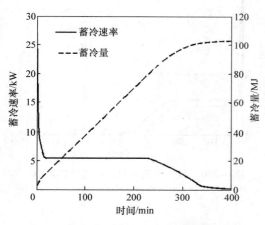

图 6-125　蓄冷速率和蓄冷量随时间的变化

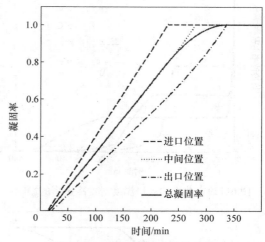

图 6-126　凝固率随时间的变化

　　2. 载冷剂入口温度对蓄冷特性的影响

　　图 6-127 ~ 图 6-129 所示分别为载冷剂入口温度对出口温度、凝固率和蓄冷速率的影响。从图中可以看出，载冷剂入口温度越低，出口温度越低，蓄冷速率越高，蓄冷时间越短。这是由于载冷剂入口温度越低，载冷剂与相变材料之间的传热温差越大，两者之间的传热量就越大。然而，过低的载冷剂入口温度将增加产生冷却载冷剂的制冷系统的功率，降低制冷系统的能效（COP）。因此，盘管式蓄冷系统的载冷剂入口温度宜选为 -7 ~ -5℃。

　　3. 载冷剂流速对蓄冷特性的影响

　　图 6-130 ~ 图 6-132 所示分别为载冷剂流速对出口温度、凝固率和蓄冷速率的影响。当载冷

剂流速为 10L/min、20L/min、30L/min 和 40L/min 时，盘管式蓄冷系统的凝固蓄冷时间为 600min、396min、322min 和 290min，总蓄冷时间为 640min、400min、420min 和 370min。当载冷剂流速小于 20L/min 时，载冷剂流速对盘管式蓄冷系统的性能影响较小。尽管载冷剂流速较小时，蓄冷速率较小，蓄冷时间较长，但载冷剂进出口温差较大。这是由于载冷剂流速较小时，相变材料释放的热量可以被低温载冷剂充分吸收，导致载冷剂的温度上升得较多。因此，适合该蓄冷系统的载冷剂流速为 20 ~ 30L/min。

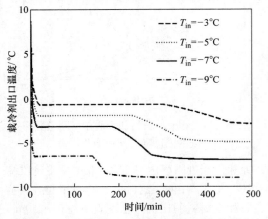

图 6-127 载冷剂入口温度对出口温度的影响

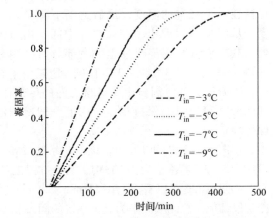

图 6-128 载冷剂入口温度对凝固率的影响

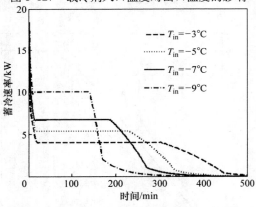

图 6-129 载冷剂入口温度对蓄冷速率的影响

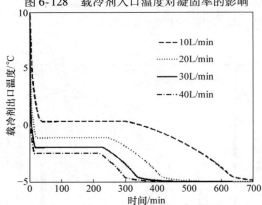

图 6-130 载冷剂流速对出口温度的影响

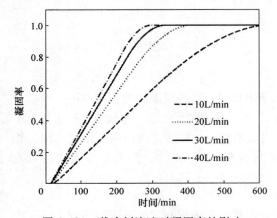

图 6-131 载冷剂流速对凝固率的影响

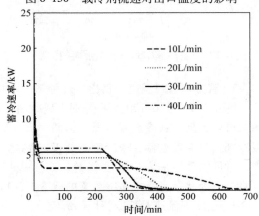

图 6-132 载冷剂流速对蓄冷速率的影响

4. 盘管管径对蓄冷特性的影响

图 6-133 ~ 图 6-135 所示分别为盘管管径对载冷剂出口温度、相变材料凝固率与蓄冷速率的影响。从图中可以看出，盘管管径越大，载冷剂的出口温度和蓄冷速率越高，蓄冷时间越短。与载冷剂的入口温度和流速相比，盘管管径对蓄冷系统的动态特性影响较小。这是由于增大管径，一方面增大了载冷剂与相变材料之间的换热面积，但另一方面又降低了管内载冷剂的流动速度，即减小了载冷剂与相变材料之间的换热系数。

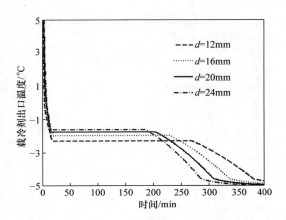

图 6-133　盘管管径对载冷剂出口温度的影响

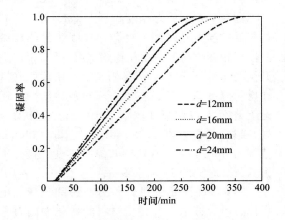

图 6-134　盘管管径对相变材料凝固率的影响

5. 盘管式蓄冷系统蓄冷过程总结

对盘管蓄冷系统的蓄冷过程进行了模拟分析，得到了相变材料温度、载冷剂温度、凝固率、蓄冷速率、蓄冷量等随时间的变化规律。讨论了载冷剂流速、入口温度、盘管管径对盘管式蓄冷系统蓄冷特性的影响。

1）相变材料的温度在 20min 内快速下降至凝固点。在非限制和限制相变蓄冷阶段，相变材料的温度保持 2.73℃不变。当相变材料温度低于凝固点时，相变材料处于固态显热蓄冷阶段。

2）蓄冷过程中，载冷剂入口温度越低，出口温度越低，蓄冷速率越大，蓄冷时间越

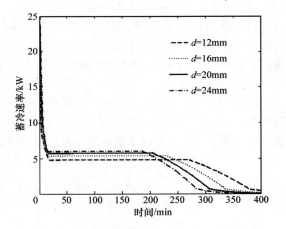

图 6-135　盘管管径对蓄冷速率的影响

短。过低的载冷剂入口温度将增加产生冷却载冷剂的制冷系统的功率，从而降低制冷系统的能效。因此，盘管式蓄冷系统的载冷剂入口温度宜选择 -7 ~ -5℃。

3）载冷剂流速增大，蓄冷速率升高，蓄冷时间缩短。与载冷剂流速小于 20L/min 时相比，载冷剂流速大于 30L/min 时对蓄冷特性的影响明显较小。因此，适合于该蓄冷系统的载冷剂流速为 20 ~ 30L/min。

4）与载冷剂入口温度和流量相比，盘管管径对盘管式蓄冷系统蓄冷特性的影响可以忽略不计。这是由于盘管管径的增大，一方面降低了载冷剂的流速，但另一方面却增大了载冷剂与相变蓄冷材料的换热面积，两种因素相互抵消，导致盘管管径对蓄冷特性影响较小。

三、盘管式蓄冷空调系统放冷特性

下面分析盘管式蓄冷系统在不同位置（进口位置、中间位置、出口位置）处，相变材料温度、载冷剂温度、融化率以及放冷速率和放冷量随时间的变化，以及载冷剂入口温度、流速、盘管管径对载冷剂出口温度、总融化率、放冷速率的影响。

1. 盘管式蓄冷系统放冷特性分析

为研究盘管式蓄冷系统的放冷特性，将载冷剂流速、入口温度、盘管内径、载冷剂与相变材料的初始温度分别设定为 30L/min、15℃、16mm 和 -5℃。

图 6-136 所示为相变材料与载冷剂在不同位置处的温度随时间的变化。在固态显热放冷阶段，相变材料的温度从初始温度 -5℃ 很快上升至融化温度 7.79℃；在相变放冷阶段，维持在融化温度 7.79℃；在液态显热放冷阶段，逐渐上升至入口温度 15℃。在中间位置与出口处，载冷剂温度在 22～244min 与 28～246min 范围内分别维持 13.4℃ 与 12.1℃ 不变，且分别占其放冷时间的 74% 与 59%。

图 6-137 所示为进口位置、中间位置、出口位置以及整个系统相变材料的融化率随时间的变化。在进口位置、中间位置、出口位置处，相变蓄冷材料分别在 20～234min、23～296min、31～363min 范围内处于相变融化放冷阶段。总

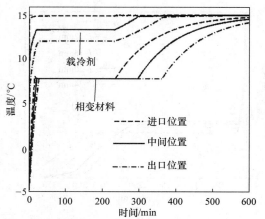

图 6-136　相变材料与载冷剂在不同位置处的温度随时间的变化

的融化率在 20～256min 范围内线性增长至 0.83，之后增长速度逐渐减慢，这是由于在相变放冷阶段后期融化的液态相变蓄冷材料的热阻逐渐增加，致使相变材料与载冷剂之间的换热量减少，因此融化速度减慢。

图 6-138 所示为放冷速率和放冷量随时间的变化。放冷速率在开始的 28min 内快速下降至 5.4kW，在 28～232min 范围内保持 5.4kW 不变，在 232～365min 时由 5.4kW 几乎线性下降至 0，放冷过程结束。整个蓄冷系统的放冷量约为 110MJ，平均放冷速率约为 5kW。

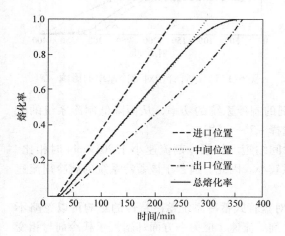

图 6-137　融化率随时间的变化

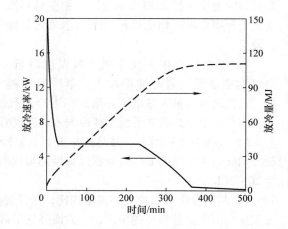

图 6-138　放冷速率和放冷量随时间的变化

2. 载冷剂入口温度对放冷特性的影响

为研究载冷剂入口温度对放冷特性的影响，分别将载冷剂流速、盘管内径、载冷剂与相变材料的初始温度设定为 30L/min、16mm 和 −5℃，载冷剂入口温度取 13℃、15℃、17℃、19℃。

图 6-139 ~ 图 6-141 所示分别为载冷剂入口温度对载冷剂出口温度、融化率与放冷速率的影响。当融化率达到 1 时，融化相变放冷过程结束；当放冷速率下降至 0 时，整个放冷过程结束。当载冷剂入口温度为 19℃、17℃、15℃、13℃时，相变放冷时间分别为 226min、266min、352min、480min；总放冷时间分别为 238min、286min、366min、500min。载冷剂入口温度越低，相变材料与载冷剂之间的温差越小，两者之间的传热量越少，放冷速率越低，放冷时间越长。

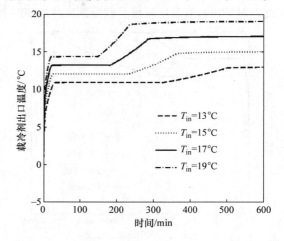

图 6-139　载冷剂入口温度对出口温度的影响

在相变放冷阶段前期，载冷剂出口温度分别维持 14.4℃、13.2℃、12℃、11℃不变，进出口温差分别为 4.6℃、3.8℃、3℃、2℃，维持稳定的时间为 130min、156min、206min、300min，分别占相变放冷时间的 62%、63%、62%、66%，该时间段内的放冷量分别为 64.7MJ、64.2MJ、66.9MJ、65.0MJ。由此可见，在稳定相变放冷阶段，出口温度维持稳定，其时间占整个相变放冷阶段时间的 63% 左右，这段时间内的放冷量几乎不随载冷剂入口温度变化，约为 65MJ 左右，占总放冷量的 60% 左右。

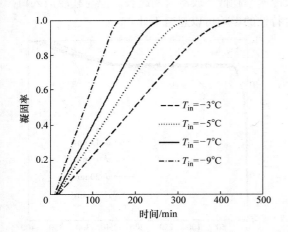

图 6-140　载冷剂入口温度对融化率的影响

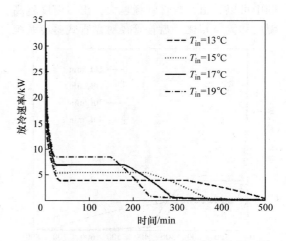

图 6-141　载冷剂入口温度对放冷速率的影响

3. 载冷剂流速对放冷特性的影响

为研究载冷剂流速对放冷特性的影响，将载冷剂入口温度、盘管内径、载冷剂与相变材料的初始温度设定为 15℃、16mm 和 −5℃，载冷剂流速取 10L/min、20L/min、30L/min、40L/min。

图 6-142 ~ 图 6-144 所示为载冷剂流速对载冷剂出口温度、融化率与放冷速率的影响。由图可见，随着载冷剂流速的增大，载冷剂出口温度升高，放冷速率提高，放冷时间缩短。这是由于

载冷剂流速增大时，其 Re 数增大，Nu 数增大，即载冷剂与相变材料之间的换热系数增加，两者之间的换热量增加。与载冷剂流速小于 20L/min 时相比，载冷剂流速大于 30L/min 时对放冷特性的影响明显较小。这是由于当载冷剂流速较大时，相变材料释放的冷量低于载冷剂的吸收能力。因此，对于该盘管蓄冷系统，载冷剂流速取 20~30L/min 较适宜。

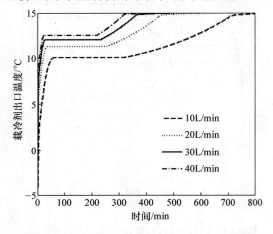

图 6-142　载冷剂流速对出口温度的影响　　　图 6-143　载冷剂流速对融化率的影响

4. 盘管管径对放冷特性的影响

为研究盘管管径对放冷特性的影响，将载冷剂入口温度、流速、载冷剂与相变材料的初始温度设定为 15℃、30L/min 和 -5℃，盘管管径取 12mm、16mm、20mm、24mm。

图 6-145~图 6-147 所示分别为盘管管径对载冷剂出口温度、融化率与放冷速率的影响。从图中可以看出，盘管管径越大，出口温度越高，放冷速率越低，放冷时间越长。但与载冷剂入口温度和流量相比，盘管管径对盘管式蓄冷系统放冷特性的影响可以忽略不计。

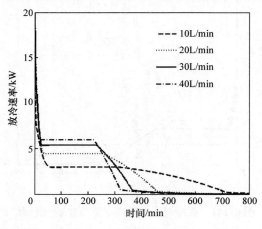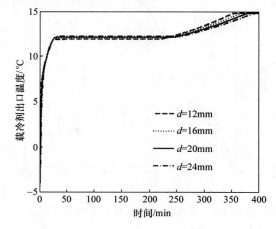

图 6-144　载冷剂流速对放冷速率的影响　　　图 6-145　盘管管径对出口温度的影响

5. 盘管式蓄冷系统放冷过程总结

分析了盘管式蓄冷系统的放冷过程，讨论了影响放冷特性的各个因素。试验结果表明：

1）在固态显热放冷阶段，相变材料的温度从初始温度 -5℃ 很快上升至融化温度 7.79℃；在相变放冷阶段，维持在融化温度 7.79℃；在液态显热放冷阶段，逐渐上升至入口温度 15℃。

2）总的融化率在 20～256min 范围内线性增加至 0.83，之后由于在相变放冷阶段后期融化的液态相变蓄冷材料的热阻逐渐增加，致使相变材料与载冷剂之间的换热率减小，因此融化速度减慢。

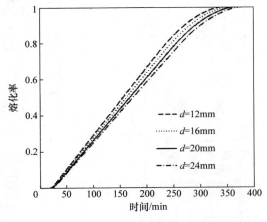

图 6-146　盘管管径对融化率的影响

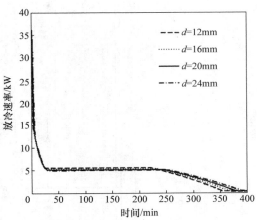

图 6-147　盘管管径对放冷速率的影响

3）放冷速率在开始的 28min 内快速下降至 5.4kW，在 28～232min 内保持 5.4kW 不变，在 232～365min 内由 5.4kW 线性下降至 0，放冷过程结束。

4）载冷剂入口温度越低，相变材料与载冷剂之间的温差越小，两者之间的传热量越少，放冷速率越小，放冷时间越长。

5）载冷剂流速增大，放冷速率提高，放冷时间缩短。

6）盘管管径对盘管式蓄冷系统放冷特性的影响较小。

第五节　分离式热管蓄冷空调系统

管外蓄冰是蓄冷空调系统的一种蓄冰方式，利用热管进行管外蓄冰具有很大的优越性，这是由于热管能够等温、高速地转移热量，从而可以保证热管的蓄冷速度均匀。蓄冷时既可省去低温载冷剂（如盐水或乙二醇溶液等）循环系统（低温载冷剂对管道有一定的腐蚀性），又可克服由于直接蒸发系统管路长引起的制冷剂压力降低及压缩机回油难等问题。

图 6-148 为分离式螺旋热管蓄冷空调系统示意图。将螺旋热管应用于蓄冷系统，在圆柱形蓄冷桶内有两组螺旋热管，其中充满了介质，热管介质从螺旋热管底部进入，在螺旋管内蒸发吸热，然后从螺旋热管上部流出，而热管外部的蓄冷材料因放热凝固而蓄冷。热管介质进入螺旋热管之前是液体，在螺旋热管内因蒸发吸热而变成气液两相流动。由于热管介质在螺旋热管内进行的是气液相变换热，其换热系数和换热量远高于普通的冰盘管蓄冷系统。

下面将根据能量平衡方程建立分离式热管蒸发段充冷过程的数理模型，并将数理模型离散化，用数值计算方法求出热管蒸发段管外冰层厚度、热管介质出口温度、热管外蓄冷介质温度、单位时间蓄冷量以及总蓄冷量随时间的变化关系。

同时还将研究分离式热管冷凝段的传热特性，热管介质在冷凝段冷凝时会在热管内壁凝结成液膜，冷凝段的传热特性取决于液膜的厚度；将考虑界面切应力的影响，进而获得热管冷凝换热系数，讨论热管倾角和热流密度对冷凝换热系数的影响，并将对该模型所得结果与 Nusselt 模型的结果进行比较。

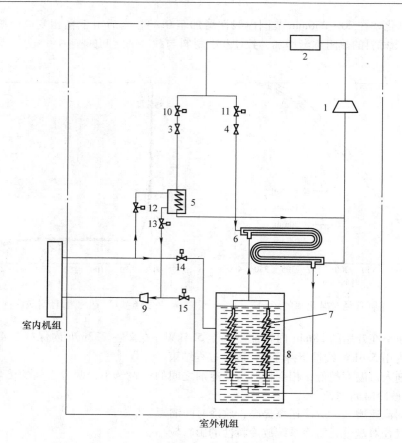

图 6-148　分离式螺旋热管蓄冷空调系统示意图

1—压缩机　2—冷凝器　3—空调用膨胀阀　4—蓄冷用膨胀阀　5—空调用蒸发器
6—蓄冷用蒸发器　7—螺旋热管　8—蓄冷桶　9—循环泵　10、11、12、13、14、15—电磁阀

一、分离式热管蓄冷空调系统蓄冷特性

（一）分离式热管空调蓄冷系统蒸发段充冷动态特性

1. 分离式热管蒸发段充冷过程数理模型

分离式热管蒸发段充冷过程可分为以下三个阶段：

1）水显热蓄冷过程：当热管系统工作时，水的显热不断被带走，水温逐渐下降，水显热蓄冷过程开始。

2）冰潜热蓄冷过程：当水温下降到0℃及其以下时，水开始凝固结冰，蓄冷桶内的蓄冷材料以冰水混合物的状态存在，此时蓄冷桶内保持0℃，水释放出凝固潜热，并由热管介质将其带走，水潜热蓄冰过程开始。

3）冰显热蓄冷过程：当蓄冷桶内的水全部凝固成冰后，冰开始释放显热，并由热管介质将其带走，直到冰的温度下降至接近热管介质温度为止，蓄冷过程停止。

在实际充冷过程中，蓄冷桶内的水会存在一个温度梯度，靠近热管的水温较低而远离热管的水温较高。因此，在水释放显热蓄冷过程中，靠近热管的水先被冷却，所以在热管外围开始出现冰层的时候，远离热管的水可能还未降至0℃。同样，在蓄冰过程中由于冰层也有温度梯度，热管周围的冰可能低于0℃。

为了便于建立数理模型，进行如下假定：

1）蓄冷桶内的蓄冷介质温度分布均匀。

2）冰层在热管外生长均匀。

3）水、冰的热物性参数不随温度变化。

4）由于热管蓄冷系统保温性能良好，故忽略散热损失。

在上述假设的条件下，根据热管蒸发段的能量平衡就可建立其数理方程，由该方程便可分析充冷过程的动态性能。

（1）水显热蓄冷过程　制冷剂通过螺旋热管时吸热，使管外水温开始下降，根据能量平衡可得如下方程

$$q_f L_f + q_f C_f [T_o(t) - T_i] = -\rho_w V C_w \frac{dT_w}{dt} = K_1 A_1 \Delta T_{m_1} + K_2 A_2 \Delta T_{m_2} \tag{6-187}$$

式中，q_f 是制冷剂的质量流速；L_f 是制冷剂的蒸发潜热；C_f 是制冷剂的气态比热容；$T_o(t)$ 是制冷剂出口温度；T_i 是制冷剂进口温度；ρ_w 是水的密度；V 是蓄冷桶的体积；C_w 是水的比热容；T_w 是螺旋管外水的温度；K_1、K_2 分别是蒸发段和过热段的换热系数；A_1、A_2 分别是蒸发段和过热段的换热面积；A_0 是蓄冷桶内热管的总换热面积；ΔT_{m_1}、ΔT_{m_2} 分别是蒸发段和过热段的平均温差。

其中

$$K_1 = \frac{1}{\dfrac{1}{h_{f,e}} + \dfrac{r_i}{\lambda_{cu}} \ln \dfrac{r_o}{r_i} + \dfrac{r_i}{r_o} \dfrac{1}{h_o}} \tag{6-188}$$

$$K_2 = \frac{1}{\dfrac{1}{h_{f,s}} + \dfrac{r_i}{\lambda_{cu}} \ln \dfrac{r_o}{r_i} + \dfrac{r_i}{r_o} \dfrac{1}{h_o}} \tag{6-189}$$

$$\Delta T_{m_2} = \frac{T_o(t) - T_i}{\ln \dfrac{T_w(t) - T_i}{T_w(t) - T_o(t)}} \tag{6-190}$$

$$\Delta T_{m_1} = T_w(t) - T_i \tag{6-191}$$

式中，$h_{f,e}$、$h_{f,s}$ 是蒸发段和过热段的对流换热系数；h_o 是水的自然对流换热系数；λ_{cu} 是纯铜的热导率；r_i 是螺旋管的内径；r_o 是螺旋管的外径。

由式（6-188）～式（6-191）对式（6-187）进行化简，可得 T_w 和 t 的离散方程为

$$-\rho_w V C_w \Delta T_w = \{q_f L_f + q_f C_f [T_w(t) - T_i](1 - e^{-Z})\} \Delta t \tag{6-192}$$

式中，$Z = K_2 \{A_0 - \dfrac{q_f L_f}{K_1 [T_w(t) - T_i]}\} / (q_f C_f)$。

从而得到制冷剂出口温度为

$$T_o(t) = T_w - (T_w - T_i) e^{-Z} \tag{6-193}$$

初始条件：当 $t = 0$ 时，$T_w = T_0$（T_0 为水的初始温度）。

结束条件：$T_w = T_m$（T_m 为水的凝固温度），$t = t_{12}$（t_{12} 为第一和第二阶段的分界点）。

（2）冰潜热蓄冷过程　此时管外水温已经降到凝固温度，开始蓄冰，根据能量平衡以及蓄冰厚度可列出如下方程

$$q_f L_f + q_f C_f [T_o(t) - T_i] = 2\pi l \rho_{ice} L_{ice} (r_o + \delta_{ice}) \frac{d\delta_{ice}}{dt} = K_1 A_1 \Delta T_{m_1} + K_2 A_2 \Delta T_{m_2} \tag{6-194}$$

式中，ρ_{ice} 是冰的密度；L_{ice} 是冰的融化潜热；l 是螺旋管的总长度；δ_{ice} 是冰层厚度。

其中

$$K_1 = \frac{1}{\dfrac{1}{h_{f,e}} + \dfrac{r_i}{\lambda_{cu}}\ln\dfrac{r_o}{r_i} + \dfrac{r_i}{\lambda_{ice}}\ln\dfrac{r_o + \delta_{ice}}{r_o} + \dfrac{r_i}{r_o + \delta_{ice}}\dfrac{1}{h_o}} \tag{6-195}$$

$$K_2 = \frac{1}{\dfrac{1}{h_{f,s}} + \dfrac{r_i}{\lambda_{cu}}\ln\dfrac{r_o}{r_i} + \dfrac{r_i}{\lambda_{ice}}\ln\dfrac{r_o + \delta_{ice}}{r_o} + \dfrac{r_i}{r_o + \delta_{ice}}\dfrac{1}{h_o}} \tag{6-196}$$

$$\Delta T_{m_2} = \frac{T_o(t) - T_i}{\ln\dfrac{T_m - T_i}{T_m - T_o(t)}} \tag{6-197}$$

$$\Delta T_{m_1} = T_m(t) - T_i \tag{6-198}$$

化简式（6-194）可得冰层厚度 δ_{ice} 与时间 t 的离散方程为

$$2\pi l \rho_{ice} L_{ice}(r_o + \delta_{ice})\Delta\delta_{ice} = [q_f L_f + q_f C_f(T_m - T_i)(1 - e^{-Z})]\Delta t \tag{6-199}$$

式中，$Z = K_2\{A_0 - \dfrac{q_f L_f}{K_1[T_m(t) - T_i]}\}/(q_f C_f)$。 \tag{6-200}

从而得到制冷剂出口温度为

$$T_o(t) = T_m - (T_m - T_i)e^{-Z} \tag{6-201}$$

初始条件：$T_w = T_m$；$t = t_{12}$。

结束条件：$\delta_{ice} = \delta_{max}$（$\delta_{max}$ 是蓄冰最大厚度）；$t = t_{23}$（t_{23} 是第二和第三阶段分界点）。

（3）冰显热蓄冷过程　热管外的水此时已全部结冰，在工质继续吸热的情况下，冰层开始继续降温，根据能量平衡有

$$q_f L_f + q_f C_f[T_o(t) - T_i] = -\rho_{ice} V_{ice} C_{ice}\frac{dT_w}{dt} = K_1 A_1 \Delta T_{m_1} + K_2 A_2 \Delta T_{m_2} \tag{6-202}$$

式中，C_{ice} 是冰的比热容；T_w 是冰的温度。

$$K_1 = \frac{1}{\dfrac{1}{h_{f,e}} + \dfrac{r_i}{\lambda_{cu}}\ln\dfrac{r_o}{r_i} + \dfrac{r_i}{\lambda_{ice}}\ln\dfrac{r_o + \delta_{max}}{r_o}} \tag{6-203}$$

$$K_2 = \frac{1}{\dfrac{1}{h_{f,s}} + \dfrac{r_i}{\lambda_{cu}}\ln\dfrac{r_o}{r_i} + \dfrac{r_i}{\lambda_{ice}}\ln\dfrac{r_o + \delta_{max}}{r_o}} \tag{6-204}$$

$$\Delta T_{m_2} = \frac{T_o(t) - T_i}{\ln\dfrac{T_w(t) - T_i}{T_w(t) - T_o(t)}} \tag{6-205}$$

$$\Delta T_{m_1} = T_w(t) - T_i \tag{6-206}$$

化简式（6-202）可得冰层温度和时间的离散关系为

$$-\rho_{ice} V_{ice} C_{ice} T_w = \{q_f L_f + q_f C_f[T_w(t) - T_i](1 - e^{-Z})\}\Delta t \tag{6-207}$$

式中，$Z = K_2\{A_0 - \dfrac{q_f L_f}{K_1[T_w(t) - T_i]}\}/(q_f C_f)$。 \tag{6-208}

制冷剂出口温度为

$$T_o(t) = T_w - (T_w - T_i)e^{-Z} \tag{6-209}$$

式中，V_{ice} 是冰层体积。

初始时间：$\delta_{ice} = \delta_{max}$（$\delta_{max}$ 是蓄冰最大厚度）；$t = t_{23}$。

结束时间：$T_w = T_i$。

2. 分离式热管蒸发段蓄冷过程结果和分析

所用热管是蒸发段长度为134m，外径为20mm，厚度为1mm的纯铜管。蓄冷桶的体积为1m³，蓄冰厚度设为0.04m。为了分析热管介质入口温度对其充冷特性的影响，分别选取热管介质入口温度为-8℃、-10℃、-12℃三种情况进行充冷性能分析。热管外蓄冷介质（水）的初始温度设为20℃，热管介质进口处的流速为0.1m/s，热管外蓄冷介质的对流换热系数为116W/m²·K。

图6-149所示为管外冰层厚度随时间的变化。由该图可以看出，不同热管介质入口温度下的热管蒸发段基本上在180min时进入第二阶段，在800min左右进入第三阶段。在第二阶段中，管外冰层厚度随时间的增加而增加，但增加的速度会越来越慢，这是由于随着管外冰层厚度的增加，冰层的热阻也随之增大，从而减小了热管介质和蓄冷介质之间的换热量。从该图中还可以看出，在三个阶段中，第二阶段需要的充冷时间最长，约占总充冷时间的75%。另外，热管介质入口温度对管外冰层厚度的影响不太大，在起始结冰阶段，三种热管介质入口温度下的结冰厚度基本一样；随着蓄冰过程的进行，管外结冰厚度会有一些变化，其中热管介质入口温度为-12℃的热管，其蓄冰速度最快，最早完成整个充冷过程。

图6-150所示为热管外蓄冷介质温度随时间的变化。由该图可知，在第一阶段，热管外蓄冷介质的温度由20℃逐渐降低至0℃；在第二阶段，蓄冷介质发生液-固相变，其温度保持不变；在第三阶段，蓄冷介质的温度由0℃逐渐下降；在第三阶段，管外蓄冷介质的温度理论上可以降到接近热管介质入口温度，但实际上并不能降到该极限温度。这是由于随着管外冰层温度的下降并逐渐接近热管介质入口温度，导致其与热管介质的传热温差越来越小，大大降低了热管蒸发段的热流密度，其换热量很小，热管介质出口干度降低，导致热管不能稳定地工作。从该图中还可看出，热管介质入口温度越低，其进入第三阶段的速度也越快。

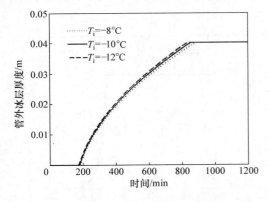

图6-149　管外冰层厚度随时间的变化

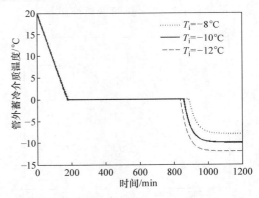

图6-150　热管外蓄冷介质温度随时间的变化

图6-151所示为热管介质出口温度随时间的变化。由该图可知，在第一阶段，当热管介质入口温度不同时，其出口温度差别很小，这是由于第一阶段中热管内外的传热温差较大，热流密度也较大，热管介质蒸发气化段较短，热管介质经过蒸发气化段后再经过足够长的过热段，以吸收足够的管外蓄冷介质的热量。在第二阶段，当热管介质入口温度为-10℃和-12℃时，其出口温度随时间有相同的变化趋势；而热管介质入口温度为-8℃时，其出口温度与前两者有明显的不同，出口温度的变化趋势是先下降然后又升高，最后一直下降到接近热管介质入口温度。这是由于在该阶段中，热管过热段不是足够的长，热管介质流出热管时并没有达到最高温度。曲线中有一小段温度回升，这是由于在蓄冰过程中水的热阻逐渐减小，但是随着冰层厚度的增加，冰的热

阻则逐渐增大。前一小段时间内，水的热阻减小的速度快，从而使得热管介质出口温度出现一小段回升，但随着冰层厚度的增加，冰层的热阻越来越大，使得其出口温度再次下降。在第三阶段后期，随着热管介质与管外蓄冷材料之间的温差越来越小，热管过热段的面积越来越小，热管介质流出热管时的干度较小，此时热管介质的出口温度就是热管介质的入口温度，热管已不能再工作了，可认为充冷过程结束。

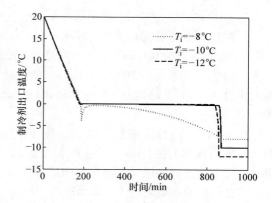

图 6-151　热管介质出口温度随时间的变化

图 6-152 所示为总蓄冷量随时间的变化。在整个充冷过程中，总蓄冷量随时间在不断增加，热管介质入口温度不同时，其总蓄冷量在充冷过程开始阶段差别不大；随着充冷过程的进行，热管介质入口温度较低的热管，其总蓄冷量增加得较快，与热管介质入口温度较高的热管之间的差别将越来越大。

图 6-153 所示为热管蒸发段单位时间蓄冷量随时间的变化。从该图中可看出，热管蒸发段单位时间蓄冷量在整个充冷过程中一直在减小，其在各个阶段下降的速度又不同。在第一阶段，由于热管介质和蓄冷材料之间的温差逐渐减小，单位时间蓄冷量随之下降。在第二阶段，蓄冷材料进入液－固相变蓄冷过程，其单位时间蓄冷量变化不大，随着冰层厚度增加、热阻变大，其单位时间蓄冷量也缓慢减少。在第三阶段，其单位时间蓄冷量减少得较快，这是由于冰的比热容小，在此过程中，冰层温度迅速下降，使得热管介质与冰层之间的温差急剧减少，单位时间蓄冷量也急剧减少。热管介质入口温度不同时，其单位时间蓄冷量的变化趋势基本相同，热管介质入口温度较低的热管，其单位时间蓄冷量较大。

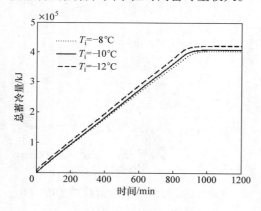

图 6-152　总蓄冷量随时间的变化

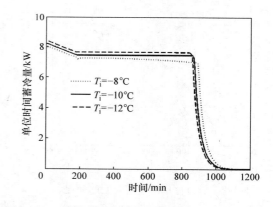

图 6-153　热管蒸发段单位时间蓄冷量随时间的变化

（二）分离式热管蓄冷系统冷凝段放热动态特性

1. 分离式热管冷凝段液膜换热模型

为了便于建立数学模型，进行如下假定：

1）常物性。

2）液膜的惯性力可以忽略。

3）气液界面上无温差，即液膜温度等于蒸汽饱和温度。

4）液膜内温度呈线性，即认为液膜内的热量传递只有导热而没有对流。

5）液膜的过冷度可以忽略。

6）液膜表面平整无波动。

7）液膜流动为层流。

8）忽略液膜加速和径向压力梯度。

根据上述假设，依照 Nusselt 模型对液膜进行的受力分析，可以得到静止在壁面上的液膜在不受剪切力作用时的换热系数为

$$h_{\mathrm{N}} = 1.13 \Big[\frac{g r \rho_1^2 \lambda_1^3}{\eta_1 l (t_{\mathrm{s}} - t_{\mathrm{w}})} \Big]^{3/4} \tag{6-210}$$

式中，h_{N} 是换热系数；g 是重力加速度；r 是汽化潜热；ρ_1 是液相密度；λ_1 是液相；η_1 是液相的动力黏度；l 是热管长度；t_{s} 是饱和温度；t_{w} 是管壁温度。

液膜受力分析如图 6-154 所示。热管的倾斜角为 α，由于热管冷凝段内液膜的厚度与热管内径相比很小，故热管管内液膜的模型可以按平壁面来处理。根据动量守恒定律可得如下方程式

$$g \rho_1 (\delta - y) \sin\alpha + \tau_{\mathrm{i}} - \tau_1 = 0 \tag{6-211}$$

式中，δ 是液膜厚度；τ_{i} 是有界面质量传递的剪切力；τ_1 是液相内剪切力。根据牛顿内摩擦定律，有

$$\tau_1 = \eta_1 \frac{\mathrm{d} u_1}{\mathrm{d} y} \tag{6-212}$$

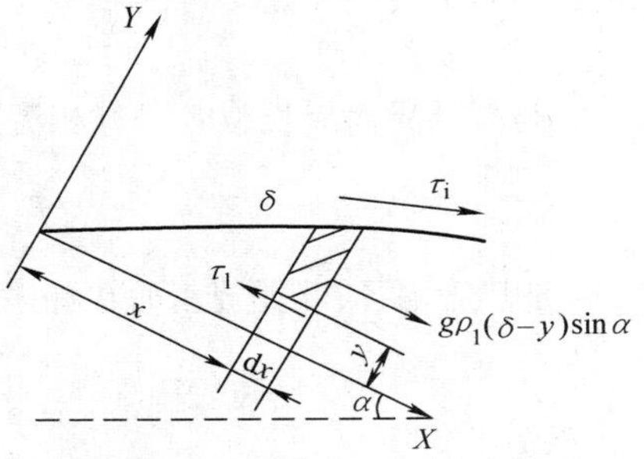

图 6-154　液膜受力分析

式中，u_1 是液相流速。由式（6-211）和式（6-212）可得

$$g \rho_1 (\delta - y) \sin\alpha + \tau_{\mathrm{i}} = \eta_1 \frac{\mathrm{d} u_1}{\mathrm{d} y} \tag{6-213}$$

将上式积分可得热管介质在冷凝段内的流速为

$$u_1 = \frac{\rho_1 g \sin\alpha (\delta y - \frac{1}{2} y^2)}{\eta_1} + \frac{\tau_{\mathrm{i}} y}{\eta_1} \tag{6-214}$$

上式中引入了未知的液膜厚度以及剪切力，因此，求解的关键在于获得液膜厚度 δ 以及切应力 τ_{i} 随 x 的变化关系。依据 $\mathrm{d} x$ 微元段的质量守恒，可得到液膜厚为 δ 的凝结液体的质量流量及其变化率为

$$m = \int_0^\delta u_1 \rho_1 \mathrm{d} y = \rho_1 \Big(\frac{\rho_1 g \sin\alpha \delta^3}{3 \eta_1} + \frac{\tau_{\mathrm{i}} \delta^2}{2 \eta_1} \Big) \tag{6-215}$$

$$\mathrm{d} m = \Big(\frac{\rho_1^2 g \sin\alpha \delta^2}{\eta_1} + \frac{\rho_1 \tau_{\mathrm{i}} \delta}{\eta_1} \Big) \mathrm{d} \delta \tag{6-216}$$

式中，m 是液相质量流量。根据能量平衡关系，通过液膜厚度为 δ 的凝结液体传递的热量应等于微元质量为 $\mathrm{d} m$ 的凝结液体释放出来的冷凝潜热，即

$$r \mathrm{d} m = q \mathrm{d} x \tag{6-217}$$

式中，q 是热流密度。由式（6-216）和（6-217）可得

$$\frac{q \eta_1}{r} x = \rho_1^2 g \sin\alpha \frac{\delta^3}{3} + \rho_1 \frac{\tau_{\mathrm{i}} \delta^2}{2} \tag{6-218}$$

上式为凝结液膜厚度 δ 沿冷凝壁变化的关系式，式中 τ_{i} 反映了气液界面切应力对液膜厚度

的影响。一般来说，从气相冷凝至液相会影响动量的传递，采用 Bird 提出的"等效层流膜"的模型计算 τ_i，即

$$\frac{\tau_i}{\tau_f} = \frac{f_i}{f_{gs}} = \frac{F}{\exp\ (F-1)} \tag{6-219}$$

式中，f_i 是有界面质量传递的界面摩擦系数；f_{gs} 是无界面质量传递的界面摩擦系数；τ_f 是无界面质量传递的剪切力；F 是无因次系数，其定义为

$$F = \frac{2m_c}{p_i \rho_g f_{gs}(u_g - u_\delta)} \tag{6-220}$$

而

$$\tau_f = \frac{f_{gs}}{2} \rho_g (u_g - u_\delta)^2 \tag{6-221}$$

式中，p_i 是凝结界面周长；u_g 是气相流速；u_δ 是界面液相流速；ρ_g 是气相密度。

$$f_{gs} = f\left[1 + 24\left(\frac{\rho_l}{\rho_g}\right)^{1/3}\frac{\delta}{d}\right] \tag{6-222}$$

式中，d 是热管内径；f 是光滑管单相摩擦系数，它是 Re 数的函数，即

$$Re = \frac{u_g \rho_g d}{\eta_g} \tag{6-223}$$

式中，η_g 是气相动力黏度，由以上公式可以看出 τ_i 是 δ 的函数，把计算结果代入式（6-218）就可以得到 δ 与 x 的关系式，再根据下式得到局部换热系数

$$h_x = \frac{\lambda_l}{\delta_x} \tag{6-224}$$

计算出冷凝段局部换热系数后，就可获得沿整个管长的平均换热系数为

$$h_s = \frac{1}{l}\int_0^l h_x \mathrm{d}x \tag{6-225}$$

2. 分离式热管冷凝段换热特性结果和分析

热管介质采用 R134a，进入热管冷凝段的温度为 −10℃，热管冷凝段的长度为 30m，其内径为 10mm、壁厚为 1mm，热管与水平面间的夹角为 15°，热流密度为 2.25kW/m²，热管介质入口干度为 1、出口干度为 0。

图 6-155 所示为热管内液膜厚度随管长度的变化。由该图可知，由 Nusselt 模型所得的液膜厚度要比剪切力模型所得的液膜厚度大，这是由于剪切力模型考虑了气液两相之间的剪切力，该剪切力使得沿管长方向的液膜厚度变小。由该图还可看出，两种模型所得液膜厚度的差值随管长的增加而增加，这是因为剪切力是随着管长的增加而增大的，使得两种模型所得出的液膜厚度差值逐渐增大。

图 6-156 所示为冷凝换热系数随热管长度的变化。由该图可看出，剪切力模型所得出的冷凝换热系数比 Nusselt 模型所得出的冷凝换热

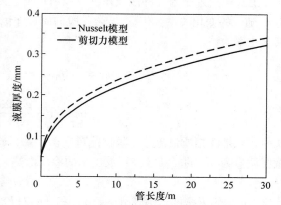

图 6-155　热管内液膜厚度随管长度的变化

系数大。这是由于冷凝换热系数受液膜厚度的影响，剪切力模型所得出的液膜厚度小，其液膜热

阻也小，故其冷凝换热系数大。

图 6-157 所示为冷凝换热系数随热管内径的变化。由该图可知，剪切力模型所得出的冷凝换热系数随着管径的增大而减小，且最终趋于一定值。这是因为在质量流量一定的情况下，管径越大，热管介质的雷诺数越小，气液两相之间的剪切摩擦系数也越小，从而使剪切力减小、液膜厚度增大，故冷凝换热系数越来越小。当管径继续增大时，剪切力越来越小，并趋向于 Nusselt 模型中的剪切力。由该图还可看出，Nusselt 模型所得出的冷凝换热系数是不随热管管径变化的，这是因为 Nusselt 模型将液膜看成静止在平壁上，所以其与壁面的曲率无关。

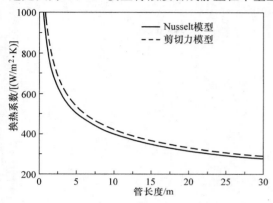

图 6-156 冷凝换热系数随热管长度的变化

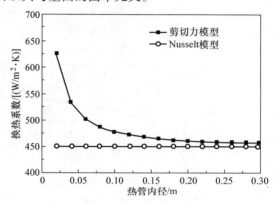

图 6-157 冷凝换热系数随热管内径的变化

图 6-158 所示为冷凝换热系数随热流密度的变化。从该图中可看出，随着热流密度的增大，两种模型的冷凝换热系数都在减小。这是因为随着热流密度的增大，换热量也增大，则热管内的冷凝速率也加快，液膜厚度增大，所以其冷凝换热系数减小。从图中还可知，剪切力模型的冷凝换热系数比 Nusselt 模型的大，这是由于气液两相之间的剪切力使得液膜厚度减小，从而导致冷凝换热系数增大。

图 6-159 所示为剪切力在不同管径、倾斜角和热流密度情况下随管长的变化。从图中可以看出，在不同管径、倾斜角和热流密度情况

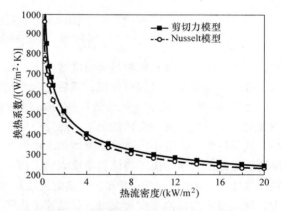

图 6-158 冷凝换热系数随热流密度的变化

下，液膜剪切力都是随着管长的增加而增大的，在热管的入口部分，剪切力增大得很快，随后逐渐增大。这是因为剪切力受液膜厚度的影响，当管长增加时，液膜厚度也增加，从而使剪切力增大。

由图 6-159a 可知，当热管管径从 8mm 增加到 12mm 时，剪切力越来越小。这是因为在质量流量不变的情况下，管径越大，热管介质的雷诺数越小，则气液两相之间的剪切摩擦系数越小，剪切力也越小。由图 6-159b 可知，当倾斜角从 10°增加到 30°时，剪切力变小。这是由于当倾斜角增大时，液膜厚度减小，故剪切力也减小。由图 6-159c 可知，当热流密度从 2000W/m² 增加到 6000 W/m² 时，剪切力越来越大，因为在管长不变的情况下，增加热流密度会使液膜厚度增大，从而使得剪切力也随之增大。

图 6-160 所示为液膜厚度在不同管径、倾斜角和热流密度情况下随管长的变化。由该图可

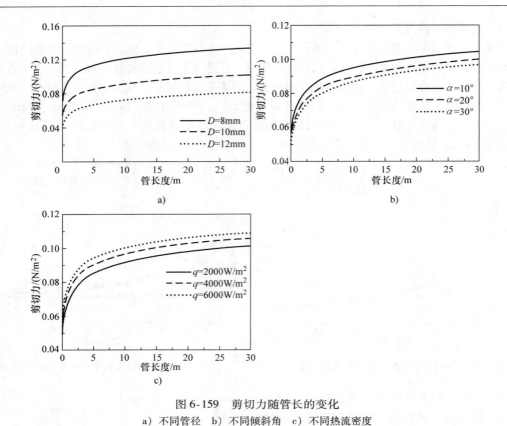

图 6-159　剪切力随管长的变化

a）不同管径　b）不同倾斜角　c）不同热流密度

知，在不同管径、倾斜角和热流密度情况下，液膜厚度都是随着管长的增加而增大的，在热管的入口部分，液膜厚度增加得很快，随后变为逐渐增加。

由图 6-160a 可知，当热管管径从 8mm 增加到 12mm 时，液膜厚度随之增大。这是由于管径增大时，在质量流量不变的情况下，热管介质的雷诺数减小，气液两相之间的剪切摩擦系数也减小，从而使剪切力减小，液膜厚度增加。由图 6-160b 可知，当倾斜角从 10°增加到 30°时，液膜厚度随之减小，这是由于当倾斜角增大时，液膜重力的分力也增大，从而使液膜剪切力减小，液膜厚度变小。由图 6-160c 可知，当热流密度从 2000W/m² 增加到 6000W/m² 时，液膜厚度越来越大，这是由于当热流密度增大时，凝结速率也随之增大，故液膜厚度增大。

图 6-161 所示为冷凝换热系数在不同倾斜角和热流密度情况下随管长的变化。由该图可知，在不同倾斜角和热流密度情况下，冷凝换热系数随着管长的增加而减小，在热管的入口部分，冷凝换热系数从 2000W/(m²·K) 减小到 500W/(m²·K) 左右，随后逐渐减小至 400W/(m²·K)。

由图 6-161a 可知，当倾斜角从 10°增加到 30°时，冷凝换热系数越来越大，这是由于当倾斜角增大时，液膜厚度变小，冷凝换热系数也就随之增大。由图 6-161b 可知，当热流密度从 2000W/m² 增加到 6000W/m² 时，冷凝换热系数随之减小，这是由于当热流密度越来越大时，凝结速率也越来越大，液膜厚度随之增大，冷凝换热系数随之减小。

二、分离式热管蓄冷空调系统放冷特性

1. 分离式螺旋热管管外融冰放冷数理模型

在完成蓄冰过程的蓄冷桶内，热管管外结有一定厚度的冰，在其周围充满了温度高于结冰点的水。蓄冷桶内的低温水通过循环泵输送到用户末端装置，释放出冷量后，循环水温度升高再返

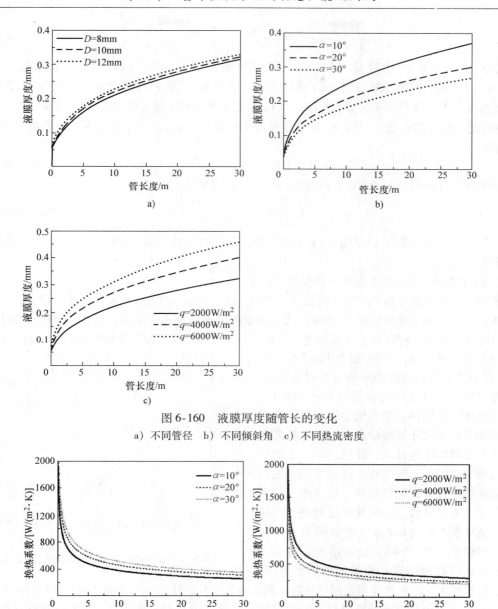

图 6-160　液膜厚度随管长的变化

a）不同管径　b）不同倾斜角　c）不同热流密度

图 6-161　冷凝换热系数随管长的变化

a）不同倾斜角　b）不同热流密度

回到蓄冷桶。热管管外的冰是从外表面开始向内逐渐融化的，属于外融冰方式。外融冰的液相区有较明显的流动，固-液相界面的形状和位置受固相区导热和液相区对流的影响。

　　下面将采用数值模拟的方法对螺旋热管外的融冰过程进行分析。蓄冷桶内的能量变化等于冰融化过程中的潜热变化与水的显热变化之和，假定桶内温度均匀。

$$G_{w}c_{p}(t_{in} - t_{w}) + KA_{e}(t_{e} - t_{w}) = \frac{\mathrm{d}Q}{\mathrm{d}\tau} \tag{6-226}$$

$$\frac{\mathrm{d}Q}{\mathrm{d}\tau} = m_\mathrm{w}c_\mathrm{p}\frac{\mathrm{d}t_\mathrm{w}}{\mathrm{d}\tau} + c_\mathrm{p}(t_\mathrm{w} - t_\mathrm{i})\frac{\mathrm{d}m_\mathrm{w}}{\mathrm{d}\tau} - L\frac{\mathrm{d}m_\mathrm{i}}{\mathrm{d}\tau} \tag{6-227}$$

式中，Q 是蓄冷桶内放冷量（kJ）；G_w 是外融冰循环水流量（kg/s）；c_p 是水的比热容 [kJ/(kg·℃)]；t_in 是外融冰过程中蓄冷桶进口水温（℃）；t_w 是蓄冷桶内水温（℃）；t_e 是蓄冷桶周围环境温度（℃）；t_i 是冰水界面的温度（℃）；K 是蓄冷桶桶壁的传热系数 [kW/(m²·℃)]；A_e 是蓄冷桶桶壁的传热面积（m²）；m_w 是蓄冷桶内水的质量（kg）；m_i 是蓄冷桶内冰的质量（kg）；τ 是时间（s）。

$$\mathrm{d}m_\mathrm{w} = -\mathrm{d}m_\mathrm{i} \tag{6-228}$$

根据热管外冰层与水的对流换热量与冰融化的潜热相等，可得到下式

$$L\frac{\mathrm{d}m_\mathrm{i}}{\mathrm{d}\tau} = h_\mathrm{i}A_\mathrm{i}(t_\mathrm{w} - t_\mathrm{i}) \tag{6-229}$$

式中，L 是冰融化的潜热（kJ/kg）；h_i 是水与冰面的对流换热系数 [kW/(m²·℃)]；A_i 是冰的外表面积（m²）。

2. 分离式螺旋热管管外融冰放冷结果与讨论

所用的螺旋热管分为 2 组，每组长度为 20m，总长 40m。当分析螺旋热管管外融冰放冷过程时，热管管外的起始冰层厚度为 15mm。为了确定外融冰循环水流量和进口水温对放冷特性的影响，将分别模拟在不同循环水流量和进口水温下，蓄冷桶内冰的质量及放冷量随时间的变化。

（1）蓄冷桶内冰的质量随时间的变化　图 6-162 所示为蓄冷桶内冰的质量随时间的变化。由该图可知，蓄冷桶内冰的质量在逐渐减小，开始时融冰速率较快，而后则逐渐变慢。这是由于在刚开始的融冰放冷阶段，外融冰循环水与桶内水之间的温差较大，且桶内冰–水的接触面积较大，因此，热管外表面的冰与水之间的对流换热量较大，融冰较快。由该图还可看出，循环水流量越大，融冰放冷过程进行得越快。当循环水流量由 0.5kg/s 增加到 2kg/s 时，融冰时间缩短了约 15min。这是由于蓄冷桶内单位时间的放冷量随着水流量的增加而增加，

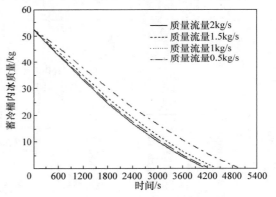

图 6-162　蓄冷桶内冰的质量随时间的变化

同时水流量越大，冰–水界面之间的换热系数也越大，从而使冰–水界面之间的换热量增加。

（2）不同水流量时蓄冷桶内放冷量随时间的变化　图 6-163 所示为不同水流量时（进口温度为 10℃）蓄冷桶内放冷量随时间的变化。从该图中可看出，蓄冷桶的放冷量在融冰初期增加得较快，随后放冷量增加的速度变慢。这是由于随着放冷过程的进行，冰–水界面的换热面积逐渐减小，其单位时间放冷量也逐渐减少。由该图还可看出，循环水流量越大，融冰放冷量越大。这是由于蓄冷桶内的放冷量随着水流量的增加而增加。另外，当水流量在较小范围内变化时（0.5～1kg/s），融冰速率及放冷量随水流量的变化较为显著。当放冷过程进行 1h 时，循环水流量由 0.5kg/s 增加到 1kg/s 时，蓄冷桶的放冷量由 18800kJ 增加到 21000kJ；当水流量由 1.5kg/s 增加到 2kg/s 时，蓄冷桶的放冷量由 21600kJ 增加到 22000kJ，前者的增加量为后者的 5 倍多。因此，从减小蓄冷桶放冷功耗的方面考虑，循环水流量不必太大。由此可见，该蓄冷桶的循环水流量选择 1kg/s 较为合适。

（3）不同水流量及进口温度条件下放冷量随时间的变化　图 6-164、图 6-165 所示分别为水

流量为 0.5kg/s 和 1kg/s 时，不同进口温度下放冷量随时间的变化。由图 6-164、图 6-165 可见，蓄冷桶的放冷量在融冰初期增加得较快，随后放冷量增加的速度变慢。这是由于冰－水之间的换热面积逐渐减小，其放冷量也在逐渐减小。从图 6-164、图 6-165 中还可看出，进口水温越高，融冰放冷量越大。这是由于蓄冷桶内的放冷量是随着循环水与桶内水之间温差的增大而增加的，亦即进口温度较高的循环水可以带走蓄冷桶内较多的冷量。由图 6-164 可知，当放冷过程进行 1h 时，进口水温为 8℃ 时的放冷量约为 15000kJ，进口水温为 10℃ 时的放冷量约为 18800kJ，进口水温为 12℃ 时的

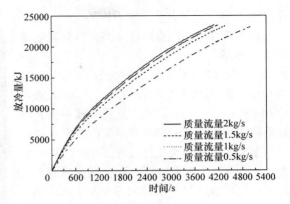

图 6-163　不同水流量时蓄冷桶内放冷量随时间的变化

放冷量约为 22000kJ，放冷速率随蓄冷桶进口水温的变化较均匀。由图 6-165 可知，释放 20000kJ 的相同冷量，进口水温为 8℃ 时放冷时间约需 80min，而进口水温为 12℃ 时放冷时间仅需 45min。由此可见，蓄冷桶进口水温对放冷时间的影响较显著。

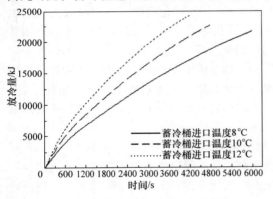

图 6-164　水流量为 0.5kg/s 时不同进口温度下放冷量随时间的变化

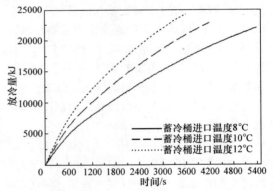

图 6-165　水流量为 1kg/s 时不同进口温度下放冷量随时间的变化

3. 分离式螺旋热管管外融冰放冷性能总结

1）蓄冷桶内冰的质量随放冷时间的增加而逐渐减小；开始时融冰速率较快，而后逐渐变慢。循环水流量越大，融冰放冷过程进行得越快。当循环水流量由 0.5kg/s 增加到 2kg/s 时，融冰时间减少约 15min。

2）蓄冷桶的放冷量在融冰初期增加得较快，随后放冷量的增加速度变慢。循环水流量越大，融冰放冷量越大。当水流量在较小范围内变化时（0.5～1kg/s），融冰速率及放冷量随水流量的变化较为显著。从减小蓄冷桶放冷功耗的方面考虑，循环水流量不必太大，该蓄冷桶的循环水流量选择 1kg/s 较为合适。

3）蓄冷桶进口水温越高，融冰放冷量越大。蓄冷桶进口水温对放冷时间的影响较为显著。

三、分离式热管蓄冷空调系统试验性能

（一）分离式热管蓄冷空调系统工作过程

图 6-166 所示为分离式热管蓄冷空调系统试验装置，结合图 6-148 和图 6-166，该系统的工

作过程如下。

（1）常规空调制冷循环　当执行常规空调制冷循环时，电磁阀11、14、15关闭，电磁阀10、12、13开启。制冷剂由压缩机1压缩后排出，流至冷凝器2放出冷量，冷凝后的制冷剂液体经空调用膨胀阀3进行节流降压，降压后的制冷剂在空调用蒸发器5内蒸发吸热而产生制冷效应，蒸发气化后的制冷剂被吸入压缩机1。同时，在室内机组和空调用蒸发器5之间循环的载冷剂（水）因蒸发器5内的制冷剂吸热而降温，降温后的载冷剂由循环泵9送入室内机组的换热盘管中，并与室内的空气进行热交换，使室内的空气温度降低。

图6-166　分离式热管蓄冷空调系统试验装置

（2）蓄冷循环　当执行蓄冷循环时（夜间用电负荷低谷期），电磁阀10、12、13、14、15关闭，电磁阀11开启。制冷剂由压缩机1压缩后排出，流至冷凝器2放出热量，冷凝后的制冷剂液体经蓄冷用膨胀阀4进行节流降压，降压后的制冷剂在蓄冷用蒸发器6内蒸发吸热而产生制冷效应，蒸发气化后的制冷剂被吸入压缩机1。同时，螺旋热管7在蓄冷桶内吸热制冰，其内的介质因吸热而气化，沿连接管进入蓄冷用蒸发器6内部的小管顶部，被小管外部环形间隙内的制冷剂吸热而冷凝成液体，小管内的热管介质液体在重力和气液密度差的作用下，通过连接管进入蓄冷桶8中的螺旋热管7内，热管介质液体在螺旋热管7内蒸发吸热而气化，螺旋热管7外的水因放热而凝固成冰，将冷量储存在蓄冷桶8内。蓄冷用蒸发器6环形间隙内的制冷剂因吸收小管内的热管介质热量而气化成气体，并被压缩机1吸入压缩。

（3）制冷和蓄冷循环　当执行制冷和蓄冷循环时，电磁阀14、15关闭，电磁阀10～13开启。制冷剂由压缩机1压缩后排出，流至冷凝器2放出热量，冷凝后的制冷剂液体分成两路，一路经空调用膨胀阀3进行节流降压，降压后的制冷剂在空调用蒸发器5内蒸发吸热而产生制冷效应，蒸发气化后的制冷剂被吸入压缩机1；同时，在室内机组和空调用蒸发器5之间循环的载冷剂（水）因蒸发器5内的制冷剂吸热而降温，降温后的载冷剂由循环泵9送入室内机组的换热盘管中，并与室内的空气进行热交换，使室内的空气温度降低。另一路制冷剂液体经蓄冷用膨胀阀4进行节流降压，降压后的制冷剂在蓄冷用蒸发器6内蒸发吸热而产生制冷效应，蒸发气化后的制冷剂被吸入压缩机1；同时，螺旋热管7在蓄冷桶内吸热制冰，其内的热管介质因吸热而气化，沿连接管进入蓄冷用蒸发器6内部的小管顶部，被小管外部环形间隙内的制冷剂吸热而冷凝成液体，小管内的热管介质液体在重力和气液密度差的作用下，通过连接管进入蓄冷桶8中的螺旋热管7内，热管介质液体在螺旋热管7内蒸发吸热而气化，螺旋热管7外的水因放热而凝固成冰，将冷量储存在蓄冷桶8内。蓄冷用蒸发器6环形间隙内的制冷剂因吸收小管内的热管介质热量而气化成气体，并被压缩机1吸入压缩。

（4）蓄冷桶单独供冷　当执行由蓄冷桶8单独供冷工况时（白天用电负荷高峰期），电磁阀10～13关闭，电磁阀14、15开启。在室内机组和蓄冷桶8之间循环的载冷剂（水）因蓄冷桶8内的冰融化吸热而降温，降温后的载冷剂由循环泵9送入室内机组的换热盘管中，并与室内的空气进行热交换，使室内的空气温度降低。

（5）空调制冷机组和蓄冷桶联合供冷　当执行由空调制冷机组和蓄冷桶联合供冷工况时，

电磁阀 11 关闭，电磁阀 10、12~15 开启。制冷剂由压缩机 1 压缩后排出，流至冷凝器 2 放出热量，冷凝后的制冷剂液体经空调用膨胀阀 3 进行节流降压，降压后的制冷剂在空调用蒸发器 5 内蒸发吸热而产生制冷效应，蒸发气化后的制冷剂被吸入压缩机 1；同时，在室内机组和空调用蒸发器 5 之间循环的载冷剂（水）因蒸发器 5 内的制冷剂吸热而降温，降温后的载冷剂由循环泵 9 送入室内机组的换热盘管中，并与室内的空气进行热交换，使室内的空气温度降低。另外，在室内机组和蓄冷桶 8 之间循环的载冷剂（水）也因蓄冷桶 8 内的冰融化吸热而降温，降温后的载冷剂由循环泵 9 送入室内机组的换热盘管中，并与室内的空气进行热交换，使室内的空气温度降低。

（二）分离式热管蓄冷空调系统数据测试与采集系统

图 6-167 所示为分离式热管蓄冷空调系统数据测试与采集系统。用扩散硅压力变送器测量制冷系统和热管介质的压力（精度等级为 0.5%），采用 PT100/A 级铂电阻测量系统温度（精度为 ±0.25℃），采用涡轮转子流量计测量制冷剂和载冷剂流量（精度等级为 0.5%）。

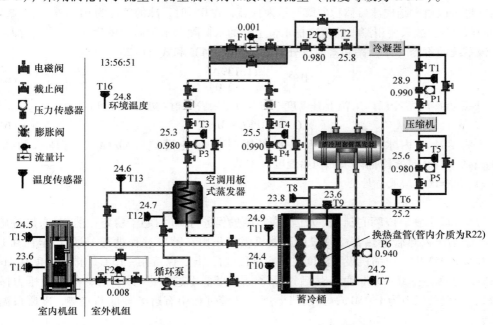

图 6-167　分离式热管蓄冷空调系统数据测试与采集系统

（1）制冷系统的冷量　制冷系统的冷量可通过主侧测试和辅侧测试来测量。主侧测试是在测试制冷剂流量、各循环工作点的压力和温度后，由式（6-230）计算而得；辅侧测试是在测试载冷剂流量、载冷剂进出口温度后，由式（6-231）计算而得。理论上，主、辅侧测试的冷量应该相等，但由于系统有冷量损失和测试误差，两侧测得的冷量不可能完全相等，要求两侧测出的冷量相差不能大于 8%。

$$Q_{主} = G_r q_o \tag{6-230}$$

式中，G_r 是制冷剂流量（kg/s）；q_o 是制冷循环系统单位制冷量（kJ/kg），它通过测定制冷循环各工作点的压力和温度后确定。

$$Q_{辅} = G_f c_f \Delta t \tag{6-231}$$

式中，G_f 是载冷剂流量（kg/s），c_f 是载冷剂的比热容 [kJ/（kg·℃）]；Δt 是载冷剂进、出口温差（℃）。

（2）制冷系统的能效比　制冷系统的能效比（COP）可通过测定制冷系统的制冷量和输入功率来确定，系统的制冷量由上述方法测定，其输入功率由功率计测定，系统的能效比（COP）由式（6-232）计算而得。

$$COP = \frac{Q_{\pm}}{P} \qquad (6\text{-}232)$$

式中，$Q_{\pm}$ 是系统制冷量（kW）；P 是系统输入功率（kW）。

制冷系统的能效比也可以通过测定制冷循环各工作点的压力和温度后，由式（6-233）计算而得。

$$COP = \frac{h_1 - h_4}{h_2 - h_1} \qquad (6\text{-}233)$$

式中，h_1、h_2 和 h_4 是制冷剂在压缩机吸入口处、排出口处和蒸发器入口处的比焓。

（3）蓄冷率和蓄冷量　系统的蓄冷率和蓄冷量可通过测定蓄冷桶内的水位来确定。蓄冷系统的结冰量可以由水结成冰后体积的膨胀量来计算，在 0℃ 时，冰的密度为 917kg/m^3，水结成冰体积约膨胀 9%，故只要用测得的蓄冷桶水位上升的水量除以水和冰的密度相对变化，即可知结冰量。该系统的蓄冷（冰）率和蓄冷量分别由式（6-234）和式（6-235）确定。

$$IPF = \frac{11.139 \Delta h}{(h_s - 0.043)} \qquad (6\text{-}234)$$

式中，Δh 是蓄冷时蓄冷桶内水位上升高度（m）；h_s 是蓄冷桶内初始水位（m）。

$$Q_s = MIPFL + Mc_w t_s \qquad (6\text{-}235)$$

式中，M 是蓄冷桶内水量（kg）；L 是水凝固时的相变潜热（kJ/kg）；c_w 是水的比热容 [kJ/(kg·℃)]；t_s 是蓄冷桶内水的初始温度（℃）。

（三）蓄冷试验结果与讨论

1. 试验工况

由图 6-168 ~ 图 6-171 可见，试验工况在蓄冷过程进行 1h 后趋于稳定，前 1h 为热管显热蓄冷阶段，1h 后进入热管潜热蓄冷阶段。压缩机吸气压力在蓄冷过程进行 1h 后稳定在 0.1MPa，排气压力为 1.05MPa；压缩机吸气温度在蓄冷过程进行 1h 后保持在 -15℃，排气温度在 1h 后达到最高值，之后会持续一段时间，然后逐渐降低。当蓄冷过程进行 1h 后，蒸发段压力保持在 0.15MPa，冷凝段压力为 1.0MPa；蒸发段温度在试验过程中有逐渐降低的趋势，冷凝段温度则较为稳定。

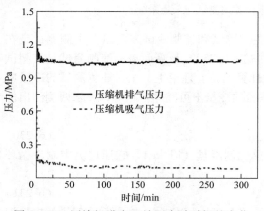

图 6-168　压缩机进出口处压力随时间的变化

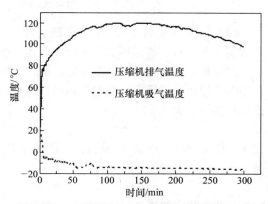

图 6-169　压缩机进出口处温度随时间的变化

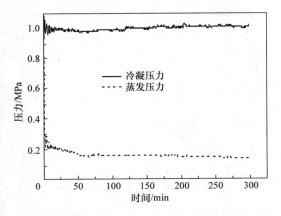

图 6-170 蒸发压力和冷凝压力随时间的变化

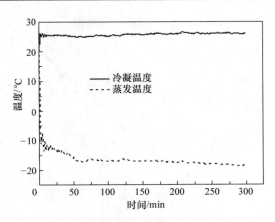

图 6-171 蒸发温度和冷凝温度随时间的变化

2. 蓄冷过程分析

图 6-172 所示为热管蓄冷空调系统制冷量随时间的变化，由图可见，在蓄冷过程中，系统的制冷量能够保持稳定。1~30min 为制冷机组的起动过程，在热管蓄冷过程后期（300~330min）系统制冷量有所下降，这是由于蓄冷桶内的水大部分都已凝固成冰，蓄冷热负荷减少，导致制冷系统的蒸发压力和温度下降，从而使制冷系统的冷量有所减少。图 6-173 所示为热管蓄冷空调系统能效比（COP）随时间的变化，蓄冷时能效比稳定在 2.6~3.8 之间，而常规蓄冷系统的能效比一般均低于 2.5；在蓄冷过程中，系统的能效比逐渐提高，这是由于制冷系统的冷凝压力逐渐降低，使系统的输入功率逐渐减小，从而使系统的能效比逐渐增加。

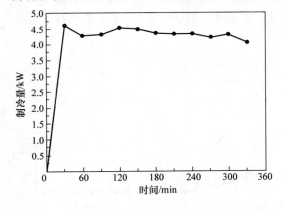

图 6-172 热管蓄冷空调系统制冷量随时间的变化

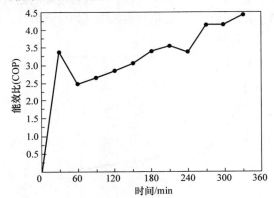

图 6-173 热管蓄冷空调系统能效比随时间的变化

图 6-174 所示为热管蓄冷空调系统蓄冷率随时间的变化，由图可见，蓄冷率随时间近似呈线性增加，当蓄冷过程进行到 5.5h（330min）时，蓄冷率已达 55%，而常规的蓄冷系统达到这一蓄冷率（一般为 40%~60%）需要 8h 的蓄冷时间。这是由于热管蓄冷器内介质进行的是气液相变换热，强化了蓄冷器的换热过程；而常规蓄冷器内进行的是乙二醇溶液的显热换热，换热效率较低，而且随着蓄冷过程的进行，其蓄冷率增加的速度越来越慢。从该图中还可看出，0~60min 为显热蓄冷阶段，60~330min 为潜热蓄冷阶段。图 6-175 所示为热管蓄冷空调系统蓄冷量随时间的变化，蓄冷量随时间近似呈线性增加，而常规蓄冷系统的蓄冷量随时间增加的速度越来越慢。

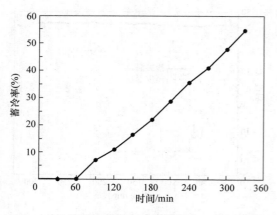

图6-174　热管蓄冷空调系统蓄冷率随时间的变化　　图6-175　热管蓄冷空调系统蓄冷量随时间的变化

图6-176所示为蓄冷时热管蓄冷器内介质压力变化。蓄冷器内的蓄冷过程由显热蓄冷和潜热蓄冷两阶段组成，而且潜热蓄冷占主要部分。在显热蓄冷阶段，蓄冷器内介质压力由0.8MPa降至0.4MPa；在潜热蓄冷阶段，热管蓄冷器内介质压力则稳定在0.3～0.4MPa之间，表明热管蓄冷器能够稳定运行。图6-177所示为热管蓄冷器内介质进出口温度随时间的变化，热管介质的进口温度稳定在-12～-10℃范围内，而其出口温度呈降低趋势；在显热蓄冷阶段（0～60min）热管介质出口温度下降得较快，而在潜热蓄冷阶段（60～330min）热管介质出口温度下降得较慢，这是由于水的显热负荷较小，而水凝固成冰的潜热负荷较大。随着蓄冷过程的进行，蓄冷桶内的水大部分都已凝固成冰，热管蓄冷器的热负荷越来越小，从而使得热管介质进出口温差越来越小，当热管介质进出口温差降低到设定值时，可使热管蓄冷空调系统停止工作，表明热管蓄冷器内已蓄满冷量。

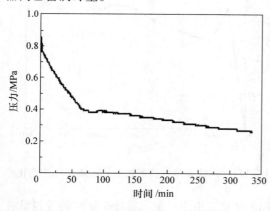
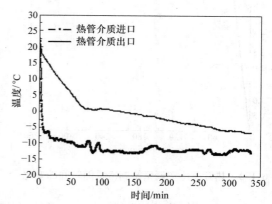

图6-176　热管蓄冷器内介质压力随时间的变化　　图6-177　热管蓄冷器内介质进出口温度随时间的变化

3. 不同制冷剂体积流量对换热的影响

蓄冷过程中，当制冷系统中制冷剂的充灌量改变时，制冷剂流量也随之改变。在正常工作条件下，制冷剂流量越大，系统的能效比、制冷量及蓄冷量也越大。图6-178所示为不同制冷剂流量时系统制冷量随时间的变化，当制冷剂流量为0.08m³/h，系统制冷量平均约为4.3kW；当制冷剂流量为0.06m³/h，系统制冷量平均约为3.5kW。图6-179所示为不同制冷剂流量时系统能效比随时间的变化，在制冷机组起动的过程中，不同制冷剂流量所对应的能效比差别不大；当制冷过程进行到 4h 时，能效比相差较大。蓄冷过程结束后，制冷剂流量较大时，其能效比也较大。图 6-180 所示为不同制冷剂流量时系统蓄冷量随时间的变化，蓄冷量随制冷剂流量的变化情况与制冷量相似，由该图可见，当蓄冷过程进行到 5h 时，制冷剂流量大的蓄冷量比制冷剂流量小的蓄冷量大 1 倍。

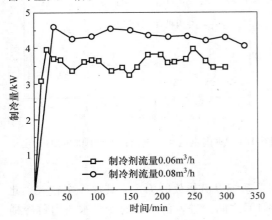

图 6-178　不同制冷剂流量时系统
制冷量随时间的变化

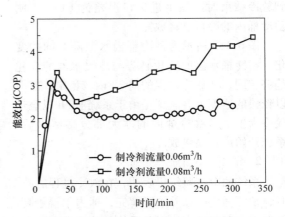

图 6-179　不同制冷剂流量时系统
能效比随时间的变化

4. 蓄冷试验性能总结

本部分阐述了分离式热管蓄冷空调系统的工作原理，建立了分离式热管蓄冷空调系统试验装置，并对其性能进行了试验研究。研究结果表明：在蓄冷过程中，该系统的制冷量能够维持稳定，能效比稳定在 2.6 ~ 3.8 之间，高于常规的蓄冷空调系统；系统的蓄冷率随时间近似呈线性增加，可达到 55%，其蓄冷量也随时间近似呈线性增加，不同于常规蓄冷系统的蓄冷量随时间增加的速度越来越慢的情况。蓄冷时，热管式蓄冷器内介质压力能够稳定在0.3 ~ 0.4MPa 之间，热管蓄冷器能够稳定运行；热管介质的进口温度稳定在 -12 ~ -10℃ 范围内，

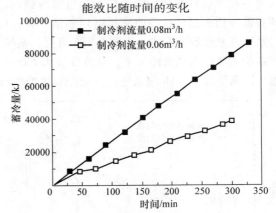

图 6-180　不同制冷剂流量时系统蓄冷量
随时间的变化

而其出口温度呈降低趋势，随着蓄冷过程的进行，热管介质进出口温差越来越小。

通过对不同流量制冷剂条件下系统的制冷量、能效比和蓄冷效率的比较，可以看出在蓄冷系统正常工作条件下，应该尽量增加制冷剂的充灌量，增加制冷剂流量，以便提高系统的制冷量和蓄冷效率。

(四) 放冷试验结果与讨论

1. 放冷工况

图 6-181 所示为室内机组空气进出口温度随时间的变化。室内机组入口空气温度为 16 ~ 18℃，出口空气温度为 8 ~ 9℃。在放冷的前 2h 内，出口空气温度稳定在 8 ~ 9℃，随着放冷过程的进行，出口空气温度开始上升，到放冷结束时达到 14℃；而进口空气温度基本稳定在 16 ~ 18℃，亦即室内空气温度稳定在 16 ~ 18℃。

图 6-182 所示为冷媒水进出口温度随时间的变化。冷媒水在室内机组中吸收空气的热量，其进出口温差在放冷前 2h 内维持在 4 ~ 5℃，随着放冷过程的进行，其温差逐渐减小，到放冷结束时冷媒水进出口温差为 1℃，表明蓄冷桶内的冷量已释放完。

图 6-183 所示为蓄冷桶内水温随时间的变化。蓄冷桶水温的变化趋势与冷媒水温的变化趋势相同，在放冷过程的前 2h 内较稳定，然后以较快的速度上升。这是由于系统前 2h 以潜热放冷为主，当蓄冷桶内的冰大部分融解以后，系统开始进行显热放冷。

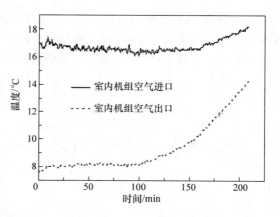

图 6-181　室内机组空气进出口温度随时间的变化

2. 结果与讨论

系统放冷试验结果表明，在放冷过程的前 2h 内，系统以潜热放冷为主，其放冷率较大。此时，蓄冷桶内的冰并未融解完，桶内水温维持在 0 ~ 1℃ 之间，进入蓄冷桶的冷媒水与出蓄冷桶低温水的温差较大，因此系统总放冷量在这个阶段增长较快。由图 6-184 可见，放冷率（单位时间内的放冷量）在初始阶段较大，当蓄冷桶内水温升高至约 1℃ 时，放冷率保持在 3 ~ 3.5kW；随着蓄冷桶水温（放冷回流水温）逐渐升高，放冷率逐渐减小，而且减小的趋势逐渐增大，此时系统以显热放冷为主。由图 6-185 可见，系统总放冷量在放冷过程的前 2h 内成线性增加，此时系统主要以潜热放冷为主，总放冷量达 25000kJ。随着放冷过程的进行，系统总放冷量增加的趋势逐渐变缓，3.5h 内系统的总放冷量达 35000kJ。

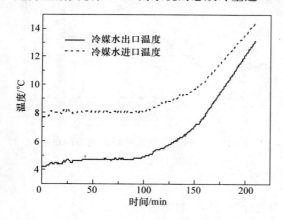

图 6-182　冷媒水进出口温度随时间的变化

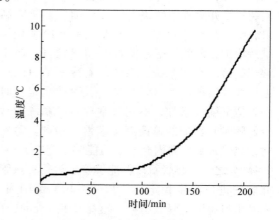

图 6-183　蓄冷桶内水温随时间的变化

3. 放冷试验性能总结

在系统潜热放冷阶段，室内机组吸入空气温度为 16 ~ 18℃，机组出口空气温度为 8 ~ 9℃，室内机组冷媒水进出口温差保持为 4 ~ 5℃。在系统显热放冷阶段，室内机组进出口温度上升较快，而室内机组冷媒水的进出口温差也减小至 1℃。在整个放冷过程中，冷媒水流量保持稳定。

系统在放冷过程中，其总放冷量逐渐增加，由于放冷率逐渐减小，总放冷量增加的趋势逐渐变缓。在放冷过程前的 2h 内，蓄冷桶内水温保持在 2℃ 以下，蓄冷桶内仍有冰，以潜热形式放冷，放冷率较大；随着放冷过程的进行，蓄冷桶内水温升到 2℃ 以上后，蓄冷桶放冷主要以显热形式进行，放冷率逐渐减小。

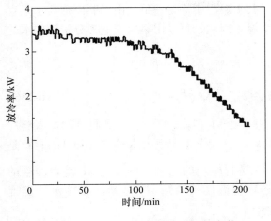

图 6-184　蓄冷桶放冷率随时间的变化

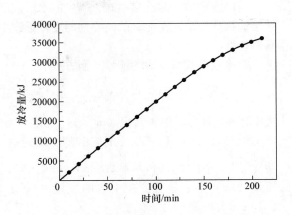

图 6-185　蓄冷桶总放冷量随时间的变化

第六节　其他相变蓄冷系统

图 6-186 为直接接触式蓄冷罐结构示意图。温度较低的制冷剂被喷入蓄冷罐内的水中，罐中的制冷剂发生汽化吸收水中的热量，从而使水结冰。汽化后的制冷剂蒸气从蓄冷罐的顶部流出。

图 6-187 为直接接触式蓄冷系统示意图。它是由压缩冷凝机组、制冷剂储液器、膨胀阀、直接接触式蓄冷罐和干燥器组成的。来自储液器的制冷剂通过膨胀阀降温降压后被喷入蓄冷罐中。膨胀阀不仅能控制进入蓄冷罐的制冷剂的温度和压力，还能控制制冷剂的流量。喷入的制冷剂直接吸收水中的热量，使水温达到其冻结点而结冰。从蓄冷罐顶部流出的制冷剂气体，必须经过干燥器去除其中的水蒸气。干燥后的制冷剂气体再回到压缩冷凝机组，冷凝成制冷剂液体。冷凝后的制冷剂液体再回到储液器储存。

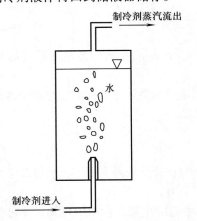

图 6-186　直接接触式蓄冷罐结构示意图

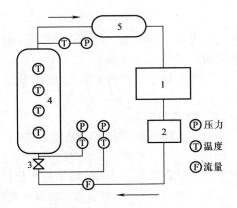

图 6-187　直接接触式蓄冷系统示意图

1—压缩冷凝机组　2—制冷剂储液器　3—膨胀阀
4—直接接触式蓄冷罐　5—干燥器

一、蓄冷系统数学模型建立

当制冷剂喷入蓄冷罐中时，罐中的水形成湍流，其水温趋于均匀一致。由于制冷剂与水是直接接触换热，离开蓄冷罐的制冷剂温度接近罐中的水温。因此，可以用集总模型来分析罐中水的蓄冷特性。

直接接触式蓄冷罐的能量平衡方程为

$$\frac{\mathrm{d}}{\mathrm{d}t}(m_w h_w) + m_t c_{pt}\frac{\mathrm{d}T_w}{\mathrm{d}t} = \dot{m}_r(h_{ri} - h_{ro}) + KA(T_a - T_w) \tag{6-236}$$

式中，A 是蓄冷罐的表面积（m^2）；c_{pt} 是蓄冷罐的比热容 [kJ/(kg·℃)]；h_{ri} 是制冷剂进入蓄冷罐的焓（kJ/kg）；h_{ro} 是制冷剂流出蓄冷罐的焓（kJ/kg）；h_w 是蓄冷罐内水的焓（kJ/kg）；K 是蓄冷罐与环境之间的传热系数 [kW/(m²·℃)]；$\dot{m}_r$ 是制冷剂的流量（kg/s）；m_t 是蓄冷罐的质量（kg）；m_w 是蓄冷罐中水的质量（kg）；T_a 是环境温度（℃）；T_w 是蓄冷罐中水的温度（℃）；t 是时间（s）。

上式中左边分别为水和蓄冷罐体的焓变化率，右边第一项为制冷剂的焓变化率，第二项为蓄冷罐的冷损。当蓄冷罐的隔热保温效果较好时，可忽略上式中的冷损。

在显热蓄冷过程中，认为蓄冷罐体的温度与罐中水的温度一样，则式（6-236）可以写为

$$T_w^{t+\Delta t} = T_w^t + \frac{\dot{m}_r(h_{ri} - h_{ro})\Delta t}{m_t c_{pt} + m_w c_{pw}} \tag{6-237}$$

式中，$T_w^{t+\Delta t}$ 是 $t+\Delta t$ 时刻的水温（℃）；T_w^t 是 t 时刻的水温（℃）；c_{pw} 是水的比热容 [kJ/(kg·℃)]；Δt 是时间步长（s）。

在结冰过程中，水温近似恒定在冻结点温度，则式（6-236）可以写为

$$m_w\frac{\mathrm{d}h_w}{\mathrm{d}t} = \dot{m}_r(h_{ri} - h_{ro}) \tag{6-238}$$

或

$$h_w^{t+\Delta t} - h_w^t = \frac{\dot{m}_r\Delta t}{m_w}(h_{ri} - h_{ro}) \tag{6-239}$$

$$m_{ice}^t = \frac{m_w(h_1 - h_w^t)}{\lambda} \tag{6-240}$$

式中，h_1 是液态水的焓（kJ/kg）；h_w^t 是 t 时刻水的焓（kJ/kg）；m_{ice}^t 是 t 时刻的结冰量（kg）；λ 是冰的凝固潜热（kJ/kg）。

在已知初始条件和制冷剂参数的情况下，通过上式可以求得蓄冷罐中水温的变化和结冰量的变化。

二、结果与分析

（一）直接接触式蓄冷罐性能分析

图 6-188 所示为蓄冷罐水温和制冷剂离开蓄冷罐时温度的比较。从图中可知，水温几乎与制冷剂温度一样，这是由于蓄冷罐中的水与制冷剂的混合效果较好。

图 6-189、图 6-190 所示为蓄冷罐中水温的试验值与模型值的比较。从图中可知，通过模型计算的水温要比试验得到的水温下降得稍快一些，这是由于在模型计算时，认为蓄冷罐是绝热的。

图 6-189 示出了制冷剂流量对蓄冷罐水温的影响。当制冷剂流量增加时，其传热量增加，因此水温下降得较快一些。

图 6-190 示出了水量对蓄冷罐水温下降速率的影响。当水量增加时，其热容量增大，因此水

温下降得较慢一些。

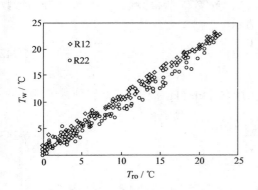

图 6-188　蓄冷罐水温和制冷剂离开
蓄冷罐时温度的比较

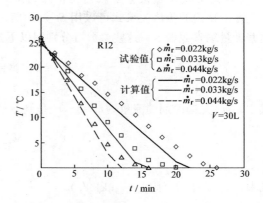

图 6-189　不同制冷剂流量时，蓄冷罐
中水温试验值与模型值的比较

图 6-191 所示为结冰量的试验值与模型值的比较。从图中可知，结冰量的模型值要比其试验值高 20% ~ 30%。这是由于模型计算的降温速率比试验值要快。

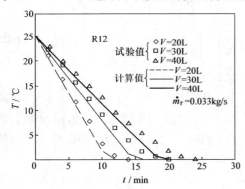

图 6-190　不同水量时，蓄冷罐中
水温试验值与模型值的比较

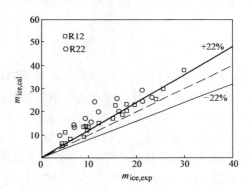

图 6-191　结冰量的试验值
与模型值的比较

图 6-192 所示为直接接触式蓄冷罐中的体积传热系数。它可用下式表示

$$U_{\mathrm{V}} = \frac{\dot{m}_{\mathrm{r}}(h_{\mathrm{ro}} - h_{\mathrm{ri}})}{V(T_{\mathrm{w}} - T_{\mathrm{ri}})} \qquad (6\text{-}241)$$

式中，U_{V} 是蓄冷罐中的体积传热系数 $[\mathrm{kW}/(\mathrm{m}^3 \cdot {}^\circ\!\mathrm{C})]$；$V$ 是蓄冷罐中水的体积（m^3）。

从图中可知，当水温降低时，体积传热系数增加；当水温接近冻结点温度时，体积传热系数急剧增加。当使用 R12 制冷剂时，其体积传热系数为 2 ~ 16$\mathrm{kW}/(\mathrm{m}^3 \cdot {}^\circ\!\mathrm{C})$；当使用 R22 制冷剂时，其体积传热系数为 2 ~ 52$\mathrm{kW}/(\mathrm{m}^3 \cdot {}^\circ\!\mathrm{C})$。

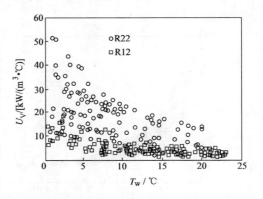

图 6-192　直接接触式蓄冷罐中
的体积传热系数

（二）直接接触式蓄冷罐内的传热关系式

蓄冷罐内的传热关系式可以用 St 数（斯坦顿数）、Ste 数（斯蒂芬数）、Pr 数（普朗特数）这些无量纲参数表示，这些参数可分别用以下公式表示

$$St = \frac{U_v V}{\dot{m}_r c_{pr}} \tag{6-242}$$

式中，$\dot{m}_r$ 是制冷剂的流量（m/s）；c_{pr} 是制冷剂的比热容 [kJ/(kg·℃)]。

$$Ste = \frac{c_{pw}\ (T_w - T_{ri})}{\lambda_w} \tag{6-243}$$

式中，λ_w 是冰的凝固潜热（kJ/kg）。

$$Pr = \frac{c_{pr}\mu_r}{k_r} \tag{6-244}$$

式中，k_r 是制冷剂的热导率 [kW/(m·℃)]；μ_r 是制冷剂的动力黏度（Pa·s）。

上述无量纲参数可用下列关联式表示

$$St = f\left[StePr^{0.25}\left(\frac{p}{p_a}\right)^{-1} \right] \tag{6-245}$$

式中，p 是蓄冷罐内的压力（Pa）；p_a 是周围环境压力（Pa）。

图 6-193 所示为蓄冷罐内无量纲参数之间的关系。从图中可知，当 $StePr^{0.25}\ (p/p_a)^{-1}$ 减小时，St 数增加；较小的 Ste 数意味着温差（$T_w - T_{ri}$）减小，这将产生较大的 U_v 值和 St 数。当水温接近冻结点温度时，U_v 值和 St 数很大。较低的压力 p 值将产生较低的制冷剂温度，从而使水和制冷剂间的温差加大，因此，其传热量也增大。

通过对图中数据进行拟合，可以得到以下关系式

$$St = 0.1967\left[StePr^{0.25}\left(\frac{p}{p_a}\right)^{-1} \right]^{-0.8445} \tag{6-246}$$

图 6-194 所示为 St 数的计算值与试验值的比较。从图中可知，试验值位于计算值的 ±30% 范围内。

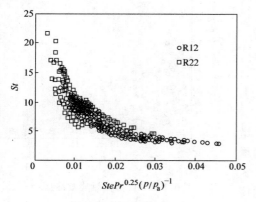

图 6-193　蓄冷罐内无量纲
参数之间的关系

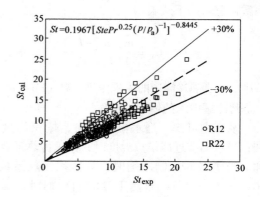

图 6-194　St 数的计算值
与试验值的比较

第七节　蓄冷空调系统性能测试

一、水蓄冷系统性能测试

为充分利用蓄冷空调系统的特点，便于运行管理，水蓄冷槽应设置相应的热工计测仪表，如温度及液位显示仪，并根据蓄冷槽的类型进行设计布点。

（一）温度计或测温热电偶的设置

水蓄冷槽温度测量装置的设置十分重要，它能够针对蓄冷槽运行过程中的分层情况及保冷情况随时提供分析数据，为蓄冷槽蓄冷量提供计算依据。

自然分层型蓄冷槽在 $t_1 \sim t_n$ 温度测点沿蓄冷槽高度方向布置，一般测点间隔为 $0.5 \sim 1.0\mathrm{m}$。串联完全混合型蓄冷槽于 $t_1 \sim t_n$ 温度测点在始端槽、中间槽及终端槽各单元槽布置，一般每槽 $5 \sim 8$ 个测点。

温度测量装置采用多点巡回自动检测仪或热电偶进行实时巡回检测。在蓄冷槽典型部位设置现场温度指示，对蓄冷槽进出水总管设置温度指示。

（二）液位计的设置

设置蓄冷槽液位远传显示及高低位声光报警，并与补给水泵电控联锁。

（三）自然分层蓄冷槽蓄冷量的测定

水蓄冷槽蓄冷量的大小主要利用测得的槽内温度计算得到。蓄冷槽内的蓄冷量为

$$Q = \int_{t_1}^{t_n} c_\mathrm{p}\rho V \mathrm{d}t \tag{6-247}$$

式中，c_p 是水的比热容 $[\mathrm{kJ/（kg \cdot ℃）}]$；$\rho$ 是水的密度 $(\mathrm{kg/m^3})$；$t_1, \cdots, t_n$ 是蓄冷槽各测温点处的水温 $(℃)$；V 是蓄冷槽内容积 $(\mathrm{m^3})$，且

$$V = AH \tag{6-248}$$

式中，A 是蓄冷槽垂直于水流方向的横截面积 $(\mathrm{m^2})$；H 是蓄冷槽的高度 (m)。

式中的 c_p、ρ、V 项均为常数，故蓄冷槽内的蓄冷量可通过测得蓄冷槽内各点的温度，由上式计算得到。

根据蓄冷槽内的温度设置，可将蓄冷槽内沿高度方向分成 n 等份，图 6-195 所示为热电偶在蓄冷槽内的布置。测得各时刻的温度值后，就可以计算每一时刻各层的蓄冷量，然后将各层的蓄冷量相加就可以得到整个蓄冷槽的蓄冷量。

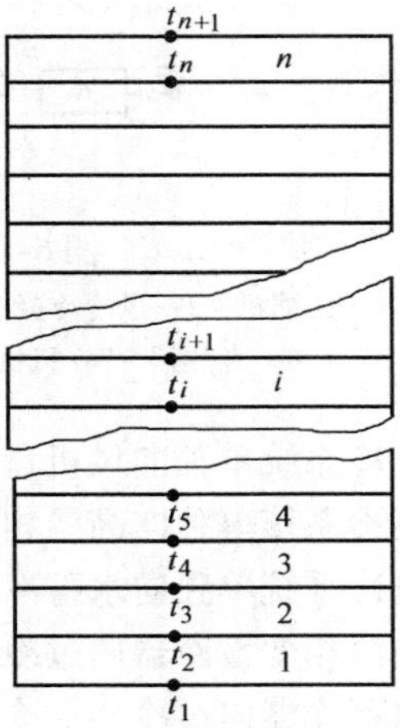

设每层的起始温度为 t_1^0、t_2^0、t_3^0、t_4^0、$\cdots$、t_n^0、t_{n+1}^0，在某一 τ 时刻的温度为 t_1^τ、t_2^τ、t_3^τ、t_4^τ、$\cdots$、t_n^τ、t_{n+1}^τ，则在 τ 时刻各层的蓄冷量分别为

$$Q_1^\tau = \rho V_1 c_\mathrm{p}\left(\frac{t_1^0 + t_2^0}{2} - \frac{t_1^\tau + t_2^\tau}{2}\right) \tag{6-249}$$

图 6-195　热电偶在蓄冷槽内布置

$$Q_2^\tau = \rho V_2 c_\mathrm{p}\left(\frac{t_2^0 + t_3^0}{2} - \frac{t_2^\tau + t_3^\tau}{2}\right) \tag{6-250}$$

$$Q_3^\tau = \rho V_3 c_\mathrm{p}\left(\frac{t_3^0 + t_4^0}{2} - \frac{t_3^\tau + t_4^\tau}{2}\right) \tag{6-251}$$

$$\cdots$$

$$Q_n^\tau = \rho V_n c_p \left(\frac{t_n^0 + t_{n+1}^0}{2} - \frac{t_n^\tau + t_{n+1}^\tau}{2} \right) \tag{6-252}$$

$$Q_{tot}^\tau = Q_1^\tau + Q_2^\tau + Q_3^\tau + Q_4^\tau + \cdots + Q_n^\tau = \frac{\rho V c_p}{n} \left[\left(\frac{t_1^0 + t_{n+1}^0}{2} + t_2^0 + t_3^0 + t_4^0 + \cdots + t_n^0 \right) \right.$$

$$\left. - \left(\frac{t_1^\tau + t_{n+1}^\tau}{2} + t_2^\tau + t_3^\tau + t_4^\tau + \cdots + t_n^\tau \right) \right] \tag{6-253}$$

二、蓄冷空调多功能试验装置

蓄冷空调多功能试验装置是蓄冷空调的重要测试设备。它既能满足蓄冷空调科研试验的需要，又能满足蓄冷空调教学的需要。该试验装置是由风冷机组和水冷机组两个独立的试验系统构成的。在风冷机组上，可以进行水蓄冷、放冷，高温相变材料蓄冷、放冷，制冷系统过冷循环，毛细管和膨胀阀节流等性能试验。在水冷机组上，可以进行冰蓄冷、放冷特性试验；同时还可进行制冷系统冷量、功率及效率的测量。

（一）风冷冷水机组蓄冷空调试验装置

它主要由制冷系统和蓄冷系统两大部分构成。制冷系统是由压缩机、风冷冷凝器、毛细管、膨胀阀、过冷器及板式蒸发器构成的；蓄冷系统是由水蓄冷器、高温相变蓄冷器、量热器及风机盘管等构成的。图 6-196 为风冷冷水机组蓄冷空调试验系统流程图，在该系统中可进行如下项目的试验：

1）测量制冷系统冷量时，阀门 F_1、F_4、F_5 开启，起动水泵 1。

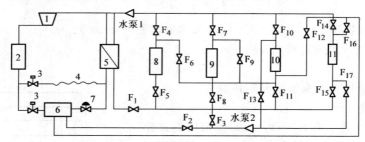

图 6-196　风冷冷水机组蓄冷空调试验系统流程图

1—压缩机　2—风冷冷凝器　3—电磁阀　4—毛细管　5—板式蒸发器　6—过冷器　7—膨胀阀
8—量热器　9—风机盘管　10—高温相变蓄冷器　11—水蓄冷器　$F_1 \sim F_{17}$—调节阀

2）制冷系统单独向风机盘管供冷时，阀门 F_1、F_7、F_8 开启，起动水泵 1。

3）制冷系统单独向高温相变蓄冷器充冷时，阀门 F_1、F_{10}、F_{11} 开启，起动水泵 1。

4）制冷系统单独向水蓄冷器充冷时，阀门 F_1、F_{14}、F_{15} 开启，起动水泵 1。

5）高温相变蓄冷器向过冷器供冷水时，阀门 F_2、F_{12}、F_{13} 开启，起动水泵 2。

6）水蓄冷器向过冷器供冷水时，阀门 F_2、F_{16}、F_{17} 开启，起动水泵 2。

7）高温相变蓄冷器单独向风机盘管供冷时，阀门 F_3、F_8、F_9、F_{13} 开启，起动水泵 2。

8）制冷系统和高温相变蓄冷器并联向风机盘管供冷时，阀门 F_1、F_7、F_8 和 F_3、F_9、F_{13} 开启，起动水泵 1 和水泵 2。

9）制冷系统和高温相变蓄冷器串联向风机盘管供冷时，阀门 F_1、F_8、F_9、F_{10} 开启，起动水泵 1。

10）若运行制冷系统，再依次开启电磁阀、冷凝器风机及压缩机。

（1）制冷系统　该制冷系统的名义工况制冷量为 6kW。冷凝器采用风冷强制散热，蒸发器采用高效的板式换热器，节流机构为毛细管和膨胀阀。在制冷系统中并联安装，既可以各自独立使用，又可以联合使用。这样，能够测出毛细管和膨胀阀对制冷系统性能的影响。另外，在冷凝器出口和膨胀阀入口之间加装了一台板式换热器，它起过冷器的作用，分别利用水蓄冷器和高温相变蓄冷器储存的一部分冷量对其进行过冷，以提高制冷系统的冷量和性能系数。

（2）蓄冷系统　它分别由水蓄冷器和高温相变蓄冷器组成。水蓄冷器是垂直放置的圆柱形蓄冷罐，内径为 0.6m，高 2m。在相同体积条件下，圆柱形蓄冷罐的表面积与体积比要比长方形蓄冷罐小，因此，圆柱形蓄冷罐的冷损失较小。高温相变蓄冷槽为长方形，蓄冷平板被整齐地堆放在蓄冷槽内，载冷剂溶液在层与层之间的通道内流过，与板内的相变蓄冷材料进行热交换，如图 6-197 所示。

（3）量热系统　其作用是测出制冷机和蓄冷系统的冷量。它由两组电热管组成，一组功率为 4kW，由调压器进行功率调节；另一组功率为 2kW，由温控器控制其开停，待测试系统的参数稳定后，从功率表上读出其实际的参数，即为要测的冷量。另外，压缩机功率也可直接从其功率表上读取。

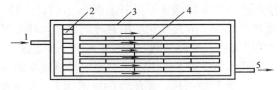

图 6-197　蓄冷槽结构
1—载冷剂入口　2—进口均化格栅　3—蓄冷槽
4—蓄冷平板　5—载冷剂出口

（二）水冷冷水机组蓄冷空调试验装置

该试验系统由制冷循环、蓄冷和释冷循环以及供冷循环三部分组成。图 6-198 为水冷冷水机组蓄冷空调试验系统流程图。其制冷循环包括双工况制冷压缩机 1、水冷冷凝器 2、电磁阀 3、节流阀 4、蒸发器 5 以及其中的制冷剂，由连接管道连接构成。其中节流阀 4 是三组并联，第一组是空调工况下的毛细管，第二组是空调工况下的热力膨胀阀，第三组是蓄冷工况下的热力膨胀阀，它们分别由电磁阀 3 控制其开闭。蓄冷和释冷循环包括蒸发器 5、量热器 6、蓄冷槽 7、换热器 8、水泵 2、调节阀 $S_1 \sim S_{12}$，由连接管道连接构成，管内循环的是乙二醇溶液。供冷循环包括换热器 8、风机盘管 9、水泵 1、调节阀 S_{13} 和 S_{14}，由连接管道连接构成，管内循环的是空调冷媒水。

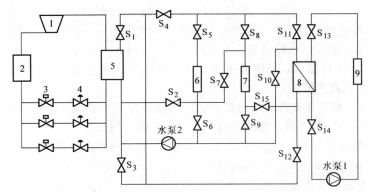

图 6-198　水冷冷水机组蓄冷空调试验系统流程图
1—双工况制冷压缩机　2—水冷冷凝器　3—电磁阀　4—节流阀　5—蒸发器　6—量热器
7—蓄冷槽　8—换热器　9—风机盘管　$S_1 \sim S_{15}$—调节阀

（1）制冷系统直接向风机盘管供冷　制冷循环系统中的电磁阀 3（控制空调工况下的节流

阀)开启,并起动压缩机1。同时蓄冷和释冷系统中的调节阀S_1、S_{10}、S_{12}开启,起动水泵2;供冷系统中的调节阀S_{13}、S_{14}开启,起动水泵1。制冷循环系统中的制冷剂由压缩机1压缩后排出,进入冷凝器2放出热量,冷凝后的制冷剂液体经电磁阀3流经节流阀4进行节流降压,降压后的制冷剂在蒸发器5内蒸发吸热而产生制冷效应,蒸发气化后的制冷剂被吸入压缩机1。蓄冷和释冷系统中的乙二醇溶液被蒸发器5冷却降温后,经调节阀S_1、S_{12}流入换热器8放冷,放冷后的乙二醇溶液经调节阀S_{10}、水泵2流入蒸发器5。供冷循环系统中的冷媒水被换热器8降温后,经调节阀S_{14}、水泵1流入风机盘管9向室内放冷,放冷后的冷媒水经调节阀S_{13}流入换热器8。

(2)制冷系统冷量测量　系统中的电磁阀3(控制空调工况下的节流阀)开启,并起动压缩机1。同时蓄冷和释冷系统中的调节阀S_1、S_4、S_5、S_6开启,起动水泵2,接通量热器6的电源使其工作。制冷循环系统中的制冷剂由压缩机1压缩后排出,进入冷凝器2放出热量。冷凝后的制冷剂液体经电磁阀3流经节流阀4,进行节流降压。降压后的制冷剂在蒸发器5内蒸发吸热,产生制冷效应。蒸发气化后的制冷剂被吸入压缩机1。蓄冷和释冷系统中的乙二醇溶液被蒸发器5冷却降温后,经调节阀S_1、S_4、S_5流入量热器6加热升温;升温后的乙二醇溶液经调节阀S_6、水泵2流入蒸发器5降温。通过测定量热器6的加热量,就可确定制冷系统的制冷量。

(3)冰蓄冷循环　系统中的电磁阀3(控制蓄冰工况下的节流阀)开启,并起动压缩机1。同时蓄冷和释冷系统中的调节阀S_1、S_4、S_8、S_9开启,起动水泵2。蓄冷和释冷系统中的乙二醇溶液被蒸发器5冷却降温后,经调节阀S_1、S_4、S_8流入蓄冷槽7放冷。放冷后的乙二醇溶液经调节阀S_9、水泵2流入蒸发器5降温。蓄冷盘管内的乙二醇溶液吸收盘管外水的热量而使盘管外的水凝固成冰,或冰球、冰板外的乙二醇溶液吸收冰球、冰板内的水热量而使冰球、冰板内的水凝固成冰。

(4)冰蓄冷冷量测量　当进行蓄冷槽7的冰蓄冷冷量测量时,蓄冷和释冷系统中的调节阀S_2、S_5、S_8、S_9开启,起动水泵2,接通量热器6使其工作。蓄冷和释冷系统中的乙二醇溶液被蓄冷槽7冷却降温后,经调节阀S_9、水泵2、调节阀S_2流入量热器6加热升温。升温后的乙二醇溶液经调节阀S_5、S_8流入蓄冷槽7降温。通过测定量热器6的加热量,就可确定蓄冷槽7的蓄冷量。

(5)蓄冷槽单独向风机盘管供冷　当蓄冷槽7单独向风机盘管供冷时,蓄冷和释冷系统中的调节阀S_3、S_8、S_9、S_{11}、S_{12}开启,起动水泵2;同时供冷系统中的调节阀S_{13}、S_{14}开启,起动水泵1。蓄冷和释冷系统中的乙二醇溶液被蓄冷槽7冷却降温后,经调节阀S_9、水泵2、调节阀S_3和S_{12}流入换热器8放冷。放冷后的乙二醇溶液经调节阀S_{11}、S_8流入蓄冷槽7。供冷循环系统中的冷媒水被换热器8降温后,经调节阀S_{14}、水泵1流入风机盘管9向室内放冷,放冷后的冷媒水经调节阀S_{13}流入换热器8。

(6)制冷系统和蓄冷槽串联向风机盘管供冷　系统中的电磁阀3(控制空调工况下的节流阀)开启,并起动压缩机1。同时蓄冷和释冷系统中的调节阀S_1、S_4、S_8、S_{10}、S_{15}开启,起动水泵2;供冷系统中的调节阀S_{13}、S_{14}开启,起动水泵1。蓄冷和释冷系统中的乙二醇溶液被蒸发器5冷却降温后,经调节阀S_1、S_4、S_8流入蓄冷槽7进一步冷却降温;降温后的乙二醇溶液经调节阀S_{15}流入换热器8放冷;放冷后的乙二醇溶液经调节阀S_{10}、水泵2流入蒸发器5。供冷循环系统中的冷媒水被换热器8降温后,经调节阀S_{14}、水泵1流入风机盘管9向室内放冷。放冷后的冷媒水经调节阀S_{13}流入换热器8。

(7)制冷系统和蓄冷槽并联向风机盘管供冷　系统中的电磁阀3(控制空调工况下的节流阀)开启,并起动压缩机1。同时蓄冷和释冷系统中的调节阀S_1、S_2、S_7、S_{10}、S_{12}、S_{15}开启,起动水泵2;供冷系统中的调节阀S_{13}、S_{14}开启,起动水泵1。蓄冷和释冷系统中的乙二醇溶液被蒸发器 5 冷却降温后，经调节阀 S_1、S_{12} 流入换热器 8 放冷；放冷后的乙二醇溶液经调节阀 S_{10}、水泵 2 流入蒸发器 5。另一路乙二醇溶液通过蓄冷槽 7 降温后，经调节阀 S_{15} 流入换热器 8 放冷；放冷后的乙二醇溶液经调节阀 S_{10}、水泵 2、调节阀 S_2 和 S_7 流入蓄冷槽 7。供冷循环系统中的冷媒水被换热器 8 降温后，经调节阀 S_{14}、水泵 1 流入风机盘管 9 向室内放冷；放冷后的冷媒水经调节阀 S_{13} 流入换热器 8。

制冷系统的名义工况制冷量为 5kW，冷凝器采用水冷散热，蒸发器采用高效的板式换热器，节流机构为三组并联安装的膨胀阀。这样，可以根据实际需要来选用膨胀阀的组数，蓄冰时只用一组膨胀阀，空调制冷时则可选用两组或三组膨胀阀（根据空调制冷温度来确定）。

蓄冷系统主要进行蓄冰试验。其蓄冷槽结构也为长方形，蓄冷平板被整齐地堆放在槽内，载冷剂溶液（质量分数为 25% 的乙二醇溶液）在层与层之间的通道内流过，与板内的水进行热交换。

量热系统与风冷机组完全相同，也是由两组电热管组成的，一组功率为 4kW，另一组功率为 2kW。

（三）盘管式冰蓄冷试验装置

图 6-199 为盘管式冰蓄冷试验系统示意图，它主要由以下六部分组成：

1）制冷设备：由制冷机组和盘管式蒸发器组成，采用风冷式制冷机组。

2）恒温装置：包括冷水浴（蓄冰罐）、热水浴和搅拌器。

3）空调送风设备：包括供水泵、调节阀、风机盘管。

4）管排蓄冰测试段：包括分流箱、汇流箱和测试段。

5）控制系统：包括温控仪、继电器及控制开关等。

6）数据采集和测量系统：主要包括数据采集卡、图像卡、摄像机、计算机、热电偶和流量计。

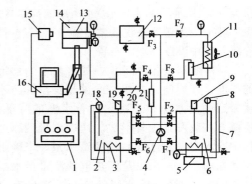

图 6-199　盘管式冰蓄冷试验系统示意图
1—控制台　2—热水浴　3—电加热器　4—泵
5—制冷机组　6—冷水浴（蓄冰罐）　7—溢流水管
8—冷水浴温控仪　9—冷水浴搅拌器　10、21—流量计
11—风机盘管　12—分流箱　13—测量管
14—测试段　15—摄像机　16—计算机
17—冰瓶　18—热水浴温控仪
19—热水浴搅拌器　20—汇流箱

1. 试验装置的基本功能

（1）进行间接冷媒冷却下的管外蓄冰、融冰试验研究　根据试验要求，在测试段水平布置试验测量管，布置方式可以采用各种组合形式，可以实现的部分代表性布置形式如图 6-200 所示。测量管采用外径为 25mm 和外径为 11mm 的纯铜管构成单端进、单端出的套管。

蓄冰和融冰的流程和测量过程如下：

蓄冰时，阀门 $F_1 \sim F_4$ 均打开，其他阀门关闭。起动制冷机组 5，将冷水浴 6 中的盐水降温至试验设定的温度。起动水泵 4，将盐水从冷水浴中抽出，送至分流箱 12 均流后进入测试段 14 的测量管 13，与管外的水进行热交换后经下部的汇流箱 20 至流量计 21，最后流入冷水浴 6。当冰层增长至预定厚度后，停止水泵的运行，完成蓄冰过程。

融冰时，关闭阀门 F_1 和 F_2，打开阀门 F_5 和 F_6。起动电加热器 3，将热水浴 2 中的盐水升温至试验设定的温度。起动水泵 4，将盐水从热水浴中抽出，经由阀门 F_3，送至分流箱均流后进入测试段 14 的测量管 13，融化管外的冰，然后经下部的汇流箱 20，通过阀门 F_4，流至流量计 21，最后回流入热水浴2。试验过程中由电加热器的起停稳定热水浴的温度。当冰层由管外脱落后，停止水泵的运行，完成融冰过程。

运用摄像方法，记录蓄冰或融冰过程中被测管外冰层的外形轮廓变化状态；然后运用计算机图像处理技术捕获图像，用图像处理软件得出清晰的冰层轮廓变化情况。布置在被测管进出口处的热电偶记录被测管进出口水温的变化，测试段容器中的热电偶记录容器中水温的变化情况。在进行试验的同时，由计算机记录下试验的初终时间，结合测量得到的冰层厚度情况，确定出管外蓄冰量随时间变化的关系。

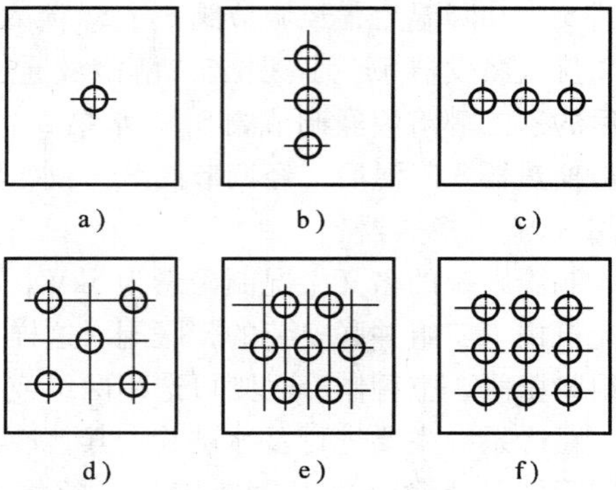

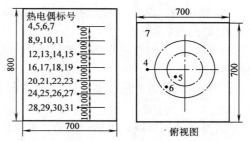

图 6-200 测量管的部分布置形式
a）单管 b）三管竖列 c）三管横列
d）五管错列 e）七管错列 f）九管顺列

（2）制冷剂直接蒸发式盘管外蓄冰过程的试验研究 关闭所有阀门，将冷水浴中的盐水置换为水，以制冷系统的蒸发盘管为蓄冰元件。这时冷水浴就成为冰蓄冷系统的蓄冷罐，可以进行制冷剂直接蒸发盘管外蓄冰试验。图 6-201 所示为蓄冷罐及其中温度测点的布置。

将冷水浴（蓄冰罐）内的水设定为预定的温度，开启制冷机组，通过蒸发盘管向冰蓄冷罐中的水提供冷量。随着水温的降低，冰就会在蒸发盘管外形成。通过测量蓄冰过程中冷水浴（蓄冰罐）内溢流水量，来确定蓄冰量的变化，来以及用热电偶测量冷水浴（蓄冰罐）不同位置水温的变化，来考察蓄冰过程的动态特性。在蒸发盘管的进出口处设置温度和压力传感器，以测量制冷剂在盘管内的蒸发温度和蒸发压力的变化，考察蓄冰过程对制冷系统的影响。起动或停止恒温水浴内的搅拌器，观察有扰动和无扰动时对蓄冰过程的影响。

图 6-201 蓄冷罐及其中温度测点的布置

（3）直接接触融冰的蓄冷空调试验研究 直接接触融冰试验可以在蓄冰试验结束后进行。这时，将阀门 F_1、F_2、F_7 和 F_8 打开，以实验室为空调对象，模拟夏季的室内温度，就可以进行直接接触融冰试验。

试验时，用水泵将冷水从冷水浴中抽出，送至风机盘管，然后经过流量计回到冷水浴融冰。通过阀门 F_8 调节供冷水的流量，在风机盘管的水进出口处分别布置热电偶，测出进出口温度的变化，作为计算供冷量的依据。通过布置在冷水浴（蓄冷罐）中的热电偶，考察蓄冰罐融冰过程不同位置水温的变化规律。

2. 试验装置的主要技术指标

1）在进行间接冷媒冷却冰蓄冷试验时，可为测试段提供较稳定的盐水温度，温度波动小于 0.3℃，提供的最低温度可达 -15℃，降温速率约为 7℃/h。可以进行蓄冰和融冰过程的连续试验。

2）利用低温水浴作为冰蓄冷罐，可以实现的制冰率（冰所占有的体积份额）约为 20%，蓄冷量约为 39.6MJ，耗时约 4h。

三、蓄冷空调系统的测试和评价

（一）测试、评价内容

1. 基本规定

制冷蓄冷系统可以是全部由工厂组装，或用工厂供应的部件在现场组装，或按照预先确定的设计图样在现场安装。

冷水机组的名义制冷量 Q_0、输入总功率 N_0 和制冷性能系数由制冷设备制造厂提供，应符合 GB/T 18430.1 的要求。

测试分为实验室和现场两种测试形式。

（1）实验室测试　确定制冷蓄冷系统的技术性能指标（名义蓄冷量和蓄冷性能系数）。

（2）现场测试

1）确定制冷蓄冷系统的技术性能指标（名义蓄冷量和蓄冷性能系数）；确定制冷蓄冷系统的经济评价指标［年转移峰电量（ΔA_{yf}）、年转移峰电量率（X_{yd}）、电力移峰量（ΔN_f）、电力移峰率（X_d）、年谷电利用率（Y_{yd}）］。

2）确定蓄冷空调系统的经济评价指标［年输入总电量（A_{yT}）和静态差额投资回收期（T_T）］。

2. 制冷蓄冷系统技术性能测试内容

（1）名义蓄冷量 Q_{IC}　在设计循环周期内按表 6-3 所列名义工况，按实验室测试和现场测试方法进行测试。

（2）制冷蓄冷系统输入总电量　它为释冷循环试验和蓄冷循环试验期间所消耗的输入总电量之和，即

$$\Sigma A_i = \sum_{i=1}^{n} N_i \tau_i \tag{6-254}$$

表 6-3　名义工况时的温度及允许偏差条件　　（单位:℃）

项目	载冷剂		放热侧		
			水冷式		风冷式
	进口温度	出口温度	进口温度	出口温度	干球温度
制冷	$T_2 \pm 0.3$	$T_1 \pm 0.3$	30 ± 0.3	35 ± 0.3	35 ± 1
蓄冷		—	28 ± 0.3	33 ± 0.3	29 ± 1
释冷		$T_1 \pm 0.3$	—	—	—

注：表中 T_2 为载冷剂回水温度，T_1 为载冷剂供水温度；常规温度为 $T_1 = 7℃$，$T_2 = 12℃$，当 $T_1 < 7℃$，$T_2 - T_1 > 5℃$ 时称为大温差设计。

$$\Sigma A'_i = \sum_{i=1}^{n} N'_i \tau_i \tag{6-255}$$

式中，N_i 是释冷和蓄冷循环试验期间，制冷蓄冷系统各运行设备的输入功率（kW）；N'_i 是释冷和蓄冷循环试验期间，各有关运行设备的输入功率（kW）；τ_i 是设备运行时间（h）。

（3）蓄冷性能系数 COP_{ice}　它是按表 6-3 所列的名义工况运行时，实测得到的名义蓄冷量 Q_{IC} 和相同单位的输入总电量 $\Sigma A'_i$ 之比，即

$$COP_{ice} = Q_{IC} / \Sigma A'_i \tag{6-256}$$

在现场测试计算 COP_{ice} 时，名义蓄冷量 Q_{IC} 应为名义总冷量 ΣQ 减去制冷设备在释冷循环试验期间所提供的冷量（即 $Q'_0 \tau_s$，Q'_0 是释冷期间制冷设备所供冷量，$Q'_0 \leqslant Q_0$；τ_s 是释冷循环试验期间制冷设备的运行时间）。

在现场环境条件下，当环境温度和冷却水供回水温度与表6-3的规定有偏差时，按下述方法修正：

1）风冷式。环境温度低于（高于）35℃，按每低（高）1℃，COP_{ice}降低（提高）1%来修正。

2）水冷式。按冷却水进出水平均温度每低（高）1℃，COP_{ice}降低（提高）1%来修正。

对大温差设计条件，当供水温度低于表6-1所列常规温度时，按下述方法修正：冷水供水温度（T_1）小于7℃，每降低1℃，COP_{ice}提高3%。

3. 制冷蓄冷系统经济评价

经济评价指标有年转移峰电量ΔA_{yf}、年转移峰电量率X_{yd}、电力移峰量ΔN_f、电力移峰率X_d和年谷电利用率Y_{yd}。

1）年转移峰电量ΔA_{yf}按下式计算

$$\Delta A_{yf} = A_{wf} - A_{yf} \tag{6-257}$$

式中，A_{wf}是无蓄冷功能的制冷系统在电网峰荷时段年输入总电量（kW·h）；A_{yf}是制冷蓄冷系统在电网峰荷时段年输入总电量（kW·h）。

2）年转移峰电量率X_{yd}按下式计算

$$X_{yd} = \Delta A_{yf}/A_{wf} \tag{6-258}$$

3）电力移峰量ΔN_f按下式计算

$$\Delta N_f = N_{wf} - N_f \tag{6-259}$$

$$N_{wf} = \left(N_f \Big/ \sum_{i=1}^{n} N_{yi} \right) \sum_{i=1}^{n} N_{wi} \tag{6-260}$$

式中，N_{wf}是无蓄冷功能的制冷系统的机房装机容量（kW）；N_f是制冷蓄冷系统的机房装机容量（kW）；N_{wi}是无蓄冷功能的制冷系统各组成设备的容量（kW）；N_{yi}是制冷蓄冷系统各组成设备的容量（kW）。

4）电力移峰率X_d按下式计算

$$X_d = \Delta N_f/N_{wf} \tag{6-261}$$

5）年谷电利用率Y_{yd}按下式计算

$$Y_{yd} = 0.01Y_{d1} + 0.42Y_{d2} + 0.45Y_{d3} + 0.12Y_{d4} \tag{6-262}$$

式中，Y_{d1}、Y_{d2}、Y_{d3}、Y_{d4}分别是设计负荷、0.75设计负荷、0.50设计负荷、0.25设计负荷工况下的谷电利用率，分别按$Y_d = \Sigma A_{ig}/(\Sigma A_{ig} + \Sigma A_{ip} + \Sigma A_{it})$计算。

式中，ΣA_{it}是在电网峰荷时段向制冷蓄冷系统各运行设备输入的电量之和（kW·h）；ΣA_{ip}是在电网平荷时段向制冷蓄冷系统各运行设备输入的电量之和（kW·h）；ΣA_{ig}是在电网谷荷时段向制冷蓄冷系统各运行设备输入的电量之和（kW·h）。

4. 蓄冷空调系统经济评价

蓄冷空调系统经济评价指标有系统年输入总电量A_{yT}和静态差额投资回收期T_T。

1）蓄冷空调系统年输入总电量A_{yT}按下式计算

$$A_{yT} = A_y + A_{su} \tag{6-263}$$

式中，A_{yT}是制冷蓄冷系统年输入总电量（kW·h）；A_y是在整个供冷季节，制冷蓄冷系统各运行设备输入电量之和（kW·h）；A_{su}是供冷系统年输入总电量（kW·h）。

2）静态差额投资回收期T_T按下式计算

$$T_T = (C_{Ty} - C_{Tw})/\Delta V_{yT} \tag{6-264}$$

式中，C_{Ty}是蓄冷空调系统总投资，为各组成设备和供配电工程费之和，即$\sum\limits_{i=1}^{n}C_{Tyi}$；$C_{Tw}$是无蓄冷功能的空调系统总投资，为各组成设备和供配电工程费之和，即$\sum\limits_{i=1}^{n}C_{Twi}$；供冷系统与蓄冷空调系统相同的供冷系统，相对应的无蓄冷功能的空调系统组件价格为蓄冷空调系统组件价格乘以放大系数K；不相对应的无蓄冷功能的空调系统组件价格，按市场价来估算；ΔV_{yT}是无蓄冷功能的空调年运行电费V_{Tw}和蓄冷空调系统年运行电费V_{Ty}之差。

5. 试验条件

（1）一般规定　系统应在运行正常之后才进行测试。使用的水质应符合 GB 50050 的规定，乙二醇溶液也应符合有关标准规定。试验时，时间间隔不大于 30min 记录一次；计算数据取两次以上测试数据的算术平均值。

（2）试验参数

1）实验室测试条件：名义工况时温度及允许偏差按表6-3 的规定。

2）现场测试条件：应选择当地全年最热月份进行试验，放热侧条件宜按表6-3 的规定。

（3）测量仪表和精度的规定

1）实验室测试应符合 GB/T 10870—2014 中的规定。

2）现场测试应符合 GB/T 19412—2003 中的规定。

6. 试验结果

1）冷水机组的名义制冷量Q_0、输入总功率N_0和名义工况时的制冷系数 COP 由制冷设备制造厂提供，应符合 GB/T 18430.1 和其他有关标准的规定。

2）制冷蓄冷系统名义蓄冷量Q_{IC}、输入总电量$\Sigma A'_i$和蓄冷性能系数 COP_{ice}。

3）净可利用蓄冷量Q_D。

4）蓄冷循环及释冷循环使用的传热流体。

5）起始蓄冷循环的持续时间。

6）蓄冷循环的持续时间。

7）释冷量随时间的变化曲线。以释冷量与名义蓄冷量之比（Q_S/Q_{IC}）为纵坐标，时间τ为横坐标，用实测得到的数据画出相对释冷量随时间的变化曲线。当进出口温差小于 0.5℃时就视为释冷已结束。图 6-202 所示为释冷量随时间的变化曲线。

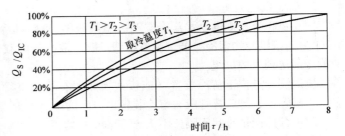

图 6-202　释冷量随时间的变化曲线

8）年转移峰电量ΔA_{yf}：两次以上测得数据的算术平均值，按式（6-257）计算。

9）年转移峰电量率X_{yd}：两次以上测得数据的算术平均值，按式（6-258）计算。

10）电力移峰量ΔN_f：由装机容量数据按式（6-259）计算。

11）电力移峰率X_d：由装机容量数据按式（6-261）计算。

12）年谷电利用率Y_{yd}：两次以上测得数据的算术平均值，按式（6-262）计算。

13）年输入总电量A_{yT}：两次以上测得数据的算术平均值，按式（6-263）计算。

14）静态差额投资回收期T_T：按式（6-264）计算。

（二）制冷蓄冷系统实验室试验方法

完整的试验程序包括至少一个初始循环周期和两个测试循环周期。每个循环周期由一个蓄冷循环试验和一个释冷循环试验组成。

1. 初始循环周期

（1）初始蓄冷循环试验　制冷蓄冷系统按常规温度（即供水 7℃、回水 12℃）及表 6-3 所列工况运行，大温差按规定额定工况条件运行；达到设计规定时间或安全保护执行器动作时，初始蓄冷循环试验应结束；测量消耗的总电量 $\Sigma A'_{ix}$，并记录时间。

（2）初始释冷循环试验　试验开始时，制冷蓄冷系统应已达到完全蓄冷条件，用加热的方法确保制冷蓄冷系统中蓄冷装置（或换热器供冷系统一侧）的进口水温维持在预先设定的值（通常为 7~18℃）。直至 Q_{IC} 已全部移出（此时蓄冷装置进出口水温相等，偏差小于 0.5℃）；记录消耗总电量 $\Sigma A'_{is}$，并记录时间。

2. 测试循环周期

它应在完成初始循环试验后进行。

（1）蓄冷循环试验　制冷蓄冷系统按常规温度（即供水 7℃、回水 12℃）及表 6-3 所列工况运行，大温差按规定额定工况条件运行；主机满载稳定运行达设计规定时间或安全保护执行器动作后，蓄冷循环试验必须结束；在此期间，按规定测量主机满载稳定运行时系统消耗的总电量 $\Sigma A'_{ix}$，并记录时间和试验期间传热流体的最低温度（通常是试验结束时的温度）。

（2）释冷循环试验　试验开始时，制冷蓄冷系统应达到完全蓄冷条件，用加热的方法确保制冷蓄冷系统中蓄冷装置（或换热器供冷系统一侧）的进口水温维持在预先设定的值（通常为 7~18℃）。确定总释放冷量（即名义蓄冷量 Q_{IC}）及所需的时间。直到 Q_{IC} 已全部移出（此时蓄冷装置或换热器供冷系统一侧进出口水温之差小于 0.5℃），此时记录整个释冷循环试验期间系统消耗的总电量 ΣA_{is}。在试验中，还需确定净可利用蓄冷量 Q_D。此时蓄冷装置或换热器供冷系统一侧出口水温达到最高可利用温度（通常为 2~12℃）。

3. 试验系统

图 6-203 为直接供冷式蓄冷空调试验系统图。融冰取冷后的载冷剂直接送到末端机组。图 6-204 为间接供冷式蓄冷空调试验系统图。融冰取冷后的载冷剂需经过换热器换热后，由另一侧的载冷剂送到末端机组。

流量测量点位于蓄冷装置（或板式换热器）进口直管段处，距蓄冷装置（或板式换热器）至少 4 倍管径；出口直管段与蓄冷装置出口间的距离至少为 3 倍管径。

测试数据记录时间间隔应不大于 30min 并均等，且第一次记录时间为 $\Delta\tau/2$，最后一次记录为进出水温差值小于 0.5℃时实际间隔。

4. 试验结果

名义蓄冷量和净可利用蓄冷量分别按下式计算

$$Q_{IC} = \sum_{i=1}^{n} G_w c_{pw} (T_{w1} - T_{w2}) \Delta\tau \tag{6-265}$$

$$Q_D = \sum_{i=1}^{m} G_w c_{pw} (T_{w1} - T_{w2}) \Delta\tau \tag{6-266}$$

式中，n 是释放蓄冷量 Q_{IC} 所需次数；G_w 是名义工况下载冷剂的质量流量（kg/h）；m 是释放净可利用蓄冷量 Q_D 所需次数；c_{pw} 是载冷剂的比热容 [J/(kg·K)]；T_{w1}、T_{w2} 分别是蓄冷装置进出水温度（℃）；$\Delta\tau$ 是测试数据记录时间间隔（h）。

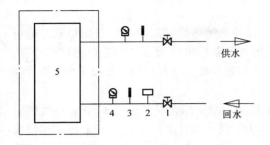

图 6-203　直接供冷式蓄冷空调试验系统图
1—流量调节阀　2—流量计　3—温度计
4—压力表　5—蓄冰罐

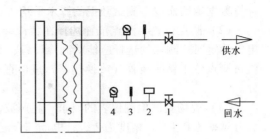

图 6-204　间接供冷式蓄冷空调试验系统图
1—流量调节阀　2—流量计　3—温度计
4—压力表　5—板式换热器

蓄冷性能系数 COP_{ice} 按式（6-256）计算；按释冷循环试验所测数据，绘制释冷量随时间的变化规律曲线。

（三）现场测试方法

现场测试选在最热的月份进行。蓄冷空调系统中供冷系统按设计要求开启运行，实测得到名义蓄冷量 Q_{IC}、蓄冷和释冷循环试验期间输入蓄冷空调系统的总电量及制冷蓄冷系统的总电量、设计日逐时冷负荷。

1. 试验方法

完整的试验程序包括至少一个初始循环试验周期和两个测试循环周期。每个循环周期由一个蓄冷循环试验和一个释冷循环试验组成。

（1）初始循环周期

1）初始蓄冷循环试验。系统按设计工况条件，主机稳定运行，放热侧为现场条件，达设计蓄冷规定时间或安全保护执行器动作时，初始蓄冷循环试验应结束。

2）初始释冷循环试验。试验开始时，系统应已达到完全蓄冷条件，按设计要求开动空调系统，直至系统蓄冷装置（或换热器供冷系统一侧）进出口水温之差小于 0.5℃（或规定时间），释冷循环试验应结束。认为蓄冷循环试验所蓄冷量已全部释放，所释放的冷量即为名义蓄冷量 Q_{IC}，并记录释冷所消耗掉的总电量 $\Sigma A'_{is}$ 和 ΣA_{is}；同时记录整个循环所需时间。

（2）测试循环周期

1）蓄冷循环试验。试验开始时，系统应已达到完全放冷状态，蓄冷空调系统按设计工况条件，主机稳定运行，放热条件为现场条件，达到规定时间或安全保护器动作时，蓄冷循环试验应结束。在此期间测量输入总电量 $\Sigma A'_x$ 与 ΣA_{ix}，同时记录试验期间传热流体的最低温度（通常是试验结束时的温度）。

2）释冷循环试验。试验开始时，系统应已达到完全蓄冷条件，按设计要求开动供冷系统，直至系统蓄冷装置（或换热器供冷系统一侧）进出口水温之差小于 0.5℃，释冷循环试验应结束。认为蓄冷循环试验所蓄的冷量已全部释放，所释放的冷量即为名义蓄冷量 Q_{IC}，并记录释冷循环所消耗的总电量 $\Sigma A'_{is}$ 和 ΣA_{is}；同时在试验记录中记录试验日逐时冷负荷；还需记录系统消耗的总电量 ΣA_{Tis}（包括供冷系统用电）和冷冻水的压力降。

2. 试验结果

蓄冷性能系数 COP_{ice} 按式（6-256）计算；按释冷循环试验所得数据，绘制出释冷量随时间的变化规律曲线，或按释放冷量与系统蓄冷总量比随时间的变化规律来绘图。

3. 测试要求

（1）测试次数和间隔　至少应进行两个释冷、蓄冷循环试验，测定时间间隔不大于 30min；

计算数据取两次以上测试数据的算术平均值。

（2）测点位置　　测点位置选择在蓄冷装置、制冷设备、换热器管路的入口与出口处。进行电气测定时，测点的选择应能对制冷设备、水泵、风机等设备的电气参数分别进行测试和计算。流量测点位于蓄冷装置（或换热器）进口直管段至少3倍管径处，以及出口直管段至少4倍管径处。

（3）现场测试检测仪表的要求　　超声波流量计精度为1级，综合误差小于±2%；温度测量仪分辨率为0.1℃，精度为2级；电能综合测试仪精度为1级，综合误差小于±2%；电工测量仪表（电压、电流、功率、功率因数表）精度为1级，综合误差小于±2%；其他测量仪表精度为1级，综合误差小于±2%。

第七章　蓄热系统与设备

第一节　热泵蓄热系统

在环境温度较低的情况下使用热泵装置时，室外机组中的换热器会结霜，严重影响了其制热效果。热泵在化霜时会停止向室内供热，这造成了室内温度波动；同时使热泵运行效率降低。

蓄热型热泵可以较好地改善热泵在低温下的运行性能。它利用低谷期电力，通过设备（热泵或电热器）产生热量，利用蓄热介质的显热或潜热特性，以一定方式将热量储存起来；而在电力负荷的高峰期将热量释放出来，以满足空调或生产工艺的需要。

一、工作原理

图 7-1 所示为热泵蓄热系统。在冬季取暖温度较高时，冷凝器出来的热流体不是直接节流，而是先经过一个蓄热器，过冷后再节流，然后蒸发去压缩机。蓄热器中的蓄热材料不断吸收热量后温度升高，到一定温度后制冷剂过冷所释放的热量用于平衡蓄热器的漏热量。当室外温度降到较低的温度时，蒸发器的换热效果明显下降，仅通过蒸发器吸收室外热量已无法制取预期的热量，此时就可以利用蓄热器来补充。它有并联和串联两种方法。并联法是指从冷凝器出来的制冷剂一部分流进蓄热器过冷后节流，再在蒸发器中吸热蒸发；而另一部分制冷剂经过三通阀 1 再节流

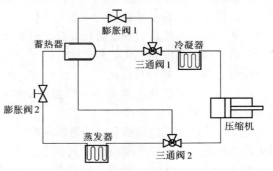

图 7-1　热泵蓄热系统

后直接吸收蓄热器的热量蒸发，最后两部分气体在三通阀 2 中混合并进入压缩机。串联法是指在较低温度下，冷凝器的流体全部流过三通阀 1，节流后在蓄热器中吸热蒸发。

二、热泵蓄热材料

热泵的蓄热温度都不高，一般低于 50℃，因而属于低温蓄热。常用的蓄热材料主要有显热蓄热材料和潜热蓄热材料两种类型。常用的显热蓄热材料有水、岩石等，其缺点是蓄热密度小，热损失较大。常用的潜热蓄热材料有水合盐等，水合盐在加热至其熔点时发生相变，结晶水析出；而当冷却时，熔融液体中的水分子在金属离子的周围发生聚合现象，产生结晶，因而可以利用其相变的热量来达到蓄热的目的。表 7-1 所列为一些常用水合盐的蓄热性能。

表 7-1　一些常用水合盐的蓄热性能

材　　料	熔点/℃	熔点的性质	熔　解　热	
			J/g	J/cm³
$CaCl_2 \cdot 6H_2O$	29	包晶点	170.0	286.0
$Na_2CO_3 \cdot 10H_2O$	32	包晶点	246.0	355.0
$Na_2SO_4 \cdot 10H_2O$	32.4	包晶点	251.2	389.4

（续）

材　　料	熔点/℃	熔点的性质	熔　解　热	
			J/g	J/cm³
$Na_2HPO_4 \cdot 12H_2O$	36	包晶点	279.7	422.9
$Ca(NO_3)_2 \cdot 4H_2O$	43	调和熔点	142.4	259.2
$Na_2S_2O_3 \cdot 5H_2O$	48.5	包晶点	199.7	342.5
$NaCH_3COO \cdot 3H_2O$	58	包晶点	251.2	364.6
$Ba(OH)_2 \cdot 8H_2O$	78	包晶点	293.0	640.6
$Sr(OH)_2 \cdot 8H_2O$	88	包晶点	351.7	669.9
$Mg(NO_3)_2 \cdot 6H_2O$	89	调和熔点	159.9	233.6
$KAl(SO_4)_2 \cdot 12H_2O$	91	调和熔点	232.4	406.5
$NH_4Al(SO_4)_2 \cdot 12H_2O$	94	调和熔点	250.8	409.5
$MgCl_2 \cdot 6H_2O$	117	包晶点	172.5	270.9

　　由表 7-1 可知，$Na_2SO_4 \cdot 10H_2O$ 作为热泵蓄热材料的可能性较大，其相变点为 32.4℃。

三、热泵蓄热容量计算

　　图 7-2 所示为热泵制热量随环境温度的变化。图中也给出了采暖负荷随环境温度的变化。两条曲线的交点称为临界点，对应的环境温度为 T_c。当环境温度 T_a 小于 T_c 时，$Q_a > Q_d$，即热泵的产热量不足。如果热泵压缩机的吸气温度能够达到 T_b 所对应的蒸发温度，则 $Q_b = Q_a$。

　　图 7-3 所示为蓄热型热泵的理论循环曲线。从压缩机出来的过热蒸汽由状态点 2 经冷凝器冷凝到状态点 3，分成两股：质量流量为 m_1 的饱和流体节流后，流经蓄热器吸热后至状态点 7；另一股质量流量为 m_2 的液体经蓄热器过冷后，节流至状态点 6，再在室外蒸发器中吸热蒸发至状态点 8。两股流体在三通阀中混合成状态点 1 后压缩至状态点 2，从而完成一个循环。循环各状态点的参数及负荷可确定如下。

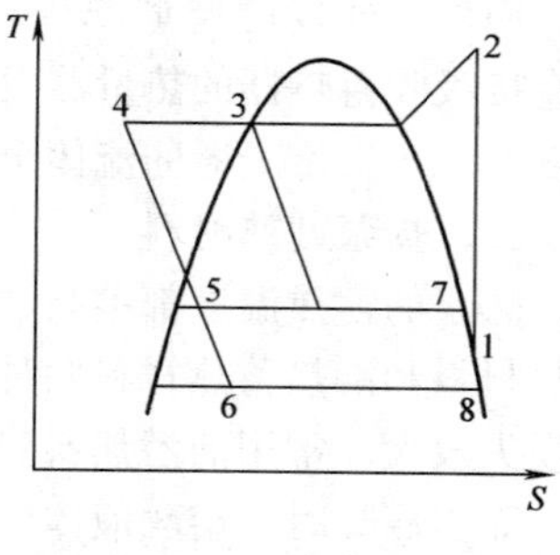

　　状态点 1：温度 $T_1 = T_b - \Delta T$。T_b 可由环境温度 T_a 确定，满足 $Q_1(T_a) = Q_2(T_b)$。ΔT 为蒸发温差，一般为 5～10℃，由此可确定压力和焓。

　　状态点 2：热泵出热水的温度是有要求的，从而可以确定冷凝温度、冷凝压力。根据 $S_1 = S_2$ 可以确定其焓值。

　　状态点 3：压力 p_2 下的饱和液体状态。

　　状态点 5：满足 $h_5 = h_4$。

　　状态点 7：当采用电子膨胀阀时，状态 7 的压力 p_7 随着蓄热器的温度 T_s 而改变，由蓄热器的温度 T_s 以及蒸发换热的温差 ΔT 可以确定状态 7 的温度

$$T_7 = T_s - \Delta T$$

　　状态点 8：温度 T_8 随着环境温度及蒸发温差 Δt 而变化，即

$$T_8 = T_a - \Delta T$$

　　状态点 4：温度 T_4 由制冷剂的过冷程度确定。

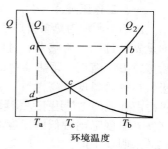

图 7-2　热泵制热量随环境温度的变化
Q_1—采暖负荷曲线　Q_2—热泵制热量曲线

图 7-3　蓄热型热泵的理论循环曲线

压缩机的耗功：$W = m(h_2 - h_1)$。

冷凝器的热负荷即热泵的制热量：$Q_c = m(h_2 - h_3)$。

室外蒸发器的负荷：$Q_{e1} = m_2(h_8 - h_6)$。

通过蓄热器的蒸发吸热量：$Q_{e2} = m_1(h_7 - h_3)$。

冷剂通过蓄热器的过冷量：$Q_r = m_2(h_3 - h_4)$。

三通阀混合过程存在以下关系：

$$m_1 h_7 + m_2 h_8 = m h_1$$
$$m_1 + m_2 = m$$

循环的性能系数：$COP = Q_c / W$

陆国强等人给出了一个蓄热型热泵计算的例子。设室外计算温度为 $T_a = -2℃$，对应的供暖负荷为 $q = 135kW$。供暖时室外的平均温度 $\overline{T}_a = 4℃$，室内设计温度 $T_1 = 20℃$。则对应于 T_a 时的供暖负荷为

$$q_{t1} = q \frac{T_1 - \overline{T}_a}{T_1 - T_a} = 135 \times \frac{20 - 4}{20 + 2} kW = 98.2 kW$$

由此选定热泵机组，热泵的出水温度为 45℃。室外温度与制热量的关系可由热泵机组的性能参数给出，见表7-2。

表7-2　热泵机组的性能参数

室外环境温度/℃	15	7	4	0	-5	-10	-15
制热量/kW	143	113.3	103.5	92.6	76.8	62.8	64.0
耗电量/kW	38.5	35.4	34.2	33.0	30.6	28.2	25.8

图7-4 所示为热泵的性能曲线。在假设室内供暖负荷与室外温差成正比的前提下，图中也给出了负荷曲线。

当环境温度降至室外计算温度 $T_a = -2℃$ 时，按常规的设计，需用的辅助加热量为

$$Q = q - q_{T_a = -2℃}$$

上式右边第 2 项为 $T_a = -2℃$ 时热泵的制热量，按表7-2 插值可以求得其值为 86.44kW，则有

$$Q = (135 - 86.44)kW = 48.56kW$$

若采用蓄热型热泵循环，为了使热泵的制热量达到135kW，只要使压缩机的吸气温度对应于环境温度为 12.8℃ 时的温度，就不必

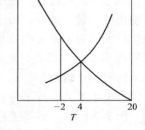

图7-4　热泵的性能曲线

附加加热器了。对应于图7-4，若选定蒸发温差为 7.8℃，则 $T_b = 5℃$，对于室外的蒸发器，在环境温度 $T_a = -2℃$ 时，考虑到结霜等因素的影响，选用温差为 10℃，则 $T_1 = -12℃$。T_7 的温度由蓄热材料确定，若选用 $Na_2SO_4 \cdot 10H_2O$，其相变温度为 32.4℃，若选温差为 7.4℃，则 $T_7 = 25℃$。另外，选定过冷温度 $T_4 = 38℃$，冷凝温度 $T_3 = 50℃$。则各参数的理论计算值如下：

质量流量：$m = 0.775 kg/s$。

分流量比：$\dfrac{m_1}{m} = 0.509$。

压缩机耗功：$W = 23.5 kW$。

冷凝器的制热量：$Q_c = 135 kW$。

室外蒸发器的负荷：$Q_{e1} = 58.5 kW$。

通过蓄热器的蒸发吸热量：$Q_{e2} = 59\text{kW}$。

蓄热器的过冷得热量：$Q_r = 6\text{kW}$。

循环的性能系数：$COP = 5.74$。

由于诸多原因，实际过程中的 COP 是无法达到这样高的。如果在不同的环境温度下计算出三通阀的分流量比，则可以将三通阀设置成数档，对应于一定的温度使之切换，从而达到调节的目的。

第二节　相变蓄热器

一、相变蓄热电供暖器

相变蓄热供暖器具有以下优点：

1) 大部分热量是在恒温下释放的，舒适性较好。

2) 储热密度较高，较小的体积可以有较长的取暖时间。

简单的相变供暖器仅由一个导热容器及充填在其内的相变蓄热材料构成，为方便充热，一般都装有电热元件及温控装置。相变材料的熔点选在 50 ~ 65℃范围内较合适。如果外壳的导热性能较好（如金属、合金等），则熔点可选得低些；如果外壳的导热性能较差（塑料、橡胶等），则熔点宜选得高些。

现有电热供暖器（电热辐射取暖器）的加热功率都较大（一般大于 800W），且不具有蓄热功能。当一栋楼或一个居民区的较多人同时使用此类供暖器时，常出现电路负载过重，使用区域电压低，影响电器正常使用的问题。此外，由于加热电功率较大，电路中电流较大，对于很多电路承载能力低的地方，使用供暖器很不安全。对实行电网峰谷电价分计制的地区，其运行费用也较高。

张寅平等人设计了一种相变蓄热电供暖器，其结构如图 7-5 所示。该供暖器具有以下优点：

1) 用夜间廉价电加热，缩小了电网峰谷差，降低了取暖费用。

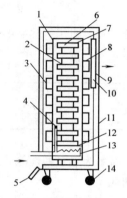

图 7-5　相变蓄热电供暖器示意图
1—换热箱　2—相变材料容器支撑架　3—强化换热肋片　4—电热器温控开关　5—可开闭风门　6—相变材料　7—相变材料容器　8—传热液体（水或油）　9—换气扇隔热门　10—换气扇　11—隔热箱　12—支架　13—电加热器　14—支脚或万向轮

2) 由于采用夜间电加热后蓄热，加热与取暖时间比一般不小于 8/3，故可采用较小的电加热功率（≤500W）。增强了安全性，避免了多用户同时使用时电负荷重，使用区域电压过低，影响家用电器正常使用的问题。

3) 由于不取暖时进行蓄热和隔热、取暖时采用强化传热，故采暖时无时间滞后，不采暖时热损很小。

二、相变蓄热电热水器

现有的电热水器有两种类型：直热式和蓄水式。直热式电热水器需要大功率电加热（一般为 6kW 左右）才能保证出水量较大且水温足够高。由于其电功率很大，一般居民家中的电路、电表难以承受。蓄水式电热水器通常有一个体积较大的盛水容器，热水容量受到盛水容器容量的限制，放水时水压小，给使用者带来了不便。

　　有人针对现有电热水器的不足，提出了一种能用小功率电加热器加热，且热水量大于盛水容器容量，放水时水压等于自来水水压的电热水器。

　　图7-6为相变蓄热电热水器结构示意图。它包括带温控或时控开关的电加热器，盛水容器及进出水管，还包括一个盛装着高温相变材料的隔热容器，其电加热器的加热段伸入该容器，高温相变材料包围在电加热段的周围。在该容器内还有一根换热水管，该换热水管的一段伸出容器外与进水管接通，另一端敞口，伸入盛水容器内腔的近底部。当电加热与电源接通时，电热段的升温使高温相变材料熔化，热量以相变潜热形式蓄积。到需用热水时，先打开换热水管的进水阀，冷水进入换热水管。熔化的高温相变材料使水沸腾，形成高温蒸汽并进入盛水容器，以凝结方式加热由另一进水管进入盛水器的冷水。由于换热水管及盛水容器的两个进水管道都开通，冷水源源不断地进入容器，故其出水口持续有热水流出，直至关闭进水阀或高温相变材料的温度不能将换热水管内的冷水加热为蒸汽为止。

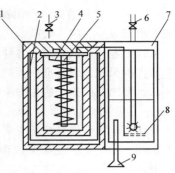

图 7-6　相变蓄热电热水器结
构示意图
1—隔热层　2—真空桶　3—水阀
4—进水换热管　5—电加热器
6—进水阀　7—隔热层　8—蒸
汽沸水出口　9—淋浴器

　　由于使用放置在隔热容器中的高温相变材料蓄存热量，其升温过程可以是一个缓慢加热过程，因此能采用小功率加热，增加了电路的安全性，也不会影响其他家电的正常使用。另一方面，由于高温相变材料相变过程近似为等温过程，相变潜热很大，故当换热水管内流过冷水时，相变材料积蓄的热量能使水管内的冷水持续加热，使其变成蒸汽，从而可加热盛水容器中不断放入的冷水。故其所得热水量不受盛水容器的限制，且出水水压始终与进水管水压相等。这既有利于缩小整体体积，又方便了使用者。同时，由于高温相变蓄热材料放置在隔热容器中，热损小，故蓄热时间较长，使用者可以在电网负荷为低谷时加热、蓄热。这不仅有利于缓解电网负荷、峰谷差，当实行电网负荷峰谷电价分计政策时，还有利于降低用户的电费开支。

第三节　蓄热式电锅炉

　　随着我国国民经济的发展和产业结构的调整，白天高峰用电量不断增加，夜间低谷时段用电量大幅降低，供电峰谷差逐年加大，给电网运行带来了较大的困难，必须采取有效措施来"削峰填谷"。大力推广电热锅炉在低谷时段蓄热运行，不失为"削峰填谷"的有效方法。即在夜间低谷时段自动开启电热锅炉，将产生的热量储存在保温水箱中，在白天高峰用电时段供热。这样既达到了"削峰填谷"的目的，又充分发挥了电热锅炉保护环境、操作简便等诸多优点。

一、蓄热式电锅炉的蓄热方式

　　蓄热式电锅炉常用的蓄热方式主要有以下几种：

　　（1）常压水蓄热　优点是结构简单，适用于蓄冷、蓄热一体的系统；缺点是蓄热密度小，占地面积大，蓄热效率较低。

　　（2）高温水蓄热　优点是蓄热密度较大，地域适应性广，成本低；缺点是系统较为复杂。

　　（3）液态高温体蓄热　采用导热油等进行蓄热，特点是温度高，蓄热密度较大；缺点是易燃，必须配备消防装置，初投资高。

　　（4）固态高温体蓄热　采用热容较大的固体，将其加热到800℃左右进行蓄热，优点是蓄热密度大；缺点是需有中间热媒体，换热较困难，电加热设备寿命短，金属密封件壳体易发生高温氧化腐蚀等。

（5）相变材料蓄热　利用相变材料的固－液相变潜热进行蓄热，优点是蓄热密度大；缺点是相变潜热较小，成本较高，还要克服相变材料过冷等问题。

从以上叙述可以看出，各种蓄热方式都有其优缺点，因此，提高蓄热密度和效率、减少系统投资和占地面积，成为推广蓄热式电锅炉技术的关键问题。

二、蓄热式电锅炉的工作原理及蓄热供热系统

（一）蓄热式电锅炉工作原理

蓄热式电锅炉供热系统主要由电锅炉（常压或有压）、蓄热水槽、换热设备、循环水泵、自动控制阀、供配电部分及控制系统等组成。

电锅炉是将电能转换成热能，并将热能传递给介质的热能设备。电锅炉由两个环节组成，即将电能转换为热能的转换装置和传递热能的介质。转换装置的核心部件是电热管，有陶瓷电热体、碳钢电热体、不锈钢电热体等。质量好的电热管用非铁金属（如纯铜管）或合金材料做外套，并进行钝化处理，可以防腐蚀和结垢，延长了电热管的使用寿命。转换装置通电后，将源源不断地产生热量，这些热量必须不断地被介质吸收带走，才能保持热量平衡，否则电热元件的温度会无限制地升高，直至烧毁。电热锅炉中，一般选用热水或蒸汽作为介质，也有采用导热油作为介质的。

蓄热水槽是储存热量的容器，也是蓄热式电锅炉供热系统的主体之一。中小型工程一般采用蓄热罐，其特点是结构简单、安装方便、维护容易、造价较低。大型蓄热工程则根据建筑物的情况，采用混凝土蓄热水池。

换热器是蓄热电锅炉系统的重要设备。用于蓄热的热媒水要在系统不工作的时间进行蓄热，或者供热和蓄热同时进行。为了完成蓄热过程，且不受供热系统的影响，也为了降低软水处理的成本，将锅炉与供热系统分离，而采用换热器来进行热量的传递。图7-7为蓄热电锅炉及其系统示意图。这有利于保护锅炉和使一个热源可同时用于多种用途。蓄热系统效率的高低取决于是否能将蓄热介质中的热量尽可能地放出，即在一次热媒的温度下降后仍能有效地放出热量。板式换热器的传热系数高，结构紧凑，占地面积小，热损失小。因此，在蓄热供热系统中，板式换热器是理想的换热设备。

循环水泵分一次热水泵和二次热水泵，在选用时应特别注意水泵的工作温度。常压系统的一次热水泵布置在锅炉的出水口一侧。补水槽液面应高于水泵吸入口2~3m，以保证水泵不会发生汽蚀。

蓄热电锅炉供热系统需要的阀门比常规系统多，除了具有关断和调节功能外，还起到系统功能转换的作用，有些地方应使用电动阀门。阀门的安装位置和类型都必须合适，否则，系统将不能正常工作。

电锅炉配有大功率的输配电系统。为了减小电压降和损耗，要求配电间尽可能靠近电锅炉，距离以不超过50m为宜。电锅炉不能瞬间满载或卸载，加热时每10s投入一组电热管，达到设定温度时，每10s断开一组电热管。

电锅炉都带有自动控制柜。电加热过程简单，执行机构少，控制裕度小，反应灵敏，可以实现无人值守运行。其常用的自动控制功能有定时开机停机，锅炉运行参数设定，超温、超压、低水位、漏电、过载等故障的报警和保护，按设定的程序运行等，为用户使用提供了可靠的安全保证。

（二）蓄热式电锅炉蓄热供热系统

（1）直供式蓄热供热系统　图7-8为直供式蓄热供热系统示意图。它适用于功率较小的储

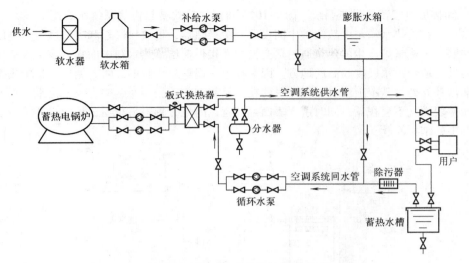

图 7-7 蓄热电锅炉及其系统示意图

水式电热锅炉。系统配备一个蓄热水箱，其容积需与电热锅炉容量和用户白天热水需要量相匹配。冷水管直接接入锅炉进水口，待炉水达到一定温度后，将热水连续送入蓄热水箱，但需控制好进水流量，将出水温度控制在一定的范围内。蓄热水箱充满水后，电热炉会自动停止运行。当用户取用热水时，蓄热水箱水位下降，浮球阀打开，补充注入热水，同时电热炉会自动起动。该系统可采用低谷电蓄热方式运行，但需加定时装置和必要的电磁阀。该

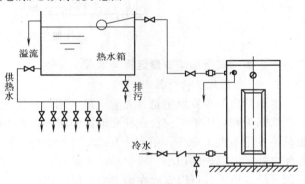

图 7-8 直供式蓄热供热系统示意图

系统的优点为：①系统管路简单，一般不需安装给水泵；②用蓄热水箱供热水，其水温和水压稳定；③瞬时供热水量不受电热炉功率的限制，可实现多点供水。

（2）循环式蓄热供热系统 图 7-9 为循环式蓄热供热系统示意图。它适用于功率较大的快热式电热锅炉。系统中同样配置一只与电热锅炉功率相匹配的蓄热水箱，给水从蓄热水箱注入，并充满整个系统。蓄热水箱与电热锅炉之间形成循环回路，通过热水泵循环用电热锅炉发出的热量加热蓄热水箱的水，直至达到设定温度。因该系统适用于功率较大的电热锅炉，所以推荐采用低谷电蓄热运行方式。一般蓄热运行时间设计为 4~8h 为宜。蓄热时间越短，要求电热锅炉的功率越

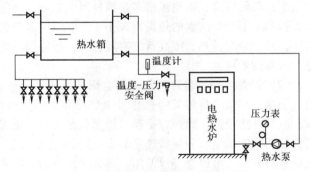

图 7-9 循环式蓄热供热系统示意图

大，初投资就越高，应以能充分利用夜间 8h 低谷电为原则。

该系统除具有蓄热水箱供热的各项优点外，还因采用大流量循环加热，有利于电热元件散热和防止气泡停滞，而使系统更安全可靠。

（3）间接加热式蓄热供热系统　图 7-10 为间接加热式蓄热供热系统示意图。该系统为双循环加热系统。在蓄热水箱与电热锅炉中间设置一台换热器，将放热过程和吸热过程分隔成两个独立循环回路。电热锅炉产生的热量通过热交换器间接传递给蓄热水箱中的水。该系统适用于蓄热运行，而且更适合给水硬度较高的地方。因为在电热锅炉放热侧形成闭式循环，其中热媒水除因微量泄漏需补充外，基本上没有损耗；只要在初始起动前该循环回路中充满软化水，则电热锅炉中电热元件表面就不会积垢；同时由于表面温度越高的地方越容易积垢，从而避开了最易积垢的放热循环中的结垢问题。

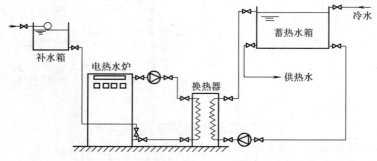

图 7-10　间接加热式蓄热供热系统示意图

三、蓄热式电锅炉容量选择与匹配

（一）电锅炉房的布置

电锅炉房的布置原则是首先应满足《锅炉房设计规范》和《锅炉房安全检查规程》的要求。电蒸汽锅炉和有压锅炉应设在独立的锅炉房内；当不能独立设置，而必须设在建筑物内时，应满足总蒸发量不大于 6t/h，单台蒸发量不大于 2t/h，同时不能布置在邻近人员密集场所处的要求。除此之外，电锅炉体积小、质量小、无燃料输送和烟气排放，也不需要炉前的检修空间，所以其布置灵活性更大，可以安放在地下室、屋面或设备层。电锅炉上部所需的净空间大大低于其他锅炉。电锅炉的另一大特点是不需要燃烧用的大量空气，因此它对通风的要求不高。

（二）蓄热水槽的设计和计算

（1）蓄热水槽　蓄热水槽与蓄冷水槽的设计方法相同。通常情况下，为了提高蓄热水槽的利用率，降低造价，蓄热水槽多是圆柱形或矩形。平底圆柱形的水槽外表面积与体积之比小于同样容积的矩形槽，前者的热量损失小于后者，所以工程中宜采用圆形水槽。蓄热水槽要有一定的高度，便于分层蓄热，提高蓄热有效容积，圆形桶体的直径和高度之比为 0.35 ~ 0.6，可以得到令人满意的效果。

（2）蓄热水槽容量计算　蓄热电锅炉供热系统按蓄热的多少，分为全量蓄热和分量蓄热系统。全量蓄热就是将每天的耗热量全部储存在蓄热罐内。这种方式全部使用低谷电，运行费用低，但其一次投资、锅炉容量和占地面积都较大。是否采用全量蓄热方式，要进行充分的技术经济比较后才能确定。分量蓄热是最常使用的方式，其一次投资适中，设备利用率高，热损失小于全量蓄热方式，可以合理地使用一部分平价电力。蓄热水槽容量的计算公式为

$$V = \frac{QK}{\rho c_{p} \Delta t \eta} \tag{7-1}$$

式中，Q 是日总热负荷的平均值（kJ）；K 是热损失附加率，一般取 1.05 ~ 1.1；c_{p} 是水的比热容 [kJ/(kg·℃)]；ρ 是水的密度（kg/m³）；Δt 是二次热水侧的温差（℃）；η 是蓄热效率（与蓄热水槽的结构有关）。

（三）电锅炉容量的计算

一般情况下，锅炉容量是按最大负荷计算的，而蓄热电锅炉不能按这种方法计算，应按以下方法进行计算：

1）计算并绘制日热负荷曲线。

2）计算日热负荷平均值 Q。

3）确定峰、谷、平三个供电时段。

4）按以下公式计算电锅炉容量。

① 全量蓄热计算公式为

$$Q_g = \frac{1.1Q}{t_s} \tag{7-2}$$

式中，Q_g 是全量蓄热时需要的锅炉容量（kW）；t_s 是蓄热时间（低谷电时段）（s）；

② 分量蓄热计算公式为

$$Q_{g1} = \frac{1.1Q(1-N_s)}{t_p} \tag{7-3}$$

式中，Q_{g1} 是蓄热后补充加热需要的锅炉容量（kW）；N_s 是蓄热率；Q 是日总热负荷（kJ）；t_p 是蓄热后的锅炉工作时间（平价电时段）（s）。

$$Q_{g2} = \frac{1.1QN_s}{t_s} \tag{7-4}$$

式中，Q_{g2} 是蓄热需要的锅炉容量（kW）；t_s 是蓄热时间（s）。

第四节　相变蓄能建筑系统

建筑物能耗主要由采暖和空调能耗构成。环境温度和湿度的变化会使室内温度和湿度发生变化。当室内温度和湿度超过一定范围时，就会影响人的正常工作和生活以及机器的正常运转。为此，需要使用采暖和空调设备将室内温度和湿度控制在适当的范围内。这样，就需要消耗能源。当室外温度和湿度与室内需要的温度和湿度差别很大，或者室外温度和湿度的日变化、日间变化和季节变化很剧烈时，使用采暖和空调设备所消耗的能量就越多。而合理地使用蓄能材料，不但有助于使室内保持需要的温度和湿度，而且可以均衡或者部分消除采暖和空调负荷，或者将高峰负荷转移到低谷时段，因此可以降低建筑物采暖和空调能耗。另一方面，建筑物所获得的一些低温热能，如人和机器放出的热量、可回收利用的工业废热、建筑物日间从外界吸收而在夜间释放于环境中的热量，以及太阳能系统白天收集的热量等，与人的需要在时间上往往不同步，除非可以储存和回收这些低温热能。而蓄能材料则可有效地吸收和储存这些低温热能，然后慢慢地将其释放出来，从而可以调整这些能量在供给和需求时间上的不一致性。蓄能材料可提高建筑物的热惯性，使室内温度变化幅度减小，从而可减少采暖和空调设备的开停次数，使这些设备的运行效率得到提高。另外，由于建筑热惯性的提高而使采暖和空调负荷比较均衡，即减少了高峰负荷。这样，对同一建筑物就可选用能耗较小的采暖和空调设备，由此可降低设备的购置和维护费用。

在建筑能耗中，空调制冷用电尤其值得关注。随着空调行业的快速发展，预计到 2020 年，全国制冷电力高峰负荷将会翻两番，即达到约相当于 10 个三峡电站的满负荷出力。由此可见，如果单纯采取增建电力设施的做法，随着空调数量的不断增加，电力工业的峰谷差必将进一步扩大，致使高峰用电问题日益严重。只是为了保证高峰期间用电，许多昂贵的电力设施大部分时间都处于闲置状态，这是极其浪费的，而其成本的摊销又会使电价抬高。建设每千瓦的电站和电网设施，平均约需8000元的投资。为了满足2020年短时间空调制冷的高峰负荷，其电力建设总投资共需约1.4万亿元，数字十分惊人。

另外，采暖也只是用在冬天一段时间内。而开展建筑节能工作，可从源头上"釜底抽薪"，使建筑空调、采暖和家电能耗大大降低，是最经济有效的办法。只要改善建筑围护结构的热工性能，提高采暖、空调设备的效率，就可以用少得多的资金，达到节约能源、削减高峰负荷，提高建筑热舒适性的目标。

新一轮住宅建设将向产业化、集约化、多功能化方向发展。住房商品化以后，居民将更加综合地考虑住房的功能质量，节能建筑将更具市场竞争力。按照现行建筑节能标准，建筑物可降低使用能耗50%，在不采用空调措施的情况下，冬天的室温能提高5℃左右，夏天则能降低2～3℃，住宅的用电、用水、用气量将大大降低，产生的工业和生活污染也将大幅度减少。

一、相变蓄能建筑材料

现代建筑向高层发展，要求所用围护结构为轻质材料，但普通轻质材料的热容较小，导致室内温度波动较大。这不仅会造成室内热环境不舒适，还会增加空调负荷，导致建筑能耗上升。通过向普通建筑材料中加入相变蓄能材料，可以制成具有较高热容的轻质建筑材料。利用相变蓄能复合材料构筑建筑围护结构，可以减少室内温度波动，提高舒适度，使建筑物供暖或空调不用或者少用能量；可以减小所需空气处理设备的容量，同时可使空调或供暖系统利用夜间廉价电力运行，降低空调或供暖系统的运行费用。

相变蓄能材料是一种熔化时吸热、凝结时放热的材料。液态相变蓄能材料靠表面张力保持在多孔隙的主体材料中。因为潜热比显热大得多，所以在建筑材料中加入适量（质量分数为5%～25%）相变蓄能材料，即可对其蓄热能力产生很大的影响。目前，可采用的相变材料的潜热可达到170kJ/kg左右，而普通建材在温度变化1℃时，储存同等热量将需要180倍于相变材料的质量。因此，复合相变材料建材具有普通建材无法比拟的热容，对于房间内气温的稳定及空调系统工况的平稳是非常有利的。

目前适合建筑蓄能的相变材料主要有无机物和有机物两大类。图7-11所示为适合建筑蓄能的相变材料。绝大多数无机物相变蓄能材料具有腐蚀性，而且在相变过程中具有过冷和相分离的缺点，影响了其蓄能能力。而有机物相变蓄能材料不仅腐蚀性小、在相变过程中几乎没有相分离的问题，且化学性能稳定、价格便宜。但有机物相变蓄能材料普遍存在热导率低的缺点，致使其在蓄能系统的应用中传热性能差、蓄能利用率低，从而降低了系统的效能。因此，研制蓄能密度大、性能稳定的复合相变蓄能材料成为该研究领域的热点和难点。

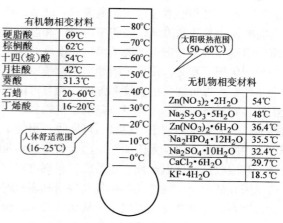

图7-11　适合建筑蓄能的相变材料

目前国内外的研究都集中在有机相变材料方面，主要有烷烃、脂、酸、醇及石蜡五类。相变材料与建材基体的结合工艺主要有三种：①通过浸泡将相变材料渗入多孔的建材基体中，可供选择的多孔建材主要包括石膏板、膨胀黏土、膨胀珍珠岩、多孔混凝土等；②使高密度交联聚乙烯颗粒在熔化的相变材料中膨化，然后加入建材板材原料中；③将相变材料吸入半流动性的硅石细粉中，然后掺入建材板中。

相变蓄能材料复合的目的在于充分利用各类蓄能材料的优点，克服其不足。与合适的基体材料的复合，强化蓄、放热过程的传热，并解决蓄能材料液相的泄漏和腐蚀问题。在建筑节能领域，通过建筑材料与蓄能材料的复合，可以提高建筑物的温度调节能力，达到节能和保证舒适的目的。相变蓄能材料与陶瓷复合做蓄能材料，采用直接接触换热方式，不需要换热器，能减少蓄能材料用量和缩小容器尺寸，因而可以较大幅度地提高蓄能系统的经济性。其中的相变材料可以看作是陶瓷微细孔隙中的胶囊结构，因表面张力和毛细管吸附作用，熔化的液态相变材料不会渗漏。此时的蓄热量包括相变材料的相变潜热与混合材料的显热，属于混合型蓄能方式。将相变材料裹入聚合物的空间网络中，相变材料受界面张力和化学键的作用而保留在聚合物中间，在蓄、放热的循环中液相不泄漏。用这种方法制成的水/聚丙烯酰胺系统，可以用在直接接触式蓄热系统中。用浸制的方法使相变蓄能材料渗入基体材料（石膏板、混凝土、塑料板和泡沫材料等）中，可以制成具有蓄能功能的墙体材料。有人将93%～95%（质量分数）的软脂酸与7%～5%的硬脂酸的混合物浸入石膏板材中，浸入相变材料的质量分数为23%。该蓄能墙体材料在23～26.5℃时熔解吸热，在22～23℃时凝固放热，其蓄能容量为381kJ/m²，可用于空调建筑节能。

目前存在的问题是蓄能建筑材料的耐久性及经济性问题。其耐久性主要分为三类问题：其一是相变材料在循环相变过程中热物理性质的退化；其二是相变材料从建筑基体材料中泄漏出来；其三是相变材料对建筑基体材料的作用。其经济性表现为相变材料的价格较高，导致其费用上升。

为解决上述问题，必须从以下两方面着手：一是相变材料的筛选与改进；二是相变材料与建筑基体材料的复合方法。相变材料的选择是进一步筛选符合环保的、低价的有机复合相变材料，如可再生的脂肪酸及其衍生物。有机相变材料混合物的使用对蓄能建材的研究开发具有十分重要的意义：其一是突破了纯物质熔点对选用相变材料的限制，有可能将两种或几种价廉、供应充裕、不同熔点的物质组成熔点合适的相变材料混合物，从而解决价格问题；其二是由于选用不同组元和改变成分几乎可以连续调整蓄能建材的相变温度，使得相变温度的优化有了实际意义；其三是适当选择组元，可使混合物部分保留某些组元的优点，例如烷烃与酯类混合，既保留了相当大的相变潜热，又能抑制表面结霜趋势。

随着高分子技术的发展，固液相变材料的封装技术出现了一些新的进展。微胶囊技术是一种用成膜材料把固体或液体包覆起来形成微小颗粒的技术。可用有机材料作为微胶囊的囊壁，相变材料作为囊芯，制成微米级的相变蓄能颗粒。微胶囊技术的优势在于形成胶囊时，囊芯部分被包覆而与外界环境隔绝，它的性质可以毫无影响地保留下来。微胶囊相变蓄能材料解决了相变材料从建筑基体中泄漏问题，以及与建筑基体材料的相容性问题。

二、相变蓄能建筑结构

（一）蓄热天花板

以美国麻省理工学院为中心的研究小组开发了一种夜间供暖系统。该系统是在窗户上安装反射镜，把来自反射镜的太阳光反射到天花板上，在天花板上敷设吸收并储存太阳能的片状物，白天储存太阳能，夜间利用它供暖。图7-12所示为具有蓄热相变材料的天花板。片状物是用预制的塑料混凝土制成的，其中封入由38%（质量分数，下同）的硫酸钠、3%的硼砂、8%的氯化钠、3%的二氧化硅细小粉末和48%的水混合而成的相变蓄热材料。

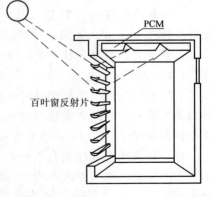

图7-12　具有蓄热相变材料的天花板

氯化钠起降低熔点的作用，而硼砂和二氧化硅起促进结晶的作用。试验表明，该混合物能耐

2000 次的冷冻/熔融循环，相当于连续使用 10 年而不老化。包含这种相变材料的片状物为正方形，长度与宽度均为 61cm，厚 3.2cm，质量为 20kg，蓄热材料的共熔点为 22.8℃。试验表明，它能使 83.5m² 的房子内整天保持在 18.3~22.8℃。

（二）相变蓄热墙（板）

加拿大 Concordia 大学建筑研究中心（CBS）针对相变墙体材料的选择和研制做了大量试验，对应用相变墙的被动式太阳房热性能进行了试验研究和数值模拟。美国 Los Alamos 国家实验室（LANL）的计算结果表明，使用相变墙可以使建筑物的逐时负荷均匀化，减少空调设备的初投资和运行费用。

在 Trombe 墙中采用相变材料，可降低墙外表面温度，提高集热效率（即使考虑到夜间其热损增加）。

美国 Delaware 大学于 1978 年研究的一种相变蓄热墙板（PCM 墙），如图 7-13 所示。它以 $Na_2SO_4 \cdot 10H_2O$ 为相变蓄热材料，墙板面积为 2m²，内装 57 根 $\phi0.04m \times 1.2m$ 的聚乙烯圆管，管中装 $Na_2SO_4 \cdot 10H_2O$。墙板温度为 32℃ 时，潜热热容量为 $3.2kW \cdot h/m^2$，显热热容量为 $0.04kW \cdot h/(m^2 \cdot K)$。试验中，该墙板放在双层玻璃窗后，经过一整天的日照，到下午 5：00，在玻璃外盖上隔热层，开动电扇，由空气将墙板所蓄热量带到室内。对该墙板与法国 Odiello 砖石墙的性能进行了比较，结果见表 7-3。

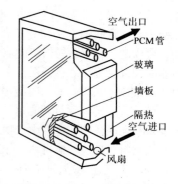

图 7-13　相变蓄热墙板断面图

（空气出口、PCM 管、玻璃、墙板、隔热、空气进口、风扇）

表 7-3　PCM 墙与 Odiello 砖石墙（Trombe 墙）性能的比较

项　目	PCM 墙	Trombe 墙
环境温度/℃	-4.4	5.0
试验时间	1978 年 2 月 23 日、27 日、3 月 4 日、5 日	1974 年 12 月 12 日到 1975 年 1 月 18 日
平均垂直日照/($kW \cdot h/m^2$)	4.73	5.68
平均效率(%)	46	37
单位面积质量/(kg/m^2)	48.9	1466
墙体厚度/cm	10	61
储热强度	在 31℃时为潜热 $3.15kW \cdot h/m^2$ + 显热 $0.045kW \cdot h/(m^2 \cdot K)$	只有显热 $0.34kW \cdot h/(m^2 \cdot K)$

有一种吸有 30%（质量分数）羧酸的厚 13mm 的灰泥板制作的 PCM 墙板，其熔解热为 46kJ/kg 或 540kJ/m²，如加上 5℃ 的显热，则蓄热能力为 630kJ/m²，相当于 60mm 厚混凝土墙的热容量。这种 PCM 墙板的优点是质量小、易于安装、适宜改型。

（三）相变蓄热地板

相变蓄热地板采暖系统是将电网低谷电能转化为热能储存在地板蓄能材料中，并以地板为散热器实现低温辐射供暖的地板采暖系统。

相变蓄热地板的应用有两种形式：被动形式和主动形式。被动形式的相变蓄热地板安装在室内地面上，自下而上由基础层、保温层、发射层、蓄热层 1、发热元件、蓄热层 2、地面装饰层组成。图 7-14 为相变蓄热地板采暖系统示意图。其工作过程为：在电网低谷时段，在

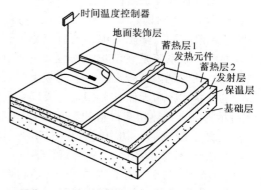

图 7-14　相变蓄热地板采暖系统示意图

（时间温度控制器、地面装饰层、蓄热层 2、发热元件、蓄热层 1、发射层、保温层、基础层）

时间温度控制装置的控制下，高效电加热元件（电热膜、地热电缆等）通电工作，产生热量。一部分热量以辐射热的形式向房间供暖；另一部分热量被蓄热材料吸收，储存在蓄热材料中，加热地板，使地板表面温度维持在 24～32℃。在电网高峰时段，在时间温度控制装置的控制下，

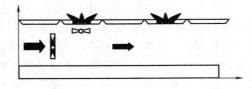

图 7-15　地板下的空气流动与控制示意图

电加热元件自动断电停止工作。此时地板将存储的热量均匀释放出来，使房间内始终保持较理想的采暖温度。

　　主动形式的相变蓄热地板在相变材料和覆盖层间有一空气层，覆盖层上安装可控风口，通过调节风口的空气流量来控制散热速率。图 7-15 为地板下的空气流动与控制示意图。主动控制方式能提高热利用效率，减少能量浪费，并且个人可根据自身需求和喜好来调节周围小气候，感觉更舒适，能提高工作效率，适于现代办公室采暖。

　　相变蓄热地板采暖具有如下特点：

　　1）电采暖没有任何污染，不占用土地，不需要水。

　　2）地板采暖辐射热量分布均匀，房间内温差小，地面温度较高，符合人体生理需要，舒适性好。

　　3）低温辐射供热避免污浊空气对流，能有效减少浮尘。

　　4）节省空间，地板采暖无需散热器管路、锅炉房等设施，可有效节省建筑面积。

　　5）高效节能，辐射供暖面积大，热量集中在人体受益的范围内，减少了房屋上部热损失。

　　6）运行经济性好。使用廉价低谷电力的蓄热系统，与燃气及非蓄能电采暖系统相比，使运行费用减少了40%（取决于峰谷电价比），低于集中供热方式的费用。

　　7）控制灵活，计费方便，可满足分户、分室控制及个性化采暖需求，符合建筑节能化、供暖分户化的发展方向。

　　8）系统使用寿命长。传统供暖系统的管道及散热器会发生腐蚀，一般在系统投入使用 8～10 年后就需要更换维修。而电热膜及地热电缆完全密封在混凝土中，不与大气直接接触，使用寿命可达 30 年以上。

　　（四）相变蓄热吊顶

　　图 7-16 为热管相变蓄热吊顶示意图。白天工作时，百叶窗关闭，室内空气由吊顶风扇进行循环流动，室内空气的热量通过热管传递给相变材料，相变材料熔化吸热使室内温度降低。夜间工作时，百叶窗打开，室外温度较低的空气被吸入，热管将相变材料的热量传递给冷的空气，而相变材料因放热又重新凝固，吸收相变材料热量后的空气被排出室外。

　　有一种夜间通风蓄冷的相变吊顶系统，如图 7-17 所示。夜间，通过风机引进室外冷风，对相变材料充冷，出口空气排入室内（或者部分空气直接排出室外），同时对室内建筑围护结构蓄冷。白天，空气从室内引进相变蓄能换热器，经相变材料冷却后送回室内，

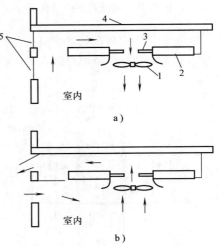

图 7-16　热管相变蓄热吊顶示意图
a）白天工作　b）夜间工作
1—风扇　2—相变材料　3—热管
4—天花板　5—百叶窗

达到室内降温效果。

三、相变蓄能建筑系统的性能

（一）试验系统

图 7-18 所示为试验房间的结构尺寸，它是以一道隔墙隔开的大小相同的两个房间，室内面积都为 2.29m×2.27m，高度为 2.45m，建筑结构相同。一间里的墙壁和天花板装普通石膏板；另一间里的墙壁和天花板装浸渍相变材料的石膏板。石膏板的厚度均为 12.5mm。试验房间外墙外表面安装 9.5mm 厚的胶合板，夹层中填充玻璃纤维隔热材料，图7-19 为墙壁剖面图。

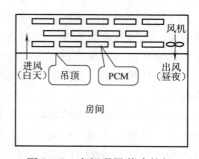

图 7-17 夜间通风蓄冷的相
变吊顶系统

两间试验房间的空调装置都安装在顶上，由计算机进行控制。数据采集系统也由计算机控制。该数据采集系统有 70 个通道，66 个用于测量壁板前后表面的温度和试验房内的空气温度，4 个通道测量试验房外部人工控制环境的温度。图7-20所示为试验房内热电偶温度测点的布置。

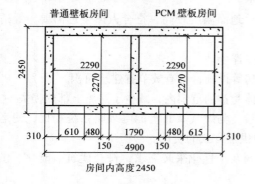

图 7-18 试验房间的结构尺寸

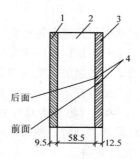

图 7-19 墙壁剖面图

1—石膏板 2—玻璃纤维 3—胶合板 4—热电偶

为控制试验房外部的环境温度，将两间试验房建造在一间大实验室内，用一道隔墙将其与实验室其余部分隔开，隔墙里的人工环境也由一台空调装置控制。图 7-21 所示为试验房间的结构布局。

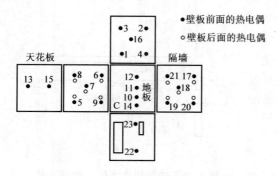

图 7-20 试验房内热电偶温度测点的布置

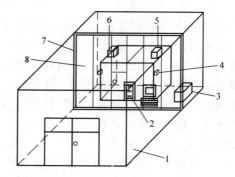

图 7-21 试验房间的结构布局

1—实验室 2—数据采集系统 3—环境空调
装置 4—控制器 5、6—试验房间空调装置
7—隔墙 8—试验环境

（二）相变材料选择及相变材料壁板的制作工艺

（1）相变材料选择　相变材料的选择应考虑其热物性、其他物理和化学性质及经济性。该试验所选用相变材料的主要成分（质量分数）为50%的硬脂酸丁酯和48%的软脂酸丁酯，这是一种脂肪酸酯混合物。由于该相变材料的潜热蓄热量较大，相变温度（21℃）也符合建筑物采暖和空调对蓄热材料蓄热/放热的温度要求；另外，这种材料经济易得，且加入石膏板的工艺较简单。因此，该材料成为蓄能建筑的首选材料。图7-22所示为该相变材料的凝固/熔化曲线，图7-23所示为含25.7%（质量分数）相变材料壁板的凝固/熔化曲线。从图中可知，该相变材料加入石膏板后的热特性不发生变化。显然，浸渍相变材料的蓄热能力等于基体材料的显热蓄热能力与浸渍的相变材料的潜热蓄热能力加显热蓄热能力之和。亦即要蓄存同样多的热量，使用的相变材料用量较少。

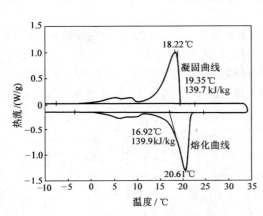

图7-22　相变材料的凝固/熔化曲线

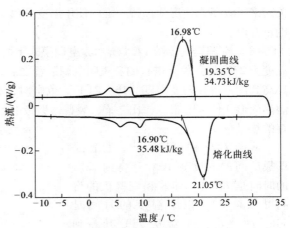

图7-23　含25.7%（质量分数）相变材料壁板的凝固/熔化曲线

（2）相变材料壁板的预制工艺　先将普通石膏板在(50±3)℃的温度下保温4h，然后浸入盛有相变材料的浴槽中，在(50±5)℃的温度下浸泡1.5～4min（视石膏板的大小而定）。浸渍前后对所有石膏板进行称重，以确定相变材料的吸收率。工艺设备一般可利用现有的石膏板预制设备。

（三）试验结果与分析

（1）采暖模式　图7-24所示为采暖运行（壁板释放热量）模式下装相变材料壁板与普通壁板的两房间的放热速率比较。该试验是在试验房外部环境温度为12℃的条件下进行的。首先开启加热装置，使两间试验房的室温保持26℃约24h，然后关闭加热装置，使室温慢慢下降，并测试温度48h。当室温下降到低于相变材料的转变温度（21℃）时，相变壁板内的相变材料开始凝固，并释放潜热，直至完成相变过程。

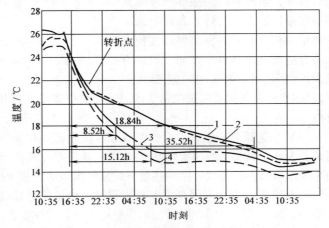

图7-24　采暖运行模式下两房间的放热速率比较
1—装PCM壁板房间的平均温度　2—PCM壁板前面的平均温度
3—装普通壁板房间的平均温度　4—普通壁板前面的平均温度

从图 7-24 中可以看出相变壁板与普通壁板放热的差别。在温度下降到 21℃之前，两种壁板都是显热放热，所以两间试验房内壁板和空气温度的下降趋势大致相同。但在温度下降到 21℃之后，相变壁板放热由原来只有显热放热变为主要是潜热放热。因此，相变壁板温度和装相变壁板的房间的温度都由陡降变为逐渐下降，其下降速度明显低于普通壁板和装普通壁板的房间温度下降速度。另外可看出，由于相变材料的潜热放热，使相变壁板温度和装相变壁板房间的温度在相当一段时间内很接近，而普通壁板温度与装普通壁板房间的温度则有较大差别。

我国建筑标准规定的民用建筑采暖设计温度为 16~18℃。由图 7-24 可以看出，装普通壁板的房间的温度由 24℃下降到 16℃的时间是 15.12h，而装相变壁板房间的温度由 24℃下降到 16℃的时间为 35.52h，时间延长 135%。两个房间的温度从 24℃下降到 18℃的时间分别为 8.52h 和 18.84h，装相变壁板房间的温度下降时间延长了 121%。由此可见，利用相变壁板的特性，可以关闭采暖设备，使房间保持一定的使用温度到第二天，再利用廉价的工业废热、太阳能或者低谷电量升温。

（2）空调模式　图 7-25 所示为空调模式下两房间吸热速率比较。该试验是在保持室外环境温度为 23℃的条件下进行的。关闭空调装置之后，起初装 PMC 壁板房间温度开始升高，当温度升高到固 - 液相转变温度（16~21℃）范围时，相变材料从房间吸热熔化，并将吸收的热量以潜热的形式储存起来。相比之下，装普通壁板的房间温度上升得很快，因为以显热形式吸收和蓄存的热量很少。

从图 7-25 中可以看出，装普通壁板房间的温度从 16℃升高到 22℃的时间是 27.2h，而装相变壁板的房间可保持 22℃以下温度的时间是 50h。两个房间室温从 18℃升高到 22℃的时间分别为 24.12h 和 45.6h。上述两种情况下，装相变壁板分别使房间保持 22℃以下温度的时间延长了 84% 和 89%。但这只是在试验房外部环境温度保持为 23℃条件下的试验结果。通常，运行空调的实际环境温度要高得多，加上人、灯光和设备发出的热量，相变壁板将室温保持在使人感到舒适的范围以内的时间会因此而减少。但是，即使这一时间缩短到

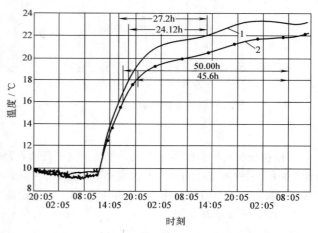

图 7-25　空调模式下两房间吸热速率比较
1—装普通壁板房间的平均温度　2—装 PCM 壁板房间的平均温度

1/3，相变壁板仍然可以提供适当的时间，使空调设备避开用电高峰时间，利用非高峰时间的廉价电力。

（3）快速蓄热和放热　相变壁板可否快速蓄热和放热是其是否能得到实际应用的一个关键因素。为此，需要做快速蓄热/放热试验。试验是在相当短的时间内引入大量热空气或者冷空气，使相变壁板蓄存或释放一定的热量。试验结果表明，相变壁板完成温度改变 8℃的快速蓄热过程的时间不到 7h，这个时间是可以利用非峰荷电量的最长时间，也大体是我国北方地区冬季可以收集太阳能的最长时间。同样，相变壁板完成温度改变 8℃的快速放热过程的时间不到 6.4h，这个时间比通常在空调运行方式下可以利用夜间冷空气的冷量或者非峰荷电量的时间还要短。这两个最短时间表明，相变壁板可以实际应用于采暖和空调场合。

第五节　太阳能堆积床蓄热系统

一、太阳能堆积床蓄热系统数理模型

1. 太阳能堆积床蓄热系统

图 7-26 为太阳能堆积床蓄热系统示意图。该系统主要由太阳能集热器、蓄热单元、室内用户单元等组成。蓄热单元为内含相变材料的蓄热球式圆柱形堆积床。该堆积床的高度为 H，内径为 D。该蓄热系统采用石蜡作为相变蓄热材料，水作为传热流体介质。表 7-4 所列为石蜡的热物性参数。

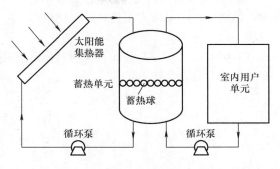

图 7-26　太阳能堆积床蓄热系统示意图

表 7-4　石蜡的热物性参数

相变点/℃	60	
潜热/（kJ/kg）	213	
比热容/［kJ/（kg·℃）］	1850（固）	2384（液）
热导率/［W/（m·℃）］	0.40（固）	0.15（液）
密度/（kg/m³）	861（固）	778（液）

在蓄热过程中，太阳能集热板吸收太阳能，并将其用于加热循环水，热水自上向下流经蓄热球，蓄热球中的石蜡发生相变，储存热量。在放热过程中，冷水自下向上流经蓄热球，石蜡凝固，释放热量，供用户单元使用。

2. 太阳能堆积床蓄热系统模型

为简化模型，进行如下假设：①堆积床绝热，无热损失；②传热流体沿轴向流动，且不可压缩；③相变材料和传热流体的热物性与温度无关；④温度只在轴向发生变化，径向上不变；⑤忽略辐射的影响。

对于传热流体，有

$$\rho_f C_f \varepsilon \frac{\partial T_f}{\partial \tau} = k_f \varepsilon \frac{\partial^2 T_f}{\partial^2 x} + h_{eff} a_p (T_p - T_f) - \rho_f C_f \varepsilon u \frac{\partial T_f}{\partial x} \tag{7-5}$$

式（7-5）表示传热流体内能的变化等于轴向导热、与相变材料的对流换热、流体流动的能量变化之和。

式中，T_f 是传热流体的温度；T_p 是相变材料的温度；τ 是时间；x 是传热流体流动方向上的高度位置；u 是传热流体的流速；ρ_f 是传热流体的温度；C_f 是传热流体的比热容；k_f 是传热流体的热导率；h_{eff} 是传热流体和蓄热球的有效换热系数；a_p 是单位体积内蓄热球的换热面积；ε 是堆积床的孔隙率。

固态显热为

$$\rho_s C_s (1 - \varepsilon) \frac{\partial T_p}{\partial \tau} = h_{eff} a_p (T_f - T_p) \tag{7-6}$$

相变潜热为

$$\rho_s L (1 - \varepsilon) \frac{\partial \Phi}{\partial \tau} = h_{eff} a_p (T_f - T_m) \tag{7-7}$$

液态显热为

$$\rho_{\mathrm{l}} C_{\mathrm{l}} (1 - \varepsilon) \frac{\partial T_{\mathrm{p}}}{\partial \tau} = h_{\mathrm{eff}} a_{\mathrm{p}} (T_{\mathrm{f}} - T_{\mathrm{p}}) \tag{7-8}$$

式中，L 是蓄冷材料的相变潜热；T_{m} 是蓄热材料的相变潜热；Φ 是发生相变的比例；ρ_{l} 是液态蓄热材料的密度；C_{l} 是液态蓄热材料的比热容；ρ_{s} 是固态蓄热材料的密度；C_{s} 是固态蓄热材料的比热容。

式（7-6）~式（7-8）表示相变材料内能的变化等于传热流体与相变材料之间的换热。

初始条件与边界条件为

$$T_{\mathrm{f}} \big|_{t=0} = T_{\mathrm{i}} \tag{7-9}$$

$$T_{\mathrm{p}} \big|_{t=0} = T_{\mathrm{i}} \tag{7-10}$$

$$T_{\mathrm{f}} \big|_{x=0} = T_{\mathrm{in}} \tag{7-11}$$

$$\frac{\partial T_{\mathrm{f}}}{\partial x} \bigg|_{x=H} = 0 \tag{7-12}$$

式中，T_{i} 是传热流体和蓄热材料的初始温度；T_{m} 是传热流体的入口温度；H 是堆积床高度。

蓄热球单位体积的换热面积为

$$a_{\mathrm{p}} = 6(1 - \varepsilon) / d \tag{7-13}$$

蓄热球外侧与传热流体之间的对流换热系数由下式得出

$$Nu = 2.0 + 1.1 [6(1 - \varepsilon)]^{0.6} Re^{0.6} Pr^{1/3} \tag{7-14}$$

式中，d 是蓄热球外径；Nu 是努塞尔数；Re 是雷诺数；Pr 是普拉特数。

在蓄、放热过程中，相变材料与传热流体之间换热必须经过蓄热球外壁以及已经发生相变的蓄热材料。因此，引入有效换热系数来计算相变材料与传热流体之间的换热量

$$h_{\mathrm{eff}} = \frac{h}{1 + \dfrac{R_{\mathrm{c}}}{R_{\mathrm{h}}} + \dfrac{R_{\mathrm{p}}}{R_{\mathrm{h}}}} \tag{7-15}$$

式中，R_{h}、R_{p}、R_{c} 分别是传热流体与蓄热球外壁的对流换热热阻、发生相变蓄热材料的热阻以及蓄热球外壁的导热热阻。

3. 蓄放热模型验证

图 7-27 和图 7-28 所示为蓄热阶段和放热阶段石蜡温度计算结果与试验结果比较。从图中可以看出，试验结果与计算结果基本一致，因此该模型可用来模拟蓄热球堆积床蓄热系统的性能。

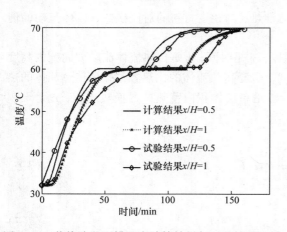
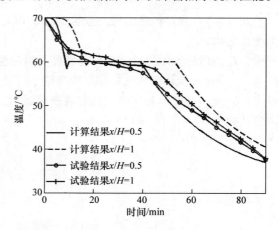

图 7-27　蓄热阶段石蜡温度计算结果与试验结果比较　图 7-28　放热阶段石蜡温度计算结果与试验结果比较

二、太阳能堆积床蓄热系统的蓄热特性

太阳能蓄热球堆积床为圆柱体，直径为 1m，高度为 1.3m，体积为 1m³。蓄热球的外径为 50mm，内径为 48mm，球壁材料为聚乙烯塑料。相变蓄热材料为石蜡，传热流体为水。在采用隐式差分时，取时间步长为 60s，空间步长为 3cm。

1. 太阳能球形堆积床的蓄热特性

传热流体和蓄热球的初始温度为 50℃，传热流体入口温度为 70℃，流速为 10kg/min，堆积床孔隙率为 0.45。下面分析相变蓄热材料与传热流体的温度、蓄热速率、蓄热量随时间的变化，以及传热流体入口温度、流速、孔隙率、初始温度对蓄热特性的影响。

蓄热速率为单位时间内的蓄热量，即

$$q = C_f q_m [T_{out}(\tau) - T_{in}] \tag{7-16}$$

蓄热量为

$$Q(\tau) = \int_0^\tau C_f q_m [T_{out}(\tau) - T_{in}] \mathrm{d}\tau \tag{7-17}$$

潜热蓄热量为

$$Q_{latent}(\tau) = m_{pcm} L \beta(t) \tag{7-18}$$

总蓄热量为

$$Q_t = \rho_1 V (1 - \varepsilon) [L + C_s (T_m - T_{ini}) + C_1 (T_{in} - T_m)] + \rho_f V \varepsilon C_f (T_{in} - T_{ini}) \tag{7-19}$$

总潜热蓄热量为

$$Q_{latent} = \rho_1 V (1 - \varepsilon) L \tag{7-20}$$

平均蓄热速率为

$$\bar{q}(\tau) = Q(\tau) / \tau \tag{7-21}$$

在式（7-16）~式（7-18）中，q_m、m_{pcm}、β 分别是传热流体的流速、石蜡的总质量、融化的石蜡的比例。

由式（7-19）和式（7-20）可知，总蓄热量与堆积床孔隙率 ε、初始温度 T_{ini}、传热流体入口温度 T_{in} 相关。而总潜热蓄热量只与堆积床孔隙率 ε 相关。

图 7-29 所示为相变材料和传热流体在中间和出口处温度随时间的变化。由该图可知，在中间和出口位置，相变蓄热材料（石蜡）的温度在固态显热蓄热阶段快速上升，在 48min 和 106min 时上升至凝固点 60℃；在 48 ~ 184min 和 106 ~ 338min 时间段内处于相变蓄热阶段，石蜡温度维持在相变点 60℃；在液态显热蓄热阶段，石蜡温度逐渐上升至入口温度 70℃，蓄热过程结束。传热流体优先与入口处的相变蓄热材料发生热交换，且传热流体的温度随流动方向逐渐下降，因此，入口处的相变蓄热材料最快完成蓄热。

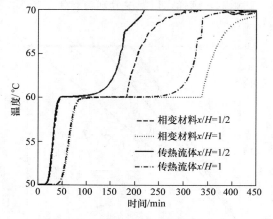

图 7-29　相变材料和传热流体在中间和出口处温度随时间的变化

图 7-30 所示为不同时刻的相变材料温度随位置的变化。从图中可以看出，当相变材料的温度低于 60℃时，处于固态显热蓄热阶段；当相变材料的温度等于 60℃时，处于相变潜热蓄热阶段；当相变材料的温度高于 60℃时，处于液态

显热蓄热阶段。以 20min 时刻为例，入口处至 $x/H = 1/4$ 位置的石蜡温度为 60℃，正在发生相变，处于相变蓄热阶段；而 $x/H = 1/4$ 处到出口处的石蜡温度低于 60℃，因此，处于固态显热蓄热阶段。在 80min、120min、160min、200min、240min、280min、320min 时，从入口处至 x/H 分别为 0.17、0.3、0.43、0.54、0.67、0.79、0.9 处的石蜡温度均高于 60℃，都完成了相变蓄热过程。

图 7-31 所示为蓄热速率和蓄热量随时间的变化。在 0 ~ 40min 时间段内，蓄热速率维持 14kW 不变；在 40 ~ 80min 时间段内，快速下降至 7.5kW；在 80 ~ 280min 时间段内，稳定在 6.5 ~ 7.5kW 之间，这段时间内的蓄热量占总蓄热量的 60% 左右，蓄热形式以潜热为主；在 280 ~ 350min 时间段内，蓄热速率缓慢下降至 0，此时蓄热过程结束。该系统的蓄热量为 163MJ，潜热蓄热量为 94MJ。

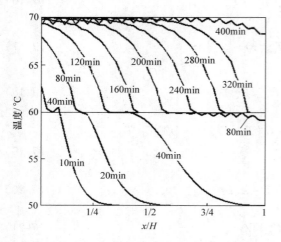

图 7-30 不同时刻的相变材料温度随位置的变化

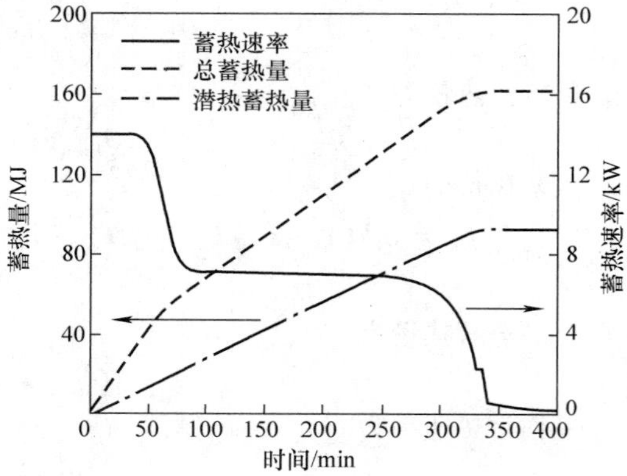

图 7-31 蓄热速率和蓄热量随时间的变化

2. 传热流体的入口温度对蓄热特性的影响

图 7-32 ~ 图 7-34 所示分别为传热流体入口温度对相变蓄热材料融化率、蓄热量和平均蓄热速率的影响，选择入口温度分别为 66℃、68℃、70℃、72℃、74℃。

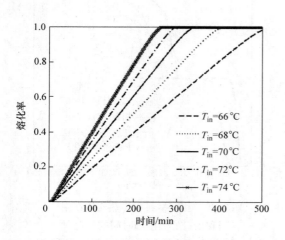

图 7-32 传热流体入口温度对相变蓄热材料融化率的影响

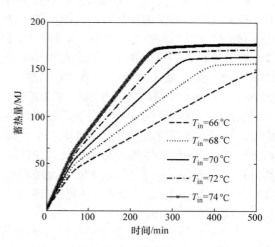

图 7-33 传热流体入口温度对蓄热量的影响

当相变材料的熔化率为 1 时，相变蓄热过程结束，定义此时的时间为相变蓄热时间。当入口温度分别为 66℃、68℃、70℃、72℃、74℃ 时，相变蓄热时间分别为 500min、400min、337min、293min、260min。对比图7-33可知，此时的蓄热量占总蓄热量的98%以上，故可将相变蓄热时间视为整个蓄热系统的蓄热结束时间。入口温度越接近相变温度60℃，蓄热时间越长。相比于入口温度低于70℃，当入口温度高于70℃时，蓄热时间随入口温度的变化较小。由图7-33可知，传热流体入口温度每升高2℃，总蓄热量增加7MJ。这是由于传热流体入口温度升高，增加了蓄热过程中传热流体与液态相变材料的显热。

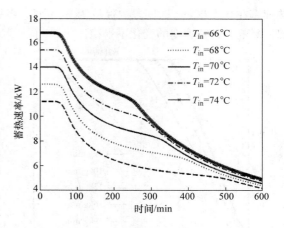

图7-34　传热流体入口温度对平均蓄热速率的影响

平均蓄热速率为某一时刻的蓄热量除以这一时刻的时间。从图7-34中可以看出，入口温度越高，蓄热速率越快。入口温度分别为66℃、68℃、70℃、72℃、74℃时，蓄热结束时刻的平均蓄热速率分别为5kW、6.5kW、8kW、9.4kW、11.5kW。从图7-34中还可以计算出某一时刻的蓄热量，即横坐标（时间）乘以纵坐标（平均蓄热速率）；在同一时刻（横坐标相同），纵坐标的大小反应了该时刻的蓄热量比例，如时间为300min，入口温度为66℃、68℃、70℃、72℃、74℃时的蓄热量分别为104MJ、127MJ、152MJ、168MJ、175MJ。当蓄热过程结束后，蓄热量不再增加，在图7-33上显示各条线平行。如当时间大于400min，入口温度为68℃、70℃、72℃、74℃时的蓄热过程都已经结束，在图上显示四条线平行伸长。

3. 传热流体流速对蓄热特性的影响

图7-35和图7-36所示分别为传热流体流速对相变蓄热材料熔化率和平均蓄热速率的影响。当传热流体流速分别为7kg/min、10kg/min、13kg/min、16kg/min、19kg/min 时，蓄热时间分别为475min、337min、263min、216min、186min，平均蓄热速率分别为 5.6kW、8kW、10.3kW、12.4kW、14.4kW。分别相比于流速为7kg/min、10kg/min、13kg/min、16kg/min时，10kg/min、13kg/min、16kg/min、19kg/min 时的蓄热时间分别缩短了29.1%、22.0%、17.9%、13.9%。由此可见，传热流体的流速越大，对蓄热时间的影响越小。

在186min、216min、263min、337min时，16kg/min 与 19kg/min、13kg/min 与 16kg/min、10kg/min 与 13kg/min、7kg/min 与 10kg/min 的曲线分别相交；之后的延长线重合。这表明在这些时刻，传热流体流速为19kg/min、16kg/min、13kg/min、10kg/min 的蓄热过程结束，且总的蓄热量相等。

4. 相变材料初始温度对蓄热特性的影响

图7-37和图7-38所示分别为相变材料初始温度对相变蓄热材料熔化率和平均蓄热速率的影响。由图7-37可看出，当初始温度为40℃、45℃、50℃、55℃、60℃时，蓄热过程在 333～338min 之间结束。因此，相变材料初始温度对蓄热时间无明显影响。

由图7-38可看出，初始温度越低，平均蓄热速率越高。当初始温度为40℃、45℃、50℃、55℃、60℃时，平均蓄热速率在大于337min时平行，蓄热结束时平均蓄热速率分别为9.5kW、8.7kW、8kW、7.4kW、6.7kW。由计算得知，初始温度每降低5℃，总蓄热量增加14.5MJ。这是由蓄热材料和传热流体的显热造成的。当初始温度为相变温度60℃时，无固态显热蓄热，蓄热速率在 0～300min 时间段内保持7kW不变。当初始温度远高于相变温度60℃时，由于显热蓄热的影响，蓄热速率的变化不平稳。

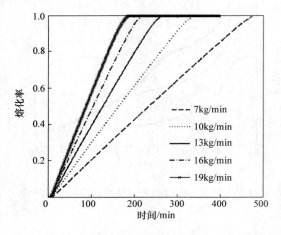

图7-35 传热流体流速对相变蓄热材料熔化率的影响

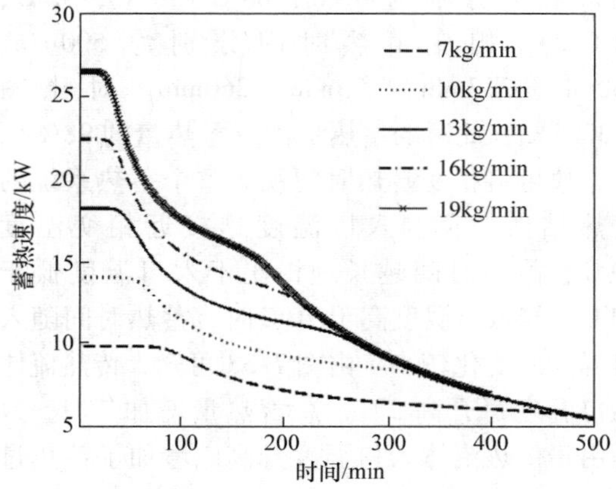

图7-36 传热流体流速对平均蓄热速率的影响

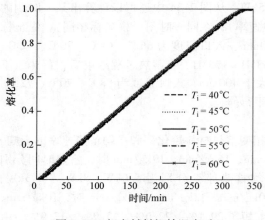

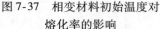

图7-37 相变材料初始温度对
熔化率的影响

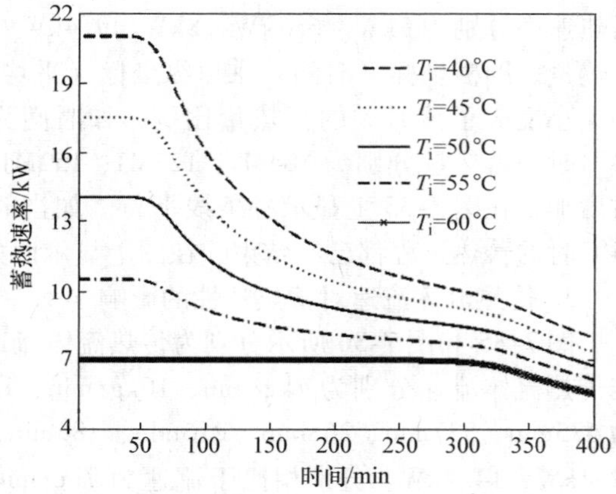

图7-38 相变材料初始温度对平均
蓄热速率的影响

5. 堆积床孔隙率对蓄热特性的影响

图7-39和图7-40所示分别为堆积床孔隙率对相变蓄热材料熔化率和平均蓄热速率的影响。分别相比于孔隙率为0.35、0.4、0.45、0.5的情况，孔隙率为0.4、0.45、0.5、0.55时的蓄热时间分别缩短了19min、20min、18min、20min，即缩短了5%～7%。随着孔隙率的增大，一方面传热流体流速下降，另一方面相变蓄热材料的质量减小，两者相互抵消，导致孔隙率对蓄热过程的影响相对较小。当时间大于370min时，图7-40中的五条线平行，由此可见蓄热过程结束。经计算得知，孔隙率每增加0.05，总蓄热量就下降7MJ。这是由于相变蓄热材料的质量随着孔隙率的增大而减小。因此，孔隙率越大，蓄热速率越高，总蓄热量越低，蓄热时间越短。

6. 太阳能堆积床蓄热系统蓄热过程总结

试验分析了传热流体入口温度、流速、孔隙率、相变材料初始温度对蓄热过程的影响。试验得出如下结果：

1）当相变材料的温度低于 60℃时，处于固态显热蓄热阶段；当相变材料的温度等于 60℃时，处于相变潜热蓄热阶段；当相变材料的温度高于 60℃时，处于液态显热蓄热阶段。

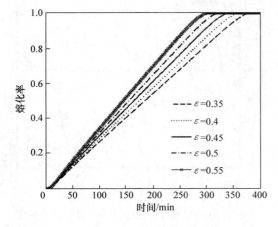

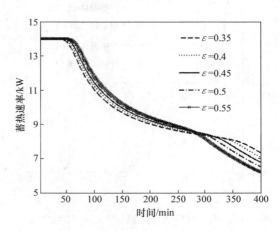

图 7-39　堆积床孔隙率对相变蓄热材料熔化率的影响　　图 7-40　堆积床孔隙率对平均蓄热速率的影响

2）在 0～40min 时间段内，蓄热速率维持 14kW 不变；在 40～80min 时间段内，快速下降至 7.5kW；在 80～280min 时间段内，稳定在 6.5～7.5kW 之间，这段时间内的蓄热量占总蓄热量的 60% 左右，蓄热形式以潜热为主；在 280～350min 时间段内，缓慢下降至 0，此时蓄热过程结束。整个蓄热过程中，平均蓄热速率为 8kW。

3）随着传热流体入口温度升高，蓄热速率增大，蓄热时间缩短。由于传热流体和相变材料的显热，传热流体入口温度每升高 2℃，总蓄热量增加 7MJ。

4）随着传热流体流速增快，蓄热速率增大，蓄热时间缩短。

5）相变材料初始温度对蓄热时间的长短无明显影响。初始温度每降低 5℃，总蓄热量增加 14.5MJ。当初始温度为相变温度 60℃时，无固态显热蓄热，蓄热速率在 0～300min 时间段内保持 7kW 不变。

6）孔隙率每增加 0.05，蓄热时间缩短 5%～7%，且总蓄热量下降 7MJ。

三、太阳能堆积床蓄热系统的放热特性

1. 太阳能蓄热球堆积床的放热特性

为分析系统的放热特性，设定如下参数：传热流体和蓄热球的初始温度为 70℃，传热流体入口温度为 50℃，流速为 10kg/min，堆积床孔隙率为 0.45。下面分析相变蓄热材料和传热流体温度、放热速率、放热量随时间的变化，以及传热流体入口温度、流速、堆积床孔隙率对放热特性的影响。

图 7-41 所示为相变材料和传热流体温度随时间的变化。从该图中可看出，蓄热材料温度先快速下降至相变温度，然后维持相变温度不变，最后下降至传热流体的入口温度。靠近入口处的放热过程先发生，而靠近出口处的放热过程后发生。

图 7-42 所示为不同时刻的相变材料温度随位置的变化。从图中可看出，根据不同时刻每个位置相变材料的温度，就可判断石蜡所处的放热阶段。如 40min 时，在入口至 0.08H 处，石蜡的温度低于 60℃，处于固态显热放冷阶段；在 0.08H～0.38H 处，石蜡的温度等于 60℃，处于相变放热阶段；而在 0.38H 处至出口处，石蜡的温度高于 60℃，处于液态显热放冷阶段。在 80min 时，几乎所有位置处的石蜡温度均等于 60℃，都处于相变放热阶段。在 280min 时，几乎所有的石蜡的相变过程都已经结束。

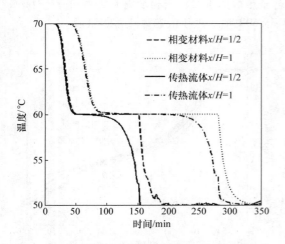

图7-41 相变材料和传热流体温度随时间的变化

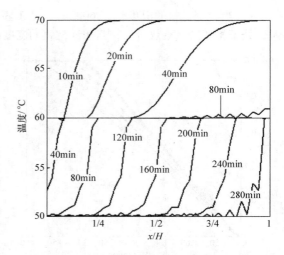

图7-42 不同时刻的相变材料温度随位置的变化

图7-43所示为放热速率和放热量随时间的变化。由该图可知，整个蓄热系统的潜热放热量为93MJ，约占总放热量（140MJ）的66%。这是由于在放热过程中，传热流体温度和蓄热材料温度下降，产生了显热。放热速率在0～40min时间段内保持为14kW；在40～80min时间段内，下降至7.5kW；在80～240min时间段内，稳定在6.5～7.5kW，占整个放冷时间的53%，该时间段内的放热量占总放热量的50%，放热以潜热形式为主；在240～300min时间段内，下降至0，放热过程结束。

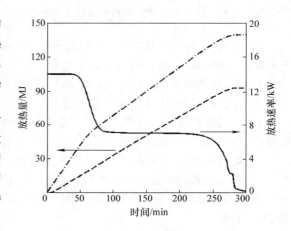

图7-43 放热速率和放热量随时间的变化

2. 传热流体入口温度对放热特性的影响

图7-44和图7-45所示分别为传热流体入口温度对相变蓄热材料凝固率和平均放热速率的影响。当入口温度为30℃、35℃、40℃、45℃、50℃时，放热时间分别为138min、153min、174min、210min、278min，平均放热速率分别为23.4kW、19.7kW、16.0kW、12.2kW、8.4kW。由此可见，入口温度越低，放热时间越短，放热速率越高。

相对于入口温度高于45℃的情况，当入口温度低于40℃时，对放热时间的影响较小；同时过低的入口温度将导致出口温度较低，不适合用户单元使用。因此，放热过程中传热流体的入口温度以45～50℃为宜。

3. 传热流体流速对放热特性的影响

图7-46和图7-47所示分别为传热流体流速对相变蓄热材料凝固率和平均放热速率的影响。当传热流体流速为7kg/min、10kg/min、13kg/min、16kg/min、19kg/min时，放热时间分别为394min、278min、217min、180min、155min，平均蓄热速率分别为5.9kW、8.3kW、10.7kW、12.9kW、15.1kW。由此可见，传热流体流速越高，放热时间越短，放热速率越大，且平均放热速率与传热流体流速之间呈线性增加的关系。

当传热流体流速低于13kg/min时，放热时间随着流速的降低而加速增加。因此，对于该系统，传热流体流速为13kg/min左右较为适宜。

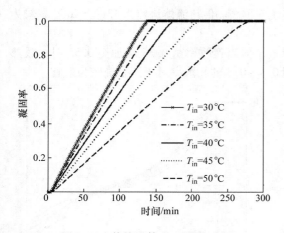

图 7-44　传热流体入口温度对相
变蓄热材料凝固率的影响

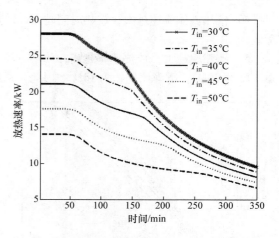

图 7-45　传热流体入口温度对平均放热速率的影响

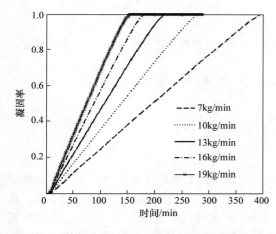

图 7-46　传热流体流速对相变蓄热材料凝固率的影响

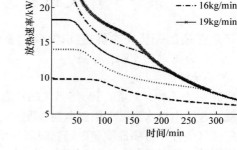

图 7-47　传热流体流速对平均放热速率的影响

4. 孔隙率对放热特性的影响

图 7-48 和图 7-49 所示分别为堆积床孔隙率对相变蓄热材料凝固率和平均放热速率的影响。由图可见，孔隙率越大，放热速率越高，放热时间越短，但当孔隙率由 0.35 增加至 0.55 时，放热量下降约 20MJ，下降比例约为 14%。因此，采用 0.4 ~ 0.5 的孔隙率对于该系统是较为适宜的。与传热流体入口温度和流速相比，孔隙率对放热特性的影响较小。

5. 太阳能堆积床蓄热系统放热过程总结

试验分析了传热流体入口温度、流速、孔隙率对放热特性的影响。研究结果表明：

1）放热时间为 340min，潜热放热量为 93MJ，占总放热量（140MJ）的 66%。

2）放热速率在 0 ~ 40min 时间段内保持为 14kW；在 40 ~ 80min 时间段内，下降至 7.5kW；在 80 ~ 240min 时间段内，稳定在 6.5kW ~ 7.5kW，该时间段内放热以潜热形式为主；在 240 ~ 300min 时间段内，下降至 0，放热过程结束。

3）入口温度越低，放热时间越短，放热速率越高；但过低的入口温度将导致出口温度较低，不适合用户单元使用。因此，入口温度以 45 ~ 50℃ 为宜。

4）传热流体流速越大，放热时间越短，放热速率越高。传热流体流速为 13kg/min 左右较为适宜。

5）孔隙率越大，放热速率越高，放热时间越短，但当孔隙率由 0.35 增加至 0.55 时，放热量下降约 20MJ，下降比例约为 14%。因此，采用 0.4~0.5 的孔隙率对于该系统较为适宜。

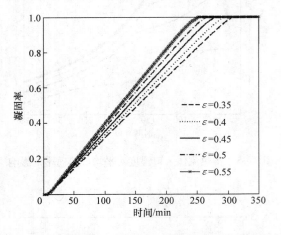
图 7-48　堆积床孔隙率对相变蓄热材料凝固率的影响

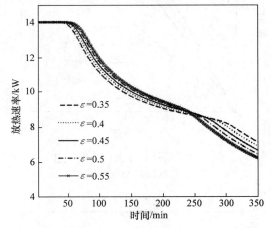
图 7-49　堆积床孔隙率对平均放热速率的影响

第六节　太阳能光伏光热蓄热系统

一、不同工质的光伏光热蓄热（PV/T）系统

（一）以水为工质的 PV/T 系统

1. PV/T 系统概述

下面研究一种以水为工质的 PV/T 系统的动态特性。通过建立该系统的能量平衡方程来获得其各项性能，包括出口水温、太阳能电池温度、光伏转换效率、光伏电功率、热输出功率等，从而得到给定天气条件下各项性能参数随时间的变化关系，同时分析光伏组件串联数目、入口水温和水质量流率等参数对 PV/T 系统动态特性的影响。图 7-50 所示为 PV/T 系统截面结构，整个系统主要由光伏组件和置于下方的矩形截面管道构成。

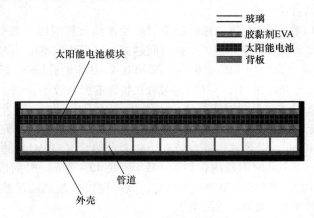
图 7-50　PV/T 系统截面结构

作为光伏组件的核心部件，太阳能电池主要有晶体硅太阳能电池和薄膜太阳能电池等类型，

该系统采用晶体硅太阳能电池。太阳能电池上方被一块具有高透光率的低铁钢化玻璃覆盖,起保护电池的作用。太阳能电池下方为背板,其作用为支撑和保护电池,背板要满足密封、绝缘、防水、耐老化的要求。背板通常采用具有耐久、阻燃、自洁等优点的聚氟乙烯复合膜(TPT)或热塑性弹性体(TPE)材料,但 TPT 或 TPE 的热导率较低,不能将太阳能电池中的热量有效散出。该系统采用导热性能良好的特制铝合金代替 TPT 或 TPE 作为背板材料,通过对铝合金材料进行电镀处理,可以有效地满足背板对材料绝缘性的要求。铝合金的热导率比 TPT 或 TPE 的热导率要大,能够有效地导出光伏组件中的热量。玻璃、太阳能电池和背板三者之间采用透明的黏结剂EVA 固定,矩形截面管道安装在光伏组件下方,为保证换热均匀,该管道被分隔成若干窄通道,整个系统处于保护外壳中。

2. PV/T 系统数理模型

(1)模型建立 为了建立易于计算的 PV/T 系统数理模型,给出如下假设:考虑到光伏组件内各层的厚度极小,故忽略各层的纵向温度梯度;光伏组件内各层接收到的热流是均匀分布的;忽略温度对光伏组件材料热物理性质的影响;系统外壳由理想的绝热材料制成;传热过程均视为一维准稳态。表 7-5 所列为模型所用物理量的含义。

表 7-5 模型所用物理量的含义

符号	物理量	常用单位
A	光伏组件面积	m
b	光伏组件宽度	m²
c	比定压热容	J/(kg·℃)
h	对流传热系数	W/(m²·℃)
I	太阳辐射强度	W/m²
k	传热系数	W/(m²·℃)
L	工质总流程	m
$\dot{m}$	质量流率	kg/s
n	光伏组件数目	—
$\dot{Q}$	功率	kW
t	时间	s
T	温度	℃
x	工质流动距离	m
α	吸收率	—
β	填充因子	—
δ	厚度	m
η	光伏转换效率	—
λ	热导率	W/(m·℃)
τ	透射率	—
下角标		
a	环境	
b	背板	
c	太阳能电池	
1、2	EVA	
g	玻璃	
P	光伏	
T	热	
w	工质水	

对于玻璃，有

$$\alpha_g I = h_{ga}(T_g - T_a) + k_{g1}(T_g - T_1) \tag{7-22}$$

对于上层 EVA，有

$$\alpha_1 \tau_g I + k_{g1}(T_g - T_1) = k_{1c}(T_1 - T_c) \tag{7-23}$$

对于太阳能电池，有

$$\alpha_c \tau_1 \tau_g I(t) + k_{1c}(T_1 - T_c) = \eta_c \alpha_c \tau_1 \tau_g I(t) + k_{c2}(T_c - T_2) \tag{7-24}$$

对于下层 EVA，有

$$\beta_c \alpha_2 \tau_c \tau_1 \tau_g I + (1 - \beta_c)\alpha_2 \tau_1 \tau_g I(t) + \beta_c k_{c2}(T_c - T_2) = k_{2b}(T_2 - T_b) \tag{7-25}$$

对于背板，有

$$\beta_c \alpha_b \tau_2 \tau_c \tau_1 \tau_g I + (1 - \beta_c)\alpha_b \tau_2 \tau_1 \tau_g I + k_{2b}(T_2 - T_b) = k_{bw}(T_b - T_w) \tag{7-26}$$

对于管道中的水，有

$$k_{bw}(T_b - T_w)b\,\mathrm{d}x = c_w \dot{m}_w \left(\frac{\mathrm{d}T_w}{\mathrm{d}x}\right)\mathrm{d}x \tag{7-27}$$

假设入口水温记为 $T_{w,in}$，则有如下初始条件

$$T_w(0) = T_{w,in} \tag{7-28}$$

根据式（7-27）和式（7-28）可以求得管道内流动距离 x 处的水温。总流程为管道长度，即 $x = L$，则出口水温为

$$T_{w,out} = T_w(L) \tag{7-29}$$

在整个流动方向上的平均水温为

$$\overline{T}_w = \frac{1}{L}\int_0^S T_w(x)\,\mathrm{d}x \tag{7-30}$$

为简化计算，用反映管道内工质整体温度水平的平均水温代替流动距离 x 处的实际水温，即将式（7-30）代入式（7-26）中。同时，太阳能电池的光伏转换效率与其工作温度有如下经验关系式

$$\eta_c = \eta_0 [1 - \beta_0(T_c - T_a)] \tag{7-31}$$

式中，η_0 和 β_0 是标准参考条件下的常量。

将式（7-31）代入各式中，将上述能量平衡模型转换为由式（7-22）~式（7-26）构成的以玻璃温度 T_g、上下两层 EVA 温度 T_1 和 T_2、太阳能电池温度 T_c 及背板温度 T_b 为未知变量的五元线性方程组，进而可推导出各未知变量的解析表达式，在给定天气条件和结构设计参数下对 PV/T 系统的动态特性进行模拟计算。此外，能够反映 PV/T 系统动态特性的性能指标还包括系统整体光伏电功率和热输出功率，其公式分别为

$$\dot{Q}_P = \eta_c \alpha_c \tau_1 \tau_g (\beta_c A) I \tag{7-32}$$

$$\dot{Q}_T = c_w \dot{m}_w (T_{w,out} - T_{w,in}) \tag{7-33}$$

上述各式中出现的变量参数值见表 7-6 和表 7-7。

表 7-6　光伏组件各层材料的物理特性参数

材料	λ	τ	α	δ
玻璃	0.7	0.91	0.05	0.005
EVA	0.35	0.9	0.08	0.0005
太阳能电池	148	0.09	0.8	0.0003
背板	144	0	0.4	0.0005

表 7-7　PV/T 系统结构参数

参数	数值
管道长度 L/m	1.5
管道宽度 b/m	1.0
管道高度 d/m	0.05
水的比定压热容 $c_w/[J/(kg \cdot ℃)]$	4.18×10^3
填充因子 β_c	0.8
常数 η_0 和 β_0	0.12，0.0045

（2）传热系数　对相邻两层 a 和 b，其传热系数为

$$k_{ab} = \left(\frac{\delta_a}{\lambda_a} + \frac{\delta_b}{\lambda_b} \right)^{-1} \tag{7-34}$$

背板与工质之间的对流换热系数为

$$h = Nu \frac{\lambda}{d_e} \tag{7-35}$$

式中，d_e 是矩形截面管道的当量直径；Nu 是表征流体流动特性的无量纲努塞尔数。根据 Dittus - Boelter 关联式，矩形截面扁平管中处于湍流状态的工质的平均努塞尔数为

$$Nu = 0.023Re^{0.8} Pr^{0.4} \tag{7-36}$$

式中，Re 和 Pr 是雷诺数和普朗特数。

（3）模型验证　Tiwari 等人设计了一种管道置于光伏组件下方的 PV/T 空气集热系统（结构参数见表7-8），通过建立光伏组件/背板两层结构的能量平衡模型，计算了该系统在给定天气条件下（图7-51）的动态特性，并与户外试验测量结果进行了比较。

为验证上述模型的合理性，可将 Tiwari 等人采用的系统结构设计参数和天气条件应用于上述五层结构的能量平衡模型中进行计算，并与 Tiwari 等人给出的模拟计算及试验测量结果进行比较。以背板温度随时间的变化曲线为例，对比结果如图7-52 所示。由图7-52 可见，整个时间段内试验测得的背板温度变化曲线先上升后下降，且极大值位于下午13 时。分别采用 Tiwari 等人的两层结构模型以及上述五层结构模型得到的背板温度变化曲线，虽然也是先上升后下降，但极大值位于正午12 时。图7-51 表明，从正午12 时到下午13 时这一时间段内，虽然环境温度仍处于上升阶段，但太阳辐射强度已经开始下降。由此可见，导致试验测量和模拟计算的极大值不一致的主要原因是两种能量平衡模型的前提假设中，均视系统置于理想绝热的保护外壳中，仅考虑光伏组件与环境的直接接触面（玻璃）上的对流换热，而忽略了光伏组件内部各层与环境之间的辐射换热和对流换热，因此，影响光伏组件内部各层温度的主要因素是太阳辐射强度的变化，使得包括背板在内的各层温度与太阳辐射强度具有一致的变化规律。除此之外，背板温度的模拟结果整体上与试验测量结果相吻合，且通过计算可知，由分别采用 Tiwari 等人的两层结构模型和上述五层结构模型得到的背板温度变化曲线与 Tiwari 等人通过试验测得的背板温度变化曲线的关联系数分别为0.986 和0.994。由此证明，利用上述五层结构能量平衡模型得到的计算结果能够描述 PV/T 系统实际工作的动态特性。

表 7-8 PV/T 空气集热系统的结构参数

参数	数值
管道长度 L/m	1.2
管道宽度 b/m	0.45
管道高度 d/m	0.05
空气的比定压热容 c_a/[J/(kg·℃)]	1.005×10^3
填充因子 β_c	0.83

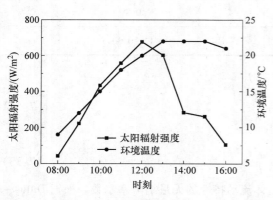

图 7-51 太阳辐射强度和环境温度随时间变化的曲线

图 7-52 背板温度变化的计算结果与实验结果比较

3. PV/T 系统动态特性分析

天气数据采集自苏北地区的某典型夏季日,太阳辐射强度和环境温度随时间的变化如图 7-53 所示。从上午 7 时到下午 18 时,太阳辐射强度先增大后减小,极大值出现在正午 12 时;环境温度先上升后下降,极大值出现在下午 14 时;整个时间段内环境风速维持稳定。

一般通过光伏组件阵列的方式来增加有效受照面积,从而满足实际应用中大规模电力负荷的要求,为此采用多个光伏组件串联方式。根据上述五层结构能量平衡模型,结合天气参

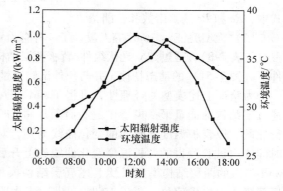

图 7-53 太阳辐射强度和环境温度随时间的变化

数和系统结构设计参数,可以得到 PV/T 系统动态特性,包括太阳能电池温度、光伏转换效率、出口水温、光伏电功率和热输出功率等随时间的变化关系,同时分析光伏组件串联数目、入口水温和质量流率对上述性能参数的影响。

(1)光伏组件串联数目对动态特性的影响 为了分析光伏组件串联数目对 PV/T 系统动态特性的影响,保持入口水温 20℃和质量流率 0.50kg/s 不变,光伏组件串联数目 n 分别取 1、2 和 4。

图 7-54 所示为出口水温随时间的变化。当光伏组件串联数目为 1 时,出口水温从上午 7 时的 20.4℃逐渐上升到正午 12 时的 24.0℃,随后逐渐下降到下午 18 时的 20.4℃;当光伏组件串联数目为 2 时,出口水温从上午 7 时的 20.9℃逐渐上升到正午 12 时的 28.0℃,随后逐渐下降到下午 18 时的 20.9℃;当光伏组件串联数目为 4 时,出口水温从上午 7 时的 21.7℃逐渐上升到正

午 12 时的 35.8℃，随后逐渐下降到下午 18 时的 21.8℃。由此可见，光伏组件串联数目的增加将导致出口水温整体上升，即在入口水温和质量流率一定的情况下，增加光伏组件串联数目能够提升出口水温。

图 7-55 所示为太阳能电池温度随时间的变化。当光伏组件串联数目为 1 时，太阳能电池温度从上午 7 时的 22.5℃逐渐上升到正午 12 时的 42.5℃，随后逐渐下降到下午 18 时的 22.6℃；当光伏组件串联数目为 2 时，太阳能电池温度从上午 7 时的 22.7℃逐渐上升到正午 12 时的44.4℃，随后逐渐下降到下午 18 时的 22.9℃；当光伏组件串联数目为 4 时，太阳能电池温度从上午 7 时的 23.1℃逐渐上升到正午 12 时的 48.3℃，随后逐渐下降到下午 18 时的 23.3℃。由此可见，光伏组件串联数目的增加将导致太阳能电池温度整体上升，即在入口水温和质量流率一定的情况下，减少光伏组件串联数目能够降低太阳能电池温度。

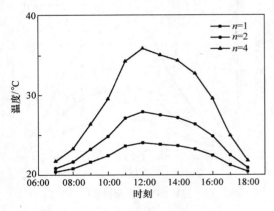

图 7-54　出口水温随时间的变化（1）

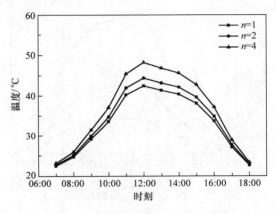

图 7-55　太阳能电池温度随时间的变化（1）

图 7-56 所示为光伏转换效率随时间的变化。当光伏组件串联数目为 1 时，光伏转换效率从上午 7 时的 12.4% 逐渐下降到正午 12 时的11.5%，随后逐渐上升到下午 18 时的 12.6%；当光伏组件串联数目为 2 时，光伏转换效率从上午 7 时的 12.3% 逐渐下降到正午 12 时的11.4%，随后逐渐上升到下午 18 时的 12.5%；当光伏组件串联数目为 4 时，光伏转换效率从上午 7 时的 12.3% 逐渐下降到正午 12 时的11.2%，随后逐渐上升到下午 18 时的 12.5%。由此可见，光伏组件串联数目的增加将导致光伏转换效率整体下降，即在入口水温和质量流率一定的情况下，减少光伏组件串联数目能够提升光伏转换效率。

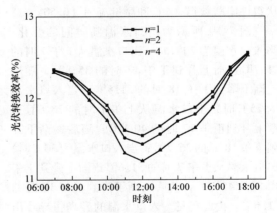

图 7-56　光伏转换效率随时间的变化（1）

图 7-57 所示为光伏电功率随时间的变化。当光伏组件串联数目为 1 时，光伏电功率从上午 7 时的 9.8W 逐渐上升到正午 12 时的 90.7W，随后逐渐下降到下午 18 时的 10.0W；当光伏组件串联数目为 2 时，光伏电功率从上午 7 时的 19.6W 逐渐上升到正午 12 时的180.3W，随后逐渐下降到下午 18 时的 39.1W；当光伏组件串联数目为 4 时，光伏电功率从上午 7 时的 39.2W 逐渐上升到正午 12 时的 353.8W，随后逐渐下降到下午 18 时的 38.2W。由此可见，光伏组件串联数目的

增加将导致光伏电功率整体上升，即在入口水温和质量流率一定的情况下，增加光伏组件串联数目能够提升光伏电功率。

图 7-58 所示为热输出功率随时间的变化。当光伏组件串联数目为 1 时，光伏电功率从上午 7 时的 0.90kW 逐渐上升到正午 12 时的 8.32kW，随后逐渐下降到下午 18 时的 0.93kW；当光伏组件串联数目为 2 时，光伏电功率从上午 7 时的 1.79kW 逐渐上升到正午 12 时的 16.6kW，随后逐渐下降到下午 18 时的 1.86kW；当光伏组件串联数目为 4 时，光伏电功率从上午 7 时的 3.57kW 逐渐上升到正午 12 时的 33.1kW，随后逐渐下降到下午 18 时的 3.70kW。由此可见，光伏组件串联数目的增加将导致热输出功率整体上升，即在入口水温和质量流率一定的情况下，增加光伏组件串联数目能够提高热输出功率。

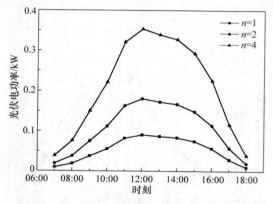

图 7-57　光伏电功率随时间的变化（1）

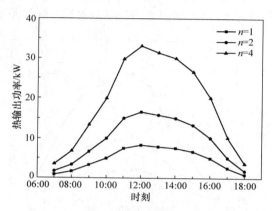

图 7-58　热输出功率随时间的变化（1）

（2）入口水温对动态特性的影响　为了分析入口水温对 PV/T 系统动态特性的影响，保持光伏组件串联数目（4）和质量流率（0.50kg/s）不变，入口水温分别取 20℃、25℃和 30℃。

图 7-59 所示为出口水温随时间的变化。当入口水温为 20℃时，出口水温从上午 7 时的 21.7℃逐渐上升到正午 12 时的 35.8℃，随后逐渐下降到下午 18 时的 21.8℃；当入口水温为 25℃时，出口水温从上午 7 时的 26.6℃逐渐上升到正午 12 时的 40.8℃，随后逐渐下降到下午 18 时的 26.7℃；当入口水温为 30℃时，出口水温从上午 7 时的 31.6℃逐渐上升到正午 12 时的 45.7℃，随后逐渐下降到下午 18 时的 31.6℃。由此可见，入口水温的升高将导致出口水温整体上升，即在光伏组件串联数目和质量流率一定的情况下，增加入口水温能够提升出口水温。

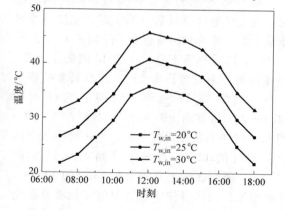

图 7-59　出口水温随时间的变化（2）

图 7-60 所示为太阳能电池温度随时间的变化。当入口水温为 20℃时，太阳能电池温度从上午 7 时的 23.1℃逐渐上升到正午 12 时的 48.3℃，随后逐渐下降到下午 18 时的 23.3℃；当入口水温为 25℃时，太阳能电池温度从上午 7 时的 27.9℃逐渐上升到正午 12 时的 53.1℃，随后逐渐下降到下午 18 时的 28.1℃；当入口水温为 30℃时，太阳能电池温度从上午 7 时的 32.8℃逐渐上升到正午 12 时的 57.9℃，随后逐渐下降到下午 18 时的 32.9℃。由此可见，入口水温的升高将

导致太阳能电池温度整体上升，即在光伏组件串联数目和质量流率一定的情况下，减小入口水温能够降低太阳能电池温度。

图 7-61 所示为光伏转换效率随时间的变化。当入口水温为 20℃时，光伏转换效率从上午 7 时的 12.3% 逐渐下降到正午 12 时的 11.2%，随后逐渐上升到下午 18 时的 12.5%；当入口水温为 25℃时，光伏转换效率从上午 7 时的 12.1% 逐渐下降到正午 12 时的 11.0%，随后逐渐上升到下午 18 时的 12.3%；当入口水温为 30℃时，光伏转换效率从上午 7 时的 11.8% 逐渐下降到正午 12 时的 10.7%，随后逐渐上升到下午 18 时的 12.0%。由此可见，入口水温的升高将导致光伏转换效率整体下降，即在光伏组件串联数目和质量流率一定的情况下，降低入口水温能够提升光伏转换效率。

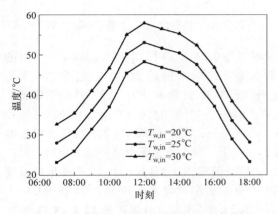

图 7-60 太阳能电池温度随时间的变化（2）

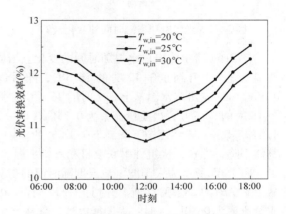

图 7-61 光伏转换效率随时间的变化（2）

图 7-62 所示为光伏电功率随时间的变化。当入口水温为 20℃时，光伏电功率从上午 7 时的 39.2W 逐渐上升到正午 12 时的 353.8W，随后逐渐下降到下午 18 时的 38.2W；当入口水温为 25℃时，光伏电功率从上午 7 时的 39.1W 逐渐上升到正午 12 时的 348.5W，随后逐渐下降到下午 18 时的 38.1W；当入口水温为 30℃时，光伏电功率从上午 7 时的 39.0W 逐渐上升到正午 12 时的 343.3W，随后逐渐下降到下午 18 时的 38.0W。由此可见，入口水温的升高将导致光伏电功率整体下降，即在光伏组件串联数目和质量流率一定的情况下，降低入口水温能够提升光伏电功率。

图 7-63 所示为热输出功率随时间变化的曲线。当入口水温为 20℃时，热输出功率从上午 7 时的 3.57kW 逐渐上升到正午 12 时的 33.1kW，随后逐渐下降到下午 18 时的 3.70kW；当入口水温为 25℃时，热输出功率从上午 7 时的 3.41kW 逐渐上升到正午 12 时的 32.96kW，随后逐渐下降到下午 18 时的 3.54kW；当入口水温为 30℃时，热输出功率从上午 7 时的 3.25kW 逐渐上升到正午 12 时的 32.81kW，随后逐渐下降到下午 18 时的 3.38kW。由此可见，入口水温的升高将导致热输出功率整体下降，即在光伏组件串联数目和质量流率一定的情况下，降低入口水温能够提升热输出功率。

（3）质量流率对动态特性的影响　为了分析质量流率对 PV/T 系统动态特性的影响，保持光伏组件串联数目（4）和入口水温（25℃）不变，质量流率分别取 0.25kg/s、0.50kg/s 和 0.75kg/s。

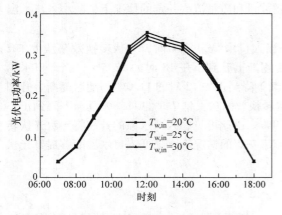

图 7-62　光伏电功率随时间的变化（2）

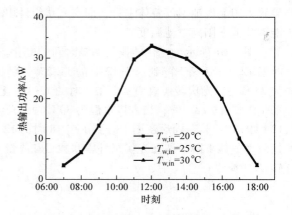

图 7-63　热输出功率随时间的变化（2）

图 7-64 所示为出口水温随时间的变化。当质量流率为 0.25kg/s 时，出口水温从上午 7 时的 28.2℃逐渐上升到正午 12 时的 56.3℃，随后逐渐下降到下午 18 时的 28.4℃；当质量流率为 0.50kg/s 时，出口水温从上午 7 时的 26.6℃逐渐上升到正午 12 时的 40.8℃，随后逐渐下降到下午 18 时的 26.7℃；当质量流率为 0.75kg/s 时，出口水温从上午 7 时的 26.1℃逐渐上升到正午 12 时的 35.5℃，随后逐渐下降到下午 18 时的 26.1℃。由此可见，质量流率的增大将导致出口水温整体下降，即在光伏组件串联数目和入口水温一定的情况下，减小质量流率能够提升出口水温。

图 7-65 所示为太阳能电池温度随时间的变化。当质量流率为 0.25kg/s 时，太阳能电池温度从上午 7 时的 28.7℃逐渐上升到正午 12 时的 60.7℃，随后逐渐下降到下午 18 时的 28.9℃；当质量流率为 0.50kg/s 时，太阳能电池温度从上午 7 时的 27.9℃逐渐上升到正午 12 时的 53.1℃，随后逐渐下降到下午 18 时的 28.1℃；当质量流率为 0.75kg/s 时，太阳能电池温度从上午 7 时的 27.7℃逐渐上升到正午 12 时的 50.5℃，随后逐渐下降到下午 18 时的 27.8℃。由此可见，质量流率的增大将导致太阳能电池温度整体下降，即在光伏组件串联数目和入口水温一定的情况下，增大质量流率能够降低太阳能电池温度。

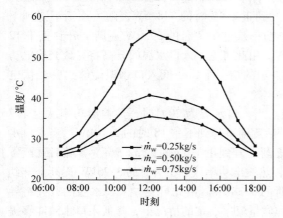

图 7-64　出口水温随时间的变化（3）

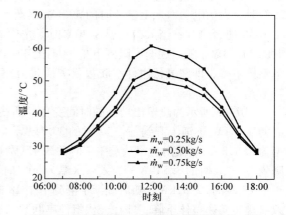

图 7-65　太阳能电池温度随时间的变化（3）

图 7-66 所示为光伏转换效率随时间的变化。当质量流率为 0.25kg/s 时，光伏转换效率从上午 7 时的 12.0%逐渐下降到正午 12 时的 10.6%，随后逐渐上升到下午 18 时的 12.2%；当质量流率为 0.50kg/s 时，光伏转换效率从上午 7 时的 12.1%逐渐下降到正午 12 时的 11.0%，随后逐

渐上升到下午 18 时的 12.3%；当质量流率为 0.75kg/s 时，光伏转换效率从上午 7 时的 12.1% 逐渐下降到正午 12 时的 11.1%，随后逐渐上升到下午 18 时的 12.3%。由此可见，质量流率的增大将导致光伏转换效率整体上升，即在光伏组件串联数目和入口水温一定的情况下，增大质量流率能够提升光伏转换效率。

图 7-67 所示为光伏电功率随时间的变化。当质量流率为 0.25kg/s 时，光伏电功率从上午 7 时的 38.1W 逐渐上升到正午 12 时的 332.8W，随后逐渐下降到下午 18 时的 38.7W；当质量流率为 0.50kg/s 时，光伏电功率从上午 7 时的 38.2W 逐渐上升到正午 12 时的 345.7W，随后逐渐下降到下午 18 时的 38.9W；当质量流率为 0.75kg/s 时，光伏电功率从上午 7 时的 38.3W 逐渐上升到正午 12 时的 350.0W，随后逐渐下降到下午 18 时的 38.9W。由此可见，质量流率的增大将导致光伏电功率整体上升，即在光伏组件串联数目和入口水温一定的情况下，增大质量流率能够提升光伏电功率。

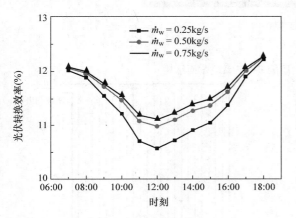

图 7-66　光伏转换效率随时间的变化（3）

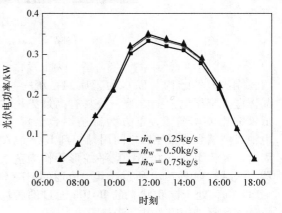

图 7-67　光伏电功率随时间的变化（3）

图 7-68 所示为热输出功率随时间的变化。当质量流率为 0.25kg/s 时，光伏电功率从上午 7 时的 3.38kW 逐渐上升到正午 12 时的 32.72kW，随后逐渐下降到下午 18 时的 3.51kW；当质量流率为 0.50kg/s 时，光伏电功率从上午 7 时的 3.41kW 逐渐上升到正午 12 时的 32.96kW，随后逐渐下降到下午 18 时的 3.54kW；当质量流率为 0.75kg/s 时，光伏电功率从上午 7 时的 3.42kW 逐渐上升到正午 12 时的 33.04kW，随后逐渐下降到下午 18 时的 3.55kW。由此可见，质量流率的增大将导致热输出功率整体上升，即

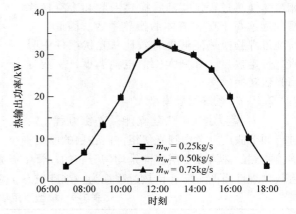

图 7-68　热输出功率随时间的变化（3）

在光伏组件串联数目和入口水温一定的情况下，增大质量流率能够提升热输出功率。

（二）以制冷剂为工质的 PV/T 系统

1. 以制冷剂为工质的 PV/T 系统概述

下面研究一种采用制冷剂 R410a 作为工质的 PV/T 系统的动态特性，通过建立该系统五层结构的能量平衡方程，得到其各项性能参数，包括太阳能电池温度、光伏转换效率、背板温度、光

伏电功率、热输出功率等，从而获得在给定天气条件下，各项性能参数随时间的变化关系，并分析制冷剂蒸发温度对 PV/T 系统动态特性的影响。图 7-69 所示为该 PV/T 系统截面结构，该系统主要由光伏组件和置于下方的矩形截面管道构成。

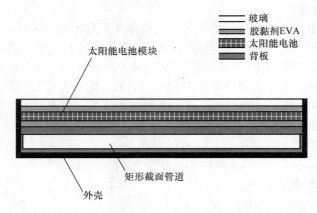

图 7-69　以制冷剂为工质的 PV/T 系统截面结构

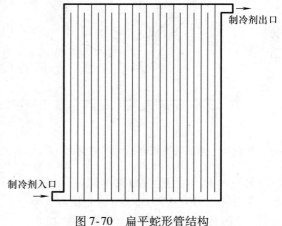

图 7-70　扁平蛇形管结构

光伏组件结构与以水为工质的系统一致，晶体硅太阳能电池上方被一块具有高透光率的低铁钢化玻璃覆盖，下方为特制铝合金背板，电池、玻璃和背板三者之间用黏结剂 EVA 黏结固定。光伏组件下方安置扁平蛇形管作为蒸发器，其结构如图 7-70 所示，其中流通的制冷剂为 R410a，处于饱和状态的 R410a 通过沸腾换热从光伏组件中吸收并带走热量。

制冷剂沸腾换热是一种具有相变特点的两相流体换热过程，其沸腾换热系数和冷凝换热系数远远高于单相流体的换热系数。因此，工质通过沸腾换热能够更有效地从光伏组件中吸收并带走热量，降低太阳能电池温度，从而提高光伏转换效率。

2. PV/T 系统数理模型

（1）模型建立　为建立能量平衡方程，需进行如下假设：考虑到光伏组件内各层的厚度极小，因此忽略各层的纵向温度梯度；光伏组件各层接收到的热流在各层表面是均匀分布的；管中流通的制冷剂温度恒定；忽略温度对光伏组件各层热物理性质的影响；传热过程视为一维准稳态。表 7-9 所列为模型所用物理量的含义。

表 7-9　模型所用物理量的含义

符号	物理量	常用单位
A	光伏组件面积	m^2
c	比定压热容	$J/(kg \cdot ℃)$
S	管道横截面积	m^2
h	对流换热系数	$W/(m^2 \cdot ℃)$
I	太阳辐射强度	W/m^2
k	传热系数	$W/(m^2 \cdot ℃)$

（续）

符号	物理量	常用单位
P	功率	W
t	时间	s
T	温度	℃
α	吸收率	—
β	填充因子	—
δ	厚度	m
η	光伏转换效率	—
τ	透射率	—
下角标		
a	环境	
b	背板	
c	太阳能电池	
e	EVA	
g	玻璃	
P	光伏	

对于玻璃，有

$$\alpha_g I = h_{ga}(T_g - T_a) + k_{ge}(T_g - T_{e1}) \tag{7-37}$$

对于上层 EVA，有

$$\alpha_e \tau_g I + k_{ge}(T_g - T_{e1}) = k_{ec}(T_{e1} - T_c) \tag{7-38}$$

对于太阳能电池，有

$$\alpha_c \tau_e \tau_g I + k_{ec}(T_{e1} - T_c) = \eta_c \alpha_c \tau_e \tau_g I + k_{ec}(T_c - T_{e2}) \tag{7-39}$$

对于下层 EVA，有

$$\beta_c \alpha_e \tau_c \tau_e \tau_g I + (1 - \beta_c)\alpha_e \tau_e \tau_g I + \beta_c k_{ec}(T_c - T_{e2}) = k_{eb}(T_{e2} - T_b) \tag{7-40}$$

对于背板，有

$$\beta_c \alpha_b \tau_e \tau_c \tau_e \tau_g I + (1 - \beta_c)\alpha_b \tau_e \tau_e \tau_g I + k_{eb}(T_{e2} - T_b) = h_{br}(T_b - T_r) \tag{7-41}$$

对于管道中的制冷剂，有

$$h_{br}(T_b - T_r)A = G_r S \Delta H \tag{7-42}$$

式中，ΔH 是制冷剂管道进出口的焓变。

太阳能电池光伏转换效率与其工作温度之间的经验关系式为

$$\eta_c = \eta_{ref}[1 - \beta_{ref}(T_c - T_{ref})] \tag{7-43}$$

上述各式中出现的变量的参数值见表 7-10 和表 7-11。

表 7-10 光伏组件各层材料的物理性质参数

材料	λ	τ	α	δ
玻璃	0.7	0.91	0.05	0.005
EVA	0.35	0.9	0.08	0.0005
太阳能电池	148	0.09	0.8	0.0003
背板	144	0	0.4	0.0005

表 7-11　PV/T 系统的结构参数

参数	数值
管道宽度 a/m	0.02
管道高度 b/m	0.01
光伏组件面积 A/m^2	0.94
填充因子 β_c	0.83

（2）传热系数　根据 Kandlikar 关联式，矩形截面管道中两相流体沸腾换热系数为

$$h_{br} = h_1 C_1 Co^{C_2} \left(25 Fr_{lo} \right)^{C_3} + C_3 Bo^{C_4} F_{fl}] \qquad (7\text{-}44)$$

式中，Co 是关联系数，可表示为

$$Co = \left(\frac{1-\chi}{\chi} \right) 0.8 \left(\frac{\rho_v}{\rho_1} \right) 0.5 \qquad (7\text{-}45)$$

式中，χ 是制冷剂蒸气含量；ρ_v 和 ρ_1 是制冷剂蒸气密度和液态密度；$C_1 \sim C_5$ 是常数；h_1 是矩形截面管道中制冷剂的换热系数，利用 Dittus – Boelter 关联式可表示为

$$h_1 = 0.023 \left(\frac{\lambda_1}{D_h} \right) Re_1^{0.8} Pr_1^{0.4} \qquad (7\text{-}46)$$

式中，λ_1 为制冷剂处于液态时的热导率。

Fr_{lo} 是制冷剂处于液态时的弗劳德数，可表示为

$$Fr_{lo} = \frac{Gr^2}{\rho_1^2 g D_h} \qquad (7\text{-}47)$$

式中，Gr 是制冷剂质量流率；g 是重力加速度。

Bo 是沸腾数，可表示为

$$Bo = \frac{q}{Gr_{lv}} \qquad (7\text{-}48)$$

式中，q 是热流密度；r_{lv} 是制冷剂蒸发潜热。

制冷剂处于液态时，其雷诺数为

$$Re_1 = \frac{Gr(1-\chi)D_h}{\mu_1} \qquad (7\text{-}49)$$

式中，μ_1 是制冷剂处于液态时的动力黏度。

制冷剂处于液态时的普朗特数为

$$Pr_1 = \frac{\mu_1 c_p}{\lambda_1} \qquad (7\text{-}50)$$

式中，c_p 是制冷剂处于液态时的比定压热容。

D_h 是矩形截面管道的当量直径，可表示为

$$D_h = \frac{4ab}{2(a+b)} \qquad (7\text{-}51)$$

式中，a 和 b 是矩形截面管道中各通道的宽和高。

（3）模型验证　Fang 等人建立了太阳能 PV/T 热泵空调系统试验装置，通过试验测量了该系统在给定天气条件下的动态特性，并与传统光伏组件的性能进行了比较。为了验证上述模型的合理性，将 Fang 等人采用的系统结构参数和天气条件应用于上述能量平衡模型，并与 Fang 等人给出的传统光伏组件和 PV/T 热泵空调系统的动态特性进行比较。以背板温度为例，对比结果如图 7-71 所示。由该图可知，利用上述能量平衡模型计算的结果与 Fang 等人通过试验测量的结果相

吻合，由此证明，上述能量平衡模型能够预测 PV/T 系统的动态特性。采用制冷剂作为工质时，背板温度在整个时间段内几乎保持稳定，仅略高于蒸发器中制冷剂的蒸发温度，并不受天气条件（太阳辐射强度和环境温度）的影响，说明采用制冷剂沸腾换热的方式能够大大增强 PV/T 系统性能的稳定性。相比于传统光伏组件，采用制冷剂作为工质的 PV/T 系统的背板温度大大降低，因而能够提高系统的光伏转换效率。

3. PV/T 系统动态特性分析

太阳辐射强度和环境温度的变化如图 7-53 所示。根据上述能量平衡模型，结合系统结构参数和天气数据可以得到 PV/T 系统的动态特性，包括太阳能电池温度、光伏转换效率、背板温度、光伏功率以及热输出功率等随时间的变化，并分析制冷剂蒸发温度对上述性能参数的影响。

图 7-72 所示为太阳能电池温度随时间的变化。当制冷剂蒸发温度为 10℃ 时，太阳能电池温度从上午 7 时的 11.4℃ 逐渐上升到正午 12 时的 15.5℃，随后逐渐下降到下午 18 时的 11.6℃；当制冷剂蒸发温度为 15℃ 时，太阳能电池温度从上午 7 时的 16.1℃ 逐渐上升到正午 12 时的 20.3℃，随后逐渐下降到下午 18 时的 16.3℃；当制冷剂蒸发温度为 20℃ 时，太阳能电池温度从上午 7 时的 20.9℃ 逐渐上升到正午 12 时的 25.1℃，随后逐渐下降到下午 18 时的 21.1℃。由此可见，制冷剂蒸发温度的升高将导致太阳能电池温度整体上升，即降低蒸发温度能够降低太阳能电池温度。

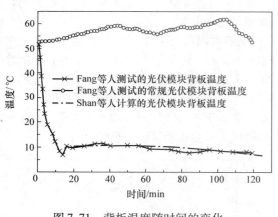

图 7-71 背板温度随时间的变化

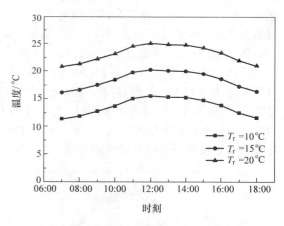

图 7-72 太阳能电池温度随时间的变化

图 7-73 所示为光伏转换效率随时间的变化。当制冷剂蒸发温度为 10℃ 时，光伏转换效率从上午 7 时的 12.7% 逐渐下降到正午 12 时的 12.5%，随后逐渐上升到下午 18 时的 12.7%；当制冷剂蒸发温度为 15℃ 时，光伏转换效率从上午 7 时的 12.5% 逐渐下降到正午 12 时的 12.3%，随后逐渐上升到下午 18 时的 12.5%；当制冷剂蒸发温度为 20℃ 时，光伏转换效率从上午 7 时的 12.2% 逐渐下降到正午 12 时的 12.0%，随后逐渐上升到下午 18 时的 12.2%。由此可见，制冷剂蒸发温度的升高将导致光伏转换效率整体下降，即降低蒸发温度能够提高光伏转换效率。

图 7-74 所示为背板温度随时间的变化。当制冷剂蒸发温度为 10℃ 时，背板温度从上午 7 时的 10.7℃ 逐渐上升到正午 12 时的 13.0℃，随后逐渐下降到下午 18 时的 10.8℃；当制冷剂蒸发温度为 15℃ 时，背板温度从上午 7 时的 15.6℃ 逐渐上升到正午 12 时的 17.9℃，随后逐渐下降到下午 18 时的 15.7℃；当制冷剂蒸发温度为 20℃ 时，背板温度从上午 7 时的 20.5℃ 逐渐上升到正午 12 时的 22.8℃，随后逐渐下降到下午 18 时的 20.6℃。由此可见，制冷剂蒸发温度的升高将导致背板温度整体上升，即降低蒸发温度能够降低背板温度。

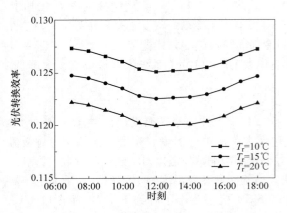

图 7-73　光伏转换效率随时间的变化

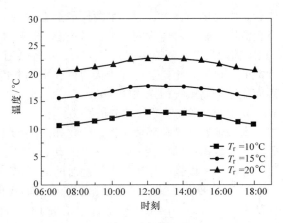

图 7-74　背板温度随时间的变化

　　图 7-75 所示为光伏电功率随时间的变化。当制冷剂蒸发温度为 10℃时，光伏电功率从上午 7 时的 6.6W 逐渐上升到正午 12 时的 64.1W，随后逐渐下降到下午 18 时的 6.6W；当制冷剂蒸发温度为 15℃时，光伏电功率从上午 7 时的 6.4W 逐渐上升到正午 12 时的 62.8W，随后逐渐下降到下午 18 时的 6.4W；当制冷剂蒸发温度为 20℃时，光伏电功率从上午 7 时的 6.3W 逐渐上升到正午 12 时的 61.4W，随后逐渐下降到下午 18 时的 6.3W。由此可见，制冷剂蒸发温度的升高将导致光伏电功率整体下降，即降低蒸发温度能够提高光伏电功率。

　　图 7-76 所示为热输出功率随时间的变化。当制冷剂蒸发温度为 10℃时，热输出功率从上午 7 时的 182.0W 逐渐上升到正午 12 时的 748.2W，随后逐渐下降到下午 18 时的 207.6W；当制冷剂蒸发温度为 15℃时，热输出功率从上午 7 时的 150.0W 逐渐上升到正午 12 时的 717.3W，随后逐渐下降到下午 18 时的 175.6W；当制冷剂蒸发温度为 20℃时，热输出功率从上午 7 时的 118.0W 逐渐上升到正午 12 时的 686.4kW，随后逐渐下降到下午 18 时的 143.5W。由此可见，制冷剂蒸发温度的升高将导致热输出功率整体下降，即降低蒸发温度能够提高热输出功率。

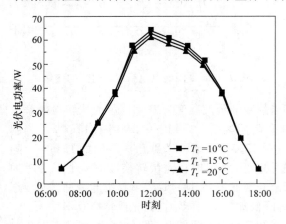

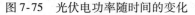

图 7-75　光伏电功率随时间的变化

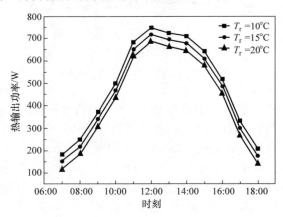

图 7-76　热输出功率随时间的变化

（三）太阳能光伏光热系统试验性能

1. 试验系统

　　图 7-77 所示为太阳能光伏光热热泵空调试验系统。该系统由室内机组和室外机组组成。室外机组由压缩机、热水器、四通电磁阀、热交换器、节流阀、PV/T 蒸发器、DC/AC 转换器、循

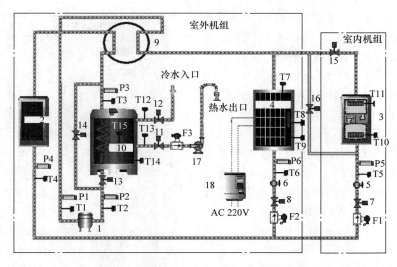

图 7-77　太阳能光伏光热热泵空调试验系统

1—压缩机　2—室外机组换热器　3—室内机组换热器　4—PV/T 蒸发器　5、6—节流阀　7、8、11 ~ 16—电磁阀
9—四通电磁阀　10—热水器　17—循环泵　18—DC/AC 转换器　T—温度传感器　P—压力传感器　F—流量传感器

环泵和六个电磁阀组成。室内机组由热交换器、节流阀和两个电磁阀组成。该试验系统具有五种工作模式，如下所述：

当电磁阀 7、13 和 15 打开，四通电磁阀处于制冷模式时，制冷循环工作。室内机组换热器的制冷剂蒸发并吸收室内的热量，吸收热量的制冷剂通过压缩机时被压缩，然后进入热水器的盘管，盘管中温度较高的制冷剂将热量传给水，热水器内的水温逐渐升高。当热水器中的水温达到规定的温度时，电磁阀 13 关闭，电磁阀 14 打开，来自压缩机的制冷剂直接进入室外机组换热器，并将热量传递给周围环境。热水通过循环泵输送到室内，供日常使用。

当电磁阀 8 和 13 打开，四通电磁阀处于制冷模式时，PV/T 循环工作。PV/T 蒸发器的制冷剂蒸发并从太阳能光伏电池吸收热量，太阳能光伏电池温度下降，光伏效率将提高。吸热后的制冷剂通过压缩机时被压缩，然后进入热水器的盘管中加热水。光伏电池产生的电能被传输到 DC/AC 转换器中进行直流电存储，并将直流电转换为交流电。交流电可以被太阳能光伏光热热泵空调系统利用。

当电磁阀 7、8、13 和 15 打开，四通电磁阀处于制冷模式时，制冷循环与 PV/T 循环一起工作，其工作过程与制冷循环和 PV/T 循环相同。当制冷循环和 PV/T 循环一起工作时，PV/T 蒸发器的压力高于室内机组换热器的压力，因此，PV/T 蒸发器出口处必须安装蒸发压力调节阀，以调节 PV/T 蒸发器和室内机组换热器之间压力的平衡。

当电磁阀 7、13 和 15 打开，四通电磁阀处于制热模式时，热泵循环工作。室外机组换热器的制冷剂从周围环境吸收热量，吸收热量后的制冷剂通过压缩机时被压缩，然后进入热水器的盘管中，盘管中温度较高的制冷剂将热量传给水，热水器内的水温逐渐升高。当热水器中的水温达到规定的温度时，电磁阀 13 关闭，电磁阀 14 打开。来自压缩机的制冷剂直接进入室内机组换热器，并将热量传递给室内空气。

热水循环仅在电磁阀 7、13 和 16 打开且四通电磁阀处于制热模式时起作用，室外机组换热器的制冷剂从周围环境中吸收热量，吸收热量后的制冷剂通过压缩机时被压缩，然后进入热水器的盘管中，盘管中温度较高的制冷剂将热量传给水，热水器内的水温逐渐升高。来自热水器盘管的制冷剂通过电磁阀 16 和节流阀 5，进入室外机组换热器，从周围环境吸收热量。

（1）PV/T 蒸发器　图 7-78 所示为光伏光热蒸发器结构。PV/T 蒸发器由光伏组件、铝板、铜管和隔热材料组成。PV/T 蒸发器长 1500mm、宽 750mm、厚 100mm。它采用 50mm 厚的聚氨酯隔热，减少向周围环境传热。

光伏组件长 1482mm、宽 676mm、厚 35mm。开路电压和最佳工作电压分别为 22V 和 17.4V，短路电流和最佳工作电流分别为 8.09A 和 7.47A，最大功率为 130W。在 PV/T 蒸发器上安装两组平行的内螺纹铜管作为蒸发盘管，用于吸收光伏组件的热量。每根铜管的长度为 6m，内径和外径分别为 10.2mm 和 12.7mm。

（2）试验测试　该试验系统安装了 15 个铂电阻温度传感器、6 个压力传感器和 1 个测量系统功耗的功率计，3 个流量计分别测量制冷剂和热水的流量，太阳能辐射计用于测量太阳辐射强度，数据采集器和计算机用于数据的采集和分析。

PV/T 蒸发器的制热量为

$$Q_{PV/T} = G_r q_o \qquad (7-52)$$

式中，$Q_{PV/T}$ 是 PV/T 蒸发器制热量；G_r 是制冷剂流量；q_o 是单位制冷量。

热水器的制热量为

$$Q_{tot,h} = mc_p(T_f - T_i) \qquad (7-53)$$

式中，$Q_{tot,h}$ 是热水器制热量；m 是水的质量；c_p 是水的比热容；T_f 是进入热水器的水温；T_i 是热水器初始水温。

热水器制热率的计算公式为

$$Q_h = \frac{dQ_{tot,h}}{dt} \qquad (7-54)$$

式中，Q_h 是热水器制热率；t 是制热时间。

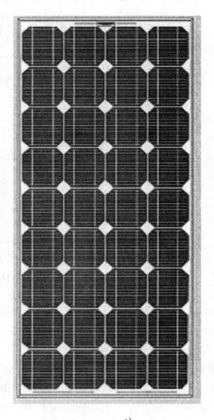

a)

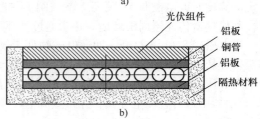

b)

图 7-78　光伏光热蒸发器结构
a) 光伏光热蒸发器正面　b) 光伏光热蒸发器横截面

太阳能光伏光热热泵空调系统的性能系数（COP）为

$$COP = \frac{Q_h}{P} \qquad (7-55)$$

式中，COP 是能效比；P 是系统功耗。

光伏组件的光伏效率为

$$\eta_{pv} = \frac{W_{pv}}{IA} \qquad (7-56)$$

式中，η_{pv} 是光伏效率；W_{pv} 是光伏模块输出功率；I 是太阳辐射强度；A 是光伏模块有效面积。

2. 光伏光热热泵空调系统试验性能

光伏光热热泵空调系统性能试验是在太阳辐射强度为 610W/m²，环境温度为 24.5℃，风速为 0.05m/s 的气候条件下进行的。在试验系统稳定的状态下，每隔30s自动记录一次测试数据，直至测试过程结束。

（1）太阳能光伏光热空调系统的性能　图 7-79 所示为光伏光热热泵空调系统冷凝压力和蒸发压力随时间的变化。可以看出，冷凝压力和蒸发压力在 0～18min 的起动阶段有一定波动；起动后，蒸发压力稳定在 0.36MPa，冷凝压力稳定在 0.97～1.15MPa 之间。这些结果表明，光伏光热热泵空调系统在工作期间可以稳定运行。

图 7-80 所示为光伏光热热泵空调系统压缩机吸气压力和排气压力随时间的变化。由于吸气管的流动阻力，压缩机的吸气压力稳定在 0.30MPa，低于蒸发压力；由于排气管的流动阻力，压缩机的排气压力稳定在 1.2～1.4MPa 之间，高于冷凝压力。图 7-80 中还显示了热水器出口制冷剂压力随时间的变化，该压力稳定在 1.1～1.25MPa 之间，由于热水器中盘管的流动阻力而使其低于压缩机的排气压力。这些结果表明，压缩机和热水器在运行期间可以稳定地工作。

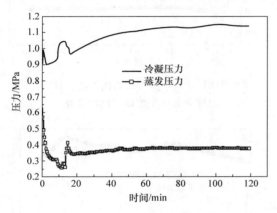

图 7-79　光伏光热热泵空调系统冷凝压力和蒸发压力随时间的变化

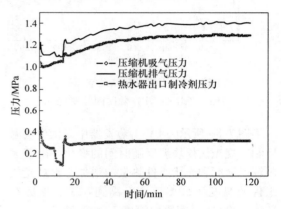

图 7-80　光伏光热热泵空调系统压缩机吸气压力和排气压力随时间的变化

图 7-81 所示为室外机组换热器和 PV/T 蒸发器节流阀出口制冷剂温度随时间的变化。室外机组换热器出口制冷剂温度稳定在 23～30℃ 之间，低于冷凝温度，这是由于制冷剂在热水器中冷凝后在室外机热交换器中产生了过冷现象。因此，流量计位置处的制冷剂处于液体状态。流量测试位置处制冷剂的状态可以根据室外机组换热器出口制冷剂的压力和温度来判断。PV/T 蒸发器节流阀出口处的制冷剂温度稳定在 1℃，节流后的制冷剂在 PV/T 蒸发器中蒸发吸收 PV 模块的热量。

图 7-82 所示为光伏光热热泵空调系统能效比（COP）随时间的变化。系统 COP 在 0～

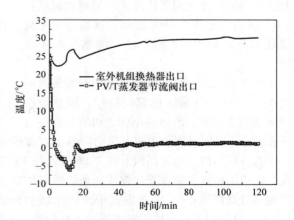

图 7-81　室外机组换热器和 PV/T 蒸发器节流阀出口制冷剂温度随时间的变化

10min 的起动阶段迅速增加到 3.35；在 10～20min 时间段内逐渐下降到 3.14，这是由于蒸发压力下降所致；在 20～120min 时间段内维持在 2.75～2.85 之间，这是由于蒸发压力保持稳定所致。

（2）PV/T 蒸发器的性能　图 7-83 所示为 PV/T 蒸发器表面温度、背面温度和管壁温度随时间的变化。可以看出，PV/T蒸发器表面温度在0~18min的起动阶段从48℃迅速下降到31℃，然后从31℃逐渐降低到24℃；PV/T蒸发器背面温度在0~18min的起动阶段从52℃迅速下降到9℃，然后稳定在8~9℃之间；PV/T蒸发器管壁温度在0~18min的起动阶段从52℃迅速下降到0℃，然后稳定在0~1.5℃之间。

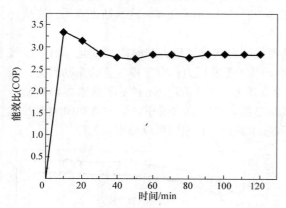

图7-82　光伏光热热泵空调系
统能效比（COP）随时间的变化

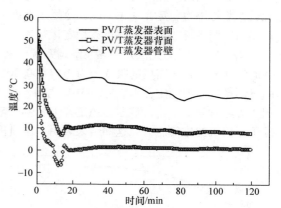

图7-83　PV/T蒸发器表面温度、背面
温度和管壁温度随时间的变化

图7-84所示为PV/T蒸发器中光伏模块温度和常规光伏模块温度随时间的变化。由于太阳辐射强度和光伏组件热量的增加，常规光伏组件的温度从52℃逐渐升高到62℃，然后在105~120min时间段内温度下降到53℃，这是由于环境空气速度加快所致。PV/T蒸发器中光伏模块的温度在起动阶段从52℃迅速降低到9℃，然后稳定在8~9℃之间，这是由于光伏模块的热量被PV/T蒸发器中的制冷剂吸收所致。

图7-85所示为PV/T蒸发器吸热量随时间的变化。在0~10min的起动阶段，吸热量迅速增加到2.6kW，然后减小到2.0kW，这是由

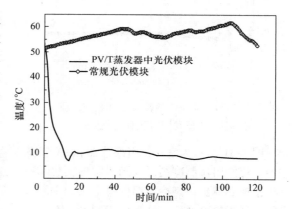

图7-84　PV/T蒸发器中光伏模块温度
和常规光伏模块温度随时间的变化

于在10~30min时间段内蒸发压力降低了。吸热量在30~120min时间段内稳定在2.0kW，这是由于蒸发压力维持稳定所致。图7-86所示为PV/T蒸发器和常规光伏模块光伏效率随时间的变化，由该图可知，常规光伏模块的光伏效率从8.7%逐渐降低到8.0%，这是由于光伏模块的温度逐渐升高所致；PV/T蒸发器中光伏模块的光伏效率从9.4%逐渐提高到10.9%，这是由于PV/T蒸发器中光伏模块的温度逐渐下降所致。由图7-86还可得，PV/T蒸发器中光伏模块的平均光伏效率可达10.4%，比常规的光伏模块提高了23.8%。

（3）热水器随时间的性能　图7-87所示为热水器中间水温和底部水温随时间的变化。热水器中部水温在0~30min时间段内由20℃迅速上升到34℃，然后逐渐升高至42℃；热水器底部水温在0~30min时间段内由19℃迅速上升至32℃，然后逐渐升高到41℃。同时也可以看出，中部水温与底部水温的温差约为1℃，这是由于热水器内水的密度不同，导致水温出现分层。

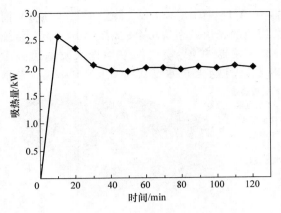

图 7-85 PV/T 蒸发器吸热量随时间的变化

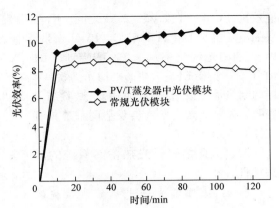

图 7-86 PV/T 蒸发器和常规光伏模块光伏效率随时间的变化

图 7-88 所示为热水器制热量随时间的变化。热水器的制热量在 0～30min 时间段内迅速增加到 5800kJ，然后逐渐增加到 9400kJ，这是由于在 0～30min 时间段内热水器内水温与管内制冷剂温差较大，导致传热速率较高。图 7-89 所示为热水器制热率随时间的变化，在 0～5min 的起动阶段，热水器水温与管内制冷剂温度之间的温差较大，热水器的制热率迅速提高到 7.5kW；在 5～30min 时间段内，热水器的水温迅速上升，其制热率迅速下降到 1.5kW 左右；然后热水器的制热率逐渐下降到 0.5kW，这是由于在 30～120min 时间段内热水器的水温缓慢上升所致。

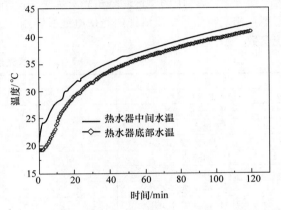

图 7-87 热水器中间水温和底部水温随时间的变化

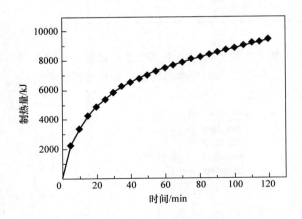

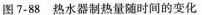

图 7-88 热水器制热量随时间的变化

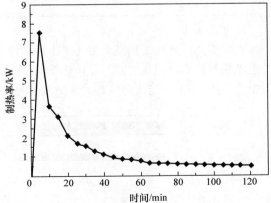

图 7-89 热水器制热率随时间的变化

3. 光伏光热热泵空调系统试验性能总结

对太阳能光伏光热热泵空调系统的性能进行了试验研究。整个运行期间，光伏光热热泵空调系统能够稳定地工作，蒸发压力稳定在 0.36MPa，冷凝压力稳定在 0.97～1.15MPa 之间；系统的能效比（COP）在 2.75 ~ 2.85 之间。PV/T 蒸发器中 PV 模块的温度由 52℃降至 8℃，常规 PV 模块的温度由 52℃上升至 62℃。PV/T 蒸发器中 PV 模块的光伏效率从 9.4% 提高到 10.9%，传统 PV 模块的光伏效率从 8.7% 下降到 8.0%；PV/T 蒸发器中 PV 模块的平均光伏效率达到了 10.4%，比传统 PV 模块的平均光伏效率提高了 23.8%。热水器的水温从 20℃上升到 42℃，热水器的制热量可以增加到 9400kJ。试验结果表明，太阳能光伏光热热泵空调系统具有较好的性能。

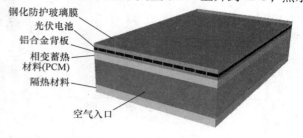

二、太阳能光伏光热蓄热系统的动态特性

（一）太阳能光伏光热蓄热系统的电性能和热性能

图 7-90 为太阳能光伏光热蓄热系统示

图 7-90　太阳能光伏光热蓄热系统示意图

意图。相变蓄热材料层既能给光伏电池板降温，又能储存热能。表 7-12 所列为光伏光热蓄热系统参数。

表 7-12　光伏光热蓄热系统参数

参数	符号	数值
光伏电池板长度	L	1.5m
光伏电池板宽度	W	1m
流道高度	H	0.05m
封装系数	F	0.83
风速	v	2m/s
质量流率	$\dot{m}$	0.05kg/s
空气的比热容	c_a	1.005kJ/（kg·K）
相变蓄热材料（PCM）的厚度	δ_p	0.05m
参考效率	η_{ref}	0.12
参考温度	β_{ref}	0.0045
参考填充因子	T_{ref}	293K
发电效率	η_{Tpower}	0.4

1. 模型建立

太阳能光伏光热蓄热系统由光伏组件和传热管组成。在光伏组件中，电池板被封装在钢化防护玻璃膜和铝合金背板之间。在传热管的不同位置处分别装入相变蓄热材料，传热管的工作流体为空气。图 7-91 为光伏光热蓄热系统截面图。

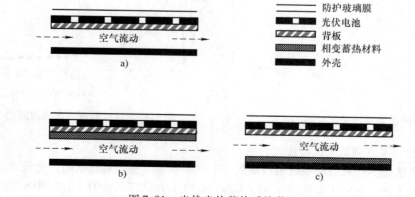

图 7-91　光伏光热蓄热系统截面图

a) 无相变蓄热材料（PCM）　b) 顶部相变蓄热材料（PCM）　c) 底部相变蓄热材料（PCM）

为了建立该系统的动态模型，需要进行如下假设：除了空气，该系统组件的横向温度都是均匀的；忽略 PV/T 组件的热容，因为相变蓄热材料的潜热换算成等效热容比其他组件的热容大得多；忽略该系统与环境间的热辐射；当天气条件改变时，除了相变蓄热材料层，PV/T 组件迅速达到准静态平衡。

基于上述假设建立该系统的能量平衡方程，模拟光伏光热蓄热系统的能量转换过程。通过模拟计算获得一些性能参数（如电池板温度、空气出口温度、热效率、电效率等），来分析和评价估该系统的动态性能。表 7-13 所列为模型所用物理量的含义。

表 7-13 模型所用物理量的含义

符号	物理量	常用单位
c	比热容	kJ/（kg・K）
D	当量直径	m
F	封装系数	—
H	高度	m
h	对流传热系数	W/（m^2・K）
I	太阳辐射强度	W/m^2
L	长度	m
$\dot{m}$	质量流率	kg/s
T	温度	K
U	传热系数	W/（m^2・K）
v	流速	m/s
W	宽度	m
x	工质流动距离	m
α	吸收率	—
δ	厚度	m
μ	动力黏度	Pa・s
η	光伏转换效率	—
λ	热导率	W/（m・K）
τ	透射率	—
γ	运动黏度	m^2/s
下角标		
a	空气	
b	背板	
c	太阳能电池	
e	环境	
g	玻璃板	
i	隔热层	
p	相变蓄热材料层	
ref	参考值	

（1）玻璃板 玻璃板吸收来自太阳的热量，其释放的热量有两部分：从上表面通过自然对流耗散到大气中；从下表面传导到PV电池板中（假定热传导的方向一律向下）。该过程的能量平衡方程为

$$\alpha_g I = h_{ge}(T_g - T_e) + U_{gc}(T_g - T_c) \tag{7-57}$$

式中，h_{ge}是玻璃到大气的传热系数，其计算式为

$$h_{ge} = \left(\frac{d_g}{I_g} + \frac{1}{h_e}\right)^{-1} \tag{7-58}$$

此外，U_{gc}是玻璃到PV电池板的传热系数，其计算式为

$$U_{gc} = \left(\frac{d_g}{I_g} + \frac{d_c}{I_c}\right)^{-1} \tag{7-59}$$

对于玻璃板迎风面，其对流换热系数取决于风速，其经验公式为

$$h_e = 5.7 + 3.8v \tag{7-60}$$

PV组件的热导率（λ）、透射率（τ）、吸收率（α）以及厚度（δ）见表7-14。

表 7-14 PV 模块的热物性参数

材料	$\lambda/[W/(m \cdot K)]$	τ	α	δ/m
玻璃板	1	0.91	0.05	0.003
PV 电池板	148	0.09	0.8	0.0003
背板	144	0.00039	0.4	0.0005
隔热层	0.035	—	—	0.05

（2）光伏电池板 光伏电池板的能量来自两个部分：太阳能穿过玻璃板且被其吸收的部分，以及从玻璃板热传导下来的部分。该能量有两个去处：一是被转换成电能，二是以热量的形式传导到背板。该过程的能量平衡方程为

$$Fa_c t_g I + U_{gc}(T_g - T_c) = h F a_c t_g I + U_{cb}(T_c - T_b) \tag{7-61}$$

光伏转换效率与电池板温度的关系式为

$$h = h_{ref}[1 - b_{ref}(T_c - T_{ref})] \tag{7-62}$$

式中，U_{cb}是电池板到背板的传热系数，其公式为

$$U_{cb} = \left(\frac{d_c}{I_c} + \frac{d_b}{I_b}\right)^{-1} \tag{7-63}$$

（3）其他光伏组件 如图7-91所示，传热管有三种结构：无相变蓄热材料（PCM）、顶部相变蓄热材料（PCM）和底部相变蓄热材料（PCM）。下面分别讨论这三种情况下的能量平衡方程。

1）无相变蓄热材料（PCM）光伏光热蓄热系统。

对于背板，有

$$Fa_b t_c t_g I + (1 - F)a_b t_g I + U_{cb}(T_c - T_b) = h_{ba}(T_b - T_a) \tag{7-64}$$

对于流道中的空气，有

$$h_{ba}(T_b - T_a)Wdx = c_a \dot{m}_a dT_a + h_{ai}(T_a - T_i)Wdx \tag{7-65}$$

对于隔热层，有

$$h_{ai}(T_a - T_i) = h_{ie}(T_i - T_e) \tag{7-66}$$

对式（7-65）积分，得到空气温度与流动距离间的关系为

$$T_a(x) = \left(T_{a,0} - \frac{h_{ba}T_b + h_{ai}T_i}{h_{ba} + h_{ai}} \right) e^{-P_1 x} + \frac{h_{ba}T_b + h_{ai}T_i}{h_{ba} + h_{ai}} \tag{7-67}$$

式中，$P_1 = \dfrac{(h_{ba} + h_{ai})W}{c_a \dot{m}_a}$ 是为简化方程而引入的参数；$T_{a,0}$ 是空气入口温度。

当空气流动距离 $x = L$ 时，得到空气出口温度为

$$T_a(L) = T_{a,0}Q_1 + \frac{h_{ba}T_b + h_{ai}T_i}{h_{ba} + h_{ai}}(1 - Q_1) \tag{7-68}$$

式中，$Q_1 = e^{-P_1 L}$ 是为简化方程而引入的参数。

根据式（7-67）和式（7-68），流道中空气的平均温度为

$$\bar{T}_a = \frac{1}{L}\int_0^L T_a(x)\,dx = T_{a,0}R_1 + \frac{h_{ba}T_b + h_{ai}T_i}{h_{ba} + h_{ai}}(1 - R_1) \tag{7-69}$$

式中，$R_1 = \dfrac{1 - Q_1}{P_1 L}$ 是为简化方程而引入的参数。

2）顶部相变蓄热材料（PCM）光伏光热蓄热系统。

对于背板，有

$$Fa_b t_c t_g I + (1 - F)a_b t_g I + U_{cb}(T_c - T_b) = U_{bp}(T_b - T_p) \tag{7-70}$$

对于流道中的空气，有

$$h_{pa}(T_p - T_a)Wdx = c_a \dot{m}_a dT_a + h_{ai}(T_a - T_i)Wdx \tag{7-71}$$

对绝热层，有

$$h_{ai}(T_a - T_i) = h_{ie}(T_i - T_e) \tag{7-72}$$

根据式（7-70），空气温度与流动距离间的关系为

$$T_a(x) = T_{a,0} - \frac{h_{pa}T_b + h_{ai}T_i}{h_{pa} + h_{ai}} e^{-P_2 x} + \frac{h_{pa}T_p + h_{ai}T_i}{h_{pa} + h_{ai}} \tag{7-73}$$

式中，$P_2 = \dfrac{(h_{pa} + h_{ai})W}{c_a \dot{m}_a}$ 是为简化方程而引入的参数。

空气出口水温为

$$T_a(L) = T_{a,0}Q_2 + \frac{h_{pa}T_p + h_{ai}T_i}{h_{pa} + h_{ai}}(1 - Q_2) \tag{7-74}$$

式中，$Q_2 = e^{-P_2 L}$。

根据式（7-72）和式（7-73），流道中空气的平均温度为

$$\bar{T}_a = \frac{1}{L}\int_0^L T_a(x)\,dx = T_{a,0}R_2 + \frac{h_{pa}T_p + h_{ai}T_i}{h_{pa} + h_{ai}}(1 - R_2) \tag{7-75}$$

式中，$R_2 = \dfrac{1 - Q_2}{P_2 L}$。

3）底部相变蓄热材料（PCM）光伏光热蓄热系统。

对于背板，有

$$Fa_b t_c t_g I + (1 - F)a_b t_g I + U_{cb}(T_c - T_b) = h_{ba}(T_b - T_a) \tag{7-76}$$

对于流道中的空气，有

$$h_{ba}(T_b - T_a)Wdx = c_a \dot{m}_a dT_a + h_{ap}(T_a - T_p)Wdx \tag{7-77}$$

对绝热层，有

$$U_{pi}(T_p - T_i) = h_{ie}(T_i - T_e) \tag{7-78}$$

根据式（7-77），空气温度与流动距离间的关系为

$$T_a(x) = T_{a,0} - \frac{h_{ba}T_b + h_{ap}T_p}{h_{ba} + h_{ap}}e^{-P_3 x} + \frac{h_{ba}T_b + h_{ap}T_p}{h_{ba} + h_{ap}} \tag{7-79}$$

式中，$P_3 = \dfrac{(h_{ba} + h_{ap})W}{c_a \dot{m}_a}$ 是为简化方程而引入的参数。

空气出口水温为

$$T_a(L) = T_{a,0}Q_3 + \frac{h_{ba}T_b + h_{ap}T_p}{h_{ba} + h_{ap}}(1 - Q_3) \tag{7-80}$$

式中，$Q_3 = e^{-P_3 L}$。

根据式（7-78）和式（7-79），流道中空气的平均温度为

$$\overline{T}_a = \frac{1}{L}\int_0^L T_a(x)\,dx = T_{a,0}R_3 + \frac{h_{ba}T_b + h_{ap}T_p}{h_{ba} + h_{ap}}(1 - R_3) \tag{7-81}$$

式中，$R_3 = \dfrac{1 - Q_3}{P_3 L}$。

（4）换热系数　对于相邻的层 1 和层 2，传热系数为

$$U_{12} = \left(\frac{d_1}{I_1} + \frac{d_2}{I_2}\right)^{-1} \tag{7-82}$$

式中，d 是每层的厚度。

另外，空气与相邻组件间的传热系数为

$$h = \left(\frac{d}{I} + \frac{1}{h_a}\right)^{-1} \tag{7-83}$$

在一些文献中，将流道中空气的对流换热系数进行常数处理。在该系统中，将根据水流和壁面温度进行计算。

$$Re = \frac{v_f D}{\gamma} \tag{7-84}$$

式中，γ 是运动黏度；D 是当量直径。对于矩形管，有

$$D = \frac{2HW}{H + W} \tag{7-85}$$

经过计算，该系统中的气流处于湍流状态（$Re > 5000$）。气流的努塞尔数的计算式为

$$Nu = 0.0214(Re^{0.8} - 100)Pr^{0.4}\left(\frac{T_a}{T}\right)^{0.4}\left[1 + \left(\frac{D}{L}\right)^{2/3}\right] \tag{7-86}$$

式中，Pr 是普朗特数；T_a 和 T 分别是空气平均温度和管壁温度。式（7-86）适用于下列条件：

$$2300 < Re < 10^6, 0.6 < Pr < 1.5, 0.5 < \frac{T_a}{T} < 1.5$$

因此，空气与相邻组件之间的对流换热系数为

$$h_a = Nu\frac{l_a}{D} \tag{7-87}$$

由式（7-82）、式（7-83）和式（7-87）可以计算出 PV/T 相邻组件间的传热系数。

（5）相变蓄热材料（PCM）层　在相变材料的熔化或凝固过程中，热交换主要是以热传导

的方式进行的。相比之下，在液相和固相交界面，即使存在较强的自然对流，其对热交换的影响也是较小的。表 7-15 所列为该系统使用的相变蓄热材料的热物性参数。

表 7-15　相变蓄热材料的热物性参数

热性能	符号	数值
热导率（固相）	l_{PCMs}	0.24W/(m·K)
热导率（液相）	l_{PCMl}	0.15W/(m·K)
比热容（固相）	c_{PCMs}	2.9kJ/(kg·K)
比热容（液相）	c_{PCMl}	2.1kJ/(kg·K)
密度（固相）	r_{PCMs}	860kg/m³
密度（液相）	r_{PCMl}	780kg/m³
相变潜热	L_H	210kJ/kg
相变温度	T_{mp}	28℃

由表 7-15 可知，相变蓄热材料在液相和固相下具有不同的热力特性。在相变过程中，相变蓄热材料的温度取相变温度，其热导率由固相、液相的比例决定。

对顶部 PCM，有

$$dQ_{PCM} = WL[U_{bp}(T_b - T_p) - h_{pa}(T_p - T_a)]dt \tag{7-88}$$

对底部 PCM，有

$$dQ_{PCM} = WL[h_{pa}(T_a - T_p) - U_{pi}(T_p - T_i)]dt \tag{7-89}$$

若 $Q_{PCM} < Q_{sol}$，则

$$T_p = T_{mp} - \frac{Q_{sol} - Q_{PCM}}{c_{PCMs}}, \lambda_P = \lambda_{PCMs}$$

若 $Q_{sol} < Q_{PCM} < Q_{liq}$，则

$$T_p = T_{mp}, \lambda_P = \lambda_{PCMs} \frac{Q_{liq} - Q_{PCM}}{Q_{liq} - Q_{sol}} + \lambda_{PCMl} \frac{Q_{PCM} - Q_{sol}}{Q_{liq} - Q_{sol}}$$

若 $Q_{liq} < Q_{PCM}$，则

$$T_p = T_{mp} - \frac{Q_{PCM} - Q_{liq}}{c_{PCMl}}, \lambda_P = \lambda_{PCMl}$$

式中，Q_{PCM} 是 PCM 层已积累的热量；Q_{sol} 和 Q_{liq} 分别是 PCM 相变过程开始以及相变过程恰好结束时所需积累的热量；T_{mp} 是 PCM 的相变温度。

（6）太阳能光伏光热蓄热系统的性能参数　光伏转换效率可由式（7-62）得到。光伏光热蓄热系统的热功率为

$$\dot{Q}_u = c_a \dot{m}(T_a(L) - T_{a0}) + \dot{Q}_{PCM} \tag{7-90}$$

式中，$\dot{Q}_{PCM}$ 是 PCM 层吸收的热功率。

光伏光热蓄热系统的电功率为

$$\dot{Q}_p = \eta a_c t_g FAI \tag{7-91}$$

式中，η 是光伏转换效率；a_c 是光伏电池吸收率；t_g 是玻璃透射率；F 是光伏电池封装系数；A 是光伏电池的面积；I 是太阳辐射强度。

有三种不同的效率参数来评估光伏光热蓄热系统的性能。其中，有用热效率和电效率分别为

$$h_t = \frac{\dot{Q}_u}{AI} \tag{7-92}$$

$$h_p = \frac{\dot{Q}_p}{AI} \tag{7-93}$$

由于电能处于比热能更高的品位,因此,将两者直接相加得到的总效率不符合实际情况,需要引入一个转换因子,即

$$h_{\text{o}} = h_{\text{t}} + \frac{h_{\text{p}}}{h_{\text{power}}} \qquad (7\text{-}94)$$

式中,h_{power} 是平均发电效率,取 0.4。

2. 模型验证

Stropnik 等人构造了一种使用 PCM 层降温的光伏电池板,通过 TRNSYS 软件计算出光伏电池板的换热情况并与试验数据进行比较。为了验证光伏光热蓄热系统数理模型的合理性,在与 Stropnik 等人试验相同的天气条件下(图 7-92),计算了光伏光热蓄热系统的电池板温度并与他们的试验数据进行了比较。该系统的设计参数见表 7-16。

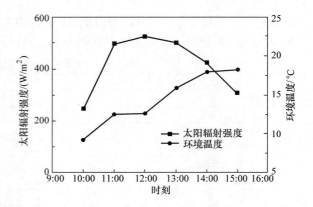

图 7-92　Stropnik 等人试验中太阳辐射强度与环境温度随时间的变化

表 7-16　具有 PCM 层的 PV 电池板的设计参数

参数	数值
PV 电池板长度/mm	1638
PV 电池板宽度/mm	982
玻璃板厚度/mm	3.2
EVA 厚度/mm	0.5
PV 电池板厚度/mm	0.3
背板厚度/mm	0.5
PCM 厚度/mm	35
PCM 潜热/(kJ/kg)	245
PCM 熔点/℃	28
PCM 热导率/[W/(m·K)]	0.2
PCM 比热容/[kJ/(kg·K)]	2
PCM 密度(固相)/(kg/m³)	880
PCM 密度(液相)/(kg/m³)	770

图 7-93 所示为光伏电池板温度计算值与试验值的比较。两者从 10 时到 14 时呈上升趋势,在 14 时之后开始下降。在 10 时到 11 时和 14 时到 15 时时间段内,计算值与试验值符合得较好。由图 7-92 可知,这个时间段太阳辐射强度在 400W/m² 以下。在 11 时到 14 时之间,计算值比试验值稍高,12 时时其差别最大,为 3.2%,此时对应于图 7-92 中太阳辐射强度的最大值。这是由于集热器与大气之间的热辐射被忽略,造成计算值偏高;另外,光伏组件的热容也被忽略,这也是造成电池板温度计算值偏高的原因。若考

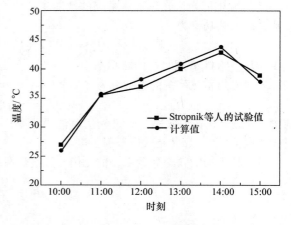

图 7-93　光伏电池板温度计算值与试验值的比较

虑两者的影响，光伏电池板将释放额外的热量到大气中，则计算值会更逼近试验结果。总体来说，计算值与试验值吻合得较好，两者的相关系数为 0.992。

3. 太阳能光伏光热蓄热系统的动态性能

（1）太阳能光伏光热蓄热系统的电性能　图 7-94 所示为电池板温度随时间的变化。无 PCM 型和底部 PCM 型的变化趋势几乎一样，7 时到 12 时间温度上升，12 时到 18 时间温度下降。无 PCM 型的电池板温度比底部 PCM 型的稍高，温差最大为 1.05℃，这是由于电池板与底部 PCM 间有空气流道，下方的 PCM 层对 PV 电池板的影响很小。对于顶部 PCM 型，在 13 时，电池板温度从最初的 27.2℃升高到 70.0℃，然后降低到最后的 37.0℃；在 11 时，该曲线与无 PCM 型的最大温差为 7.4℃。显然，顶部 PCM 型温度升高的时间比无 PCM 型推迟，这是由于 PV 电池板处产生的热量已有一部分被 PCM 层吸收。当 PCM 开始熔化时，其温度维持在相变温度，进一步拉开了与无 PCM 型系统的换热差距，这导致了 11 时两者的温差最大，并将 PV 电池板的峰值温度推迟到了 13 时。而后，顶部 PCM 型曲线降低的速度比无 PCM 型曲线慢，两者在 16:00 时刻相交。因为 PCM 有蓄热的作用，当电池板温度开始下降后，PCM 和 PV 电池板间的换热（顶部 PCM 型）比空气流道与 PV 电池板（无 PCM 型）间的换热更慢，这导致前者的电池板温度比后者更高。

图 7-95 所示为光伏转换效率随时间的变化。无 PCM 型曲线和底部 PCM 型曲线在 7 时到 12 时间一直下降，而后呈上升趋势。两种情况下的光伏转换效率平均相差 0.06%。对于顶部 PCM 型曲线，从一开始的 11.88% 下降到 13 时的最小值 9.57%，而后又重新升高到 11.35%。对比无 PCM 型与顶部 PCM 型曲线，在 11 时，两者的最大光伏转换效率相差 0.4%。

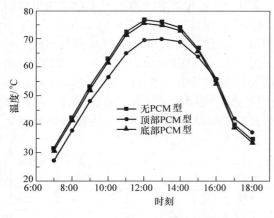

图 7-94　电池板温度随时间的变化

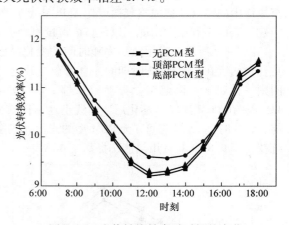

图 7-95　光伏转换效率随时间的变化

图 7-96 所示为电功率随时间的变化。三条曲线的变化规律很相似，在 7 时到 12 时间段内，电功率升高，12 时时刻达到峰值，而后一直下降。换句话说，电功率的变化趋势与太阳辐射强度的变化趋势保持一致。这是由于当光伏转换效率变化不大时，电功率主要取决于太阳辐射强度。另外，无 PCM 型与顶部 PCM 型电功率的最大差值出现在 12 时，其差值为 4.2W。但是增强光伏转换效率仍然有意义，特别是在正午，能使电功率更高。

图 7-97 所示为电效率随时间的变化。电效率仅取决于光伏转换效率，图中所有曲线与相对应的光伏转换效率的变化趋势保持一致。在 16 时后，顶部 PCM 型的电效率最低，这是由于 PCM 已经完全融化，PCM 继续吸收来自 PV 电池板的热量，其温度继续升高，两者之间的换热速度越来越慢。总体来说，顶部 PCM 型对系统电性能的提高较明显，而底部 PCM 型对电性能的影响较小。

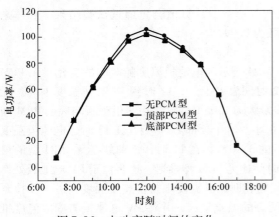

图 7-96 电功率随时间的变化

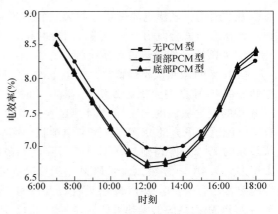

图 7-97 电效率随时间的变化

（2）太阳能光伏光热蓄热系统的热性能 图 7-98 所示为空气出口温度随时间的变化。由图可知，无 PCM 型和底部 PCM 型的变化趋势几乎一致。空气出口温度在 7 时到 14 时期间升高，在 14 时到 18 时期间下降。无 PCM 型的空气出口温度比底部 PCM 型稍高，平均相差 0.97℃。这说明底部 PCM 吸收了流道中空气的一部分热量，导致了空气出口温度有所降低。另外，顶部 PCM 型的空气出口温度从最初的 28.3℃ 开始升高，到 14 时时达到最大值 36.7℃，最后降低到 33.5℃，它与无 PCM 型的出口温度在 12 时相差最大（6.2℃）；12:00 之后，顶部 PCM 型的空气出口温度降低得较慢，在 17 时到 18 时与无 PCM 型曲线相交。此时，顶部 PCM 吸收的热量传递至流道中的空气，造成空气温度比无 PCM 型的高。这表明置入 PCM 的光伏光热蓄热系统可以用于建筑表面来利用太阳能，以使室内温度不会偏高或偏低，即温度更稳定。

图 7-99 所示为有用热功率随时间的变化。由图可知，无 PCM 型和底部 PCM 型的曲线几乎重合，两者在 8 时到 12 时期间一直处于上升趋势，正午 12:00 达到峰值 289W，12 时到 17 时期间则一直处于下降趋势。显然，顶部 PCM 型可以获得最多的有用热能，正午 12:00 时达到 435W，在 PCM 层完全熔化后，曲线迅速下降。曲线与坐标轴间的区域表示系统获得的有用热能，在 8 时到 17 时期间，无 PCM 型的光伏光热系统获得了 6.6MJ 的有用热能，而顶部 PCM 型系统获得了 9.8MJ 的有用热能，提高了 48%。

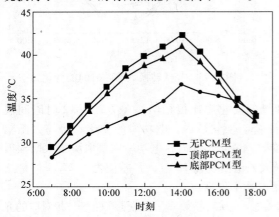

图 7-98 空气出口温度随时间的变化

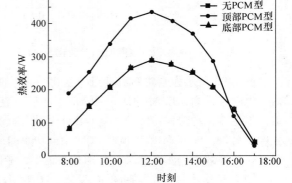

图 7-99 有用热功率随时间的变化

图 7-100 所示为热效率随时间的变化。由图可知，无 PCM 和底部 PCM 型系统的热效率保持在 19% 左右。值得注意的是，在 9 时之前，顶部 PCM 型系统的热效率急剧下降，在 10 时到 14 时期间

稳定在28%左右，在15时之后又再次呈现较明显的下降趋势。三个阶段分别对应于相变蓄热材料（PCM）所处的三种状态：升温到相变温度，在相变温度下熔化，完全熔化并继续升温。

图 7-101 所示为总效率随时间的变化。由图可知，无 PCM 型和底部 PCM 型系统的总效率较稳定，在 10 时到 14 时期间，无 PCM 型和顶部 PCM 型系统的总效率平均相差 10.7%。显然，顶部 PCM 层可以提高光伏光热系统的总体性能，而底部 PCM 层的影响相对较小。

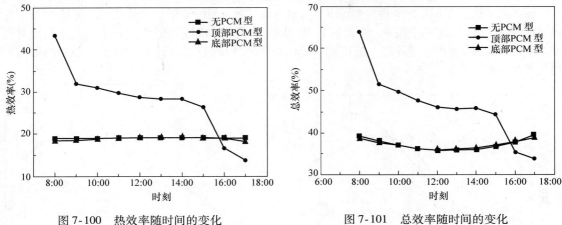

图 7-100　热效率随时间的变化　　　　　　　图 7-101　总效率随时间的变化

（3）相变蓄热材料厚度对太阳能光伏光热蓄热系统性能的影响　图 7-102 所示为不同 PCM 厚度情况下电池板温度随时间的变化。除了 $\delta=2cm$ 的情况，其他情况下电池板温度在 7 时到 12 时期间都在升高，在 12:00 时刻达到峰值，并在之后下降。PCM 层的厚度越小，其与邻近组件的换热速度越快。因此，自 7:00 开始，$\delta=2cm$ 情况下的电池板升温最慢。但越薄的 PCM 层所能储存的热量也越少，熔化所需要的热量也越少。在 13 时之后，$\delta=2cm$ 的 PCM 层已经过热，几乎无法储存来自电池板的热量，从而导致电池板温度升高，并在 14:00 时达到最大值 77.2℃。因此，2cm 厚的 PCM 层不是最佳选择。

图 7-103 所示为不同 PCM 厚度下电效率随时间的变化。除了 $\delta=2cm$ 曲线，其他曲线具有相似的趋势，即在 7 时到 12 时期间一直下降，而后在 12 时到 18 时期间一直上升。此三条曲线中，$\delta=3cm$ 的曲线在 16 时之前一直是最高的。考虑到 16 时之后太阳辐射强度较低，这段时间内产生的电能只占全天输出电能的一小部分。因此，3cm 厚的 PCM 层可以带来最佳的光伏光热系统电性能。

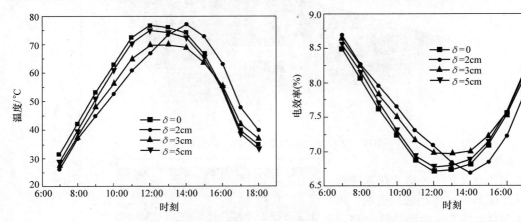

图 7-102　不同 PCM 厚度情况下电池板温度随时间的变化　　　图 7-103　不同 PCM 厚度情况下电效率随时间的变化

图 7-104 所示为不同 PCM 厚度情况下 PCM 层吸收的热量随时间的变化。由图可见，$\delta = 2cm$ 的曲线在 7 时到 14 时期间一直在上升，正午 12:00 时达到峰值 8.75MJ，随后开始下降，在 18 时时为 6.95MJ。$\delta = 5cm$ 的曲线一直在上升，但上升得较慢，到 18:00 时系统吸收的热量为 9.77MJ。$\delta = 3cm$ 的曲线在 7 时到 16 时期间持续上升，达到峰值 10.59MJ 后稍微下降，到 18 时时为 10.27MJ。显然，3cm 厚的 PCM 层在白天吸收的热量最多。

图 7-105 所示为不同 PCM 厚度情况下空气出口温度随时间的变化。由图可见，在 12 时前，三种模式的空气出口温度几乎相等。在正午 12:00 时，2cm 厚的 PCM 层完全熔化，温度高于其相变温度，使得空气出口温度忽然升高。在 15 时，3cm 厚的 PCM 层也成为液相，开始给流道中的空气传递更多的热量。

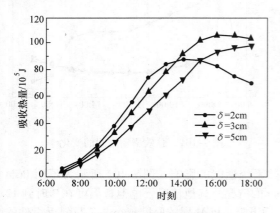

图 7-104　不同 PCM 厚度情况下 PCM 吸收的热量随时间的变化

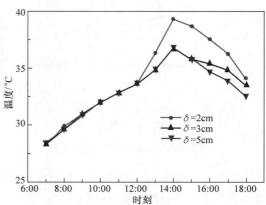

图 7-105　不同 PCM 厚度情况下空气出口温度随时间的变化

（二）太阳能光伏光热蓄热系统的能量输出特性

下面研究相变蓄热材料的相变温度和厚度对光伏光热系统电能输出和热能输出特性的影响。为了更好地利用所获得的热能，选取水作为工作流体。在相同流量下，传热管的结构可以比以空气为流体时小，而且可以埋入相变蓄热材料（PCM）层中。图 7-106 所示为以水为工质的光伏光热蓄热系统结构。

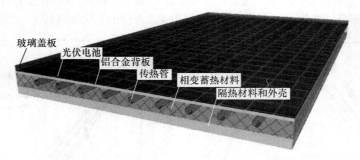

图 7-106　以水为工质的光伏光热蓄热系统结构

1. 模型建立

图 7-107 为该光伏光热蓄热系统截面图。该系统的组件包括玻璃盖板、光伏池板、铝合金背板、带传热管的 PCM 层和隔热层。PCM 层中埋入直径为

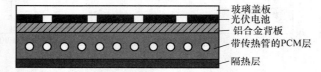

图 7-107　光伏光热蓄热系统截面图

25.4mm、壁厚为0.8mm的铜管，管中心距为66.6mm。表7-17所列为光伏光热蓄热系统设计参数。

表7-17　光伏光热蓄热系统设计参数

参数	符号	数值
光伏电池板长度	L	1.8m
光伏电池板宽度	W	1m
铜管直径	D	0.0254m
铜管热导率	λ_t	383W/(m·K)
铜管厚度	δ_t	0.0008m
封装系数	F	0.83
风速	v	2m/s
质量流率	$\dot{m}$	0.03kg/s
水的比热容	c_w	4.18kJ/(kg·K)
PCM厚度	δ_p	0.05m
参考效率	η_{ref}	0.12
参考填充因子	β_{ref}	0.0045
参考温度	T_{ref}	293K
发电效率	η_{Tpower}	0.4

（1）PV/T组件　对于玻璃板

$$\alpha_g I = h_{ge}(T_g - T_e) + U_{gc}(T_g - T_c) \tag{7-95}$$

式中，h是流体与组件之间的传热系数，对于A层与B层流体，可按下式计算其传热系数

$$h_{AB} = \left(\frac{\delta_A}{\lambda_A} + \frac{1}{h_B}\right)^{-1} \tag{7-96}$$

另外，U是两组件之间的传热系数，对于相邻的C层和D层，则有

$$U_{CD} = \left(\frac{\delta_C}{\lambda_C} + \frac{\delta_D}{\lambda_D}\right)^{-1} \tag{7-97}$$

对于光伏电池板，有

$$F\alpha_c \tau_g I + U_{gc}(T_g - T_c) = \eta F \alpha_c \tau_g I + U_{cb}(T_c - T_b) \tag{7-98}$$

式中，F是封装系数。

电池板温度与光伏转换效率的关系式为

$$\eta = \eta_{ref}[1 - \beta_{ref}(T_c - T_{ref})] \tag{7-99}$$

对于背板，有

$$F\alpha_b \tau_c \tau_g I + (1 - F)\alpha_b \tau_g I + U_{cb}(T_c - T_b) = U_{bp}(T_b - T_p) \tag{7-100}$$

对于绝热层，有

$$U_{pi}(T_p - T_i) = h_{ie}(T_i - T_e) \tag{7-101}$$

式中，α_g是玻璃板吸收率；t_g是玻璃板透射率；α_c是光伏电池吸收率；t_c是光伏电池透射率；α_b是背板吸收率；η是光伏转换效率；I是太阳辐射强度；T_g是玻璃板温度；T_e是环境温度；T_c是电池板温度；T_b是背板温度；T_p是相变蓄热材料温度；T_i是绝热层温度。

在玻璃板迎风面，自然对流换热系数取决于风速，即

$$h_e = 5.7 + 3.8v \tag{7-102}$$

PV/T组件的热导率（λ）、透射率（τ）、吸收率（α）和厚度（δ）见表7-18。

表7-18　光伏光热系统组件热物性参数

材料	$\lambda/[W/(m·K)]$	τ	α	δ/m
玻璃板	1	0.91	0.05	0.005
光伏电池板	145	0.09	0.9	0.0003
背板	0.36	0.00039	0.5	0.0001
隔热层	0.034	—	—	0.05

（2）PCM 层 在 PCM 熔化过程中，从光伏电池板到 PCM 间的传热方式主要是热传导和热对流，雷诺数决定了哪种形式处于主导地位，当 $Re < 10^3$ 时，主要的传热方式是热传导。表 7-19 所列为该系统使用的相变蓄热材料的热物性参数。在相变过程中，PCM 的热导率取决于固相与液相的比例，即

$$\delta Q_{PCM} = WL[U_{bp}(T_b - T_p)] - h_{pw}(T_p - T_w) - U_{pi}(T_p - T_i)]\delta t \tag{7-103}$$

若 $Q_{PCM} < Q_{sol}$ ，则

$$T_p = T_{mp} - \frac{Q_{sol} - Q_{PCM}}{c_{PCMs}}, \lambda_p = \lambda_{PCMs}$$

若 $Q_{sol} < Q_{PCM} < Q_{liq}$ ，则

$$T_p = T_{mp}, \lambda_p = \lambda_{PCMs}\frac{Q_{liq} - Q_{PCM}}{Q_{liq} - Q_{sol}} + \lambda_{PCMl}\frac{Q_{PCM} - Q_{sol}}{Q_{liq} - Q_{sol}}$$

若 $Q_{liq} < Q_{PCM}$ ，则

$$T_p = T_{mp} - \frac{Q_{PCM} - Q_{liq}}{c_{PCMl}}, \lambda_P = \lambda_{PCMl}$$

式中，Q_{PCM} 是 PCM 层已积累的热量；Q_{sol} 和 Q_{liq} 是 PCM 开始相变过程和恰好结束相变过程时所需积累的热量；T_{mp} 是 PCM 相变温度。

表 7-19 PCM 的热物性参数

热物性	符号	数值
热导率（固相）	λ_{PCMs}	$0.24W/(m \cdot K)$
热导率（液相）	λ_{PCMl}	$0.15W/(m \cdot K)$
比热容（固相）	c_{PCMs}	$2.9kJ/(kg \cdot K)$
比热容（液相）	c_{PCMl}	$2.1kJ/(kg \cdot K)$
密度（固相）	ρ_{PCMs}	$860kg/m^3$
密度（液相）	ρ_{PCMl}	$780kg/m^3$
相变潜热	L_H	$210kJ/kg$
相变温度	T_{mp}	$28℃$

（3）工作流体（水） 从 PCM 层传到铜管的热量，提高了流道中水的温度，可表示为

$$K_{pw}(T_p - T_w)\pi D dx = c_w \dot{m} dT_w \tag{7-104}$$

式中，K_{pw} 是传热系数，其公式为

$$K_{pw} = \left(\frac{1}{h} + \frac{\delta_t}{\lambda_t} + \frac{\delta_{PCMl}}{\lambda_{PCMl}}\right)^{-1} \tag{7-105}$$

对式（7-104）积分，可得流动距离 x 处的水温为

$$T_w(x) = (T_{w,in} - T_p)e^{-px} + T_p \tag{7-106}$$

式中，$P = \frac{\pi D h_{pw}}{c_w \dot{m}_w}$ 是为简化方程而引入的参数；$T_{w,in}$ 是水流进口温度。

当流动距离 $x = L$ 时，即出口水温为

$$T_w(L) = T_{w,in}Q + T_p(1 - Q) \tag{7-107}$$

式中，$Q = e^{-PL}$ 。基于式（7-104）和式（7-106），流道中的平均水温为

$$\bar{T}_w = \frac{1}{L}\int_0^L T_w(x) dx = T_{w,in}R + T_p(1 - R) \tag{7-108}$$

式中，$R = \frac{1 - Q}{RL}$ 是为简化方程而引入的参数。

h_w 根据流体状态确定，随着水温的不同而变化，相关表达式如下。

管内水流的雷诺数为

$$Re = \frac{v_f D}{\gamma} \tag{7-109}$$

式中，γ 是运动黏度；D 是当量直径。

经过定量计算，流道中的水处于层流状态，其努塞尔数为

$$Nu = 1.86 \left(Re_f Pr_f \frac{D}{L}\right)^{1/3} \left(\frac{\mu_f}{\mu_t}\right)^{0.14} \tag{7-110}$$

式中，Pr 是普朗特数；下角标 f 表示平均水温，t 表示管壁温度。该关系式的成立条件如下：

$$Re < 2200, Pr = 0.5 \sim 1700, \frac{\mu_f}{\mu_t} = 0.044 \sim 9.8, Re Pr \frac{D}{L} > 10$$

因此，水流与管壁间的对流换热系数为

$$h_w = Nu \frac{\lambda_w}{D} \tag{7-111}$$

（4）系统性能参数　系统的热输出功率为

$$\dot{Q}_t = c_w \dot{m} [T(L) - T_{w,in}] \tag{7-112}$$

系统的电功率为

$$\dot{Q}_p = \eta \alpha_c \tau_g F A I \tag{7-113}$$

式中，η 是电池板的光伏转换效率。

电效率表示系统将太阳能转化为电能的效率，其计算式为

$$\eta_p = \frac{\dot{Q}_p}{AI} \tag{7-114}$$

2. 模型验证

该模型已在图 7-93 中得到验证，试验结果与计算结果的相关系数为 0.992，符合得较好。该模型中，计算值比试验值稍高，最大差值在正午 12 时，两者相差 3.2%。这是由于辐射换热和系统组件的比热容被忽略了。

3. 太阳能光伏光热蓄热系统能量输出特性

图 7-108 所示为南京典型夏季日 7 时到 24 时期间的太阳辐射强度和环境温度随时间的变化。太阳辐射强度先增强，至 12 时达到最大值，随后开始降低，在 19 时后接近于 0。环境温度在 14 时前先升高到最大值，而后开始缓慢降低，最后基本保持稳定。假定电池板保持与太阳光入射方向垂直。在白天，PCM 层吸收热量，给 PV 电池板降温。即该系统在白天收集热能，而此时的热水需求是较低的。考虑到实际需求，该系统在 17 时之后才开始泵入稳定流量的水，进口水

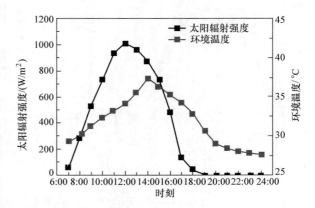

图 7-108　南京典型夏季日太阳辐射强度和环境温度随时间的变化

温是 25℃。在 7 时，PCM 层的初始温度为 25℃。光伏光热组件的正面、背面风速分别为 2m/s 和 0m/s。另外，还设置了无 PCM 型的系统用于比较，无 PCM 型的系统将 PCM 层全部换成同型号

的带流道铜板，同样在 17 时之后将水流泵入流道内。采用具有不同相变温度的 PCM 层，并改变 PCM 层的厚度，计算所得参数，如电池板温度、电功率、电效率和热输出功率等。

（1）太阳能光伏光热蓄热系统的电性能　图 7-109 所示为电池板温度随时间的变化。在 12 时之前，所有系统的电池板温度都呈上升趋势。具体来说，各种 PCM 型的系统，其电池板温度在 9 时之前具有完全相同的变化趋势，但由于 PCM 的相变温度各不相同，各系统电池板的温度在 9 时之后上升速率不同。不同模式的相变材料在不同时间点熔化，带来不同的电池板温度。相变温度越高，电池板温度也越高。在 12 时到 17 时期间，各系统的电池板温度呈下降趋势。在相变温度为 60℃ 的系统中，在 13 时之前其电池板温度还有一段稍微升高的过程，这表明 PCM 熔点为 60℃ 的系统更易受环境温度的影响（在图 7-108 中环境温度峰值出现在 14 时）。无 PCM 型系统的电池板温度比其他四种系统的电池板温度都高，这表示 PCM 层可以有效地降低电池板温度。在 17 时之后，熔点越高，电池板温度下降得越快。这是由于温差影响着 PCM 层与水流之间的换热，储存在 PCM 层中的热能更容易被释放出来，因此，具有高熔点 PCM 的光伏光热系统的电池板温度降低得最为显著。对于 PCM 熔点为 30℃ 的系统，电池板温度在 20 时之后都较稳定，这是由于该熔点 PCM 与水之间的换热速率很低。在 21 时之后，PCM 熔点为 50℃ 和 60℃ 系统的电池板温度变得较平缓，这是由于 PCM 层中的热量在通水 4h 后几乎已完全释放。在 19 时 15 分钟到 22 时 45 分钟期间，PCM 熔点为 40℃ 系统的电池板温度最高。值得注意的是，无 PCM 型的电池板温度在 17 时之后垂直下降，这是由于铜板具有较高的热导率和较低的比热容所致。

图 7-110 所示为光伏转换效率随时间的变化。在 19 时后，太阳辐射强度几乎降低到 0，因此，研究这个时间段的光伏转换效率没有意义，在图中剔除。光伏转换效率随着电池板温度的升高而降低。对于四种 PCM 模式的光伏光热系统，其中三种在 7 时到 12 时期间呈上升趋势，在 12 时到 19 时期间呈下降趋势。而对 PCM 熔点为 60℃ 的光伏光热系统，光伏转换效率在 12 时 30 分钟呈现最高值 8.66%。PCM 熔点为 30℃ 系统的光伏转换效率与 PCM 熔点为 60℃ 系统的光伏转换效率平均相差 0.26%。而无 PCM 模式的光伏光热系统在 12 时时可获得最低光伏转换效率 7.95%。

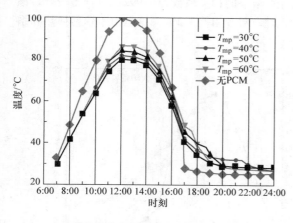

图 7-109　电池板温度随时间的变化　　　　　　图 7-110　光伏转换效率随时间的变化

图 7-111 所示为电功率随时间的变化。光伏光热系统的电功率在 7 时到 12 时期间增大，在 12 时获得最大值，随后在 12 时到 19 时期间下降。当光伏转换效率变化不明显时，太阳辐射强度对电功率的影响较大。低熔点 PCM 模式的系统具有更高的电功率。此外，电功率差值在正午 12:00 时最大。在 PCM 模式的系统中，最大差值出现在 12 时 30 分钟，其值为 5.44W。而此时，这两个 PCM 模式的光伏转换效率的差值也达到最大值，这意味着增强光伏效率仍能提高电功率。

比较 PCM 熔点为 30℃的系统和无 PCM 的系统，两者的最大电功率差值出现在 12 时，其值为 16.12W。亦即熔点为 30℃的 PCM 层使光伏光热系统电功率提高了近 13.6%。

图 7-112 所示为电效率随时间的变化。电效率的变化趋势与光伏转换效率的变化趋势一致，因为电效率的变化仅取决于光伏转换效率的变化。PCM 熔点为 50℃系统的电效率与 PCM 熔点为 60℃系统的电效率在 18 时相交，这表明熔点为 60℃的 PCM 层温度已经降低，与熔点为 50℃的 PCM 层温度相同。

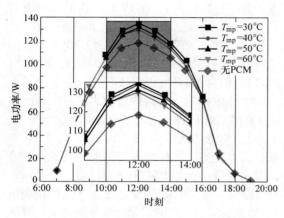

图 7-111 电功率随时间的变化

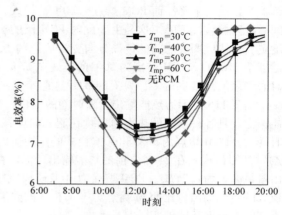

图 7-112 电效率随时间的变化

综上所述，低熔点 PCM 的光伏光热系统具有比高熔点 PCM 的系统更优异的电性能。

（2）太阳能光伏光热蓄热系统的热性能 图 7-113 和图 7-114 所示分别为出口水温和热输出功率随时间的变化。在 17 时到 18 时期间，PCM 熔点为 60℃模式的出口水温和热输出功率最高，但该模式下储存的热量被迅速带走，导致 PCM 在相变结束后温度急剧下降；而在 18 时之后，熔点为 60℃的 PCM 的实际温度持续下降，换热变慢，到 21 时之后几乎维持为一个定值。PCM 熔点为 40℃和 50℃模式的出口水温和热输出功率也有类似的情况。值得注意的是，PCM 熔点为 40℃、50℃和 60℃模式的出口水温和热输出功率在一定时间内呈现直线上升的趋势，该上升区间对应于 PCM 层的相变过程。PCM 熔点为 30℃模式的出口水温和热输出功率与其他 PCM 模式有明显的区别，在 17 时到 18 时期间有一段缓慢下降的过程，这是由于 PCM 层的实际温度在这段时间内比其相变温度高，因而水流与 PCM 之间的换热系数一开始先随着 PCM 层的降温而减小，直到 PCM 进入相变过程。无 PCM 模式的出口水温和热输出功率一直在降低，其趋势与太阳

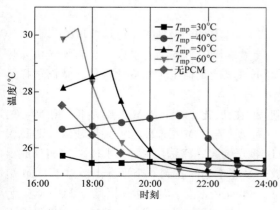

图 7-113 出口水温随时间的变化

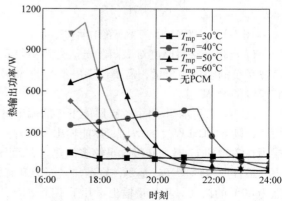

图 7-114 热输出功率随时间的变化

辐射强度的变化趋势一致，这部分水流带走的热量来自于太阳能电池板。由图 7-113 和图 7-114 可以看出，PCM 熔点为 60℃ 的模式可以在短期内提供温度最高的水，该模式下出口水温和热输出功率的峰值在 17:30 时出现，其值分别为 30.24℃ 和 1096W。而 PCM 熔点为 40℃ 的模式可以提供长达 5h 的热水。

图 7-115 所示为 PCM 层储存热量随时间的变化。在 17 时前，PCM 层的熔点越低，其能储存的热量越多。除了 PCM 熔点为 60℃ 的模式，其余模式 PCM 层储存的热量都是从 7 时到 17 时持续上升，而后下降。而 PCM 熔点为 60℃ 的模式，其 PCM 层储存的热量在 17 时之前的一小段时间后就开始缓慢下降。这是由于此时 PCM 层的实际温度处于相变温度 60℃，比 PV 电池板的温度更高，造成两者之间的传热方向变为从 PCM 层到 PV 电池板。在 17 时之前，该模式的电池板温度小于 60℃。PCM 熔点为 30℃ 的模式在 17 时达到热量吸收的峰值，其值为 10.6MJ，但在 24 时时剩余的热量也最多，为 7.84MJ，这意味着在 PCM 中储存的热量使用率较低。

图 7-116 所示为热能输出量随时间的变化。在 17 时到 19 时期间，高熔点模式具有更高的热能输出，且各种模式的热能输出量在起始时间段均呈直线上升趋势。通入工作流体（水）一段时间后，PCM 熔点为 50℃ 和 60℃ 模式的热能输出量的上升速度变慢，在 19 时两者相交。PCM 熔点为 30℃ 的模式在 24 时之前的热能输出量保持直线上升的趋势。PCM 熔点为 40℃ 模式的热能输出量最高，为 8.21MJ；PCM 熔点为 30℃ 模式的热能输出量最小，为 2.90MJ。相比之下，无 PCM 模式的热能输出量比 PCM 熔点为 30℃ 模式的热能输出更高，这表明将 PCM 熔点为 30℃ 的模式用于常温水提取热能的实际意义不大。缩略图显示了电能输出量随时间的变化，每种模式下电能输出量的变化规律都相似，所有模式的电能输出量一直在上升，上升率是先增大后减小。总之，为了增加热能输出量，PCM 熔点为 40℃ 的模式对光伏光热系统来说是最佳选择。

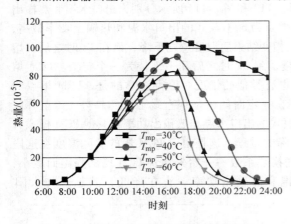

图 7-115　PCM 层储存热量随时间的变化

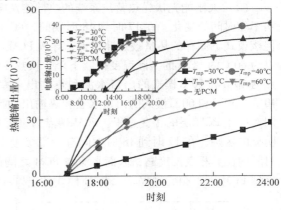

图 7-116　热能输出量随时间的变化

（3）相变材料厚度对太阳能光伏光热蓄热系统能量输出的影响　为了进一步增加光伏光热蓄热系统的能量输出量，需要计算出不同 PCM 厚度下系统能量输出量的变化规律，从而选择适宜厚度的 PCM 层。

图 7-117 所示为不同 PCM 厚度下热能输出量随时间的变化。对于 PCM 熔点为 40℃ 和 50℃ 的模式，随着 PCM 厚度的增加，热能输出量先升高后降低。若 PCM 层厚度能取到最佳值，则 PCM 层可在 7 时到 17 时之间吸收足够多的热量，而且这部分热量更容易在 17 时到 24 时之间释放出来。最佳厚度的选择就是要在容纳热量能力和释放热量速率之间找到一个平衡点。对于 PCM 熔点为 60℃ 的模式，其热量输出量几乎不随 PCM 厚度的变化而改变。比较特别的是，PCM 熔点为 30℃ 模式的热能输出量随着 PCM 厚度的增加而减小，这是由于在该模式下，热能输出量受限于

其换热系数过低；而随着 PCM 的厚度继续增大，该模式下的 PCM 与水之间的换热系数也随之降低低，较难把吸收的热量释放出来。显然，PCM 熔点为 40℃时，厚度为 3.4cm 的 PCM 层可以获得最大的热能输出量，其值为 8.54MJ。

图 7-118 所示为不同 PCM 厚度下电能输出量随时间的变化。由图可知，低熔点模式具有更高的电能输出量。峰值代表整个工作日的电池板温度最低，换句话说，PCM 的最佳厚度必须要能容纳来自 PV 电池板的足够多的热量，还要使两者之间的换热系数最低，最佳值需要在两者之间找到平衡点。显然，PCM 熔点为 30℃时，厚度为 3.6cm 的 PCM 层可以获得最大的电能输出量，其值为 3.56MJ。

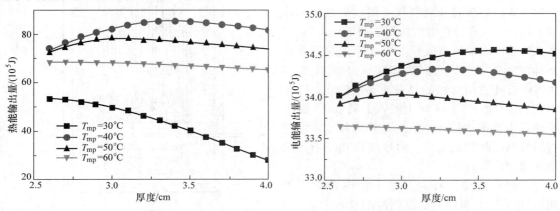

图 7-117 不同 PCM 厚度下热能输出量随时间的变化　图 7-118　不同 PCM 厚度下电能输出量随时间的变化

选取 PCM 层的最佳厚度时，需要同时考虑电能输出和热能输出。电能处于更高的能源等级，需要引入转换因子才能对两者进行比较，则有

$$Q = \frac{Q_e}{\eta_{power}} + Q_t \qquad (7-115)$$

式中，Q 是为了方便比较电能和热量而引入的等效能量；η_{power} 是当地发电效率，取为 0.4。

图 7-119 所示为不同 PCM 厚度下等效能量输出量随时间的变化。等效能量输出量的变化与热能输出量的变化很相似，这主要是由于不同模式下的电能输出量变化不大。

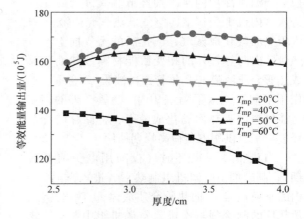

图 7-119　不同 PCM 厚度下等效能量输出量随时间的变化

因此，在该天气条件下，置入 3.4cm 厚、熔点为 40℃的 PCM 层的光伏光热系统具有最大的等效能量输出量。

第七节　热管蓄热系统

一、热管蓄热系统的工作过程

由于热管能够等温高速转移热量，故其蓄能速度均匀。图 7-120 所示为热管蓄能装置，该热管与普通热管的区别是热管管内没有吸液芯，冷凝液从冷凝段返回蒸发段不是靠吸液芯所产生的毛细力，而是靠冷凝液自身的重力。因此，其结构简单、制造方便，而且传热性能优良、工作可靠。

当执行蓄冷循环时（夜间用电负荷低谷期），制冷剂由空调机组降温后，进入上隔室 3 内的上换热器 1 吸收热管介质蒸气 4 的热量，吸热后的制冷剂再次进入空调机组中降温，该循环不断往复进行，直至达到所要求的蓄冷量。上隔室 3 内的热管介质蒸气 4 因放出热量而冷凝成液体，在自身重力的作用下向下流入热管，并在热管内表面形成液膜 13，多余的热管介质液体流入下隔室 9。热管内表面的介质液膜 13 因吸收管外蓄能材料的热量而蒸发气化，气化后的热管介质蒸气 14 向上流入上隔室 3，被上换热器 1 冷凝成液体；热管 7 外的相变蓄能材料因放热而凝固成固态，将冷量以相变潜热的形式储存在蓄能材料内。

当执行放冷循环时（白天用电负荷高峰期），来自室外机组的高温制冷剂进入下隔室 9 内的下换热器 10 向热管介质液体 11 放出热量，放热降温过冷后的制冷剂经节流阀降温降压后进入室内机组冷却室内空气。热管介质液体 11 因吸热而气化成蒸气，气化后的蒸气向上流入热管 7 内向热管外的相变蓄能材料放热而冷凝成热管介质液膜 13，热管介质液膜 13 在重力的作用下向下流入下隔室 9 内。热管 7 外的相变蓄能材料因吸热而熔化成液态，将储存的冷量释放出来，供用电负荷高峰期使用。

当执行蓄热循环时（夜间用电负荷低谷期），制冷剂由空调机组制热后，进入下隔室 9 内的下换热器 10 向热管介质液体 11 放出热量，放热后的制冷剂再次进入空调机组中制热，该循环不断往复进行，直至达到所要求的蓄热量。热管介质液体 11 因吸热而气化成蒸气，气化后

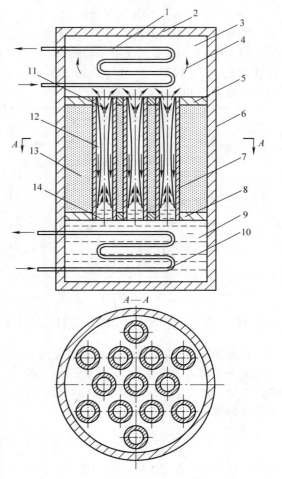

图 7-120　热管蓄能装置
1—上换热器　2—保温材料　3—上隔室
4—热管介质蒸气　5—上隔板　6—蓄能器
7—热管　8—下隔板　9—下隔室　10—下换热器
11—热管介质液体　12—蓄能材料室
13—热管介质液膜　14—热管介质蒸气

的蒸气向上流入热管 7 内向热管外的相变蓄能材料放热而冷凝成热管介质液膜 13，热管介质液膜 13 在重力的作用下向下流入下隔室 9 内。热管 7 外的相变蓄能材料因吸热而熔化成液态，将热量以相变潜热的形式储存在蓄能材料内。

当执行放热循环时（白天用电负荷高峰期），来自室内机组的制冷剂经节流阀降温降压后进入上隔室 3 内的上换热器 1 中吸收热管介质蒸气 4 的热量，吸热后的制冷剂流经室外换热器后进入压缩机进行压缩升温。上隔室 3 内的热管介质蒸气 4 因放出热量而冷凝成液体，在自身重力的作用下向下流入热管，并在热管内表面形成液膜 13，多余的热管介质液体流入下隔室 9。热管内

表面的介质液膜 13 因吸收管外蓄能材料的热量而蒸发气化，气化后的热管介质蒸气 14 向上流入上隔室 3 被上换热器 1 冷凝成液体。热管 7 外的相变蓄能材料因放热而凝固成固态，将储存的热量释放出来，供用电负荷高峰期使用。

二、热管蓄热系统的动态特性

与其他蓄能材料相比，相变蓄热材料石蜡具有蓄能密度大，吸、放热过程近似等温的优点，且价格低廉、热稳定性好、无污染。因此，这里选用石蜡作为相变蓄热材料。

(一)热管蓄热系统动态特性模型的建立

热管蓄热过程可分为三个阶段：

1) 固态石蜡显热蓄热过程。当热管系统工作时，固态石蜡不断吸热，石蜡温度逐渐上升，石蜡显热蓄热过程开始。

2) 石蜡固液两相相变潜热蓄热过程。石蜡在温度上升到相变温度时开始熔化，并以固液混合物的状态存在，此时石蜡温度保持不变，石蜡潜热蓄热过程开始。

3) 液态石蜡显热蓄热过程。当石蜡全部熔化后，开始显热蓄热，直到石蜡的温度上升至接近热管介质温度为止，此时蓄热过程停止。

为了便于建立数理模型，作如下假定：蓄热介质温度分布均匀，固态石蜡、液态石蜡的热物性参数不随温度变化；由于热管蓄热系统保温良好，故忽略散热损失。

根据热管蓄热过程能量平衡关系可建立其数理模型，由此便可分析其蓄热过程的动态性能。

1. 固态石蜡显热蓄热过程

热管介质通过其冷凝段时放热，使管外石蜡吸热升温，根据能量平衡关系可得到固态石蜡显热蓄热过程的数理模型为

$$q_f L_f + q_f c_f [T_i - T_o(t)] = \rho_s V_s c_s \frac{dT_w}{dt} = K_1 A_1 \Delta T_{m_1} + K_2 A_2 \Delta T_{m_2} \qquad (7\text{-}116)$$

式中，q_f 是热管介质的质量流速；L_f 是热管介质的冷凝潜热；c_f 是热管介质的液态比热容；$T_o(t)$ 是热管介质出口温度；T_i 是热管介质进口温度；ρ_s 是固态石蜡的密度；V_s 是固态石蜡的体积；c_s 是固态石蜡的比热容；T_w 是热管外蓄热介质温度；K_1、K_2 分别是热管冷凝段和过冷段的换热系数；A_1、A_2 分别是热管冷凝段和过冷段的换热面积；ΔT_{m_1}、ΔT_{m_2} 分别是热管冷凝段和过冷段的对数平均温差。

其中

$$K_1 = \frac{1}{\dfrac{1}{h_{f,e}} + \dfrac{r_i}{\lambda_{Cu}} \ln \dfrac{r_o}{r_i} + \dfrac{r_i}{\lambda_s} \ln \dfrac{r_o + \delta_{max}}{r_o}} \qquad (7\text{-}117)$$

$$K_2 = \frac{1}{\dfrac{1}{h_{f,s}} + \dfrac{r_i}{\lambda_{Cu}} \ln \dfrac{r_o}{r_i} + \dfrac{r_i}{\lambda_s} \ln \dfrac{r_o + \delta_{max}}{r_o}} \qquad (7\text{-}118)$$

$$\Delta T_{m_1} = T_i - T_w(t) \qquad (7\text{-}119)$$

$$\Delta T_{m_2} = \frac{T_i - T_o(t)}{\ln \dfrac{T_i - T_w(t)}{T_o(t) - T_w(t)}} \qquad (7\text{-}120)$$

式中，$h_{f,e}$、$h_{f,s}$ 分别是热管冷凝段和过冷段的对流换热系数；λ_s 是热管外固态石蜡的热导率；λ_{cu} 是铜管的热导率；r_i 是热管的内径；r_o 是热管的外径。

由式(7-116)~式(7-120)可得如下离散化方程

$$\rho_s V_s c_s \Delta T_w = \left[q_f L_f + q_f c_f (T_i - T_w(t))(1 - e^{-Z}) \right] \Delta t \qquad (7\text{-}121)$$

其中

$$Z = \frac{K_2\left[A_0 - \dfrac{q_f L_f}{K_1(T_i - T_w(t))}\right]}{q_f c_f} \tag{7-122}$$

式中，A_0 是热管的总换热面积。

从而得到热管介质出口温度为

$$T_o(t) = T_w + (T_i - T_w)e^{-Z} \tag{7-123}$$

初始条件：当 $t = 0$ 时，$T_w = T_0$（T_0 是石蜡的初始温度）。

结束条件：当 $t = t_{12}$（t_{12} 是石蜡显热蓄热过程结束时间）时，$T_w = T_m$（T_m 是石蜡的熔化温度）。

　　2. 石蜡固液两相相变潜热蓄热过程

在石蜡相变潜热蓄热过程中，热管介质释放的热量等于石蜡的熔化潜热。根据石蜡吸收的相变潜热便可得知石蜡的熔化量，从而得知剩余石蜡层的厚度。此时的数理模型为

$$q_f L_f + q_f c_f [T_i - T_o(t)] = 2\pi l \rho_s L_s (r_o + \delta_{max} - \delta)\frac{-d\delta}{dt} = K_1 A_1 \Delta T_{m_1} + K_2 A_2 \Delta T_{m_2} \tag{7-124}$$

式中，ρ_s 是固态石蜡的密度；L_s 是固态石蜡的熔化潜热；l 是热管冷凝段长度；δ 是固态石蜡层厚度；δ_{max} 是管外固态石蜡的最大厚度。

其中

$$K_1 = \frac{1}{\dfrac{1}{h_{f,e}} + \dfrac{r_i}{\lambda_{Cu}}\ln\dfrac{r_o}{r_i} + \dfrac{r_i}{\lambda_1}\ln\dfrac{r_o + \delta_{max} - \delta}{r_o}} \tag{7-125}$$

$$K_2 = \frac{1}{\dfrac{1}{h_{f,s}} + \dfrac{r_i}{\lambda_{Cu}}\ln\dfrac{r_o}{r_i} + + \dfrac{r_i}{\lambda_1}\ln\dfrac{r_o + \delta_{max} - \delta}{r_o}} \tag{7-126}$$

$$\Delta T_{m_1} = T_i - T_m(t) \tag{7-127}$$

$$\Delta T_{m_2} = \frac{T_i - T_o(t)}{\ln\dfrac{T_i - T_m(t)}{T_o(t) - T_m(t)}} \tag{7-128}$$

式中，λ_1 是热管外液态石蜡的热导率。

由式（7-124）~式（7-128）可得如下离散化方程

$$-2\pi l \rho_s L_s (r_o + \delta_{max} - \delta)\Delta\delta = [q_f L_f + q_f c_f (T_i - T_m)(1 - e^{-Z})]\Delta t \tag{7-129}$$

$$Z = \frac{K_2\left[A_0 - \dfrac{q_f L_f}{K_1(T_i - T_m)}\right]}{q_f c_f} \tag{7-130}$$

其中

从而得到热管介质的出口温度为

$$T_o(t) = T_m + (T_i - T_{mi})e^{-Z} \tag{7-131}$$

初始条件：当 $t = t_{12}$ 时，$T_w = T_m$。

结束条件：当 $t = t_{23}$（t_{23} 是石蜡潜热蓄热过程结束时间）时，$\delta = \delta_{max}$。

　　3. 液态石蜡显热蓄热过程

热管介质通过冷凝段时继续放热，使热管外液态石蜡继续升温，根据能量平衡关系可得到液态石蜡显热蓄热过程的数理模型为

$$q_f L_f + q_f c_f [T_i - T_o(t)] = \rho_1 V_1 c_1 \frac{dT_w}{dt} = K_1 A_1 \Delta T_{m_1} + K_2 A_2 \Delta T_{m_2} \tag{7-132}$$

式中，c_1 是液态石蜡的比热容；V_1 是液态石蜡的体积。

其中

$$K_1 = \cfrac{1}{\cfrac{1}{h_{\mathrm{f,e}}} + \cfrac{r_\mathrm{i}}{\lambda_{\mathrm{Cu}}}\ln\cfrac{r_\mathrm{o}}{r_\mathrm{i}} + \cfrac{r_\mathrm{i}}{\lambda_1}\ln\cfrac{r_\mathrm{o}+\delta_{\max}}{r_\mathrm{o}}} \qquad (7\text{-}133)$$

$$K_2 = \cfrac{1}{\cfrac{1}{h_{\mathrm{f,s}}} + \cfrac{r_\mathrm{i}}{\lambda_{\mathrm{Cu}}}\ln\cfrac{r_\mathrm{o}}{r_\mathrm{i}} + \cfrac{r_\mathrm{i}}{\lambda_1}\ln\cfrac{r_\mathrm{o}+\delta_{\max}}{r_\mathrm{o}}} \qquad (7\text{-}134)$$

$$\Delta T_{\mathrm{m}_1} = T_\mathrm{i} - T_\mathrm{w}(t) \qquad (7\text{-}135)$$

$$\Delta T_{\mathrm{m}_2} = \cfrac{T_\mathrm{i} - T_\mathrm{o}(t)}{\ln\cfrac{T_\mathrm{i} - T_\mathrm{w}(t)}{T_\mathrm{o}(t) - T_\mathrm{w}(t)}} \qquad (7\text{-}136)$$

由式（7-132）~式（7-136）可得如下离散化方程

$$\rho_1 V_1 c_1 T_\mathrm{w} = \left[\, q_\mathrm{f} L_\mathrm{f} + q_\mathrm{f} c_\mathrm{f}(T_\mathrm{i} - T_\mathrm{w}(t))(1 - \mathrm{e}^{-Z})\,\right]\Delta t \qquad (7\text{-}137)$$

其中

$$Z = \cfrac{K_2\left(A_0 - \cfrac{q_\mathrm{f} L_\mathrm{f}}{K_1(T_\mathrm{i} - T_\mathrm{w}(t))}\right)}{q_\mathrm{f} c_\mathrm{f}} \qquad (7\text{-}138)$$

热管介质的出口温度为

$$T_\mathrm{o}(t) = T_\mathrm{w} + (T_\mathrm{i} - T_\mathrm{w})\mathrm{e}^{-Z} \qquad (7\text{-}139)$$

初始条件：当 $t = t_{23}$ 时，$\delta = 0$。

结束条件：$T_\mathrm{w} = T_\mathrm{i}$。

（二）热管蓄热系统动态特性分析

所用热管为单根长度为 2.5m、外径为 20mm、厚度为 1mm 的纯铜管，共 13 根热管，蓄热材料初始厚度为 0.05m。为了分析热管介质入口温度和蓄热材料初始温度对其蓄热特性的影响，分别选取热管介质入口温度为 60℃、65℃、70℃ 和蓄热材料初始温度为 25℃、30℃、35℃ 几种情况进行蓄热性能分析。热管外蓄热材料选用石蜡，其热物性参数见表 7-20。

表 7-20　石蜡的热物性参数

热物性参数	数值	
熔点/℃	55	
熔化潜热/(kJ/kg)	179	
比热容/[kJ/(kg·K)]	1.8（固）	2.4（液）
热导率/[W/(m·K)]	0.4（固）	0.2（液）
密度/(kg/m³)	900（固）	760（液）

1. 热管介质入口温度对蓄热特性的影响

热管外石蜡的初始温度为 30℃，图 7-121 所示为热管外蓄热材料温度随时间的变化。由该图可知，热管外石蜡蓄热过程可分为三个阶段：在第一阶段，蓄热材料温度由 30℃ 逐渐升高至 55℃，该阶段为固态石蜡显热蓄热过程；在第二阶段，蓄热材料发生固液相变，其温度保持不变，该阶段为石蜡固液相变蓄热过程；在第三阶段，蓄热材料温度由 55℃ 逐渐上升，该阶段为液态石蜡显热蓄热过程。当热管介质入口温度较高时，蓄热材

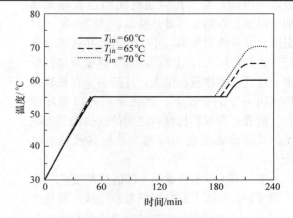

图 7-121　热管外蓄热材料温度随时间的变化（1）

料最终温度也相应较高，且进入液态石蜡显热蓄热过程的时间较短。这是由于热管介质和蓄热材料之间的换热温差越大，其热流密度也越大。

图 7-122 所示为热管外蓄热材料厚度随时间的变化。由该图可以看出，热管外石蜡在 50min 左右时开始熔化，在 180~190min 熔化完毕。热管外固态石蜡厚度随时间的增加而减小，且减小的速度越来越慢，这是由于随着热管外固态石蜡厚度的不断减小，液相石蜡的厚度越来越大，因液相石蜡的热导率较小，故其热阻会越来越大。从该图还可以看出，在起始熔化阶段，固态石蜡厚度相差不大，随着蓄热过程的进行，固态石蜡厚度的减小会有一些变化，当热管介质入口温度为 70℃时，石蜡熔化速度最快，最先熔化完毕。这是由于热管介质和蓄热材料之间的换热温差越大，其换热量也越大。

图 7-123 所示为热管介质出口温度随时间的变化。由该图可知，在固态石蜡显热蓄热阶段和相变潜热蓄热阶段，当热管介质入口温度不同时，其出口温度相差不大。这是由于热管介质释放的热量被蓄热材料完全吸收，热管介质和蓄热材料之间的换热温差保持不变。在液态石蜡显热蓄热阶段，当热管介质入口温度不同时，其出口温度相差较大，这是由于随着蓄热过程的进行，蓄热材料的蓄热量逐渐趋于饱和，热管介质与蓄热材料之间的换热量会逐渐减小，使得热管介质的出口温度逐渐升高，且热管介质入口温度越高，其出口温度也越高。

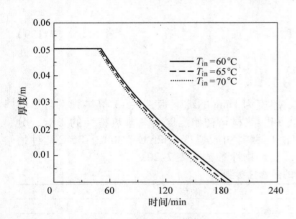

图 7-122　热管外蓄热材料厚度随时间的变化（1）

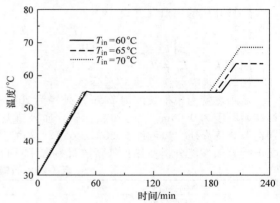

图 7-123　热管介质出口温度随时间的变化（1）

图 7-124 所示为总蓄热量随时间的变化。由该图可知，总蓄热量随时间的延长逐渐增加，在固态石蜡显热蓄热阶段，热管介质入口温度对总蓄热量影响较小，随着蓄热过程的进行，热管介质入口温度高的其蓄热量增加得较快，且其总蓄热量也最大。这是由于在热管换热面积一定的情况下，热管介质入口温度越高，热管介质和蓄热材料之间的换热温差也越大，其热流密度也相应增大，故其蓄热量也最大。

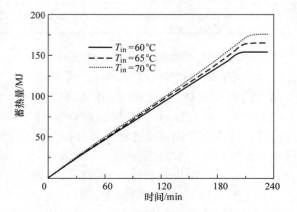

图 7-124　总蓄热量随时间的变化（1）

图 7-125 所示为蓄热率随时间的变化。由该图可知，在固态石蜡显热蓄热阶段，蓄热率逐渐减小；在相变潜热蓄热阶段，蓄热率保持不变；在液态石蜡显热蓄热阶段，蓄热率也逐渐减

小。这是由于在固态石蜡显热蓄热阶段，蓄热材料的温度逐渐升高，热管介质和蓄热材料之间的换热温差逐渐减小，使得其热流密度逐渐减小。在相变潜热蓄热阶段，蓄热材料的温度保持不变，其热流密度也保持不变。在液态石蜡显热蓄热阶段，蓄热材料的温度继续升高，热管介质和蓄热材料之间的换热温差减小，其热流密度也相应减小。从该图中还可看出，在液态石蜡显热蓄热阶段，其蓄热率下降得较快，这是由于液相石蜡的热阻越来越大，其热流密度则越来越小。当热管介质入口温度较高时，其蓄热率也较高，这是由于热管介质和蓄热材料之间的换热温差较大所致。

2. 蓄热材料初始温度对蓄热特性的影响

热管介质入口温度为 60℃。图 7-126 所示为热管外蓄热材料温度随时间的变化。由该图可知，在固态石蜡显热蓄热过程，蓄热材料温度分别由 25℃、30℃、35℃逐渐上升至 55℃，蓄热材料初始温度越高，就越快进入相变潜热蓄热阶段。在石蜡固液相变蓄热阶段，蓄热材料发生固液相变，其温度保持不变。在液态石蜡显热蓄热阶段，蓄热材料温度由 55℃逐渐上升至 60℃。蓄热材料初始温度越高，就越快进入液态石蜡显热蓄热阶段。

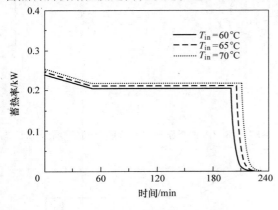

图 7-125　蓄热率随时间的变化（1）　　　图 7-126　热管外蓄热材料温度随时间的变化（2）

图 7-127 所示为热管外蓄热材料厚度随时间的变化。由该图可知，蓄热材料分别在 40min、50min、60min 时开始熔化，在 180min、190min、200min 时熔化完毕。热管外固态石蜡厚度随时间的增加而减小，且减小的速度越来越慢，这是由于随着液相石蜡厚度的增加，其热阻会越来越大。蓄热材料初始温度越高，石蜡越快熔化完毕。这是由于蓄热材料初始温度越高，其蓄热量越小，故蓄热时间越短。

图 7-128 所示为热管介质出口温度随时间的变化。由该图可知，在固态石蜡显热蓄热过程，热管介质出口温度分别由 25℃、30℃、35℃逐渐上升至 55℃。在石蜡固液相变蓄热阶段，蓄热材料发生固液相变，热管介质出口温度保持 55℃不变。在液态石蜡显热蓄热阶段，热管介质出口温度由 55℃逐渐上升至 60℃。随着蓄热过程的进行，蓄热材料的温度逐渐升高，蓄热率逐渐减小，热管介质的出口温度逐渐接近于热管介质的入口温度。

图 7-129 所示为总蓄热量随时间的变化。由该图可知，总蓄热量随时间的延长逐渐增加，在固态石蜡显热蓄热阶段，蓄热材料初始温度对总蓄热量的影响较小，随着蓄热过程的进行，蓄热材料初始温度低的其蓄热量增加得稍快，且其总蓄热量也较大。这是由于在热管换热面积一定的情况下，蓄热材料初始温度越低，热管介质和蓄热材料之间的换热温差越大，其热流密度就越大，故其总蓄热量也越大。

　　图 7-130 所示为蓄热率随时间的变化。由该图可知，在固态石蜡显热蓄热阶段，蓄热率逐渐减小；在相变潜热蓄热阶段，蓄热率保持不变；在液态石蜡显热蓄热阶段，蓄热率也逐渐减小。这是由于在固态石蜡显热蓄热阶段，蓄热材料的温度逐渐升高，热管介质和蓄热材料之间的换热温差逐渐减小，其热流密度也逐渐减小。在相变潜热蓄热阶段，蓄热材料的温度保持不变，其热流密度也保持不变。在液态石蜡显热蓄热阶段，蓄热材料的温度继续升高，热管介质和蓄热材料之间的换热温差减小，其热流密度也相应减小。从该图中还可看出，在液态石蜡显热蓄热阶段，其蓄热率下降得较快，这是由于液相石蜡的热阻越来越小，其热流密度也越来越小。当蓄热材料初始温度较低时，其蓄热率较高，这是由于热管介质和蓄热材料之间的换热温差较大所致。

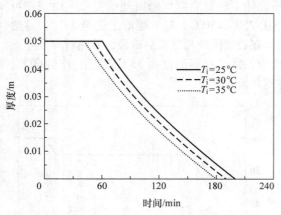

图 7-127　热管外蓄热材料厚度随时间的变化（2）　　　　图 7-128　热管介质出口温度随时间的变化（2）

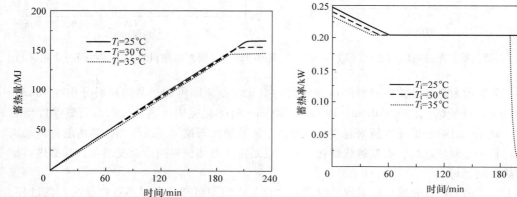

图 7-129　总蓄热量随时间的变化（2）　　　　图 7-130　蓄热率随时间的变化（2）

参 考 文 献

[1] 郭茶秀，魏新利. 热能存储技术与应用 [M]. 北京：化学工业出版社，2005.

[2] 方贵银. 蓄冷空调工程实用新技术 [M]. 北京：人民邮电出版社，2000.

[3] 崔海亭，杨锋. 蓄热技术及其应用 [M]. 北京：化学工业出版社，2004.

[4] 张寅平，胡汉平，孔祥冬，等. 相变贮能——理论和应用 [M]. 合肥：中国科学技术大学出版社，1996.

[5] 华泽钊，刘道平，吴兆琳，等. 蓄冷技术及其在空调技术中的应用 [M]. 北京：科学出版社，1997.

[6] 牛自得，程芳琴. 水盐体系相图及其应用 [M]. 天津：天津大学出版社，2002.

[7] 陆学善. 相图与相变 [M]. 合肥：中国科学技术大学出版社，1990.

[8] 樊栓狮，梁德青，杨向阳，等. 储能材料与技术 [M]. 北京：化学工业出版社，2004.

[9] Chen Z, Shan F, Cao L, et al. Preparation and thermal properties of n – octadecane/molecular sieve composites as form – stable thermal energy storage materials for buildings [J]. Energy and Buildings, 2012, 49: 423 – 428.

[10] Chen Z, Shan F, Cao L, et al. Synthesis and thermal properties of shape – stabilized lauric acid/activated carbon composites as phase change materials for thermal energy storage [J]. Solar Energy Material and Solar Cells, 2012, 102: 131 – 136.

[11] Cao L, Tang Y J, Fang G Y. Preparation and properties of shape – stabilized phase change materials based on fatty acid eutectics and cellulose composites for thermal energy storage [J]. Energy, 2015, 80: 98 – 103.

[12] Tang F, Cao L, Fang G Y. Preparation and thermal properties of stearic acid/titanium dioxide composites as shape – stabilized phase change materials for building thermal energy storage [J]. Energy and Buildings, 2014, 80: 352 – 357.

[13] Tang F, Su D, Tang Y J, et al. Synthesis and thermal properties of fatty acid eutectics and diatomite composites as shape – stabilized phase change materials with enhanced thermal conductivity [J]. Solar Energy Materials and Solar Cells, 2015, 141: 218 – 224.

[14] Tang Y J, Alva G, Huang X, et al. Thermal properties and morphologies of MA – SA eutectics/CNTs as composite PCMs in thermal energy storage [J]. Energy and Buildings, 2016, 127: 603 – 610.

[15] Tang Y J, Su D, Huang X, et al. Synthesis and thermal properties of the MA/HDPE composites with nano – additives as form – stable PCM with improved thermal conductivity [J]. Applied Energy, 2016, 180: 116 – 129.

[16] Tang Y J, Jia Y T, Alva G, et al. Synthesis, characterization and properties of palmitic acid/high density polyethylene/graphene nanoplatelets composites as form – stable phase change materials [J]. Solar Energy Materials and Solar Cells, 2016, 155: 421 – 429.

[17] Tang Y J, Lin Y X, Jia Y T, et al. Improved thermal properties of stearyl alcohol/high density polyethylene/expanded graphite composite phase change materials for building thermal energy storage [J]. Energy and Buildings, 2017, 153: 41 – 49.

[18] Fang G Y, Li H, Liu X, et al. Experimental investigation of performances of microcapsule phase change material for thermal energy storage [J]. Chemical Engineering & Technology, 2010, 33 (2): 227 – 230.

[19] Fang G Y, Li H, Yang F, et al. Preparation and characterization of nano – encapsulated n – tetradecane as phase change material for thermal energy storage [J]. Chemical Engineering Journal, 2009, 153: 217 – 221.

[20] Chen Z, Cao L, Shan F, et al. Preparation and characteristics of microencapsulated stearic acid as composite thermal energy storage material in buildings [J]. Energy and Buildings, 2013, 62: 469 – 474.

[21] Chen Z, Cao L, Fang G Y, et al. Synthesis and characterization of microencapsulated paraffin microcapsules as shape – stabilized thermal energy storage materials [J]. Nanoscale and Microscale Thermophysical Engineering, 2013, 17: 112 – 123.

[22] Fang G Y, Chen Z, Li H. Synthesis and properties of microencapsulated paraffin composites with SiO_2 shell as thermal energy storage materials [J]. Chemical Engineering Journal, 2010, 163: 154 – 159.

[23] Cao L, Tang F, Fang G Y. Synthesis and characterization of microencapsulated paraffin with titanium dioxide shell as shape – stabilized thermal energy storage materials in buildings [J]. Energy and Buildings, 2014, 72: 31 – 37.

[24] Cao L, Tang F, Fang G Y. Preparation and characteristics of microencapsulated palmitic acid with TiO_2 shell as shape – stabilized thermal energy storage materials [J]. Solar Energy Materials & Solar Cells, 2014, 123: 183 – 188.

[25] Tang F, Liu L K, Alva G, et al. Synthesis and properties of microencapsulated octadecane with silica shell as shape – stabilized thermal energy storage materials [J]. Solar Energy Materials & Solar Cells, 2017, 160: 1 – 6.

[26] Chen Z, Shan F, Fang G Y. Dynamic heat transfer characteristics modeling of microencapsulated phase change material slurries [J]. Chemical Engineering & Technology, 2012, 35 (5): 834 – 840.

[27] Charunyaorn P, et al. Forced convection heat transfer in microencapsulated phase change material slurries: flow in circular ducts [J]. International Journal of Heat and Mass Transfer, 1991, 34: 819 – 833.

[28] Yamagishi Y, et al. Characteristics of microencapsulated PCM slurry as a heat – transfer fluid [J]. AIChE Journal, 1999, 45: 696 – 707.

[29] Wang X C, Niu J L, Li Y, et al. Flow and heat transfer behaviors of phase change material slurries in a horizontal circular tube [J]. International Journal of Heat and Mass Transfer, 2007, 50: 2480 – 2491.

[30] Mulligan J C, Colvin D P, Bryan Y G. Microencapsulated phase change material suspensions for heat transfer in spacecraft thermal systems [J]. Journal of Spacecraft and Rockets, 1996, 33: 278 – 284.

[31] Yamagishi Y, et al. An Evaluation of Microencapsulated PCM for Use in Cold Energy Transportation Medium [C]. In: Energy Conversion Engineering Conference, IECEC 96. Proceedings of the 31st Intersociety 1996: 2077 – 2083.

[32] Yamagishi Y, et al. Characteristics of MPCM slurry as a heat transfer fluid [J]. AIChE Journal, 1999, 45: 696 – 707.

[33] Ohtsubo T, Tsuda S, Tsuji K. A study of the physical strength of fenitrothion microcapsules [J]. Polymer, 1991, 32: 2395 – 2399.

[34] Alvarado J L, et al. Thermal performance of microencapsulated phase change material slurry in turbulent flow under constant heat flux [J]. International Journal of Heat and Mass Transfer, 2007, 50: 1938 – 1952.

[35] Alkan C, et al. Preparation, characterization, and thermal properties of microencapsulated phase change material for thermal energy storage [J]. Solar Energy Materials and Solar Cells, 2009, 93 (1): 143 – 147.

[36] Choi E, Cho Y I, Lorsch H G. Forced convection heat transfer with phase change material slurries: turbulent flow in a circular tube [J]. International Journal of Heat and Mass Transfer, 1994, 37: 207 – 215.

[37] Hu X X, Zhang Y P. Novel insight and numerical analysis of convective heat transfer enhancement with microencapsulated phase change material slurries: laminar flow in a circular tube with constant heat flux [J]. International Journal of Heat and Mass Transfer, 2002, 45: 3163 – 3172.

[38] Zhao Z N, Hao R, Shi Y. Parametric analysis of enhanced heat transfer for laminar flow of microencapsulated phase change suspension in a circular tube with constant wall temperature [J]. Heat Transfer Engineering, 2008, 29: 97 – 106.

[39] Zeng R L, Wang X, Chen B J, et al. Heat transfer characteristics of microencapsulated phase change material

slurry in laminar flow under constant heat flux [J]. Applied Energy, 2009, 86: 2661 – 2670.

[40] Zhang Y, Hu X, Wang X. Theoretical analysis of convective heat transfer enhancement of microencapsulated phase change material slurries [J]. Heat and Mass Transfer, 2003, 40: 59 – 66.

[41] Inaba H, Kim M J, Horibe A. Melting heat transfer characteristics of microencapsulated phase change material slurries with plural microcapsules having different diameters [J]. ASME Journal of Heat Transfer, 2004, 126: 558 – 565.

[42] Roy S K, Avanic B L. Laminar forced convection heat transfer with phase change material emulsions [J]. International Communications in Heat and Mass Transfer, 1997, 24: 653 – 662.

[43] Fan Y F, Zhang X X, Wang X C, et al. Super – cooling prevention of microencapsulated phase change material [J]. Thermochimica Acta, 2004, 413: 1 – 6.

[44] 严德隆, 张维君. 空调蓄冷应用技术 [M]. 北京: 中国建筑工业出版社, 1997.

[45] 胡兴帮, 朱华, 叶水泉, 等. 蓄冷空调系统原理、工程设计及应用 [M]. 浙江: 浙江大学出版社, 1997.

[46] 吴喜平. 蓄冷技术和蓄热电锅炉在空调中的应用 [M]. 上海: 同济大学出版社, 2000.

[47] 薛殿华. 空气调节 [M]. 北京: 清华大学出版社, 1991.

[48] 单寄平. 空调负荷实用计算法 [M]. 北京: 中国建筑工业出版社, 1989.

[49] 宋孝春. 民用建筑制冷空调设计资料集: 蓄冷空调 [M]. 北京: 中国建筑工业出版社, 2004.

[50] Nelson J E B, Balakrishnan A R, Srinivasa Murthy S. Parametric studies on thermally stratified chilled water storage systems [J]. Applied Thermal Engineering, 1999, 19: 89 – 115.

[51] Jekel T B, Mitchell J W, Klein S A. Modeling of ice – storage tanks [J]. ASHRAE Transaction, 1993, 99 (2): 1016 – 1023.

[52] Neto J H M, Krarti M. Deterministic model for an internal melt ice – on – coil thermal storage tank [J]. ASHRAE Transactions, 1997, 103 (1): 113 – 124.

[53] Neto J H M, Krarti M. Experimental validation of a numerical model for an internal melt ice – on – coil thermal storage tank [J]. ASHRAE Transactions, 1997, 103 (1): 125 – 138.

[54] Vick B, Nelson D J, Yu X H. Model of an ice – on – pipe brine thermal storage component [J]. ASHRAE Transactions, 1996, 102 (1): 45 – 54.

[55] Nelson D J, Vick B, Yu X H. Validation of the algorithm for ice – on – pipe brine thermal storage systems [J]. ASHRAE Transactions, 1996, 102 (1): 55 – 61.

[56] Bedecarrats J P, Strub F, Falcon B, et al. Phase – change thermal energy storage using spherical capsules: performance of a test plant [J]. International Journal of Refrigeration, 1996, 19 (3): 187 – 196.

[57] Ismail K A R, Henriquez J R, da Silva T M. A parametric study on ice formation inside a spherical capsule [J]. International Journal of Thermal Science, 2003, 42: 881 – 887.

[58] Chen S L, et al. Analysis of cool storage for air conditioning [J]. International Journal of Energy Research, 1992, 16: 553 – 563.

[59] Prusa J, Maxwell G M, Timmer K J. A mathematical model for phase change thermal energy storage system utilizing rectangular containers [J]. ASHRAE Transactions, 1991, 97 (2): 245 – 261.

[60] Hirata T. Analysis of close – contact melting for octadecane and ice inside isothermally heated horizontal rectangular capsule [J]. International Journal of Heat Mass Transfer, 1991, 34: 3097 – 3106.

[61] Knodel B D, France D M, Choi U S, et al. Heat transfer and pressure drop in ice – water slurries [J]. Applied Thermal Engineering, 2000, 20: 671 – 685.

[62] Egolf P W, Kitanovski A, Ata – Caesar D, et al. Thermodynamics and heat transfer of ice slurries [J]. International Journal of Refrigeration, 2005, 28: 51 – 59.

[63] Kitanovski A, Vuarnoz D, Ata – caesar D, et al. The fluid dynamics of ice slurry [J]. International Journal of

Refrigeration, 2005, 28: 37 – 50.

［64］ Kitanovski A. Concentration distribution and vicosity of ice – slurry in heterogeneous flow ［J］. International Journal of Refrigeration, 2002, 25: 827 – 835.

［65］ Doron P, Barnea D. Three – layer model for solid – liquid flow in horizontal pipes ［J］. International Journal of Multiphase Flow, 1993, 19: 1029 – 1043.

［66］ Bellas I, Tassou S A. Present and future applications of ice slurries ［J］. International Journal of Refrigeration, 2005, 28 (1): 115 – 121.

［67］ Shin H T, Lee Y P, Jurng J. Spherical – shaped ice particle production by spraying water in a vacuum chamber ［J］. Applied Thermal Engineering, 2000, 20: 439 – 454.

［68］ Wang M J, Kusumoto N. Ice slurry based thermal storage in multifunctional buildings ［J］. Heat and Mass Transfer, 2001, 37: 597 – 604.

［69］ Wu S M, Fang G Y, Liu X. Thermal performance simulations of a packed bed cool thermal energy storage system using n – tetradecane as phase change material ［J］. International Journal of Thermal Sciences, 2010, 49: 1752 – 1762.

［70］ Ismail K A R, Henriquez J R. Numerical and experimental study of spherical capsules packed bed latent heat storage system ［J］. Applied Thermal Engineering, 2002, 22: 1705 – 1716.

［71］ 陶文铨. 数值传热学 ［M］. 2 版. 西安: 西安交通大学出版社, 2001.

［72］ Bedecarrats J P, Castaing – Lasvignottes J, Strub F, et al. Study of a phase change energy storage using spherical capsules. Part I: Experimental results ［J］. Energy Conversion and Management, 2009, 50: 2527 – 2536.

［73］ Garcia B, Alcalde R, Aparicio S, et al. Thermophysical behavior of methylbenzoate + n – alkanes mixed solvents ［J］. Industrial & Engineering Chemistry Research, 2002, 41: 4399 – 4408.

［74］ Fang G Y, Wu S M, Liu X. Experimental study on cool storage air – conditioning system with spherical capsules packed bed ［J］. Energy and Buildings, 2010, 42: 1056 – 1062.

［75］ Wu S M, Fang G Y. A numerical study on the charging performance of a cool energy storage system with coil pipes ［J］. Energy Sources, Part A, 2012, 34: 1027 – 1036.

［76］ Wu S M, Fang G Y, Chen Z. Discharging characteristics modeling of cool thermal energy storage system with coil pipes using n – tetradecane as phase change material ［J］. Applied Thermal Engineering, 2012, 37: 336 – 343.

［77］ Jekel T B, Mitchell J W, Klein S A. Modeling of ice – storage tanks ［J］. ASHRAE Transactions, 1993, 99: 1016 – 1024.

［78］ Liu X, Fang G Y, Chen Z. Condensation heat transfer characteristics of a separate heat pipe in cool storage air – conditioning systems ［J］. Chemical Engineering & Technology, 2011, 34 (3): 415 – 421.

［79］ Fang G Y, Liu X, Wu S M. Experimental investigation on performance of ice storage air – conditioning system with separate heat pipe ［J］. Experimental Thermal and Fluid Science, 2009, 33: 1149 – 1155.

［80］ Kiatsiriroat T, Vithayasai S, Vorayos N, et al. Heat transfer prediction for a direct contact ice thermal energy storage ［J］. Energy Conversion and Management, 2003, 44: 497 – 508.

［81］ Kiatsiriroat, Na Thalang K, Dabbhasuta S. Ice formation around a jet stream of refrigerant ［J］. Energy Conversion and Management, 2000, 41: 213 – 221.

［82］ Amar M Khudhair, Mohammed M Farid. A review on energy conservation in building applications with thermal storage by latent heat using phase change materials ［J］. Energy Conversion and Management, 2004, 45: 263 – 275.

［83］ Lee T, Hawes D W, Banu D, et al. Control aspects of latent heat storage and recovery in concrete ［J］. Solar Energy Materials and Solar Cells, 2000, 62: 217 – 237.

［84］ Kim J S, Darkwa K. Simulation of an integrated PCM – wallboard system ［J］. International Journal of Energy

Research, 2003, 27: 215 – 223.

[85] Feldman D, Banu D, Hawes D W. Development and application of organic phase change mixtures in thermal storage gypsum wallboard [J]. Solar Energy Materials and Solar Cells, 1995, 36: 147 – 157.

[86] Darkwa K. Evaluation of regenerative phase change drywalls: low – energy buildings applications [J]. International Journal of Energy Research, 1999, 23: 1205 – 1212.

[87] Turnpenny J R, Etheridge D W, Reay D A. Novel ventilation cooling system for reducing air conditioning in buildings, Part I: testing and theoretical modelling [J]. Applied Thermal Engineering, 2000, 20: 1019 – 1037.

[88] Turnpenny J R, Etheridge D W, Reay D A. Novel ventilation system for reducing air conditioning in buildings, Part II: test of prototype [J]. Applied Thermal Engineering 2001, 21: 1203 – 1217.

[89] Scalat S, Banu D, Hawes D, et al. Full scale thermal testing of latent heat storage in wallboard [J]. Solar Energy Material and Solar Cells, 1996, 44: 49 – 61.

[90] 冒东奎. 含相变材料的壁板的潜热蓄热试验 [J]. 新能源, 1998, 20 (4): 1 – 5, 12.

[91] Feldman D, Banu D, Hawes D, et al. Obtaining an energy storing building material by direct incorporation of an organic change material in gypsum wallboard [J]. Solar Energy Materials and Solar Cells, 1991, 22: 231 – 242.

[92] Hawes D W, Feldman D. Absorption of phase change materials in concrete [J]. Solar Energy Materials and Solar Cells, 1992, 27: 91 – 101.

[93] Hawes D W, Banu D, Feldman D. Stability of phase change materials in concrete [J]. Solar Energy Material and Solar Cells, 1992, 27: 103 – 118.

[94] Athienitis A K, Liu C, Hawes D, et al. Investigation of the thermal performance of a passive solar test – room with wall latent heat storage [J]. Building and Environment, 1997, 32: 405 – 410.

[95] Wu S M, Fang G Y, Liu X. Dynamic charging performance of a solar latent heat storage unit for efficient energy utilization [J]. Chemical Engineering & Technology, 2010, 33 (3): 455 – 460.

[96] Wu S M, Fang G Y, Liu X. Dynamic discharging characteristics simulation on solar heat storage system with spherical capsules using paraffin as heat storage material [J]. Renewable Energy, 2011, 36: 1190 – 1195.

[97] Wu S M, Fang G Y. Dynamic performances of solar heat storage system with packed bed using myristic acid as phase change material [J]. Energy and Buildings, 2011, 43: 1091 – 109.

[98] Nallusamy N, Sampath S, Velraj R. Experimental investigation on a combined sensible and latent heat storage system integrated with constant/varying (solar) heat sources [J]. Renewable Energy, 2006, 32: 1206 – 1227.

[99] Shan F, Cao L, Fang G Y. Dynamic performances modeling of a photovoltaic – thermal collector with water heating in buildings [J]. Energy and Buildings, 2013, 66: 485 – 494.

[100] Shan F, Tang F, Cao L, et al. Dynamic characteristics modeling of a hybrid photovoltaic – thermal solar collector with active cooling in buildings [J]. Energy and Buildings, 2014, 78: 215 – 221.

[101] Shan F, Tang F, Cao L, Fang G Y. Comparative simulation analyses on dynamic performances of photovoltaic – thermal solar collectors with different configurations [J]. Energy Conversion and Management, 2014, 87: 778 – 786.

[102] Skoplaki E, Palyvos J A. On the temperature dependence of photovoltaic module electrical performance: a review of efficiency/power correlations [J]. Solar Energy, 2009, 83: 614 – 624.

[103] Winterton R H S. Where did the Dittus and Boelter equation come from [J]. International Journal of Heat and Mass Transfer, 1998, 41: 4 – 5.

[104] Tiwari A, Sodha M S, Chandra A, et al. Performance evaluation of photovoltaic/thermal solar air collector for composite climate of India [J]. Solar Energy Materials and Solar Cells, 2006, 90: 175 – 189.

[105] Kandlikar S G. A general correlation for saturated two – phase flow boiling heat transfer inside horizontal and vertical tubes [J]. Journal of Heat Transfer, 1990, 112: 228 – 238.

[106] Fang G Y, Hu H N, Liu X. Experimental investigation on the photovoltaic – thermal solar heat pump air – conditioning system on water – heating mode [J]. Experimental Thermal and Fluid Science, 2010, 34: 736 – 743.

[107] Su D, Jia Y T, Huang X, et al. Dynamic performance analysis of photovoltaic – thermal solar collector with dual channels for different fluids [J]. Energy Conversion and Management, 2016, 120: 13 – 24.

[108] Su D, Jia Y T, Alva G, et al. Comparative analyses on dynamic performances of photovoltaic – thermal solar collectors integrated with phase change materials [J]. Energy Conversion and Management, 2017, 131: 79 – 89.

[109] Su D, Jia Y T, Lin Y X, et al. Maximizing the energy output of a photovoltaic – thermal solar collector incorporating phase change materials [J]. Energy and Buildings, 2017, 153: 382 – 391.

[110] Chow T T. A review on photovoltaic/thermal hybrid solar technology [J]. Applied Energy, 2010, 87: 365 – 379.

[111] Agrawal S, Tiwari G N. Energy and exergy analysis of hybrid micro – channel photovoltaic thermal module [J]. Solar Energy, 2011, 85: 356 – 370.

[112] Dubey S, Tay A A O. Testing of two different types of photovoltaic – thermal (PVT) modules with heat flow pattern under tropical climatic conditions [J]. Energy for Sustainable Development, 2013, 17: 1 – 12.

[113] Tiwari A, Sodha M S. Performance evaluation of solar PV/T system: an experimental validation [J]. Solar Energy, 2006, 80: 751 – 759.

[114] Bahaidarah H, Subhan A, Gandhidasan P, et al. Performance evaluation of a PV (photovoltaic) module by back surface water cooling for hot climatic conditions [J]. Energy, 2013, 59: 445 – 453.

[115] Lamberg P, Lehtiniemi R, Henell A M. Numerical and experimental investigation of melting and freezing processes in phase change material storage [J]. International Journal of Thermal Sciences, 2004, 43: 277 – 287.

[116] Malvi C S, Dixon – Hardy D W, Crook R. Energy balance model of combined photovoltaic solar – thermal system incorporating phase change material [J]. Solar Energy, 2011, 85: 1440 – 1446.

[117] Hassania S, Taylor R A, Mekhilef S, et al. A cascade nanofluid – based PV/T system with optimized optical and thermal properties [J]. Energy, 2016, 112: 963 – 975.

[118] Aste N, Del Pero C, Leonforte F. Water flat plate PV – thermal collectors: a review [J]. Solar Energy, 2014, 102: 98 – 115.

[119] Shahsavar A, Ameri M. Experimental investigation and modeling of a direct coupled PV/T air collector [J]. Solar Energy, 2010, 84: 1938 – 1958.

[120] Stropnik R, Stritih U. Increasing the efficiency of PV panel with the use of PCM [J]. Renewable Energy, 2016, 97: 671 – 679.

[121] Xu Z L, Kleinstreuer C. Concentration photovoltaic – thermal energy co – generation system using nanofluids for cooling and heating [J]. Energy Conversion and Management, 2014, 87: 504 – 512.

[122] Pal D, Joshi Y. Melting in a side heated enclosure by uniformly dissipating heat source [J]. International Journal of Heat Mass and Transfer, 2001, 44: 375 – 387.

[123] Liu X, Fang G Y, Chen Z. Dynamic charging characteristics modeling of heat storage device with heat pipe [J]. Applied Thermal Engineering, 2011, 31: 2902 – 2908.

[124] 张月莲, 郑丹星. 石蜡相变材料在同心环隙管内的基本传热行为 [J]. 北京化工大学学报, 2006, 33 (2): 67 – 69.